国家林业局普通高等教育“十三五”规划教材

植物病理学

（第2版）

徐秉良　曹克强　主编

中国林业出版社

内容简介

本书分上下两篇。上篇为植物病理学的基础知识，采用有关病原物的最新分类系统，较为详尽地介绍了五大类植物病原物的一般性状、生物学特性、致病特点、主要类群、病原物的致病性和寄主的抗病性、植物侵染性病害的发生与流行以及植物病害的诊断与防治。下篇为主要农作物病害。从病害的症状、病原、病害循环、影响发病因素、防治等方面详细介绍了小麦、水稻、杂谷、薯类、棉麻、油料作物、其他作物等七大类83种主要农作物病害。本书可作为高等农林院校农学专业的本科生、研究生及教师的专业基础教材，也可供农业从业人员、植物保护、植物检疫工作者等相关领域技术人员阅读参考。

图书在版编目（CIP）数据

植物病理学/徐秉良，曹克强主编. 2版. —北京：中国林业出版社，2017.7（2022.10重印）
国家林业局普通高等教育“十三五”规划教材
ISBN 978-7-5038-8843-4

Ⅰ.①植… Ⅱ.①徐…②曹… Ⅲ.①植物病理学—高等学校—教材 Ⅳ.①S432.1

中国版本图书馆CIP数据核字（2016）第314264号

国家林业局生态文明教材及林业高校教材建设项目

策划编辑：康红梅　　**责任编辑**：康红梅　杜建玲
电话：（010）83143551　　**传真**：（010）83143561

出版发行　中国林业出版社（100009　北京市西城区刘海胡同7号）
E-mail：jiaocaipublic@163.com　电话：（010）83143500
http://www.forestry.gov.cn/lycb.html
经　销　新华书店
印　刷　北京中科印刷有限公司
版　次　2012年4月第1版（共印2次）
2017年7月第2版
印　次　2022年10月第4次印刷
开　本　850mm×1168mm　1/16
印　张　23.75
字　数　528千字
定　价　56.00元

未经许可，不得以任何方式复制或抄袭本书之部分或全部内容。

版权所有　侵权必究

《植物病理学》(第2版)
编写人员

主　　编：徐秉良　曹克强

副 主 编：龚国淑　胡　俊　何月秋　马　青
张敬泽　左豫虎　罗　明

编　　者：(以姓氏笔画为序)

马　青(西北农林科技大学)
王建明(山西农业大学)
王亚南(河北农业大学)
王海光(中国农业大学)
日孜旺古丽(新疆农业大学)
文才艺(河南农业大学)
左豫虎(黑龙江八一农垦大学)
邢小萍(河南农业大学)
刘　佳(甘肃农业大学)
刘　铜(黑龙江八一农垦大学)
李克梅(新疆农业大学)
李惠霞(甘肃农业大学)
杨成德(甘肃农业大学)
杨继芝(四川农业大学)
吴海燕(山东农业大学)
吴毅歆(云南农业大学)
何月秋(云南农业大学)
张立新(安徽农业大学)
张茹琴(青岛农业大学)
张笑宇(内蒙古农业大学)

张敬泽（浙江大学）
陈　莉（安徽农业大学）
易图永（湖南农业大学）
罗　明（新疆农业大学）
周洪友（内蒙古农业大学）
胡　俊（内蒙古农业大学）
姚艳平（山西农业大学）
徐秉良（甘肃农业大学）
黄　芳（山西大同大学）
曹克强（河北农业大学）
龚国淑（四川农业大学）
商文静（西北农林科技大学）
傅俊范（沈阳农业大学）
鄢洪海（青岛农业大学）
廖晓兰（湖南农业大学）
薛应钰（甘肃农业大学）

主　　审：（以姓氏笔画为序）
张志铭（河北农业大学）
商鸿生（西北农林科技大学）

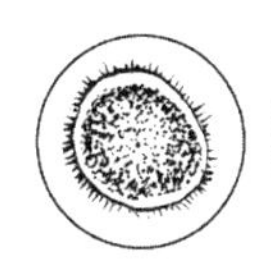 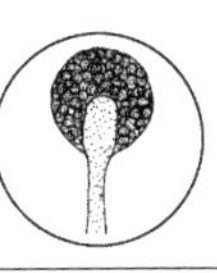 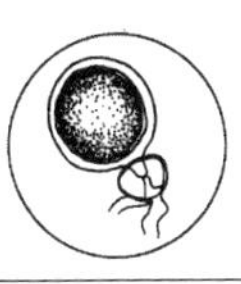 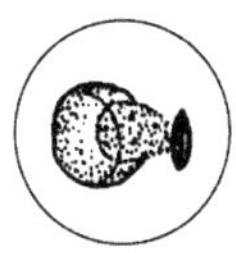

第 2 版前言

《植物病理学》自 2012 年出版以来，得到了各大专院校广大师生的一致好评。本教材在培养植物保护相关专业人才及普及植保知识等方面起到了重要作用，为植保专业及非植保专业学生及相关技术人员进一步深入了解植物病理学学科奠定了坚实的基础。值得一提的是，《植物病理学》教材在 2015 年获得了第三届全国林（农）类优秀教材优秀奖。

在过去的几年间，生命科学学科尤其是分子生物学的发展日新月异，为许多传统的学科增添了新的内涵，促进了这些学科的发展。特别是在植物病理学学科及其相关领域内，有关病原菌物和病原原核生物的生物学和分类系统等方面的变化与进展都很大，因此，以往传统的知识，需要不断更新与完善，才能做到与时俱进。

为了让本教材既能反映学科发展的前沿，又能让学生了解到国内外最新的研究进展，《植物病理学》（第 2 版）参考了李玉教授主编的《菌物学》一书中采用的菌物最新分类系统，在第 1 版的基础上对教材中涉及的所有病原菌物的分类系统进行了修订；为了使本教材的内容更加丰富多彩，本版增加了较多的病害发病症状及病原物图片；同时在每章开篇增加了本章导读，以便读者对教材中涉及的知识结构有更为直观的了解与掌握，并在 1 ~5 章中增加名词解释，增强了教材的互动性与可读性。

《植物病理学》（第 2 版）是经广大编写人员精心收集资料与素材，认真修订编写完成的。具体编写分工如下：第 1 章绪论由徐秉良负责修订；第 2 章植物病原学由张敬泽、胡俊、罗明、左豫虎、周洪友负责修订；第 3 章病原物的致病性和寄主的抗病性由鄢洪海负责修订；第 4 章植物侵染性病害的发生与流行由曹克强负责修订；第 5 章植物病害的诊断和防治由廖晓兰负责修订；第 6 章小麦病害由马青负责修订；第 7 章水稻病害由何月秋负责修订；第 8 章杂谷病害由龚国淑负责修订；第 9 章薯类病害由曹克强负责修订；第 10 章棉麻病害由罗明负责修订；第 11 章油料作物病害由廖晓兰负责修订；第 12 章其他病害由黄芳负责修订，全书由徐秉良负责统稿。正是在各位编委的通力合作下，《植物病理学》（第 2 版）才可以在短期内修订完成，在此一并致以诚挚的谢意！

由于编写时间仓促和编著者的水平有限，错误和遗漏之处在所难免，在此诚挚希望广大读者批评指正。

徐秉良
2016 年 11 月
于甘肃农业大学

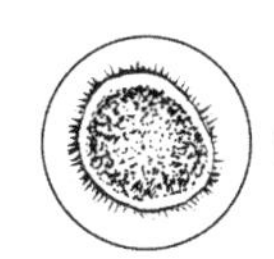 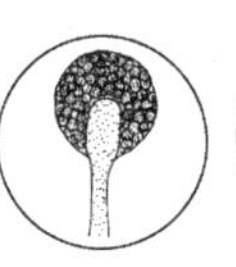 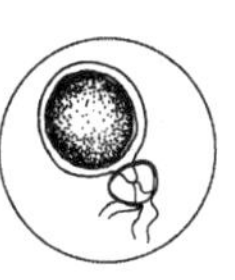 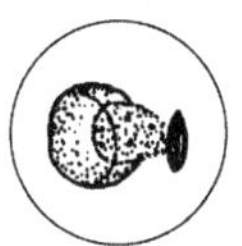

第 1 版前言

植物病理学是一门将植物病理学的基本理论和农业植物病理学作物病害的实践技术有机结合的综合学科。近年来，植物病理学无论是在基础研究领域还是在实际应用方面均发生了一些重大的变化，为此，我们结合多年的教学与实践经验，博采相关院校教学与科学研究之长，编写了这本《植物病理学》。

本教材的编写基于“宽基础、高素质、强能力”的人才培养理念，内容涉及植物病理学的各个领域，如基本概念、植物病原生物、病害侵染循环、寄主—病原物互作、病害诊断、病害流行与预测、病害防治原理与方法，以及大田作物主要病害的综合治理等。

本书的主要特色如下：①系统性。本书分上下两篇，上篇主要阐述植物病理学的基础知识，下篇重点介绍主要农作物病害，坚持植物病理学的总论与各论、病害的共性与特性、内容的整体与部分、知识的系统与局部等相互联系的原则，力求对植物病理学给予系统的介绍。②新颖性。本书采用的是有关病原生物的最新分类系统以及植物病原生物的分类地位，较为详尽地介绍了各类植物病原物的一般性状、生物学特性、致病特点、主要类群等方面的知识。③实用性。本书除了阐述植物病理学的基础知识外，还较为全面地介绍了目前在农作物上发生最为普遍或严重的七大类 83 种主要病害，因此，本书不仅适用于高等农林院校用作教材，也适用于广大植物保护工作者作为参考。④图文并茂。本书在对植物病原物进行阐述时，配以大量的、具有代表性的病原物的墨线图；在对农作物病害描述时，则辅以高质量的彩色图片（见光盘），使本书图文并茂，可满足各个层次读者的需求。

本书由徐秉良教授和曹克强教授主编，龚国淑、胡俊、何月秋、马青、李红叶、左豫虎、罗明教授为副主编。编写分工如下：第 1 章由徐秉良编写；第 2 章由李红叶、罗明、左豫虎、周洪友编写；第 3 章由鄢洪海编写；第 4 章由曹克强编写；第 5 章由廖晓兰编写；第 6 章由马青编写；第 7 章由何月秋编写；第 8 章由龚国淑编写；第 9 章由曹克强编写；第 10 章由日孜旺古丽编写；第 11 章由廖晓兰编写；第 12 章由黄芳编写。

编写过程中得到了安徽农业大学、甘肃农业大学、河北农业大学、河南农业大学、黑龙江八一农垦大学、湖南农业大学、内蒙古农业大学、青岛农业大学、山东农业大学、山西大同大学、山西农业大学、沈阳农业大学、四川农业大学、西北农林科技大学、新疆农业大学、云南农业大学、浙江大学、中国农业大学的大力支持。

本书是在商鸿生、张志铭教授的亲切关怀和指导下，在全体编写人员的共同努力下完成的。在此书完成之际，向他们表示衷心的感谢！同时，感谢为本书进行校对工作的古丽君、刘佳、张瑾等博士！在本书中还引用了国内外许多研究成果，在此无法一一标出，尚请谅解并致谢意。

由于时间的限制和编著者的水平有限，错误和遗漏之处在所难免，在此诚挚地希望广大读者批评指正。

徐 秉 良

2011 年 6 月

于甘肃农业大学

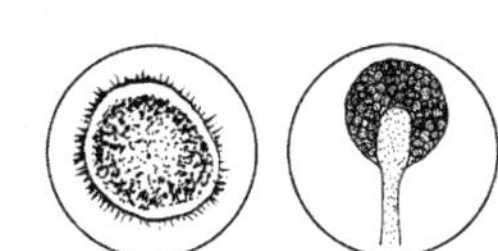
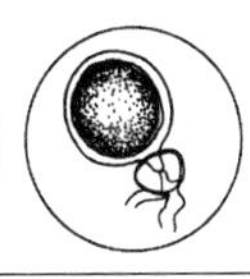
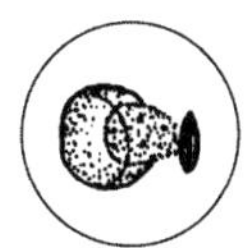

目 录

下篇　农作物主要病害

上　篇　植物病理学基础知识

- 第 1 章　绪　论
- 第 2 章　植物病原物
- 第 3 章　病原物的致病性和寄主植物的抗病性
- 第 4 章　植物侵染性病害的发生与流行
- 第 5 章　植物病害的诊断和防治

第 1 章
绪论

本章导读

主要内容

- 植物病害的概念
- 植物病害对植物的影响以及对农业生产的危害
- 植物病害发生的原因
- 植物病害的类型
- 植物病害的症状
- 植物病理学的性质和任务

互动学习

名词解释

绿色植物是地球生命环境中唯一能利用太阳能的高等生物，能将太阳能转化为可用的化学能贮存在碳水化合物、蛋白质和脂肪中，这些物质是所有动物，包括人类，赖以生存的根本。人类的衣、食、住、行都离不开植物，此外，植物在净化空气、减少污染、防风固沙、保持水土、绿化美化环境、维持生态平衡等方面也有着极其重要而且不可替代的作用。而农作物又可以为人类提供更多更好的粮油食品、果蔬产品和其他各种农副产品，保证人类生活的正常进行。但是，无论野生植物还是栽培植物都有可能发生病害。引起植物病害的因素有两类：一类为生物因素，如菌物、细菌、病毒、线虫、寄生性种子植物等；另一类为非生物因素，如营养、水分、光照等。

植物与人类是密不可分的。然而，在植物的生长发育过程中，会遭受到生物和非生物的侵扰和破坏，从而导致植物罹病。当植物的根、茎、叶受到病原物侵染而致病时，就会影响植物的养分吸收、光合作用等正常的生理功能；当植物的花、果实罹病会直接影响其产量及品质。病害发生严重时，还会导致植物部分器官或整株植物死亡。

植物病理学是一门理论与实践相结合的学科，是针对植物发生的病害进行研究与探索的学科，本书内容包括植物病理学的基本概念和主要农作物病害两大部分，涉及植物病理学基本概念、植物病原生物、病害侵染循环、寄主—病原物互作、病害诊断、病害流行与预测、病害防治原理与方法等基础方面的内容，以及小麦、水稻、杂谷、薯类、棉麻、油料作物、其他作物等七大类83种主要农作物病害的综合治理等。

1.1 植物病害的概念

植物病害是指植物在自然界中受到有害生物或不良环境条件的持续干扰，其干扰强度超过了植物能够忍耐的程度，使植物正常的生理功能受到严重影响，在生理和外观上表现异常，导致产量降低，品质变劣，甚至死亡的现象。植物病害的定义中包含4个要素：病害的原因(病原)；病害的病理程序(病程)；病害的症状(病症)；病害造成的损失(经济损失)。

对于植物病害的理解一般存在两种观点。从生物学的观点出发，植物病害的发生发展是有一定的病理程序的。植物发病后，首先表现为新陈代谢作用的改变，即其生理和生化的改变；进而发展到细胞和组织结构的变化；最后在植物的外部和内部表现出不正常状态(病态)。如小麦被锈菌侵染后，病菌不仅吸取寄主养分，在麦叶上产生大量的夏孢子堆，突破寄主表皮，增强了蒸腾作用，使植物丧失大量水分，而且能减少光合作用面积，使叶片早枯。这区别于风、雹、昆虫及高等动物对植物造成的机械损伤，如枝条被折断，切断了水分和养分的供应，枝条马上枯死，则不被认为是植物病害。从经济学的观点考虑，有些植物由于人为的或外界生物及非生物因素的作用，可以发生某些变态或畸形。如茭草被黑粉菌侵染后，刺激其嫩茎细胞增生，膨大形成肉质的菌瘿，成为鲜嫩可食的蔬菜，称为茭白，增加了食用价值；郁金香在感染碎锦病毒后，花冠色彩斑斓，增加了观赏价值；在遮光埋藏下栽培的韭黄，提高了食用价值。这些对人们的生活和经济生产带来的好处，是人们认识自然和改造自然的一部分，通常不称为病害或不作为病害来对待。总之，病害一定要给农业生产带来损失，并且有一系列的病理变化过程。

1.2 植物病害对植物的影响以及对农业生产的危害

1.2.1 植物病害对植物的影响

植物的器官包括营养器官(根、茎、叶)和生殖器官(花、果实和种子)。植物的这六大器官对植物个体发育起着至关重要的作用。植物发生病害，影响植物的正常生长发育，对植物无疑是有害的。植物根系是支持植物和吸收水分、营养的部分，根部生病后有些引起死苗或幼苗生长衰弱，如小麦根腐病、稻烂秧病等；有些根部肿大形成瘤状物，影响根的吸收能力；有些引起运输贮藏器官的腐烂等。叶片是光合作用和呼吸作用的部分，叶部生病，造成褪绿、黄化、变红、花叶、枯斑、皱缩等，均影响光合作用。茎部有输导水分、矿质元素和有机物的作用，茎部受害后导致萎蔫或致死、腐烂等，影响水分、养分的运输。植物病害对花和果实的危害可以直接影响植株繁育下一代。

1.2.2 植物病害对农业生产的危害

植物病害是严重威胁农业生产的自然灾害之一。病害发生严重时，可以造成农作物严重减产和农产品品质变劣，影响国民经济和人民生活。带有危险性病害的农产品不能出口，影响外贸，少数带病的农产品，人畜食用后会引起中毒。

(1)影响产量和降低质量

图1-1 马铃薯晚疫病发病症状

从历史上看，由于病害的严重发生，曾导致过两次严重的饥荒及多次重大的经济损失。1845年在爱尔兰因马铃薯发生晚疫病(图1-1)，造成数十万人饥饿死亡和150万人外出逃荒而移居到美洲；1942—1943年的孟加拉国，大面积水稻遭受胡麻斑病的侵害(图1-2)而失收，造成200多万人饿死。1880年，法国波尔多地区，葡萄种植业因遭受霜霉病(图1-3)的危害而使酿酒业濒临破产停业；1910年美国南部佛罗里达州的柑橘园，因发生溃疡病(图1-4)的流行而被迫大面积销毁病树，烧毁了25万株成树，300万株树苗，损失达1 700万美元，此病在1984年再度发生，美国政府再次大面积烧毁病区的所有柑橘树。我国在1950年，小麦条锈病(图1-5)大流行，损失小麦约60×10^{8} kg。据联合国粮农组织的估计，植物遭受病害后所造成的损失，平均为总产量的10%~15%。我国粮食作物上的主要病害如小麦条锈病、稻瘟病、马铃薯病毒病等仍是生产上的重要病害，粮食作物平均每年最少损失6%；经济作物损失达10%以上。从品质方面来看，少数感染病害的农产品，食用后可引起人畜中毒，如发生麦角病(图1-6)的黑麦、燕麦和牧草等。

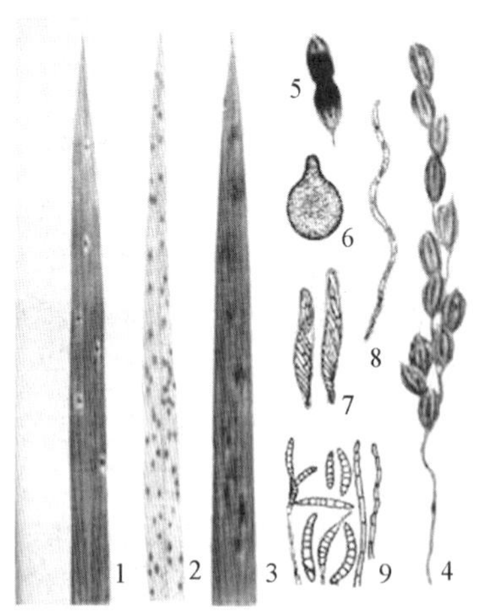

图1-2 水稻胡麻斑病发病症状

图 1-3 葡萄霜霉病发病症状

图 1-4 柑橘溃疡病发病症状

图 1-5 小麦条锈病发病症状

图 1-6 麦角病发病症状

(2) 影响栽培面积和种类

由于病害的发生，限制了某一种作物在某一地区的栽培面积，也会限制原本能在很多地理区域生存的植物的种类。

 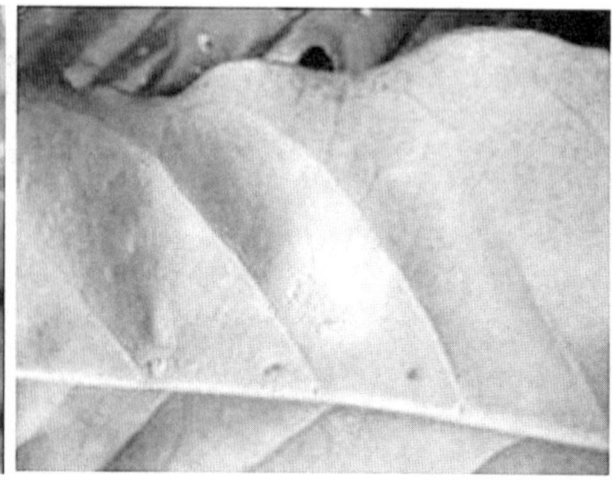

图1-7 咖啡锈病发病症状

如1870—1880年，咖啡锈病(图1-7)摧毁了斯里兰卡的整个咖啡种植业，从此英国人改喝茶，改变了人们的生活习惯。

(3)影响运输和贮藏过程中果蔬的品质

果蔬和薯类等在运输和贮藏过程中的腐烂，损失也很大，并且限制了产品供应的期限和地区。

病害造成的损失，除了以上谈到的以外，还有为防治病害而需要制造农药，增加成本投入，增加了环境污染和公害等。因此，防治植物病害对减少国民经济损失，提高人民生活水平都具有重要的意义。为了保证人类的繁荣就必须努力保护农作物的健康。在很大程度上，植物病理学对于植物来说和医生对于人，兽医对于动物相似，因此植物医学和人类医学肩负着同等光荣的任务。

1.3 植物病害发生的原因

引起植物偏离正常生长发育状态而表现病变的直接因素，统称为“病原”。植物发生病害的原因是多方面的，一些是因为植物自身的遗传因子异常所造成的遗传性疾病，如白化苗、先天不孕等，它与外界环境无关，也没有外来生物的参与。由生物因素影响到植物的正常生长发育，进而引起病害，这类引起植物发生病害的生物，统称为病原生物。

绝大多数的场合是只要有一种病原生物侵害后，植物就会发生病害，但也有两种或多种病原生物共同影响植物而引起病变的。

有时仅有病原生物和植物两方面存在还不一定发生病害，因病原物可能无法接触的植物，或不能发挥其作用，也就不能影响植物，因此还需要有合适的媒介和一定的环境条件来满足病原生物，才能对植物构成威胁。这种需要有病原生物、寄主植物和一定的环境条件三者配合才能引起病害的观点，称为“病害三角”(disease triangle)关系(图1-8)，它由林传光先生在20世纪50年代提出。病害三角在植物病理学中占有十分重要的位置，在分析病因、侵染过程和流行以及制订防治对策时，都离不开对病害

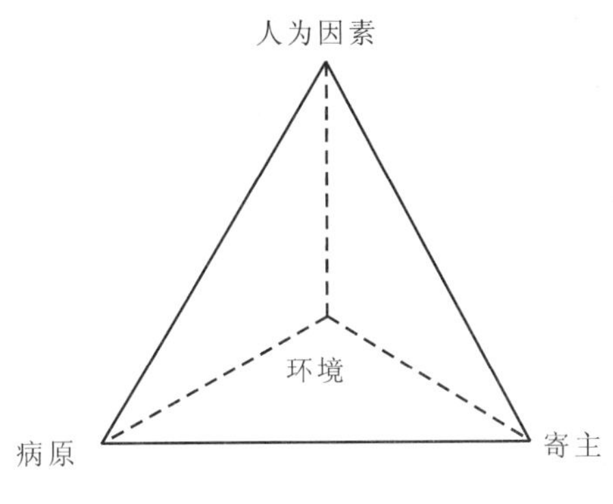

图 1-8 植物病害三角和四角关系

三角的分析。以后有人提出四角关系或三角锥关系(图 1-8)。这是因为，在自然或野生的植病体系中，人类没有参加生产活动时，植物病害虽然发生，但它的发生是维持在不发生—发生—不发生的动态平衡中。而在农业植病系统中，人在病害发生中具有很大的作用，很多重要病害的发生是由人为因素造成的。例如，20 世纪 50 年代推广碧玛 1 号，单一的种植品种造成小麦条锈病的大流行；70 年代美国推广 T 型不育系玉米，造成玉米小斑病的大流行，损失 165×10^8 kg，价值逾 10 亿美元。但在防治病害上，人类也起着十分重要的作用。如 20 世纪 70 年代小麦黄矮病大流行得以控制等。由此可见，农业植病系统中人的作用是很大的，有时，它对病害的控制或流行起着决定性的作用。因此，把这个概念与人类的活动结合起来，将有助于提高防治水平。

1.4 植物病害的类型

引起病害的病因称为病原。根据病原的性质可以把植物病害分为两大类，即非侵染性病害和侵染性病害。

1.4.1 非侵染性病害(生理性病害、非传染性病害)

由于不适宜的环境因素或有害物质危害或自身遗传因素引起的病害，称为非侵染性病害。按病因不同，还可进一步分为：① 植物自身遗传异常或先天性缺陷引起的遗传性病害。② 物理因素恶化所致的病害：大气温度的过高或过低引起的灼伤与冻伤；大气物理现象造成的伤害，如风、雨、雷电、雹害等；大气与土壤水分的过多或过少，如旱、涝、渍害等。③ 化学因素恶化所致病害：肥料元素供应的过多或不足，如缺素症；大气与土壤中有毒物质的污染与毒害；农药与化学制品使用不当造成的药害等。

1.4.2 侵染性病害(传染性病害、寄生性病害)

由病原生物引起的病害称侵染性病害。该病害可以传染，所以又叫传染性病害或寄生性病害。

根据病原生物种类不同，可分为：① 由菌物侵染引起的菌物病害，如稻瘟病；② 由细菌侵染引起的细菌病害，如白菜软腐病；③ 由病毒侵染引起的病毒病害，如烟草花叶病；④ 由寄生植物引起的寄生植物病害，如菟丝子；⑤ 由线虫侵染引起的线虫病害，如大豆胞囊线虫病；⑥ 由原生动物引起的原生动物病害，如椰子心腐病。这种分类方法的优点是可以了解每一类病原引起病害的共同特征。

根据受害部位，分为根部病害、叶部病害、果实病害。这种分类有利于诊断。

根据传播方式，分为气流传播、雨水传播、土壤传播、种子传播、介体传播等。这种分类便于考虑防治措施。

根据作物种类，分为大田病害、果树病害、蔬菜病害等。这种分类有利于了解某一类作物中存在的问题。

分类方法不同，角度不同，其主要目的是对病害的性质认识得更清楚，也更有利于防治。

1.5 植物病害的症状

症状是植物受病原生物或不良环境因素的侵袭后，内部的生理活动和外观的生长发育所显示的某种异常状态。它是一种表现型，是人们识别病害、描述病害和命名病害的主要依据，因此，在病害诊断中十分有用。

1.5.1 症状的概念

植物生病后所表现的病态，称为植物病害的症状。它是植物内部发生了一系列病理变化的结果。按照症状在植物体显示部位的不同，可分为内部症状和外部症状。

1.5.1.1 内部症状

内部症状指病原物在植物体内细胞形态或组织结构发生的变化，可以在显微镜下观察和识别；少数要经过专门处理后，在电子显微镜下才能识别，如内含体、侵填体、胼胝体及维管束内部变褐等。

1.5.1.2 外部症状

外部症状指在植物外表所显示的种种病变，肉眼即可识别，可分为病状和病征。

(1)病状

病状指植物不正常的外部表现，即植物发病后本身所表现的特征。由于病原种类不同，所以病状表现也不同，主要可分为以下5类。

① 变色　罹病植物的色泽发生改变。大多数出现在病害症状的初期，尤其在病毒病中最为常见，主要表现为褪绿黄化和花叶两种类型。褪绿黄化是由于叶绿素形成受抑制或减少所造成，当叶绿素的量减少到一定程度就表现为黄化。一般是整株、整个叶片或者叶片的一部分均匀地表现褪绿或黄化。花叶是叶片上形成形状不规则的深绿与浅绿相间的杂色，不同变色部分的轮廓是很清楚的。如果变色部分的轮廓不很清楚，即深绿、浅绿相间界限不明，深

图1-9　变色

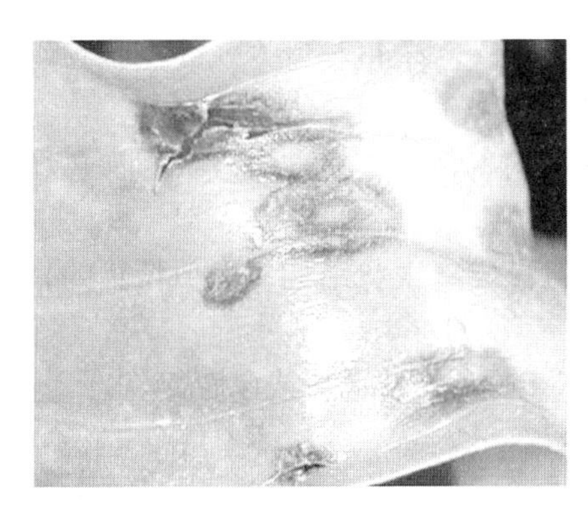
图 1-10 坏死

图 1-11 腐烂

绿部分微微隆起，这种症状称为斑驳。条纹、条斑、条点指单子叶植物的花叶症状，平行于叶脉。另外，常见的还有脉明及脉间花叶(图 1-9)。

② 坏死　植物的细胞和组织受到破坏而致死，形成各种各样的病斑，因受害部位不同而表现各种症状。叶部常形成叶斑和叶枯。病斑形状、大小、颜色不同而有不同名称，如角斑、圆斑、大斑、褐斑等。叶枯是指叶片上有较大面积的枯死，但枯死轮廓不明显。叶部还可出现环斑、环纹等症状。果实、枝条表现疮痂，即斑点表面突起，木栓化且粗糙。幼苗表现猝倒，即迅速死亡之后倒伏。有的表现为立枯，死而不倒(图 1-10)。

③ 腐烂　植物的细胞和组织受破坏和分解可发生腐烂。根据腐烂的部位可分为根腐、茎腐、花腐、果腐等。根据水分含量的不同分为干腐、湿腐、软腐等。一般来说，幼嫩多汁的部分容易腐烂。腐烂是由于病菌分泌的酶分解植物细胞后造成的(图 1-11)。

④ 萎蔫　植物的根、茎部维管束受病原物的侵害，生理机能受到破坏，阻碍或影响水分的运输，引起萎蔫。经常表现为黄萎和枯萎。如植物迅速萎蔫死亡而叶片仍保持绿色则称为青枯。植物的维管束组织受到病原物的侵染，不一定都能引起凋谢，萎蔫只是其中一种表现。

⑤ 畸形　植物受害后如发生增生性病变，则生长发育过度，组织细胞增生，病部肿大，产生肿瘤；枝条或根部过度分枝，可产生丛枝、发根等。如发生抑制性病变，则生长发育不良，使植株或器官矮缩，丛矮、皱缩，以及卷叶、缩叶、蕨叶等。有时花变绿色，称绿变，是由类菌质体所引起。一般来说，多数畸形症状是由病毒类所引起。

(2) 病征

病征指病原物在植物发病部位所表现的特征，即依附于植物体表的病原物。常见病征有以下几种。

① 霉状物　在一些菌物引起病害病斑处常出现，有霜霉、灰霉、青霉、绿霉、赤霉、黑霉等各种颜色的霉状物。

② 粉状物　由菌物引起的病害，病部产生粉状物，有白色、黑色、锈褐色等，分别称这些病害为白粉病、黑粉病、锈病。

③ 颗粒状物　病株病部产生各种大小、形状、色泽和着生方式的点状物或小颗粒，主要是菌物的分生孢子器、分生孢子盘、子囊壳、子座等。

④ 菌核　菌物病害中丝核菌和核盘菌常见的特征。在病部有较大、深色、坚硬的核状结构。

⑤ 线状物　有些菌物的菌组织纠结在一起形成绳索状结构，形似植物的根，可以吸收营养，也可抵抗不良环境。

⑥ 菌脓　细菌病害常见的特征。菌脓失水干燥后变成菌痂或菌膜。

1.5.2 症状的变化

每种病害的症状有其特定的表现，很多植物病害的名称是根据症状来命名。在大多数情况下，一种植物在特定条件下发生一种病害后，就出现一种症状，如斑点、腐烂、萎蔫或癌肿等。因此，症状就成了初步诊断病害的重要依据。但有不少病害的症状并非固定不变或只有一种症状，可以在不同的阶段或不同抗性的品种上或在不同的环境条件下出现不同类型的症状，其中常见的一种症状，称为典型症状。如烟草花叶病毒侵染多种植物后均表现为花叶症状，但在心叶烟或苋色藜上却表现为斑枯症状。归纳起来，症状的变化可有以下表现。

(1) 同型症

不同的病原可引起相同的症状。如马铃薯环腐病和黑胫病；根腐病(小麦全蚀、根腐)。

(2) 变型症

同一种病原在不同的作物上表现不同的症状。如烟草花叶病毒(TMV)在普通烟上表现花叶，在心叶烟上表现枯斑。

(3) 综合症

某病害在一种植物上可以同时或先后表现两种或两种以上不同类型的症状。如稻瘟病在芽苗期发生引起烂芽；在成株期侵害后，叶片出现梭形或圆形病斑；侵害穗颈部致穗颈枯死引起白穗。又如谷子白发病，在整个生育期出现灰背、白尖、枪杆、白发、看谷老等几种症状表现。

(4) 并发症

当两种或多种病害同时在一株植物上发生时，可以出现多种不同类型的症状。当两种病害在同一株植物上发生时，可以出现两种各自的症状而互不影响；有时这两种症状在同一部位或同一器官上出现，可能彼此干扰发生颉颃现象，即只出现一种症状或很轻的症状；也可能出现互相促进加重症状的协生现象，甚至出现了完全不同于原有两种各自症状的第三种类型的症状。因此，颉颃现象和协生现象均是两种病害在同一株植物上发生时出现症状变化的现象。

(5) 隐症现象

隐症是症状变化的一种类型。一种病害的症状出现后，由于环境条件的改变，或者使用农药治疗以后，原有症状基本减退直至消失。隐症的植物体内仍有病原物存在，一旦环境条件恢复或农药作用消失后，植物上的症状又会重新出现。

1.6 植物病理学的性质和任务

植物病理学是阐述植物病害发生发展规律及其防治原理和方法的科学，是一门综合性的应用学科。主要研究引起植物病害的病原生物及环境因素，植物病害发生规律及影响因素，病原物与寄主之间的相互作用，以及预防和控制病害的方法与措施。其主要任务是运用现代科学技术的研究成果，尤其是先进的生物技术，安全、经济、有效地把植物病害造成的损失控制在经济允许水平之下，从而使农业生产不仅能不断提高产量和质量，并能达到稳产保收的目的。植物病理学涉及多个学科的基本知识，包括植物学、菌物学、细菌学、病毒学、线虫学、植物分类学、植物生理学、遗传学、分子生物学、基因工程学、生物化学、昆虫学、农药学、园艺学、农学、组织培养学、土壤学、林学、化学、物理学、气象学等。

现代植物病理学的发展总趋势是朝着微观、宏观两个方向发展，在宏观指导下进行微观研究，并将微观资料进行宏观分析和处理，不断发展病害治理的新理论和新技术。在宏观方面，应用生态学和系统工程学的原理和方法建立农业生态系统中病害监控决策体系；在微观方面，以分子生物学和基因工程的理论和技术为基础，对植物病原致病及寄主植物抗病机理进行分析，并为决策提供依据。植物病理学的发展必将为建立有利于提高农业的综合生产能力，保护生物多样性，控制环境污染和节约能源的植物保护技术提供理论知识和技能，并通过对农业生态系统的有效调控，提高农作物生物灾害控制工作的系统性、综合性、科学性和可持续性，为农业的可持续发展和生态环境的保护提供保障。

互动学习

1. 什么是植物病害？如何从生物学的观点和经济学的观点理解植物病害的概念？
2. 简述植物病害发生的原因。
3. 植物病害的类型有哪两种？
4. 何谓病状、病征？分别有哪些类型？简述植物病害的症状及症状的变化。
5. 简述植物病理学的性质和任务。

名词解释

变型症(variant kwashiorkor)：指同一种病原在不同的作物上表现不同的症状。

并发症(complex symptoms)：当两种或多种病害同时在一株植物上发生时，可以出现多种不同类型的症状。

病害三角(disease triangle)：是指需要有病原生物、寄主植物和一定的环境条件三者配合才能引起病害的观点。

病征(sign)：病原物在植物发病部位所表现的特征。

病状(disease condition)：指植物不正常的外部表现。即植物发病后本身所表现的特征。

非侵染性病害(noninfectious diseases)：由于不适宜的环境因素或有害物质危害或自身遗传因素引起的病害，又称为生理性病害、非传染性病害。

侵染性病害(infectious disease)：由病原生物引起的病害称侵染性病害，该病害可以传染，所以又叫传染性病害或寄生性病害。

同型症(isotype kwashiorkor)：指不同的病原可引起相同的症状。

隐症现象(masking of symptom)：指一种病害的症状出现后，由于环境条件的改变，或者使用农药治疗以后，原有症状基本减退直至消失。一旦环境条件恢复或农药作用消失后，植物上的症状又会重新出现。

症状(symptom)：植物受病原生物或不良环境因素的侵袭后，内部的生理活动和外观的生长发育所显示的某种异常状态。

植物病害(plant disease)：指植物在自然界中受到有害生物或不良环境条件的持续干扰，其干扰强度超过了植物能够忍耐的程度，使植物正常的生理功能受到严重影响，在生理和外观上表现异常，导致产量降低，品质变劣，甚至死亡的现象。

综合症(syndrome)：某病害在一种植物上可以同时或先后表现两种或两种以上不同类型的症状。

第 2 章 植物病原物

本章导读

主要内容

- 植物病原菌物
- 植物病原原核生物
- 植物病毒
- 植物病原线虫及原生动物
- 寄生性植物

互动学习

名词解释

2.1 植物病原菌物

菌物(fungus)是一类具有细胞核和细胞壁的真核生物。典型菌物的营养体为丝状体，细胞壁主要成分为几丁质和纤维素，不含光合色素，以吸收方式获得营养，通过产生孢子的方式进行繁殖。菌物种类繁多，分布广泛，不仅可生活在地上的各种物体上，还可生活于水和土壤中。大部分菌物为死体营养生物，少数为寄生物或与其他生物共生的共生物。寄生性的菌物中，有些可以寄生在人和动物体上引起“霉菌病”，但更多的是寄生在植物上引起各种植物病害。在各类植物病害中，以菌物引起的病害最多，农业生产上许多重要病害如霜霉病、白粉病、锈病、黑粉病均由菌物引起。因此，菌物是最重要的植物病原物类群。菌物也有对人类有益的一面。菌物参与动植物尸体的分解，是地球上物质循环和生态平衡所不可缺少的要素；有些菌物与植物共生，促进植物的生长；有些菌物是一些植物病原菌，昆虫的寄生物或颉颃菌，可用于植物有害生物的生物防治；有些菌物为食用或药用菌；有些则是重要的工业、医药和食品微生物，用于有机酸、酶制剂、抗生素的生产和食品发酵。

2.1.1 植物病原菌物的一般性状

2.1.1.1 营养体

菌物营养生长阶段的菌体称为菌物的营养体(fungal vegetative body)。绝大多数菌物的营养体是可分枝的丝状体，单根丝状体称为菌丝(hypha)，分枝后聚成一体的一群菌丝称为菌丝体(mycelium)。菌丝体在基质上生长后常形成圆形菌落(colony)。菌丝呈管状，具有细胞壁，无色或有色。细胞壁的主要成分为几丁质(卵菌为纤维素)。菌丝可无限伸长，直径一般为2～30 μm，最大的可达100 μm。高等菌物的菌丝因有许多隔膜(septum)而称为有隔菌丝(septate hypha)，低等菌物的菌丝没有隔膜称为无隔菌丝(aseptate hypha)(图2-1)。此外，少数菌物的营养体不是丝状体，而是无细胞壁且形状可变的原质团(plasmodium)或具细胞壁、卵圆形的单细胞。

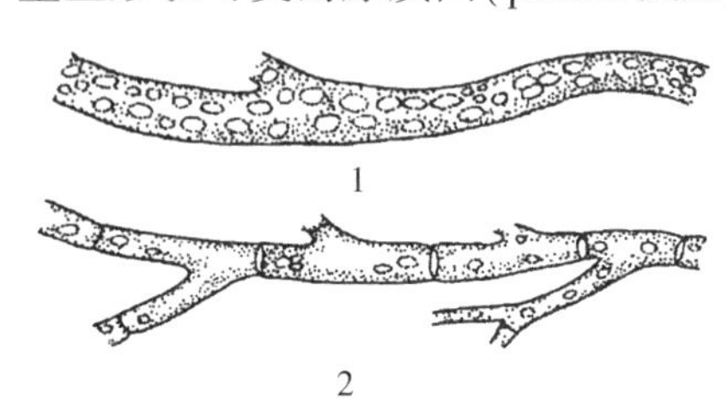

图2-1 菌物的营养体——菌丝体

1. 无隔菌丝 2. 有隔菌丝

菌物的菌丝可形成多种变态，以适应特定的功能。常见的变态结构有吸器(haustorium)、附着胞(appressorium)、假根(rhizoid)和附着枝(hyphopodium)等。吸器是许多活体营养菌物伸入寄主细胞内吸取养分的变态菌丝。不同菌物的吸器形状不一，有球状、丝状、指状和掌状等(图2-2)。附着胞是植物病原菌物孢子萌发形成的芽管或菌丝顶端的膨大部分，它可以牢固地附着在寄主体表，并产生侵入钉(penetration peg)，以穿透寄主角质层和细胞壁进入寄主细胞。附着枝是菌丝两旁生出的具有1～2个细胞的耳状分支，起着附着和吸收营养的作用。假根是菌体的某个部位长出多根有分枝的根状菌丝，以伸入植物吸取养分并固着菌体。

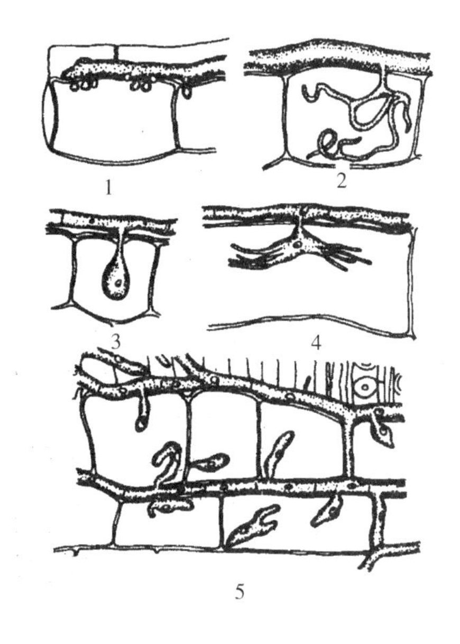

图2-2 菌物的吸器

(引自陈利锋、徐敬友，2006)

1. 白锈菌 2. 霜霉菌 3、4. 白粉菌 5. 锈菌

有些菌物的菌丝体生长到一定阶段可形成疏松或紧密的菌丝组织或菌组织(图2-3)。菌组织主要有菌核(sclerotium)、子座(stroma)和根状菌索(rhizomorph)等。菌核是由菌丝紧密结合而成的休眠体，其内层是疏丝组织，外层是拟薄壁组织，表层因菌丝聚集的密集而色深、坚硬。菌核的主要功能是抵抗不良环境，当条件适宜时能萌发产生营养菌丝或繁殖体。菌核的形状和大小差异较大，小的如油菜籽状，大的如拳头状，大多如鼠粪状，不规则形。子座是由菌丝组织在寄主表面或表皮下形成的一种垫状结构，有时是菌组织与寄主组织结合而成。子座的主要功能是形成产生孢子的机构，也有抵抗不良环境的作用。根状菌索是由菌丝组织平行组成的长条形绳索状结构，外形与植物的根相似。根状菌索可抵抗不良环境，也有助于菌体在基质上蔓延。

有些菌物的菌丝或孢子中的某些细胞膨大、原生质浓缩、细胞壁加厚，形成厚垣孢子(chlamydospore)。厚垣孢子能抵抗不良环境，待条件适宜时可萌发产生菌丝。

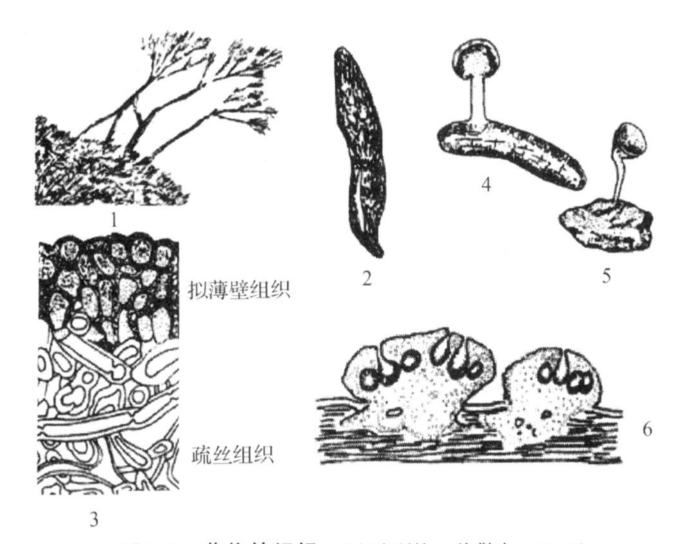

图2-3 菌物的组织(引自陈利锋，徐敬友，2006)

1. 菌索 2. 菌核 3. 菌核剖面(拟薄壁组织和疏丝组织) 4. 菌核萌发形成子座 5. 菌核萌发形成子囊盘 6. 突出于寄主表皮外的子座

2.1.1.2 繁殖体

当营养生长进行到一定时期时，菌物就开始转入繁殖阶段，形成各种繁殖体即子实体(fruiting body)，并产生各种孢子(spore)。菌物的繁殖体包括无性繁殖(asexual reproduction)形成的无性孢子(asexual spore)和有性繁殖(sexual reproduction)产生的有性孢子(sexual spore)。

(1)无性繁殖

无性繁殖是指营养体不经过核配和减数分裂，直接产生后代个体的繁殖方式。无性繁殖产生的后代孢子称为无性孢子。常见的无性孢子有以下类型(图2-4)。

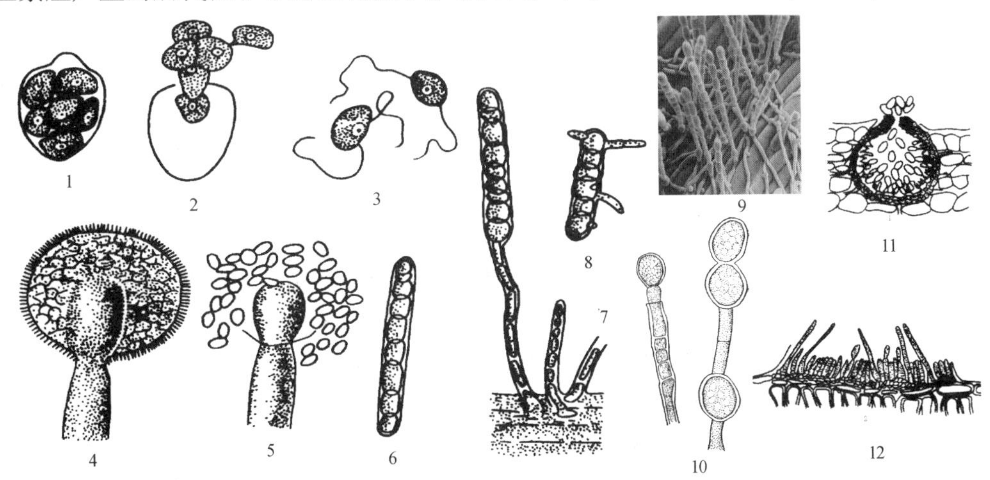

图2-4 菌物无性孢子类型(1~8引自陈利锋，徐敬友；9~12引自康振生)

1. 孢子囊 2. 孢子囊萌发 3. 游动孢子 4. 孢囊梗和孢子囊 5. 孢子囊破裂释放孢囊孢子 6. 分生孢子 7. 分生孢子梗 8. 分生孢子萌发 9. 节孢子 10. 厚垣孢子 11. 分生孢子器 12. 分生孢子盘

① 节孢子(arthrospore) 由菌丝分枝顶端的细胞不断增加隔膜，以断裂的方式形成。节孢子为单细胞，短柱状或椭圆形，多串生，因大量产生植物体表呈粉末状，故有人称粉孢子(oidium)。

② 游动孢子(zoospore) 形成于游动孢子囊内。

③ 孢囊孢子(sporangiospore) 形成于孢子囊内。

④ 厚垣孢子(chlamydospore) 各类菌物均可产生，属于休眠孢子，壁厚。在菌丝生长到一定阶段，由菌丝一个细胞内原生质浓缩形成，抗逆境，可以存活多年。

⑤ 分生孢子(conidium，conidiospore) 产生于由菌丝分化而形成的分生孢子梗上或由菌丝构成的垫状物即分生孢子盘上，或生在近圆形的分生孢子器内，或生在由极短的分生孢子梗构成的垫状结构即分生孢子座上(图2-5)。

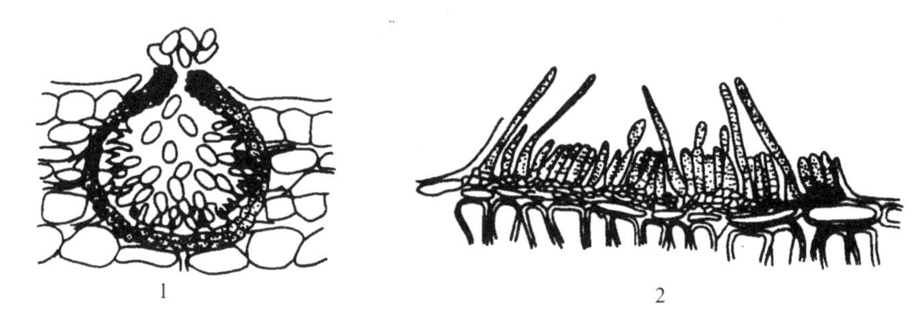

图2-5 载孢体类型

1. 分生孢子器 2. 分生孢子盘

(2)有性繁殖

菌物生长发育到一定时期即进行有性繁殖，产生有性孢子。多数菌物的有性繁殖是由菌丝分化产生性器官即配子囊(gametangium)，通过雌、雄配子囊或配子(gamete)结合产生有性孢子，其整个过程分为质配、核配和减数分裂3个阶段。第一个阶段是质配，经过两个性细胞的融合，其细胞质和细胞核(n)合并在同一细胞中，形成双核($n+n$)体。第二个阶段是核配，在融合的细胞内2个单倍体细胞核结合成1个双倍体核($2n$)。第三阶段是减数分裂，即双倍体细胞核经过2次连续的分裂，形成4个单倍体核(n)，从而产生单倍体后代，即有性孢子。菌物的有性孢子有5种类型(图2-6)。

① 休眠孢子囊(resting sporangium) 根肿菌和壶菌的有性孢子。通常由2个游动配子配合形成的合子发育而成，萌发时发生减数分裂释放出单倍体的游动孢子。根肿菌的一个休眠孢子囊通常仅释放出1个游动孢子，故常被称为休眠孢子(resting spore)。

② 卵孢子(oospore) 卵菌的有性孢子。由2个异型配子囊——雄器(antheridium)和藏卵器(oogonium)接触，雄性细胞核经受精管进入藏卵器与卵球核配后，受精的卵球发育而成的厚壁双倍体孢子。

③ 接合孢子(zygospore) 接合菌的有性孢子。由两个配子囊融合并进行核配形成的厚壁孢子。接合孢子萌发时进行减数分裂，并长出芽管，端生一个孢子囊或直接形成菌丝。

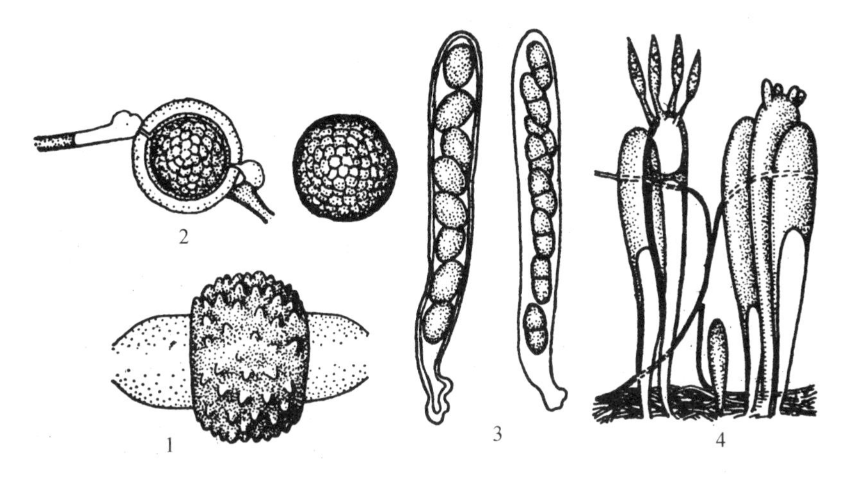

图 2-6　菌物有性孢子类型

1. 接合孢子　2. 卵孢子　3. 子囊孢子　4. 担孢子

④ 子囊孢子(ascospore)　子囊菌的有性孢子，通常是由两个异型配子囊——雄器和产囊体(ascogonium)相结合，经质配、核配和减数分裂而形成的单倍体孢子。子囊孢子着生在无色透明、棒状或卵圆形的囊状结构即子囊(ascus)内，每个子囊中一般形成8个子囊孢子。许多子囊产生在具包被的子囊果(ascocarp)内。子囊果一般有4种类型：球状、具真壳壁、无孔口的闭囊壳(cleistothecium)；瓶状或球状、有真壳壁和固定孔口的子囊壳(perithecium)；由子座溶解而成，具假壳壁、无固定孔口的子囊座(ascostroma)；盘状或杯状的子囊盘(apothecium)。

⑤ 担孢子(basidiospore)　担子菌的有性孢子。通常由异性菌丝结合形成双核菌丝，双核菌丝的顶端细胞膨大成棒状担子(basidium)。担子内双核进行核配和减数分裂，最后在担子上产生4个外生的单倍体的担孢子。

许多菌物的有性生殖存在性分化现象。有些菌物单个菌体就能完成有性生殖，这种现象称为同宗配合(homothallism)；而多数菌物需要两个性亲和的菌体配对才能完成有性生殖，这种现象称为异宗配合(heterothallism)。异宗配合菌物的有性后代比同宗配合菌物的有性后代具有更大的变异性。

2.1.1.3　生活史(life cycle)

菌物的生活史是指从孢子萌发开始，经过一定的营养生长和繁殖阶段，最后又产生同一种孢子的过程。菌物的典型生活史包括无性和有性两个阶段(图2-7)。无性阶段也称无性态(anamorph)，在作物生长季节往往可以连续多次产生大量的无性孢子，对病害的传播起着重要作用。菌物的有性阶段也称有性态(teleomorph)，一般在植物生长或病菌侵染的后期产生，且作物的整个生长季节通常只产生一次有性孢子，其作用除了繁衍后代外，主要是度过不良环境，并作为下一次病害循环的最初侵染来源。

从菌物生活史中细胞核的变化来看，一个完整的生活史是由单倍体和二倍体两个阶段组成的。两个单倍体细胞经质配、核配后，形成二倍体阶段，再经减数分裂进入单倍体时期。有的菌物在质配后，其双核单倍体细胞不立即进行核配，这种双核细胞

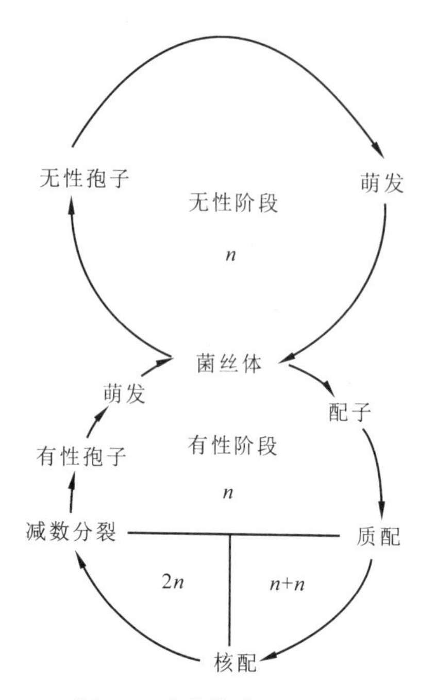

图 2-7 菌物的典型生活史

(引自陈利锋，徐敬友，2006)

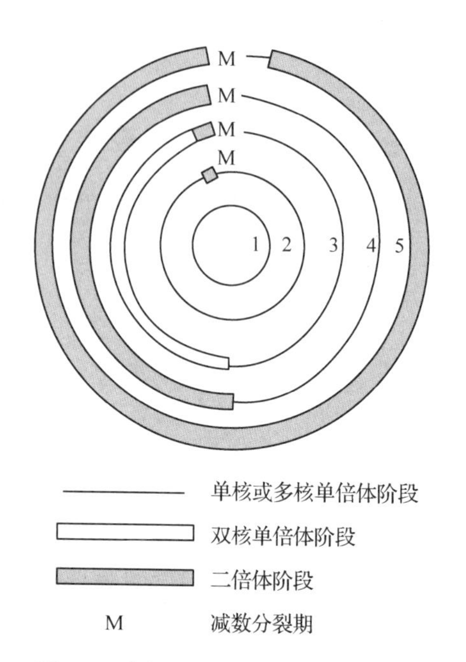

图 2-8 菌物的 5 种生活史类型示意图

(引自陈利锋，徐敬友，2006)

1. 无性型 2. 单倍体型 3. 单倍体－双核型
4. 单倍体－二倍体型 5. 二倍体型

有的可以形成双核菌丝体并独立生活。根据单倍体、二倍体和双核阶段的有无及长短，可将菌物的生活史分为 5 种类型(图 2-8)：

① 无性型 只有无性阶段即单倍体时期，如无性菌物。

② 单倍体型 营养体和无性繁殖体均为单倍体，性细胞质配后立即进行核配和减数分裂，二倍体阶段很短，如壶菌、接合菌等。

③ 单倍体－双核型 生活史中具有单核单倍体和双核单倍体的菌丝，如多数担子菌。许多子囊菌在有性生殖过程中形成的产囊丝是一种双核单倍体结构，具有一定的双核期，也属此类型。

④ 单倍体－二倍体型 生活史中单倍体和二倍体时期互相交替，这种现象在菌物中很少，如异水霉(*Allomyces* spp.)等。

⑤ 二倍体型 单倍体仅限于配子囊时期，整个生活史主要是二倍体阶段，如卵菌。

2. 1. 2 植物病原菌物的分类

自 1753 年林奈的分类系统起，到 20 世纪 50 年代的近代 200 年间，人们一直沿用将生物分为动物界(Animalia)和植物界(Plantae)的两界分类系统，菌物被归入植物界的藻菌植物门(Thallophyta)。然而，这样的归属很早就受到质疑，因为菌物不像植物那样可进行光合作用，也不像动物那样可进行吞食和消化。Whittaker(1969)提出将生物分为原核生物界(Procaryotae)、原生生物界(Protista)、植物界(Plantae)、菌物界

(Fungi)和动物界(Animalia)五个界的分类系统并得到广泛的采纳和应用。1983 年出版的《真菌词典》第 7 版接受了生物的五界分类系统。此后，随着超微结构、生物化学和分子生物学，特别是 18S rRNA 序列的研究的深入，生物五界分类系统的科学性和合理性受到质疑。Cavalier-Smith(1981)提出将细胞生物分为八界，即原核总界(或细菌总界)的古细菌界(Archaebacteria)和真细菌界(Eubacteria)，真核总界的原始动物界(Archaezoa)、原生动物界(Protozoa)、藻物界(Chromista)、菌物界(Fungi)、植物界(Plantae)和动物界(Animalia)。1995 和 2001 年出版的《真菌词典》第 8 版和第 9 版均接受了生物的八界分类系统。

基于生物的五界分类系统，G. C. Ainsworth(1971，1973)提出了菌物界的分类系统，即所谓的 Ainsworth 系统。在该系统中，菌物界下设 2 个门，即黏菌门(Myxomycota)和真菌门(Eumycota)。黏菌门的菌物一般称黏菌，其营养体为原质团(plasmodium)。黏菌大多腐生于腐木、树皮、落叶上，少数生活在草本植物的茎叶上，有时影响植物的生长。真菌门的营养体为菌丝体，少数为单细胞，具细胞壁。根据营养体和繁殖体的类型，真菌门被分为鞭毛菌亚门(Mastigomycotina)、接合菌亚门(Zygomycotina)、子囊菌亚门(Ascomycotina)、担子菌亚门(Basidiomycotina)和半知菌亚门(Deuteromycotina)。自建立以来，Ainsworth 系统被世界各国菌物学家广泛接受和采用，在过去甚至至今的国内教科书或文章上还被采纳。

在八界系统中，原来五界分类系统中的菌物界中卵菌和丝壶菌被归到新设立的藻物界(Chromista)，黏菌和根肿菌被归到原生动物界(Protozoa)中，其他菌物则被归到菌物界(Fungi)中。《真菌词典》第 8 版(1995)和第 9 版(2001)均接受了这一分类系统，并将菌物界下分壶菌门(Chytridiomycota)、接合菌门(Zygomycota)、子囊菌门(Ascomycota)和担子菌门(Basidiomycota)。原来的半知菌门则不再成立为门，而是将已经发现有性态的半知菌均归入相应的子囊菌和担子菌中，对尚未发现有性态的半知菌列入丝裂孢子菌物(Mitosporic fungi)或无性菌物 (Anamorphic fungi)类中。

本书采用《菌物词典》第 10 版的分类系统，把菌物分为四大类群：原生动物界中的菌物、茸鞭生物界中的菌物、真菌界中的菌物和无性型真菌。真菌界下分壶菌门、芽枝霉菌门、新丽鞭毛菌门、接合菌门、子囊菌门、担子菌门。具体分类系统如下：

原生动物界中的菌物
- 黏菌门(Myxomycota)
- 集胞菌门(Acrasiomycota)
- 网柄菌门(Dictyosteliomycota)
- 根肿菌门(Plasmodiophoromycota)
- 原柄菌门(Protosteliomycota)

茸鞭生物界中的菌物
- 卵菌门(Oomycota)
- 丝壶菌门(Hyphochytriomycota)
- 网黏菌门(Labyrinthumycota)

真菌界中的菌物

壶菌门(Chytridiomycota)
　壶菌钢(Chytridiomycetes)
芽枝霉菌门(Blastocladiomycota)
　芽枝霉菌纲(Blastocladiomycetes)
新丽鞭毛菌门(Neocallimastigomycota)
　新丽鞭毛菌纲(Neocallimastigomycetes)
接合菌门(Zygomycota)
　接合菌纲(Zygomycetes)
　毛菌纲(Trichomycetes)
子囊菌门(Ascomycota)
盘菌亚门(Pezizomycotina)
　星裂菌纲(Arthoniomycetes)
　座囊菌纲(Dothideomycetes)
　散囊菌纲(Eurotiomycetes)
　虫囊菌纲(Laboulbeniomycetes)
　茶渍纲(Lecanoromycetes)
　锤舌菌纲(Leotiomycetes)
　异极菌纲(Lichinomycetes)
　圆盘菌纲(Orbiliomycetes)
　盘菌纲(Pezizomycetes)
　粪壳菌纲(Sordariomycetes)
酵母菌亚门(Saccharomycotina)
　酵母纲(Saccharomycetes)
外囊菌亚门(Taphrinomycotina)
　新盘菌纲(Neolectomycetes)
　肺孢子菌纲(Pneumocystidomycetes)
　裂殖酵母菌纲(Schizosaccharomycetes)
　外囊菌纲(Taphrinomycetes)
担子菌门(Basidiomycota)
伞菌亚门(Agaricomycotina)
　伞菌纲(Agaricomycetes)
　花耳纲(Dacrymycetes)
　银耳纲(Tremellomycetes)
锈菌亚门(Pucciniomycotina)
　伞形束孢菌纲(Agaricostilbomycetes)
　小纺锤菌纲(Atractiellomycetes)
　经典菌纲(Classiculomycetes)
　隐菌寄生菌纲(Cryptomycocolacomycetes)

囊担子菌纲(Cystobasidiomycetes)
小葡萄菌纲(Microbotryomycetes)
混合菌纲(Mixiomycetes)
锈菌纲(Pucciniomycetes)
黑粉菌亚门(Ustilaginomycotina)
黑粉菌纲(Ustilaginomycetes)
外担菌纲(Exobasidiomycetes)
根肿黑粉菌纲(Entorrhizomycetes)
无性型真菌(Anamorphic fungi)
丝孢菌纲(Hyphomycetes)
腔孢菌纲(Coelomycetes)

2.1.3 植物病原菌物的主要类群

2.1.3.1 根肿菌门(Plasmodiophoromycota)

根肿菌门含有1纲1目15属，均为寄主细胞内专性寄生菌，少数寄生藻类和其他水生菌物，多数寄生高等植物，常引起根部和茎部细胞膨大和组织增生。

根肿菌门菌物的营养体是单细胞、无细胞壁的原质团；营养方式为吞噬(phagotrophy)或光合作用(叶绿体无淀粉和藻胆体)。无性繁殖时，由单倍体原质团形成薄壁的游动孢子囊，内生多个前端有两根长短不等尾鞭的游动孢子。有性生殖时，两个游动配子或游动孢子配合形成合子后发育成二倍体原质团，再由后者产生厚壁的休眠孢子(囊)。休眠孢子是否聚集以及休眠孢子堆的形态是根肿菌分属的重要依据。与植物病害有关的重要代表属有根肿菌属。

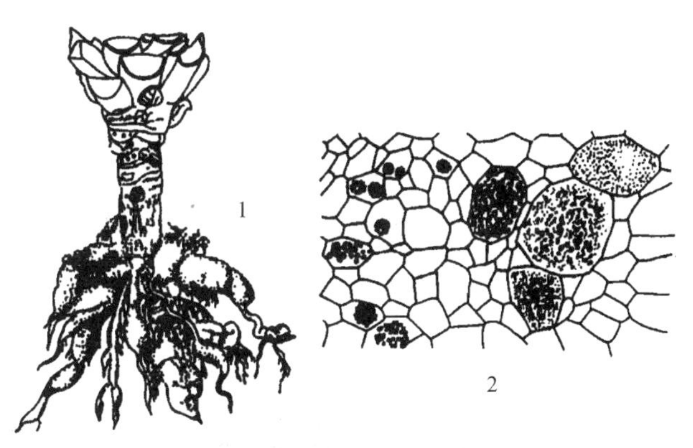

图2-9 根肿菌(引自许志刚，2009)
1. 危害状 2. 病组织内的原质团和休眠孢子

根肿菌属(*Plasmodiophora*) 休眠孢子散生在寄主细胞内，呈鱼卵状，不联合成休眠孢子堆(图2-9)。危害植物根部引起指状肿大，如引起十字花科植物根肿病的芸薹根肿菌(*P. brassicae*)。

2.1.3.2 卵菌门(Oomycota)

(1)卵菌门菌物的一般性状

卵菌营养体大多是发达的无隔菌丝体，少数为单细胞，二倍体，营养方式为吸收

(absorption)或原始光养型(叶绿体位于粗糙内质网腔内，无淀粉和藻胆体)；细胞壁主要成分为纤维素。无性繁殖形成游动孢子囊，内生多个异型双鞭毛(1 根茸鞭和 1 根尾鞭)的游动孢子。有性生殖时藏卵器中形成 1 至多个卵孢子。卵菌可以水生、两栖或陆生，有死体营养型或活体营养型。

卵菌有许多不同于其他菌物的特点。如卵菌的营养体为二倍体，而其他菌物一般为单倍体；卵菌细胞壁的主要成分为纤维素，而其他菌物为几丁质；卵菌的游动孢子具有茸鞭型鞭毛，而其他菌物无茸鞭型鞭毛；卵菌的线粒体脊为管状，而其他菌物为板片状；卵菌的赖氨酸合成途径为二氨基庚二酸途径(DAP)，而其他菌物为氨基已二酸途径(AAA)；卵菌的 25S rRNA 相对分子质量为 1.42×10^6，而其他菌物为$(1.30\sim1.36)\times10^6$。此外，卵菌的有性生殖为卵配生殖，这种方式在菌物中是很少见的。在许多方面卵菌与菌物确有明显差异，而与藻类更为相似，因此，又称卵菌为假菌物(pseudofungi)。

(2)卵菌门菌物的分类

卵菌门仅有 1 个卵菌纲。卵菌纲中有 5 个目，即水霉目(Saprolegniales)、水节霉目(Leptomitales)、囊轴霉目(Rhipidiales)、链壶霉目(Lagenidiales)和霜霉目(Peronosporales)。水霉目的主要特征是游动孢子具两游现象(diplanetism)和藏卵器内含1 至多个卵球(或卵孢子)。典型的两游过程是：从孢子囊释放出的前端生有双鞭毛的梨形游动孢子经一段时间游动后转为休止孢，休止孢萌发后形成侧面凹陷处着生鞭毛的肾形游动孢子，肾形游动孢子再游动一个时期后休止，萌发出芽管。其他 3 个目的游动孢子无两游现象，藏卵器中只有单个卵球(或卵孢子)。腐霉目孢囊梗大多分化不明显，无限生长，死体营养或活体营养。霜霉目孢囊梗分化显著且复杂，有限生长，活体营养。指梗霉目与霜霉目的主要区别是前者卵孢子壁与藏卵器壁愈合。

(3)与农作物病害有关的重要属

① 绵霉属(*Achlya*)　水霉目成员。孢囊梗菌丝状，游动孢子释放时聚集在囊口休止。藏卵器内 1 至多个卵球(图 2-10)。绵霉广泛存在于池塘、水田或土壤中，少数为高等植物的弱寄生菌，如引起水稻烂秧的稻绵霉(*A. oryzae*)。

图 2-10　绵霉属(引自许志刚，2009)

1. 孢子囊和游动孢子释放　2. 雄器和藏卵器

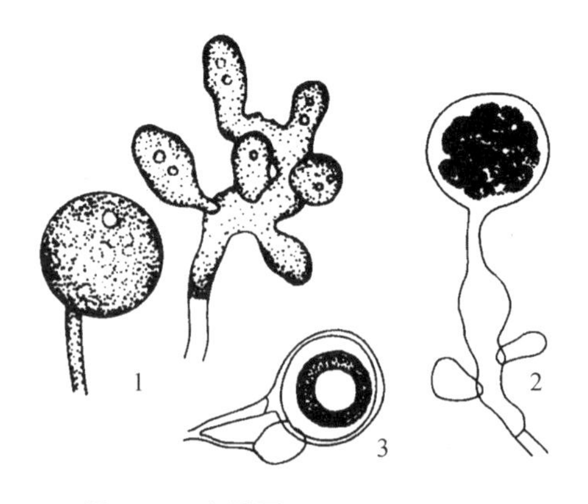

图 2-11　腐霉属(引自许志刚，2009)

1. 孢囊梗和孢子囊　2. 孢子囊萌发形成泡囊　3. 雄器(侧生)和藏卵器

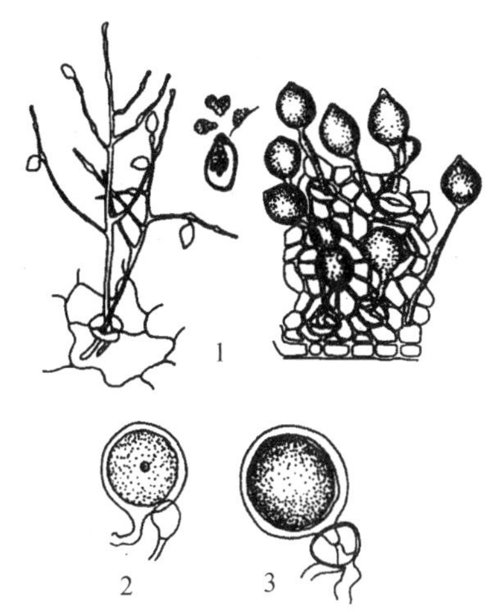

图 2-12 疫霉属(大豆疫霉)
(引自许志刚，2009)
1. 孢囊梗、孢子囊和游动孢子
2. 雄器(侧生)和藏卵器
3. 雄器包围在藏卵器的基部

② 腐霉属(*Pythium*) 霜霉目成员。孢囊梗菌丝状。孢子囊球状或裂瓣状，萌发时产生泡囊，原生质转入泡囊内形成游动孢子。藏卵器内单卵球(图 2-11)。腐霉大多水生或两栖，死体营养或活体营养，可引起多种作物幼苗的根腐、猝倒以及瓜果的腐烂，如瓜果腐霉(*P. aphanidernatum*)。

③ 疫霉属(*Phytophthora*) 腐霉目成员。孢囊梗分化不显著至显著。孢子囊近球形、卵形或梨形。游动孢子在孢子囊内形成，不形成泡囊。藏卵器内单卵球(图 2-12)。疫霉多为两栖或陆生，寄生性较强，可引致多种作物的疫病，如引起马铃薯晚疫病的致病疫霉(*P. infestans*)。

④ 霜霉属(*Peronospora*) 霜霉目成员。孢囊梗有限生长，形成二叉锐角分枝，末端尖锐。孢子囊卵圆形，成熟后易脱落，可随风传播，萌发时一般直接产生芽管，不形成游动孢子。藏卵器内单卵球(图 2-13)。霜霉菌陆生，活体营养，引致多种植物的霜霉病，如引起十字花科植物霜霉病的寄生霜霉(*P. parasitica*)。

⑤ 指梗霉属(*Sclerospora*) 霜霉目成员。孢囊梗主轴粗短，顶端不规则二叉状分支，孢子囊萌发时形成游动孢子，或在某些种内产生菌丝，卵孢子壁与藏卵器壁融合，以芽管或游动孢子萌发。如引起粟白发病的禾生指梗霉(*S. graminicola*)。

⑥ 白锈属(*Albugo*) 霜霉目成员。孢囊梗平行排列在寄主表皮下，短棍棒形。孢子囊串生。藏卵器内单卵球，卵孢子壁有纹饰(图 2-14)。白锈菌陆生，活体营养型，引致植物的白锈病，如引起十字花科植物白锈病的白锈菌(*A. candida*)。

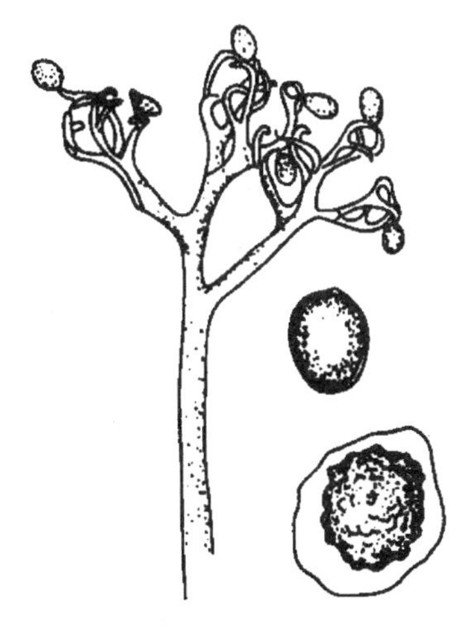

图 2-13 霜霉属(引自许志刚，2009)

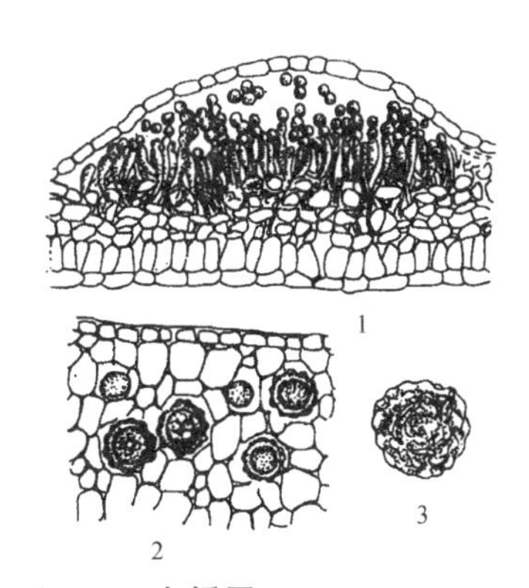

图 2-14 白锈属(引自许志刚，2009)
1. 寄生在寄主表皮细胞下的孢囊梗和孢子囊
2. 病组织内的卵孢子 3. 卵孢子

2.1.3.3 壶菌门(Chytridiomycota)

壶菌门菌物营养体形态差异较大，较低等的壶菌营养体为单细胞，有的可形成假根；较高等的壶菌可形成较发达的无隔菌丝体。无性繁殖产生游动孢子囊，孢子囊有或无囊盖，内生多个后生单尾鞭的游动孢子。有性生殖大多产生休眠孢子囊，萌发时释放出游动孢子。壶菌门有2纲[壶菌纲(Chytridiomycetes)和单毛壶菌纲(Monoblepharidomycetes)]4目105科706种。

壶菌纲包括3目[壶菌目(Chytridiales)、根囊壶菌目(Rhizophydiales)和螺旋壶菌目(Spizellomycetales)] 10科98属678种。壶菌目菌物大多水生，死体营养居多，少数可寄生植物。菌物菌体为单细胞，有的具假根，整体产果(holocarpic，整个营养体转变成繁殖体)或分体产果(eucarpic，部分营养体形成繁殖体)，游动孢子常有1个明显的脂球。与植物病害有关的重要属有：

集壶菌属(*Synchytrium*) 壶菌目集壶菌科成员。该属菌体内寄生，整体产果，成熟的孢子囊堆位于寄主表面，内有多个游动孢子囊，游动孢子囊无囊盖，游动孢子囊内产生游动孢子。有性生殖产生休眠孢子囊。如寄生于马铃薯茎、叶、块茎等，引起马铃薯癌肿病的内生集壶菌(*S. endobioticum*)。

2.1.3.4 芽枝霉菌门(Blastocladiomycota)

芽枝霉菌门菌物多腐生，常见于土壤和水中，营养体为较发达的无隔菌丝体，无性繁殖产生具有单鞭毛的游动孢子。芽枝霉菌门目前包括1纲1目5科14属179种。其中，芽枝霉菌目菌物为水生或土壤习居菌，多数腐生，少数寄生。与植物病害有关的重要属有：

节壶菌属(*Physoderma*) 芽枝霉菌目成员。营养体为寄主组织内的陀螺状膨大细胞，其间有丝状体相连。休眠孢子囊扁球形，黄褐色，有囊盖，萌发时释放出多个游动孢子。高等植物的活体营养生物，侵染寄主常形成稍隆起的病斑，但不引致寄主组织过度生长，如引起玉米褐斑病的玉蜀黍节壶菌(*P. maydis*)(图2-15)。

2.1.3.5 接合菌门(Zygomycota)

(1)接合菌门菌物的一般性状

接合菌门菌物的共同特征是有性生殖产生接合孢子。接合菌为陆生，在自然界中分布较广，大多腐生。接合菌有的可以用于食品发酵和生产酶与有机酸；有的是昆虫和高等植物的共生菌；少

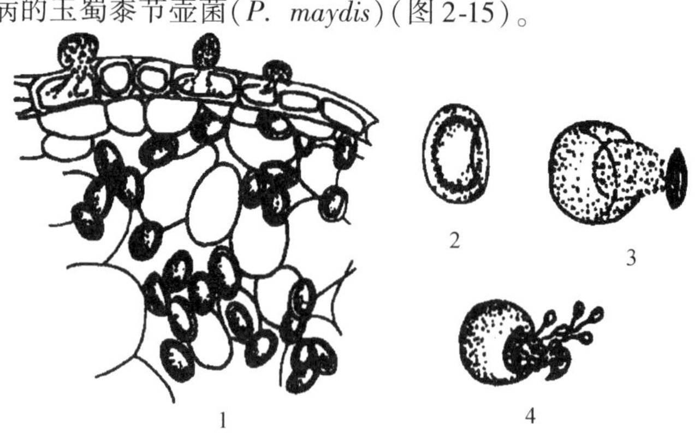

图2-15 玉蜀黍节壶菌(引自许志刚，2009)
1. 寄主体表的游动孢子和寄主体内的休眠孢子囊
2. 休眠孢子囊放大 3、4. 休眠孢子囊萌发

数可寄生植物、人、动物引起病害。

接合菌营养体为无隔到有隔菌丝体，有的接合菌菌丝体可以分化形成假根和匍匐菌丝。细胞壁的主要成分为几丁质。无性繁殖是以原生质割裂的形式在孢子囊中产生孢囊孢子。有性繁殖是以同型或异型配子囊以配子囊结合的方式进行质配，发育成接合孢子。配囊柄有的对生，有的钳生，接合孢子有时有附属丝。接合孢子萌发时，一般先形成芽管，芽管顶端膨大形成孢子囊。异宗配合时产生“+”“-”两种类型的孢子。

接合菌在 Ainsworth(1973)分类系统中属于接合菌亚门，分为接合菌纲(Zygomycetes)和毛菌纲(Trichomycetes)。其中与植物病害关系密切的是接合菌纲中的毛霉目(Mucorales)。

毛霉目(Mucorales)菌物是接合菌中在经济上比较重要的类群，其中绝大多数腐生，极少数寄生在植物上引起病害，最重要的有根霉属(*Rhizopus*)、笄霉属(*Choanephora*)、毛霉属(*Mucor*)和犁头霉属(*Absidia*)中的某些种引起植物某些器官的腐败。

(2)与农作物病害有关的重要属

① 根霉属(*Rhizopus*)　毛霉目成员。菌丝分化出假根和匍匐丝，孢囊梗单生或丛生，与假根对生，顶端着生球状孢子囊，孢子囊内有许多孢囊孢子；接合孢子球形，壁厚，配囊柄对生，无附属丝。其中的匐枝根霉(*Rhizopus stolonifer*)(图 2-16)可引起瓜果和薯类的软腐病。

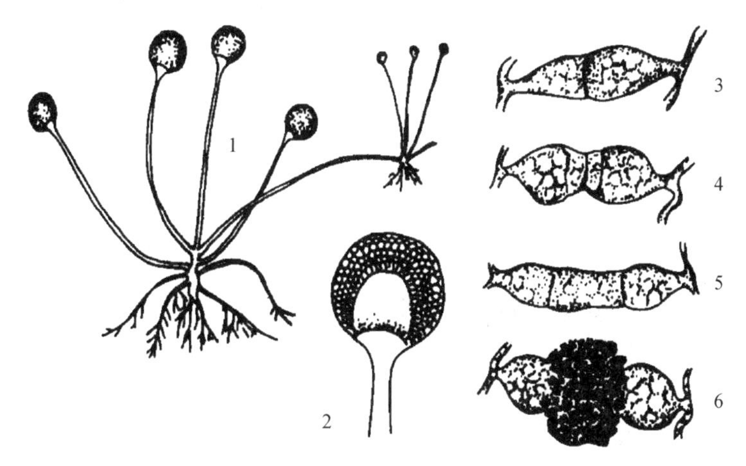

图 2-16　匍枝根霉菌(引自许志刚，2009)

1. 孢囊梗、孢子囊、假根和匍匐菌丝　2. 放大的孢子囊　3. 原配子囊　4. 原配子囊分化成配子囊和配子囊柄　5. 配子囊交配　6. 交配后形成的接合孢子

② 毛霉属(*Mucor*)　毛霉目成员。菌丝分化出直立、不分枝或有分枝的孢囊梗，不形成匍匐丝与假根(图 2-17)。常引起果实与贮藏器官的腐烂。

③ 犁头霉属(*Absidia*)　毛霉目成员。菌丝分化出匍匐丝与假根。孢囊梗着生在假根间的匍匐丝上；接合孢子有附属丝包围，配囊柄对生(图 2-18)。引起贮藏物的腐败。

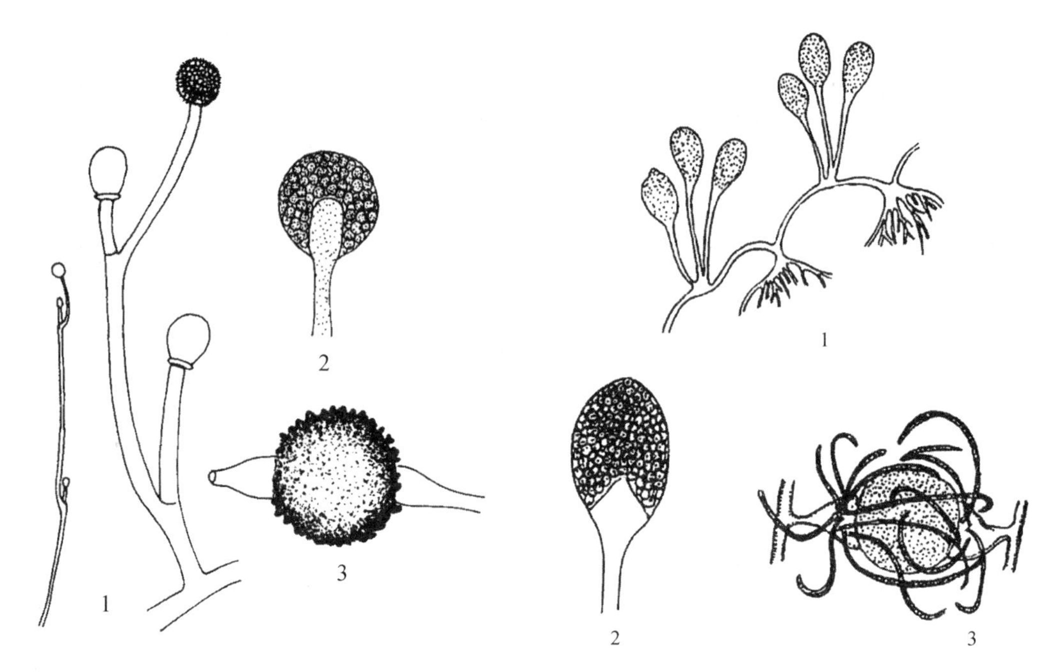

图2-17 毛霉属(引自许志刚，2009)
1. 孢囊梗、孢子囊 2. 放大的孢子囊
3. 接合孢子

图2-18 犁头霉属(引自许志刚，2009)
1. 匍匐丝、假根、孢囊梗、孢子囊
2. 放大的孢子囊 3. 接合孢子

④ 笄霉属(*Choanephora*) 毛霉目成员。可产生大、小两种类型的孢子囊。小型孢子囊成群聚生在孢囊梗顶端膨大的球体上，内含单个孢囊孢子；大型孢子囊着生在弯曲下垂的孢囊梗顶端，内含许多孢囊孢子；孢囊孢子具线状条纹，两端具8～18根纤毛；配囊柄钳生，无附属丝，接合孢子有线状条纹(图2-19)。有些种引起瓜类、茄子、棉花等的花腐病。

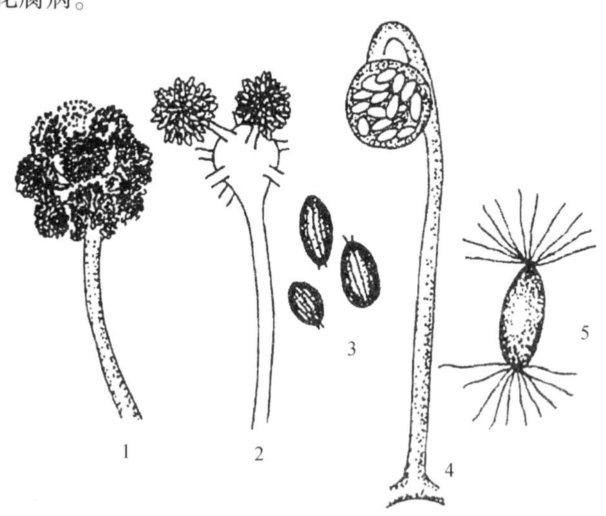

图2-19 笄霉属(引自许志刚，2009)
1. 小型孢子囊聚生在孢囊梗顶端 2. 孢囊梗顶端的球状体及小梗
3. 小型孢子囊 4. 大型孢子囊 5. 孢囊孢子放大

2.1.3.6 子囊菌门(Ascomycota)

(1)子囊菌菌物的一般性状

子囊菌门菌物由于有性阶段形成子囊和子囊孢子，故称为子囊菌，是一类高等菌物。各类群在形态、生活史和生活习性上差异很大。子囊菌大都陆生，营养方式有腐生、寄生和共生。为害植物的子囊菌多引起根腐、茎腐、果(穗)腐、枝枯和叶斑等症状。子囊菌的营养体大多是发达的有隔菌丝体，少数(如酵母菌)为单细胞。许多子囊菌的菌丝体可以集合形成菌组织，即疏丝组织和拟薄壁组织，进一步形成子座和菌核等结构。

子囊菌的无性繁殖主要产生分生孢子，有些子囊菌在自然界经常看到的是分生孢子阶段，但目前仍有许多子囊菌缺乏分生孢子阶段的报道。有关分生孢子的情况见无性型真菌。

有性生殖产生子囊和子囊孢子，大多数子囊菌的子囊产生在子囊果内，少数裸生。子囊果主要有以下4种类型。

① 闭囊壳(cleistothecium)　子囊果包被是完全封闭的，无固定的孔口。

② 子囊壳(perithecium)　子囊果的包被有固定的孔口，容器状，子囊为单层壁。

③ 子囊盘(apothecium)　子囊果呈开口的盘状、杯状，顶部平行排列子囊和侧丝形成子实层，有柄或无。

④ 子囊座(ascostroma)　在子座内溶出有孔口的空腔，腔内发育成具有双层壁的子囊，含有子囊的子座称为子囊座。

子囊(ascus)呈囊状结构，大多呈圆筒形或棍棒形，少数为卵形或近球形，有的子囊具柄。一个典型的子囊内含有8个子囊孢子。子囊孢子形状多样，有近球形、椭圆形、腊肠形或线形等。单细胞、双细胞或多细胞，无色至黑色，细胞壁表面光滑或具条纹、瘤状突起、小刺等。呈单行、双行，或平行排列，或者不规则地聚集在子囊内。

(2)子囊菌门菌物的分类

本书采用最新的DNA序列分析研究结果，在最新的《菌物词典》第10版中，子囊菌门设3个亚门：盘菌亚门(Pezizomycotina)、酵母菌亚门(Saccharomycotina)、外囊菌亚门(Taphrinomycotina)，共15纲68目327科6355属和一些不确定的分类单元。

(3)与农作物病害有关的重要属

① 外囊菌属(*Taphrina*)　外囊菌目成员。营养体为双核菌丝体。有性生殖时，双核菌丝在寄主角质层或表皮下形成一层厚壁的产囊细胞，产囊细胞发育成栅栏状排列的子囊层，无子囊果；子囊孢子芽殖产生芽孢子。如引起桃缩叶病的畸形外囊菌(*T. deformans*)(图2-20)。

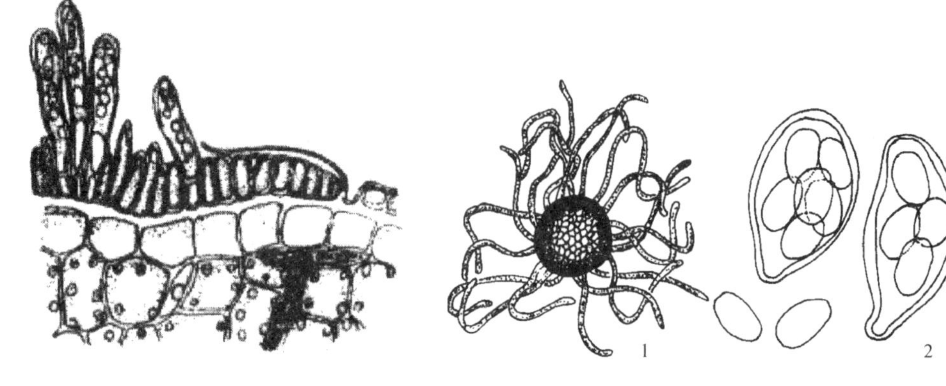

图 2-20　外囊菌属子囊

（引自许志刚，2008）

图 2-21　白粉菌属

（引自许志刚，2009）

1. 闭囊壳　2. 子囊和子囊孢子

② 白粉菌属（*Erysiphe*）　白粉菌目成员。闭囊壳内有多个子囊，子囊内含 2 ~ 8 个子囊孢子，附属丝菌丝状。分生孢子串生或单生（图 2-21）。如蓼白粉菌（*E. polygoni*）、二孢白粉菌（*E. cichoracearum*）危害烟草、芝麻、向日葵及瓜类植物等，在病部形成白色粉状物。

③ 布氏白粉属（*Blumeria*）　白粉菌目成员。闭囊壳上的附属丝不发达，呈短菌丝状，闭囊壳内含多个子囊。分生孢子梗基部膨大为近球形，分生孢子串生。该属只有 1 种，即禾布氏白粉菌（*B. graminis*），引起禾本科植物白粉病（图 2-22）。

④ 长喙壳属（*Ceratocystis*）　小囊菌目成员。子囊壳长颈烧瓶形，基部球形，有一细长的颈部，顶端裂为须状。子囊壁早期溶解，难见到完整的子囊，无侧丝。子囊孢子小，单胞，无色，形状多样（图 2-23）。如甘薯长喙壳（*C. fimbriata*）引起甘薯黑斑病。

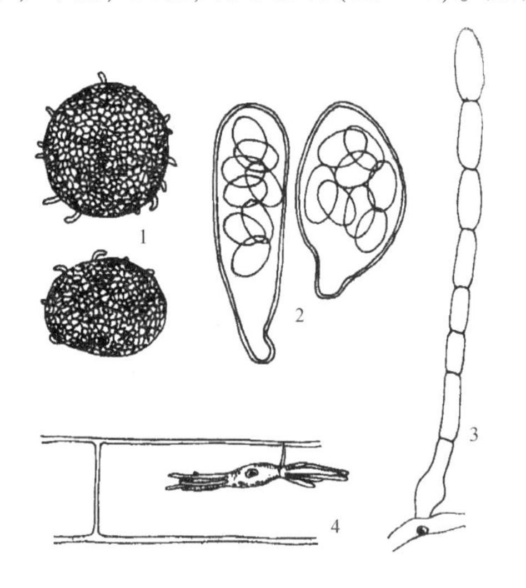

图 2-22　布氏白粉属

（引自许志刚，2009）

1. 闭囊壳　2. 子囊和子囊孢子　3. 分生孢子梗和分生孢子　4. 吸器

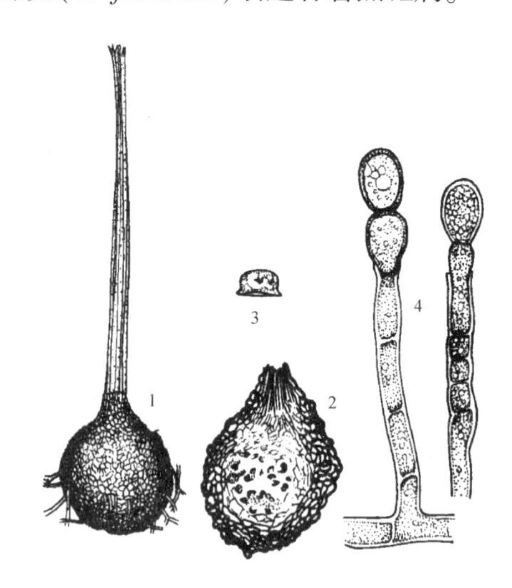

图 2-23　长喙壳属

（引自许志刚，2009）

1. 子囊壳　2. 子囊壳剖面　3. 子囊孢子　4. 分生孢子梗及分生孢子

⑤ 赤霉属(*Gibberella*)　肉座菌目成员。子囊壳表生，洋葱状。单生或群生于子座上，壳壁蓝色或紫色。子囊棍棒形，有规则排列于子囊壳基部。子囊孢子梭形，无色，有2～3个隔膜。无性世代多为镰刀菌(*Fusarium*)。该属有2个重要种。玉蜀黍赤霉(*G. zeae*)引起大麦、小麦及玉米等多种禾本科植物赤霉病(图2-24)；藤仓赤霉(*G. fujikuroi*)寄生水稻引起恶苗病，危害玉米引起秆腐和穗腐。

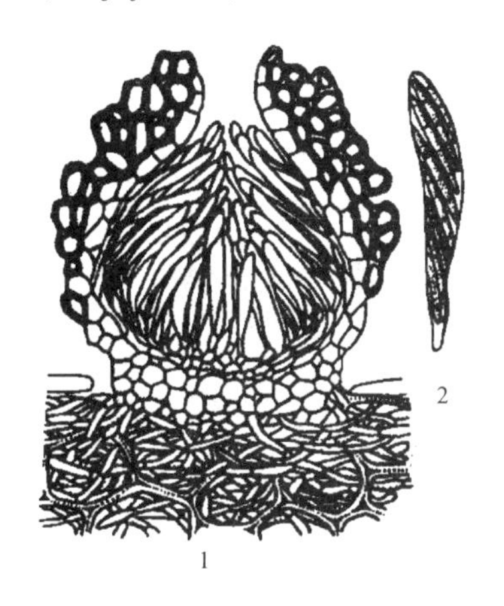

图2-24　玉蜀黍赤霉
(引自许志刚，2009)
1. 子囊壳　2. 子囊

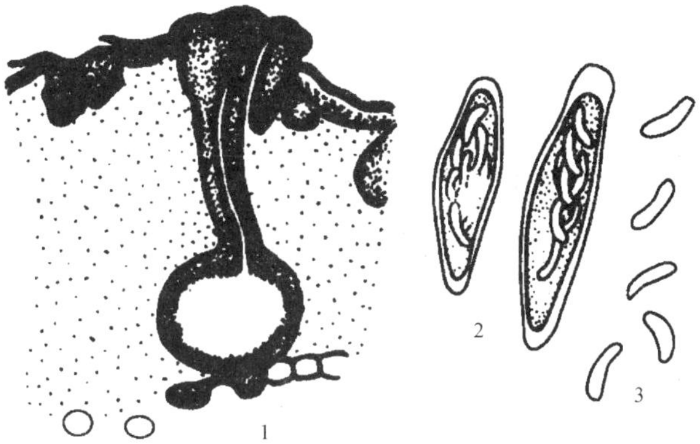

图2-25　黑腐皮壳属(引自许志刚，2009)
1. 着生在子座内的子囊壳　2. 子囊　3. 子囊孢子

⑥ 黑腐皮壳属(*Valsa*)　间座壳目成员。子囊壳埋生于子座内，有长颈伸出子座。子囊孢子单细胞，香蕉形(图2-25)。其无性态为壳囊孢属(*Cytospora*)。死体营养或弱寄生，有些引起重要的植物病害，如引起苹果腐烂病的苹果黑腐皮壳(*V. mali*)。

⑦ 球座菌属(*Guignardia*)　座囊菌目成员。子囊座生于寄主表皮下，子囊束生，子座间无拟侧丝，子囊孢子卵形，单细胞(图2-26)。大多寄生于植物的茎、叶和果实，其中重要的病原物有引起葡萄黑腐病的葡萄球座菌(*G. bidwellii*)等。

⑧ 黑星菌属(*Venturia*)　格孢腔菌目成员。假囊壳多生于寄主表皮下，孔口周围有

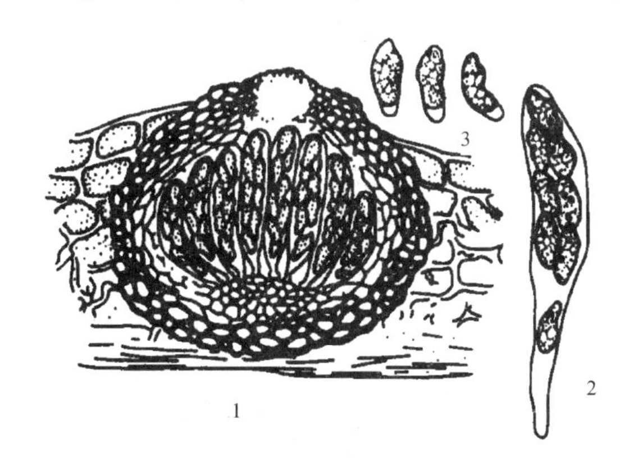

图2-26　球座菌属(引自许志刚，2009)
1. 假囊壳　2. 子囊　3. 子囊孢子

图2-27　黑星菌属(引自许志刚，2009)
1. 具刚毛的假囊壳　2. 子囊孢子

黑色刚毛。子囊平行排列，有拟侧丝。子囊孢子椭圆形，双细胞大小不等(图2-27)。大多危害果树的叶片、枝条和果实，引起黑星病，如引起苹果黑星病的苹果黑星菌(*V. inaequali*)和引起梨黑星病的纳雪黑星菌(*V. nashicola*)。

⑨ 核盘菌属(*Sclerotinia*) 柔膜菌目成员。在寄主表面形成圆形、圆柱形、扁平形等形状的菌核。菌核黑色，外部为褐色的拟薄壁组织，内部为淡黄色至白色的疏丝组织。具长柄的子囊盘产生在菌核上，漏斗状或杯盘状。子囊圆柱形，具侧丝。子囊孢子单胞，椭圆形或纺锤形，无色。核盘菌(*S. sclerotiorum*)(图2-28)引起多种植物的菌核病。

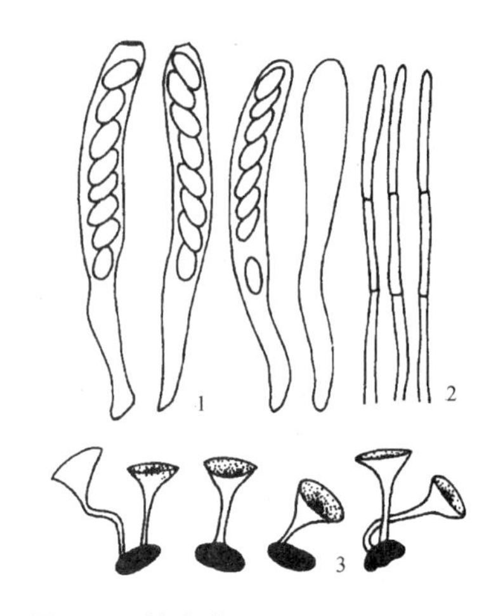

图2-28 核盘菌(引自邢来君等，1999)
1. 子囊 2. 侧丝 3. 菌核萌发长出的子囊盘

2.1.3.7 担子菌门(Basidiomycota)

(1)担子菌门菌物的一般性状

担子菌门菌物一般称作担子菌，是菌物中最高等的类群。其共同特征是有性生殖产生担子(basidium)和担孢子(basidiospore)。担孢子着生在担子上，每个担子上一般形成4个担孢子。高等担子菌的担子着生在具有高度组织化的结构上形成子实层，这种结构称作担子果(basidiocarp)。担子果常产生在腐朽木材、枯枝落叶上，常见的如木耳、银耳、蘑菇、灵芝等，都是担子菌的担子果。有些担子果可食用或作药用，但有的有毒。低等担子菌的担子裸生，无担子果。有些担子菌寄生于植物，引起严重病害。有少数担子菌与植物共生形成菌根。

担子菌营养体是发达的有隔菌丝体。菌丝发育通常有两个阶段：由担孢子萌发的菌丝称为初生菌丝，属单倍体阶段(此时期短)；初生菌丝交配或通过担孢子之间的结合形成双核的菌丝称为次生菌丝。次生菌丝上常形成锁状联合，有的担子菌则没有。大多数担子菌是以次生菌丝在植物细胞间蔓延和扩展，其中锈菌在菌丝上产生指状吸器伸入细胞内吸取养分。

无性繁殖不发达，通常以芽殖方式产生芽孢子、菌丝断裂方式产生节孢子或粉孢子，或产生分生孢子。例如，黑粉菌的担子孢子常以出芽生殖的方式产生芽孢子。锈菌的夏孢子，其起源和功能都相当于分生孢子。有的担子菌能产生真正的分生孢子，如异担子菌(*Heterobasidium anrtosus*)的分生孢子阶段是无性型真菌的珠头霉属(*Oedocephalum*)。

有性繁殖产生担子和担孢子。典型担子由双核菌丝顶端细胞发展而来，棍棒状。而黑粉菌和锈菌的冬孢子萌发时也产生担子，这种担子是管状的，有分隔，特称为初菌丝或先菌丝(相当于典型的担子)，其上形成的孢子称为小孢子(相当于典型的担孢子)。

(2)担子菌门菌物的分类

在《菌物词典》第10版中，对担子菌门分类地位和基本类群进行了重要的调整和修订，将第9版中的担子菌纲、锈菌纲和黑粉菌纲分别提升到了亚门的水平，并在名称上进行了相应的修改，废弃了第9版中的担子菌纲(Basidiomycetes)和锈菌纲(Urediniomycetes)这两个名称，相应地采用伞菌纲(Agaricomycetes)和锈菌纲(Pucciniomycotina)来表示。《菌物词典》第10版中担子菌门设锈菌亚门、黑粉菌亚门和伞菌亚门3个亚门，共16纲52目177科1 589属31 515种。

(3)与农作物病害有关的重要目和属

①锈菌目(Pucciniales) 锈菌目菌物一般称作锈菌，寄主范围广，主要危害植物茎、叶，大都引起局部侵染，在病斑表面往往形成称作锈状物的病征，所引起的病害一般称为锈病(rust)，常造成农作物的严重损失。冬孢子由双核菌丝的顶端细胞形成，担子自外生型冬孢子上产生，担子有隔，担孢子自小梗上产生，成熟时强力弹射。通常认为锈菌是专性寄生的，但是已有少数锈菌如小麦禾柄锈菌(*Puccinia graminis* f. sp. *tritici*)等逾10种锈菌可以在人工培养基上培养。典型的锈菌具有5种类型的孢子，即性孢子、锈孢子、夏孢子、冬孢子和担孢子。冬孢子主要起休眠越冬的作用，冬孢子萌发产生担孢子，常为病害的初侵染源；锈孢子、夏孢子是再侵染源，起扩大蔓延的作用。有些锈菌还有转主寄生现象，需要在不同的寄主上完成生活史。锈菌引起农作物病害重要的属有：

柄锈菌属(*Puccinia*) 锈菌目成员。冬孢子有柄，双细胞，深褐色，顶壁厚；性孢子器球形；锈孢子器杯状或筒状；锈孢子单细胞，球形或椭圆形；夏孢子黄褐色，单细胞，近球形，壁上有小刺(图2-29)。本属包含3 000多个种，其中有长生活史型和短生活史型，有单主寄生和转主寄生。柄锈菌属危害许多不同科的高等植物，许多重要的禾谷类锈病是由此属锈菌引起，如麦类秆锈病(*P. graminis*)、小麦条锈病(*P. striiformis*)和小麦叶锈病(*P. recondita*)等。*P. allii* 引起葱锈病。

单胞锈菌属(*Uromyces*) 锈菌目成员。冬孢子单细胞，有柄，顶壁较厚；夏孢子单细胞，有刺或瘤状突起(图2-30)。寄生于多科植物，以豆科寄主为主，*U. appendiculatus* 引起菜豆锈病，*U. vignae* 引起豇豆锈病，*U. fabae* 引起蚕豆锈病。

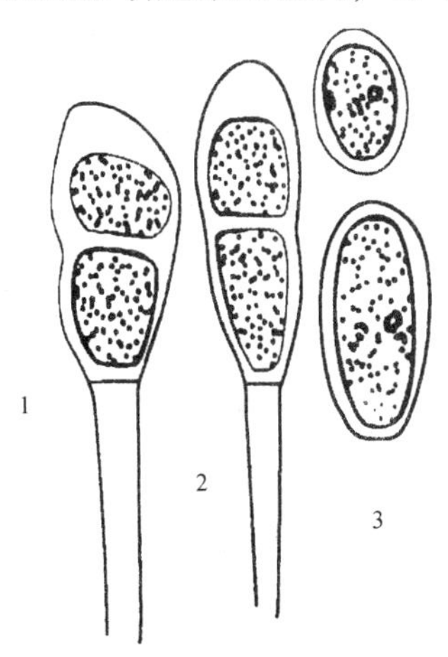

图2-29 柄锈菌属(引自许志刚，2009)
1、2. 冬孢子 3. 夏孢子

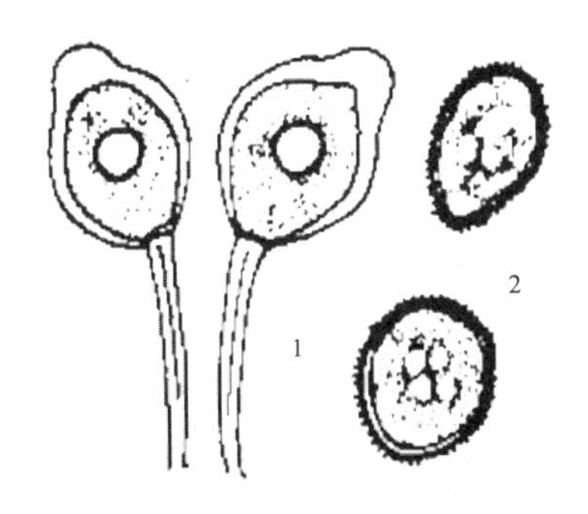

图2-30 单胞锈菌属(引自许志刚，2009)
1. 冬孢子 2. 夏孢子

胶锈菌属(*Gymonsporangium*) 锈菌目成员。冬孢子双细胞，有可以胶化的长柄。冬孢子堆舌状或垫状，遇水胶化膨大，近黄色至深褐色。锈孢子器长管状，锈孢子串生，近球形，黄褐色，壁表面有小的疣状突起，转主寄生，无夏孢子阶段(图2-31)。此属锈菌大都侵染果树和树木。其中较重要的种，如侵染梨的梨胶锈菌(*G. haraeanum*)和引起苹果锈病的山田胶锈菌(*G. yamadai*)等都是转主寄生的。担孢子侵染蔷薇科(Rosaceae)植物，而锈孢子则侵害刺柏属(*Juniperus*)、圆柏属(*Sabina*)植物。由于缺少夏孢子阶段，所引起病害只有初侵染而无再侵染。

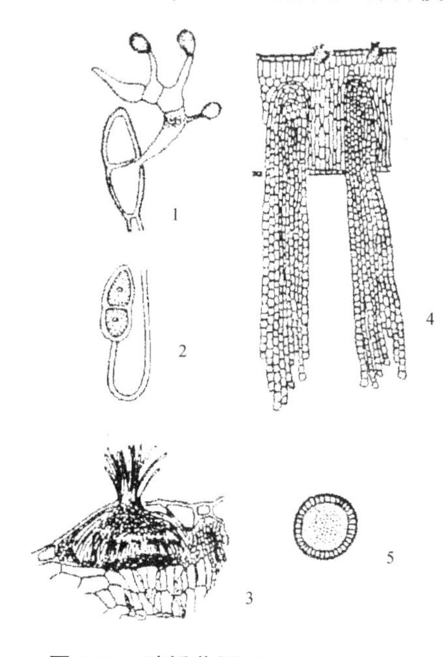

图2-31 胶锈菌属(仿许志刚，2009)

1. 冬孢子萌发生担子和担孢子 2. 冬孢子 3. 性孢子器和性孢子 4. 锈孢子器和锈孢子 5. 放大的锈孢子

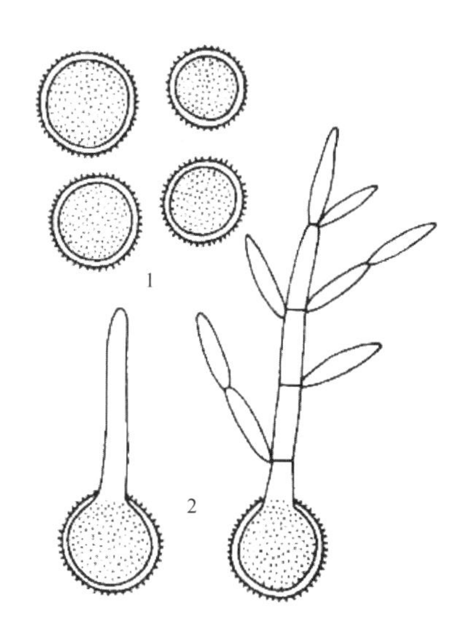

图2-32 玉蜀黍黑粉菌

(引自方中达，1996)

1. 冬孢子 2. 冬孢子萌发生担子和次生担孢子

② 黑粉菌目(Ustilaginales) 黑粉菌目菌物一般称作黑粉菌。绝大多数是高等植物寄生菌，多引起系统性侵染，也有局部性侵染性，在病部往往形成黑粉状物的病征，所引起的病害一般称为黑粉病(smut)。无性繁殖不发达，担孢子可芽殖产生芽孢子。双核菌丝体的中间细胞形成冬孢子(厚垣孢子)，许多冬孢子聚集成黑色粉状的孢子堆。冬孢子萌发形成担子和担孢子，担子有隔或无隔，担孢子直接生于担子上，无小梗，不能强力弹射。大多数黑粉菌可以在人工培养基上生长，少数为腐生菌。引起农作物病害的黑粉菌属主要有黑粉菌属(*Ustilago*)、轴黑粉属(*Sphacelotheca*)和腥黑粉菌属(*Tilletia*)等，尤其以黑粉菌属最为重要。

黑粉菌属(*Ustilago*) 黑粉菌目成员。冬孢子堆黑褐色，成熟时呈粉状；冬孢子散生，单胞，球形，壁光滑或有多种饰纹，萌发产生的担子(先菌丝)有隔膜；担孢子侧生或顶生，有些种的冬孢子直接产生芽管而不是形成先菌丝，因而不产生担孢子(图2-32)。黑粉菌属寄生在禾本科植物上较多，多危害花器，也可危害其他部位引起肿瘤。如小麦散黑粉菌(*U. tritici*)引起小麦散黑粉病，裸黑粉菌(*U. nudda*)引起大麦散黑粉病，玉蜀黍黑粉菌(*U. maydis*)引起玉米瘤黑粉病，大麦坚黑粉菌(*U. horda*)引起大麦坚黑穗病。

轴黑粉菌属(*Sphacelotheca*)　条黑粉菌目成员。冬孢子堆黑褐色，由菌丝体组成的包被包围在粉状或粒状孢子堆外面，成熟时呈粉状；孢子堆中间有由寄主维管束残余组织形成的中轴。冬孢子散生，单胞，球形，壁光滑或有饰纹，萌发产生的担子(先菌丝)有隔膜；担孢子侧生或顶生(图2-33)。多危害花器。引起玉米丝黑穗病、高粱散粒黑穗病、坚黑穗病和丝黑穗病。

尾孢黑粉菌属(*Neovossia*)　腥黑粉菌目冬孢子堆产生于寄主子房内，半胶状或粉状；冬孢子产生在菌丝末端的细胞内，孢子形成后菌丝残留物在孢子外形成一柄状结构。冬孢子表面布满齿状突起(图2-34)。如稻粒黑粉病菌(*N. horrida*)引起水稻粒黑粉病。

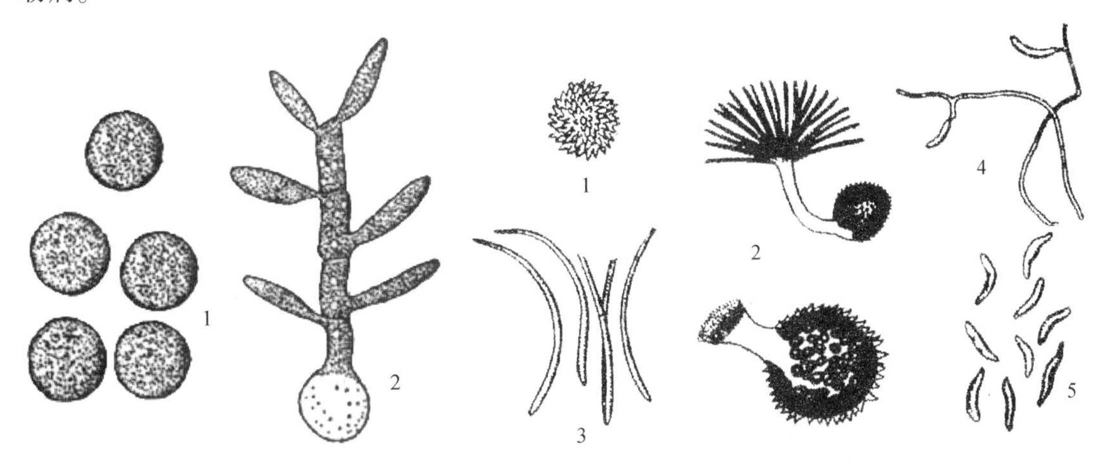

图2-33　轴黑粉菌属

1. 冬孢子　2. 冬孢子萌发

图2-34　稻粒黑粉病菌(尾孢黑粉菌属)

(引自方中达，1996)

1. 冬孢子　2. 冬孢子萌芽　3. 担孢子　4. 担孢子生次生小孢子　5. 次生小孢子

条黑粉菌属(*Urocystis*)　条黑粉菌目成员。冬孢子单个或数个与其外围的不孕细胞结合成孢子球，冬孢子褐色，不孕细胞无色(图2-35)。主要危害叶、叶鞘和茎，如小麦条黑粉菌(小麦秆黑粉病菌 *U. tritici*)引起小麦秆黑粉病。

腥黑粉菌属(*Tilletia*)　腥黑粉菌目成员。粉状或团块状的孢子堆大都产生在植物的子房内，成熟后不破裂，常有腥味；冬孢子萌发时，产生无隔膜的先菌丝，顶端产生成束的担孢子。如小麦网腥黑粉菌(*T. caries*)、小麦光腥黑粉菌(*T. foetida*)和矮腥黑粉菌(*T. controversa*)分别引起小麦的网腥、光腥和矮腥黑穗病(图2-36、图2-37)。

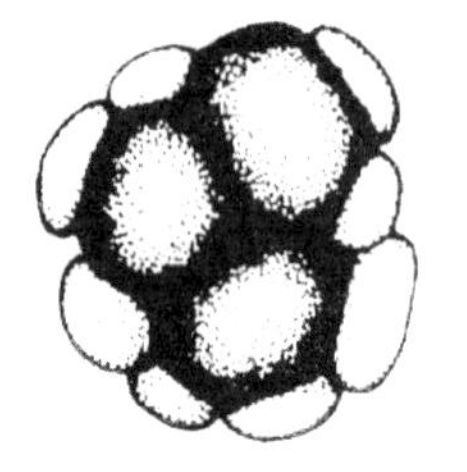

图 2-35 小麦秆黑粉病菌冬孢子
（条黑粉菌属）
（引自许志刚，2009）

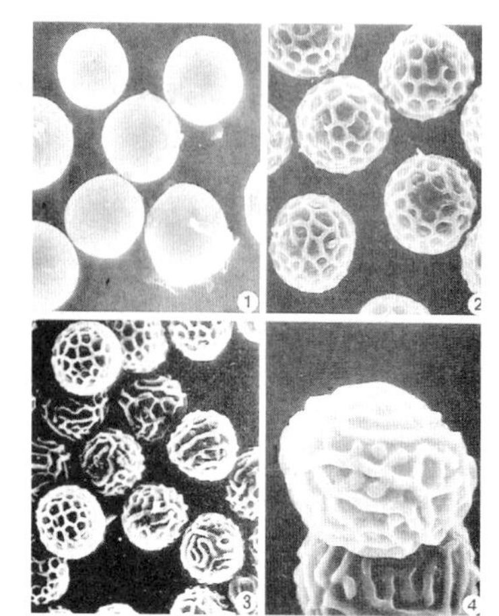

图 2-36 腥黑粉菌不同类型的冬孢子（引自康振生，1996）
1. 光腥黑粉菌 2. 网腥黑粉菌
3. 矮腥黑粉菌 4. 矮腥黑粉菌冬孢子放大

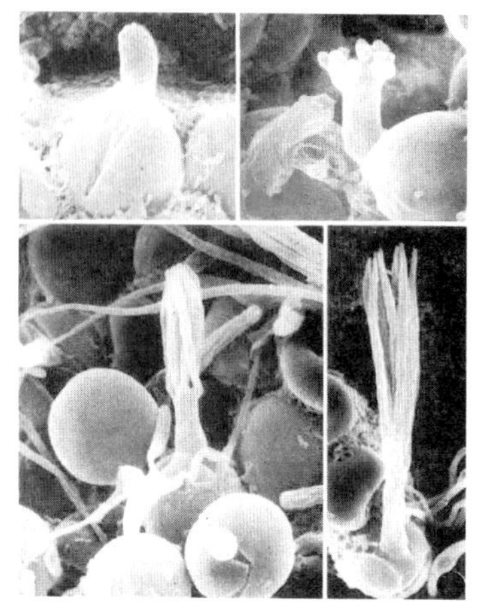

图 2-37 小麦光腥黑粉菌冬孢子萌发产生担子和担孢子的过程
（引自康振生，1996）

2.1.3.8 无性型真菌(Anamorphic fungi)

(1)无性型真菌的一般性状

无性型真菌通常被称为半知菌，是指在自然条件下至今尚未发现有性阶段的菌物，一旦发现它们的有性阶段，将根据有性生殖的特点归入相应的类群中，已证明大多数属于子囊菌，少数属于担子菌或接合菌。

无性型真菌的营养体多数为发达的有隔菌丝体，少数为单细胞(酵母类)或假菌丝。菌丝体可以形成子座、菌核等结构，也可以形成分化程度不同的分生孢子梗。无性繁殖产生各种类型的分生孢子，其形状、颜色、大小、分隔等差异都很大，通常可分为单胞、双胞、多胞、砖格状、线状、螺旋状和星状等7种类型。分生孢子梗可单独着生，也可以生长在一起，形成特殊的结构。把这种由菌丝特化而用于承载分生孢子的结构称为载孢体(conidiomata)。载孢体主要有：

① 分生孢子梗(conidiophore) 由菌丝特化，其上着生分生孢子的一种丝状结构。

② 孢梗束(synnema) 分生孢子梗基部紧密联结(几乎不能看见单个孢子梗)，顶部分散的一束孢子梗，顶端或侧面产生分生孢子。

③ 分生孢子座(sporodochium) 由许多聚集成垫状的、很短的分生孢子梗组成，顶端产生分生孢子。

④ 分生孢子盘(acervulus) 垫状或浅盘状的产孢结构，上面有成排的短分生孢子梗，顶端产生分生孢子。分生孢子盘的四周或中央有时还有深褐色的刚毛(seta)。

⑤ 分生孢子器(pycnidium) 球状、拟球状或瓶状的产孢结构，具孔口和拟薄壁组织的器壁，内壁形成分生孢子梗，顶端着生分生孢子，生在基质的表面或者部分或整个埋在基质或子座内。

分生孢子的形成方式有体生式(thallic)和芽生式(blastic)两大类型。体生式是指菌丝的整个细胞作为产孢细胞，以菌丝断裂的方式形成分生孢子，通常称为菌丝型分生孢子或节孢子(arthrospore)。芽生式是产孢细胞以芽生的方式产生分生孢子，产孢细胞只是某个部位向外突起并生长，膨大发育而形成分生孢子。体生式和芽生式分生孢子的发育方式根据产孢细胞各层壁是否都参与孢子形成均可分为全壁式和内壁式两种类型。各层壁都参与孢子形成的为全壁式，仅内壁参与孢子形成的为内壁式。大多数分生孢子的形成是芽生式的，根据产孢特征还可分为合轴式、环痕式、瓶梗式、孔生式等类型。

(2)无性型真菌的分类

为了便于系统认识无性型真菌，目前，人们普遍根据无性阶段的子实体类型，将无性型真菌分成产生分子孢子梗或孢梗束的丝孢菌(Hyphomycetes)和产生分生孢子盘或分生孢子器的腔孢菌(Coelomycetes)，这两大类群的名称无分类等级含义。

① 丝孢菌(Hyphomycetes)　目前，已描述的丝孢菌有 1 800 属 11 000 种，大多数是高等植物的寄生菌。分生孢子梗散生、束生或着生在分生孢子座上，梗上着生分生孢子，但分生孢子不产生在分生孢子盘或分生孢子器内。在传统分类上根据分生孢子的有无和分生孢子梗集合成分生孢子体的类型分为无孢菌目(Agonomycetales)、丝孢目(Hyphomycetales)、束梗孢目(Stilbellales)和瘤座孢目(Tuberculariales)4 个目：

无孢菌目：菌丝体发达，不产生分生孢子，有些可形成厚垣孢子、菌核等。

丝孢目：分生孢子直接从菌丝上产生或从散生的分生孢子梗上产生。

束梗孢目：分生孢子梗聚集形成孢梗束。

瘤座孢目：分生孢子梗短，集生在垫状的分生孢子座上。丝孢纲中与农作物病害有关的重要属如下。

丝核菌属(*Rhizoctonia*)　不产生无性孢子。菌核着生于菌丝间，褐色或黑色，形状不一，表面粗糙，外表和内部颜色相似。菌丝多为直角分枝，淡褐色，近分枝处形成隔膜，略缢缩。是一类重要的具有寄生性的土壤习居菌(图 2-38)。最常见的是立枯丝核菌(*R. solani*)，引起多种作物的立枯病和纹枯病，如水稻、小麦、玉米纹枯病。

小核菌属(*Sclerotium*)　菌核圆球形或不规则形，表面光滑或粗糙，外表褐色或黑色，内部浅色，组织紧密。菌丝大多无色或浅色(图 2-39)。主要危害植物地下部，引起猝倒、腐烂等，如齐整小核菌(*S. rolfsii*)引起 200 多种植物的白绢病，如甘薯白绢病。

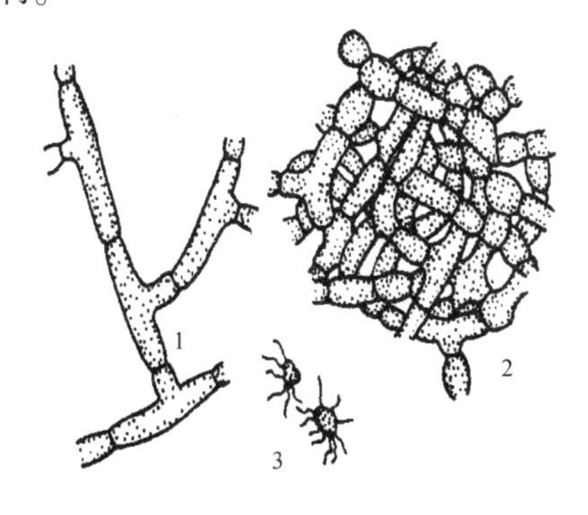

图 2-38　丝核菌属(引自许志刚，2009)

1. 直角状分枝的菌丝　2. 菌丝纠结的菌组织　3. 菌核

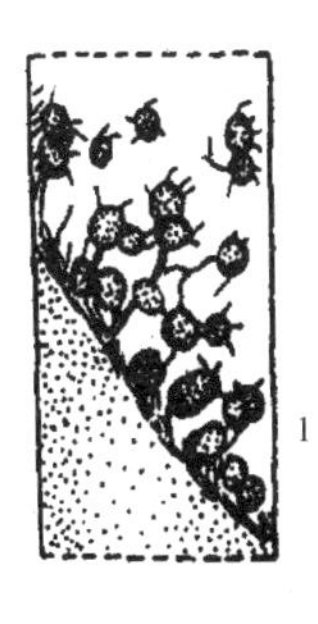

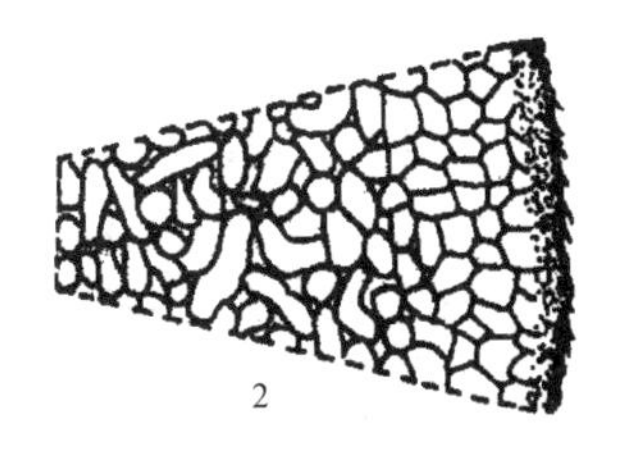

图 2-39　小核菌属(引自许志刚，2009)

1. 菌核　2. 菌核剖面

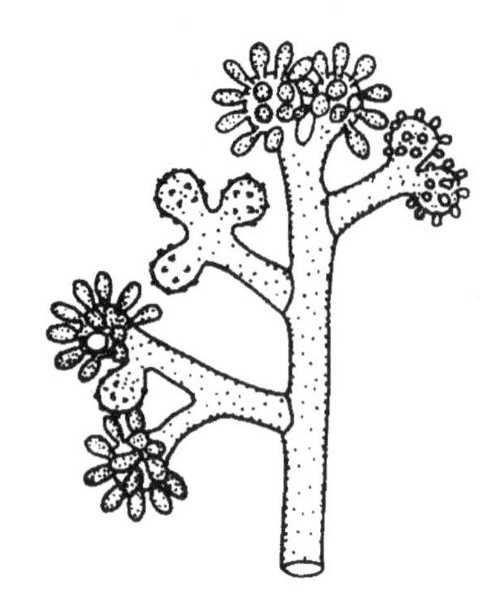

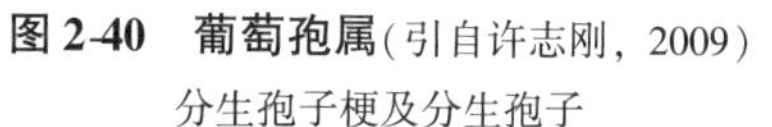

图2-40 葡萄孢属(引自许志刚，2009)
分生孢子梗及分生孢子

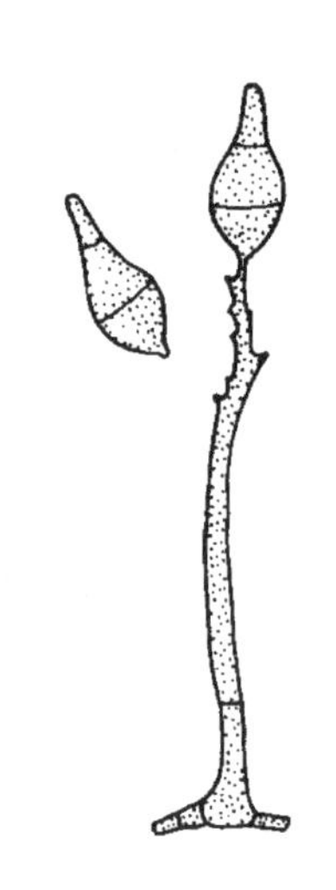

图2-41 梨孢属(引自谢联辉，2006)
分生孢子梗及分生孢子

葡萄孢属(*Botrytis*) 分生孢子梗褐色，顶端下部膨大成球体，上面有许多小梗，分生孢子着生小梗上聚集成葡萄穗状，单胞，无色，椭圆形(图2-40)。如灰葡萄孢(*B. cinerea*)引起多种植物幼苗、果实及储藏器官的猝倒、落叶、花腐、烂果及烂窖。

梨孢属(*Pyricularia*) 分生孢子梗淡褐色，细长，直或弯，不分枝，顶端全壁芽生式产孢，合轴式延伸，呈屈膝状。分生孢子梨形至椭圆形，无色至橄榄色，2～3个细胞，寄生性较强，主要危害禾本科植物(图2-41)。如灰梨孢(稻瘟病菌 *P. grisea*)寄生水稻，引起稻瘟病。

单端孢属(*Trichothecium*) 分生孢子梗无色，细长，顶端屈膝状，束生分生孢子。分生孢子卵圆形至椭圆形，双细胞，大小不等(图2-42)。如粉红单端孢(*T. roseum*)引起棉铃桃腐烂，产生粉红色霉层。

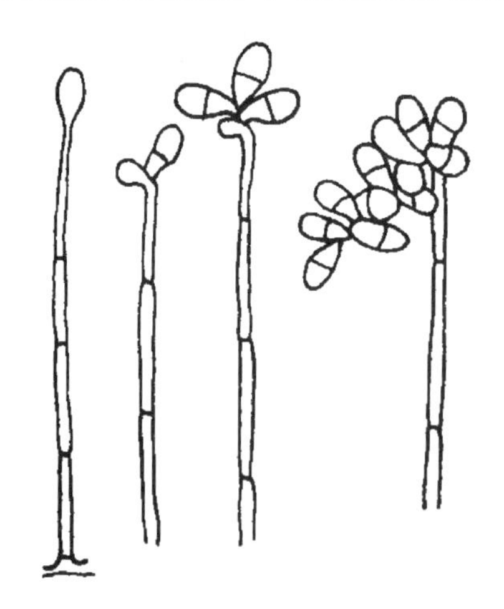

图2-42 单端孢属(引自许志刚，2009)
分生孢子梗及分生孢子

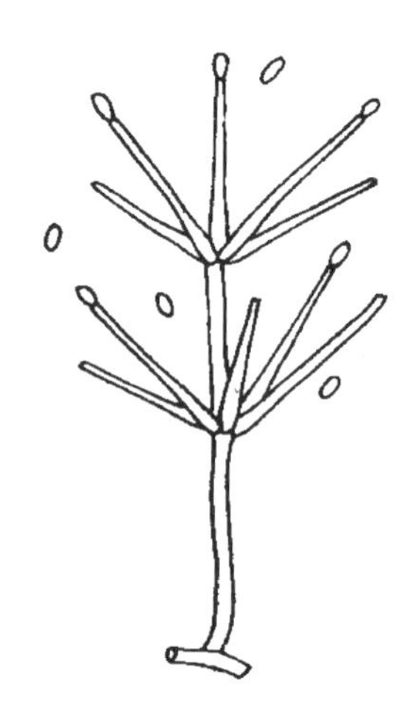

图2-43 轮枝孢属(引自许志刚，2009)
分生孢子梗及分生孢子

轮枝孢属(*Verticillium*) 分生孢子梗轮状分枝，产孢细胞基部略膨大。分生孢子为内壁芽生式，单细胞，卵圆形至椭圆形，单生或聚生(图 2-43)。如黑白轮枝孢(*V. albo-atrum*)引起棉花黄萎病、苜蓿黄萎病。

曲霉属(*Aspergillus*) 分生孢子梗直立，顶端膨大成圆形或椭圆形，上面着生 1～2 层放射状分布的瓶状小梗，内壁芽生式分生孢子聚集在分生孢子梗顶端成头状。分生孢子无色或淡色，单胞，圆形(图 2-44)。如黄曲霉(*A. flavus*)引起玉米、花生等霉烂，同时产生可致癌的黄曲霉毒素。

青霉属(*Penicillium*) 分生孢子梗直立，顶端 1 至多次扫帚状分枝，分枝顶端产生瓶状小梗，其上着生成串的内壁芽生式分生孢子。分生孢子无色，单胞，圆形或卵圆形，表面光滑或有小刺，聚集时多呈青色或绿色(图 2-45)。该属有些种可引起谷物、甘薯等贮藏器官的霉烂，统称青霉病。

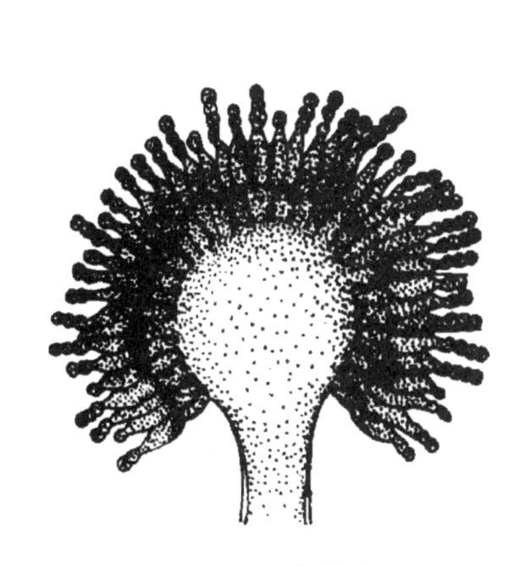

图 2-44 曲霉属
(引自邢来君等，1999)
分生孢子梗及分生孢子

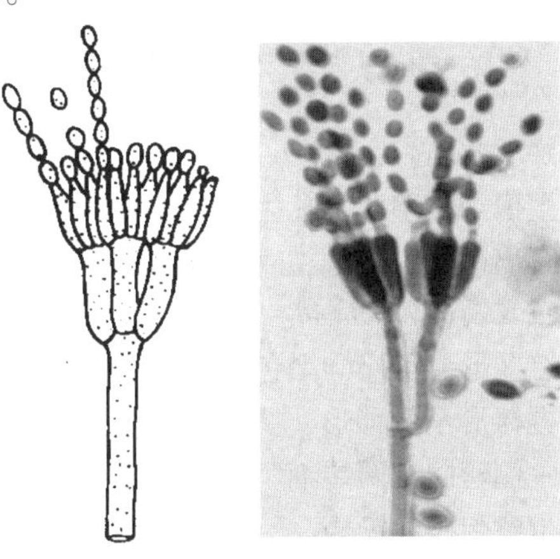

图 2-45 青霉属
(左图引自许志刚，2009；右图龚国淑摄)
分生孢子及分生孢子梗

尾孢属(*Cercospora*) 菌丝体表生。分生孢子梗褐色至橄榄褐色，全壁芽生合轴式产孢，呈屈膝状，孢痕明显。分生孢子线形、针形、倒棒形、鞭形或蠕虫形，直或弯，无色或淡色，多个隔膜，基部脐点黑色，加厚明显(图 2-46)。如玉蜀黍尾孢(*C. zeae-maydis*)引起玉米灰斑病。

平脐蠕孢属(*Bipolaris*) 分生孢子梗粗壮，褐色，顶部合轴式延伸。分生孢子内壁芽生孔生式，分生孢子通常呈长梭形，正直或弯曲，具假隔膜，多细胞，深褐色，脐点位于基细胞内。分生孢子萌发是两端伸出芽管(图 2-47)。如玉蜀黍平脐蠕孢(*B. maydis*)引起玉米小斑病；稻平脐蠕孢(*B. oryzae*)引起水稻胡麻叶斑病。

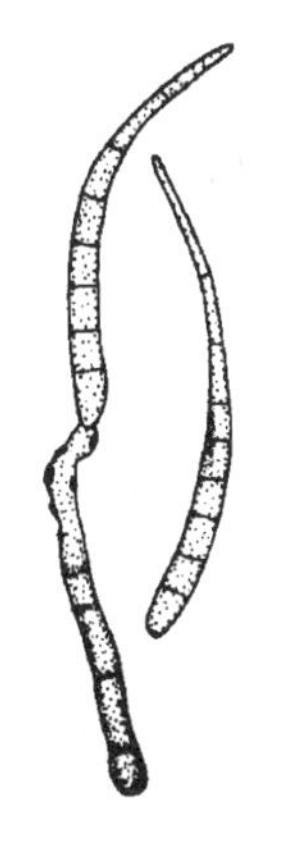

图 2-46 尾孢属(引自许志刚，2009)
分生孢子梗及分生孢子

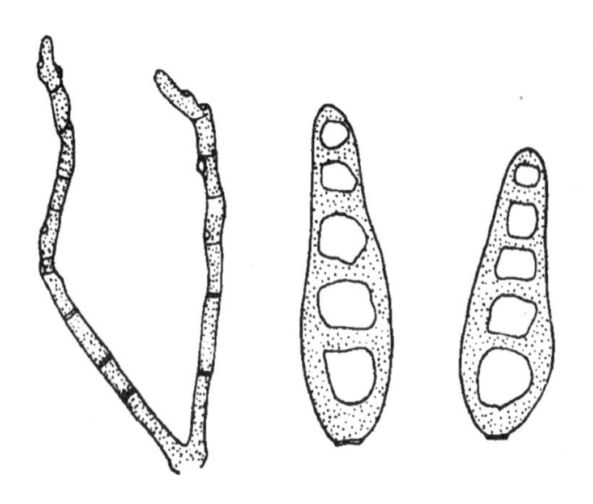

图 2-47 平脐蠕孢属(引自许志刚，2009)
分生孢子梗及分生孢子

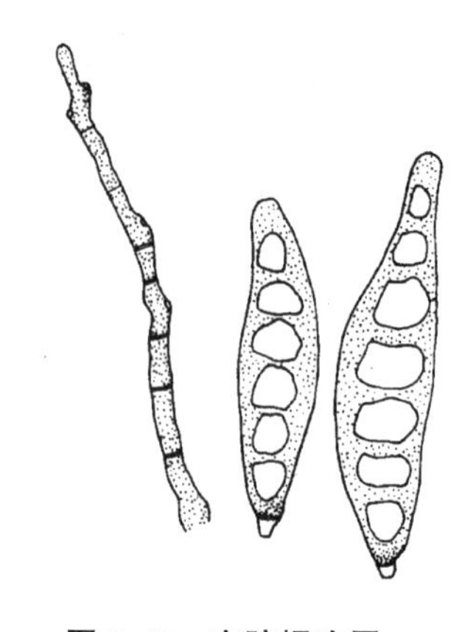

图 2-48 突脐蠕孢属
(引自许志刚，2009)
分生孢子梗及分生孢子

突脐蠕孢属(*Exserohilum*) 分生孢子梗散生或丛生，粗壮，褐色，顶部合轴式延伸。分生孢子内壁芽生孔生式，长梭形或倒棍棒形，直或弯曲，多细胞，深褐色，脐点明显突出(图 2-48)。如大斑突脐蠕孢(*E. turcicum*)引起玉米大斑病。

弯孢霉属(*Curvularia*) 分生孢子梗褐色，直或弯曲，产孢细胞多芽生，合轴式延伸。有些形成子座，黑色，短柱状，分枝或不分枝。分生孢子淡褐色至深褐色，常弯曲，棍棒形至倒卵形，少数星形，一般 3 隔或 3 隔以上，中部 1 ~ 2 个细胞不等膨大，向一侧弯曲，两端细胞一般比中部细胞色浅(图 2-49)。新月弯孢菌(*C. lunata*)引起玉米弯孢菌叶斑病。

链格孢属(*Alternaria*) 也称交链孢属。分生孢子梗单生或成簇，淡褐色至褐色，合轴式延伸或不延伸。顶端产生倒棍棒形、椭圆形或卵圆形的分生孢子，褐色，具横、纵或斜隔膜，顶端无喙或有喙，常数个成链(图 2-50)。如茄链格孢菌(*A. solani*)引起马铃薯早疫病。

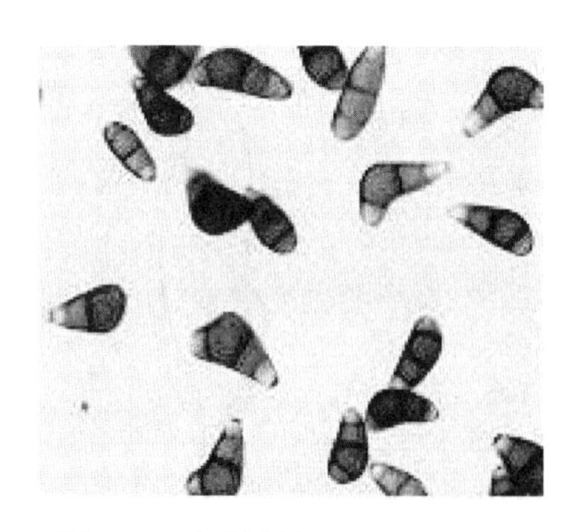

图 2-49 弯孢霉属(龚国淑摄，2006)

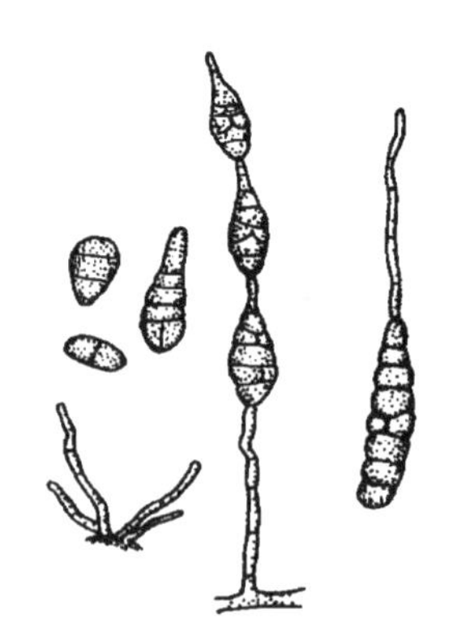

图 2-50 链格孢属(引自许志刚，2009)
分生孢子梗及分生孢子

镰孢菌属(*Fusarium*) 有性态大多属于子囊菌的赤霉属(*Gibberella*)。分生孢子梗无色，有或无隔，在自然情况下常结合成分生孢子座，在人工培养条件下分生孢子梗单生，极少形成分生孢子座。分生孢子有两种：大型分生孢子，多细胞，镰刀型，无色，基部常有一显著突起的足孢；小型分生孢子，单细胞，少数双细胞，卵圆形至椭圆形，无色，单生或串生(图 2-51)。两种分生孢子常聚集成黏孢子团；有的种类在菌丝上或大型分生孢子上产生近球形的厚垣孢子，厚垣孢子无色或有色，表面光滑或有小疣。在人工培养基上形成茂密的菌丝体，产生玫瑰红、黄、紫等色素，后期形成圆形的菌核。如禾谷镰孢(*F. graminearum*)引起小麦赤霉病。

图 2-51 镰孢菌属(引自许志刚，2009)
1. 分生孢子梗及大型分生孢子
2. 小型分生孢子及分生孢子梗

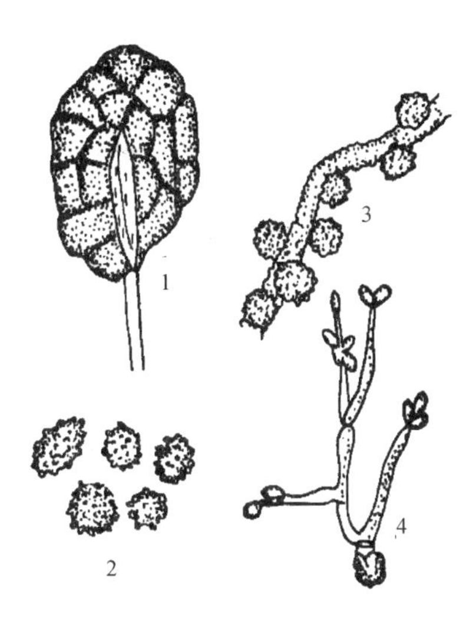

图 2-52 绿核菌属(引自许志刚，2009)
1. 受害谷粒形成分生孢子座 2. 分生孢子
3. 分生孢子着生在菌丝上 4. 分生孢子萌发

绿核菌属(*Ustilaginoidea*) 分生孢子座形成于禾本科植物子房内，颖片破裂后外露，子座外部橄榄色，内部色浅，表面密生分生孢子。分生孢子梗细，无色。分生孢子球形，单生，单胞，表面有疣状突起，橄榄绿色(图 2-52)。如稻曲绿核菌(*U. oryzae*)引起稻曲病。

② 腔孢菌(Coelomycetes) 腔孢菌的特征是分生孢子着生在分生孢子盘或分生孢子器内。分生孢子梗短小，着生在分生孢子盘上或分生孢子器的内壁上。分生孢子盘或分生孢子器半埋生在寄主角质层或表皮细胞下，在病部往往形成小黑粒或小黑点，多借雨水分散而传播分生孢子。

炭疽菌属(*Colletotrichum*) 分生孢子盘生于寄主角质层下、表皮或表皮下，黑褐色，在寄主组织内不规则开裂，有时排列呈轮纹形，分生孢子盘上有时生有黑褐色的刚毛。分生孢子梗无色至褐色，产生内壁芽生式分生孢子，分生孢子无色，单胞，长椭圆形或新月形，有时含 1～2 个油球，萌发之后芽管顶端产生附着胞(图 2-53)。如棉刺盘孢菌(*C. gossypii*)引起棉花炭疽病。

茎点霉属(*Phoma*) 包括原来的叶点霉属(*Phyllosticta*)。分生孢子器球形，褐色，分散或集中，埋生或半埋生，由近炭质的薄壁细胞组成，具孔口，在发病部位呈现小黑点。分生孢子梗极短；分生孢子单细胞，无色，很小，卵形至椭圆形，常有2个油球(图2-54)。有性态属于球腔菌属、格孢腔菌属、球座菌属。本属包括多种重要的植物病原菌，常引起叶斑、茎枯或根腐等常见症状，如大豆生茎点霉(*Phoma glycinicola*)引起大豆红叶斑病。

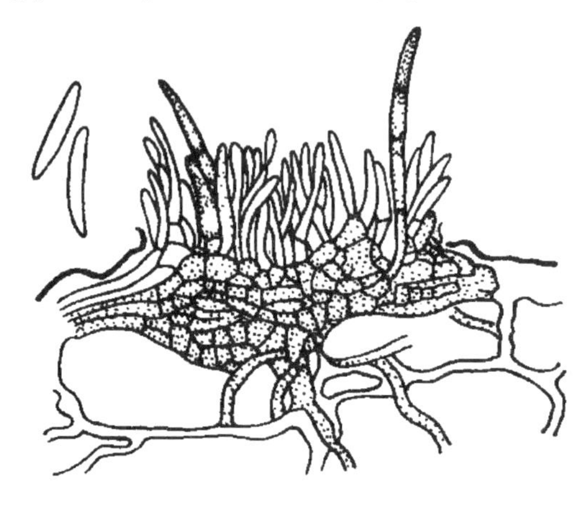

图2-53 炭疽菌属(引自许志刚，2009)
分生孢子盘及分生孢子

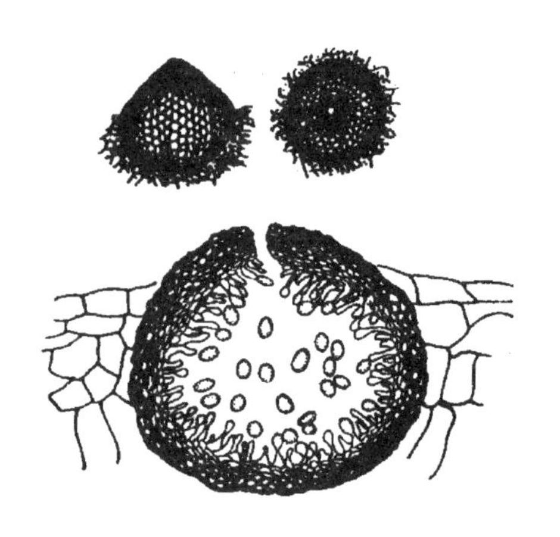

图2-54 茎点霉属(引自许志刚，2009)
分生孢子器及分生孢子

壳二孢属(*Ascochyta*) 分生孢子器黑色，散生，球形至烧瓶形，具孔口。分生孢子卵圆形至圆筒形，双细胞，中部分隔处略缢缩，无色或淡色，内含1油球(图2-55)。有性态属于亚隔孢壳属。多数种是农作物、林木、药材、牧草、观赏植物等的病原菌，引起叶斑、茎枯和果腐等。如棉壳二孢(*A. gossypii*)引起棉花茎枯病。

色二孢属(*Diplodia*) 分生孢子器散生或集生，球形，暗褐色至黑色，往往有疣状孔口；分生孢子初是单细胞，无色，椭圆形或卵圆形，成熟后转变为双细胞，顶端钝圆，基部平截，深褐色至黑色(图2-56)。寄生于植物茎、果穗和枝条，引起茎枯和穗腐。如棉花色二孢(*D. gossypina*)引起棉铃黑果病，玉米色二孢(*D. zeae*)引起玉米干腐病。

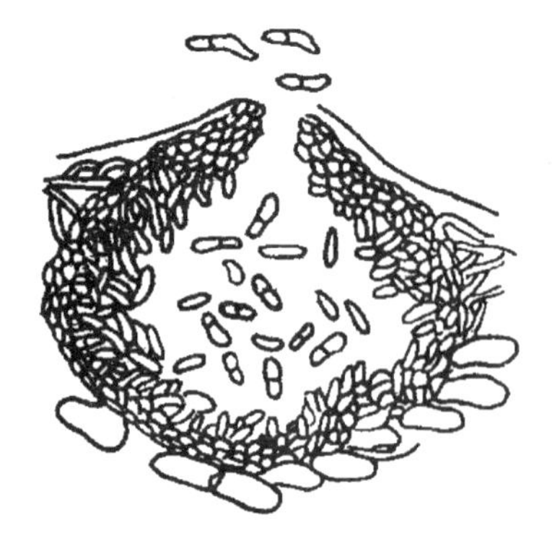

图2-55 壳二孢属(引自许志刚，2009)
分生孢子器及分生孢子

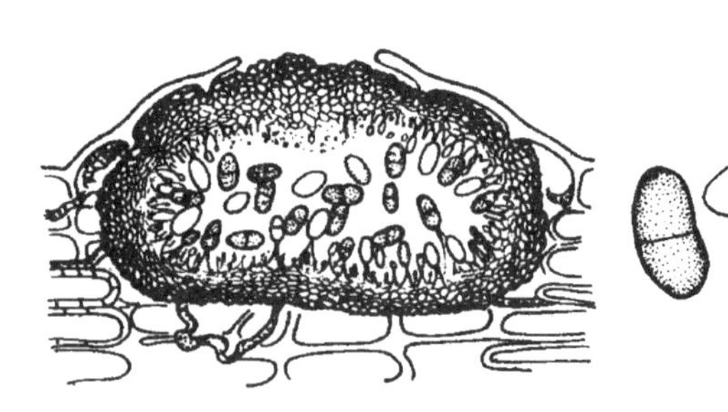

图2-56 色二孢属(引自许志刚，2009)
分生孢子器及分生孢子

2.2 植物病原原核生物

2.2.1 原核生物的一般概念

原核生物(Procaryotes)是一类具有原核细胞结构的单细胞生物。原核细胞的细胞核没有核膜和核仁，只有由1条双螺旋的DNA链折叠而成的拟核(nucleoid)，是它的遗传物质。细胞壁为多层次结构，特有成分为肽聚糖(peptidoglycan)。细胞膜向细胞质内陷形成间体(mesosome)。细胞质中含有小分子的核蛋白体(70 S)，没有内质网、线粒体和叶绿体等细胞器。

原核生物中的一些种类是重要的病原菌，从大的类群分主要有细菌、植原体和螺原体等，它们的重要性仅次于菌物和病毒。例如，水稻白叶枯病、马铃薯环腐病、甜菜根癌病、玉米细菌性茎腐病等，都是农作物生产中的重要病害。

自然界细菌的形态有球状、杆状和螺旋状3种基本形态(图2-57)。植物病原细菌大多为杆状，菌体大小为0.5～0.8 μm×1～3 μm。细菌细胞壁为多层次结构，由肽聚糖、脂类和蛋白质等组成。由于细胞壁结构和组成的不同，经革兰染色把细菌分为革兰阳性(G^+)细菌和革兰阴性(G^-)细菌。细胞壁内是半透性的细胞质膜。细菌的细胞核为拟核，由1条双螺旋的DNA链折叠而成的核物质集中在细胞质的中央，形成一个核区。在有些细菌中，还有独立于拟核之外的呈环状结构的小DNA分子，具有遗传特性，称为质粒(plasmid)，它编码细菌的抗药性或致病性等性状。细胞质中还有一些颗粒状内含物，如异粒体、中心体气泡、液泡和核糖体等。除以上基本结构(图2-58)外，有些细菌在一定条件下生长到一定时期还产生有荚膜、鞭毛和芽孢等特殊结构。

荚膜(capsule)是细菌在细胞壁外产生的一层多糖类物质，比较厚而且有固定形状。采用负染色法后在显微镜下可以观察到荚膜。如果细胞壁外产生的多糖类物质层薄，且容易扩散，不定形，则称为黏液层(slime layer)。植物病原细菌细胞壁外有厚

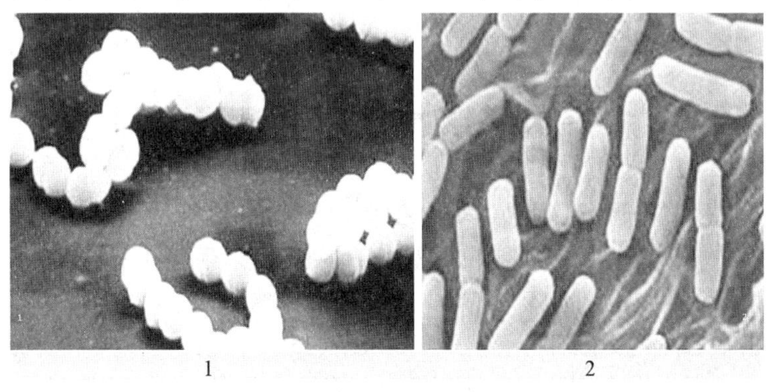

1　　2

图2-57　细菌的形态

1. 球菌　2. 杆菌

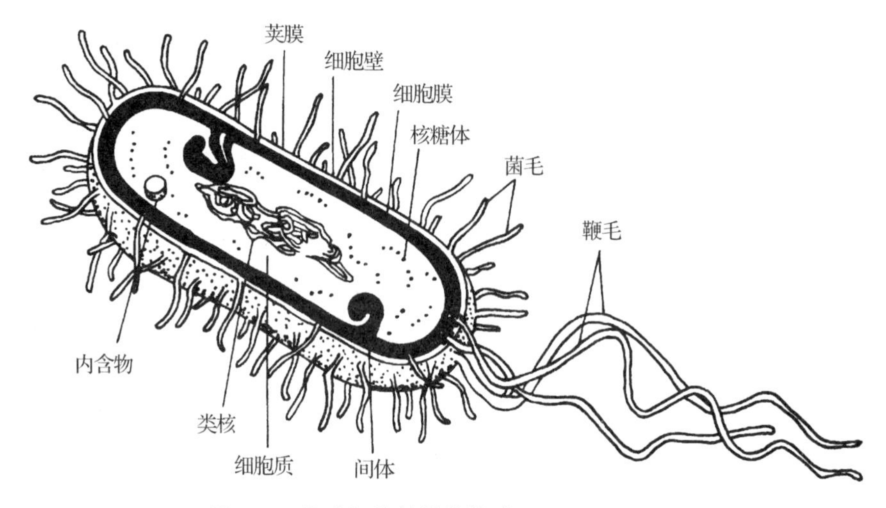

图 2-58　细菌细胞的结构模式(仿李阜棣，2001)

薄不等的黏质层，但很少有荚膜。这些黏液层中的多糖在病原菌与寄主的识别、病原菌的致病性等方面有重要作用。

鞭毛(flagellum)是从细胞质膜下粒状鞭毛基体上产生的，穿过细胞壁延伸到体外的蛋白质组成的丝状结构，使细菌具有运动性。鞭毛细而有韧性，直径仅 20 nm，长度达15 ~ 20 μm，采用鞭毛染色法使鞭毛加粗才能在显微镜下观察到。细菌的鞭毛只在一定的生长时期产生。具有鞭毛的细菌其鞭毛数目和在细胞表面的着生位置因种类不同而有所差异。在细胞一端仅有 1 根鞭毛，称为单生鞭毛(monotrichous)；在细胞一端或两端着生有多根鞭毛，称为丛生鞭毛(lophotrichous)；细胞四周都着生有鞭毛，称为周生鞭毛(peritrichous)(图 2-59)。细菌鞭毛的数目和着生位置在属的分类上有重要意义。大多数的植物病原细菌有鞭毛。

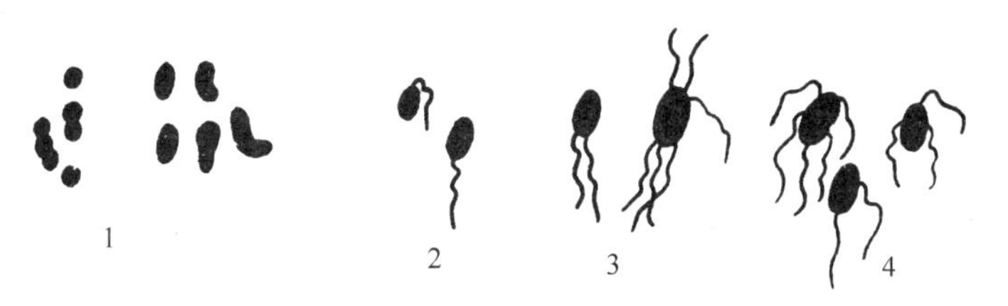

图 2-59　植物病原细菌的形态和鞭毛类型

1. 无鞭毛(球状、杆状、棒状)　2. 单生鞭毛　3. 丛生鞭毛　4. 周生鞭毛

芽孢是一些芽孢杆菌在生活过程中菌体内可以形成一种内生孢子(endospore)。芽孢具有很强的抗逆能力，是细菌的一种休眠状态。除芽孢杆菌属的植物病原菌外，其他植物病原细菌通常无芽孢。

植物菌原体是一类没有细胞壁，只有 3 层结构的单位膜包围，个体比细菌小的原核生物(图 2-60)。因为没有细胞壁，所以革兰染色反应呈阴性，形态变化也较大，有圆形、椭圆形、哑铃形、梨形、丝状、不规则形、螺旋形等。大小为 80 ~ 1 000 nm，能通过细菌滤器。菌原体对青霉素不敏感，对四环素类药物敏感。植物菌原体包括植原体

(phytoplasma)和螺旋体(spiroplasma)两种类型。

原核生物是单细胞生物，其生长即个体体积的增大是很有限的，一般不易被观察到，所以通常以细胞数量的增加来衡量生长。菌体数量的增加是繁殖的结果。细菌的繁殖方式为分裂繁殖，简称裂殖。裂殖时菌体先稍微伸长，细胞膜自菌体中部向内延伸，同时形成新的细胞壁，最后母细胞从中间分裂为两个子细胞。遗传物质 DNA 在细胞分裂时，先复制，然后平均地分配给子细胞；质粒也同样地复制并均匀分配在两个子细胞中。遗传物质的复制和平均分配保证了亲代的各种性状能稳定地遗传给子代。细菌的繁殖速度很快，在适宜的条件下，大肠杆菌每 20 min 就可以分裂一次。植原体一般认为以裂殖、出芽繁殖或缢缩断裂法繁殖。螺原体繁殖时是芽生长出分枝，断裂而成子细胞。

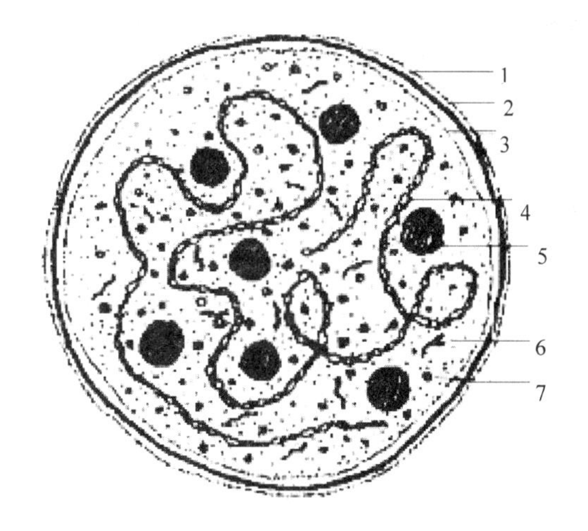

图 2-60 植物菌原体模式图

1～3. 三层单位膜 4. 核酸链 5. 核糖体
6. 蛋白质 7. 细胞质

植物病原细菌绝大多数为好氧性菌，少数为兼性厌气菌。生长适宜的 pH 为 7.0～7.5，在 pH 4.5 以下难以生长。生长的最适温度一般为 26～30 ℃，少数种类生长温度较高或较低。不同的细菌对营养要求略有不同，大多数病原细菌在肉汁胨培养基上可以生长，只有少数种类不能人工培养，如木质部菌属(*Xylella*)和韧皮部杆菌属(*Liberobacter*)。植原体至今还不能人工培养。

植物病原细菌在固体培养基上形成的菌落颜色多为白色、灰白色或黄色等。而螺原体需在含有甾醇的培养基上才能生长，在固体培养基上形成“煎蛋形”菌落。

2.2.2 植物病原原核生物的侵染与传播

2.2.2.1 植物病原细菌的侵染与传播

(1)植物细菌病害的侵染来源

① 种子和无性繁殖器官　许多植物病原细菌可以在种子或无性繁殖器官(包括块根、块茎、鳞茎等)内外越冬或越夏，是重要的初侵染来源。也可随着带菌种子和种薯的调运，病菌可以传播到其他地区引起植物发病。如水稻白叶枯病、柑橘溃疡病、马铃薯环腐病等。

② 土壤和病残体　除青枯病和寇瘿病等土壤习居性病原细菌在土壤中可以长期存活并作为侵染来源外，一般单独致病细菌很难在土壤中长期存活，只能在病株残体或随病株残体在病田土壤中存活，成为重要侵染来源，但当这些残余组织分解和腐烂之后，其中的病原细菌大都也随之死去。

③ 杂草、其他作物和寄主　植物病原细菌的寄主范围大都是比较专化的，但有些病原细菌可以侵染杂草，并在杂草上越冬越夏；有些也可在其他寄主上越冬，如白菜软腐病菌可以在得病的甘蓝上越冬。

④ 昆虫介体　如蜜蜂是梨火疫病的传播介体和病害的传染来源；玉米细菌性萎蔫病菌可以在玉米叶甲体内越冬，成为初侵染来源。

(2) 植物病原细菌的侵入途径

植物病原细菌不能直接侵入植物，只能通过自然孔口和伤口侵入。

① 自然孔口　气孔、水孔、皮孔、蜜腺等都是细菌侵入的自然孔口。如水稻白叶枯病的病原细菌可以从水孔侵入，水稻条斑病菌只能从叶片的气孔侵入，棉花角斑病菌从皮孔和蜜腺侵入。

② 伤口　风雨、冰雹、冻害、昆虫等自然因素造成的自然伤口和耕作、施肥、嫁接、收获、运输等人为因素造成的伤口都是细菌侵入的场所。伤口越大、侵入的细菌越多；伤口越新鲜，侵染成功率越高。例如，水稻白叶枯病，在每次暴风雨后就有大量的新病叶出现。马铃薯环腐病菌和青枯病菌可以通过切刀在切种薯时迅速侵入健康的薯块。玉米枯萎病菌则通过媒介昆虫——玉米叶甲在取食时侵入。

从自然孔口侵入的细菌一般都能从伤口侵入，能从伤口侵入的细菌不一定能从自然孔口侵入。果树冠瘿病的病原细菌只能从伤口侵入，很少从自然孔口侵入。寄生性弱的细菌一般都是从伤口侵入，寄生性强的细菌则从伤口和自然孔口都能侵入。引致叶斑病的细菌一般是从自然孔口侵入，引致萎蔫、腐烂和瘤肿的细菌则多半是从伤口侵入。假单胞杆菌属和黄单胞菌属的病原细菌以自然孔口侵入为主，土壤杆菌属、棒形杆菌属和欧文菌属的病原细菌则一定要由伤口侵入。

(3) 植物病原细菌在寄主组织中的扩展蔓延

无论是从自然孔口或伤口侵入，细菌都是先在寄主组织的细胞间繁殖，再在组织中进一步蔓延，蔓延情况则因病害的性质而不同。

对于侵染薄壁细胞组织的局部性病害，病菌先在薄壁组织的细胞间隙蔓延，当寄主细胞受到损伤或死亡后再进入细胞内。许多引起斑点病和腐烂病的病原细菌的情况大都如此。

对于维管束组织病害，病菌通过薄壁细胞组织或水孔侵入维管束后，主要是在维管束组织的木质部或韧皮部蔓延，能利用无机氮的病菌多在木质部蔓延，而需要复杂有机氮的则在韧皮部蔓延。侵害维管束组织的病原菌多数是在木质部蔓延的。这类细菌在进入维管束组织以前繁殖和蔓延较慢，进入维管束以后繁殖和蔓延就很快。一般造成整株或部分萎蔫，或顺着叶脉形成逐渐扩大、较大面积的叶枯型症状。

对于瘤肿或其他畸形病害，病菌侵入薄壁细胞组织后，并不深入到内部，它们在薄壁细胞组织的表皮细胞间扩展，并不大量繁殖，很少破坏寄主的细胞和组织，只是产生少量的激素物质可以刺激薄壁组织的细胞分裂和膨大，从而形成瘤肿或其他畸形症状。

病菌在寄主体内蔓延的方式有时也很难绝对划分。许多在薄壁细胞组织中蔓延的细菌，也可能进入维管束组织蔓延；在维管束组织中蔓延的，也可扩展到叶片的薄壁细胞组织。如桑疫病的病原细菌，一般是在叶片的薄壁细胞组织中蔓延，但也可以侵入叶脉的维管束组织，引起叶片组织的大块枯死。青枯假单胞菌主要是在根、茎和叶片的维管束组织中蔓延，但最后也可扩展到叶片的薄壁细胞组织，使叶片坏死和腐烂。

(4)植物病原细菌的传播途径

①雨水和灌溉水　雨水是植物病原细菌最主要的传播途径，也是细菌侵入的媒介。细菌一般要有水滴才能侵入，风雨造成的伤口更是很好的侵染途径。除雨露外，有些植物病原细菌如稻白叶枯病菌等，可以随着灌溉水传播。

②昆虫介体和线虫　昆虫是一些植物病原细菌的主要传染介体。有些细菌病害只能通过介体传染，例如，玉米细菌性萎蔫病是由玉米啮叶甲等传染的；小麦蜜穗棒形杆菌是由小麦粒线虫传染的。有些细菌病害介体可以加重病害的发生与流行，如蝼蛄、蛴螬、种蝇的幼虫和菜青虫可传播白菜软腐病；蜜蜂等昆虫和候鸟可以传染梨火疫病等。

③工具　对于有些从伤口侵入的病原细菌，如使用的工具上带有病菌，操作时又造成伤口，就可以传染病害。例如，马铃薯环腐病菌可以通过切刀传播；中耕除草的农具可以传染白菜软腐病菌等。

④带菌种子或苗木　通过人为的方式，如商品的运输和旅客的携带进行病原细菌的远距离传播。

2.2.2.2　植物病原菌原体的侵染与传播

植物菌原体病害的侵染来源主要是病株、传播介体。螺原体也可以在多年生宿主假高粱的体内越冬存活。植物病原菌原体传播方式主要通过介体昆虫和嫁接。传播介体主要是叶蝉和飞虱。螺原体也能通过蜜蜂传播，昆虫传播方式为循回型持久性，但不能经卵传染。

2.2.3　植物病原原核生物的主要类群

2.2.3.1　原核生物分类概述

原核生物的形态差异较小，许多生理生化性状也较相似，遗传学性状了解的不是很多，因而原核生物界内各成员间的亲缘关系还不很明确。

《伯杰氏系统细菌学手册》(*Bergey's Manual of Systematic Bacteriology*)的分类系统是国际上大多数细菌学家目前所认可的，在国际上被普遍采用，历史悠久，内容丰富，更新也快。《伯杰氏细菌鉴定手册》第8版将原核生物分为4个门：薄壁菌门(Gracilicutes)、厚壁菌门(Firmicutes)、软壁菌门(Tenericutes)和疵壁菌门(Mendosicutes)。薄壁菌门和厚壁菌门的成员有细胞壁，软壁菌门没有细胞壁，也称菌原体；疵壁菌门是一类与植物病害无关的没有进化的原细菌或古细菌。第9版改为真细菌和古细菌两类4个大组35个群，在真细菌(Eubacteria)下分为3个大组，即革兰阴性真细菌组(Gram-negative Eubacteria)、革兰阳性真细菌组(Gram-positive Eubacteria)和无细胞壁真细菌组(Eubacteria Lacking cell walls)；古细菌类(Achaeobacteria)分为广古细菌门和泉古细菌门两部分。多数植物病原细菌属于革兰阴性真细菌组(即薄壁菌门)，少数属于革兰阳性真细菌组(厚壁菌门)和无壁菌组。新的分类系统把无壁菌组看作是革兰阳性真细菌组的一组低G+C含量的成员。

原核生物分类的主要依据是菌体形态特征、运动性、革兰染色反应、对氧的需求、能源及营养利用、细胞壁成分分析、蛋白质和核酸的组成、核酸杂交和rRNA序列分析等。

根据《伯杰氏系统细菌学手册》的描述，细菌“种”的概念是以一个模式菌系(type-strain)为基础，由一些具有许多相同特征的菌系组成的群体。在“种”下，常用的概念还有亚种或变种。一个细菌种内有些菌系的特征与模式菌系的特征基本相符，但有较少表型或遗传特性不同，而这些特征是稳定的，就将这些菌系称为这个种的亚种(subspecies，简称subsp.)。致病变种(pathovar，简称pv.)是国际系统细菌学委员会(ICSB)对细菌名称作统一整理核准后，在种以下以寄主范围和致病性为差异来划分的组群。

2.2.3.2　植物病原原核生物的主要类群

(1)革兰阴性植物病原细菌

植物病原原核生物中的大多数成员属革兰反应阴性的薄壁菌门。细胞壁薄，厚度为7~8 nm，细胞壁中肽聚糖含量为8%~10%，结构较疏松，表面不光滑；大多数成员对营养要求不十分严格。重要的植物病原细菌属有：

①假单胞菌属(*Pseudomonas*)　菌体短杆状或略弯，大小为0.5~1.0 μm×1.5~5.0 μm，革兰染色反应阴性，单生，1~4根或多根极生鞭毛，无芽孢(图2-61)。严格好气性，代谢为呼吸型，化能有机营养型，氧化酶多为阴性，少数为阳性，过氧化氢酶阳性。DNA中G+C mol%含量为58%~70%。营养琼脂上的菌落圆形、隆起、灰白色，多数具有荧光反应，有些种产生褐色素扩散到培养基中。该属成员很多，其中丁香假单胞菌(*P. syringae*)寄主范围很广，危害多种木本和草本植物，引起叶斑、坏死、溃疡、枝枯、腐烂。如小麦细菌性叶枯病菌(*P. syringae* pv. *syringae*)、玉米细菌条纹病菌(*P. andropogonis*)、油菜籽细菌荚腐病菌(*P. syringae* pv. *maculicola*)、向日葵细菌性萎蔫病菌(*P. helianthi*)、甜菜细菌疫病菌(*P. syringae* pv. *aptata*)等都是该属中的病原细菌。

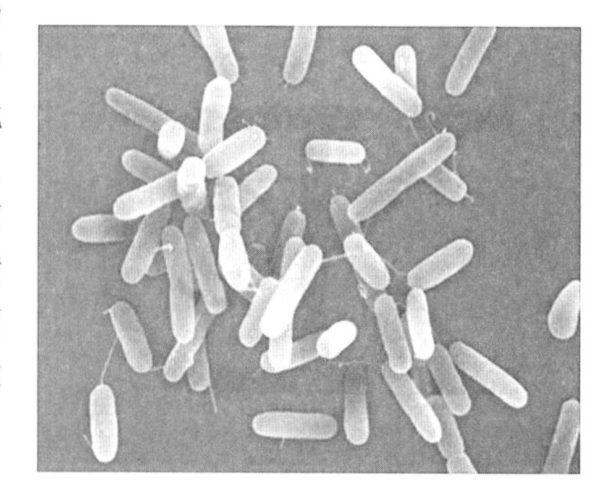

图2-61　荧光假单胞菌形态

②土壤杆菌属(*Agrobacterium*)　又称野

杆菌属，是一类土壤习居菌。革兰染色反应阴性，菌体短杆状，大小为0.6～1.0 μm×1.5～3.0 μm，单生或双生，周生或侧生1～6根鞭毛，无芽孢。好气性，代谢为呼吸型。氧化酶、过氧化氢酶、脲酶反应阳性。化能有机营养型。DNA中G+C mol%含量为57%～63%。营养琼脂上菌落为圆形、隆起、光滑、灰白色至白色。不产生色素。在含碳水化合物的培养基上，菌落质地黏稠。该属共有5个种，已知的植物病原菌有4个种，这些病原细菌细胞中都带有质粒，它控制着细菌的致病性和抗药性等，如侵染寄主引起肿瘤症状的质粒称为“致瘤质粒”(tumor inducing plasmid，即Ti质粒)，引起寄主产生不定根的称为“致发根质粒”(rhizogen inducing plasmid，即Ri质粒)。根癌土壤杆菌(*A. tumefaciens*)是重要的病原菌，其寄主范围极广，可侵害90多科300多种双子叶植物，以蔷薇科植物为主，引起根癌病。甜菜根癌病、向日葵冠瘿病、棉花根癌病均由该菌侵染所致。

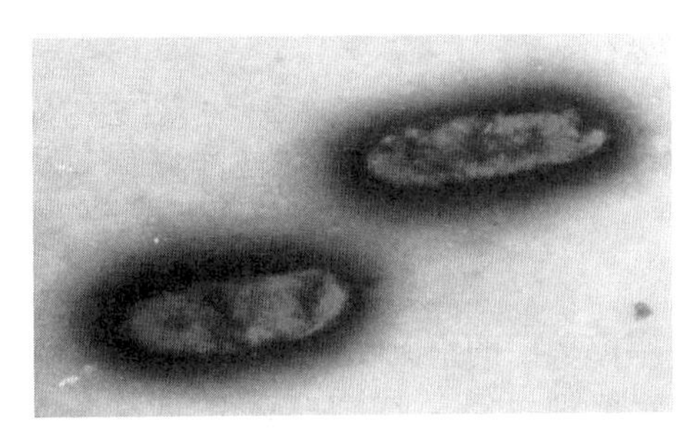

图2-62　胡萝卜软腐欧文菌形态

③ 欧文菌属(*Erwinia*)　菌体短杆状，大小为0.5～1.0 μm×1～3 μm，革兰染色反应阴性，单生、双生或短链状，有多根周生鞭毛，无芽孢。化能有机营养型，兼性厌气，代谢为呼吸型或发酵型，氧化酶阴性，过氧化氢酶阳性。DNA中G+C mol%含量为50%～58%。营养琼脂上菌落圆形、隆起、灰白色。重要的植物病原菌有胡萝卜软腐欧文菌(*E. carotovora*)，其寄主范围很广，可侵害十字花科、禾本科、茄科、葫芦科、天南星科等20多科的数百种植物，引起肉质或多汁组织的软腐(图2-62)。玉米细菌性茎腐病菌(*E. chrysanthemi* pv. *zeae*)也是该属中的病原细菌。

④ 黄单胞菌属(*Xanthomonas*)　菌体杆状，单生，大小为0.2～0.8 μm×0.6～2.0 μm，革兰染色反应阴性，极生单鞭毛(图2-63)。严格好气性，有机营养型，代谢为呼吸型，氧化酶阴性，过氧化氢酶阳性。DNA中G+C mol%含量为63%～70%。营养琼脂上的菌落圆形隆起，蜜黄色，产生非水溶性黄色素，不产生荧光色素。稻黄单胞菌水稻致病变种(*X. oryzae* pv. *oryzae*)侵染水稻引起白叶枯病。

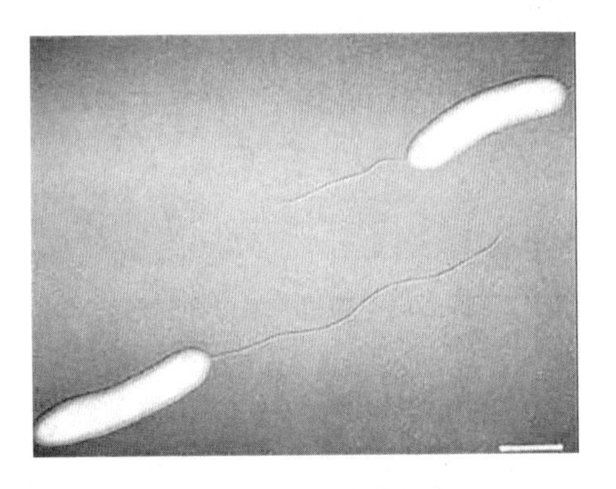

图2-63　稻黄单胞菌形态

⑤ 劳尔菌属(*Ralstonia*)　该属细菌原来在假单胞菌属中的rRNA第二组中。菌体形态与假单胞菌相似(图2-64)，菌落光滑、湿润、隆起、灰白色。DNA中G+C mol%含量为64%～66.6%。寄主范围广，可危害30多科100多种植物。马铃薯青枯病、烟草青枯病由茄青枯菌(*R. solanacearum*)侵染所致。

⑥ 木质部属(*Xylella*) 菌体短杆状，大小为0.2～0.35 μm×1.0～4.0 μm，细胞壁波纹状，革兰染色反应阴性，无鞭毛。好气性，氧化酶阴性，过氧化氢酶阳性。DNA中G+C mol%含量为49.5%～53.1%。对营养要求十分苛刻，培养基中加入一些生长因子才能生长。营养琼脂上菌落有2种类型：一是枕状凸起，半透明，边缘整齐；二是脐状，表面粗糙，边缘波纹状。难养木质部菌(*X. fastidiosa*)引起葡萄皮尔病、苜蓿矮化病、桃伪果病等。

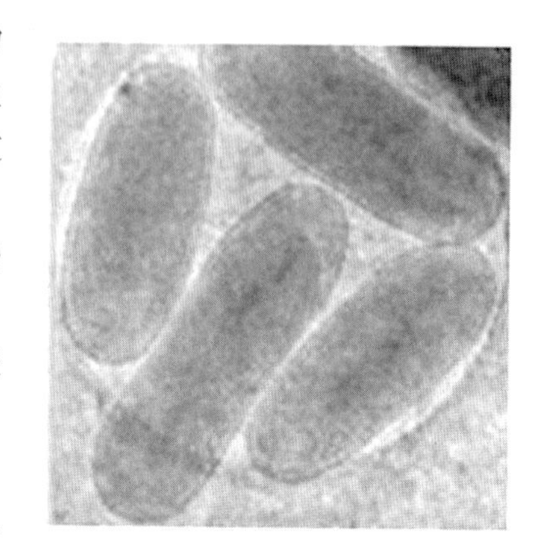

图2-64 劳尔菌形态

⑦ 布克菌属(*Burkholderia*) 该属细菌是由假单胞菌属中的rRNA第二组独立出来的。DNA中G+C mol%含量为64%～68%。洋葱布克菌(*B. cepacia*)引起洋葱腐烂病。

⑧ 韧皮部杆菌属(*Liberobacter*) 该属是新设立的属。至今不能在人工培养基上分离获得纯培养。主要引起柑橘黄龙病。

(2)革兰阳性植物病原细菌

植物病原原核生物的第二大组是革兰阳性的厚壁菌门的细菌和放线菌门的链霉菌属。细胞壁厚，厚度30～40 nm，单层结构，肽聚糖含量占细胞壁成分的60%～90%。重要的植物病原细菌有：

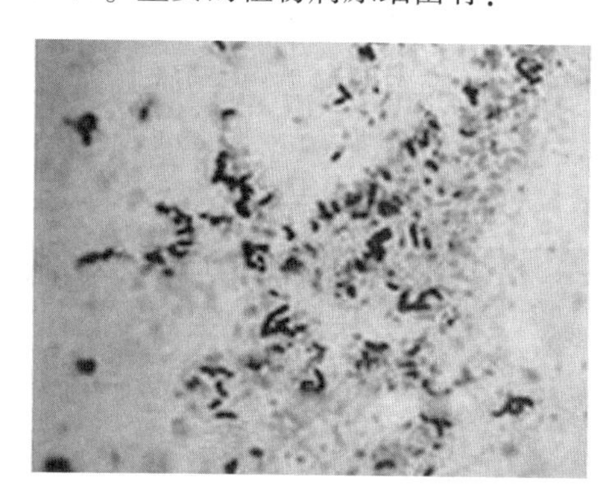

图2-65 密执安棒形杆菌形态

① 棒形杆菌属(*Clavibacter*) 菌体短杆状，直或稍弯，有的菌体呈楔形或棍棒形，大小为0.4～0.75 μm×0.8～2.5 μm，多数菌体单生，也有的排列成“V”“Y”和栅栏状，革兰染色反应阳性，无鞭毛，无芽孢。好气性，呼吸型代谢，氧化酶阴性，过氧化氢酶阳性。DNA中G+C mol%含量为67%～78%。营养琼脂上菌落为圆形光滑、凸起，不透明，乳白色。密执安棒形杆菌环腐亚种(*C. michiganense* subsp. *sepedonicum*)引起马铃薯环腐病(图2-65)。

② 节杆菌属(*Arthrobacter*) 在新鲜培养物中，菌体杆状或“V”形等不规则形，在3天以上的培养液中，菌体球形。革兰染色反应阳性，无芽孢，不运动或偶有运动。好气性，过氧化氢酶阳性。DNA中G+C mol%含量为59%～66%。营养琼脂上菌落为圆形、黄色、凸起。目前只发现可引起美国冬青疫病(*A. ilicis*)。

③ 短杆菌属(*Curtobacterium*) 该属是1972年建的一个属。革兰染色反应阳性，菌体短小，大小为0.4～0.6 μm×0.6～3.0 μm，有侧生鞭毛1至数根。营养琼脂上菌落为圆形、橘黄色、隆起。DNA中G+C mol%含量为68.3%～75.2%。菜豆细菌

性萎蔫病由菜豆萎蔫短小杆菌（*C. flaccumfaciens* pv. *flaccumfaciens*）侵染所致。

④ 芽孢杆菌属（*Bacillus*） 芽孢杆菌分布广，多数是腐生菌，只有少数是植物病原菌。该属菌体直杆状，大小为 0.5 ~ 2.5 μm × 1.2 ~ 10 μm，周生多根鞭毛，老龄菌体内产生芽孢，好气性或兼性厌气性，革兰反应阳性。营养琼脂上菌落扁平、灰白色，有的淡红色，边缘波纹状或有缺刻。氧化酶阴性，过氧化氢酶阳性。DNA 中 G + C mol% 含量为 32%，少数可达 69%。国内报道巨大芽孢杆菌（*B. megaterium*）可引起玉米细菌性叶斑病，美国报道禾草巨大芽孢杆菌（*B. megaterium* pv. *cerealis*）引起小麦白叶条斑病（图 2-66）。

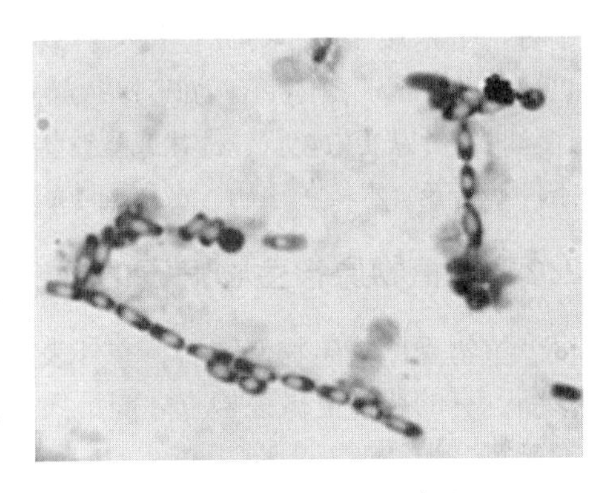

图 2-66 巨大芽孢杆菌形态

⑤ 链霉菌属（*Streptomyces*） 菌体丝状、纤细，无隔膜，直径 0.4 ~ 1.0 μm，辐射状向外扩展，分基内菌丝和气生菌丝两种。在气生菌丝末端分化为孢子丝，其上产生呈链球状或螺旋状排列的分生孢子。孢子的形态、色泽因种而异，是分类依据之一。马铃薯疮痂病菌（*S. scabies*）为该属的一种病原菌（图 2-67、图 2-68）。

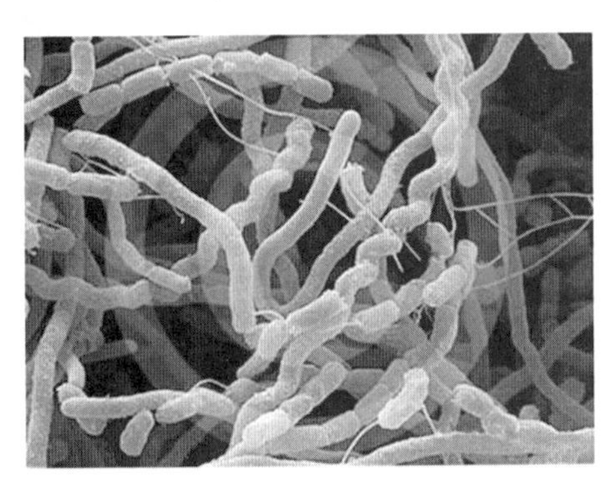

图 2-67 链霉菌形态

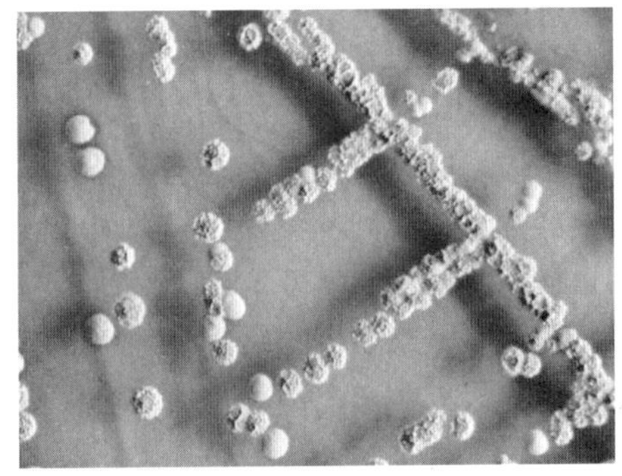

图 2-68 链霉菌菌落形态

⑥ 红球菌属（*Rhodococcus*） 菌体球形，可出芽繁殖而变成短杆状或分枝丝状。有的还有气生菌丝。革兰反应阳性，无鞭毛。好气性，过氧化氢酶阳性，对营养要求不严格。营养琼脂上菌落淡黄色至橘红色，奶酪状，圆形不透明，隆起。DNA 中G + C mol% 含量为 59% ~ 69%。植物病原菌有香豌豆带化红球菌（*R. fascians*）。

(3) 软壁菌门（Tenericutes）

软壁菌门又称壁菌门或无壁菌门。菌体无细胞壁，只有原生质膜包围菌体，菌体以球形或椭圆形为主，营养要求苛刻，对四环素类敏感。与植物病害有关的统称为植物菌原体，包括螺原体属（*Spiroplasma*）和植原体属（*Phytoplasma*）。

螺原体属 菌体形态为螺旋形，繁殖时可产生分枝，分枝也呈螺旋形。生长繁殖时需要有甾醇供应。DNA 中 G + C mol% 含量为 24% ~ 31%。植物病原螺原体只有 3

个种。玉米矮化病是螺原体侵染所致。

植原体属 菌体形态为圆球形或椭圆形，但在韧皮部筛管中或在穿过细胞壁上的胞间连丝时，可以变为丝状、杆状或哑铃状等。菌体大小为 80 ~ 1 000 nm。目前还不能在离体条件下培养。水稻黄矮病、水稻橙叶病、甘薯丛枝病和枣疯病是由植原体侵染所致。

2.2.4 植物原核生物病害的诊断

植物受原核生物侵害后，在外表显示出许多特征性的症状，根据症状可初步做出诊断，有的要做显微镜检查才能证实，有的还要经过分离培养接种等一系列的试验才能确定。

首先要通过症状识别来进行诊断。植原体病害的症状主要有变色和畸形，表现为病株矮化或矮缩，枝叶丛生，叶片变小而黄化，不表现出病征。细菌病害的症状主要有坏死、腐烂、萎蔫和畸形，褪色或变色的较少，有的还有菌脓溢出。菌脓是细菌病害所特有的病征。如果怀疑某种病害是细菌性病害但在田间病征又不明显，可将该病株带回室内进行保湿培养，待病征充分表现后再进行鉴定。多数细菌病害的症状往往有以下几个特点：一是受害组织表面或边缘常为水渍状或油渍状；二是在潮湿条件下，病部有黄色或乳白色黏状菌脓；三是腐烂型病害病部往往有恶臭味。

坏死是细菌病害最常见的症状类型。以叶部、果实上出现斑点、枯斑为最多。叶斑类的细菌病害，在发病初期，病斑呈水渍状或油渍状边缘、半透明、有黄色晕圈。在潮湿条件下一般在病部可见一层黄色或乳白色的脓状物，干燥后形成发亮的薄膜即菌膜或颗粒状的菌胶粒，病斑逐渐扩展，坏死面积扩大变成条斑或枯死斑。如水稻条斑病、水稻白叶枯病等。病斑也可受到木栓化组织的限制，在产生离层后使病部脱落而形成穿孔，如桃叶穿孔病。若木栓化组织不脱落，就会形成疮痂状，如辣椒疮痂病、柑橘溃疡病在果实上的病斑症状。

萎蔫症状是细菌侵害维管束系统所造成的。通常引起维管束变褐，横切植株茎基部稍加挤压可见污白色菌脓溢出，有无菌脓溢出是细菌性萎蔫同菌物性萎蔫的最大区别。如马铃薯青枯病、马铃薯环腐病等。

腐烂是细菌病害较为特有的一种症状类型，瓜果等贮藏器官的软腐性腐烂大多由细菌侵染所致，如马铃薯软腐病。

畸形大多发生在木本植物的根冠或茎基部、枝条上，主要是土壤杆菌侵害所致，如桃发根病，苹果、葡萄的根癌病等。

诊断原核生物病害时，有的要通过显微观察来进行诊断。由螺原体或植原体所致病害，用光学显微镜看不到菌体，必须用电子显微镜观察来进行诊断。由细菌侵染所致病害的病部，无论是维管束受害还是薄壁组织受害，都可以在徒手切片中看到有大量细菌菌体从病部喷出，这种现象称为喷菌现象(bacterium exudation)。喷菌现象为细菌病害所特有，是区分细菌病害与菌物、病毒病害的最简便的手段之一。维管束病害的喷菌量多，可持续几分钟到十几分钟。薄壁组织病害的喷菌状态持续时间较短，喷菌数量也较少。

通过症状识别和显微观察不能确定的病害要通过分离培养与侵染性试验进行诊断。按照柯赫氏法则，从病组织中分离到病原细菌的纯培养后，挑取典型的单菌落，再接种到敏感植物或指示植物上，使其表现典型或特有的症状反应，其中典型单菌落的挑选和接种植物的选择很重要。常用的过敏反应植物有烟草、菜豆、番茄和蚕豆等。假单胞菌属和黄单胞菌属的病菌可在烟草或蚕豆叶片上引起过敏性坏死反应。植原体不能人工培养，可通过菟丝子做桥梁将其接种传染到长春花上以证明其侵染性，从而完成柯赫氏法则的诊断过程。

2.3 植物病毒

病毒是一类非细胞结构具有侵染性的寄生物，区别于其他生物的主要特征是：① 个体微小，缺乏细胞结构，主要由核酸及保护性衣壳组成；② 基因组只含 1 种核酸，RNA 或 DNA；③ 依靠自身的核酸进行复制；④ 缺乏完整的酶和能量系统，其核酸复制和蛋白质合成需要寄主提供原材料和场所；⑤ 严格的细胞内专性寄生物。按寄主不同，病毒分为植物病毒、动物病毒以及寄生细菌的噬菌体和菌物病毒等。

目前已命名的植物病毒达 1 000 多种，其中不少侵染寄主引起毁灭性的病害，危害仅次于菌物病害，处于第二位。绝大多数种子植物都能发生病毒病，以禾本科、茄科、葫芦科、豆科、十字花科和蔷薇科的植物病毒病害发生普遍而严重，感染病毒的种类也多。草坪草中冰草花叶病毒、大麦条纹花叶病毒、大麦黄矮病毒等对草坪草的生长造成一定影响，降低草地生产力。

2.3.1 植物病毒的一般形态、结构与组分

2.3.1.1 植物病毒的一般形态

形态完整、具侵染力的病毒颗粒称为病毒粒体或毒粒，是病毒的基本单位。病毒粒体的形态有球形、卵圆形、砖形、杆状、丝状及蝌蚪状等，但以近似球形的多面体和杆状为主。植物病毒粒体的主要形态为球状、杆状和线状，少数为弹状(图 2-69)。病毒能通过细菌过滤器，其大小大多在 20 ~ 300 nm ，超过了普通光学显微镜的分辨能力，必须用电子显微镜才能观察到。

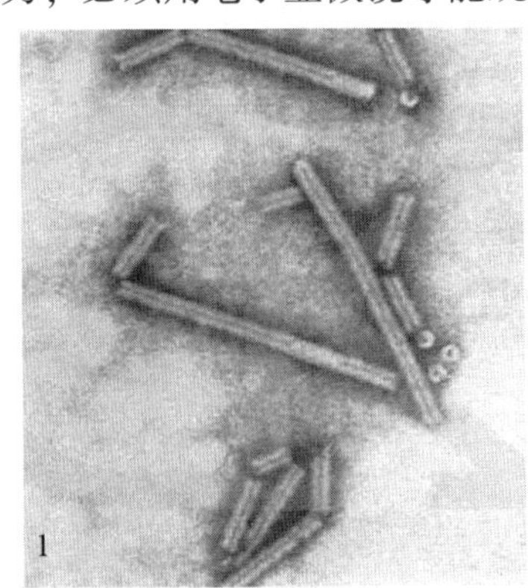

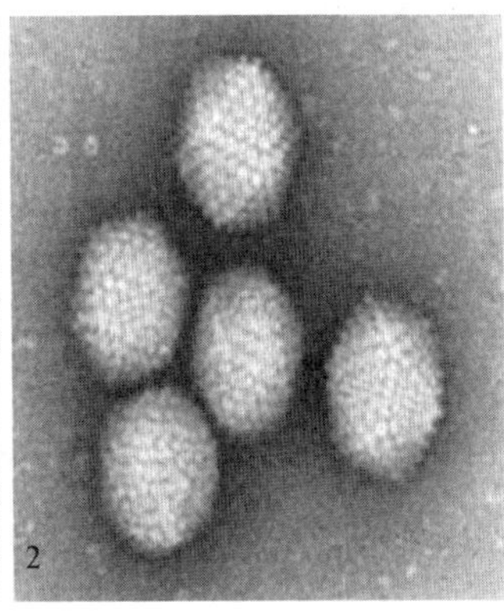

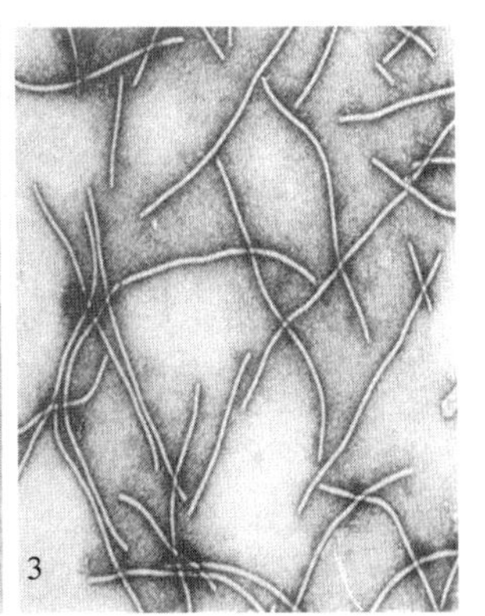

图 2-69 植物病毒的形态

1. 杆状病毒 2. 球状病毒 3. 线状病毒

2.3.1.2 植物病毒的结构

病毒粒体的基本结构是核衣壳，即 1 个或多个核酸分子(DNA 或 RNA)包被在蛋白外壳里而构成，外部的蛋白外壳称衣壳，内部的核酸称核髓。衣壳的化学成分是蛋白质，由衣壳粒以对称的形式排列组成，每个衣壳粒是由 1 ~6 个同种多肽分子折叠缠绕而成的蛋白质亚单位。一些简单的病毒粒子的核衣壳就是它全部的组成结构。有些复杂的病毒在核衣壳外还包被有包膜，其上再生刺突。包膜由脂肪、蛋白质和多糖组成。绝大多数植物病毒粒体的结构是核衣壳，植物弹状病毒的核衣壳外有包膜(图 2-70)。

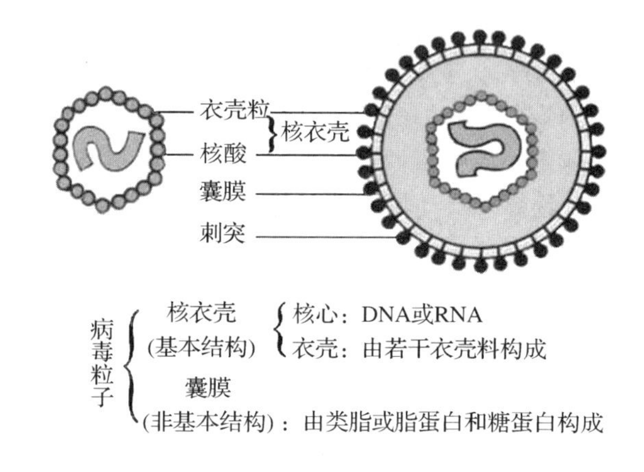

图 2-70 病毒粒子的结构

杆状或线状病毒的蛋白亚基呈螺旋状排列，核酸镶嵌在螺旋沟中。如烟草花叶病毒是这类结构的典型代表，其杆状壳体由 2 130 个壳粒螺旋状排列而成，组成 130 个螺旋(图 2-71)。球状病毒的蛋白亚基先聚集成壳粒，再由不同数量的壳粒有规则地

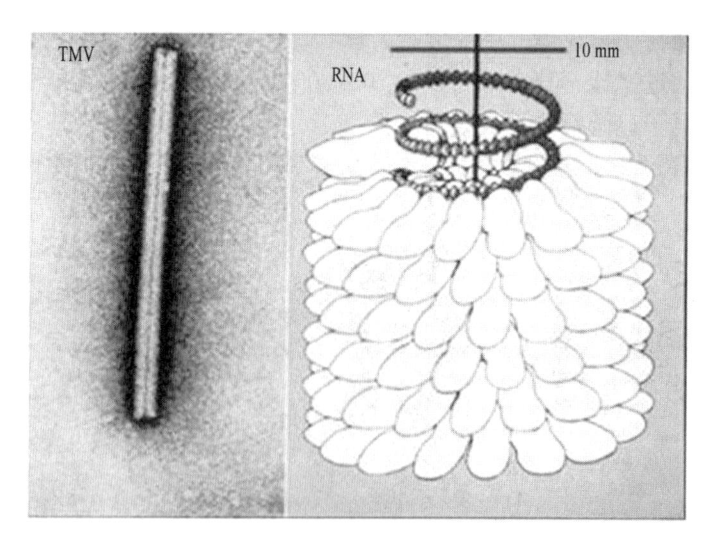

图 2-71 杆状病毒(烟草花叶病毒)的螺旋对称型结构模式图

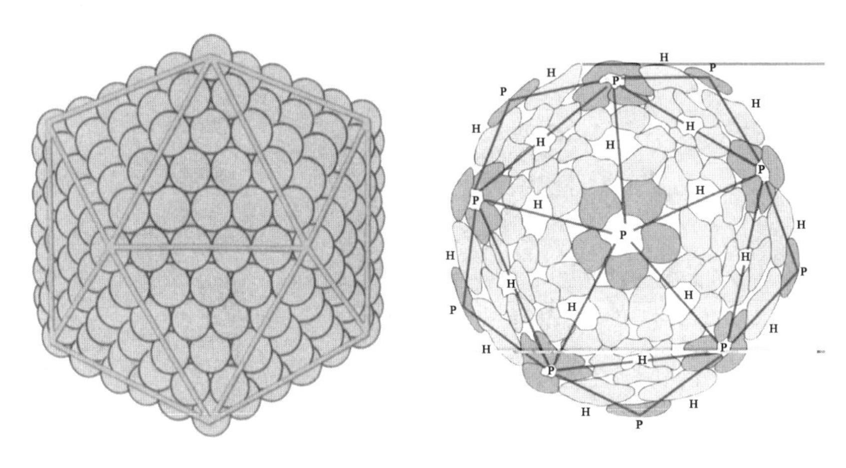

图 2-72 球状病毒的二十面体对称型结构模式图

结合成球形的廿面体，每个面呈正三角，核酸卷曲在衣壳内，因此，球状病毒粒体表面是由 20 个正三角形组合而成，也叫二十面体病毒(图 2-72)。

2.3.1.3 植物病毒的组分

植物病毒的主要成分是核酸和蛋白质。植物病毒的蛋白可分为结构蛋白及非结构蛋白两种。结构蛋白是构成一个完整的病毒粒体所需要的蛋白，主要是衣壳蛋白(缩写为 CP)和包膜蛋白(糖蛋白)，大多数植物病毒没有包膜，其结构蛋白主要是衣壳蛋白，绝大多数植物病毒的衣壳蛋白仅有 1 种蛋白多肽，个别的有 2 种以上。非结构蛋白是指病毒核酸编码的非结构必需的蛋白，包括一些复制酶和传播、运动所需的功能蛋白等。蛋白质在病毒粒体中的含量比例为 60%~95%。植物病毒蛋白主要对病毒核酸提供保护作用，另外还有抗原性，少数具有酶和运动蛋白等功能。一种病毒的不同株系，蛋白质的氨基酸序列可以有一定的差异。

植物病毒的核酸类型有 RNA 或 DNA 两种，并有单链和双链之分。一种病毒只含 1 种核酸(RNA 或 DNA)，至今还没有发现一种病毒同时兼有 2 种核酸。绝大多数植物病毒的病毒的核酸为单链 RNA(ssRNA)，极少数是双链 RNA(dsRNA)、单链 DNA(ssDNA)或双链 DNA(dsDNA)。病毒粒体中核酸的比例为 5%~40%，比例大小因粒体形状而异，一般球状粒体核酸比例高，线形次之，杆状较少。植物病毒的核酸是病毒的核心，组成了病毒的遗传信息——基因组(genome)，决定着病毒的增殖、遗传、变异和致病性。有些植物病毒的基因组分布于 2 个或多个核酸链上(图 2-73)，它们可以装配在同一个病毒粒体内(如番茄斑萎病毒)，也可以装配在不同的病毒粒体内(又称为多分体病毒，如豇豆花叶病毒)。多分体病毒可由几种大小或形状相同或不同的粒体所组成，当这几种粒体同时存在时，该病毒才具有侵染性。如烟草脆裂病毒有大、小 2 种杆状粒体；苜蓿花叶病毒具有大小不同的 5 种粒体。

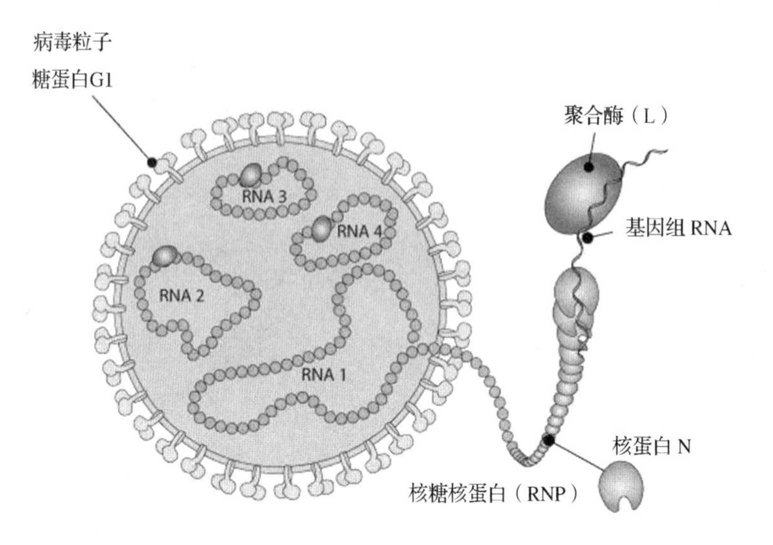

图 2-73 多分体病毒（基因组分布在 4 条核酸链上，装配在同一个病毒粒体内）

除蛋白和核酸外，弹状病毒还含有少量的脂类和糖蛋白存在于包膜中。有些病毒粒体还含多胺类物质。此外，金属离子 Ca^{2+}、Mg^{2+}、Na^{+} 等也是许多病毒必需的。

2.3.2 植物病毒的复制和增殖

2.3.2.1 增殖方式和场所

植物病毒作为一种分子寄生物，其增殖方式与菌物、细菌等一般微生物繁殖不同，是通过复制的方式进行，即病毒进入寄主细胞后，改变寄主细胞代谢方向，利用寄主的物质和能量分别合成核酸和蛋白组分，再组装成子代粒体。植物病毒复制场所在寄主细胞内，大多数病毒在寄主细胞质中复制，部分病毒在细胞核内。寄主提供复制的场所、复制所需的原材料和能量、部分寄主编码的酶以及膜系统，病毒自身主要提供的是模板核酸和专化的聚合酶(复制酶或反转录酶)。

2.3.2.2 复制过程

从病毒侵入细胞到子代病毒产生、释放，称为一个增殖周期或复制周期。一般需要 2 至几十小时不等，植物病毒复制周期包括进入和脱壳、基因传递、基因表达、装配几个过程。

(1)进入和脱壳

植物病毒通过机械或介体取食造成的微伤口进入寄主细胞，在蛋白酶的作用下，进行脱壳，衣壳裂解，核酸释放到细胞质中。

(2)基因传递

植物病毒与一般细胞生物传递信息基本相同，大部分植物病毒核酸的复制是先由+RNA为模板合成-RNA，形成双链复制型，再从双链复制型产生子代+RNA；DNA链直接复制子代DNA。有些负链RNA复制与一般细胞生物不同，出现反转录，即-RNA在病毒编码的反转录酶的作用下，变成互补的DNA链，DNA再转录为子代-RNA。

(3)基因表达

病毒核酸信息的表达包括两个方面：一是病毒基因组转录出mRNA的过程。部分植物病毒的核酸转录在细胞质内进行，部分在细胞核进行，同样需要寄主提供转录酶、核苷酸、ATP等物质；二是信息表达，由mRNA翻译出蛋白。主要在寄主80 S核糖体上进行。植物病毒基因组的翻译产物较少，一般RNA病毒的翻译产物为4~5种，多的可以达到9种，这些产物包括病毒编码的复制酶、病毒的衣壳蛋白、运动蛋白、传播辅助蛋白、蛋白酶等，有些产物还可通过聚集或与寄主细胞成分等物质相结合，形成一定的大小和形状的内含体。不同属的植物病毒往往产生不同类型、不同形状的内含体，这种差异可用于某些病毒的鉴定。

(4)装配

核酸和蛋白质结合形成子代病毒粒体。

病毒增殖过程是病毒与寄主细胞相互作用的复杂过程，一方面关闭寄主细胞基因调控系统，篡夺细胞DNA的指导作用；另一方面改变寄主细胞的结构和功能，为适应病毒复制服务。因此，病毒复制增殖过程，是寄主细胞结构和功能进行重大改组的过程，也是病毒的致病过程。

2.3.3 植物病毒的传播和移动

通过复制子代，病毒粒体可不断增殖并通过胞间连丝在寄主细胞进行扩散转移。植物病毒的传播是病毒从一植株转移或扩散到其他植物的过程，是病毒在植物群体中的转移。而从植物的一个局部到另一局部的扩展过程称为移动，是病毒在个体中的位移。

2.3.3.1 传播方式

病毒没有主动侵入寄主组织细胞的能力，只能靠被动的传播，根据自然传播方式的不同，可以分为介体传播和非介体传播两类。病毒传播方式是鉴定病毒的重要性状之一。

(1)介体传播

介体传播是指病毒依附在其他生物体上，借其他生物体的活动而进行的传播及侵染，是病毒的主要传播方式。植物病毒的传播介体包括昆虫、螨类、线虫、菌物、菟丝子等，其中以昆虫最为重要，昆虫中又以蚜虫、叶蝉、飞虱、粉虱等同翅目昆虫为主，以蚜虫数量最多。大约有200种蚜虫可传播160多种植物病毒。有些病毒由叶蝉传播，以叶蝉传播的专化性较强，蚜虫传毒的专化性较弱。例如，有些黄化性的病毒只能由1种叶蝉传播，而桃蚜可以传播100多种病毒。

介体传毒的过程可分为：① 获毒期，是介体获得病毒所需的取食时间；② 循回期，是指介体从获得病毒到能传播病毒所需的时间；③ 接毒期，是介体传毒所需的取食时间；④ 持毒期，是介体能保持传毒能力的时间。

根据昆虫获毒后持毒期限的长短，可将传毒分为非持久性、半持久性和持久性3种情况。非持久性传毒，即昆虫获毒后便可传染，病毒在虫体内没有循回期，但持毒时间短，很快丧失传毒能力。半持久性传毒的特点是获毒取食需数分钟，获毒后不能马上传毒，经过短循回期后传毒。病毒可在虫体内保持1～3天，但不能在虫体内增殖。持久性传毒是获毒取食时间较长(10～60 min)，有较长循回期，获毒后介体可保持传毒能力至少1周以上，有时介体可终身带毒，病毒可在虫体内增殖。

(2) 非介体传播

非介体传播是指在病毒传播中没有其他生物体介入的传播方式，包括汁液接触传播、嫁接传播和花粉传播。

① 机械传播　也称为汁液摩擦传播，是指病毒汁液通过机械造成的伤口进入健株体内使之发病，包括田间的接触或室内的人工摩擦接种。田间机械传播主要由病健株间接触，农事操作如修剪、整枝、打杈、嫁接等。有些病毒只能机械传播，如烟草花叶病毒属、马铃薯X病毒属等。这类病毒的特点是病毒存在于表皮细胞、浓度高、稳定性强。

② 无性繁殖材料　由于病毒系统侵染的特点，在植物体内除生长点外，球茎、块根、接穗芽等部位均可带毒，病毒随着这些材料调运、使用而传播。如马铃薯、大蒜、郁金香、苹果树等。

③ 种子　现在估计约1/5的已知病毒可以种传。种传病毒的寄主以豆科、葫芦科、菊科植物为多，而茄科植物却很少。病毒主要在种胚，有些胚乳、种皮也可带毒。种子病毒来源一是通过病株中的病毒扩散进入，二是通过带毒花粉将病毒带入种子。种子带毒的危害主要表现在早期侵染和远距离传播，为早期侵染提供初侵染来源，在田间形成发病中心。种传病毒症状常为花叶，大多可以机械传播。

④ 花粉　由花粉直接传播的病毒数量并不多，现在知道的有十几种，多数是木本寄主。如危害樱桃的樱桃环斑病毒、樱桃卷叶病毒等。这些花粉也可以由蜜蜂携带传播。花粉不仅造成种子带毒，而且可能使病毒进入植株体内造成植株发病。

2.3.3.2 病毒的移动

病毒在植物体内的移动或扩展途径有两种：一种是通过寄主细胞间的胞间连丝在植物细胞间的移动，这种转移的速度很慢；另一种是通过维管束输导组织的转移称作长距离转移，转移速度较快。在植物输导组织中，病毒移动的方向是与营养主流方向一致的，也可以随营养进行上、下双向转移。如病毒接种在番茄中部复叶尖端的小叶的侧面，经过1～3天，病毒分布到整个小叶；经过3～5天病毒则经过叶脉、叶柄及茎部的维管束系统到达根部和顶部；25天左右病毒已经在全株分布(图2-74)。

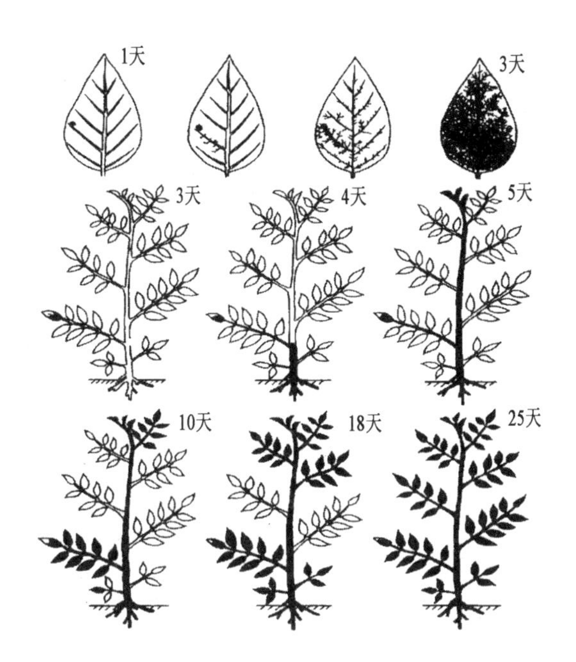

图 2-74 烟草花叶病毒在番茄植株中的移动示意图

病毒大都是系统侵染，可在整个植株体内扩展；个别局部侵染，仅在侵染点附近细胞扩展；韧皮部限制病毒仅在韧皮部繁殖扩展，如大麦黄矮病毒(BYDV)。病毒在整个植株或组织中的分布是不均匀的，这是因为病毒的扩展始终受到寄主的抵抗。一般来讲，植物旺盛生长的分生组织很少含有病毒，如茎尖、根尖；绿色区域比黄色区域含有的病毒较少，有的绿色区域可能不含或很少含有病毒。可以通过分生组织培养获得无毒植株。

2.3.4 植物病毒的分类与命名

2.3.4.1 病毒的分类

早期的病毒分类以宿主为主，将病毒分为脊椎动物病毒、无脊椎动物病毒、昆虫病毒、植物病毒、细菌病毒等。随着病毒学研究水平的提高和深入，有关病毒基本性质的知识不断更新和丰富，国际病毒分类委员会(International Committee on Taxonomy of Viruses，ICTV)经过修改、充实，提出的病毒分类标准和指标内容越来越明确，且接近病毒的本质。1995 年，ICTV 发表了《病毒分类与命名》第 6 次报告，植物病毒实现了按目、科、亚科、属、种的分类。其分类依据是病毒最基本、最重要性质，包括：① 构成病毒基因组的核酸类型(DNA 或 RNA)；② 核酸是单链(single strand，ss)还是双链(double strand，ds)；③ 病毒粒体是否存在脂蛋白包膜；④ 核酸分段状况(即多分体现象)等。

根据上述主要特征，2005 年 ICTV 发表的第 8 次病毒分类报告确定的 1 950 种植物病毒被分为 73 科 289 属（包括 24 个未定科的悬浮属）。其中 DNA 病毒只有 3 科 12 属，仅占病毒总数的 15%；RNA 病毒有 16 科 69 属，约占病毒总数的 85%。根据核酸和核酸链的类型，植物病毒可分为六大类群：一是双链 DNA 病毒，有 6 个病毒属；二是单链 DNA 病毒，6 个属；三是双链 RNA 病毒，2 科 5 个属；四是负单链 RNA 病毒，包括 3 科 6 个属；五是正单链 RNA 病毒，56 个属；六是反转录单链 RNA 病毒，包括 2 科 3 个属。

在植物病毒分类体系中，多数学者认为病毒“种”的概念还不够完善，采用传统的界、门、纲、目、科、属、种分类阶元为病毒分类还不够成熟。因此，近代植物病毒分类上的基本单位不称为种（species），而称为成员（member），近似于属的分类单位为组（group）。2000 年 ICTV 发表病毒分类的第 7 次报告，进一步明确了科、属、种关系，科下为属（genus），属下为代表种（type species）、种（species）和暂定种（tentative species）。在未形成适当科的情况下，属可以暂时作为最高分类单位，称为“悬浮属（floating genera）”，如 *Tobamovirus*（烟草花叶病毒属）。

另外，还有一类与病毒相似，但个体更小、不具有完整病毒结构或功能的分子生物，包括类病毒（viroid）、拟病毒（virusoid）、卫星病毒（satellite virus）和卫星 RNA（satellite RNA）及朊病毒等。没有蛋白质外壳、基因组为单链环状 RNA，能单独侵染植物并在植物体内进行自我复制的植物病原物，需要依赖其他病毒才能侵染并复制的小病毒或核酸，称为卫星，它们依赖的病毒称为辅助病毒（helper virus）。它们的核酸与辅助病毒的核酸很少有同源性，且影响辅助病毒的增殖；其中能自身编码衣壳蛋白的称为卫星病毒，不能编码衣壳蛋白的称为卫星核酸或拟病毒。绝大多数植物病毒的卫星核酸都是 RNA，称为卫星 RNA。动物中有一类无核酸只有蛋白质的侵染因子称为朊病毒。为了分类上的方便，将这些分子生物都归入亚病毒（subviruses）。亚病毒类群不设科和属。而由核蛋白体构成的病毒则称为真病毒（euviruses）。

2.3.4.2 病毒的命名

植物病毒种的命名目前不采用拉丁文，一般由寄主 + 症状 + 病毒三部分构成，常缩写。如烟草花叶病毒为 Tobacco mosaic virus，缩写为 TMV；黄瓜花叶病毒为 Cucumber mosaic virus，缩写为 CMV。有些按病毒发现的先后次序命名，如马铃薯 X 病毒写为 Potato virus X，缩写为 PVX；马铃薯 Y 病毒写为 Potato virus Y，缩写为 PVY。属名为专用国际名称，常由模式种寄主名称（英文或拉丁文）缩写 + 主要特点描述（英文或拉丁文）缩写 + 字尾 virus 组合而成，如黄瓜花叶病毒属的学名为 *Cucumovirus*。书写时，目、科、属名均采用斜体。类病毒（viroid）命名与病毒相似，类病毒的缩写为 Vd，如马铃薯纺锤块茎类病毒（Potato spindle tuber viroid，PSTVd）。

2.3.5 植物病毒的诊断鉴定原理

植物病毒的诊断是指应用简单可靠的技术手段，来确定病害是由何种病毒引起的。植物病毒鉴定就是通过一系列的实验检测后，根据病毒的生物学特征、理化特性、基因组特性、血清学特性等，与国际上权威病毒分类系统以及已报道的文献进行比较，最终确定一种未知病毒的分类地位和名称。早期的诊断鉴定主要通过观察指示植物接种后的症状表现，结合一些血清学反应特点；同时，病毒的粒子形态和寄主细胞病变也是重要的鉴定手段。随着分子生物学的飞速发展，许多生物化学以及分子生物学技术被应用于植物病毒的诊断鉴定，给病毒的鉴定分类提供了更为丰富和可靠的内容。

植物病毒的鉴定必须结合多种分析检测手段进行系统的诊断。对于任何一种病毒而言，以单一特性为依据进行鉴定分类都是不可靠的。植物病毒的鉴定也和其他病原物鉴定一样，必须遵循柯赫氏法则，该法则在植物病毒的鉴定中被归纳为：第一，必须在大量的感病植物中检测到病因；第二，病因必须从单一侵染的寄主中能被分离，并对其进行特性描述；第三，以该病因接种在同种植物，产生的症状应与田间观察到的症状相符；第四，病因必须从被侵染的植物中再次被分离，其特性与首次分离描述相符。

在植物病毒研究过程中，曾用于病毒分类鉴定的特征性指标多达49项。随着对植物病毒研究的深入以及研究技术的发展，揭示了许多过去不甚了解的病毒本质特性，它们成为病毒分类鉴定中的重要依据，而原先的某些指标特征已失去了分类鉴定意义。目前，国际病毒分类委员会(ICTV)提出的病毒分类鉴定特征指标有：

① 形态学特征　病毒粒子的大小、形态，有无包膜，衣壳的对称性和结构。

② 理化特性　病毒的相对分子质量、浮力密度、沉降系数、pH值、温度、粒子、溶剂、表面活性等。

③ 基因组特性　核酸类型、核酸链性、基因组大小、核酸序列比较、帽子结构和Poly(A)尾巴的有无等。

④ 蛋白质特性　蛋白数量、大小，蛋白功能活性，氨基酸序列比较等。

⑤ 脂类　脂类的有无和特性。

⑥ 碳水化合物　碳水化合物的有无和特性。

⑦ 基因组构造和复制　基因组构造、核酸复制策略、转录特点、翻译和后翻译过程特点、内含子的形式等。

⑧ 抗原特性　血清学关系，抗原决定簇图。

⑨ 生物学特性　寄主范围、致病性、传播方式、介体关系、病理学、组织病理学、组织趋性、地理分布等。

2.3.6 重要的植物病毒属及典型种

2.3.6.1 黄瓜花叶病毒属(*Cucumovirus*)

本属共有3个种，代表种为黄瓜花叶病毒(Cucumber mosaic virus，CMV)。病毒粒子为等轴二十面体，直径约29 nm，无包膜。核酸为三分子线形正义ssRNA，三分体基因组，外壳蛋白相对分子质量为24 kDa。病毒抗原性较弱，属内各病毒间血清学关系较远。该病毒可由多种蚜虫以非持久方式传播。寄主范围宽，是我国十字花科、茄科、豆科及葫芦科蔬菜上最主要的病原病毒之一，目前我国已从38科120多种植物上分离到该病毒。

2.3.6.2 烟草花叶病毒属(*Tobamovirus*)

本属有16个种和1个暂定种，代表种为烟草花叶病毒(Tobacco mosaic virus, TMV)。病毒粒子刚直杆状，大小为18 nm×300～320 nm，核酸为单分子线形正义ssRNA，单分体基因组，外壳蛋白相对分子质量为17～18 kDa。病毒免疫原性强，自然界通过机械接触传播。该病毒是我国普遍发生的一种重要植物病毒，寄主范围极为广泛，可侵染茄科、十字花科、葫芦科及豆科等多种植物。

2.3.6.3 马铃薯Y病毒属(*Potyvirus*)

本属有91个种和88个暂定种，代表种为马铃薯Y病毒(Potato Y virus, PVY)。病毒粒子为弯曲线状，11～13 nm×680～900 nm，无包膜。核酸为单分子线形正义ssRNA，单分体基因组，外壳蛋白相对分子质量为30～47 kDa。病毒具有中等免疫原性，属内多种病毒间存在血清学关系。主要以蚜虫通过非持久方式传播，病毒编码的蚜传辅助因子在病毒传播中起到重要作用。寄主范围较宽，主要侵染茄科以及苋科、藜科、菊科和豆科植物。

2.3.6.4 马铃薯X病毒属(*Potexvirus*)

本属有26个种和19个暂定种，代表种为马铃薯X病毒(Potato X virus, PVX)。病毒粒子为弯曲线状，13 nm×470～580 nm，无包膜。核酸为单分子线形正义ssRNA，单分体基因组，外壳蛋白相对分子质量为18～27 kDa。病毒具有较高的免疫原性，属内多种病毒间存在血清学关系。自然条件下通过机械接触方式传播，无已知传媒介体。马铃薯X病毒仅限于侵染茄科植物。

2.3.6.5 黄症病毒属(*Luteovirus*)

本属仅有2个种，代表种为大麦黄矮病毒-PAV(Barley yellow dwarf virus-PAV, BYDV-PAV)。病毒粒子为等轴二十面体，直径25～30 nm，无包膜。核酸为单分子线形正义ssRNA，单分体基因组，外壳蛋白相对分子质量为22 kDa。病毒具有较高的免疫原性，属内的BYDV-PAV和BYDV-MAV间存在密切的血清学关系。病毒在寄主体内分布仅限于韧皮部组织，疏导组织退化是该病毒侵染的重要特征。约有14种蚜虫以持久非增殖型方式传播，最重要的是麦无网长管蚜、麦长管蚜、玉米蚜、禾谷缢管蚜等，介体专化性强。寄主范围较宽，可侵染100余种单子叶植物，引起寄主矮化和褪绿。

2.3.7 植物类病毒

类病毒是一类无外壳蛋白质、相对分子质量低、能在受侵染的寄主组织中自我复制的共价闭合环状单链RNA分子，相对分子质量为1.27×10^5，含有357～361 bp,

不编码蛋白质，无抗原性。类病毒现在仅在高等植物中发现，对于类病毒的感染和复制机理目前尚不清楚。类病毒能耐受紫外线和作用于蛋白质的各种理化因素，如对蛋白酶、胰蛋白酶、尿素等都不敏感，在90℃下仍能存活。类病毒侵染能力强，产生类似植物病毒病的症状，但潜隐现象普遍，感病组织产生异常的细胞质膜体。类病毒可以通过机械接触传播，生产中主要靠无性繁殖材料传播，部分种可以经种子和花粉传播，只有番茄雄性株类病毒由蚜虫传播。类病毒寄主范围宽窄不同，马铃薯纺锤形块茎类病毒(Potato spindle tuber viroid，PSTVd)自然条件下只侵染马铃薯，实验室中可以机械接种传播给多种茄科植物，但通常无症状表现。

目前已知的类病毒共分为马铃薯纺锤形块茎类病毒科和鳄梨日斑类病毒科2个科，另外还包括未分类的7种类病毒。马铃薯纺锤形块茎类病毒科共分为5个属，生产中比较重要的有马铃薯纺锤形块茎类病毒属(*Pospiviroid*)，该属现有8个种，代表种为马铃薯纺锤形块茎类病毒，该类病毒基因组为一条环状ssRNA，长356～360 nt，具有5个功能区，形成稳定的杆状或拟杆状二级结构。马铃薯纺锤形块茎类病毒在寄主细胞核内复制和积累，复制方式为不对称滚环模式，基因组不编码蛋白质。自然寄主为马铃薯，症状表现从无症到毁灭性灾害，目前在我国广泛分布。

2.4 植物病原线虫及原生动物

线虫(nematodes)是一类低等假体腔无脊椎动物，通常生活在土壤、淡水、海水中，其中有些能寄生在人、动物和植物体内，引起病害。寄生植物的线虫称为植物病原线虫或植物寄生线虫，简称为植物线虫。

植物寄生线虫分布广泛，适应性强，世界上几乎所有的植物都会受到线虫的寄生。多数植物虽然被植物线虫寄生但并不表现症状，而某些种类线虫寄生植物后则可引起植物发病。由于植物受线虫危害后所表现的症状与一般的病害症状相似，同时植物寄生线虫对植物的破坏作用主要是通过分泌有毒物质和夺取营养的方式完成，与昆虫对植物的取食有很大差别，因此，习惯上把植物寄生线虫作为病原物来研究；线虫对植物的危害也称为植物寄生线虫病害。

据FAO统计，全世界每年因线虫危害给粮食作物和其他经济作物造成的损失约为12%，对蔬菜、花生、烟草和某些果树造成的损失要超过20%。线虫已成为植物的一类重要病原物，线虫病害已成为我国农林生产上的重要灾害问题。由于目前全世界尚未研制开发出高效低毒的杀线虫药剂，因此，世界各国在控制植物寄生线虫的危害上都面临非常严峻的形势。

原生动物作为植物病原物最早报道于20世纪初期，直到20世纪80年代才真正被植物病理学家所公认。目前，能够引起植物病害的原生动物仅有植生滴虫属(*Phytomonas*)中的一些种类。

2.4.1 植物病原线虫的形态与解剖结构

2.4.1.1 植物病原线虫的形态

典型植物寄生线虫似条形，虫体透明，多数种类必须借助于显微镜才能看到。放大的虫体呈纺锤形或梭形，横截面呈圆形，虫体光滑不分节，从中部向两端渐细，体长通常为0.2～1.2 mm，宽0.01～0.05 mm。大多数植物线虫的体形为雌雄同型——线形(图2-75)；有些线虫的体形为雌雄异型，属于这一类的线虫的雌虫成熟后膨大成梨形、柠檬形、肾形、珍珠状或其他不规则囊状。线虫的发育分为3个发育阶段，即卵、幼虫和成虫。卵通常为椭圆形或梭形，不同种类表面具有不同的纹饰或附属物，多数卵壳透明，有些种类为暗色，较为坚韧。幼虫和成虫阶段至少有一个时期虫体为线形。线形的虫体最前端是由唇片组成的唇部或称头部，头部一般平钝，唇片一般6枚或少于6枚。肛门以后的虫体是尾部，尾部为丝状、鞭状、钝圆或棒状，变化较大。在头部、尾部之间的虫体称为体部。头部与其他部位往往有缢痕相隔。头内有不同角化程度的头架。在头部和尾部分别包括神经系统的侧器(amphids)、乳突(papillae)和尾感器(phasmids)等感觉器官。线虫纵向分为背区、右侧区、左侧区和腹区，两侧对称。线状线虫往往不同程度地向腹面弯曲，弯曲显著的呈弓形、“C”形或螺旋状等，肛门、阴门和排泄孔都在腹面。

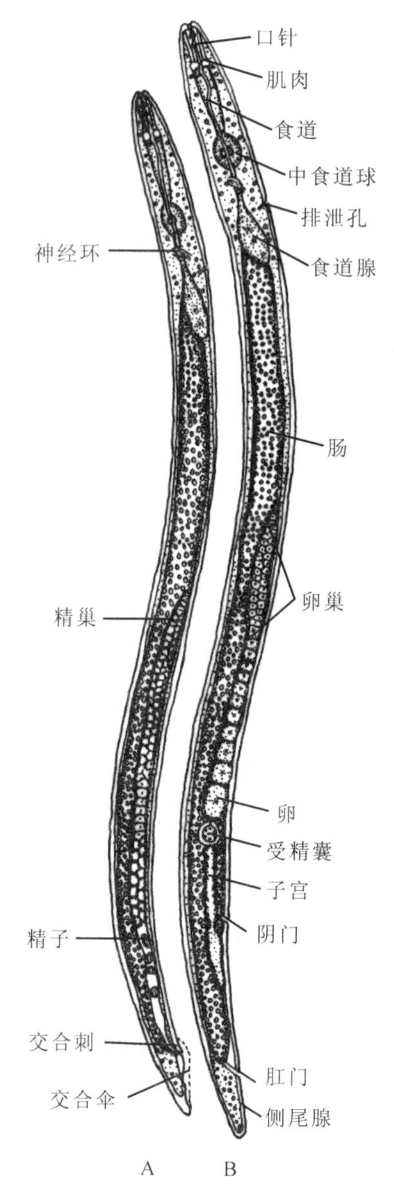

图2-75 典型植物寄生线虫形态

(仿Agrios)

A. 雄虫 B. 雌虫

2.4.1.2 植物病原线虫的解剖结构

线虫的基本结构是由两条相套的体管即外体管(体壁)和内体管(体腔)组成。内、外体管之间为充满体液的假体腔。体壁的最外面是一层平滑无色而有横纹或纵纹或突起或其他饰纹的不透水的角质层(又称表皮层)；里面是下皮层，接着是线虫运动的肌肉层。体腔内有消化系统、生殖系统、神经系统和排泄系统等。生殖系统是在线虫由幼虫发育为成虫过程中逐步发展和完善起来的。体腔内充满了体腔液，是一种原始的血液，体腔液湿润各个器官，并供给所需要的营养物质和氧，起着呼吸和循环系统的作用。线虫缺乏真正的循环系统和呼吸系统。

(1)消化系统

线虫的消化系统非常发达，是1条由口、食道、肠、直肠和肛门连成的不规则直通圆管。口孔上有6个突出的唇片(不同类群的线虫，唇片会发生各种变化)，口孔的后面是口腔。口腔下面是很细的食道，食道的中部可以膨大而形成一个中食道球，有的线虫还有一个后食道球，而一般植物寄生线虫只有中食道球。食道的后端为食道腺(也称唾液腺)，一般是3个腺细胞融合而成，它的作用是分泌唾液或消化液。食道以下是肠，连到尾部的直肠和肛门。

植物寄生线虫的口腔内有一个针瓣状的器官称口针，用于穿刺植物细胞和组织，口针中间具有孔道，开口于口针前端的侧面。由于植物寄生线虫是典型的外消化生物，通过口针将食道腺分泌物及酶类注射到植物细胞内，降解的寄主细胞营养物质再通过口针被线虫吸入食道，进入肠道内被肠壁吸收。

(2)神经系统

线虫的神经系统较不发达，在显微镜下通常只能看到位于中食道球后面的神经环。神经环是线虫的中枢神经节。在神经环上，向前有6股神经通到口唇区的突起、刚毛和侧器等，向后有6股神经纤维延伸到其他感觉器官，如腹部和尾部的侧尾腺等。

(3)排泄系统

线虫的排泄系统是单细胞的，在神经环附近可以看到它的排泄管和位于虫体腹面的排泄孔。植物寄生线虫中的垫刃目线虫和小杆目线虫的排泄系统比较明显。在它们的整体玻片中，可见的排泄系统常为排泄管，又称端管和排泄孔。垫刃目线虫的排泄系统有1条纵行管道即排泄道。

(4)生殖系统

线虫的生殖系统非常发达，有的占据了体腔的很大部分。雌虫由1或2条管状生殖腺(生殖管)组成，生殖管可呈线状伸展，或在前部回折或整体卷曲。每条生殖管包括卵巢、输卵管、受精囊、子宫、阴道和阴门，双生殖管的雌虫两条生殖管拥有同一阴道和阴门。雄虫由1或2条雄性生殖管和附属的一些交配器官组成，生殖管可呈线状伸展或在先端回折。单生殖管包括睾丸、精囊、输精管和泄殖腔等。泄殖腔内有1对交合刺，有的还有引带和交合伞等附属器官。双生殖管的雄虫有2个睾丸，其他各结构为双管共有。雄虫的生殖孔和肛门是同一个孔口，称为泄殖孔。

2.4.2 植物病原线虫的生活史和生态

多数植物寄生线虫的生活史很相似，线虫由卵孵化成幼虫，幼虫包括4个龄期。幼虫发育为成虫，两性交配后产卵，完成一个发育循环，即线虫的生活史。幼虫形态结构与其成虫相似，不同的是生殖系统尚未发育或未充分发育。幼虫发育到一定阶段就脱皮，幼虫每脱皮1次就增加一个龄期，经过最后一次的蜕化形成成虫。这时雌虫和雄虫在形态上已明显不同，生殖系统已充分发育，性器官容易观察。有些线虫的成熟雌虫的虫体膨大，如胞囊线虫和根结线虫。

有些种类的线虫1龄或2龄幼虫不能侵染植物，主要依靠卵内贮存的能量维持新陈代谢。有些种类的线虫的一龄幼虫是在卵内发育的，如垫刃目线虫，从卵内孵化出来的是2龄幼虫，开始侵染寄主，也称侵染幼虫。线虫处于侵染阶段时，必须取食敏感寄主，否则便会饿死。当缺少合适的寄主时，几个月内便会导致某些线虫所有个体的死亡；但有些种类的线虫，以卵维持休眠或其幼虫通过脱水进入休眠，可在土壤中存活多年。

雌虫经过交配后产卵，雄虫交配后随即死亡。有些线虫的雄虫很少或很难找到它们的雄虫，有些线虫的雌虫不经交配也能产卵繁殖(即孤雌生殖)。因此，在线虫的生活史中，一些线虫的雄虫是起作用的，有的似乎不起作用或作用还不清楚。在环境条件适宜的情况下，线虫完成一个世代一般只需要3~4周。线虫在一个生长季节里大都可以发生几代，发生的代数因线虫种类、环境条件和危害方式而不同。不同线虫种类的生活史长短差异很大。小麦粒线虫和小麦胞囊线虫则一年仅发生1代。

几乎所有的植物病原线虫生活史中都有一部分时间是在土壤中度过的。许多线虫自由生活于土壤中，取食根部和地下茎干的表面，但即使是固着型寄生线虫，也可在土壤中发现它们的卵、寄生前幼虫及雄虫。土壤的温度、湿度及通气状况都影响土壤中线虫的存活和移动。活动状态的线虫长时间暴露在干燥的空气中将很快死亡。不同线虫种类其发育最适温度不同，但一般在15~30 ℃均能发育，在40~50 ℃的热水中10 min即可被杀死。线虫大多生活在15~30 cm的土壤中。通常耕作土中线虫的分布不规则，以感病植物的根内或根围数量最多，这些线虫的分布与根的长度相当(30~150 cm或更深)。线虫在寄主植物根部高度聚集，一方面充足的营养可使线虫迅速繁殖；另一方面线虫往往受到根系分泌物的吸引。有时根系分泌物扩散到土壤中，会明显地刺激某些线虫卵的孵化。但大部分线虫的卵可在缺少根系分泌物的水中自由孵化。

线虫在土壤中的活动性不大，而且在土壤中的蠕动也无一定方向，所以在整个生长季节内，线虫在土壤中扩展的范围很少超过30~100 cm。线虫可借助移动物体携带土壤颗粒进行扩散。在大部分地区，线虫可通过农场设施、灌溉、洪水或排水、动物、鸟类及沙尘暴在当地扩散。线虫的远距离传播主要是依靠农产品和苗木等人为传播。

2.4.3 植物病原线虫的寄生性和致病性

2.4.3.1 寄生性

植物寄生线虫都是专性寄生，个别种类除寄生在高等植物外也能寄生菌物。目前，植物寄生线虫尚不能在人工培养基上培养来完成生活史。线虫寄生植物的方式分为外寄生和内寄生。外寄生是指线虫的虫体大部分留在植物体外，仅头部穿刺到寄主的细胞和组织内取食的方式。内寄生又分固定内寄生和迁徙性内寄生两种方式。固定内寄生是指线虫的虫体进入植物组织固定取食以后不再改变取食位置的寄生方式，多数异皮总科的线虫为这种寄生方式；迁徙性内寄生是指线虫在寄生过程中是移动的，线虫可根据取食点的营养状况随时改变取食的寄生方式，如短体科线虫和部分滑刃亚目的线虫。线虫在发育过程中其寄生方式也可以改变，有些外寄生的线虫，到一定时期可进入组织进行内寄生；迁徙性内寄生线虫，在发育的某个阶段也会因寄主的条件改变而转移到土壤中。

植物寄生线虫可以在寄主植物的各个部位上寄生，其中植物的地下部分最容易受到线虫的侵染。植物寄生线虫通常具有一定的寄生专化性，都有一定的寄主范围。有的寄主范围很广，如南方根结线虫除不能侵染花生外可侵染数百种栽培植物和木本植物；也有的寄主范围很窄，如小麦粒线虫主要侵染小麦、大豆胞囊线虫主要寄生大豆和小豆等豆科植物，并有明显的生理分化现象。

2.4.3.2 致病性

植物寄生线虫的穿刺吸食和在组织内造成的损伤，对植物的生长和发育具有一定的影响，但线虫对植物破坏作用最大的是背食道腺分泌物的作用。背食道腺的分泌物对植物的生长和发育有如下影响：① 某些种类线虫的背食道腺分泌物可以刺激寄主细胞的增大，有助于形成巨型细胞或合胞体(syncytium)；② 刺激细胞分裂使寄主组织形成瘤肿和根部的恶性分枝；③ 抑制根茎顶端分生组织细胞的分裂，导致植株矮化；④ 溶解中胶层使植物组织细胞离析，溶解细胞壁和破坏细胞，造成植物组织溃烂坏死。因此，植物寄生线虫侵染植物后表现出各种各样的症状。地上部的症状有顶芽和花芽的坏死、茎叶的卷曲、叶片的角斑或组织的坏死、形成叶瘿或种瘿等；根部受害后有的生长点被破坏而停止生长或卷曲、根上形成瘤肿、过度分枝或分枝减少、根部组织的坏死和腐烂等；柔嫩多汁的块根或块茎受害后，组织先坏死，随后腐烂。根部受害后，根对矿质营养和水分的吸收能力下降，地上部的生长受到影响，表现为植株矮小、色泽失常和早衰等症状，严重时整株枯死，尤其是在光照较好的午后植物光合作用强时表现叶片低垂。值得指出，土壤中存在大量腐生性的线虫，通常在植物根部以及地下部或地上部坏死和腐烂组织内外看到的线虫，不一定是致病性的植物寄生线虫，要注意区分寄生性和腐生性线虫。可根据线虫的口针类型和食道类型对线虫的寄生性做出判断，同时，要考虑根部线虫群体的数量和种类，某些线虫必须有足够的线虫群体才可以使寄主表现明显的症状。

此外，土壤中存在着许多其他病原物，根部受到线虫侵染后，容易遭受其他病原物的侵染，从而加重病害的发生。例如，大豆胞囊线虫可以加重大豆根腐病的发生。因此，消灭线虫可以减轻大豆根腐病的危害。有些植物寄生线虫还是土传植物病毒的重要介体，如剑线虫的某些种类可以传播葡萄扇叶病毒。

2.4.4 植物病原线虫的主要类群

2.4.4.1 植物病原线虫的分类

全世界线虫有 50 多万种(Hyman，1951)，是动物界中数量上仅次于昆虫的一个类群。植物病原线虫分类的主要依据是形态学特征，包括口针类型、有无侧尾腺、食道类型、体形、生殖系统和头尾部的形态结构等。线虫雌虫的形态特征具有稳定性和多态性，因此在分类中通常以雌虫的形态为主。Chitwood夫妇(1950)提出的线虫分类系统，将线虫单独列于动物界下的线虫门(Nematoda)，再根据侧尾腺(phasmid)的有无，分为侧尾腺纲(Secernentea)和无侧尾腺纲(Adenophorea)两个纲。植物病原线虫主要分属于侧尾腺纲的垫刃目(Tylenchida)和无侧尾腺纲的矛线目(Dorylaimida)。Maggenti(1991)提出一个较新的分类系统，将线虫门分为侧尾腺纲和无侧尾腺纲，纲以下设置18目38总科，植物病原线虫主要分属于垫刃目、矛线目和三矛目(Triplonchida)。但各分类专家在纲以下关于目、亚目、总科和科的分类系统上尚未形成一致意见。

2.4.4.2 植物病原线虫的主要类群

全世界正式报道的植物寄生线虫有260多属5 700多种，在农林业生产上具有重要地位的植物病原线虫包括20多属，下面介绍几个典型种属。

(1)粒线虫属(***Anguina***)

线虫的虫体肥大较长，蠕虫形。雌虫和雄虫均为垫刃型食道，口针较小，食道腺膨大、缢缩，通常覆盖肠的前端。雌虫稍粗长，虫体两端朝腹面卷曲，呈腊肠状，单卵巢，具回折，卵母细胞多行绕一中轴排列。雄虫稍弯，不卷曲，精巢通常具回折，精母细胞多行排列，交合伞长，但不包到尾尖，交合刺粗而宽。

本属包括至少17个种，多寄生于禾本科植物的地上部，危害植物茎部、叶片、花序和种子，引起植物畸形，在茎、叶或子房内形成虫瘿。虫瘿是指植物组织受到线虫刺激增生形成的、内包线虫的瘤状结构。

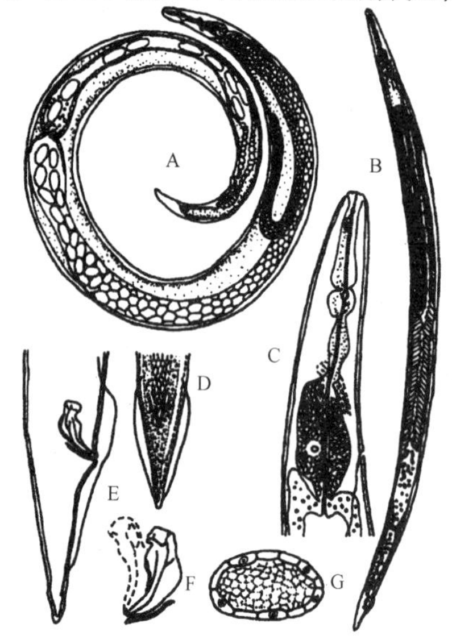

图2-76 小麦粒线虫(引自许志刚，2009)
A. 雌虫 B. 雄虫 C. 头部 D. 雄虫尾部
E. 雄虫尾部侧面 F. 交合刺 G. 卵巢横切面

本属最重要的植物病原线虫为小麦粒线虫[*Anguina tritici* (Steinbuch) Chitwood](图2-76)，引起小麦粒线虫病。小麦粒线虫病的病原线虫以虫瘿的形式与小麦种子混合，在土壤或肥料中越夏，田间传播主要以混有虫瘿的病土和流水传播，远距离传播通过混有虫瘿的麦种调运实现。在小麦的生长季节中，粒线虫每年只发生1代，田间不发生再侵染。小麦虫瘿内的2龄幼虫因受虫瘿的保护具有很强的抗逆能力，存活力很强，有的小麦贮存28年后其中的粒线虫仍有活力。小麦粒线虫也可传播细菌引起小麦蜜穗病，蜜穗病的病原细菌(*Clavibacter tritici*)在虫瘿内能存活5年左右。种子间混杂虫瘿数量是病害发生轻重的主要因素。

(2)茎线虫属(***Ditylenchus***)

线虫的虫体细长，蠕虫形，垫刃型食道，口针细小，中食道球有或无瓣门，个别种类无中食道球，多数线虫食道腺较短，略覆盖肠的前端。雌虫前生单卵巢，阴门在虫体后部，卵母细胞排列1~2行，少数种类卵巢前端有回折。雄虫交合伞不包至尾尖，雌虫和雄虫的尾端为长锥状，末端尖锐，具4条侧线。

本属线虫已报道近100种，全部为迁徙性内寄生线虫，可危害植物地上部的茎、叶和地下的根、鳞茎和块根等，造成组织坏死、腐烂，或在寄主根上形成瘤肿。线虫的4龄幼虫为休眠虫态和侵染虫态，对低温和干燥的抵抗力强，在植物组织内和土壤中可长期存活，一旦遇到适宜寄主即可侵入危害。茎线虫属线虫在寄主组织内存在有生活史中不同阶段的各个虫态，具有世代重叠现象。

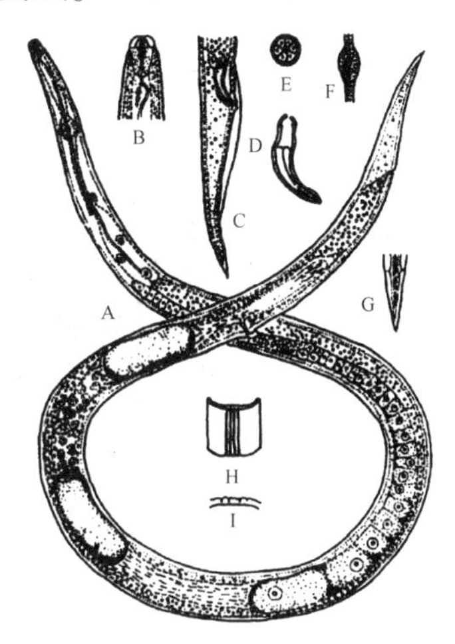

图2-77 起绒草茎线虫

(引自许志刚，2009)

A. 雌虫 B. 头部 C. 雄虫尾部 D. 交合刺 E. 唇区切面 F. 中食道球 G. 尾尖 H、I. 侧带

茎线虫属中危害较严重和常见的种包括起绒草茎线虫[*D. dipsaci* (Kühn) Filipjev](图2-77)、马铃薯茎线虫(*D. destructor* Thorne)和水稻茎线虫[*D. angustus* (Butler) Filipjev]。这两种线虫在我国目前尚未发生，是我国重要的对外检疫性线虫。在我国华北和东北发生较重的甘薯茎线虫病是由马铃薯茎线虫引起的。

(3)异皮线虫属(***Heterodera***)

线虫雌雄异型，幼龄雌虫线形，成熟雌虫变粗膨大呈柠檬状、梨形，有明显颈部；雄虫蠕虫型，细长线形。垫刃型食道、中食道球发达，食道腺以一短叶覆盖肠的前端。雌虫前生双卵巢，发达，几乎充满整个体腔，阴门和肛门位于尾端，有突出的阴门锥，阴门裂两侧为双半膜孔。雌虫成熟后将少部分卵产在从尾部排出的胶质卵囊中，大部分卵留在体内，成熟雌虫的体壁角质层变厚、褐化，体内充满卵，称为胞囊。雄虫尾短，末端钝圆，无交合伞。

异皮线虫属又称胞囊线虫属，是危害植物根部的一类重要线虫，为植物根部的定居型半内寄生线虫，多数种的卵都留在胞囊内，寄主植物根部分泌物可刺激卵的孵化。现包括近70个种。本属线虫中较重要的种有甜菜胞囊线虫(*H. schachtii* Schimidt)、燕麦胞囊线虫(*H. avenae* Wollenweber)和大豆胞囊线虫(*H. glycines* Ichinohe)等。

燕麦胞囊线虫又称禾谷胞囊线虫，仅在湖北和华北地区小麦产区发现；甜菜胞囊线虫是否在我国发生，还有待深入调查。因此对甜菜胞囊线虫和燕麦胞囊线虫应严格控制和检疫。大豆胞囊线虫(图2-78)在我国发生普遍而严重，特别是东北地区西部和黄淮海大豆产区。大豆胞囊线虫是定居性内寄生线虫，只能寄生于寄主的活细胞和

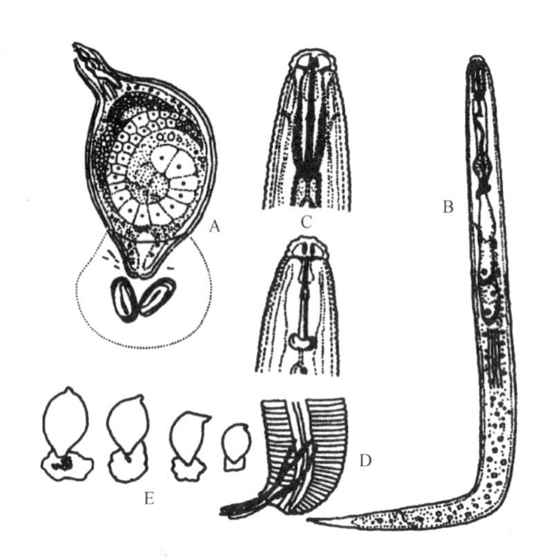

图 2-78　大豆胞囊线虫(引自许志刚，2009)
A. 雌虫及卵囊　B. 雄虫　C. 头部
D. 雄虫尾部　E. 胞囊及卵囊

组织内。大豆胞囊线虫卵是胚胎卵，1 龄幼虫在卵内发育，蜕皮 1 次从卵内孵化出来，侵入大豆根内继续发育，再蜕皮 3 次变为成虫，交配产卵，完成一个世代循环。在胞囊内的卵为下一年发病的侵染来源。

(4)根结线虫属(***Meloidogyne***)

线虫雌雄异型。成熟雌虫虫体膨大呈梨形，白色，表皮柔软透明。前生双卵巢，卵全部排出体外进入胶质卵囊中，阴门和肛门在身体后部，阴门和肛门周围的角质膜形成特征性的花纹，即会阴花纹，是根结线虫属鉴定种的重要依据。雄虫为细长蠕虫型，尾短，无交合伞，交合刺粗壮、发达。根结线虫多数种类具有明显的孤雌生殖现象，形态多态性较少。根结线虫属线虫的特征与胞囊线虫相似，区别在于根结线虫寄生植物后，导致其根部肿大，形成瘤状根结；根结线虫的雌虫成熟后卵全部排出体外进入胶质卵囊中；成熟雌虫的虫体不变厚、不变褐(图 2-79)。

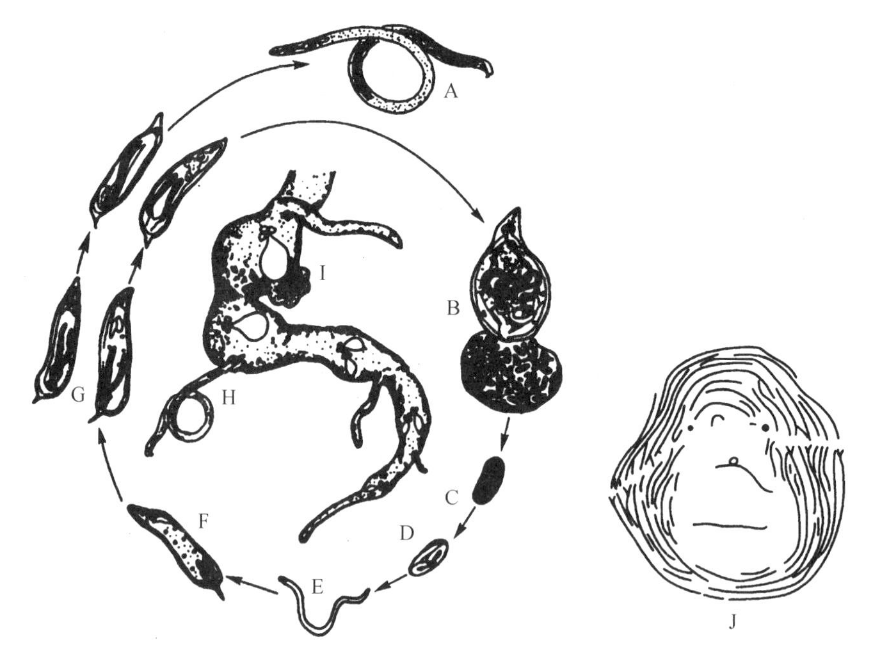

图 2-79　根结线虫(引自许志刚，2009)
A. 雄虫　B. 雌虫　C. 卵　D. 1 龄幼虫　E. 2 龄幼虫　F. 3 龄幼虫　G. 4 龄幼虫
H. 幼虫侵染根部　I. 寄生在根部的雌虫及产卵于卵囊内　J. 雌虫尾部的会阴花纹

根结线虫是一类分布广泛、世界上危害最严重的植物病原线虫，为植物根部的定居型内寄生线虫，可同时危害单子叶和双子叶植物，寄主植物组织受雌虫分泌物刺激形成巨型细胞，细胞过度分裂、膨大形成瘤状根结。可与许多土壤中的菌物、细菌一起对植物产生复合侵染。已正式报道的根结线虫至少有 80 个种，近年来我国相继发现 10 多个新种。

本属线虫中分布最广泛的有 4 个种，包括南方根结线虫[*M. incognita* (Kofoid et White) Chitwood]、北方根结线虫(*M. hapla* Chitwood)、花生根结线虫[*M. arenaria* (Neal) Chitwood]和爪哇根结线虫[*M. javanic* (Treub) Chitwood)]。其中北方根结线虫主要分布在东北和华北北部；爪哇根结线虫主要分布在华南地区、海南和台湾。

(5)拟滑刃线虫属(***Aphelenchoides***)

线虫虫体细长线形，蠕虫型，滑刃型食道，具有较明显卵圆形中食道球，瓣膜发达，食道腺从背面覆盖肠。雌虫卵巢短，前伸或回折，卵母细胞单行或多行排列，阴门在虫体后部 1/3 处，阴门和肛门后面逐渐变细、狭窄，侧区通常有侧线 2 ~ 4 条。雌雄虫的尾部有不同程度的变化，呈锥形，末端钝圆，尾尖突简单或复杂。

本属包括 180 多个种，栖居于土壤中，是非专化性的植物病原线虫，可寄生植物、昆虫和菌物，危害植物后表现叶枯、死芽、畸形和腐烂等多种症状。一些重要的种主要危害植物的叶片和幼芽，也称为叶芽线虫。

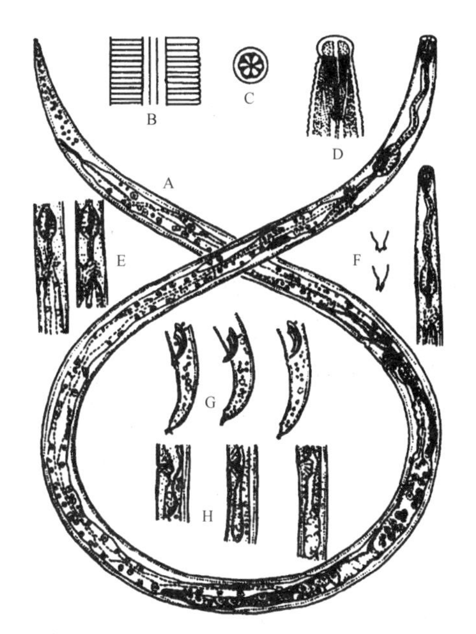

图 2-80 水稻干尖线虫(引自许志刚，2009)
A. 雌虫 B. 侧带 C. 唇区 D. 头部 E. 食道球 F. 尾尖突 G. 雄虫尾部 H. 雌虫阴门部

在拟滑刃线虫属中，我国最主要的植物病原线虫包括危害菊花的菊花叶线虫[*A. ritzemabosi* (Schwartz) Steiner et Buhrer]、危害水稻引起干尖症状的贝西拟滑刃线虫(水稻干尖线虫)(*A. besseyi* Christie)(图 2-80)和危害草莓的草莓拟滑刃线虫(草莓叶芽线虫)(*A. fragaiae* Ritz Bös.)。

2.4.5 植物病原原生动物

原生动物(Protozoa)是属于原生生物界(Protista)的单细胞动物。单生或聚生，易动，自由生活、共生或寄生，可寄生细菌、酵母、藻类、植物或其他原生动物。大多数自由生活在水中或潮湿的土壤中，少数可以寄生在人和其他高等动物身上。关于原生动物与植物病害的关系，早在 1909 年，Lafont 报道植生滴虫(*Phytomonas advidi*)寄生在大戟的产乳细胞(乳汁管)中，以后又陆续有人报道植生滴虫可以侵染产胶植物的含乳细胞。Stahell（1973）报道在咖啡植株韧皮部坏死病的筛管里发现植生滴虫，并提出是经嫁接传染的。Parthasarathy 等（1976）和 Van Slobbe 等（1978）在发生鹿角状腐烂病（一种毁灭性的萎蔫病）的椰子树和棕榈树的韧皮部也发现植生滴虫，鹿角状腐烂病对南美洲和加勒比岛国的棕榈产业是一明显威胁。植生滴虫对热带地区的咖啡和椰子树可能是致病的。在我国海南岛等热带的产胶植物上是否发生尚不清楚。

虽然目前在培养基上还不能培养植生滴虫，也未能完成回接寄主的证病试验，但有3个理由是支持这种原生动物对植物是致病的：① 这种生物总是在病树的韧皮部发现，而在健康的植株内从未发现；② 在病株内从未发现其他种类的病原物；③ 在病害发展过程中，植生滴虫在数量上是增多的，可以在感染的植株之间传播。

植生滴虫属（*Phytomonas*）属于原生动物门（Protozoa）鞭毛纲动质体目（Kenetoplastida）锥体虫科（Trypanosomatidae）。虫体为单细胞，表面为细胞膜，形状可以改变，鞭毛1根或4根。有1个细胞核，细胞质分化，各司其功能。如鞭毛是运动胞器；胞口、胞咽、食物胞和胞肛是营养胞器，眼点是感觉胞器等。身体虽为一个单细胞，但它是一个完整的生命体，有一个原生动物所应有的生物学特征。

细管植生滴虫（*P. leptovasorum*）是南美洲咖啡树韧皮部坏死病的病原物，受害的树木呈现稀疏的变黄和落叶，随着变黄和落叶的逐渐增多，只有幼嫩的顶叶还保留，其他部位都成光秃的枝条。根尖部开始枯死，树势恶化最终死亡。最初出现症状时，在韧皮部中只有很少几个大的鞭毛虫，以后许多叶片变黄并脱落，鞭毛虫数量增多。病害可以通过根部嫁接而传染，但不能通过绿色的枝条或叶片的嫁接而传播。南美洲的椰子心腐病也是由一种植生滴虫引起。植生滴虫属还有一些种类危害植物，其中，由昆虫介体传播的 *P. elmassiani* 寄生在萝藦科的马利筋草上，*P. bancrofti* 寄生在桑科的无花果上，*P. leeptovasorum* 寄生在咖啡树上，*P. francai* 寄生于木薯，在巴西引起木薯空根病。

植生滴虫属内分类问题还无人研究。植生滴虫一般经嫁接和昆虫介体传染，介体昆虫包括蝽科（Pentatomidae）、长蝽科（Lygaeidae）、缘蝽科（Coreidae）的一些刺吸式口器的昆虫。有些植生滴虫在植物和昆虫两种寄主上完成生活史。关于植生滴虫的致病机制，有人认为是因其侵染阻碍光合产物向根部输送；在产乳细胞内的植生滴虫产生酶类降解果胶类物质。

目前此类病害在我国尚未见发生的报道。

2.5 寄生性植物

2.5.1 寄生性植物概述

大多数植物为自养生物，能够利用叶绿素或其他色素进行光合作用合成自身生长发育所需的各种营养物质，并自行吸收水分和矿物质。但也有少数植物由于叶绿素缺乏或根系、叶片退化而营寄生生活，它们必须寄生在其他植物上以获取营养物质，称为寄生性植物(parasitic plants)。大多数寄生性植物为高等的双子叶植物，可以开花结籽，又称为寄生性种子植物(parasitic seed plants)，如菟丝子、列当、桑寄生等；另外还有少数低等的藻类植物，也可以寄生在高等植物上。

寄生性植物主要分布在我国热带及亚热带地区，如桑寄生、独脚金、无根藤等；部分分布在温带地区，如菟丝子；少数分布在高纬度或高海拔地区，如列当。寄生性植物的寄主大多是野生木本植物，少数是农作物或果树。从田间的草本植物、观赏植物、药用植物到果树林木和行道树等，均可受到不同种类寄生植物的危害。

2.5.2 寄生性植物的一般性状

根据寄生性植物从寄主植物上获取营养物质的方式，可以将寄生性植物分为全寄生和半寄生两大类。全寄生植物是指寄生性植物从寄主植物上获取自身生活需要的所有营养物质，包括水分、无机盐和有机物质，例如菟丝子、列当和无根藤等。这些植物叶片退化，叶绿素消失，根系退变为吸根，在解剖学上表现为其吸根中的导管和筛管与寄主植物的导管和筛管相连，并从中不断吸取各种营养物质。另一些寄生植物，如槲寄生、樟寄生和桑寄生等，本身具有叶绿素，能够进行光合作用来合成有机物质，但由于根系缺乏而需要从寄主植物中吸取水分和无机盐，在解剖学上表现为导管与寄主植物的导管相连。由于它们与寄主植物的寄生关系主要是水分的依赖关系，故称为半寄生，又称为“水寄生”。另外，根据寄生性植物在寄主植物上的寄生部位，又可将其分为根寄生和茎寄生等，前者如列当和独脚金，后者如菟丝子和槲寄生。

寄生性植物对寄主植物的致病作用主要表现为对营养物质的争夺。一般来说，全寄生植物比半寄生植物的致病能力要强。如菟丝子(图2-81、图2-82)和列当(图2-83)，主要寄生在一年生草本植物上，引起寄主植物黄化和生长衰弱，严重时造成大片死亡，对产量影响极大；而半寄生植物如槲寄生和桑寄生等则主要寄生在多年生的木本植物上，寄生初期对寄主生长无明显影响，当寄生植物群体较大时会造成寄主生长不良和早衰，虽有时也会造成寄主死亡，但与全寄生植物相比，发病速度较慢。除了争夺营养外，有些寄生性植物如菟丝子还能起桥梁作用，将病毒植原体等从病株传导到健康植株上。

图2-81 菟丝子

2.5.3 寄生性植物的繁殖与传播

寄生性种子植物主要以种子进行繁殖。但其传播方式不同，主要有被动传播和主动传播两种。大多数的传播是依靠风力或鸟类介体传播，例如，列当、独脚金的种子极小，成熟时开裂，种子随风飞散传播，可达数十米远；桑寄生科植物的果实成熟时色泽鲜艳，引诱鸟类啄食并随鸟的活动而传播，随粪便排出时黏附在树枝上，在温湿

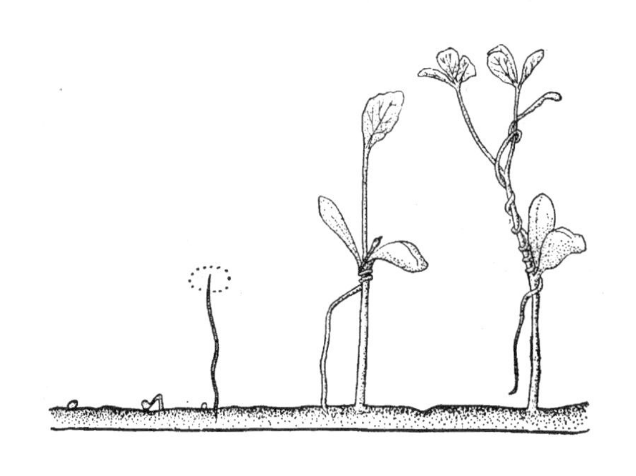

图2-82 菟丝子种子萌发和侵害方式

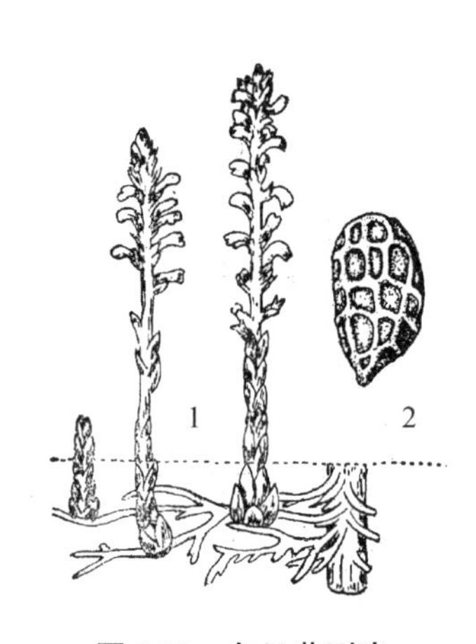

图2-83 向日葵列当

1. 正在开花的植株 2. 种子

度条件适宜时萌芽侵入寄主。有的则黏附或夹杂在寄主种子中一起随调运而传播，菟丝子等种子或蒴果常随寄主种子的收获与调运而传播扩散。还有少数寄生植物的种子成熟时，果实吸水膨胀开裂，将种子弹射出去，如松杉寄生的果实成熟时，常吸水膨胀直至爆裂，将种子弹射出去，弹射距离一般3～5 m，最远的可达15 m。

寄生藻类以孢子进行繁殖，靠无性繁殖产生的游动孢子或有性生殖产生结合子萌发后产生的游动孢子随风雨传播。

2.5.4 寄生性种子植物的主要类群

寄生性植物包括寄生性种子植物和寄生性藻类两大类，以寄生性种子植物在生产上更为常见，大约有2 500种，在分类学上属于被子植物门的12科，其中最常见和危害最大的有菟丝子科菟丝子属(*Cuscuta*)、列当科列当属(*Orobanche*)、桑寄生科桑寄生属(*Loranthus*)和槲寄生属(*Viscum*)、樟科无根藤属(*Cassytha*)、玄参科独脚金属(*Striga*)等。寄生性藻类主要是绿藻门橘色藻科中的头孢藻属(*Cephleurros*)和红点藻属(*Rhodochytrium*)等。

对于菟丝子和列当，要严格实行种子检验检疫，杜绝其种子随作物种苗传播。有条件的地区可与非寄主植物进行轮作和间作，列当还可以种植诱发植物降低其密度；在发生早期可采取人工拔除方法减轻危害。菟丝子可用炭疽菌制成的生物制剂在危害初期喷洒防治。列当可用除草剂进行防除。桑寄生和槲寄生主要采取人工连年彻底砍除的方法进行防治，冬季是砍除的较好季节。另外，还可以用硫酸铜、2,4-D和氨基醋酸等进行化学防除。

以下以向日葵列当为例进行说明。

(1)分布与危害

向日葵列当又称毒根草、兔子拐棍，是一年生草本植物。我国自1979年在吉林省首次发现向日葵列当以来，随后在河北、北京、新疆、山西、内蒙古、黑龙江、辽宁等省(自治区、直辖市)均有报道，尤其以内蒙古巴彦淖尔市的河滩地和新疆部分产区危害最重。列当的寄主范围广泛，可寄生在菊科、豆科、茄科、葫芦科、十字花科、大麻科、亚麻科、伞形科、禾本科等植物根上，使植株矮小、瘦弱，最后全株枯死。在我国危害较大的列当主要有 3 种，分别是向日葵列当、分枝列当和埃及列当，其中以向日葵列当为主。向日葵列当主要危害向日葵、西瓜、甜瓜、豌豆、蚕豆、胡萝卜、芹菜、烟草、亚麻、洋葱、红三叶草等作物。一般向日葵每株可寄生列当20～30 棵，重发生区每株可寄生列当 100 棵左右。向日葵被列当寄生后，植株生长缓慢，株高下降，茎秆变细，花盘小，籽粒瘪小，产量和品质降低。寄生严重时，向日葵花盘枯萎凋落，并导致全株枯死。2007 年该植物已被列入《中华人民共和国进境植物检疫性有害生物名录》中。

(2) 症状

向日葵列当寄生在向日葵根部(图 2-84)。列当种子发芽后可长出一种短须状的吸根，并有趋化性，对寄主的分泌物非常敏感，向日葵出苗后其根部很快被列当寄生，植株周围长出 1 根、几根以至几十根的列当花茎，如刨开土层可见到列当的花茎都长在向日葵的根上。一般列当多寄生在 6～15cm 深处的须根上，依靠吸根吸取向日葵里的营养和水分而生存。列当寄生前期会影响向日葵的正常生长。列当开花后，对向日葵的影响主要表现为营养不良和水分不足，向日葵植株生长缓慢，茎秆变得纤细矮小、花盘细弱、空秕粒率明显增加，籽仁含油率降低，严重影响产量的提高和籽实的品质。向日葵被列当寄生的越多，危害越严重，空秕粒率增多，少数植株则不能形成花盘，已形成的花盘也会凋落，危害严重时，造成全株枯死，颗粒无收。

图 2-84　向日葵被列当侵染危害状

(3) 病原

向日葵列当(*Orobanche cumana* Wallr.) 属于列当科列当属，是一年生全寄生的草本植物，无真正的根，以短须状的吸根寄生在向日葵的根上。茎单生、直立，有纵棱单生，不分枝；茎高 30～40cm，最高 40～50cm，黄褐色至紫褐色。叶退化为鳞片状，螺旋状排列在茎上。蓝紫色的两性花呈紧密的穗状花序排列，长 10～20mm；花冠合瓣，二唇形；雄蕊 4 枚，二长二短，着生在花冠内壁上；花丝白色，枯死后黄褐色；花药二室，下尖，黄色，纵裂；雌蕊 1 枚，柱头膨大呈头状，柱头多二裂；每株有花 50～70 朵，最多 207 朵。蒴果 3～4 纵裂，内含大量深褐色粉末状的微小种子。种子不规则形，坚硬，表面有纵横网纹，大小差异很大。向日葵列当具有生理小种的分化现象。目前国际上已经报道列当有 8 个生理小种即 A、B、C、D、E、F、G 和 H，已经克隆与 A～F 生理小种相对应的抗性基因有 *Or1*、*Or2*、*Or3*、*Or4*、*Or5* 和 *Or6*。

(4)侵染循环

向日葵列当以种子在土壤中或黏附在向日葵种子上越冬。落入土中的种子接触寄主植物的根部，列当种子开始萌发，形成线状稍弯曲的芽管，遇到寄主根便吸附其上，形成瘤状吸器。列当一旦和寄主根表皮建立起寄生关系后可以深达木质部形成吸盘，从寄主根内吸取养分和水分。另一端由鳞片下覆盖的发芽点突起长成穗茎，出土、开花、结果、育成种子。当列当种子成熟后可以借助气流、水流及人畜、农具传播到其他地块进行越冬，也可以混在向日葵种子中进行远距离传播。翌年，落入土中的列当种子在合适的土壤酸碱度及温湿度条件以及向日葵根系的分泌物刺激下萌发，遇到寄主的须根即可侵入。如果列当的种子未与寄主植物的根接触，其在土中仍能保持5～10年发芽力。

(5)流行规律

列当的种子很小，很容易被风、水、农具所传播，或随向日葵种子远距离传播。列当种子贮存的能量物质有限，发芽后只能维持几天的生命，因此种子只有在发芽后的几天内成功到达寄主根部并且与寄主木质部建立寄生关系才能够存活下去。列当的种子在土中5～10 cm处发芽最多，其次为1～5 cm处，再次为10～12cm处，而在12 cm以下发芽的很少，故向日葵5～10 cm处的侧根上寄生的最多，受害最为严重。

在自然条件下，列当种子的萌发需要适宜的温度和湿度(即土壤具有充足的水分)。当温度低于10℃或高于35℃时种子不能发芽，温度20℃时最适宜其种子萌发。在土壤水分持续饱和时，列当种子也会很快丧失发芽力。另外，干旱年份或土壤干旱情况下，列当发生较轻。列当在碱性土壤中易生存，如果土壤偏酸则列当的发生较轻。然而除了上述条件外，列当种子的萌发还必须在发芽刺激物质的作用下才能开始，如果没有发芽刺激物质，1～2周后列当种子进入二次休眠，等待翌年有寄主时再发芽。

(6)防治技术

针对列当的生物学特性及其流行规律，目前向日葵列当综合防控措施主要有以下几项：

① 加强检疫　对调运的向日葵种子要进行严格检疫，禁止从疫区调运向日葵种子，以杜绝向日葵列当传播蔓延。

② 农业防治

种植抗性品种　由于向日葵列当存在生理小种的分化，各向日葵产区应该选用适合本地的抗向日葵列当的品种，如北屯1号、JK102、JK103、巴葵138等。

及时铲除田间向日葵列当苗　抓住向日葵列当出土至开花前，集中铲(拔)除几次，使其不再产生种子，而对开花后铲(拔)下来的向日葵列当花茎一定要及时处理以防没有晒干的花茎上所生花朵结实传播。

深耕土壤　对向日葵列当发生重的向日葵田地进行深翻，把向日葵列当种子深埋入25cm以下，阻止发芽，减轻危害程度。

实行轮作制度　实行8～10年的轮作制度，与禾谷类作物轮作较为适宜，向日葵

自生苗也必须清除干净。

③ 物理防治　在向日葵播种前筛除夹混种子当中的列当蒴果和种子。

④ 化学防治

芽前处理　向日葵列当萌动前（向日葵播后苗前）进行土壤封闭。用48%地乐胺乳油3kg/hm^{2}或48%氟乐灵乳油1 800g/hm^{2}或96%精-异丙甲草胺（金都尔）乳油1 050～1 275mL/hm^{2}对水进行地表喷雾，喷药后立即浅耙地，使药混合均匀，随后即可播种。

生长期处理　在向日葵花盘直径生长超过10cm时，向地表及列当植株喷0.2% 2，4-D丁酯乳油100倍液，可有效防除向日葵列当。但必须注意，向日葵的花盘直径普遍超过10cm时，才能进行田间喷药，否则易发生药害。在向日葵和豆类间作地不能施药，因豆类易受药害死亡。

⑤ 生物防治　将列当割断后用感染镰刀菌枯死的列当病株或欧氏杆菌腐烂的病株的花茎碎块覆盖断茬，再用土压埋，盖住全部残茬，覆土厚度2～4cm及以上，使危害列当的菌类侵染蔓延达到防除列当目的，或用列当幼虫取食列当的花茎和果实对防治列当有一定的效果。

互动学习

1. 简述菌物的营养体、营养体的变态结构类型和功能，菌物的菌组织，菌组织体的类型和功能。
2. 简述菌物的无性繁殖的主要方式和产生的无性孢子类型，有性繁殖的主要方式和有性孢子的类型，无性孢子和有性孢子在植物病害发生中的作用。
3. 简述卵菌和高等菌物的主要区别，植物病原卵菌重要属的形态特征和相互区别。
4. 简述子囊果的主要类型，子囊菌门菌物分纲的依据，各纲的主要特征，植物病原子囊菌重要属的形态特征和相互区别。
5. 简述担子菌门菌物分纲的依据和各纲的主要特征，植物病原担子菌重要属的形态特征和相互区别。
6. 简述无性型真菌载孢体类型，植物病原无性型真菌重要属的形态特征和相互区别。
7. 植物病原原核生物有哪几个重要的属？
8. 植物病原细菌如何侵入寄主？
9. 植物病原细菌靠什么途径进行远距离传播？
10. 细菌病害的主要症状特点有哪些？
11. 举例说明植物病毒的结构。
12. 植物病毒由哪些成分组成？
13. 植物病毒有哪些传播方式？
14. 植物病毒分类的主要依据是什么？
15. 类病毒与病毒有哪些异同点？
16. 如何进行植物病毒的诊断和鉴定？
17. 为什么把线虫列为植物的病原物？
18. 简述雌、雄线虫的生殖系统的构造。

19. 试述植物线虫的生活史。
20. 试述植物线虫的致病机制。
21. 何为寄生性植物？寄生性植物有哪些类型？
22. 什么是全寄生、半寄生，根寄生、茎寄生？
23. 寄生性植物是如何获得营养的？
24. 为什么把菟丝子和列当列为禁止进境的植物？
25. 如何防治各种寄生性植物？

名词解释

孢囊孢子(sporangiospore)：指接合菌的无性孢子，不具鞭毛，有细胞壁，原生质割裂产生。

担孢子(basidiospore)：指担子菌的有性孢子，着生在一种称为担子的结构上。

单主寄生(autoecism)：有的菌物在同一种寄主植物上就可以完成其整个生活史的现象。

断裂(fragmentation)：菌物的菌丝断裂成短段或菌丝细胞相互脱离产生孢子。

多型现象(Polymorphism)：有些菌物在整个生活史中的不同阶段可以产生多种类型孢子的现象。

分生孢子(conidium)：子囊菌、无性型真菌及担子菌的外生无性孢子，主要由芽殖和裂殖产生，是一类外生无性孢子统称。

分生孢子梗(conidiophore)：由菌丝分化形成的一种分枝或不分枝的梗状物，在其顶端或侧面产生分生孢子。

分生孢子盘(acervulus)：是由菌丝体组成的一种垫状或浅盘状的产孢结构，上面有成排的短分生孢子梗，顶端产生分生孢子。分生孢子盘的口四周或中央有时还有深褐色的刚毛。

分生孢子器(pycnidium)：是由菌丝体组成的一种球形、近球形、瓶形或不规则形的结构，有孔口和拟薄壁组织的器壁，其内壁形成分生孢子梗，顶端着生分生孢子。

分生孢子座(sporodochium)：由许多短的分生孢子梗聚集形成的垫状的产孢结构，顶端产生分生孢子。

附着枝(hyphopodium)：一些菌物菌丝两旁生出具有1~2个细胞的耳状分支，起着附着或吸收养分的功能。

核配(karyogamy)：是指经质配进入同一细胞内的两个细胞核的融合，核配结果形成二倍体细胞核。

厚垣孢子(chlamydospore)：由菌丝中的个别细胞膨大，原生质浓缩、细胞壁加厚形成的休眠孢子，可抵抗不良环境。

寄生专化性(specialized parasitism)：有些专性寄生菌，其寄生的寄主范围很窄，或同一寄主植物的不同品种间，对寄主品种有严格选择性。

假根(rhizoid)：有些菌物菌体的某个部位长出多根分支的根状菌丝，可以伸入基质内吸取养分并固着菌体。

接合孢子(zygospore)：指接合菌的有性孢子，由配子囊配合产生。

节孢子(arthrospore)：由菌丝分枝顶端的细胞不断增加隔膜，以断裂的方式形成。

菌核(sclerotium)：由拟薄壁组织和疏丝组织交织而成的一种休眠体，内部是疏丝组织，外层是拟薄壁组织。

菌环(constricting ring)和**菌网**(networksloops)：捕食性菌物的一些菌丝分支特化形成的环状或网状结构，用以套住或黏住小动物，获取养料。

菌落(colony)：菌物的菌丝体是从一点向四周呈辐射状延伸，所以菌物在培养基上通常形成圆形的菌落。

菌丝(hypha)：菌物丝状营养体上的单根细丝。

菌丝体(mycelium)：组成菌物菌体的全部菌丝。

菌索(rhizomorph)：由菌组织形成的绳索状结构，外形与高等植物的根有些相似，所以也称为根状菌索。

菌物(fungus)：是一类具有细胞核和细胞壁的真核生物。

菌物的营养体(fungal vegetative body)：菌物营养生长阶段的菌体(thallus)。

裂殖(fission)：菌物的营养体细胞一分为二，分裂成两个菌体的繁殖方式。

卵孢子(oospore)：卵菌的有性孢子，由雄器和藏卵器配合产生具有厚壁的休眠孢子，卵孢子为二倍体。

拟薄壁组织(pseudoparenchyma)：菌组织的菌丝纠结十分紧密，组织中的菌丝细胞接近圆形、椭圆形或多角形，与高等等植物的薄壁细胞相似，称拟薄壁组织。

喷菌现象(bacteria exudation，BE)：由细菌侵染所致病害的病部，无论是维管束系统受害者，还是薄壁组织受害者，镜检时都可以在徒手切片中看到有大量细菌从病部喷出的现象，喷菌现象为细菌病害所特有，是区分细菌病害与真菌、病毒病害最简便的手段之一。

生活史(life cycle)：指菌物的有性孢子经过萌发、生长和发育，最后又产生同一种孢子的整个生活过程。

疏丝组织(prosenchyma)：菌丝体纠结比较疏松，还可以看出菌丝的长形细胞，菌丝细胞大致平行排列。

无隔菌丝(aseptate hypha)：低等菌物的菌丝没有隔膜。

无性孢子(asexual spore)：由无性繁殖方式产生的孢子，如节孢子、厚垣孢子、芽孢子、游动孢子、孢囊孢子和分生孢子。

无性繁殖(asexual reproduction)：是指菌物不经过两性细胞的配合和减数分裂，营养体直接以断裂、裂殖、芽殖和原生质割裂的方式产生后代新个体的繁殖方式。真菌无性繁殖的基本特征是营养繁殖。

无性态(anamorph)：指菌物经过一定时期的营养生长就进行无性繁殖产生无性孢子的阶段。

吸器(haustorium)：菌物菌丝产生的一种短小分支，在功能上特化为专门从寄主细胞内吸取养分的菌丝变态结构。

线虫(nematode)：又称蠕虫(helminths)是一类低等的无脊椎动物、通常生活在土壤、淡水、海水中，其中有些能寄生在人、动物和植物体内，引起病害。危害植物的称为植物病原线虫或植物寄生线虫，或简称植物线虫。

芽殖(budding)：单细胞营养体、孢子或丝状菌物的产孢细胞以芽生的方式产生无性孢子。

游动孢子(zoospore)：根肿菌、卵菌和壶菌的无性孢子，无细胞壁，呈梨形、球形或肾形，具鞭毛 1 根或 2 根，可以在水中游动。

有隔菌丝(septum)：大多数菌物的菌丝有隔膜，将菌丝隔成许多长圆筒形的小细胞，这种有隔膜的菌丝成为有隔菌丝。

有性生殖(sexual reproduction)：指菌物通过细胞核结合和减数分裂产生后代的生殖方式。

有性态(teleomorph)：是指菌物在营养生长后期、寄主植物休眠期或环境条件不适宜的情况下，菌物转入有性生殖产生有性孢子的阶段。

原生质割裂(cleavage of protoplasm)：成熟的孢子囊内的原生质分割成若干小块，每小块原生质转变成 1 个孢子。

原质团(plasmodium)：菌物的营养体除典型的菌丝体外，有些菌物的营养体是一团多核的、没有细胞壁的原生质。

转主寄生(heteroecism)：菌物必须在两种不同的寄主植物上寄生生活才能完成其生活史。

子囊孢子(ascospore)：子囊菌的有性孢子，产于子囊内，每个子囊 8 个孢子。

子座(stroma)：由拟薄壁组织和疏丝组织形成的产生子实体的垫状结构。

第3章 病原物的致病性和寄主植物的抗病性

本章导读

3.1 病原物的致病性及其变异

一种植物病害的发生是一定的病原物和一定的植物在特定环境条件下相互作用的结果，在此植物病害系统中，植物病原物具备的最基本属性即寄生性和致病性。这种属性决定其所致病害的特点，同时也在一定程度上影响其侵染过程和侵染循环。

3.1.1 寄生性

各种生物在自然界生存常常不是孤立的，而是生物之间构成一定的关系，两种不同的生物共同生活在一起的现象称为共生现象。共生现象有的彼此双方没有利害关系，有的双方都有利，有的对一方有利而对另一方有害。寄生性(parasitism)是一种生物与另一种生物生活在一起并从中获取赖以生存营养的习性，寄生性就是共生现象的一种。提供营养物质的一方称为寄主(host)，营寄生性的生物称为寄生物(parasite)。植物病原生物都是寄生物，但并不是所有寄生物都是能致病的。

不同寄生物的寄生性程度有所不同，有的只能从活细胞或活组织中获取营养，称为严格寄生物或活体寄生物(obligate parasite)，也把这种获取营养的方式叫做活体营养。这类寄生物会随着寄主细胞或组织的死亡而失活或形成休眠结构。属于这种类型的植物病原包括霜霉菌、白粉菌、锈菌、全部植物病毒、寄生性植物线虫和寄生性种子植物。而另一些寄生物则既可以从活组织也可以从垂死的乃至死亡的组织获得所需营养和水分，称为兼性寄生物，大部分菌物病原和全部细菌病原属于此类寄生物。以死组织为营养来源的特性又称为腐生性或死体营养；只能营腐生生活的生物称为腐生物(saprophyte)，对植物无致病性。在不同种的植物病原物中，其寄生性和腐生性程度也有差异，人们通常把寄生性强的称为高级寄生物，而把腐生性强的称为低级寄生物。

在一些严格寄生或寄生性较高级的植物病原物中还存在不同程度的寄生专化性(specificity in parasitism)。这是寄生物的种内不同个体对寄主植物科、属、种和品种的选择差异。根据这种差异的程度，一种病原物又再区分为专化型(formae specialis，简写为 f. sp.)、变种(variety，简写为 var.)和生理小种(physiological race)。如侵染禾本科的禾谷白粉菌种群中，侵染小麦的称为禾谷白粉菌小麦专化型；侵染大麦的称为禾谷白粉菌大麦专化型。

生理小种是专化型或变种内的个体对寄主植物品种的选择和专化，形态相同，在培养性状、生理、生化、病理、致病性等方面有差异的生物型。如少麦秆锈菌已鉴别出 300 多个生理小种。寄生专化程度越高的寄生物，越易通过抗病品种得到控制。

3.1.2 致病性

致病性(pathogenicity)是指病原物所具有的破坏寄主和引起病变的能力。致病性和寄生性是病原物统一的特性，但是两者的发展方向并不一致。病原物的营养方式事实上也反映了其不同的致病作用。

活体营养的专性寄生物一般从寄主的自然孔口或直接穿透寄主的表皮细胞侵入，侵入后形成特殊的吸取营养的机构(如吸器)伸入到寄主细胞内吸取营养物质，如锈菌、霜霉菌和白粉菌，甚至病原物生活史的一部分或大部分是在寄主组织细胞内完成的(如芸薹根肿菌)。这些病原物的寄主范围一般较窄，寄生能力很强，但是它们对寄主细胞的直接杀伤和破坏作用较小，这对它们在活细胞中的生长繁殖是有利的。

属于死体营养的非专性寄生物，从伤口或寄主植物的自然孔口侵入后，往往只在寄主组织的细胞间生长和繁殖，通过它们所产生的酶来降解植物细胞内含物为其生长繁殖提供营养，或者同时分泌毒素使寄主的细胞和组织很快死亡，然后以死亡的植物组织作为它们生活的基质，再进一步破坏周围的细胞和组织。这类病原物的腐生能力一般都较强，能在死亡的有机质上生长，有的可以长期离体在土壤中或其他场所营腐生生活。它们对寄主植物细胞和组织的直接破坏作用比较大，而且作用快，在适宜条件下有的只要几天甚至几小时就能破坏植物的组织，对幼嫩多汁的植物组织的破坏更大。此外，这类病原物的寄主范围一般较广，如立枯丝核菌(*Rhizoctonia solani*)和胡萝卜欧文菌(*Erwinia carotovora*)等，可以寄生危害多种甚至上百种不同的植物。

3.1.2.1 毒力

一种特定的病原物对一种特定的植物要么能致病，要么不能致病的特性，是质的属性。病菌的致病性强弱程度称为毒力(也称毒性，virulence)，即致病性的强度，是量的概念。通常病原菌的毒力越大，其致病性就越强。同一病原菌群体中，不同菌株间毒力的大小也不相同，有强毒、弱毒和无毒菌株之分。所以说毒力是病原物诱发病害的相对能力，一般用于病原物小种和寄主品种相互作用的致病特性。例如玉米大斑病菌 1 号、2 号、3 号、4 号小种对玉米 Mo17 品种的毒力就存在显著差异。

3.1.2.2 致病性分化

同种病原物中不同菌株对寄主植物中不同的属、种或品种的致病性存在差异的现象称为病原物致病性分化(pathogenic differentiation)。它和上述寄生专化性是植物病原生物的统一特性，不同类型病原物种内致病性分化可用不同的术语表示。如植物病原菌物中常用生理小种、细菌中常用致病变种(pathogenic variant 或 pathovar，pv.)和菌系(strain)，病毒中常用株系(strain)表示等。

用于测定一种病原物群体中个体之间致病性分化的一套品种或材料叫做鉴别寄主(differential host)，一套理想的鉴别寄主所采用的品种或材料都是等基因系。生理小种的数量可以随着选择的鉴别寄主数量多少而改变。生理小种命名一般采用数字表示，如玉米大斑病菌 2 号小种等。病原物致病性分化是导致农作物品种抗病性丧失的一个重要原因，所以说生理小种鉴定是一项非常重要的工作，对指导作物品种合理布局和抗性利用具有重要意义。但生理小种仍不是一个遗传纯系，是一个包含一系列遗传背景的不同生物型(biotype)。

3.1.3 致病性遗传变异

侵染植物的病原物拥有几类必不可少的基因以引起病害或增加对 1 种或数种寄主的毒性，这些基因有的是单基因或寡基因遗传，也有多基因和细胞质遗传。对菌物的致病性遗传研究较多，根据已有资料，病原菌物的毒性遗传多为单基因隐性独立遗传，少数情况下有互作和连锁，很少有复等位现象。

3.1.3.1 致病性相关基因

了解病原物致病性相关基因是在分子水平上阐明植物病原物致病性遗传特点的基础。病原物基因组的测序和分析、致病基因的克隆和功能研究，可以提供更多重要遗传变异信息。

(1)病原物基因组

迄今为止，大量植物病毒基因组测序工作已完成，一些植物病原细菌基因组也已完成测序或完成基因组草图绘制，而在丝状菌物和卵菌中也有稻瘟病菌、大豆疫霉、玉米黑粉菌和禾谷镰孢等完成基因组测序工作。此外，还建立了许多植物病原物的表达序列标签库。

(2)病原物致病基因和毒性基因

致病基因(pathogenic genes)是病原物中决定对植物致病性的有关基因，是使特定微生物成为病原物的基因，在病原物侵染植物过程中参与了植物病害形成的关键步骤。一类致病基因直接编码了生化性质清楚的致病因子，包括胞外降解酶、胞外多糖、毒素、黑色素和激素等；另一类致病基因编码了侵染过程中生长、发育和代谢功能(如菌物孢子形成和萌发，芽管形成和菌丝生长，病毒脱外壳和传播等)，如 *mpg*1 是一个编码疏水蛋白基因，是稻瘟病菌附着胞形成所必需的，它受到破坏不仅致病性丧失，而且产孢量也少100倍；毒性基因(virulent genes)是调控病害发生和发展的一类基因，但不是必需的，在这种情况下，这些基因看作是毒性基因。这些基因表达的产物(毒性因子)非常广泛，包括细胞壁降解酶、毒素、激素和多糖等众多分子化合物。

(3)无毒基因

无毒基因(avirulent genes)是病原物中决定对带有相应抗病基因的寄主植物特异地不亲和、无毒性的基因，病原物的无毒基因与寄主植物中相对应的抗病基因互作。一般认为无毒基因直接或间接地编码了激发子(elicitor)，而植物抗病基因编码了激发子的受体(receptor)。如番茄叶霉病菌(*Fulvia fulva*)无毒基因 *avr*9 专化性地激发了带有抗病基因 Cf_9 的番茄品种植株的HR。目前，已经用基因库互补法和分子杂交法从多种细菌、菌物和病毒中克隆出几十种无毒基因。

3.1.3.2　致病性变异

病原物致病性尤其是毒性的变异，是引致品种抗病性丧失的主要原因。因此，只有系统掌握植物病原物致病性变异的规律，才能制定出科学的控制品种抗病性丧失、延长品种使用年限的策略和措施，为控制变异和新小种形成提供科学依据，更好地发挥品种在病害综合治理中的作用。

植物病原物的变异性是病原物的一种遗传特性，也是病原物的一种适应特性，有了较强的变异性，病原物才能适应不断变化的环境而得以继续生存和发展。

(1)致病性变异的类型

植物病原物致病性变异，有毒性变异、侵袭力变异和致病谱的改变等3个方面。

① 毒性变异(variation in virulence)　指病原物菌系或株系的一定毒性基因与品种的一定抗病性基因互作，结果导致其毒力(性)增强或变弱，也可由无毒力变为有毒力或由有毒力变为无毒力。

② 侵袭力变异(variation in aggressiveness)　指病原物小种在孢子萌发率、侵染率、潜育期、产孢量和侵染期等方面的变异。这些变异一般在供试小种有毒力品种上才能表现出来。较强的侵袭力是病原物小种在群体中有较高适合度的基本条件之一。

③ 致病谱的改变　指病原物寄主植物种类的增加或减少。

此外，在上述致病性因素发生变异的同时，病原物在形态、色泽、生理生化特性等方面也可发生一系列变化。掌握这些变化对于认识病原物致病性变异和了解其机制是十分重要的。

(2)致病性变异的途径

植物病原物新致病类型的产生途径主要有有性杂交、突变、异核现象、准性生殖和适应性变异等。

① 有性杂交(sexual hybridization) 通过有性杂交产生新的致病类型，在具有有性生殖的病原物，如锈菌、黑粉菌、白粉菌、长蠕孢菌、霜霉菌以及许多其他病原中是常见的变异方式。植物病原菌在杂交过程中，发生基因分离和重组，从而发生遗传性质的变异。植物病原菌的有性杂交一般有4种方式：小种内自交、小种间杂交、专化型间杂交以及属间和种间杂交。植物病原菌通过有性杂交产生新的小种，在自然条件下也是经常发生的。例如，Newton等(1930)通过小种内自交方式，分析了小麦秆锈菌的8个小种的致病性变异情况发现，供试的8个小种，除1个为纯合子外，其余7个小种均为杂合子，其后代，一些是新小种，一些是已有的小种。

② 突变(mutation) 突变是病原物新小种产生的重要途径，也是新的毒性基因产生的唯一途径。突变按照其产生方式可分为自发突变(spontaneous mutation)和诱导突变(induced mutation)。自发突变是在自然条件下，由于病原物本身产生诱变物质或与自然诱变物质偶然接触等原因自然发生的变异。诱导突变是人工用物理、化学等因素诱发产生的变异。

病菌形态(如菌落离变)和颜色(如孢子白化)的改变，毒性的改变和一些数量性状(如孢子堆的大小，产孢量增多或减少)变化均可能是突变。在自然条件下，不同病原物的突变率不同，如小麦叶锈菌约为$1:4\times10^6$，小麦条锈菌为$1.6:(1\sim2)\times10^6$。

③ 异核现象(heterokaryosis) 异核现象又称异核作用，是指在病原菌物的一个细胞或孢子中有2个以上遗传性质不同的核的现象。植物病原菌物异核体的形成一般主要通过芽管结合、菌丝联结、菌丝融合等方式，发生核的交换或重组；也可通过双核菌丝中的一个核发生突变产生。这种现象是Blackslee于1904年首先发现的，将变异个体称为异核体(heterocaryon)。通过对植物病原菌物的异核现象研究，发现遗传性质不同的菌系之间通过核的交换和重组，可以使病菌的致病性发生变异，产生新小种。闵幼农等(1966)研究了稻恶苗病菌的异核现象，发现在19个野生菌株中有紫、红、白3种异核菌株类型，其中紫色菌株产生的赤霉素500倍于白色菌株，同时，其致病性也最强；白色菌株产生赤霉素最少，无致病力；红色菌株介于二者之间。

④ 准性生殖(parasexualism) 准性生殖在小麦秆锈菌和叶锈菌、马铃薯晚疫病菌等多种病原菌物中均有发生。Day认为，对无性生殖或有性生殖作用不大的病原菌物，准性生殖在新小种产生上的作用可能很重要。

⑤ 适应性(adaptability) 在植物病原菌中由于适应所发生的毒性渐进变异现象是常见的。渐进变异可以是病菌致病力的逐步提高，也可以是病菌致病力的逐步降低。

除上述5种变异途径外，还有转化(transformation)、转导(transduction)以及其他途径。不同病原物的变异途径不同：上述1~5种变异途径病原菌物均可发生；细菌的变异主要是通过突变、转变、转导和结合；病毒的变异(主要是侵染性、症状和寄主范围以及对介体专化性的变异)主要是通过突变和同一病株体内不同病毒间的基因重组；线虫的变异主要是通过突变、不同线虫间染色体的偶合(mixing of chromosome)和有性过程基因重组。

3.1.4 病原物致病机制

病原物在寄生过程中引起植物病害，但致病机制各异。多数病原物从寄主获得养分和水分同时，在其生长发育过程中又可产生一些代谢物。病原物的寄生能力、机械压力、化学物质和遗传转化因子等在病害发生过程中发挥重要作用，通常被称作致病因子(pathogenic factor)。由于这些因子存在，使寄主的生长发育受阻，发生局部乃至全株性病害，产生特有的症状。病原物不同致病因子在病害中所发挥作用也不一样，有些病原物可以迅速杀死寄主的细胞和组织，而有一些病原物则在相当长时间内不致死寄主。前者如引致植物器官软腐病的根霉和一些细菌，后者如麦类的黑粉菌。

3.1.4.1 争夺寄主的生活物质

各种病原物都具有寄生性，能从寄主上获得必要的生活物质。寄主体内或体表的寄生物越多，所消耗的寄主养分也越多，从而使寄主营养不良，表现黄化、矮化、枯死等症状。寄生性植物中半寄生种类自身也能进行光合作用，主要依赖寄主的水分，对寄主的不良影响较小，症状较轻。全寄生种类需从寄主夺取全部生活物质，对寄主的危害极大，通常造成寄主很快死亡。

3.1.4.2 机械压力

病原菌物、线虫和高等寄生植物可以通过对植物表面施加机械压力而侵入。菌物菌丝和高等寄生植物的胚根首先接触并附着在寄主表面，继而其前端膨大，形成附着胞，由附着胞产生纤细的侵入钉，对植物表皮施加机械压力，并分泌相应的降解酶软化角质层和细胞壁而穿透侵入。线虫则先用口针反复穿刺，最后刺破寄主表皮，进入植物体细胞和组织中。另外，一些病原菌物在寄主表皮下形成子实体后，也施加一定机械压力，使表皮凸起和破裂，将其子实体外露，有利于孔口打开或繁殖体释放，如大葱锈病，玉米瘤黑粉病等。

3.1.4.3 化学物质作用

(1)酶

病原物分泌的酶主要有降解植物细胞壁的酶类物质，以助其侵入和扩展，包括角质酶、纤维素酶、半纤维素酶、果胶质酶、木质素酶和糖蛋白酶等。病原物一旦进入寄主细胞或者破坏了组织，即可以利用细胞质内蛋白质、淀粉、脂肪以及核酸等作为营养物。但这些物质不能直接被利用，需要经过一系列酶酶解使之成为较简单的成分。例如，病原物分泌的蛋白酶使蛋白质降解为氨基酸，淀粉酶可降解淀粉为单糖。

其他如脂肪和核酸也有相应的酶进行降解。不同种类的病原物所分泌的酶类也不尽相同。

①分解细胞壁物质的酶　植物体表面为蜡质层，下为角质层，再下为由果胶、纤维素、半纤维素、木质素和少量蛋白组成的细胞壁。有关产生降解酶降解蜡质的病原物很少有报道。但发现一些菌物可形成角质酶，如 *Venturia inaequails* 和 *Fusarium solani* f. sp. *pisi*，其中角质脂酶能水解角质组分中的脂键，羧基角质过氧化酶能水解角质组分中的过氧化键。

研究最深入、报道最多的是果胶酶。已知有多种病原菌物能分泌多种果胶酶。例如，果胶甲基酯酶(pectin methyl esterase，PME)能分解酯键；多聚甲基半乳糖醛酸酶(polymethyl methyl-galacturonase，PMG)和多聚半乳糖醛酸酶(polygalacturonase，PG)能通过水解作用分解果胶物质中的α-1,4-糖苷键；果胶酸酯裂解酶(pectate lyase，PL)和果胶裂解酶(pectin lyase，PNL)的作用是裂解果胶分子中的α-1,4-糖苷键。

病原菌分泌的半纤维素酶有木聚糖酶、半乳聚糖酶、葡聚糖酶、阿拉伯聚糖酶、甘露聚糖酶等，均属于聚糖水解酶，是一组专一性降解半纤维素的酶类总称。通过上述半纤维素酶的作用后，往往细胞壁中纤维素和木质素即可裸露出来。

根据酶的作用方式，纤维素酶分为 C_1 酶、C_2 酶、Cx 酶和纤维二糖酶等类型，因此纤维素酶是一组复合酶，至少有 3 种酶参与纤维素的降解。C_1 酶即 1,4-β-D-葡聚糖内切酶(EG)，作用于纤维素分子链间键，将天然的结晶纤维素随机降解成非结晶的纤维素，暴露出非还原性末端；C_2 酶也作用于天然纤维素，将其降解为短链，然后 Cx 酶作用于纤维素短链，生成纤维二糖。最后纤维二糖酶将纤维二糖分解成葡萄糖。20 世纪 70 年代，在康宁木霉(*Trichoderma koningii*)纤维素复合体中发现了 C_2 酶，可将纤维素温和地降解成短纤维。目前已知，单一一种酶对天然纤维素均无作用，需要上述几种酶相互配合才能把天然纤维素降解成葡萄糖。

木质素酶的作用是水解木质素多元体构造成苯丙烷的单体，一些木本植物的病原菌可产生此酶。另外，一些植物病原物在侵染寄主植物时还能产生蛋白酶促进病原物的侵染，已知的蛋白酶都是水解酶，水解肽键。

②分解细胞内物质的酶　植物病原物能产生一些细胞膜和细胞内物质降解酶，如蛋白酶、淀粉酶、脂酶等，用于分解蛋白质、淀粉、脂类等物质，而且多数为非专化性的。另外，还有报道在菌物和细菌中发现有降解核酸的核酸酶。

(2)毒素

毒素(toxin)是植物病原物代谢中产生的，能在非常低的浓度范围内干扰植物正常生理活动、对植物有毒害的非酶类化合物。它对原生质有急剧破坏作用，常以微量(生物学浓度)就能迅速引致损害。其损害作用主要是：①作用于原生质膜，使原生质体肿大，引起质膜的透性和电势的改变，使细胞内的电解质向胞外渗出；②抑制光合磷酸化过程中 ATP 合成的一些步骤，引致能量缺乏，导致体内合成的破坏；③对鸟氨酸转氨甲酰酶起竞争性抑制作用，导致精氨酸的缺乏，影响叶绿素的合成；④与原生质膜蛋白结合，导致寄主感染。

毒素对植物有害，不仅可以在植物体内产生，也可以在人工培养基上产生。无论是在植物体内产生还是离体培养产生的植物病原物毒素，用其处理健康植物，往往在较低的浓度下就能使之产生病变，与产毒菌株侵染所引起的病状相同或相似，因此，毒素是一种非常高效的致病因子。

依据对毒素敏感的植物范围和毒素对寄主种或品种有无选择作用，可将植物病原菌产生的毒素分为寄主选择性毒素(host selective toxin，HST)和非寄主选择性毒素(host nonselective toxin，NHST)两类。

寄主选择性毒素有时也称为寄主专化性毒素，在生理浓度下对产毒菌的寄主植物或感病品种产生严重毒害，而对非寄主植物或抗病品种基本无毒害作用，即毒害作用与产毒菌的寄主范围或品种敏感差异有对应或平行关系，或者说植物对产毒菌的抗感性与其对毒素的敏感性一致。大多数 HST 是致病性决定因子。HST 可能是对植物基因型专化的，也可能是对细胞位点专一的。迄今为止，已报告约 20 种 HST，全部由菌物产生，主要是菌物中的链格孢属(*Alternaria*)和原长蠕孢属(*Helminthosporium*，现已分到 3 个属中)。有些 HST 的化学结构已有报道，既有低相对分子质量的代谢物，也有蛋白质。1933 年田中报道了日本梨黑斑病菌的培养滤液对感病品种果实呈现明显毒性，而对抗病品种无毒，但直到 70 年代才分离到第一种 HST，命名为 AK－毒素(日本梨黑斑毒素)。AK－毒素在孢子萌发时产生，是两种毒素主组分(Ⅰ和Ⅱ)以及一种次要毒素组分的混合物。主组分毒素已结晶提取，并明确了其结构式。提纯的 AKI 是高毒组分，浓度低至 $5\times10^{-9}\sim1\times10^{-8}$mol/L 时仍可在 20 世纪梨上引发特征性的叶脉坏死，而在抗病品种和非寄主苹果和草莓上，浓度高达 1.2×10^{-4}mol/L 时也不引起任何症状，显示其寄主选择性毒素的性质。AKⅡ的毒性低于 AKI，在 10^{-7}mol/L时才引发感病梨叶叶脉坏死。

非寄主选择性毒素也称为非寄主专化性毒素，是指不仅对其寄主植物种或栽培品种具有毒害作用，还对非寄主植物也有毒害作用的病菌代谢物。这类毒素能加重症状，但不决定病菌是否引致病害，只是致病力决定因子。不过，这类毒素虽对非寄主植物也有毒害作用，但有些毒素可区分品种的抗病性差异。

(3)激素

许多病原菌能合成与激素相同或类似的物质，严重扰乱寄主植物正常的生理过程。很多植物由于病原物的感染，体内激素不平衡，导致植物徒长、矮化、畸形、赘生、落叶、顶芽抑制、根尖钝化、偏上性和不定根的形成等多种形态病变。病原菌产生的激素物质主要有生长素、细胞分裂素、赤霉素、脱落酸和乙烯等，近年来的研究发现，病原菌还产生水杨酸和多胺等植物生长调节类物质。此外，病原物还可通过影响植物体内生长调节系统的正常功能而引起病变。

①生长素(auxin)　主要是吲哚乙酸(IAA)。多种病原菌物和细菌能合成 IAA，在被菌物、细菌、病毒、类菌原体和线虫侵染的一些植物中，有的病原物本身产生 IAA；有的虽然自身不产生 IAA，但由于植物体内 IAA 氧化酶受抑制，阻滞了 IAA 的降解，导致 IAA 水平的提高。如番茄接种茄青枯菌(*Burkholkeria solanacearum*)后 5

天，就能检测出 IAA 积累，其含量在接种后 20 天内持续增加。烟草接种该病原细菌后，病株体内 IAA 含量比未接种植株增高近百倍，病组织中生长素的合成水平与病原菌的致病性密切相关。晚疫病菌亲和小种侵染的马铃薯块茎中 IAA 含量提高了 5～10 倍，而被非亲和小种侵染者无明显增长。一些植物病原菌物产生的 IAA 对寄主植物的作用还可以引致某些典型症状，如红花柄锈菌侵染红花下胚轴之后，很快增加侵染部位的 IAA 水平，引起下胚轴生长异常。

② 赤霉素(gibberellin)　很多菌物、细菌和放线菌能产生赤霉素类物质(GLS)，其中最重要的是赤霉酸 GA_3。水稻恶苗病菌产生的赤霉酸是使水稻茎叶徒长的主要原因。植物受到一些病毒、类菌原体或黑粉菌侵染后，赤霉素含量下降，生长迟缓、矮化或腋芽受抑制。若用外源赤霉素喷洒病株，可使症状缓解或消失。赤霉素的活性包括调节节间延长、矮化复原和促进 α－淀粉酶、蛋白酶、核糖核酸酶的活性。实践应用表明，GLS 用作叶面喷施之后可内吸至根部，根部渗出液中的 GLS 促进病菌侵染根部组织和菌丝生长；使用 GLS 也可使水稻、番茄等植物增加感病性。所以，植物病原菌侵染植物可以增加 GLS 水平，进而降低植物的抗病性。

③ 细胞分裂素(cytokinin)　细胞分裂素可促使植物细胞分裂和分化，抑制蛋白质和核酸降解，阻滞植株的衰老过程。病原菌侵染寄主植物后，往往引起寄主细胞分裂素失调。细胞分裂素的病理效应是引起带化、肿瘤、过度生长、形成绿岛及影响物质转移。萝卜遭受甘蓝根肿菌侵染后，肿根组织内细胞分裂素的含量为健康组织内的 10～100 倍。此外，用细胞分裂素处理植物叶片，则叶绿素不被病原菌破坏，核酸和蛋白质合成增加，营养物质局部积累，这种作用导致的形态变化，与锈菌、白粉菌侵染中常见的“绿岛”症状很相似。

④ 乙烯(ethene)　乙烯是一种促成熟、衰老和抑制生长的植物调节物质。产生乙烯的病原菌物有棉黄萎大丽轮枝孢(*Verticillium dahliae*)、甘薯黑斑病菌(*Ceratocystis fimbriata*)、番茄枯萎尖镰孢(*Fusarium oxysporum* f. sp. *melongenae*)等。这些病原菌物在离体或活体条件下均能分泌与生物合成乙烯物质，但也有少数病原物仅在活体内合成乙烯。棉花受轮枝孢菌侵染后，落叶型菌株 T9 导致寄主植物体产生乙烯的量高于非落叶型菌株 SS4 2 倍以上，T9 使棉花落叶的原因是乙烯所致。啤酒花由轮枝菌侵染造成的偏上生长、褪绿和落叶与该菌产生乙烯有关。郁金香尖镰孢菌(*F. oxysporum* f. sp. *tulipae*)侵染郁金香后，可产生高水平的乙烯，造成枝条矮缩和芽枯萎。

⑤ 脱落酸(abscisic acid，ABA)　脱落酸是由植物和某些植物病原菌物产生的一种重要生长抑制剂，具有诱导植物休眠、抑制种子萌发和植物生长、刺激气孔关闭等多方面的生理作用。ABA 是导致被侵染植物矮化的重要因素之一，植物矮化症的一个普遍特点是与病原菌分泌的 ABA 有关。烟草花叶病、黄瓜花叶病、番茄黄萎病以及其他病害的病株 ABA 含量高于正常水平，都表现出程度不同的矮化。棉黄萎大丽轮枝孢落叶型菌株侵染棉花植株后，其 ABA 水平比健康植株增加 1 倍，促进叶离层产生，引起落叶；用非落叶型的菌株侵染棉花后，叶片中检测不出 ABA 增加。

(4) 胞外多糖

胞外多糖(extracellular polysaccharide，EPS)是存在于一些病原物的表面或被病原物释放到环境中的大分子碳水化合物。植物病原细菌常分泌 EPS 到胞外，形成黏质层。EPS 不仅有利于菌体吸附寄主和抵御干燥环境，而且还在病菌致病过程中起一定作用。植物病原菌物中炭疽菌、镰孢菌等也能产生多糖类物质，这些多糖物质可在植物体内或体外形成，有助于病菌的侵染，常与萎蔫等症状有关。

(5)色素

黑色素的合成对于许多病原菌物的生长和发育不是必需的，但其与一些菌物的致病性密切相关。稻瘟病菌(*Magnaporthe grisea*)的野生型致病菌株都产生黑色素，从水稻和其他禾本科杂草上分离到不同色素表型突变体，有白色突变体(Aib^-)、玫瑰色突变体(Rsy^-)和浅黄色突变体(Buf^-)，其中浅黄色突变体在自然界存在很普遍。遗传分析表明，这 3 种突变体都是由于单基因缺失引起的，它们分布在 3 个不连续的位点上，所有这 3 种色素突变体都不侵染健全的稻株，但能侵染受伤的叶片。瓜类炭疽菌(*Colletotrichum orbiculare*)和水稻胡麻斑旋孢腔菌(*Cochliobolus miyabeanus*)等也有类似作用的黑色素产生。研究证明，稻瘟病菌、瓜炭疽病菌等黑色素化，形成大量的黑色素沉积在附着胞细胞壁的内层，使附着胞吸水后膨胀，其内部膨压用侵染钉刺穿植物胞壁组织。大丽轮枝菌(*Verticillium dahliae*)的侵入可能与黑色素无关，但黑色素的产生对芽管和微菌核的形成有利，能提高该病菌的致病性。另外，生物合成黑色素可以增强植物病原菌物在逆境环境中的存活和竞争能力，如能提高菌物抗紫外线辐射、耐极限温度和干燥的能力等。

3.1.4.4 遗传转化因子

(1)**Ti** 质粒

根癌病是一些果树上的重要病害，被害植株根部形成癌瘤，发育严重受阻。Armin Braun 1958 年首次提出了肿瘤细胞是被转化的概念，即不含有根癌土壤杆菌的肿瘤细胞也可以在体外生长，而无须添加正常植物细胞体外生长所必需的生长素和细胞分裂素。之后，经过多年研究，这其中的一些谜底被解开。原来是在根癌土壤杆菌(*Agrobacterium tumefaciens*)细胞中一种 Ti 质粒。这种 Ti 质粒是存在于染色体外的环形双链 DNA 分子，具有进行自主复制的遗传特性。Ti 质粒 VIR 区的毒性基因在植物伤口处产生的物质(酚类和糖类物质)诱导下，促使 Ti 质粒的 T－DNA 进入植物体内，并将携带生长素基因、细胞分类素基因和根癌碱基因整合到寄主植物的染色体上，从而导致寄主植物细胞增生形成肿瘤。

(2)病毒序列

反转录病毒是那些具有单链 RNA 型基因组并在其复制循环中具有 DNA 阶段，能将其基因组的 DNA 形式转化到寄主染色体 DNA 中的病毒。当一个反转录病毒侵染一个寄主细胞时，其 RNA 基因组被反转录成一个双链 DNA，然后被持久地转化到寄主染色体中。对于反转录病毒来说，转化是其生命循环中的基本步骤之一。许多可转移的因子也随之转化到寄主基因组中，并成为其生命循环的一部分。如果反转录病毒和可转移因子转化到寄主基因组的敏感区域，将对寄主导致不可修复的伤害。香蕉条纹病毒(BSV)是导致香蕉和菜蕉叶片条纹病的病毒性病原生物，该病毒在这些农作物中分布最广泛，是植物拟反转录病毒中杆状DNA病毒属中的成员。在组织培养过程中，转化了BSV序列的健康植物也可以发生侵染。

在植物基因组中越来越多地发现了植物病毒转化序列。这一现象从两个方面得到证实：一是转化序列激活后，在特定的条件下产生了特定的病毒；二是通过对植物基因组的测序，鉴定出其中含有某种病毒序列。

3.2 寄主植物的抗病性及其变异

3.2.1 寄主植物抗病性的概念和类别

植物的抗病性是指植物避免、中止或阻滞病原物侵入与扩展，减轻发病和损失程度的一类可遗传的特性。抗病性是植物与病原生物在长期的协同进化中相互适应、相互选择的结果。病原物产生不同类别、不同程度的寄生性和致病性，植物也相应地形成了不同类别、不同程度的抗病性。

抗病性是植物普遍存在的、相对的性状。不同植物具有不同类型和不同程度的抗病性，表现为免疫和高度抗病到高度感病的连续序列反应。抗病性强便是感病性弱，抗病性弱便是感病性强，只有以相对的概念来理解抗病性，才会发现抗病性是普遍存在的。

抗病性是植物的遗传潜能，其表现受寄主与病原物相互作用的性质和环境条件共同影响。按照遗传方式的不同可将植物抗病性分为主效基因抗病性(major gene resistance)和微效基因抗病性(minor gene resistance)。前者由单个或少数几个主效基因控制，按孟德尔法则遗传，抗病性表现为质量性状；后者由多数微效基因控制，抗病性表现为数量性状。

病原物的寄生专化性越强，则寄主植物的抗病性分化也越明显。对锈菌、白粉菌、霜霉菌以及其他专性寄生物和稻瘟病菌等部分兼性寄生物，寄主的抗病性可以仅仅针对病原物群体中的少数几个特定小种，这种抗病性称为小种专化抗病性(race-specific resistance)。具有该种抗病性的寄主品种与病原物小种间有特异性的相互作用。小种专化性抗病性是由主效基因控制的，抗病效能较高，是当前抗病育种中所广泛利用的抗病性类别，其主要缺点是易因病原物小种组成的变化而“丧失”。与小种专化抗病性相对应的是小种非专化抗病性(race-non-specific resistance)，具有该种抗病性的寄主品种与病原物小种间无明显特异性相互作用，是由微效基因控制的、针对病原物整个种群的一类抗病性。

植物抗病性的表达是非常复杂的过程。按照寄主植物的抗病机制不同，可将抗病性区分为被动抗病性(passive resistance)和主动抗病性(active resistance)。被动抗病性是由植物与病原物接触前即已具有的由性状决定的抗病性。主动抗病性则是受病原物侵染所诱导的寄主保卫反应。植物抗病反应是多种抗病因素共同作用、顺序表达的动态过程。根据其表达的病程阶段不同，又可划分为抗接触、抗侵入、抗扩展、抗损害和抗再侵染。其中，抗接触又称为避病(disease escaping)，抗损害又称为耐病(disease tolerance)；而植物的抗再侵染特性通称为诱导抗病性(induced resistance)。

3.2.2 寄主植物被侵染后的生理生化变化

植物被各类病原物侵染后，发生一系列具有共同特点的生理变化。植物细胞的细胞膜透性改变和电解质渗漏是侵染初期重要的生理病变，继而出现呼吸作用、光合作用、核酸和蛋白质、酚类物质、水分关系以及其他方面的变化。研究染病植物的生理病变对了解寄主—病原物的相互关系有重要意义。

3.2.2.1 呼吸作用

呼吸强度提高是寄主植物对病原物侵染的一个重要的早期反应，这个反应并不是特异性的。首先，各类病原物都可以引起病植物呼吸作用的明显增强；另外，由某些物理或化学因素造成的损伤也能引起植物呼吸强度的增强。锈菌、白粉菌等专性寄生菌物侵染后，植物呼吸强度增强的峰值往往出现在病原菌物产孢期。例如，小麦感病品种被条锈菌侵染的初期，病株光呼吸强度和暗呼吸强度略有降低，显症后则明显上升，产孢盛期达到高峰，发病末期减弱乃至停止呼吸。抗病寄主呼吸强度上升较早，但峰值较低。用大麦黄矮病毒(BYDV)接种感病大麦后，2周内病株呼吸强度持续增强，然后逐渐减弱。接种烟草花叶病毒的枯斑寄主心叶烟，在病斑出现前数小时即测得呼吸强度的增强，且增幅高于非过敏性寄主。病植物呼吸作用的增强主要发生在病原物定植的组织及其邻近部位。

除呼吸强度的变化外，病植物葡萄糖降解为丙酮酸的主要代谢途径与健康植物也有明显不同。健康植物中葡萄糖降解的主要途径是糖酵解，而病植物则主要是磷酸戊糖途径，因而葡糖-6-磷酸脱氢酶和6-磷酸葡糖酸脱氢酶活性增强。磷酸戊糖途径的一些中间产物是重要的生物合成原料，与核糖核酸、酚类物质、木质素、植物保卫素等许多化合物的合成有关。

病组织中呼吸作用增强的原因还缺乏一致的看法。一般认为它涉及寄主组织中生物合成的加速、氧化磷酸化作用的解偶联作用、末端氧化酶系统的变化以及线粒体结构的破坏等复杂的机制。

3.2.2.2 光合作用

光合作用是绿色植物最重要的生理功能，病原物的侵染对植物光合作用产生了多方面的影响。

病原物的侵染对植物最明显的影响是破坏了绿色组织，减少了植物进行正常光合作用的面积，光合作用减弱。马铃薯晚疫病严重流行时可以使叶片完全枯死和脱落，减产的程度与叶片被破坏的程度成正比。锈病、白粉病、叶斑病和其他植物病害都有类似的情况。叶面被破坏的程度常用来估计叶斑病和叶枯病的病害损失程度。

许多产生褪绿症状的病植物，由于叶绿素被破坏或者叶绿素合成受抑制而使叶绿素含量减少，也导致光合能力下降。有人发现感染病毒而表现褪绿或黄化的植株中叶绿素分解酶的活性较强，叶绿素被分解为叶绿酸酯和叶绿醇，光合作用减弱。

植物遭受专性寄生菌，例如锈菌和白粉菌等侵染后，病组织的光合作用能力也会逐渐下降，发病后期更为明显。例如，小麦感病品种接种条锈菌后净光合速率持续降低，显症和产孢以后剧烈下降，降幅可达健株正常值的50%左右。在一些病例中发现叶绿体和其他细胞器裂解，使二氧化碳的固定率降低。感染白粉病的小麦叶片吸收二氧化碳的能力明显减弱，病株光合磷酸化作用和形成三磷酸腺苷(ATP)的能力下降。

光合产物的转移也受到病原物侵染的影响。病组织可因α-淀粉酶活性下降，导致淀粉积累。发病部位有机物积累的原因还可能是光合产物输出受阻，或者来自健康组织的光合产物输入增加所造成的。病组织中有机物积累有利于病原物寄生和繁殖。到发病后期，病组织积累的有机物趋于减少和消失。

3.2.2.3　核酸和蛋白质

植物受病原物侵染后核酸代谢发生了明显的变化。病原菌物侵染前期，病株叶肉细胞的细胞核和核仁变大，RNA总量增加，侵染的中后期细胞核和核仁变小，RNA总量下降。在整个侵染过程中DNA的变化较小，只在发病后期才有所下降。小麦叶片被条锈菌侵染后，RNA总量自潜育期开始显著增多，产孢期增幅更大，此后逐渐下降。感病寄主叶片中RNA合成能力明显增强，抗病寄主叶片中虽也有增强但增幅较小。小麦抗性的表达与寄主基因转录与翻译活性增强有关。在表现抗病反应的叶片中，RNA合成在病原菌侵入后24h内有特异性增强，翻译mRNA水平高于感病反应叶片，蛋白质合成能力与多聚核糖体水平在侵染早期也都呈现特异性增长。

烟草花叶病毒(TMV)侵染寄主后，由于病毒基因组的复制，寄主体内病毒RNA含量增高，寄主RNA，特别是叶绿体rRNA的合成受抑制，因而引起严重的黄化症状。

在细菌病害方面，由根癌土壤杆菌侵染所引起的植物肿瘤组织中，细胞分裂加速，DNA显著增多，并且还产生了健康植物组织中所没有的冠瘿碱一类的氨基酸衍生物。

植物受病毒侵染后常导致寄主蛋白的变向合成，以满足病毒外壳蛋白大量合成的需要。在病原菌物侵染的早期，病株总氮量和蛋白质含量增高，在侵染后期病组织内蛋白水解酶活性提高，蛋白质降解，总氮量下降，但游离氨基酸的含量明显增高。受到病原菌侵染后，抗病寄主和感病寄主中蛋白质合成能力有明显不同。病毒、细菌和菌物侵染能诱导寄主产生一类特殊的蛋白质，即病程相关蛋白(pathogenesis related protein，PR蛋白)，这种蛋白质与抗病性表达有关。

3.2.2.4　酚类物质和相关酶

酚类化合物是植物体内重要的次生代谢物质。植物受到病原菌侵染后，酚类物质和一系列酚类氧化酶都发生了明显的变化，这些变化与植物的抗病机制有密切关系。

酚类物质及其氧化产物——醌的积累是植物对病原菌侵染和损伤的非专化性反应。醌类物质比酚类对病原菌的毒性高，能钝化病原菌的蛋白质、酶和核酸。病植物体内积累的酚类前体物质经一系列生化反应后可形成植物保卫素和木质素，发挥重要的抗病作用。

各类病原物侵染还引起寄主一些酚类代谢相关酶的活性增强，其中最常见的有苯丙氨酸解氨酶(PAL)、过氧化物酶、过氧化氢酶和多酚氧化酶等，以苯丙氨酸解氨酶和过氧化物酶最重要。苯丙氨酸解氨酶可催化L－苯丙氨酸还原脱氨生成反式肉桂酸，再进一步形成一系列羟基化肉桂酸衍生物，为植物保卫素和木质素合成提供苯丙烷碳骨架或碳桥，因此病株苯丙氨酸解氨酶活性增高，是植物抗病性表达的特征。过氧化物酶在植物细胞壁木质素合成中起重要作用。受到病原菌侵染后，表现抗病反应的寄主和表现感病反应的寄主过氧化物酶活性虽然都有提高，但前者的酶活性更高。但是，也有一些病例，侵染诱导的过氧化物酶活性提高与抗病性增强无明显的相关性。

3.2.2.5 水分关系

植物叶部发病后可提高或降低水分的蒸腾，依病害种类不同而异。麦类感染锈病后，叶片蒸腾作用增强，水分大量散失。蒸腾速率的提高是一个渐进的过程，由显症阶段开始，产孢盛期达到高峰。叶面锈菌孢子堆形成时产生的裂口以及气孔机能失控，都减低了水分扩散阻力，导致病叶含水量减少，细胞膨压和水势降低，溶质势增高。有些病害能明显抑制气孔开放，叶片水分蒸腾减少，从而造成病组织中毒素或乙烯等有害物质积累。

多种病原物侵染引起的根腐病和维管束病害显著降低根系吸水能力，阻滞导管液流上升。尖镰孢菌番茄专化型(*Fusarium oxysporum* f. sp. *lycopersici*)侵染番茄后，病株水分和矿物盐在木质部导管中流动的速度只有健株的1/10。番茄黄萎病病株茎内液流上升速度只是健株的1/200。阻碍液流上升的主要原因是导管的机械阻塞，而造成阻塞的因素可能是多方面的。病原菌产生的多糖类高分子量物质、病原细菌菌体及其分泌物、病原菌物的菌丝体和孢子、病原菌侵染诱导产生的胶质和侵填体等都有可能堵塞导管。另外，病原菌产生的毒素也能引起水分代谢失调。有些毒素是高分子量糖蛋白，本身就能堵塞导管。镰孢属菌物产生的镰刀菌酸(fusaric acid)是一种致萎毒素，它能损害质膜，引起细胞膜渗透性改变、电解质渗漏、细胞质离子平衡被破坏等一系列生理变化，造成病株水分失调而萎蔫。

植物萎蔫症状的成因是复杂的。在某些病例中，病株水分从气孔和表皮蒸腾的速度过高，超过了导管系统供水速度而产生萎蔫。另一些病例的萎蔫则是根系吸水减少或导管液流上升受阻造成的。

3.2.3 寄主植物的抗病性及其机制

植物在与病原物长期的共同演化过程中，针对病原物的多种致病因素，发展了复杂的抗病机制。研究植物的抗病机制，可以揭示抗病性的本质，合理利用抗病性，达到控制病害的目的。

寄主植物的抗病机制是多因素的。有先天具有的被动抗病性因素，也有病原物侵染引发的主动抗病性因素。按照抗病因素的性质则可划分为形态的、机能的和组织结构的抗病因素，即物理抗病因素(physical defense)；以及生理生物化学的因素，即化学抗病因素(chemical defense)。

任何单一的抗病因素都难以完整地解释植物抗病性。事实上，植物抗病性是多种被动和主动抗病性因素共同或相继作用的结果，所涉及的抗病性因素越多，抗病性强度就越高、越稳定而持久。

3.2.3.1 寄主植物被动抗病性机制

(1)被动抗病性的物理因素

植物被动抗病的物理因素是植物固有的形态结构特征，它们主要以其机械坚韧性和对病原物酶作用的稳定性而抵抗病原物的侵入和扩展。

植物表皮以及覆盖在表皮上的蜡质层、角质层等构成了植物体抵抗病原物侵入的最外层防线。蜡质层(wax layer)有减轻和延缓发病的作用，因其可湿性差、不易黏附水滴而不利于病原菌孢子萌发和侵入。对直接侵入的病原菌来说，植物表皮的蜡质层和角质层(cuticle)越厚，抗侵入能力越强。

植物表皮层细胞壁发生钙化作用或硅化作用，对病原菌果胶酶水解作用有较强的抵抗能力，能减少侵入。例如，叶片表皮细胞壁硅化程度高的水稻品种抵抗稻瘟病和胡麻叶斑病。老化的水稻叶片表皮硅化程度较高，对白叶枯病等多种病害的抵抗性也较强。

对于从气孔侵入的病原菌，特别是病原细菌，气孔的结构、数量和开闭习性也是抗侵入因素。柑橘属不同种类植物的气孔结构与对溃疡病(*Xanthomonas axonopodis* pv. *citri*)的抗病性有关。橘的气孔有角质脊，开口狭窄，气孔通道内外难以形成连续水膜，病原细菌难以侵入，而甜橙和柚的气孔开口宽，易被侵入。

皮孔、水孔和蜜腺等自然孔口也是某些病原物侵入植物的通道，其形态和结构特性也与抗侵入有关。例如，疮痂病菌(*Streptomyces scabies*)可通过幼龄马铃薯茎和块茎上未木栓化的皮孔侵入致病，当皮孔木栓化后，病菌就难以侵入。

木栓化组织的细胞壁和细胞间隙充满木栓质(suberin)。木栓质是多种高分子量酸类构成的复杂混合物。木栓细胞构成了抵抗病原物侵入的物理和化学屏障。植物受到机械伤害后，可在伤口周围形成木栓化的愈伤周皮(wound periderm)，能有效地抵抗从伤口侵入的病原细菌和菌物。马铃薯块茎的愈伤层可防止软腐细菌(*Erwinia carotovora*)侵入引起的组织浸解。愈伤木栓化速度快的大白菜品种较抗软腐病。高湿、高温有利于愈伤组织木栓化作用。甘薯块根在33℃和相对湿度95%～100%时，伤口木栓化最快，能有效抵抗多种软腐细菌和菌物的侵入。

植物细胞的胞间层、初生壁和次生壁都可能积累木质素(lignin)，从而阻止病原菌的扩展。小麦锈菌的侵染菌丝只能在小麦茎秆和叶片的薄壁组织与厚角组织中蔓延，而不能通过木质化的厚壁组织扩展。

植物初生细胞壁主要由纤维素和果胶类物质构成，也含有一定数量的非纤维素多糖和半纤维素。纤维素细胞壁也可成为限制一些穿透力弱的病原菌物侵染和定植的物理屏障。大孢指疫霉(*Sclerophthora macrospora*)的菌丝分解水稻叶片薄壁组织的胞间层，但不能穿透纤维素细胞壁。当叶片老化时，胞间层内不溶性果胶物质增多，病菌的果胶酶难以将其分解，因而病菌不能在较老的水稻叶片内扩展。木本植物组织中常有胶质、树脂、单宁类似物质产生和沉积，也有阻滞某些病原菌扩展的作用。

导管的组织结构特点可能成为植物对维管束病害的抗病因素。某些抗枯萎病的棉花品种导管数较少，细胞间隙较小，导管壁及木质部薄壁细胞的细胞壁较厚。抗榆树枯萎病(*Ceratocystis ulmi*)的榆树品种导管孔径小，导管液流黏稠度较高，流速较低，不利于病菌分生孢子随导管液流上行扩展。

(2)被动抗病性的化学因素

表达被动抗病性的植物有多种类型的化学抗病因素，可能含有天然抗菌物质或能够抑制病原菌某些酶的物质，也可能缺乏病原物寄生和致病所必需的重要化学成分。

在受到病原物侵染之前，健康植物体内就含有多种抗菌性物质，如酚类物质、皂角苷、不饱和内酯、有机硫化合物等。

紫色鳞茎表皮的洋葱品种比无色表皮品种对炭疽病(*Colletotrichum citcinans*)有更强的抗病性。这是因为前者鳞茎最外层死鳞片分泌出较多的原儿茶酸和邻苯二酚，能抑制病菌孢子萌发，减少侵入。

由燕麦根部分离到一种称为燕麦素(avenacin)的皂角苷类抑菌物质，能抑制全蚀病菌小麦变种和其他微生物生长，其杀菌机制是与菌物细胞膜上的甾醇类结合，改变了膜透性。全蚀病菌燕麦变种和燕麦镰孢具有燕麦素酶，能分解燕麦素，可以成功地侵染燕麦。大麦幼苗在35日龄内能抵抗麦根腐平脐蠕孢，这是因为大麦有抗菌性皂角苷——大麦素A和B。此外，番茄的番茄碱(γ-tomatidine)、马铃薯的茄碱(solanine)和卡茄碱(chacoine)等也是研究较多的皂角苷类。

不饱和内酯对植物和微生物都有毒害作用，在植物体内以葡糖苷形式存在，受伤或病菌侵染后由β-糖苷酶的作用而释放出来。从郁金香中已分离出抑菌性内酯郁金香苷(tuliposide)。郁金香苷使郁金香花蕊抗灰霉病。

芥子油存在于十字花科植物中，以葡萄糖苷脂存在，被酶水解后生成异硫氢酸类物质，有抗菌活性。葱属植物含大蒜油，其主要成分是蒜氨酸(alliin)，酶解后产生的大蒜素(allicin)，也有较强的抗细菌和抗菌物活性。

植物根部和叶部可溢出多种物质，如酚类物质、氰化物、有机酸、氨基酸等，其中有的对微生物有毒性，可抑制病原菌孢子萌发、芽管生长和侵染机构的形成。高粱品种根部泌出氰氢酸，可延迟大斑病菌孢子萌发。亚麻抗镰刀菌枯萎病的品种根部也释放较多氰氢酸。棉花抗黄萎病品种根部泌液中含有较多的胆碱(choline)。小扁豆根溢泌液中的甘氨酸、苯丙氨酸和甲硫氨酸能抑制尖镰孢小扁豆专化型分生孢子的萌发。此外，有的泌出物质可刺激颉颃性微生物的活动或作为其营养源而与病原菌竞争。

大多数病原菌物和细菌能分泌一系列水解酶，渗入寄主组织，分解植物大分子物质。若这类水解酶受到抑制，就可能延缓或阻止病程发展。植物体内的某些酸类、单宁和蛋白质是水解酶的抑制剂，可能与抗病性有关。葡萄幼果果皮中的一种单宁含量较高，可抑制灰葡萄孢的多聚半乳糖醛酸酶，使侵染中断。在甘薯组织中还发现了一种水溶性蛋白质，也可抑制多聚半乳糖醛酸酶。

植物组织中某些为病原物营养所必需的物质含量较少，可能成为抗扩展的因素。有人提出所谓“高糖病害”和“低糖病害”的概念，解释植物体内糖分含量与发病的关系。番茄早疫病是低糖病害，当寄主体内含糖量较低时，抗病性降低，发病重。如果采取疏花、疏果或其他栽培措施，使番茄体内保持较高含糖量，抗病性就会增强，发病显著减轻。水稻胡麻斑病和小麦锈病是高糖病害，当植株体内含糖量较低时，抗病性增强，病害的反应型降低。水稻在分蘖期和抽穗期体内淀粉含量低，碳氮比低，最易感染稻瘟病和白叶枯病。稻株叶鞘中积累的淀粉增多，抗瘟性也增强。马铃薯晚疫病菌需要寄主体内有较高浓度的可溶性糖类，可溶性糖类含量低的马铃薯品种往往较抗病。

3.2.3.2 寄主植物主动抗病性机制

(1)主动抗病性的物理因素

病原物侵染引起的植物代谢变化，导致亚细胞、细胞或组织水平的形态和结构改变，产生了物理的主动抗病性因素。抗病物理因素可能将病原物的侵染局限在细胞壁、单个细胞或局部组织中。

病原菌侵染和伤害导致植物细胞壁木质化、木栓化、产生酚类物质和钙离子沉积等多种保卫反应。木质化作用(lignification)是在细胞壁、胞间层和细胞质等不同部位产生和积累木质素的过程。现已发现，细胞壁成分如几丁质、脱乙酰几丁质等，能够诱导木质化作用。木质素沉积使植物细胞壁能够抵抗病原物侵入的机械压力。大多数病原微生物不能分解木质素，木质化能抵抗菌物酶类对细胞壁的降解作用，中断病原菌的侵入。木质素的透性较低，还可以阻断病原菌物与寄主植物之间的物质交流，防止水分和养分由植物组织输送给病原菌，也阻止了菌物的毒素和酶渗入植物组织。在木质素形成过程中还产生一些低分子量酚类物质和对菌物有毒的其他代谢产物。木质化作用和细胞壁其他变化阻滞了病原菌扩展，使植物产生的植物保卫素有可能积累到有效数量。番茄幼果受到灰葡萄孢侵染后细胞壁沉积木质素类似物，侵入的菌丝只局限在少数的表皮细胞内。具有抗病基因 *Sr5* 和 *Sr6* 的小麦叶片受到秆锈菌不亲和小种侵染后，叶肉细胞积累木质素，限制锈菌吸器形成，引起细胞坏死。植物遭受病毒侵染后产生的局部病斑，限制了病毒扩展，可能也与木质化作用有关系。

木栓化(suberization)是另一类常见的细胞壁保卫反应。病原菌侵染和伤害都能诱导木栓质(suberin)在细胞壁微原纤维间积累，木栓化常伴随植物细胞重新分裂和保护组织形成，以替代已受到损害的角质层和栓化周皮等原有的透性屏障。木栓化也增强了细胞壁对菌物侵染的抵抗能力。

多种植物细胞壁在受到病原菌侵染或伤害后沉积酚类化合物。抗病马铃薯的块茎接种晚疫病菌不亲和小种后就产生类似木质素的物质，主要是 p－香豆酸和阿魏酸酯。酚类化合物进一步氧化为醌类化合物，并聚合为黑色素(melanin)，可以抑制病原菌分泌的细胞壁降解酶。

在寄主植物细胞壁内侧与质膜之间产生细胞壁沉积物质(wall-like material)，是植物对病原菌侵染的常见反应类型之一。病原菌物侵入时，侵入位点下方植物细胞质迅速局部聚集，导致细胞壁增厚。禾本科植物表皮细胞壁内侧，在细胞壁与质膜之间，与菌物附着胞和侵入钉相对应的位置上常形成半球形沉积物，即乳头状突起，简称乳突(papillae)，对化学物质和酶有高度的抵抗性。乳突的形成是大麦和小麦叶片抵抗白粉病菌侵入的重要因素。

多种植物的贮藏根、块茎和叶片等器官，在受到侵染或伤害后能产生愈伤组织，形成离层，将受侵染部位与健康组织隔开，阻断了其间物质输送和病菌扩展，使病斑部分干枯脱落。桃叶受穿孔病菌侵染后即形成离层，而使病斑与病菌脱落，形成穿孔症状。丝核菌由皮孔侵入马铃薯块茎后，病斑组织与健康组织之间形成由 2～3 层木栓化细胞构成的离层，病斑组织连同其中的病菌脱落。马铃薯抗病品种块茎被癌肿病菌侵染后也形成木栓化的离层，病部脱落，形成疤痕。

维管束阻塞是植物抵抗维管束病害的主要保卫反应，它既能防止菌物孢子和细菌等病原物随蒸腾液流上行扩展，又能导致寄主抗菌物质积累和防止病菌酶和毒素扩散。维管束阻塞的主要原因之一是病原物侵染诱导产生了胶质(gum)和侵填体(tylose)。胶质是由导管端壁、纹孔膜以及穿孔板的细胞壁和胞间层产生的，其主要成分是果胶和半纤维素。胶质产生是寄主的一种反应，而不单纯是病原菌水解酶作用的结果。侵填体是与导管相邻的薄壁细胞通过纹孔膜在导管腔内形成的膨大球状体。对棉花枯萎病、黄萎病、番茄尖镰孢枯萎病等许多病例的研究，都表明胶质和侵填体的迅速形成是抗病机制，在感病品种中两者形成少而晚，不能阻止病原菌的系统扩展。

(2)主动抗病性的化学因素

化学的主动抗病性因素主要有过敏性坏死反应、活性氧迸发、植物保卫素形成、防卫相关蛋白的积累和植物对毒素的降解作用等。研究这些因素不论在植物病理学理论上或抗病育种的实践中都有重要意义。

过敏性坏死反应(necrotic hypersensitive reaction)是植物对不亲和性病原物侵染表现高度敏感的现象，此时受侵细胞及其邻近细胞迅速坏死，病原物受到遏制、死亡，或被封锁在枯死组织中。过敏性坏死反应是一种程序化细胞死亡(programmed cell death，PCD)，是植物遗传学上主动控制的过程。过敏性坏死反应是植物发生最普遍的保卫反应类型，长期以来被认为是小种专化抗病性的重要机制，对菌物、细菌、病毒和线虫等多种病原物普遍有效。植物对锈菌、白粉菌、霜霉菌等专性寄生菌不亲和小种的过敏性反应，表现为侵染点细胞和组织坏死，发病叶片不表现肉眼可见的明显病变，或仅出现小型坏死斑，病菌不能生存或不能正常繁殖，据此可划归为较低级别的反应型（侵染型）。因此，这类抗病性也被称为“低反应型抗病性”。

多种兼性寄生菌物引起的病害，如马铃薯晚疫病、稻瘟病、玉米小斑病、玉米大斑病、烟草黑胫病、番茄叶霉病、苹果黑星病等寄主也具有坏死特性。有些病害，抗病品种和感病品种都出现组织坏死，但抗病品种植株的坏死出现较早，坏死斑小，病菌的发展明显受抑。

植物对病原细菌的过敏性反应特点与对兼性寄生菌物相似。例如，水稻抗病品种在白叶枯病病原细菌侵染早期迅速产生小型褐色坏死斑；感病品种则产生大型灰白色病斑，且产生时间也较晚。在发生过敏性反应的抗病植株叶片内，细菌繁殖速率显著降低，细菌数量减少到几十分之一至几百分之一。

对病毒侵染的过敏性反应多数也产生局部坏死病斑（枯斑反应），病毒的复制受到抑制，病毒粒子由坏死病斑向邻近组织的转移受阻。在这种情况下，仅侵染点少数细胞坏死，整个植株不发生系统侵染。

活性氧迸发（reactive oxygen burst）指植物在受病原物侵染早期，植物细胞内外迅速积累并大量释放活性氧（reactive oxygen species，ROS）的现象。自 1983 年 Doke 等首次报道马铃薯块茎被致病疫霉（*Phytophthora infestans*）无毒菌系侵染可引起活性氧快速产生的现象以来，大量的研究已经证实活性氧迸发是植物与病原物互作过程中普遍产生的现象之一。活性氧是由 O_2 连续的单电子还原而产生的一系列中间物，主要包括超氧阴离子（O_2^-）、羟自由基（OH^-）、单线氧（$^1O_2$）和过氧化氢（H_2O_2）、酯氧和酯过氧自由基，以及酯类或烷类氧化物。活性氧在植物与病原物互作的防卫反应中具有以下重要作用：① 具有抗微生物活性，对病原菌造成直接伤害。② 可参与植物细胞壁木质化及富含羟脯氨酸糖蛋白的交联，使细胞壁强化，有利于抵御病菌的侵染。③ 可作为被侵染细胞过敏性坏死的局部触发信号，诱导寄主细胞过敏性坏死的发生，可能参与了植物细胞程序化坏死过程。④ 可作为可扩散的信号分子诱导临近细胞防卫基因的表达，并启动植物植保素合成基因的转录。

此外，最近研究表明，一氧化氮（NO）作为氧化还原活化信号物质，参与了植物抗病反应过程，常常与活性氧一起作用，促进植物细胞过敏性坏死的发生。

植物保卫素（phytoalexin）是植物受到病原物侵染后或受到多种非生物因子激发后所产生或积累的一类低分子量抗菌性次生代谢产物。植物保卫素对菌物的毒性较强。1940 年 Muller 和 Borger 用马铃薯晚疫病菌不亲和性小种接种马铃薯抗病品种块茎的切片，诱导出过敏性坏死反应，间隔一定时间后即使再接种亲和性小种，也不能引起侵染。据此推测，预先接种不亲和性小种，诱导马铃薯切片产生并扩散出一种抗菌物质，从而提出了植物保卫素假说。在另一个实验中，取菜豆荚顺缝剖开，除去豆粒，在豆荚内侧凹沟内滴上马铃薯晚疫病菌孢子液，培养一定时间后收集液滴测定，发现其中含有对多种微生物有效的抑菌物质。若用水代替孢子液做试验，则不显示抗菌活性，这样就证实了植物保卫素的存在。1968 年，由马铃薯晚疫病菌不亲和性小种侵染的农林 10 号马铃薯中分离出了植物保卫素，并确定了它的结构，命名为日齐素（rishitin）。

目前已知 30 多科 150 种以上的植物产生植物保卫素。豆科、茄科、锦葵科、菊科和旋花科植物产生的植物保卫素最多。大多数植物保卫素的化学结构已被确定，多为类异黄酮和类萜化合物。类异黄酮植物保卫素主要由豆科植物产生，例如，豌豆的豌豆素(pisatin)、菜豆的菜豆素(phaseollin)、基维酮(kievitone)，大豆、苜蓿和三叶草等产生的大豆素(glyceollin)等。类萜植物保卫素主要由茄科植物产生，例如，马铃薯块茎产生的日齐素(rishitin)、块茎防疫素(phytuberin)，甜椒产生的甜椒醇(capsidiol)等。

植物保卫素是诱导产物，除菌物外，细菌、病毒、线虫等生物因素以及金属粒子、叠氮化钠和放线菌酮等化学物质、机械刺激等非生物因子都能激发植物保卫素产生。后来还发现，菌物高分子量细胞壁成分，如葡聚糖、脱乙酰几丁质、糖蛋白，甚至菌丝细胞壁片段等也有激发作用。病原菌能够激发植物保卫素产生的物质称为激发子(elicitor)。在已知激发子中，少数具有寄主专化性，为小种专化性激发子，多数为非专化性激发子。专化性激发子为病原物无毒基因的蛋白质产物，而非专化性激发子则可能是蛋白质、糖蛋白、寡糖、不饱和脂肪酸或其他物质。

植物保卫素在病菌侵染点周围代谢活跃细胞中合成，并向毗邻已被病菌定殖的细胞扩散，死亡和行将死亡细胞中有大量积累，植物保卫素与植物细胞死亡有密切关系。抗病植株中植物保卫素迅速积累，病菌停止发展。在大豆与大豆疫霉、马铃薯与致病疫霉、亚麻与栅锈菌等许多实例中，已经证实只有寄主与病原菌表现不亲和性时才有较多的植物保卫素积累。

病程相关蛋白(pathogenesis-related protein，PR 蛋白)是植物受病原物侵染或不同因子的刺激后产生的一类水溶性蛋白。在遗传控制上，PR 蛋白都是由多基因编码，通常成为基因家族(gene family)。在化学性质上，PR 蛋白有酸性、碱性之分，酸、碱两类 PR 蛋白的前体构成、定位、作用等各不相同。如在烟草中，酸性和碱性 PR 蛋白分别严格地定位在胞间和液泡内。目前已有 20 多种植物被证明可以产生 PR 蛋白。根据 PR 蛋白的来源植物、电泳迁移率、pI、血清学关系和氨基酸序列的同源性等特性，可将其分成 17 个家族(PR－1到 PR－17)。其中，PR－2 具有 β－1,3－葡聚糖酶活性，PR－3、PR－4、PR－8、PR－11 均具有几丁质酶活性，PR－12、PR－13、PR－14 分别有抗菌肽防卫素(defensin)、硫堇(thionin)和脂质转移蛋白活性，其他 PR 蛋白分别有类甜蛋白、蛋白酶、蛋白酶抑制子、过氧化物酶、核糖核酸酶、草酸氧化酶等活性。病程相关蛋白在植物抗病性中的作用已得到证实，PR 蛋白可攻击病原物、分解病菌细胞壁大分子、降解病原物的毒素、抑制病毒外壳蛋白与植物受体的结合。如 PR－2 能降解病原真菌细胞壁中的 β－1,3－葡聚糖成分；PR－3、PR－4、PR－8、PR－11 均降解病原真菌细胞壁中几丁质成分；PR－12、PR－13 具有直接杀菌活性。

植物组织能够代谢或分解病原菌产生的毒素，将毒素转化为无毒害作用的物质。植物的解毒作用是一种主动保卫反应，能够降低病原菌的毒性，抑制病原菌在植物组织中的定殖和症状表达，因而被认为是重要的抗病机制之一。

镰刀菌酸是镰孢属菌物产生的非选择性毒素，现已知番茄组织能将它转化和降解。维多利亚毒素(victorin)是燕麦维多利亚叶枯病菌产生的寄主选择性毒素。燕麦抗病品种和感病品种钝化该毒素的能力明显不同。毒素处理 24 h 后，抗病品种胚芽鞘中毒素含量仅为感病品种的 1/30。

3.2.3.3 寄主植物的避病和耐病机制

避病和耐病构成了植物保卫系统的最初和最终两道防线，即抗接触和抗损害。这种广义的抗病性与抗侵入、抗扩展有着不同的遗传和生理基础。

植物因不能接触病原物或接触的机会减少而不发病或发病减少的现象称为避病。植物可能因时间错开或空间隔离而躲避或减少了与病原物的接触，前者称为“时间避病”，后者称为“空间避病”。避病现象受到植物本身、病原物和环境条件三方面许多因素以及相互配合的影响。植物易受侵染的生育阶段与病原物有效接种体大量散布时期是否相遇是决定发病程度的重要因素之一。两者错开或全然不相遇就能收到避病的效果。

对于只能在幼芽和幼苗期侵入的病害，种子发芽势强，幼芽生长和幼苗组织硬化较快，缩短了病原菌的侵入适期。小麦种子发芽快、幼芽出土快的品种可减少秆黑粉病菌和普通腥黑穗菌侵入的机会，发病较轻。有些病害越冬菌量很少，在春季流行时，需要有一个菌量积累过程，只有菌量达到一定程度后才会严重发病造成减产。对于这类病害，早熟品种有避病作用。小麦赤霉病穗腐的易感阶段为抽穗期至开花期，开花期是病菌侵染盛期，有些品种开花较早而集中，花期较短，发病就轻。

植物的形态和机能特点可能成为重要的空间避病因素。小麦叶片上举，叶片与茎秆间夹角小的品种比叶片近于平伸的品种叶面着落的病原菌物孢子少，又不易结露。水稻稻瘟病和白叶枯病轻，小麦的条锈病和叶锈病也较轻。矮秆的水稻和小麦品种，纹枯病菌较易由基部茎叶上行蔓延到顶部，往往严重发病。马铃薯株形直立的品种比匍匐型品种晚疫病较重。大麦、小麦散黑穗病菌由花器侵入，因而闭颖授粉的品种发病较少。某些雄性不育的小麦和水稻品种，开花时间长，从花器侵染的麦角病或稻粒黑粉病发生就重，这从反面证实了避病的作用。

耐病品种具有抗损害的特性，在病害严重程度与感病品种相同时，其产量和品质损失较轻。关于植物耐病的生理机制现在还所知不多。禾谷类作物耐锈病的原因主要可能是生理调节能力和补偿能力较强。小麦耐叶锈品种病叶上侵染点之间绿色组织光合速率增高，能够部分补偿病原物的消耗，而且其营养器官中贮藏物质的利用增强，输入籽粒中的氮、磷和碳水化合物减少不明显。另外，还发现植物对根病的耐病性可能是由于发根能力强，被病菌侵染后能迅速生出新根。麦类耐锈病的能力也可能是因为发病后根系的吸水能力增强，能够补充叶部病斑水分蒸腾的消耗。

3.2.3.4 寄主植物的诱发抗病性及其机制

诱发抗病性（诱导抗病性）是植物用生物预先接种后或受到化学因子、物理因子处理后所产生的抗病性，也称为获得抗病性（acquired resistance）。显然，诱发抗病性是一种针对病原物再侵染的抗病性。

在植物病毒学的研究中，人们早已发现病毒近缘株系间有交叉保护作用。当植物寄主接种弱毒株系后，再接种同一种病毒的强毒株系，则寄主抵抗强毒株系，症状减轻，病毒复制受到抑制。在类似的实验中，人们把第一次接种称为诱发接种(inducing inoculation)，把第二次接种称为挑战接种(challenge inoculation)。后来证实这种诱发抗病性现象是普遍存在的。不仅同一病原物的不同株系和小种交互接种能诱发植物产生抗病性，而且接种不同种类、不同类群的微生物也能使植物产生诱发抗病性。不仅如此，热力、超声波或药物处理致死的微生物、从微生物和植物中提取的物质(葡聚糖、糖蛋白、脂多糖、脱乙酰几丁质等)，甚至机械损伤等，在一定条件下均能诱发抗病性。诱发抗病性有两种类型，即局部诱发抗病性和系统诱发抗病性。局部诱发抗病性(local induced resistance)只表现在诱发接种部位。系统诱发抗病性(systemic induced resistance)或系统获得抗病性(systemic acquired resistance，SAR)能在接种植株未做诱发接种的部位和器官表达。

关于诱发抗病性的作用机制，已提出了不少假说。早期人们多用诱发接种物的占位效应来解释诱发抗病性。例如，燕麦叶片接种小麦锈菌后，其附着胞占据了叶片上的气孔，使挑战接种的燕麦冠锈菌不能侵入致病。后来又发现诱发接种诱导了植物保卫素的合成和在接种部位的积累，这可能是局部诱发抗病性的主要机制。但是，也有少数例证说明不能完全排除系统产生抗菌物质的可能性。有人用经热处理的细菌体或用脂多糖处理烟草植株后，在被保护部位的细胞间液和叶片提取物中发现了10种类萜化合物，具有抑制细菌的活性。此外，病程相关蛋白、免疫信息物质、植物激素、木质化作用等都曾用于解释诱发抗病性。

利用植物诱发抗病性来控制病害是一个很有希望的研究方向。近年来，人们发现和合成了许多能够诱发系统获得抗病性的化学物质。这类化合物不具有体外抗菌活性，在植物体内也不能转化为抗菌物质，但能激活植物的防卫反应，获得免疫效果。其中著名的有水杨酸、2,6－二氯异烟酸(INA)、苯并噻二唑(BTH)等。INA和BTH是广谱植物免疫剂，能激发多种植物的抗病性，已用于防治由菌物、细菌、病毒引起的病害。

3.2.4 寄主植物与病原物的互作机制

寄主植物与病原物的相互作用(简称互作)是指病原物从接触植物到植物表现感病或抗病整个过程中双方互动或相互影响、相互制约的现象。根据互作的性质分为亲和性互作(compatible interaction)与非亲和性互作(incompatible interaction)两种类型。亲和性互作是指病原物能成功侵染植物、引起植物发病过程中表现出的一类特性，非亲和性互作则是病原物侵染失败而植物表现抗病的特征。植物与病原物互作可发生在群体、组织、细胞和分子不同层次的水平上，涉及植物与病原物之间的识别、信号传导及植物防卫反应的激活等事件。植物与病原物互作的特征受植物和病原物基因型的调控。

3.2.4.1 植物与病原物互作的相关基因

寄主植物—病原物基因对基因学说(gene-for-gene theory)，是由弗洛尔(Flor,

1946)在研究亚麻抗病性和亚麻锈菌致病性遗传学的基础上提出的，用以阐明寄主植物与病原物互作的遗传关系。该学说认为：对应于寄主植物具有抗病基因(*R*)或感病基因(*r*)，病原物方面也存在与之匹配的无毒基因(*avr*)或毒性基因(*Vir*)。二者基因的互作组合，决定抗病或感病反应。在寄主抗病/感病等位基因(*R/r*)和病原物无毒/毒性基因(*avr/Vir*)相互作用中，寄主*R*基因和病原物*avr*基因都为显性。基因对基因学说不仅可用以改进品种抗病性与病原物致病性的鉴定方法，预测病原物新小种的出现，而且对于抗病性机制和植物与病原物共同进化理论的研究也有指导作用。目前已提出或证实在水稻稻瘟病、小麦锈病、小麦白粉病、马铃薯晚疫病、苹果黑星病、番茄病毒病、马铃薯金线虫病、向日葵列当等40多个寄主—病原物系统中存在基因对基因关系。

(1)植物抗病基因

目前已从不同植物克隆得到40多个针对不同类型病原物的*R*基因，根据这些*R*基因编码的蛋白质产物的保守结构域，可把*R*基因分为5类：① 编码富含亮氨酸重复单元(leucine rich repeat，LRR)，其作用主要参与蛋白质与蛋白质互作，包括特异识别病原物激发子及与R蛋白分子内其他结构域进行分子内互作。② 编码核苷酸结合位点(nucleotide-binding site，NBS)，具有核苷酸结合活性，主要作用是参与抗病信号传导。③ 编码果蝇Toll蛋白和哺乳动物白细胞介素I受体同源域(Toll/interleukin-I receptor homology region，TIR)，主要作用是参与抗病信号传导。④ 编码蛋白激酶域(protein kinase，PK)和卷曲螺旋域(coiled coil，CC)，参与细胞内信号传导。⑤ 编码核定位信号(nuclear localization signal，NLS)，主要作用是使蛋白定位于细胞核内。

(2)病原菌无毒基因

病原菌的*avr*基因是指与寄主*R*基因相互作用，其产物是与寄主*R*基因产物互补的基因。*avr*基因是决定对寄主植物特异性不亲和的基因。与植物*R*基因相比，病原菌*avr*基因已得到一些克隆与研究，目前已从菌物、细菌、病毒和卵菌中克隆到*avr*基因。在细菌中，已有60多个*avr*基因被克隆到；在病毒中，已在TMV、PVX、PVY、TvMV和ToMV等10多种病毒中鉴定了*avr*基因；在菌物中，已从番茄叶霉菌(*Cladosporium fulvum*)、水稻稻瘟病菌(*Pyricularia grisea*)、亚麻锈菌(*Melampsora lini*)、大麦云纹病菌(*Rhynchosporium secalis*)、番茄枯萎病菌(*Fusarium oxysporium* f. sp. *lycopersici*)等病菌上克隆到*avr*基因，其中亚麻锈菌*avrL567*是从形成吸器的专性寄生真菌中克隆的第一个*avr*基因。卵菌中*avr*基因的克隆工作起步较晚，目前已克隆的*avr*基因包括大豆疫霉菌(*Phytophthora sojae*)的*avr*lb，致病疫霉(*P. infestanse*)的*avr*3a，拟南芥霜霉菌(*Peronospora parasitica*)的*ATR*1和*ATR*13。

目前所知，绝大多数病原物*avr*基因相互之间及与已知序列之间均无明显相似性，表明病原物中被植物识别位点的多样性及植物识别病原物的高效性。现已发现大多数病原物*avr*基因具有双重功能，即在抗病的寄主植物中，与植物*R*基因互作导致小种—品种专化性抗性产生；而在不含*R*基因的感病寄主植物中，起到促进病原物侵染或有利于病原物生长发育等毒性作用。现有研究证实，*avr*基因的产物具有致病性效应分子的作用，通常是植物先天免疫或者基本抗性的抑制因子。

3.2.4.2 寄主植物与病原物的识别

寄主与病原物的识别(recognition)是病原物与寄主接触时双方通过特定信号和分子交流与作用以确定能否建立营养关系的过程，包括病原物接近、接触和侵染3个阶段，能启动或引发寄主植物一系列的病理变化，并决定植物最终的抗病或感病反应类型。只有当病原物接受到有利于生长和发育的最初识别信号，病原菌方可突破或逃避寄主的防御体系，成功地进入寄主并从寄主中获取营养，被识别作为可亲和的对象，与寄主建立亲和性互作关系，导致病害的发生。如果最初识别信号导致植物产生强烈的防卫反应，如过敏性反应、植物保卫素的积累等，病原物的生长和发育即受到抑制，双方表现出非亲和性互作关系，导致抗病性的产生。寄主与病原物的识别作用可根据发生时间分为接触识别和接触后识别两种类型。

(1)接触识别

接触识别是寄主与病原物发生机械接触时引发的特异性反应。这种特异性反应依赖于两者表面结构的理化感应及表面组分化学分子的互补性。菌物孢子黏附于寄主植物表面是真菌建立侵染的第一步。孢子黏附需要寄主表面特定的理化信号和环境信号并分泌一些黏着物质，这些特定理化信号为表面硬度和疏水性等信号。比较典型的黏着物质为水不溶性糖蛋白，有的菌物孢子产生脂质和多糖。禾谷类白粉菌孢子释放的角质酶，不仅可将孢子黏附于寄主表面，而且使孢子与寄主表面接触区域更加亲水化，有利于孢子萌发形成的芽管在寄主表面的附着和发育。环境信号一般是指需要适宜的温度和潮湿的空气或露滴，以便使孢子顶端黏质水化，黏附于植物疏水表面。多数菌物孢子在合适条件下萌发形成芽管后，进而分化形成附着胞和侵入钉，这些结构对寄主表面接触刺激具有强烈的反应，如引起芽管生长方向改变，或诱导附着胞的形成。

寄主和病原物之间的接触识别属一般性识别，通常不涉及寄主品种与病原物小种之间的特异性分子直接互作。

(2)接触后识别

寄主和病原物之间发生机械接触后，病原物的侵入过程中也会引发一系列特异性反应。这种特异性反应的产生依赖于两者互补性相关基因产物的存在。植物对病原物的识别主要有以下两种机制。

①病原菌关联分子模式(pathogen associated molecular pattern，PAMP) 最早指诱发哺乳动物先天免疫反应的病原物表面衍生分子的结构元件。目前在各类与植物有关联的微生物中也普遍发现了这类分子模式，现称为微生物关联分子模式(microbe-associated molecular pattern，MAMP)。同时，寄主也拥有模式识别受体(pattern recognition receptor，PRR)，可与微生物表面衍生分子直接结合，从而识别拥有这些分子模式的非自我对象，通过丝裂原活化蛋白激酶(MAPK)信号途径，诱发植物产生基础抗性(basal defense)，阻止病原物的侵染。

一种病原菌关联分子模式被特异的植物识别蛋白识别后，不仅活化该识别互作下游防卫信号传导途径，而且同时增加了其他病原菌关联分子模式识别蛋白的积累，激活这些互作下游防卫信号传导途径。这表明植物在识别任何一种病原菌关联分子模式后启动的是非特异的防卫反应，也称非寄主抗性。这种非特异性的防卫反应，被认为是植物的先天免疫系统(innate immunity system)。

②病原菌效应分子识别　植物病原菌物、细菌和线虫在侵染植物过程中产生大量的致病性效应分子。许多效应分子为病原细菌的毒性因子，在感病寄主中有利于病原物的侵染。此外，许多效应分子能抑制植物通过 MAMP－PPR 途径激发的基础抗性(basal defense)，从而使植物表现为感病性。针对病原物通过形成效应分子抑制植物方面识别病原菌关联分子模式而激活基础防卫反应的策略，植物进一步形成抗病蛋白识别病原物的效应分子，进而激发基因对基因抗性，限制病原物的侵染。被植物抗病蛋白识别的病原物效应分子称为无毒蛋白。

3.2.4.3　植物抗病防卫反应的信号传导

植物抗病防卫信号传导可以由病原物侵染、物理因子、生物或非生物激发子等外源信号的刺激引发，导致对不同类别病原物的抗性。信号传导通常开始于细胞对外源信号的识别，在这一过程中，细胞膜接受的外源信号通过内源信号的介导，转换为细胞内的可传递信息，信息最终传递给信号传导调控因子，信号传导调控因子通常是转录调控因子，它们调控效应基因的表达，引导抗病性表型。一个信号传导过程组成一个信号通路或信号传导途径(signal transduction pathway)，不同信号通路的交叉识别是生物细胞协调、平衡生长发育的重要手段，也是植物协调防卫反应与生长发育的重要手段。

(1) 信号传导的主要环节

信号传导可分为 3 个主要环节。第一，植物通过细胞外 LRR 或 TIR 功能域识别外源信号、决定抗病特异性。LRR 结构域在蛋白质—蛋白质互作、肽—配体结合以及蛋白质—碳水化合物互作中起作用。如水稻 *Xa*21 和亚麻 *L2* 的产物，都由 LRR 决定抗病性的特异性。第二，通过 NBS 功能域内的蛋白质磷酸化作用传导外源信号。NBS 结构域的主要功能是发生蛋白质磷酸化；ATP 或 GTP 的结合可以活化蛋白质激酶或 G 蛋白；它们活化后经 cAMP 等因子介导，参与生物中许多不同的过程。在植物抗病性中，NBS 结构域在防卫反应、过敏反应等信号通路的启动中发挥重要作用。如番茄 *R* 基因 *Pto* 编码的蛋白质是一个激酶，介导对丁香假单胞菌的抗性。第三，通过细胞内 LRR 等功能结构域传递磷酸化信号。蛋白质激酶磷酸化的发生及磷酸化信号向下游传递，可能需要其他因子的协助。磷酸化信号传导过程最终与防卫反应相偶联，导致植物抗病性。

(2) 基本信号通路

植物激素水杨酸(salicylic acid，SA)、乙烯(ethylene)、茉莉酸(jasmonic acid，JA)介导的抗病性，在不同植物中可以被不同外源信号诱发、抵抗不同类别的病原物，被称为植物抗病防卫基本信号通路。由激素介导的主动防卫机制潜伏于不同植物中，在一定条件下，都可以被诱导激活，三种激素信号传导过程各具特点。① 水杨酸通过抑制过氧化酶或抗坏血酸氧化酶的活性，使 H_2O_2或其他活性氧积累，导致活性氧爆发；但水杨酸如何引导抗病性信号传导还不清楚。水杨酸信号传导在下游分支中，某些含锚蛋白质重复序列的蛋白质或蛋白激酶都可以激活防卫反应基因的表达，导致抗病性。② 植物受某些外源信号，包括乙烯或其前体刺激后，合成、积累乙烯，乙烯与其受体的结合引发信号传导。乙烯信号传导影响植物生长发育、抗病、抗逆等过程。③ 茉莉酸被受体 JAR1 识别，调节转录调控因子 COI1 的功能，COI1 激活泛素连接酶 SCFCOI1 介导的 26S 蛋白酶体对转录因子 SOC1 的水解，调控效应基因表达。结果是影响植物生长与植物衰老等过程，调节植物抗病性。

总之，植物抗病防卫反应的信号传导是十分复杂的过程。植物抗病性的发生、发展依赖不同信号通路，过敏性通路、抗病防卫基本信号通路可能彼此独立，或同时被启动，或在上游的某环节交叉。植物抗病防卫不同信号通路从上游到下游，都有交叉，形成复杂的信号网络，在不同通路之间相互借用，使植物能够快速有效地调动防卫反应。

互动学习

1. 病原物有哪两个重要属性？它们是怎样一种关系？
2. 简述菌物专化型和生理小种概念。
3. 什么是寄主选择性毒素？有哪些特性？
4. 病原物的致病机制有哪些？
5. 植物抗病性有不同的分类办法，你认为哪种办法最能反映抗病性的本质？
6. 举例说明植物被病原物侵染后所发生的主要生理变化。
7. 试比较植物被动抗病性因素与主动抗病性因素的异同。
8. 为什么说植物保卫素是重要的主动抗病性因素？
9. 以小麦锈病或稻瘟病为例，列举在病程各阶段发挥作用的被动和主动抗病性因素。
10. 试说明诱发抗病性的特点和可能的机制。
11. 何谓寄主植物与病原物的互作？研究它的意义是什么？

名词解释

病程相关蛋白（pathogenesis-related protein，PR 蛋白）：是植物受病原物侵染或不同因子的刺激后产生的一类水溶性蛋白。

病原物致病性分化（pathogenic differentiation）：指同种病原物中不同菌株对寄主植物中不同的属、种或品种的致病性存在差异的现象。

毒力（virulence）：也称毒性。是指病菌的致病性强弱程度，即致病性的强度，是量的概念。

毒素（toxin）：是植物病原物代谢中产生的，能在非常低的浓度范围内干扰植物正常生理活动、对植物有毒害的非酶类化合物。

毒性变异（variation in virulence）：指病原物菌系或株系的一定毒性基因与品种的一定抗病性基

因互作，结果导致其毒力(性)增强或变弱，也可由无毒力变为有毒力或由有毒力变为无毒力。

毒性基因(virulent genes)：是调控病害发生和发展的一类基因。

腐生物(saprophyte)：是指以死组织为营养来源的特性又称为腐生性或死体营养，只能营腐生生活的生物。

共生现象(symbiosis)：是指各种生物在自然界生存常常不是孤立的，而是生物之间构成一定的关系，两种不同的生物共同生活在一起的现象。

过敏性坏死反应(necrotic hypersensitive reaction，HR)：是植物对不亲和性病原物侵染表现高度敏感的现象，此时受侵细胞及其邻近细胞迅速坏死，病原物受到遏制、死亡，或被封锁在枯死组织中。

活体寄生物(obligate parasite)：指只能从活细胞或活组织中获取营养，也称为严格寄生物，也把这种获取营养的方式叫作活体营养。

活性氧迸发(reactive oxygen burst)：指植物在受病原物侵染早期，植物细胞内外迅速积累并大量释放活性氧(reactive oxygen species，ROS)的现象。

寄生性(parasitism)：是指一种生物与另一种生物生活在一起并从中获取赖以生存营养的习性，寄生性就是共生现象的一种。

寄主与病原物的识别(recognition)：是病原物与寄主接触时双方通过特定信号和分子交流与作用以确定能否建立营养关系的过程，包括病原物接近、接触和侵染 3 个阶段，能启动或引发寄主植物一系列的病理变化，并决定植物最终的抗病或感病反应类型。

寄主植物与病原物的相互作用(简称互作)(toxicity interaction)：是指病原物从接触植物到植物表现感病或抗病整个过程中双方互动或相互影响、相互制约的现象。

兼性寄生物：一些寄生物既可以从活组织也可以从垂死的乃至死亡的组织获得所需营养和水分。

侵袭力变异(variation in aggressiveness)：指病原物小种在孢子萌发率、侵染率、潜育期、产孢量和侵染期等方面的变异。

生理小种(physiological race)：指病原菌物的种、变种或专化型内存在的形态相似，但生理特性，特别是致病力有差异的生物型或生物型群，它是以品种为区分的依据。

无毒基因(avirulent genes)：是病原物中决定对带有相应抗病基因的寄主植物特异地不亲和无毒性的基因，病原物的无毒基因与寄主植物中相对应的抗病基因互作。

异核现象(heterokaryosis)：又称异核作用。指在病原菌物的一个细胞或孢子中有两个以上遗传性质不同的核的现象。

诱发抗病性(诱导抗病性)(inducing resistance)：是植物经各种生物预先接种后或受到化学因子、物理因子处理后所产生的抗病性，也称为获得抗病性(acquired resistance)。

植物保卫素(phytoalexin，PA)：是植物受到病原物侵染后或受到多种非生物因子激发后所产生或积累的一类低分子量抗菌性次生代谢产物。

植物的抗病性(plant disease resistance)：是指植物避免、中止或阻滞病原物侵入与扩展，减轻发病和损失程度的一类可遗传的特性。

致病基因(pathogenic genes)：是病原物中决定对植物致病性的有关基因，是使特定微生物成为病原物的基因，在病原物侵染植物过程中，参与了植物病害形成的关键步骤。

致病谱的改变(the change of pathogenic spectrum)：是指病原物寄主植物种类的增加或减少。

致病性(pathogenicity)：是指病原物所具有的破坏寄主和引起病变的能力。

第 4 章 植物侵染性病害的发生与流行

本章导读

主要内容

侵染过程

病害循环

植物病害的流行

植物病害的预测

互动学习

名词解释

侵染性病害种类繁多，发生原因复杂，但是，无论哪种病害都有一个发病过程，也都有一个由个体到群体、由点到面的传染过程。本章主要介绍侵染性病害发生的共性特点，包括病害的侵染过程、病害循环、植物病害的流行以及植物病害的预测，这些内容又都服务于将来的植物病害防治。

4.1 侵染过程

病原物的侵染过程(infection process)，是指病原物与寄主植物的可侵染部位接触，经侵入，在植物体内定殖、扩展，进而发生致病作用，显示病害症状的过程，即植物个体遭受病原物侵染后的发病过程。病原物种类繁多，植物病害的种类也很多，各有其侵染特点，但基本过程是相似的，病原物的侵染是一个连续的过程。为了便于分析，侵染过程一般分为接触期、侵入期、潜育期和发病期 4 个时期，各个时期之间并无绝对的界限。病原物的侵染过程受病原物、寄主植物和环境因素的影响，环境因素又包括物理、化学和生物等因素。下面主要以具有代表性的病原物为例，说明侵染过程的各个阶段。

4.1.1 接触期

接触是指病原物在侵入寄主之前与寄主植物的可侵染部位的初次直接接触。接触期(contact period)是指从病原物与寄主接触，或到达受到寄主外渗物质影响的根围或叶围后，开始向侵入的部位生长或运动，并形成某种侵入结构的一段时间。侵入前病原物处于寄主体外的复杂环境中，受到物理的、生化和生物因素的影响。它们必须克服各种对其不利的因素才能进一步侵染，处于比较脆弱的阶段，这个时期决定着它们能否成功侵入寄主，是防治植物病害的有利阶段。

大多数病原物是被动地由风、水和昆虫携带，除了有些由介体传播的病原物传到寄主植物效率很高以外，其他多数病原物是随机落到物体上，且绝大多数降落在不能被侵染的物体上，极少部分能够降落在感病寄主植物上。病原物在接触期间与寄主植物的相互关系，直接影响以后的侵染。病原物的类型和形态决定侵入前期的长短。如柔膜菌、难养细菌、原生动物和大多数病毒，这类病原物经由其介体直接置入植物细胞，多数情况下，它们立即被细胞质、原生质膜和细胞壁所包围；而几乎所有菌物、细菌和寄生性高等植物一般首先与植物器官外表皮接触，然后附着在寄主表面，目前并不清楚病原物如何精确地黏附到植物表面，什么物质触发了繁殖体的萌发，有关这方面的了解还很少。接触时间短的仅有几个小时，长的可达数月，病原物的营养体阶段几乎都能在适宜条件下侵染寄主，而繁殖体和休眠体需要一段时间才能萌发。这方面的研究无论在理论上还是在生产上都极为重要。

病原物在侵入前的活动又可细分为与寄主植物接触以前和接触以后两个阶段。

(1)接触前

接触前期，有关土壤中病原物的研究较多。许多土壤中的病原物并未与植物的可侵染部位直接接触，往往由于根部分泌物的影响，刺激或诱发土壤中的病原菌物、细菌、线虫等或其休眠体的萌发，产生侵染结构并进一步侵入。一般来说，从寄主植物中扩散出来的营养物质(糖和氨基酸)越多，病原物萌发率越高，萌发越快，而且有些接种体只有在植物分泌物存在的前提下才能萌发。植物种子萌发时的分泌物和根的分泌物都有刺激某些土壤菌物孢子萌发的作用，例如菜豆腐皮镰孢菌(*Fusarium solani* f. sp. *phaseoli*)厚垣孢子的萌发均集中在发芽种子的初生根或侧根的根尖附近，这与种子和幼根所分泌的糖和氨基酸有关。还有些病原物的休眠体只能在寄主植物根的分泌物刺激下萌发。例如，危害葱的白腐小核菌(*Sclerotium cepivorum*)的菌核只能在洋葱和大蒜的根围萌发，而在同科的其他属植物的根围就不能萌发。根的生长所产生的分泌物能促使植物寄生线虫的胞囊或卵孵化，并吸引线虫在根部积聚，从而侵染寄主植物。但某些非寄主的根部分泌物也能吸引线虫，因此，人们播种一些非寄主植物，其根的分泌物促使线虫的胞囊或卵孵化，而孵化后形成的线虫由于得不到适当的寄主而死亡，这类植物称作引诱植物。

病原物在与寄主接触以前，除受到寄主植物分泌物的影响以外，还受到根围土壤中其他微生物的影响。如有些腐生的根围微生物能产生抗菌物质，可以抑制或杀死病原物。将具有颉颃作用的微生物施入土壤，或创造有利于这些微生物生长的条件，往往可以防治一些土壤传播的病害。例如，在土中施入放线菌菌株 G－4 和 5406 菌肥，能有效地减轻棉花土传病害。土壤中还有些腐生菌或不致病的病原物变异菌株，当它们抢先占领了病原物的侵入位点，病原物就不能在该侵入部位立足和侵入，这是侵染位点的竞争。将这种微生物混在肥料中施用，同样可以达到防治病害的目的。

(2)接触后

病原物与寄主接触后，在植物表面或根围常有一生长的阶段，包括菌物的休眠体萌发产生芽管或菌丝的生长、游动孢子的游动、细菌的分裂繁殖、线虫幼虫的蜕皮和生长等。这些生长活动有助于病原物到达它侵入的部位。在接触期间，病原物与寄主之间有一系列的识别(recognition)活动，其中包括物理学和生化识别等。

物理学识别包括寄主表皮的作用，水和电荷的作用。寄主表皮的作用主要是指寄主表皮毛、表皮结构等对病原物的物理刺激作用，称作趋触性(contact tropism)。例如，单子叶植物上锈菌的芽管受到叶脉结构的刺激沿叶脉生长。目前研究的比较清楚的是水对寄主和病原物相互识别的作用，表现为菌物的芽管和菌丝向植物气孔分泌的水滴或有水的方向运动，这就是趋水性。例如，当植物表面有一层水膜时，侵染唐菖蒲的灰葡萄孢(*Botrytis cinerea*)通过角质层直接侵入；当叶面的水膜干燥而气孔分泌水时，芽管生长就趋向气孔并从气孔侵入，这充分证明了病原物的趋水性。菜豆单胞锈菌(*Uromyces phaesoli*)和菜豆刺盘孢菌(*Colletotrichum lindemuthianum*)的侵染与气孔分泌水也有很大关系。某些疫霉菌的游动孢子对植物根围的0.3～0.6 μA 的电流强度有趋电性等。

关于生化识别，虽然目前并不清楚是什么物质触发了孢子的萌发和寄主表面的感知，但在病原物与寄主接触后孢子的萌发除了与寄主表面接触的物理刺激有关以外，与寄主表面水的分泌、寄主表面低分子量的离子物质以及可利用的营养物质等生化因子也有很大的关系。比如，菌物芽管会沿着寄主根部具有较高浓度糖类和氨基酸营养物质的方向生长。如引起棉花立枯病的立枯丝核菌(*Rhizoctonia solani*)在棉花根围的生长量与棉花根部分泌的营养物质的多少直接相关。有些从伤口侵入的病原物，需要在侵入前先在伤口吸收死亡细胞的营养物质，生长后再侵入。病原物的趋化性对于寄主植物的特异性识别起着重要的作用。例如，天门冬氨酸只对梨火疫欧文菌具有吸引力，该细菌的受体位点具有高度专化的物质3,4－二羧酸，与天门冬氨酸发生特异性反应。此外，由植物伤口释放的异黄酮、酚类物质、氨基酸和糖类能够有选择性的激活某些病原物的一系列基因从而导致侵染的发生。但有时植物组织分泌的某些物质也可能抑制孢子的萌发，而且有些孢子本身分泌的物质，特别是在侵染液滴中孢子浓度很高时，也能抑制孢子自身的萌发。

(3)环境条件对接触期的影响

在接触期，病原物受环境条件的影响较大，其中以湿度、温度的影响最大。

几乎所有的病原物在其营养阶段都能够立即引起侵染，但菌物孢子和寄生性高等植物的种子首先必须萌发。为了萌发，孢子需要适宜的温度以及湿度条件，如雨水、露水、植物表面的水膜，或至少有较高的相对湿度。湿度条件必须要持续足够长的时间使病原物侵入。许多菌物孢子在水滴中萌发最好。如引起小麦条锈病的条形柄锈菌(*Puccinia striiformis*)的夏孢子，在水滴中萌发率很高，而在饱和湿度中萌发率不过10%左右，当湿度降到99%时，孢子萌发率仅有1%左右。稻梨孢菌(*Pyricularia oryzae*)的分生孢子，在饱和湿度的空气中，萌发率不到1%，而在有水滴时达到86%。各种菌物孢子萌发所需要的最低湿度不同。有试验研究表明，苹果黑星菌(*Venturia inaequalis*)的分生孢子和子囊孢子萌发所需要的相对湿度为98.7%，大麦坚黑粉菌(*Ustilago hordei*)为95%，青霉菌属(*Penicillium*)为84%，黑曲霉(*Aspergillus niger*)为70%。一般来说，对于绝大部分气流传播的菌物，湿度越高对侵入越有利。然而白粉菌的分生孢子可以在湿度较低的条件下萌发，有的白粉菌在水滴中萌发反而不好。白粉菌细胞液的渗透压很高，可从干燥的空气中吸收水分或孢子呼吸作用所产生的水分即可供应萌发的需要。对于土壤传染的菌物或者孢子在土壤中的萌发，除根肿菌、壶菌、丝壶菌、卵菌以外，土壤湿度过高对于孢子的萌发和侵入是不利的。湿度过高不仅影响病原物的正常呼吸作用，而且还可以促使对病原物有颉颃作用的腐生生物的生长。在湿度极高的土壤中，小麦网腥黑粉菌(*Tilletia caries*)冬孢子的萌发反而受到抑制。

在接触期温度对病原物的影响也很大，它主要影响病原物的萌发和侵入速度。菌物孢子的萌发都在一定的温度范围，最适温度一般在20~25 ℃。不同菌物对温度的要求存在差异，霜霉目菌物孢子囊萌发、担子菌中锈菌和黑粉菌孢子萌发需要较低的温度，子囊孢子和分生孢子萌发最适温度则要高一些。在适宜温度下，不仅孢子萌发率增加，萌发所需要的时间也较短。例如，葡萄单轴霉(*Plasmopara viticola*)的孢子囊在20~24 ℃萌发所需要的时间为1 h，在28 ℃条件下需6 h以上，在4 ℃条件下则需要12 h。此外，温度还影响孢子萌发的方式，致病疫霉(*Phytophtora infestans*)的孢子囊在28 ℃以上萌发就不再形成游动孢子。温度也可影响植物分泌营养物质的量，从而影响病原菌的侵染。例如，草莓在低温下所分泌的氨基酸量大，而这些氨基酸对病原菌生长起着重要作用，因此，在低温条件下草莓丝核菌(*Rhizoctonia fragriae*)引起的草莓立枯病比在高温时更加严重。

一般菌物孢子的萌发不受光照的影响，但光照对于某些菌物的萌发有刺激作用或抑制作用，如小麦矮腥黑穗病菌冬孢子必须在光照下才能萌发，而禾柄锈菌(*Puccinia graminis*)的夏孢子在无光照条件下萌发较好。

4.1.2 侵入期

通常，将从病原物侵入寄主到建立寄主关系的这段时间称为病原物的侵入期(penetration period)。植物的病原生物几乎都是内寄生的，只有极少数是真正外寄生的。引起植物煤污病的小煤炱科的菌物是以附着枝附着在植物叶或果实的表面而生活，主要是以植物或者昆虫的分泌物为营养物质，有时也稍微进入到角质层，但并不形成典型的吸器。这类菌物就是典型的外寄生。

4.1.2.1 病原物的侵入途径和方式

各种病原物的侵入途径不同，主要包括直接侵入、自然孔口侵入和伤口侵入3种(图4-1)。有些菌物只能通过其中1种途径侵入组织，另一些则以1种以上的方式侵入。

(1) 直接侵入

直接侵入是指病原物直接穿透寄主的保护组织(角质层、蜡质层、表皮及表皮细

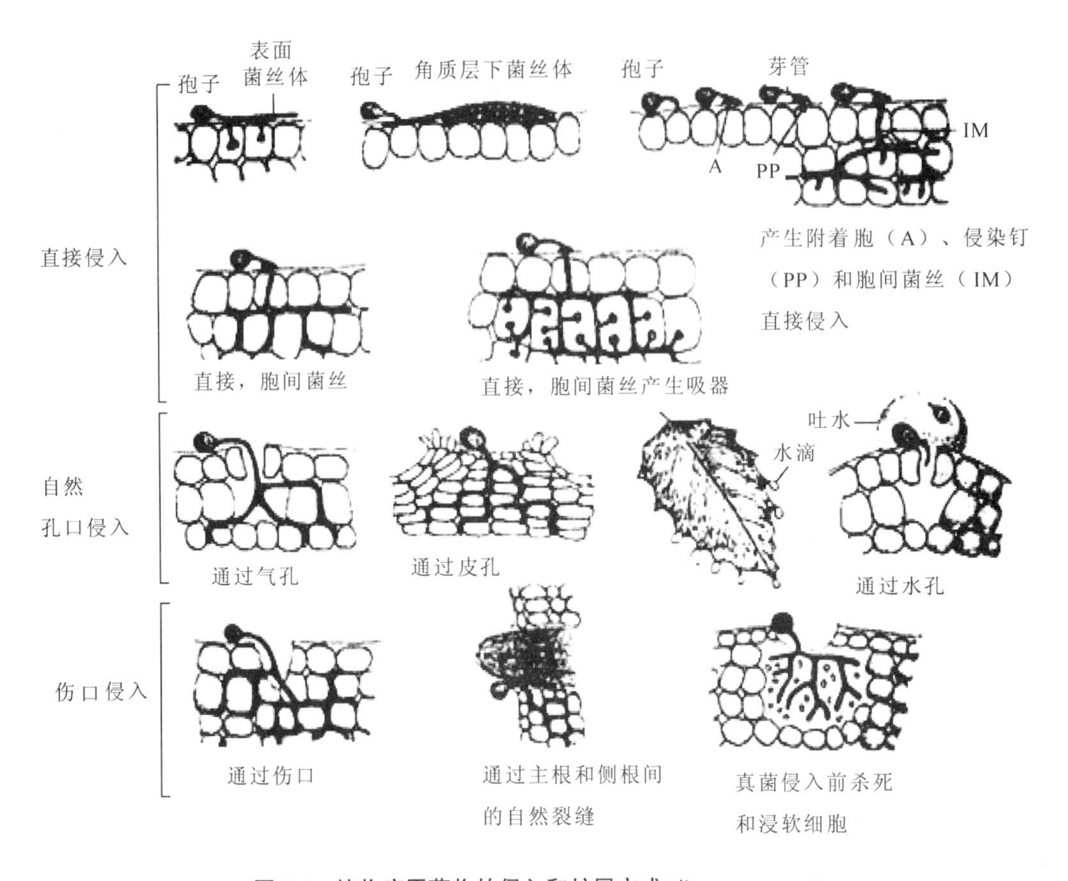

图 4-1 植物病原菌物的侵入和扩展方式(仿 Agrios, 1995)

胞)和细胞壁而侵入寄主植物。直接侵入是线虫和某些菌物比较常见的侵入方式，是寄生性高等植物唯一的侵入方式。

菌物直接侵入的典型过程是：落在植物表面的菌物孢子在适宜的条件下萌发产生芽管，芽管的顶端可以膨大而形成附着胞(appressorium)，附着胞分泌的黏液将芽管固定在植物表面，然后从附着胞与植物接触的位点产生较细的侵染丝(penetration peg)，以侵染丝穿过植物的角质层。穿过角质层后，不同的病原物以不同的方式扩展，有的立即穿过细胞壁进入细胞，有的穿过角质层后在角质层下扩展，也有的穿过角质层后先在细胞间扩展，然后再穿过细胞壁进入细胞内。在穿过角质层和细胞壁以后，为了侵入寄主而产生的变态结构(侵染丝)就变粗恢复成原来的菌丝状。在菌物中，对白粉菌属(*Erysiphe*)、炭疽菌属(*Colletotrichum*)和黑星菌属(*Venturia*)等在这方面的研究较多。大部分菌物都穿过植物表皮和细胞壁，但有些菌物(如苹果黑星病菌)只侵入表皮，在表皮和细胞壁之间扩展。

菌物直接侵入的机制包括机械压力和化学物质两方面的作用。首先是附着胞和侵染丝的机械压力。例如，麦类白粉病菌分生孢子形成的侵染丝的压力可达 7 个大气压，能穿透寄主的角质层。其次，侵染丝分泌的毒素使寄主细胞失去保卫功能，侵染丝分泌的酶类对寄主的角质层和细胞壁具有分解作用。研究过程中，通过电镜观察发现菌物侵染丝下的角质层形成凹陷，角质层并未因单纯机械作用而碎裂，因此，侵染丝穿过角质层应该是机械和化学(酶的软化)两方面的作用，并且，目前已经证明酶的活动局限在侵染丝的侵入点附近，而且侵染丝穿过细胞壁主要是酶的活动，与机械作用无关。

寄生性高等植物在胚根与寄主植物接触点也形成附着胞和侵染丝，侵染丝在与寄主接触处形成吸根和吸盘，并直接进入寄主植物细胞间或细胞内吸收营养，完成侵入过程。线虫凭借其口针不断穿刺最终在细胞壁上产生一个小孔直接侵入，线虫将口针刺入细胞或整个虫体进入细胞。

(2)自然孔口侵入

植物的许多自然孔口如气孔、排水孔、皮孔、柱头、蜜腺等，都可能是病原物侵入的途径。许多菌物和细菌都是从自然孔口侵入的(图4-2)，尤其是以气孔最为重要。叶片表皮气孔较多，下表皮气孔数量最多，白天开张，晚上或多或少关闭。菌物孢子一般在植物表面萌发，芽管随后侵入气孔。芽管通常先形成附着胞紧密附着于气孔，随后附着胞下产生一个纤细的菌丝侵入气孔，菌丝在气孔下室变粗，并产生一到多个菌丝分枝直接侵入或通过吸器侵入寄主植物的细胞。有些菌物能够侵入关闭的气孔，有些只能侵入开张的气孔。

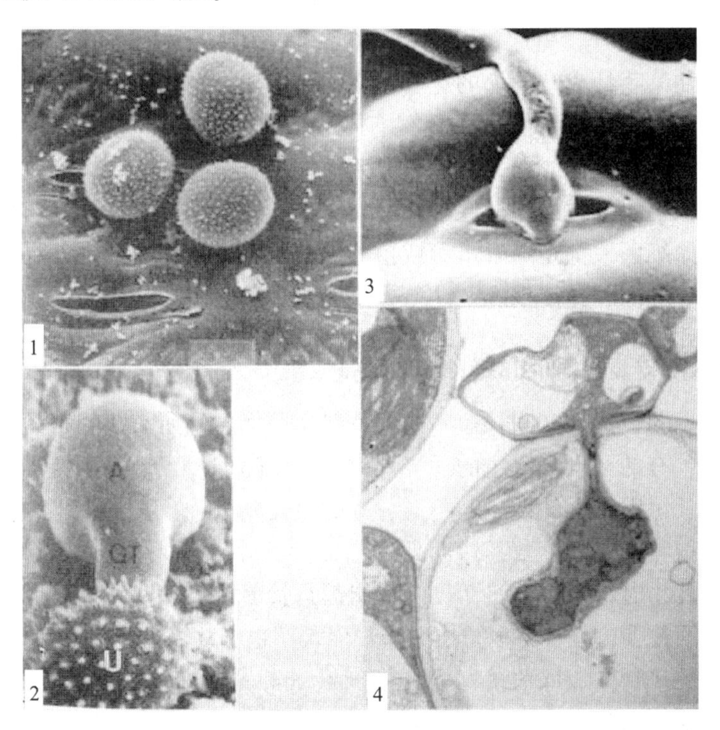

图4-2　锈菌萌发和侵入过程

(1引自佛罗里达大学，植物病理系；2、3引自W. K. Wynn；4引自C. W. Mims，佐治亚大学)

1. 杂草叶片张开的气孔周围的锈菌夏孢子　2. 一个锈菌夏孢子萌发并产生圆丘形的附着胞
3. 夏孢子萌发，芽管伸长，附着胞从气孔侵入　4. 锈菌在寄主细胞内形成吸器

(3)伤口侵入

植物表面的各种伤口，都可能是病原物侵入的途径。除去外因造成的机械损伤外，植物自身在生长过程中造成的自然伤口，如叶片脱落后的叶痕和侧根穿过皮层时所形成的伤口，都可能成为病原物侵入的途径。所有的植物病原原核生物、大多数的菌物、一些病毒和所有的类病毒能够通过伤口侵入寄主植物。植物病毒的伤口侵入情况比较特殊，它需要以未造成寄主细胞死亡的极轻微的伤口作为侵入细胞的途径。有些病毒和所有的柔膜菌、难养细菌以及原生动物通过其介体造成的伤口进入植物。其他病原物如菌物和细菌的伤口侵入则有不同的情况，有的只是以伤口作为侵入的途径，或是一部分病原物除以伤口作为侵入途径外，还利用伤口的营养物质，以增强它的侵染能力。还有一种关系更为密切的情况，即病原物先在伤口附近的死亡组织中生活，然后再进一步侵入健全的组织，这类病原物有时也称作伤口寄生物，属于寄生性较弱的寄生物。还有些病原物先侵入死组织和垂死组织，并在其中生活和繁殖一段时间后，再进一步侵入健全的组织。例如，引起小麦赤霉病的玉蜀黍赤霉菌(*Gibberella zeae*)的侵入途径，是从开花后残留在小穗上的花药和花丝开始的，病菌子囊孢子先在花药和花丝上以腐生的方式生活，然后侵入小穗危害。又如危害多种作物茎秆的菜豆壳球孢菌(*Macrophomina phaseoli*)，往往先在叶片的枯死或垂死部分侵入和生活，然后顺着叶柄侵入茎秆。引起油菜菌核病的核盘菌(*Sclerotinia sclerotiorum*)往往先在脱落和黏附在油菜茎秆或叶片上的花瓣上生活，然后进一步侵入叶片和茎秆。

各种病原物的侵入机制有所不同，有主动和被动之分，主动侵入相当于直接侵入，如菌物以孢子萌发形成的芽管或者以菌丝、根状菌索侵入，属于主动侵染。线虫和寄生性种子植物侵入时的主动性更加明显。被动侵入相当于自然孔口侵入或伤口侵入，如植物病原细菌大都是随着水滴或植物表面的水膜从伤口或自然孔口侵入，植物病毒通过接触、摩擦和介体侵入，这些方式都是被动的。

4.1.2.2 侵入所需要的时间和接种体的数量

病原种类不同，侵入时间长短不同，一般病原物侵入所需时间很短。大多植物病毒和病原细菌，有的一旦与寄主的适当部位接触就随即侵入。昆虫传染的病毒，侵入所需要时间的长短因病毒的性质而不同，短的只要几分钟，长的也不过几小时；病原菌物孢子落在植物的表面，要经过萌发和形成芽管才能侵入，所以需要一定的时间，但一般都不过几小时，很少超过24 h。如引起马铃薯晚疫病和小麦秆锈病的病原菌物的最短侵入时间也要2~3 h，时间长一些，侵入率也会高一些。

侵入所需的接种体最低数量称为侵染剂量(infection dosage)。病原物的侵入要有一定的数量，才能引起侵染和发病。侵染剂量因病原物的种类、寄主品种的抗病性和侵入部位而不同。许多侵染植物叶片的菌物，单个孢子就能引起侵染。例如，许多麦类作物的锈菌，将单个夏孢子接种叶片，就可能引起侵染和形成一个夏孢子堆。有些病原菌物，要有一定数量的孢子才能引起成功的侵染。例如，小麦赤霉病的病原菌物，要用分生孢子浓度不少于1×10^4个/mL的悬浮液接种麦穗才能引起发病。

植物病原细菌，有的用单个细菌接种就能侵入而引起发病，许多植物病原细菌要有一定菌量的侵入才能引起发病。因此在接种细菌时一般都规定悬浮液的浓度，如用针刺法接种水稻白叶枯病细菌，所用细菌悬浮液的浓度不能低于1×10^8个/mL。植物病毒的侵染也要有一定的侵染数量。不同病毒所需要的病毒粒体数量不同。烟草花叶病毒的接种要有$10^4\sim10^5$个粒体才能在心叶烟(*Nicotiana utinosa*)上产生一个局部病斑。有些动物病毒的侵染只需近10个粒体，单个细菌病毒(噬菌体)就能引起侵染。应该指出，如果接种体的生理活性高，侵染率必然也高，侵染剂量就低；如果接种体的生理活性低，侵染成功率自然也低。一般来说，病原物的侵入量越大，越容易突破寄主的防御，繁殖越快。

4.1.2.3 侵入与环境条件的关系

病原物的侵入和环境条件有关，其中以湿度和温度的关系最大。

湿度是病原物侵入的必要条件。在一定范围内，湿度的高低和持续时间决定孢子能否萌发和侵入，是影响病原物侵入的主要因素。绝大多数气传菌物，湿度越高，对侵入越有利，最好有水膜存在；细菌侵入需要有水滴和水膜存在；线虫的侵入也与湿度有关。病毒的侵入方式比较特殊，与湿度关系较小。

温度影响萌发和侵入的速度。大多数病原物接种体萌发的最适温度与侵入寄主的温度是一致的。各种病原物在其适宜的温度范围内，一般侵入快，侵入率高。不同的病原物侵入要求的适宜温度不同，如小麦条锈病侵入的最适温度范围是9~13 ℃，最高为22 ℃，最低为1.4 ℃，而小麦秆锈病菌的最适侵染温度是18~22 ℃，最高为31 ℃，最低为3 ℃。温度、湿度对一些病原菌物的影响往往具有综合作用，如小麦叶锈病的夏孢子萌发侵入的最适宜温度为15~20 ℃，在此适温下叶面只要保持6 h左右的水膜，病菌即侵入叶片；如果温度为12 ℃，叶面结水则需保持16 h才能侵入；低于10 ℃，即使叶面长期结水，也不能或极少侵入。

光照与侵入也有一定的关系。对于气孔侵入的病原菌物，光照可以决定气孔的开闭，因而影响侵入。由于禾本科植物的气孔在黑暗条件下是完全关闭的，禾柄锈菌的夏孢子虽然在黑暗的条件下萌发较好，但芽管不易侵入。因此锈菌接种时有一定光照对于侵入是有利的。

分析侵入条件时，必须注意各方面的因素，尤其不能忽视环境条件对寄主植物的影响。例如，小麦网腥黑穗菌(*Tilletia caries*)是苗期侵入的，冬麦幼苗发育和适宜温度是12~16 ℃，春麦幼苗发育最适宜的温度是16~20 ℃。但是，小麦腥黑粉菌在苗期侵染最适宜的温度是10 ℃，由于小麦只在真叶从叶鞘伸出以前才能受到感染，低温的作用除有利孢子萌发以外，主要还是抑制麦苗的生长而延长可能受到感染的时期。因此，冬麦早播和春麦迟播(即在土温高的时期播种)可以减轻黑穗病的发生。

4.1.3 潜育期

从病原物与寄主建立寄生关系，到表现明显症状，这一时期就是病害的潜育期(incubation period)。潜育期是病原物在寄主体内繁殖和蔓延的时期，也是病原物和寄主相互进行斗争的时期。病原物与寄主建立了寄生关系后，能否进一步引起病害，主要取决于潜育期病原物与寄主相互斗争的结果。例如，小麦散黑穗菌(*Ustilago tritici*)是在开花期从花柱或子房壁侵入，菌丝体潜伏在种子的种胚内，当种子萌发时，菌丝即侵入生长点，以后随着植株的发育而形成全株性的感染。但研究表明，不是所有种胚中潜伏有小麦散黑穗菌的种子都能发展成为发病植株。比如用同一批小麦的种子，接种后分期取样检查生长点带菌的情况，发现麦苗生长点的带菌率低于种胚的带菌率，生长点的带菌率又随着植株的发育逐渐减低，最后发病率就远低于种子的带菌率。由此可见，小麦散黑穗菌虽然已经和寄主建立了寄生关系而潜伏在种胚内，能否引起进一步的侵染还取决于病原物和寄主在潜育期的相互关系。因此，改进栽培技术，控制潜育期中病原生物和寄主的相互关系，创造对植物生长有利的条件，对植物病害防治能起到十分重要的作用。还有一种病害的潜伏侵染现象，在病原物侵入寄主后暂不表现症状，先保持在潜育阶段，一直到植物生长后期，或有些器官成熟后，或者是环境条件适宜于发病时，症状才开始表现。如苹果轮纹病菌在花后10天即可侵入幼果，而发病则是在果实近成熟期才开始；大白菜软腐病菌在苗期进入根系，但不显示症状，直到收获入窖以后开始腐烂显症。

潜育期是植物病害侵染过程中的重要环节，病原生物在植物体内的繁殖和蔓延，消耗了植物的养分和水分，同时由于病原物分泌的酶、毒素和生长激素或其他物质的作用，破坏了植物的细胞和组织，促使它们增殖、膨大或坏死等，植物的新陈代谢发生了显著的改变，这就是大多数病原物的致病机理。但是病原物和寄主植物在潜育期中的相互关系，目前知之甚少，原因之一就是其变化过程都是在植物内部发生的，并不像侵入过程那样比较容易观察。

在病原物和寄主关系中，营养关系是最基本的。病原物必须从寄主获得必要的营养物质和水分，才能进一步繁殖和扩展。病原物从寄主植物获得营养物质，大致可以分为两种不同的方式。第一种方式是死体营养型(necrotrophic)，病原物先杀死寄主的细胞和组织，然后从死亡的细胞中吸收养分。属于这一类的病原物都是非专性寄生的，有时称作死体营养寄生物。它们产生酶或毒素的能力很强，所以对植物的直接破坏性很大。它们虽然可以寄生在植物上，但是获得营养物质的方式还是腐生的。第二种方式是活体营养型(biotrophic)，病原物与活细胞建立密切的营养关系，有时称作活体营养寄生物。它们从细胞组织中吸收营养物质而并不很快引起细胞的死亡，通常菌丝在寄主细胞间发育和蔓延，仅以吸器深入寄主的活细胞内吸收营养。属于这一类的病原物有锈菌、白粉菌、霜霉菌等专性寄生物和接近专性寄生物的黑粉菌、核果缩叶病菌等。

目前研究表明，无论是专性寄生物还是非专性寄生物，与营养物质的吸收有关的是寄主细胞渗透性的改变。植物受到感染以后，在潜育期寄主细胞的渗透性普遍增强，细胞间有较多的水分和营养物质，对于寄生物的营养显然是有利的。感病的小麦品种受到秆锈菌的感染以后，细胞的渗透性增大，但是抗病的品种受到秆锈菌的感染，渗透性非但不增大，有时反而降低。有人认为，秆锈菌在抗病的小麦品种上不能繁殖危害的原因，可能是细胞间无足够的可利用的营养物质。

植物病害潜育期的长短随病害类型、温度、寄主植物特性、病原物的致病性不同而不同，一般10天左右，但是也有相对较短或较长的。水稻白叶枯病的潜育期在最适宜的条件下不过3天，大麦、小麦散黑粉病的潜育期将近半年，而有些木本植物的病毒病或类菌原体病害的潜育期则更长。

病原物处于潜育阶段时，温度对潜育期的影响作用最大。小麦条锈病菌在16 ℃时潜育期是8～10天，冬季21天。稻瘟菌潜育期在9～11 ℃时为13～18天，在17～18 ℃时为8天，24～25 ℃时为5.5天，而在适宜温度范围26～28 ℃时只需4.5天。湿度对潜育期的影响并不像侵入期那样重要，因为病原物侵入以后，几乎不受空气湿度的影响。植物组织中湿度高有利于病原物在组织内蔓延和危害。潜育期的长短与病害流行有密切的关系。潜育期短，发病快，循环次数多，病害容易大发生。

4.1.4 发病期

发病期即从出现症状开始直到生长季节结束，或植物死亡为止的一段时期。植物受到侵染以后，经过一定的潜育期即表现症状而发病。发病期是病原物大量增殖、扩大危害的时期。随着症状的发展，菌物性的病害往往在受害部位产生孢子等子实体，称为产孢期。新产生的病原物繁殖体可成为再侵染的来源。孢子形成的迟早是不同的，有的在潜育期末便产生孢子，如锈菌和黑粉菌孢子几乎和症状是同时出现的。大多数的菌物是在发病后期或在死亡的组织上产生孢子，有性孢子的产生更迟一些，有时要经过休眠期才产生或成熟。在这段发病期寄主植物也表现出某种反应，如限制病斑发展、抑制病原物产生繁殖体、加强自身代谢补偿等。

孢子的形成与温度的关系很大，稻瘟病菌产生分生孢子最适的温度为25～30 ℃，小麦赤霉菌子囊壳形成最适宜的温度为20～24 ℃，在低于10 ℃即很少发生。湿度与孢子的形成也有一定的关系，较高的土温和潮湿的土壤有利于小麦赤霉菌子囊壳的形成和子囊孢子的成熟。许多病原菌物只有在湿度高的条件下才能在病组织上产生孢子。

4.2 病害循环

病害循环(disease cycle)是指病害从前一生长季节开始发病，到下一生长季节再度发病的过程，也称作侵染循环(infection cycle)。侵染性病害的延续发生，首先要有侵染来源，病原物必须经过一定的途径传播到寄主植物上，发病以后在病部产生子实体等繁殖体。有些病害有再侵染，有些病害没有再侵染。病原物还要以一定的方式越夏和越冬，度过寄主的休眠期，才能引起下一季发病。以苹果黑星病(*Venturia inaequalis*)和玉米丝黑穗病作为典型来说明病害循环的一般概念。黑星病主要危害苹果的叶片和果实，有时还能侵染花和枝条，病原菌物是以菌丝体和未成熟的子囊壳在枯死的落叶上越冬，次年春季成熟的子囊孢子随气流传播到寄主表面，孢子萌发以后侵入而引起初侵染。在一个生长季节，病部产生的分生孢子可以进行多次的再侵染而加速病害的扩展。玉米丝黑穗病冬孢子萌发后产生侵染丝侵入玉米的幼芽鞘，菌丝在生长点不断发育，玉米抽穗后才表现症状，散出黑粉(冬孢子)。它在一个生长季节只有初侵染，无再侵染，一年只发生一次。

研究病害循环是病害防治中的一个重要问题。因为植物病害的防治措施主要是根据病害循环的特征拟定的。例如，由于苹果黑星病最初侵染的来源是在落叶上产生的子囊孢子，所以就着重研究子囊孢子成熟和发生的条件，根据这些条件预测果园中子囊孢子大量发生的时间，而后确定使用药剂的时期。同时，在防治上除使用药剂保护苹果不受侵染外，还着重清除落叶或者用药剂直接处理落叶，消灭其中的病菌或抑制其中子囊和子囊孢子的发育。在生长季节，还要控制分生孢子的再侵染。

病害循环不同于病原物的生活史(life cycle)。生活史相同的病原物，它们所引起的病害循环可以完全不同。如各种黑粉菌的生活史基本是相似的，但是各种黑粉病的病害循环并不相同。例如，小麦散黑穗病菌以菌丝潜伏在种胚中越冬，所以病种是主要的初侵染来源；而小麦腥黑穗病菌可以以冬孢子附着在麦种表面越冬，或随菌瘿落入土中或肥料中越冬，故其初侵染来源还包括土壤或堆肥中的冬孢子。由于各种类型病原物的生活史有它们自己的特点，并且病原物的生活史是部分或大部分在寄主体内完成的，所以病原物的生活史和病害的病害循环之间就有一定的联系。例如，禾柄锈菌(*Puccinia graminis*)和梨胶锈菌(*Gymnosporangium haraeanum*)虽然都是转主寄生的，但是由于梨胶锈菌的生活史中无夏孢子阶段，所以梨锈病的病害循环和小麦秆锈病完全不同，它们的防治方法也不同。由此可见，病原物生活史的研究是研究病害循环的重要基础。一种植物病害侵染循环的分析，主要涉及三个问题：初侵染和再侵染；病原物的越夏和越冬；病原物的传播途径。

4.2.1 初侵染和再侵染

越冬或越夏的病原物，在植物的一个生长季节中最初引起的侵染，称为初次侵染或初侵染。受到初侵染的植物发病以后，有的可以产生孢子或其他繁殖体，传播后引起再侵染，称为再侵染。

根据病害循环和侵染过程的概念，将植物病害划分为多循环病害和单循环病害。单循环病害(monocyclic disease)是指在病害循环中只有初侵染没有再侵染，或虽有再侵染，但危害作用很小的病害。多循环病害(polycyclic disease)是指病原物在一个生长季节中能够连续繁殖多代，从而发生多次再侵染的病害。单循环病害多为土传、种传的系统性病害。系统性病害如黑粉病和棉花枯萎病等，潜育期一般都很长，从几个月到1年，所以除少数例外，只有初侵染而无再侵染。这些病害在植物的生长期间一般是不会传播蔓延的。此外，也有些病害的潜育期并不特别长，很可能由于寄主组织感病的时间很短而不能发生再侵染，如桃缩叶病(*Taphrina deformans*)就属于这种情况。有些病害虽然可以发生再侵染，但并不引起很大的危害，如禾生指梗霉(*Sclerospora graminicola*)引起的粟白发病，再侵染只在叶上形成局部斑点，并不引起全株性的侵染。多循环病害多是局部侵染病害，病害的潜育期短，病原物的增殖率高，寿命较短，对环境敏感，如果环境条件有利于病害的发生，潜育期缩短，就可以增加再侵染的次数，所以在生长季节可迅速发展而造成病害的流行。小麦锈病、稻瘟病、水稻白叶枯病、马铃薯晚疫病和各种白粉病等都属于多循环病害。

一种病害是否有再侵染，影响到这种病害的防治方法和防治效率。只有初侵染而无再侵染的病害，如小麦线虫病、麦类黑粉病和桃缩叶病等，只要防止初侵染，几乎就能得到完全控制。至于可以发生再侵染的病害，情形就比较复杂，除去注意初侵染以外，还要解决再侵染的问题，防治效率的差异也较大。

4.2.2 病原物的越冬和越夏

病原物的越冬和越夏，是指在寄主植物收获或休眠以后，病原物以何种方式和在什么场所度过寄主休眠期而成为下一季节的初侵染源。在存在明显四季差异的地区，大多数植物在冬前收获或进入休眠，这些作物上的病原即进入越冬；而在夏季即将收获或休眠的作物上，病原即进入越夏。病原物为了存活已经演化出各种各样的方式度过作物的中断期。病原物的越冬或越夏与某一特定地区的寄主生长的季节性有关。如病原菌物，有的以侵染菌丝或休眠菌丝在受侵染的病株内越冬或越夏；有的可以休眠体(休眠孢子或休眠结构如菌核、子座等)在植物体内外存活；有的甚至可以在病株的残体和土壤中以腐生的方式生活。病原细菌都可以在病株收获的种子、块茎和块根内越冬，有些可以在土壤中越冬，有的可以在昆虫体内或其他寄主植物上越冬；有些细菌虽然在土壤中不易长期成活，但若结成细菌团，或者存在于病残体中就能长期存活。病毒、类病毒、类菌原体大都只能在活着的介体动物或植物体内存在，但它们的寄主范围往往较广泛，因而可以在其他寄主植物体内越冬或越夏；有的也可以在种子、无性繁殖材料内存活。线虫可以卵、各龄幼虫、成虫或胞囊的形态在土壤内或植物组织内外越冬或越夏。

植物病原物的主要越冬和越夏场所(初侵染来源)大致有以下几个方面。

4.2.2.1 田间病株

无论在多年生的或者一年生的作物中，各种病原物都可以不同的方式(已如前述)在田间正在生长的病株体内或体外越冬或越夏。田间病株包括寄主植物、其他作物、野生寄主和转主寄主等。有些病原菌可以不断传播和连续危害的形式完成周年病害循环，如我国北方地区黄瓜霜霉病菌夏季在田间、冬季在温室等保护地以连续侵染的方式传播和危害。桃缩叶病菌的孢子可以潜伏在芽鳞上，第二年春季继续侵染。寄生在一年生植物上的病原菌物，当寄主植物收获后可以转移到异地寄主上进行越冬和越夏，如小麦秆锈病和条锈病。小麦秆锈病菌的夏孢子世代耐低温的能力较差，因此在我国大多数北部麦区不能以夏孢子越冬，秆锈菌主要是在福建等南方冬麦区正在生长的小麦植株上越冬，次年春季由南向北传播，越往南秆锈病的发生越早；小麦条锈病菌的情形和秆锈病菌有所不同，条锈病菌的夏孢子阶段对高温的抵抗能力差，所以主要在陕西、甘肃、青海三省2 000 m以上的高山坡地和高原地区的晚熟春麦和自生麦苗上以及海拔高度稍低的早播冬麦区的自生麦苗上越夏。秋季，夏孢子自越夏的场所传到平原地区的冬麦上，引起秋苗的感染，并且在麦苗上越冬引起下年春季的发病。在华北和西北地区，秋季小麦播种早，秋苗条锈发病重。显然，在当地不能越冬或越夏的小麦秆锈病菌和条锈病菌，是在异地越冬或越夏以后传来的。大白菜的软腐病细菌可在田间生长的芜菁属寄主上越夏，冬季在窖藏的白菜上越冬。大麦黄矮病毒(BYDV)在小麦生长后期由介体蚜虫传播到玉米等禾本科植物寄主上越夏，秋季再由蚜虫传播到小麦秋苗上越冬。寄生性种子植物如槲寄生在寄主植物上越冬。

4.2.2.2 种子、苗木和其他繁殖材料

种子、苗木和其他繁殖材料可以作为病原物越冬或越夏的场所。不同病原物存在着各种不同的情况。有些病原物可以它的休眠体和种子混杂在一起，如菟丝子的种子、麦角病的菌核、小麦线虫的虫瘿等；或者以休眠孢子附着在种子上，如禾生指梗霉(*Sclerospora graminicola*)的卵孢子、黑粉菌的冬孢子等；有些病原物可以侵入潜伏在种子、苗木和其他繁殖材料的内部，如小麦散黑穗菌的菌丝体可以潜伏在种子的胚内。种苗和其他繁殖材料带菌常是下年初侵染最有效的来源，在种子和苗木萌发或生长的时候引起侵染，而且病原物侵入越深，引起侵染的可能性越大。由带菌的种子或其他繁殖材料长成的植株，不但本身发病，有的可逐渐在田间形成发病中心，经过不断地再侵染危害更多的植株，如马铃薯晚疫病菌就是在薯块内越夏和越冬，次年早春播下带菌薯块，出苗后发病，并形成发病中心，然后向四周传播。

4.2.2.3 土壤

土壤是病原物越冬或越夏的主要场所。病原物的休眠体可以在土壤中长期存活，从而越冬或越夏，如卵菌的卵孢子、黑粉菌的冬孢子、菟丝子和列当的种子以及线虫的胞囊或卵囊等。除了休眠体以外，病原物还可以腐生的方式在土壤中存活来越冬越夏。不同种类病原物的休眠体在土壤中的存活期限存在差异，同一种病原物的休眠体也可能由于环境条件的不同导致休眠期限的差异。如果土壤中环境条件不适宜休眠体的萌发，病原物容易维持它的休眠状态，存活期限就比较长。如小麦秆黑粉菌和小麦粒线虫在淮河以南地区，不容易在土壤中长期存活，显然和土壤的温度、湿度有关。以腐生方式在土壤中存活的病原物，由于对土壤的适应能力不同，所以存活时期长短不一。土壤中的微生物，尤其是菌物和细菌，可以分为土壤寄居菌(soil invaders)和土壤习居菌(soil inhabitants)两类。土壤寄居菌在土壤中病株残体上的存活期较长，但是不能单独在土壤中长期存活，大部分植物病原菌物和细菌都属于这一类，一旦病残体腐烂，上面的病原物会丧失活性。土壤习居菌对土壤的适应性强，在土壤中可以长期存活，并且能够在土壤有机质上繁殖，腐霉属(*Pythium*)、丝核菌属(*Rhizoctonia*)和一些引起萎蔫的镰孢霉属(*Fusarium*)菌物都是土壤习居菌的代表。还有一种病原物接近于土壤习居菌，它不仅可以存活在病株残体中，而且可以定居在许多死亡的植物组织上，在上面产生子囊壳和子囊孢子。如禾本科镰孢菌(*Fusarium graminearum*)，说明镰孢菌对土壤中腐生性微生物的颉颃作用具有较强的抵抗能力，这也是土壤习居菌的特征之一。在一块土地上连年种植同一种作物，就可能积累某些危害这种作物的病原物，但是这些病原物并不一定能在土壤中长期存活，经过一定的时期，病原物会逐渐消亡。土壤是微生物繁殖的良好场所，其中存在大量的腐生性微生物，这些微生

物对病原物可以发生颉颃作用，尤其是土壤寄居菌对这些颉颃体更加敏感，这是病原物在土壤中逐渐消亡的主要原因。此外，土壤本身的物理和化学因素以及土壤中噬菌体的作用，与病原物在土壤中的存活，可能都有一定的关系。

4.2.2.4 病株残体

绝大部分非专性寄生的菌物和细菌都能在病株残体中存活，或者以腐生的方式生活一定的时期。专性寄生的病毒，有的也能在残体中存活一定的时期。病原物的休眠体，一般都是先存活在病株残体内，当残体腐烂和分解以后，再散落在土壤中，例如，芸薹根肿菌(*Plasmodiophora brassicae*)的休眠孢子囊产生在根部的肿大组织内，根组织腐烂以后再散落在土壤中。霜霉菌的卵孢子有些也产生在植物的组织内，随着病株的残体带入土壤中。病原物在病株残体中存活的时期较长，主要原因是受到植物组织的保护而降低了土壤中腐生菌的颉颃作用。当植物的残体分解和腐烂的时候，其中的病原物往往也逐渐死亡和消失。残体中病原物存活时间的长短，一般取决于残体分解的快慢。病原菌物多半是以菌丝体或者形成子座在作物的残体中存活，经过越冬或越夏以后，它们可以产生孢子传播。稻梨孢菌(*Pyricularia oryzae*)引起的稻瘟病的主要初侵染来源，就是越冬稻草上产生的分生孢子。许多子囊菌如苹果和梨的黑星菌(*Venturia inaequalis* 和 *V. purina*)、玉米赤霉菌(*Gibberella zeae*)和花生球腔菌(*Mycosphaerella arachidicola*)等，在越冬病株残体上产生的子囊孢子，与下一年发病的关系很大。因此，及时清理病株残体(田间卫生)，可杀灭许多病原物，减少初次侵染来源，达到防治病害的目的。

无论是休眠孢子的萌发或病株残体上孢子的产生，都与环境条件有关，尤其是温度和湿度的影响最大。例如葡萄霜霉菌(*Plasmopara viticola*)的卵孢子在温度 11 ~ 13 ℃和土壤极为湿润的条件下萌发；植物残体上玉米赤霉菌(*Gibberella zeae*)的子囊孢子在土壤湿度高和早春温度上升的时候发生，并且子囊壳只产生在土壤表面与空气接触一面的带菌组织上，埋在土表下的或接触土壤一面的病组织都不能形成子囊壳。环境条件也影响孢子的休眠期和孢子的萌发。葡萄霜霉菌的卵孢子在 12 月萌发需要 12 天左右，在 5 ~ 6 月萌发只需要 1 ~ 2 天，有时在几小时内就能萌发；禾柄锈菌的冬孢子形成以后，必须经过休眠期才能萌发，温度高低和干湿交替的环境，可以缩短禾柄锈菌冬孢子的休眠期。

4.2.2.5 肥料

肥料中可能混有携带病原物的病残体或单独存在的病菌休眠体，因此肥料如未充分腐熟，便可成为病原物的越冬越夏场所。如玉米黑粉菌(*Ustilago maydis*)是由肥料传播的，它的冬孢子不仅能够在肥料中存活，而且可以不断以芽生的方式形成小孢子。粟白发病和小麦秆黑粉病都是可以由粪肥传染的病害。禾生指梗霉的卵孢子和小麦腥黑穗菌的冬孢子通过家畜的消化道后仍然不能死亡，所以用带有病菌的饲料喂家畜，排出的粪便就可能带菌，如不充分腐熟，就可能成为病原物的越冬越夏场所，从而传播病害。

4.2.3 病原物的传播途径

越冬或越夏后的病原物，必须通过其特有的传播方式传播到可以侵染的植物上才能发生初侵染。侵染后的病原物繁殖产生的繁殖体在植株之间传播则进一步引起再侵染。病原物的传播有主动传播和被动传播两种方式。主动传播即通过本身的活动传播。如菌物的菌丝体和根状菌索可以在土壤中生长而逐渐扩展；线虫在土壤中也有一定的活动范围；菟丝子显然是可以通过蔓茎的生长而扩展。但是以上这些传播的方式并不普遍，传播的范围也极有限。被动传播即依赖外界因素传播，其中有自然因素和人为因素。自然因素中以风、雨水、昆虫和其他动物传播的作用最大；人为因素中以种苗或种子的调运、农事操作和农业机械的传播最为重要。各种病原物传播的方式和方法不同。菌物主要是以孢子随着气流和雨水传播；细菌多半是由雨水和昆虫传播；病毒则主要靠生物介体传播；寄生性种子植物的种子可以由鸟类传播，也可随气流传播，少数可主动弹射传播；线虫的卵、卵囊和胞囊等一般都在土壤中或在土壤中的植物根系内外，主要随土壤、灌溉水以及水流传播，人们的鞋靴、农具和牲畜的腿脚常作近距离甚至远距离传播，含有线虫的苗木、种子、果实、茎秆和松树的原木、昆虫和某些生物介体都能传播线虫。显然，传播方式与病原物的生物学特性密切相关。

4.2.3.1 气流传播

大部分菌物的孢子和多数寄生植物的种子能够通过气流在不同距离间传播。气流可以将已脱离菌株的子实体、正在被强力弹射出或成熟脱落的孢子和种子带到空气中进行传播。霜霉菌和接合菌的孢子囊，大部分子囊菌的子囊孢子和分生孢子，半知菌的分生孢子，锈菌的各种类型的孢子和黑粉菌的孢子都可以随气流传播。某些细菌如梨火疫病菌能形成细菌溢而随风传播。土壤中的细菌和线虫也可被风吹走。风能引起健株和病株植物的相互摩擦和接触，有助于病原物的传播。

气流传播的距离一般比较远，在 10～20 km 的高空和离开海岸 965.58 km 的大洋上空都可以发现菌物的孢子；但可以传播的距离并不等于病害传播的有效距离，因为部分孢子在传播的途中死去，而且活的孢子还必须遇到感病的寄主和适当环境条件才能引起侵染。传播的有效距离受许多因子(也包括风向和风力)影响。马铃薯晚疫病的发生，是从田间个别病株作为传病中心开始的，病害在田间的发展与风向有关，并且离传病中心越近发病率越高，说明中心病株产生的孢子囊随气流传播而引起再侵染。气流传播病原物一般都有梯度效应，距离越远，病原物的密度越小，效率越低。借气流远距离传播的病害防治比较困难，因为除去注意消灭当地越冬的病原体以外，更要防止外地传入的病原物的侵染，这种情况需要组织大面积的联防，才能得到更好的防治效果，采用抗病品种最为有效。确定病原物传播的距离是防治上的重要问题，因为转主寄主的砍除或无病留种田的隔离距离都是由传播的有效距离决定的。试验证明，小檗上产生的禾柄锈菌锈孢子的传播距离约 3 km，小麦散黑穗病菌冬孢子传播的有效距离是 100 m 左右。为了防治苹果和梨的锈病，建议与圆柏隔离的距离应为 5 km左右。

4.2.3.2 雨水和流水传播

水传播病原物有3种重要方式：① 存在于土壤中的细菌、线虫、菌物孢子和菌丝片段能够通过雨水和灌溉水在地表或土壤中传播；② 所有细菌和许多种菌物的孢子存在于渗出的黏液中，凭借降雨或喷灌淋洗或向四周飞溅进行传播；③ 雨滴和喷灌的水滴会使空气中飘浮的菌物孢子和细菌随水滴降落，如果落到感病植物表面即引起侵染。黑盘孢目和球壳孢目菌物的分生孢子多半是由雨水传播的。它们的子实体内大多有胶质，胶质遇水膨胀和溶化以后，分生孢子才能从子实体或植物组织上散出，随着水流的飞溅而传播。根肿菌、壶菌、丝壶菌、卵菌的游动孢子只能在水滴中产生和保持它们的活动性，故一般由雨水和流水传播。存在于土壤中的一些病原物，如烟草黑胫病菌、软腐病细菌和青枯病细菌及有些植物病原线虫，可经过雨水飞溅到植物上，或随流水传播。各种病原相比而言，雨水、露水和流水传播，在细菌病害中尤为重要。如水稻白叶枯病菌，雨水不仅使叶表的细菌飞溅四散，而且风、雨使植株相互摩擦造成伤口，有利于病菌侵入，病田水中的细菌又可经田水排灌向无病田传播。所以，排灌系统分开，避免灌溉水从病田流入无病田，能有效地控制流水传病。

4.2.3.3 生物介体传播

昆虫、螨和某些线虫是植物病毒病害的主要生物介体，昆虫中的蚜虫、叶蝉、粉虱与病毒的传播关系最大。

类菌原体存在于植物韧皮部的筛管中，所以它的传病介体都是在筛管部位取食的昆虫，如玉米矮化病、柑橘顽固病和翠菊黄化病等都是由多种在韧皮部取食的叶蝉传播的。

昆虫也是一些细菌病害的传播介体。黄瓜条纹叶甲(*Acalymma vittata*)和黄瓜点叶甲(*Diabrotica undecimpunctata*)是传播黄瓜萎蔫病菌(*Erwinia tracheiphila*)的介体昆虫；玉米啮叶甲(*Chaetochnema denticulata*)可以传播玉米细菌性蔫萎病(*Pantoea stewartii*)。虽然昆虫可以传播某些病原菌物，但一般效率不高，昆虫可以传播锈菌的性孢子和麦角菌的分生孢子，主要原因就是这些孢子都有蜜汁分泌物。一般而言，昆虫传播菌物病害的作用，主要是引起植物的损伤，造成侵入的机会，如甘薯地下害虫的危害可以加重甘薯黑斑病的感染。在昆虫传播的菌物病害中，最突出的就是甲虫传染榆树枯萎病(*Ceratocystis ulmi*)。甲虫的体内带有病菌，当危害树皮的时候就将病菌带入树皮内。

在我国江苏、安徽等省发现能使松树整株萎蔫枯死的松材线虫(*Bursaphelenchus xylophilus*)主要是由松褐天牛(*Monochamus alternatus*)传播的。昆虫与病原物的相互关系以及与传带时的气候条件(特别是风力的大小)有十分密切的关系。

鸟类除去传播桑寄生(*Loranthus yadoriki*)和槲寄生(*Viscum album*)等寄生性植物的种子以外，还能传播梨火疫病等细菌；板栗疫病(*Endothia parasitica*)很可能与鸟类的传播有关，候鸟在迁飞过程中落地取食时可黏带病原物作远距离传播。

4.2.3.4 土壤传播和肥料传播

带病的土壤能黏附在花卉的根部、块茎和苗木上被有效地远距离传播，农具、人的鞋靴、动物的腿脚可近距离传播病土。同样，候鸟在迁飞过程中落地取食时也能黏带病土远距离传播危险性病原物。

混入农家肥料的病原物，若未充分腐熟，其中的病原物能长期存活，就可以随粪肥的施用而传播病害。

4.2.3.5 人为因素传播

各种病原物都能由人为因素传播。人为的传播因素中，以带病的种子、苗木和其他繁殖材料以及带有病菌的农产品和包装材料的流动最重要。人为传播往往都是远距离的，而且不受自然条件和地理条件的限制，它不像自然传播那样有一定的规律，并且是经常发生的，因此，人为传播就更容易造成病区的扩大和形成新病区。植物检疫的作用就是限制这种人为的传播，避免将危害严重的病害带到无病的地区。

人为因素中，也不能忽视一般农事操作与病害传播的关系。例如，烟草花叶病毒是接触传染的，所以在烟草移苗和打顶去芽、番茄整枝抹赘芽时就可能传播病毒。病原体附着在农具或牲畜上传播也是常见的，但是这种传播一般都是近距离的。

4.3 植物病害的流行

植物病害的流行是感病的寄主植物、具有毒力的病原物和适宜的环境条件长时间组合在一起的结果。人们的一些农事活动，如在潮湿的天气去梢或修剪植物，会无意识地帮助病害流行的发生和发展。在更多的情况下，人们通过采取合适的防治措施能使将要发生的病害流行停止发生。病害流行的时间和空间动态及其影响因子是植物病害流行学的研究重点。植物病害流行是一个非常复杂的生物学过程，需要采用定性与定量相结合的方法进行研究。

4.3.1 植物病害的计量

植物病害种类很多，危害情况很不一致，因而，记载方法也不尽一致。目前，最常用的记载植物群体发病程度的3个指标为发病率、严重度和病情指数。发病率是指发病植株或植物器官(叶片、根、茎、果实、种子等)占调查植株总数或器官总数的百分率，用以表示发病的普遍程度。公式如下：

发病率(%)=发病植株(器官)数/调查植株(器官)总数×100%

但是，单用发病率不能准确的表示植物的发病程度，例如，同为发病叶片，有些叶片可能仅产生单个病斑，另一些则可能产生几个甚至几十个病斑。这样，发病率相同时，发病的严重程度和植物蒙受的损失也可能不同。为了更全面地估计病害数量，便需要应用严重度指标。

病害严重度指植株或器官的病变程度。因为病害的种类、发病部位、致病情况不同，所以病害的严重度表示方法也不同，例如，条锈病的严重度是指病叶上夏孢子堆所构成的病斑面积与叶面积的比率；而玉米粗缩病的严重度是指发病植株高度与健康植株高度的比例，表示植株矮缩的程度。有时严重度用等级表示，即根据一定的标准，将发病的严重程度由轻到重划分出几个级别，分别用各级代表值或发病面积百分率表示，如表4-1所列小麦黄矮病的严重度分级标准。调查统计时，以单个植株或者特定器官为调查单位，对照事先制定的严重度分级标准，找出与发病实际情况最接近的级别。禾本科作物的叶部病害大多是植株下部叶片发病早而重，以后逐渐向上发展。根据成株期发病程度分为10级，先确定植株基部到顶部一半的地方作为中点。病害从基部发展到中点，不再向上发展作为第5级。病害未发展到中点的作为1~4级，另外保留完全不发病的0级。病害发展到中点以上的，记作6~9级，发病最重的是第9级。严重度分组标准除用文字描述外，还可制成分级标准图(图4-3)。

表4-1 小麦黄矮病严重度分级标准

级别(级值)	国内标准(11级法)	国际标准(10级法)
0	健株	无病，免疫或逃避了侵染
1	部分叶尖黄化	部分叶尖轻微黄化，植株生长旺盛
2	旗叶下1片叶黄化	叶片局部黄化，变色面积比例较大，黄化叶片比一级多
3	旗叶下2片叶黄化	黄化中度，不矮化，分蘖不减少
4	旗叶黄化1/4，旗叶下1片叶黄化	黄化扩大，不矮化，植株生长正常
5	旗叶黄化1/4，旗叶下2片叶黄化	黄化更大，植株生长势差，有点矮化
6	旗叶黄化	高度黄化，植株长势差，明显矮化
7	旗叶黄化，旗叶下1片叶黄化	严重黄化，穗小，中度矮化，长势差
8	旗叶和旗叶下2片叶黄化	几乎所有叶片全部黄化、矮化，分蘖明显减少，穗变小
9	植株矮化，但能抽穗	显著矮化，完全黄化，很少或没有穗，可认为不育，被迫提早成熟或干枯
10	植株矮化显著，不抽穗	

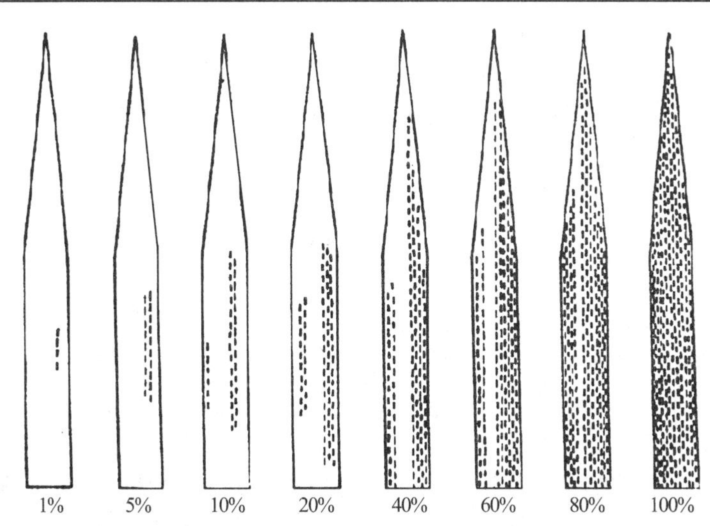

图4-3 小麦条锈病严重度分级标准(引自商鸿生等，1990)

单一使用发病率或严重度都不能全面表示出病害的发生情况。病情指数是全面考虑发病率与严重度两者的综合指标。若以叶片为单位，当严重度用分组代表值表示时，病情指数计算公式为：

病情指数 = Σ(各级病叶数 × 各级代表值)/(调查总叶数 × 最高级代表值) × 100%

当严重度用百分率表示时，则用以下公式计算：

病情指数 = 发病率 × 严重度 × 100

除发病率、严重度和病情指数以外，有时还用其他指标定量估计病害数量。例如，调查麦类锈病流行初期发病数量时，还常用病田率(发病田块数占调查田块总数的百分率)、病点率(发病样点数占调查样点总数的百分率)和病田单位面积内传病中心或单片病叶数量等指标。

4.3.2 植物病害的流行类型

植物病害流行特点与病原物的特性、寄主的抗病性、寄主与病原物的相互作用特征以及环境条件有关。根据病害的流行特点不同，可分为单循环病害和多循环病害两类。

单循环病害(monocyclic disease)是指在病害循环中只有初侵染而无再侵染，或者虽有再侵染但作用很小的病害。此类病害其病原物在一个生长季中大多只完成1个世代，由于没有再侵染，每年的流行程度主要取决于初始菌量。假如初始菌量不大，即使环境条件适宜于病害的发生，在当年也难以造成大的流行。这类病害具有以下特点：① 病害潜伏期长，没有再侵染；② 多为种传或土传的全株性或系统性病害；③ 病原物可产生抗逆性强的休眠体越冬，越冬率高而稳定；④ 寄主的感病期较短，在病原物侵入阶段易受环境条件影响，一旦侵入成功，则当年的病害数量基本已成定局，受环境条件的影响较小；⑤ 在田间其自然传播距离较近，传播效能较小；⑥ 病害在年度间波动小，上一年菌量影响下一年的病害发生数量。

此类病害在一个生长季中菌量增长幅度虽然不大，但能够逐年积累，稳定增长，若干年后将导致较大的流行，因而也称为“积年流行病害”。以小麦散黑穗病为例，据统计，小麦散黑穗病穗率每年可增长4~10倍，如果发病第1年病穗率为0.1%，没有引起重视，不及时进行防治，到第4年病穗率将达到30%左右，此时将造成严重减产。还有许多重要的农作物病害，例如小麦腥黑穗病、小麦线虫病、水稻恶苗病、稻曲病、大麦条纹病、玉米丝黑穗病、麦类全蚀病、棉花枯萎病和黄萎病以及多种果树病毒病害等都属于积年流行病害。

多循环病害(polycyclic disease)是指在一个生长季中病原物能够连续繁殖多代，从而发生多次再侵染的病害。因为有多次再侵染，在一个生长季内，只要条件合适，这类病害很快完成菌量积累，造成流行。这类病害具有以下特点：① 绝大多数是局部侵染的病害，寄主的感病时期长；② 病害的潜育期短，一个生长季可以繁殖多代，再侵染频繁，病原物的增殖率高；③ 接种体对环境条件敏感，寿命不长，在不利条件下会迅速死亡；④ 病原物越冬率低而不稳定，越冬后存活的菌量(初始菌量)不高；⑤ 病害发生程度在年度之间波动大，大流行年之后，第二年可能发生轻微，轻病年之后又可能大流行。

由于以上特点，多循环病害的流行受环境影响很大，在有利的环境条件下增长率很高，病害数量增幅大，有明显的由少到多，由点到面的发展过程，可以在一个生长季内完成菌量积累，造成病害的严重流行，因而又称为“单年流行病害”。以马铃薯晚疫病为例，在最适天气条件下潜育期仅3~4天，在一个生长季内可再侵染10代以上，病斑面积约增长10亿倍。一个田间调查实例表明，马铃薯晚疫病菌初侵染产生的中心病株很少，在所调查的4 669m^2地块内只发现了1株中心病株，10天后在其四周约1 000 m^2面积内出现了1万余个病斑，病害数量增长极为迅速。但是，由于各年气象条件或其他条件的变化，不同年份流行程度波动很大，相邻的两年流行程度无相关性，第1年大流行，第2年可能发病轻微。大多数气流和水流传播的病害，如稻瘟病、稻白叶枯病、麦类锈病、玉米大小斑病、马铃薯晚疫病、黄瓜霜霉病、苹果早期落叶病等，都属于多循环病害。

对不同的病害应该有不同的防治策略。单循环病害与多循环病害的流行特点不同，所以防治策略也不相同。单循环病害的流行主要取决于初始菌量，防治措施应侧重于铲除初始菌源，如搞好田园卫生、进行土壤消毒、种子消毒、拔除病株等措施都有良好防效。即使当年发病很少，也应采取措施防止菌量的逐年积累。多循环病害的流行主要由再侵染引起，病原物对环境条件敏感，所以其防治策略应主要抑制病害的再侵染，如开发抗病品种，采用药剂防治和农业防治措施，降低病害的增长率。

4.3.3 病害流行的时间动态

在一个生长季内，病害的发生流行随着时间而变化，数量由少到多，病害由轻到重，是一个动态的过程。植物病害的流行是一个病害发生、发展和衰退的过程。病害流行的时间动态是流行学的主要内容之一，在理论上和应用上都有重要意义。

在一个生长季中，如果定期系统调查田间发病情况，取得发病数量(发病率或病情指数)随病害流行时间而变化的数据，以时间为横坐标，以发病数量为纵坐标，可绘制成发病数量随时间而变化的曲线。该曲线被称为病害的季节流行曲线(disease progress curve)。曲线的起点在横坐标上的位置为病害始发期，斜率反映了流行速率，曲线最高点表明流行程度。植物病害流行时间动态曲线的形式由病原物的生物学特性、寄主的抗病性以及气候条件等因素综合决定。下面分别介绍多循环病害和单循环病害的时间动态模型。

4.3.3.1 多循环病害的时间动态模型

多循环病害有多种不同类型的季节流行曲线，最常见的为“S”形曲线。对于一个生长季中只有一个发病高峰的病害，若最后发病达到或接近饱和(100%)，寄主群体亦不再生长，如小麦锈病(春、夏季流行)、马铃薯晚疫病等，其流行曲线呈典型的“S”形曲线(图4-4，1)。如果发病后期因寄主成株抗病性增强，或气象条件不利于病害继续发展，但寄主仍继续生长，以至新生枝叶发病轻，流行曲线呈马鞍形(图4-4，2)，例如，甜菜褐斑病、大白菜白斑病等。有些病害在一个生长季节中有多个发病

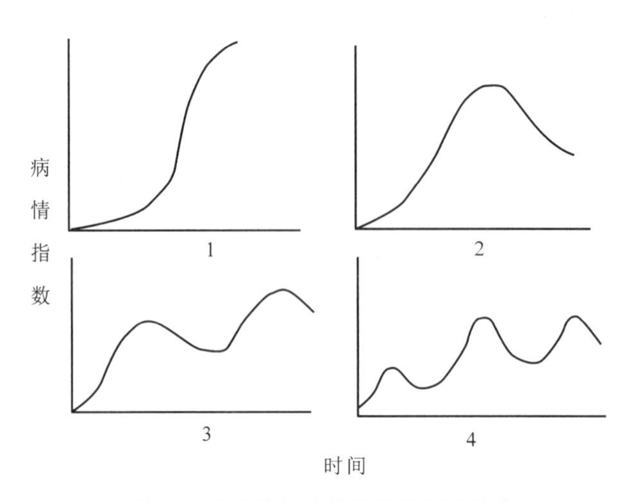

图 4-4　季节流行曲线的几种常见形式

1. S 型　2. 单峰型　3、4. 多峰型

高峰，流行曲线为多峰型(图 4-4，3、4)。

稻瘟病在南方稻区因稻株生育期和感病性的变化，可能出现苗瘟、叶瘟和穗颈瘟 3 次高峰。在小麦条锈病菌越冬地区，冬小麦苗期发病有冬前和春末两次高峰。华北平原玉米大斑病常在盛夏前后也有两次高峰，其间因盛夏高温抑制了病菌侵染。

多循环病害的流行曲线虽有多种类型，但“S”形曲线是最基本的。“S”形曲线包括指数增长期(exponential phase)、逻辑斯蒂增长期(logistic phase)和衰退期(图 4-5)。指数增长期描述的是病害流行过程中始发期的发生特点，逻辑斯蒂增长期对应的是病害流行的盛发期，衰退期对应病害流行的衰退期。

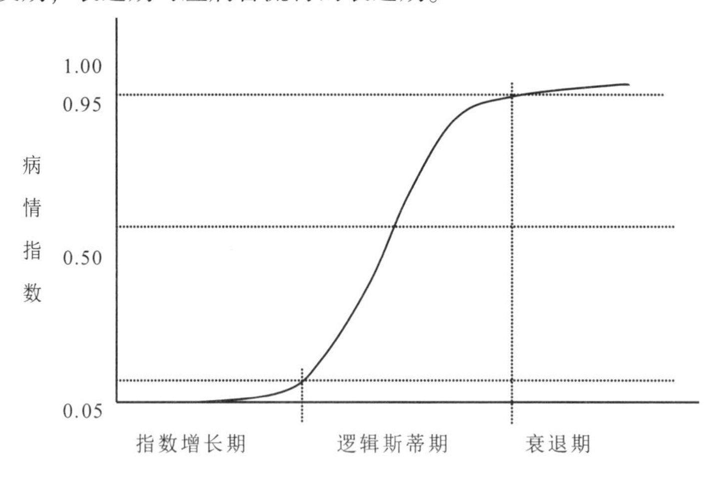

图 4-5　S 型流行曲线和流行过程分期

指数增长期由开始发病到发病数量(发病率或病情指数)达到 0.05(5%)为止，此期经历的时间较长，病情增长的绝对数量虽不大，但增长速率很高。逻辑斯蒂增长期由发病数量 0.05 开始，到达 0.95(95%)或转向水平渐近线，从而停止增长的日期为止。在这一阶段，植物发病部位已相当多，病原菌接种体只有着落在未发病的剩余部位才能有效地侵染，因而病情增长受到自我抑制。随着发病部位逐渐增多，这种自我

抑制作用也逐渐增大，病情增长渐趋停止。逻辑斯蒂增长期经历的时间不长，病害增长的幅度最大，但增长速率下降。在逻辑斯蒂增长期之后，便进入衰退期。此时因为寄主感病部分已全部发病，或者因为气象条件已不适于发病，病害增长趋于停止，流行曲线趋于水平。有时，由于寄主仍继续生长，发病数量反而下降，更明显地表现出流行的衰退。

在上述3个时期中，表面看来病害在逻辑斯蒂期增长最快，实际并非如此，以苹果斑点落叶病为例，在逻辑斯蒂期由病叶率5%增长到95%增长倍数仅为19倍，而在指数增长期由万分之一的病叶(0.01%)增加到5%，病叶率增长了500倍，因此，指数增长期是菌量积累和流行最快的时期，它为整个流行过程奠定了菌量基础。有人认为，一旦一种叶部病害的发病率达到5%，则病害的流行多半已成定局。仍以苹果斑点落叶病为例，在生长季节当温湿度合适时，1张病叶可以传染5~10张新叶，这就意味着5%的发病率经过一次降雨后发病率就可以达到25%~50%，第2次降雨后发病率就可以达到100%。因此，无论是病害预测预报还是药剂防治，都应以指数增长期为重点。

在病害流行过程中，病害数量的增长可以用种种数学模型描述，其中最常用的为指数增长模型和逻辑斯蒂模型。应用指数增长模型时，需假设可供侵染的植物组织不受限制，环境条件是恒定的，病害增长率不随时间而改变，而且不考虑病组织的消亡。在上述前提下，令x_0为初始病情，x_t为t日后的病情，r为病害的日增长率(指数流行速率)，则病害数量增长符合指数生长方程：

$$x_t = x_0 \cdot e^{rt}$$

指数增长模型的图形是“J”形曲线，适用于病害流行前期。但是，当病害数量(x)越来越多，所余健康而可供侵染的植物组织($1-x$)就越来越少，指数增长模型关于可供侵染的植物组织不受限制的假设不再适用，以后新增病害的数量也必将越来越少，病害增长受到自我抑制，从而符合逻辑斯蒂生长曲线。

$$\frac{x_t}{1-x_t} = \frac{x_0}{1-x_0} \cdot e^{rt}$$

逻辑斯蒂生长曲线的图形为“S”形曲线，与多循环病害的季节流行曲线相似，从而可利用该数学模型来分析多循环病害的流行。模型中的r为逻辑斯蒂侵染速率，实际上是整个流行过程的平均流行速度，通称为表观侵染速率(apparent infection rate)。若以x_1、x_2分别代表t_1和t_2日的发病数量，则由逻辑斯蒂模型可得：

$$r = \frac{1}{t_2 - t_1}\left(\ln\frac{x_2}{1-x_2} - \ln\frac{x_1}{1-x_1}\right)$$

r是一个很重要的流行学参数，可用于流行的分析比较和估计寄主、病原物、环境诸因子和防治措施对流行的影响。

4.3.3.2 单循环病害的时间动态模型

单循环病害在一个生长季中的数量增长都是越冬或越夏菌源侵染产生的。有些单循环病害，如小麦散黑穗病、小麦腥黑穗病等侵染和发病时间都比较集中，就不会形成流行曲线。但有些单循环病害，其越冬菌源发生期长，陆续接触寄主植物，侵入期有先有后，也呈现出一个发病数量随时间而增长的过程。如棉花枯萎病、黄萎病等土传病害，以及苹果和梨的锈病、柿圆斑病等气传病害都属于这一类型。现将田间越冬菌量视为常数，病害潜育期也不变化，设 x_t 为 t 日的发病数量，r_s 为单循环病害的平均日增长率，则：

$$x_t = 1 - e^{-r_s t}$$

其图形为 e 形指数曲线(图 4-6)，r_s 值高低取决于越冬菌量以及寄主和环境诸因子。

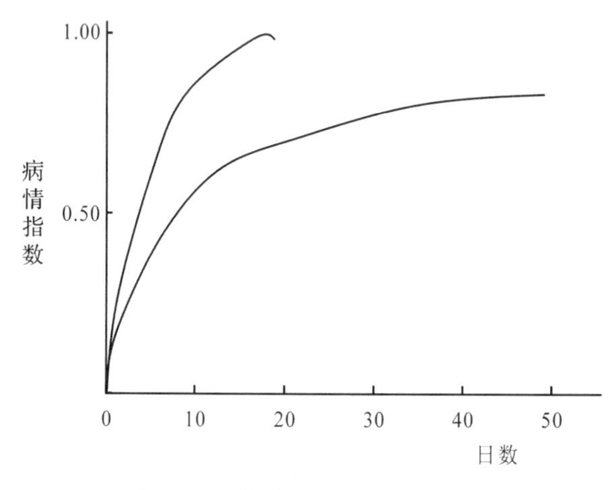

图 4-6　单循环病害的流行曲线

按照研究的时间规模不同，流行的时间动态可分为季节流行动态和逐年流行动态。上面所讲的为季节流行动态。植物病害的逐年流行动态是指病害几年或几十年的发展过程。单循环病害或积年流行病害有一个菌量的逐年积累、发病数量逐年增长的过程。如果在一个地区，品种、栽培和气象条件连续多年基本稳定，可以仿照多循环病害季节流行动态的分析方法，配合逻辑斯蒂模型或其他数学模型，计算出病害的平均年增长率。若年代较长，寄主品种和环境条件有较大变动时，则可用各年增长速率和相应的有关条件建立回归模型，用于年增长率的预测和分析。多循环病害或单年流行病害年份间流行程度的波动大，相邻两年的初始菌量或增或减，很不稳定，因此多年平均的年增长率没有实际意义。

4.3.4　病害流行的空间动态

植物病害流行的空间动态，即病害在空间范围的扩展动态。植物病害在种植区内发生以后，随着时间的推移，病害数量逐步增大，发展范围也逐步扩大，植物病害流行的空间动态反映了病害数量在空间中的发展规律。

病害流行空间动态与病害传播特点有很大关系。气传病害的自然传播距离相对较大，其变化主要受气流和风的影响。土传病害自然传播距离较小，主要受田间耕作、灌溉等农事活动以及线虫等生物介体活动的影响。虫传病害的传播距离和效能主要取决于传病昆虫介体的种群数量、活动能力以及病原物与介体昆虫之间的相互关系。病害传播是病原物本身有效传播的结果。比如菌物孢子经过传播以后能否萌发和侵染，是否引起植物发病还受到一系列生物学因子的制约，包括孢子的数量、密度、抗逆性和致病性，寄主植物的数量、分布和感病性，以及对孢子萌发、侵入和扩展有显著作用的环境因子等。其中只有导致侵染和发病的孢子，才最终实现了病害的传播。

根据病害的传播距离，可将病害区分为近程、中程和远程传播。流行学中常用一次传播距离和一代传播距离的概念。前者为病原菌孢子从释放到侵入植物体这段时间内所引起的病害传播，以日为时间单位，表述为一日之内实现的病害传播距离。后者为病害一个潜伏期内多次传播所实现的传播距离。一次传播距离在百米以下的，称为近程传播；传播距离为几百米至几千米的，称为中程传播；传播距离达到数十千米乃至数百千米以外的为远程传播。近程传播所造成的病害在空间上是连续的或基本连续的，有明显的梯度现象，传播的动力主要是植物冠层中或贴近冠层的地面气流或水平风力。中程传播造成的发病具有空间不连续的特点，通常菌源附近有一定数量的发病，而距菌源稍远处又有一定数量的发病，两者之间病害中断或无明显的梯度。发生中程传播的孢子量较大，被湍流或上升气流从植物冠层抬升到冠层以上数米的高度，再由近地面的风力运送到一定距离后再着落到植物冠层中。大量孢子被上升气流、旋风等抬升离开地面达到千米以上的高空，形成孢子云，继而又被高空气流水平运送到上百千米乃至数千米之外，然后靠锋面雨、湍流或重力作用而降落地面，实现了远程传播。远程传播的病害有小麦锈病、燕麦冠锈病和叶锈病、小麦白粉病、玉米锈病、烟草霜霉病等病害。北美洲小麦秆锈病菌在美国南部的得克萨斯州越冬，而在北方诸州和加拿大越夏，每年春夏季由南向北，秋季由北向南发生两次远距离传播。利用飞机在高空捕捉秆锈菌夏孢子，证明直至 4 km 的高空都有孢子分布。我国小麦条锈病和秆锈病在不同流行区域间也发生菌源交流和远距离传播现象。

多循环气传病害流行的田间格局有中心式和弥散式两类。

中心式格局是指病害的发生、发展过程有一个很明显的传病中心。多循环气传病害的初侵染菌源若是本田的越冬菌源，且初始菌量很小，发病初期便在田间常有明显的传病中心，空间流行过程是一个由点片发生到全田普发的传播过程，这称为中心式传播或中心式流行(focal epidemic)。由传病中心向外扩展，其扩展方向和距离主要取决于风向和风速，下风方向发病迅速而严重，扩散距离也较远。通常传病中心处新生病害密度最大，距离越远密度越小，呈现明显的梯度，称为病害梯度(disease gradient)或侵染梯度(infection gradient)。马铃薯晚疫病、玉米大斑病、小麦条锈病和小斑病等都是中心式流行的病害。以小麦条锈病的春季流行为例，在北京地区的系统调查显示了由点片发病到全田普发的过程。早春在有利于侵染的天气条件下，一个由 1～5 张病叶组成的传病中心，第 1 代(4 月上、中旬)传播距离达 20～150 cm，第 2 代(4 月下旬至 5 月初)传播距离达 1～5 m，此时田间处于点片发生期，第 3 代(5 月上、中旬)传播距离达 5～40 m，已进入全田普发，第 4 代传播距离达 100 m 以上乃至发生中、远程传播。在有些情况下，初侵染菌源虽来自田外，但菌量很少，且菌源传来时间较短，这些早期到来的少量菌源也会形成一些传病中心，再经 2～3 代高速繁殖引致全田发病。例如，北方冬麦区的小麦秆锈病流行就属于这种情况。

气传病害的初侵染菌源若来自外地，田间不出现明显的传病中心，病株随机分布或接近均匀分布，若外来菌源菌量较大且充分分散，发病初期就可能全田普发，这称为病害的弥散式传播或弥散式流行(general epidemic)。麦类锈病在非越冬地区的春季流行就属于这种类型。有的病害虽由本田菌源引起流行，但初始菌量大，再侵染不重要，如小麦赤霉病、玉米黑粉病等，一般也无明显的传病中心而呈弥散式流行。由昆虫传播的多循环病害，田间分布型取决于媒介昆虫的活动习性，一般也是距离初侵染菌源越远发生数量越少。田间发病数量随再侵染而逐渐增多。病原物存在于土壤中而具有再侵染的病害，常围绕初侵染菌源形成集中的传病中心或发病带，然后向外蔓延，但是在一个生长季节中的传播距离有限。

4.3.5 病害流行的因子

植物病害的发生发展和流行受到生态系统中多因素的影响，包括寄主植物群体、病原物群体、环境条件和人类活动等因子，这些因子都影响、干扰或制约着植物病害的流行。

在诸多流行因子中有以下4个因子最为重要：

(1)大面积感病寄主植物

存在感病寄主植物是病害流行的基本前提。寄主植物群体具有感病性，而且这种感病性越一致越有利于流行。虽然人类已能通过抗病育种选育高度抗病的品种，但是现在所利用的主要是小种专化性抗病性，在长期的育种实践中因不加选择而逐渐失去了植物原有的非小种专化性抗病性，致使抗病品种的遗传基础狭窄，易因病原物群体致病性变化而“丧失”抗病性，沦为感病品种。在农田系统中，这个条件是容易满足的，往往都是某品种大面积同龄期的植物种植在一起，这为病害的流行提供了足够的来自寄主方面的条件。

(2)大量具有强致病性的病原物

病原物具有致病性是与寄主的感病性相对应的。许多病原物群体内部有明显的致病性分化现象，具有强致病性的小种或菌株占据优势就有利于病害大流行。在种植寄主植物的抗病品种时，病原物群体中具有匹配致病性(毒性)的类型将逐渐占据优势，使品种由抗病转为感病，导致病害重新流行。由于农田中往往大量种植具有感病性的同一品种，为病原物的繁殖提供了足够的营养和栖息地等条件，病原物容易大量繁殖，这对病害的快速发生发展继而流行成灾是十分重要的条件。

(3)有利的环境条件

环境条件主要包括气象因子、土壤因子、栽培措施等。有利于流行的环境条件应能持续足够长的时间，且出现在病原物繁殖和侵染的关键时期。气象因子能够影响病害在广大地区的流行，其中以温度、水分(包括湿度、雨量、雨日数、雾和露等)和日照最为重要。气象因子既影响病原物的繁殖、传播和侵入，又影响寄主植物的抗病性。寄主植物在不适宜的环境条件下生长不良，抗病能力降低，可以加重病害流行。同一环境因子常常既影响寄主，又影响病原物。例如，高湿对马铃薯晚疫病的流行有利，这是因为一方面对病菌孢子的萌发和侵入有利；另一方面又因马铃薯叶片细胞更易感染而使之趋于感病。土壤因子包括土壤的理化性质、土壤肥力和土壤微生物等，往往只影响病害在局部地区的流行。人类在农业生产中所采用的各种栽培管理措施，在不同情况下对病害发生有不同的作用，需要具体分析。栽培管理措施还可以通过改变上述各项流行因子而影响病害流行。

(4)人为因素

人的活动对环境的干扰是很多农作物病害能够大面积发生的重要原因。植物病害的大流行，大多是人为的生态平衡失调的结果。在原始森林和天然草原中，有多种病害经常零星发生，却很少有某种病害发展到毁灭性的流行程度。这是因为在自然生态系统中，多种植物交杂混生，互相隔离，植物的种间、种内异质性大大限制了病害的流行。加之由于天然屏障(海洋、高山、沙漠)的隔离，植物病害的地区扩展也很受局限。这样就使某种病原物与其寄主共存于同一地域，长期相互适应，达到了一定的动态平衡。就群体而言，寄主抗病性和病原物致病性大体上势均力敌。这种动态平衡是寄主和病原物长期共同进化的历史产物。然而农业生产活动则使这种生态平衡受到干扰。尤其是在现代农业中，不仅大面积种植的植物种类越来越少，而且品种的单一化、遗传的单一化以及抗病基因的单一化趋势日益加强，寄主群体的遗传弹性越来越小。同时，密植、高水肥的农田环境加大了病害的流行潜能，新技术措施不断改变着植物病害的生态环境，引种和农产品贸易活动不断地将病原物引入新区(无病区)。在这样的情况下，就必然导致一些病害的流行波动幅度增大，流行频率增高，流行程度加重。

在诸多流行因子中，往往有一种或少数几种起主要作用，被称为病害流行的主导因子。正确地确定主导因子，对于分析病害流行、预测和设计防治方案具有重要意义。地区之间和年份之间主要流行因子和各因子间相互作用的变动造成了病害流行的地区差异和年际波动。对于前者，按照病害流行程度和流行频率的差异可划分为病害常发区、易发区和偶发区。常发区是流行的最适宜区，易发区是病害流行的次适宜区，而偶发区为较不适宜区，仅个别年份有一定程度的流行。病害流行的年际波动以气传和生物介体传播的病害最大，根据各年的流行程度和损失情况可划分为大流行、中度流行、轻度流行和不流行等类型。

4.4 植物病害的预测

依据植物病害的流行规律，利用经验或系统模拟的方法估计一定时限之后病害的流行状况，称为病害预测。植物病害的预测是在认识病害发生发展规律的基础上，利用已知客观规律展望未来病害发生发展趋势的活动，是实现病害管理的先决条件，在植物病害的综合治理中占有极其重要的地位。

4.4.1 预测的种类

可以从不同的角度将预测划分为不同的种类。

(1)按预测期限分类

可分短期、中期、长期和超长期预测。短期预测是以天为单位，时效一般为7~10天，主要用于防治适期的预测，是县级植保站最常用的预测预报形式。中期预测是以旬或月为单位，时效一般为15~35天，主要用于一个生长季节内，病害流行程度的预测，为病害科学治理提供依据。长期预测的时效一般为40天至一个生长季节，用于病害流行的可能性、流行的程度或范围的预测，主要服务于病害防控策略的制定，普遍受到省(市)级植保部门的关注。超长期预测的时效一般为1年以上或数年，主要服务于植物病害的宏观调控、可持续治理及农业生态安全。

(2)按预测所依据的因素分类

可分为单因子预测和多因子综合预测。前者需选择与预测对象相关性好的单个因子，如根据种子的带菌率预测小麦腥黑穗病的发病率；后者针对病害循环复杂、侵染发病时间长的病害，如水稻稻瘟病、小麦条锈病等，可根据品种抗性、越冬菌源量和气象数据等多因子进行预测。

(3)按预测的形式分类

可分为0—1预测、分级预测、数值预测和概率预测。0—1预测是定性预测，又称“否定”预测；分级预测和数值预测是固定值的预测，只是在预测值的表达方式上有差异；植物病害的概率预测，目前还少有报道，但这是病害预测的发展趋势之一。

此外，按预测内容可分为发生期、发生量、损失率、防治效果、防治收益预测等；还可按特殊要求进行品种抗病性、小种动态等预测。

4.4.2 预测依据

(1)病害流行规律

包括病害的流行形式、流行过程的特点、病害三要素在病害流行中的相互关系、影响病害流行的各因素(特别是主导因素)等。是决定病害预测途径和方法的主要依据。

(2)病害流行的历史资料

包括当地逐年积累的病情消长资料、与病害流行有关的气象资料以及品种和耕作栽培资料。

(3)当前实况资料和气象预报资料

一般来说，菌量、气象条件、栽培条件和寄主植物生育状况等是病害预测的最重要依据。

菌量包括病原的初始菌量，即病原越冬或越夏以后的存活数量等，或当前病害发生的数量。病原越冬或越夏以后的存活数量决定初侵染发生的程度，如小麦腥黑穗病，可以通过检查种子表面带有冬孢子的数量，预测次年田间的发病率。田间病情调查也可为病害预测提供基础资料，如通过孢子的捕捉情况和田间病情动态观察，可对小麦锈病的流行程度做出预测。

寄主的抗病性是病害预测的重要依据，首先要掌握种植品种的抗病性情况，其次要了解其抗性随生长发育变化的规律，如稻瘟病的易感时期是4叶期、分蘖盛期和孕穗抽穗期，如在这一时期气象条件适宜，又有菌源，病害很可能会流行。

多数流行性强的病害，在病原和寄主的抗性相对稳定的情况下，其流行与否及流行程度主要取决于气象条件，尤其是温湿度和雨日、雨量等因素。曹克强(1996)等研究发现，在24 h内如果有6 h的降雨，降雨时空气温度等于或高于10 ℃，而且至少有连续6 h的空气相对湿度大于或等于90%，则马铃薯晚疫病菌会造成大量侵染并引致病害的流行。

有些病害的预测除考虑菌量、寄主抗性和气象因子外，还要考虑栽培条件。如水稻纹枯病流行程度主要取决于肥水状况(尤其是氮肥用量和施用期)。

此外，对于昆虫介体传播的病害，介体昆虫的数量和带毒率等也是重要的预测依据。

4.4.3 预测方法

植物病害预测效果的好坏，很大程度上取决于所选择的方法。按照预测的原理和主要特征，预测方法可分为类推法、数理统计模型法、专家评估法、系统模拟模型法等。

4.4.3.1 类推法

类推法是指利用与植物病害发生有相关性的某种现象作为依据或指标，推测病害发生期和发生程度的方法，主要有物候预测法、指标预测法、预测圃法和发育进度预测法等。采用类推法进行预测简单易行，但它往往受限于特定的场合，应用的局限性较大。

(1)物候预测法

物候预测就是利用预测对象和预测指标之间的某种内在联系，或者用二者之间对环境条件反应的差异，通过类推原理，利用变化明显的现象推测变化不明显的事物。潘月华等(1994)发现大棚内种植的生菜和草莓比番茄更易感染灰霉病，通常草莓较番茄发病早13~14天，生菜发病较番茄发病提前8天。因此，可以利用草莓和生菜灰霉病的始发期推测番茄灰霉病的始发期。

(2)指标预测法

预测的指标可以是气候、菌量或寄主抗性等指标。如从马铃薯开花时起，如果多雨，空气湿度达到70%左右，就有出现马铃薯晚疫病中心病株的可能。

(3)预测圃法

预测圃是在易于发病地区种植感病品种，由观察员定期观测，一旦发现有病害的发生，可以立刻对周边大范围作物的病害防控作出预警。例如，瑞士针对马铃薯晚疫病在全国布有300个1 m^2的观测圃，这些观测圃对于病害的宏观防控发挥了非常重要的作用。在农业部行业项目的资助下，河北农业大学也建立了中国马铃薯晚疫病预警系统(http://www.china-blight.net)，生长季节马铃薯主产区的监测点定期通过网络上传病害发生信息，通过系统综合分析后，向马铃薯不同的主产区发出病害预警和病害防控指导性建议，为晚疫病的防控发挥了积极作用。

此外，还可根据寄主和病原物的发育进度等进行预测。例如，根据苹果花腐病菌子囊孢子每天产生和释放情况，确定该病的防治适期。

4.4.3.2 数理统计模型法

数理统计预测是利用数理方法对已有相关数据进行处理分析，建立预测模型。20 世纪 60 年代我国在植物病虫害预测中开始应用数理统计方法。数理统计预测方法的内容很多，其一般过程可分为资料整理、因素选择、模式选择和拟合度检验等。

(1)资料整理

完整、可靠的历史资料是组建良好预测模型的基础。预测资料包括发生程度、发生期、发生过程和影响病害发生的生物和非生物因素资料。预测资料的整理一般包括资料的采集、分析、列表和处理等 4 个阶段。

(2)因素选择

预测因素的选择对预测效果影响很大。在病害预测模型建立的过程中，涉及的影响因素很多，不可能将全部因子用于统计分析的计算过程，所以，对预测因子必须进行选择。通常选择因子的方法有直接选择法、主因素选择法、相关分析法、层次分析法等。

(3)模式筛选

当影响病害发生程度的主要因素确定后，可依据主要因素与病害之间的关系选择适当的预测模型。在预测模型的研制过程中，一般要制作多个不同形式的预测模型，经比较后，选择预测效果较好的模型试用。

(4)拟合度检验

拟合度检验是对已制作好的预测模型进行检验，比较它们的预测结果与病害实际发生情况的吻合程度。通常是对数个预测模型同时进行检验，选择拟合度较好的试用。常用的拟合度检验方法有剩余平方和检验、卡方检验和线性回归检验等。

数理统计预测的优点是组建模型较为简单，使用起来也比较方便，对一些发生规律比较简单，影响因素比较明确的病害，用这种方法预测可取得较好的效果。但其预测的准确程度受资料的代表性、完整性和预测因素的选择等的影响较大，适用范围主要取决于基础数据的时空界定。

4.4.3.3 专家评估法

随着科学技术的发展，数理统计等数学方法以及各种计算机软件不断应用于病害测报，但在缺乏足够统计数据和完整信息资料的情况下，应用专家评估可以集中人类的智慧、认识，对影响因素多、关系复杂的系统做出预测仍是可取的办法。专家评估可以分为专家会议、德尔菲法、专家系统预测、头脑风暴法和交叉影响法等。

4.4.3.4 系统模拟模型法

模拟是依据研究目的而定的系统要素及其活动的重演，而系统模拟模型法是在对植物病害系统进行比较深入分析研究的基础上，将理论知识和定量模型按照客观系统的结构重新组装成能够仿真的计算机模型，并通过运行这种模型进行预测的方法。国内外已研制成的病害流行系统模型已有 40 多个，其中一部分已用于预测。国内也先后研制出小麦条锈病等 10 多个电算模拟模型。

系统模拟模型法适合于流行因素多、关系复杂、防治水平高、有进一步优化防治方案要求的病害；其缺点是建模较困难，真正能够在生产中使用的模拟模型很少。

互动学习

1. 病原物侵入寄主有哪些途径和方式？描述菌物直接侵入表皮的过程。
2. 简述植物病原物的主要越冬和越夏场所。
3. 阐述各种病原物传播的方式。
4. 举例比较多循环病害和单循环病害的流行学特点。
5. 植物病害预测的类型和依据有哪些？
6. 简述植物病害的预测方法及特点。

名词解释

病原物的侵染过程：是指病原物与寄主植物的可侵染部位接触，经侵入，在植物体内定殖、扩展，进而发生致病作用，显示病害症状的过程，即植物个体遭受病原物侵染后的发病过程。

接触期(contact period)：是指从病原物与寄主接触，或到达受到寄主外渗物质影响的根围或叶围后，开始向侵入的部位生长或运动，并形成某种侵入结构的一段时间。

侵入期(penetration period)：通常，将从病原物侵入寄主到建立寄主关系的这段时间称为病原物的侵入期(penetration period)。

潜育期(incubation period)：从病原物与寄主建立寄生关系，到表现明显症状，这一时期就是病害的潜育期(incubation period)。

发病期：即从出现症状开始直到生长季节结束，或植物死亡为止的一段时期。

病害循环(disease cycle)：是指病害从前一生长季节开始发病，到下一生长季节再度发病的过程，有人称作侵染循环(infection cycle)。

初侵染：越冬或越夏的病原物，在植物的一个生长季节中最初引起的侵染，称为初次侵染或初侵染。

再侵染：受到初次侵染的植物发病以后，有的可以产生孢子或其他繁殖体，传播后引起再次侵染，称为再侵染。

单循环病害(monocyclic disease)：是指在病害循环中，只有初侵染没有再侵染或虽有再侵染，但危害作用很小的病害。

多循环病害(polycyclic disease)：是指病原物在一个生长季节中能够连续繁殖多代，从而发生多次再侵染。

第5章
植物病害的诊断和防治

本章导读

主要内容

植物病害的诊断

植物病害的防治原理及方法

互动学习

名词解释

5.1 植物病害的诊断

植物病害是植物在整个生长发育过程中，由于受到病原物的侵染或不良环境条件的影响，使正常的生长发育受到干扰和破坏，在生理和外观上发生异常变化，并造成经济损失，这种偏离了正常状态的植物就是发生了病害。这是一种逐渐地不断变化的过程，简称病程。植物病害都有病程。而由风、雹、昆虫以及高等动物对植物造成的机械损伤，能引起植物外观发生改变，但却没有逐渐发生的病变过程，因此，不是植物侵染性病害。所谓植物病害的诊断(diagnosis of plant disease)，就是判断植物发病的原因，确定病害种类和病原类型。要了解病害发生的原因，就要检测鉴定病原。所谓鉴定(identify)，则是将引起植物发病的病原种类同已知种类比较异同，确定病原的科学名称或分类上的地位。植物病原的鉴别是认识植物病害的关键，只有找出植物发病的原因，才能对症下药。因此，植物病害的诊断和病原的鉴定是植物病害防治的前提和依据。

5.1.1 诊断的意义

植物病害诊断的目的在于查明和确定病因，然后根据病因和发病规律，提出相应的对策和措施，及时有效地防治植物病害，同时，减少植物因病害所造成的损失。因此，对植物病害进行诊断，特别是对植物病害的早期判断是非常重要的，在植物病害防治上具有十分重要的意义。诊断上的延迟和失误，常会导致防治策略的失败。因而造成经济损失。

有效的诊断需要精确、可靠和快速。

5.1.2 诊断的程序

5.1.2.1 植物病害诊断的依据和方法

植物病害诊断依据主要有病害传染特征、症状学特征及病原学特征等。

(1)传染特征依据

传染特征是侵染性病害所具有的在植物不同个体间相互传染的特性或特征，它是区别侵染性病害和非侵染性病害的根本依据。

引发植物病害的原因很多，既有不适宜的环境因素，又有生物因素，还有环境与生物相互配合的因素。植物病害的诊断，首先要区分是属于侵染性病害还是非侵染性病害。

侵染性病害是由生物引起的，特征是：① 病害有一个发生发展即逐步扩展或传染的过程；② 在特定的品种或环境条件下，病害轻重不一；③ 在病株的表面或内部可以发现其病原物的存在；④ 它们的症状也有一定的特征。引起侵染性病害的病原物种类很多，主要有菌物、原核生物、病毒、线虫、寄生性种子植物以及原生动物等。由病原生物侵染引起的病害在植物个体间可以相互传染，能够在田间传播、扩散、蔓延。

非侵染性病害是由非生物因素引起的，特征是：① 病植物上看不到任何病原物，也不可能分离到病原物；② 这类病害往往大面积同时发生；③ 发病时间短；④ 病害只限于某一品种发生；⑤ 没有相互传染和逐步蔓延的现象。非生物性病原除了植物自身遗传性疾病外，主要是不利的环境因素所致，如营养失调(缺某种元素)、水分失调(干旱、水涝)、温度(日烧、冷冻)、有害物质(化肥或农药、空气污染或废水污染等)等。如果环境条件改变，许多非侵染病害可以得到恢复。

(2)症状学依据

每类植物病害乃至每一种植物病害都有其特有的症状特征，包括发病植物的内部症状和外部症状，后者又包括病状、病征、症状的变化等。因而这些特征就可以作为诊断植物病害的重要依据。

病状类型主要有 5 种类型，即变色(discoluration)、坏死(necrosis)、腐烂(rot)、萎蔫(wilt)和畸形(malformation)。病征类型主要有 6 种，即霉状物、粉状物、粒状物、索状物、脓状物以及寄生性植物。病征一般在植物发病的后期才出现，气候潮湿有利于病征的形成。

植物病害的症状具有复杂性，可表现出种种变化。多数情况下，一种植物在特定条件下发生一种病害以后只出现一种症状。但有不少病害并非只有一种症状或症状固定不变，可以在不同阶段或不同抗性的品种上，或者在不同的环境条件下出现不同的症状。其中常见的一种症状，就称为典型症状。例如，烟草花叶病毒侵染普通烟后，寄主表现花叶症状，但它侵染心叶烟后，植株却表现枯斑症状。有的病害在一种植物上可以同时或先后表现两种或两种以上不同类型的症状，即综合症(syndrome)。例如，稻瘟病菌侵染叶片出现梭形病斑，侵染穗颈部导致穗颈枯死，侵害谷粒则表现褐色坏死斑。当植物发生一种病害的同时，有另一种或另几种病害同时在同一植株上发生，可以出现多种不同类型的并发症(complex disease)。如柑橘发生根线虫病时常并发缓慢性衰退病。又当植物感染一种病害以后，可继续发生另一种病害，这种继前一种病害之后而发生的病害称为继发性病害(succeeding disease)。如大白菜感染病毒病后，极易发生霜霉病。当两种病害在同一株植物上发生时，可以出现两种病害各自的症状而互不影响，但有时这两种症状在同一个部位或同一器官上出现，就可能彼此干扰，发生颉颃现象，即只出现一种症状或很轻的症状；也可能出现相互促进、加重症状的协生现象，甚至出现了完全不同于原有两种各自症状的第三种类型症状。因此，颉颃现象和协生现象都是指两种病害在同一株植物上发生时出现症状变化的现象。隐症现象(masking of symptom)也是症状变化的一种类型。有些植物病害还有潜伏侵染现象(latent infection)，即病原物侵入寄主后长期处于潜伏状态，寄主不表现或暂不表现症状，而成为带菌或带毒植物。引起潜伏侵染的原因很多，可能是寄主有高度的耐病力，或者是病原物在寄主体内发展受到限制，也可以是环境条件不适宜症状出现等。

掌握了大量的病害症状表现，尤其是综合症、并发症、继发性病害以及潜伏侵染与隐症现象等症状变化后，就可以根据症状类型、病征及病害症状的变化特点对植物病害进行综合分析，做出客观准确的判断。症状是识别和诊断病害的重要依据，但由于症状表现出的复杂性，对某些病害不能单凭症状进行诊断，特别是不常见的或新发生的病害更不能只根据一般症状下结论，必要时应进行病原鉴定。

(3)病原学依据

广义的病原也称病因，是指引致植物发病的原因，包括生物因子和非生物因子。用于植物病害诊断的病原学依据应包括生物病原和非生物病原两个方面。生物病原方面的依据包括对病原物进行形态特征、生物学特性、侵染性试验、免疫和分子生物学检测鉴定等。非生物病原方面的依据包括对病原进行化学诊断、治疗试验和指示植物鉴定等。

病原物检测鉴定的方法有：

①保湿培养和显微镜鉴定　是病原物常规检测和鉴定的方法。一般侵染性病害的病组织经保湿培养后会出现明显的症状和病征，如菌物病害会出现菌丝体、霉层等，细菌性病害可出现菌脓。但难培养细菌、病毒或菌原体所引致的病害则只表现病状，不出现病征。显微镜鉴定是利用普通显微镜观察检查病原物形态特征或病组织的内部病理变化，如菌物菌丝有无隔膜，孢子或子实体的形状、颜色、大小、隔膜数目等。如为细菌病害，一般可以看到有大量细菌从病部溢出(菌溢)，这是诊断细菌病害比较简易和准确的方法。

②病原菌分离培养技术　病原菌在适合的培养基上才能良好生长，一些病原菌需要特定的培养基才能生长。如使用选择性培养基，可达到良好鉴别效果。常用于菌物与细菌的检测鉴定。

③ 电子显微技术　在电子显微镜下可直接观察病毒的形态结构，是病毒最直接、最准确的检测鉴定手段。也常用于细菌和菌原体的检测。

④ 生物学方法　不同的病原物在传播介体、噬箘体技术、鉴别寄主、寄主范围等方面常表现其特有的性状，因而可作为该病原物的鉴别方法。如噬菌体技术是细菌分类鉴定的常用方法。噬菌体是寄生于细菌的病毒，其对宿主的感染和裂解作用具有高度的特异性，即一种噬菌体往往只能感染或裂解某种细菌，甚至只裂解种内的某些菌株。所以，根据噬菌体的宿主范围可将细菌分为不同的噬菌型，并利用噬菌体裂解的特异性进行细菌鉴定。

⑤ 生物化学反应法　不同的病原物有其最适合的培养基，各种特殊的培养基广泛应用于病原物的检测鉴定。在细菌检测和鉴定中，广泛采用生理和生化性质测定技术。不同细菌对某种培养基或化学药品会产生不同的反应，从而被作为鉴定细菌的重要依据。常用于鉴定细菌的生化反应有：糖类发酵能力、水解淀粉能力、液化明胶能力、对牛乳的乳糖和蛋白质分解利用、在蛋白胨培养液中测定代谢产物、还原硝酸盐能力、分解脂肪能力等。

⑥ 免疫学技术　免疫学技术是以抗原抗体的特异性反应为基础发展起来的一种技术，已广泛应用于植物病原物的检测鉴定中。以酶联免疫分析技术(enzyme-linked immunosorbnent assay，ELISA)最为常用。病原物的鉴定一般是根据形态学、细胞学和生物学特性，其中最重要的是形态特征。

⑦ 新技术、新方法　近年来由于科学技术的发展，尤其是分子生物学的迅速发展，给予病原物分类鉴定，特别是对于用常规方法鉴定有困难的植物病原物如类病毒、菌原体等的分类鉴定以巨大推动。新技术、新方法越来越多地用于病原物的分类鉴定研究。例如，细胞壁成分分析、蛋白质和核酸的组成分析、核酸杂交、原核生物16S rRNA序列分析、氨基酸序列测定、氨基酸合成途径的研究、数值分类、光谱和色谱技术测定菌物代谢产物、菌物细胞细微结构分析以及聚合酶链式反应(polymerase chain reaction，PCR)技术，通过体外快速扩增特定DNA序列，可以得到特定的指纹图谱，比较分析不同病原物之间的DNA指纹图谱，可以判定亲缘关系等。近20年来，快速、准确、灵敏、简易、自动化的鉴定方法和技术也发展很快，并在病原物的鉴定中广泛应用。如植物病害诊断计算机专家系统、植物病害病原鉴定计算机辅助系统以及微生物自动分析系统等，这些方法利用计算机技术实现对植物病原的检索鉴别，体现了信息化时代现代科技与学科之间的有效结合。

非侵染性病害及没有病征的病毒、菌原体等侵染性病害的诊断与病原鉴定的方法有：

① 化学分析法　也称化学诊断法。经过初步诊断，如怀疑病原可能是非生物因素，就可进一步采用此法。通常是将病组织或病田土壤的成分和含量进行测定，并与正常值比较，从而查明过多或过少的成分，确定病原。这一诊断法对植物缺素症和盐碱害的诊断较可靠。

② 模拟试验　根据初步分析的可疑病因，人为提供类似发病条件，如低温、缺乏某种营养元素以及药害等，对与发病植株相同植物(品种)的健康植株进行处理，

观察其是否发病。如果处理植株发病，且症状与原来的发病植株症状相同，则可推断先前分析的病因是正确的。

③ 对症治疗　根据田间发病植物的症状表现和初步分析的可疑病因，拟定最可能有效的治疗措施，进行针对性的施药处理，观察病害的发展情况，这就是对症治疗，也称治疗诊断。例如，对表现黄化症状、经初步分析怀疑为菌原体病害的植株，采用四环素注射治疗。如处理后植株症状消失或减轻，则可诊断为菌原体病害。对怀疑缺钾的水稻植株，采用磷酸二氢钾叶面喷施，如处理后植株症状消失或减轻，则可诊断为缺钾症。

④ 生物测定　又称指示植物鉴定法，常用于鉴定病毒病和缺素症病原。鉴定缺素症病原时，针对提出的可疑病因，选择最容易缺乏该种元素、症状表现明显而稳定的植物，种植在疑为缺乏该种元素的植物附近，观察其症状反应，借以鉴定待诊断植物病害是否因缺乏该种元素所致。

5.1.2.2　植物病害诊断的程序

在诊断时，首先要求熟悉病害，了解各类病害的特点；其次要求全面检查，仔细分析；最后注意下结论要慎重，要留有余地。诊断的程序一般包括以下内容：

(1)症状的识别与描述

观察和了解植物病害田间的群体和个体表现以及相关情况。群体表现：包括病害在整个田间如何分布，其时间动态和空间动态如何变化，是个别零星发生还是大面积成片发生，是由点到面发展还是短时间同时发生，发病部位是随机的还是一致的，开始发病时间、株龄和生长发育阶段等。个体表现：包括症状的局部和整株、地上和地下、内部和外部、病症和病状表现及症状的变化、气味等。田外表现：相邻田块和整个当地的发生情况，不同类型作物发生情况，不同品种的田块发生情况等。相关情况：询问病史看以前是否发生过，查阅资料看是否有相关报道。了解品种及栽培管理情况，包括品种来源、名称、播期、施肥、灌溉和农药使用情况等。调查生长环境及气象条件，包括土壤环境、周围生态(地势、工厂、生物、水源等)及近期或更早时间的温度、湿度、降雨等变化情况。

通过以上调查，结合各种病害特点，可以初步确定病害类型，即确定是属于侵染性病害还是非侵染性病害。缩小进一步诊断的范围，对其作出大致的估计。这是诊断的第一步。对于病征不明显或者明显但又不能断定是否由病原生物引起的病害，就要进行第二步采样检查。

(2)采样检查

首先主要观察和了解是否有病原物。观察方法因病原而异，菌物、线虫及部分病毒内含体可直接通过普通光学显微镜观察，细菌用油镜观察，菌原体、病毒粒体及部分病毒内含体用电镜观察。观察时应注意：① 采样要典型，症状必须表现明显，症状不明显的可以在25～28 ℃下保湿培养1～2天；② 时间要适宜，太早观察不到，太迟腐生菌干扰或病原孢子飞散或释放；③ 发病部位要完整，包括主要部位、其他部位甚至整株；④ 制片要正确，病部正背面、内外部、刮切兼顾，要多取几个部位，多做几个切片观察；⑤ 观察要仔细，注意光线的调节，注意病原物与杂质、植物组织等的区别，注意观察病原物不同部分，不能仅仅根据观察到的孢子或其他某个部位就下结论，而应通过一系列试验过程来确定病原，即对病原进行鉴定。

这是诊断第二步，通过以上试验验证和病原鉴定，可以确定侵染性病害中是菌物、病毒、细菌还是线虫或其他病原物侵染引起，非侵染性病害中是营养失衡还是环境不适等其他原因引起。

(3) 专项检测

由于病害和症状的复杂性，任何典型症状都有可能有例外。为了及早、准确、快速诊断病害，常将生物、物理、化学及分子方法应用于病害诊断，形成针对不同病害或病原物特点的专项检测技术。如：

① 噬菌体方法　噬菌体即侵染细菌的病毒，它侵染细菌，引起细菌细胞破裂，使细菌培养液由浊变清或使含菌的固体培养基上出现透明的噬菌斑。噬菌体和寄主细胞间大多存在专化性相互关系。因此，可利用专化噬菌体从病组织中检测细菌，10 ~ 20 h 就可看到反应结果，是一种快速的诊断方法。

② 血清学技术　抗原和抗体特异性结合的反应技术，可以快速地鉴定病原及生物类群间的亲缘关系。常用的方法有沉淀反应、凝集反应、琼脂双扩散法、免疫电镜技术、放射免疫测定和酶联免疫吸附反应等。

③ 核酸杂交　也叫核酸探针技术，已知的核酸片段和未知核酸在一定的条件下通过碱基配对形成异质双链的过程称为杂交，其中预先分离纯化或合成的已知核酸序列片段叫做核酸探针(probe)。核酸杂交可以在 DNA 和 DNA 之间以及 DNA 和 RNA 之间进行；不仅可以检测到目标病原物的核酸，而且还可以检测出相近病原物间的同源程度。是从核酸分子水平上鉴定病原物的方法。

④ 聚合酶链式反应(PCR)　是一种体外扩增特异性 DNA 的技术，用于扩增位于两段已知序列之间的 DNA 区段。首先从已知序列合成两段寡聚核苷酸作为反应的引物，然后经过 DNA 加热变性、引物退火和引物延伸三个过程重复循环，在正常反应条件下，经 30 个循环可扩增至百万倍。应用 PCR 扩增技术可将很少的病原微生物核酸扩增放大，用于病害的早期诊断；也可产生大量的核酸探针，用于病害的诊断。

通过以上专项检测，进一步可确定病原物的分类地位。

(4) 逐步排除法得出适当结论

一般性病害确诊必须做到：症状吻合，病原鉴定吻合。

5.1.3　柯赫氏法则

柯赫氏法则(Koch's rule)又称柯赫氏假设(Koch's postulates)或柯赫氏证病律，是确定侵染性病害病原物的操作程序。

5.1.3.1　柯赫氏法则的内容

① 在病植物上常伴随有一种病原生物存在；

② 该生物可在离体的或人工培养基上分离纯化而得到纯培养；

③ 将纯培养接种到相同品种的健株上，出现症状相同的病害；

④ 从接种发病的植物上再分离到其纯培养，性状与接种物相同。

经过以上四步，即经过两次症状观察和两次分离培养，若前后结果相同，就可确定所观察到的生物就是病原物。

5.1.3.2 柯赫氏法则的应用范围

① 所有侵染性病害的诊断与病原物的签定都可以按照柯赫法则来验证。

② 特别是发现一种不熟悉的或新的病害时，应用柯赫氏法则的四步来完成诊断与鉴定。

③ 一些专性寄生物如植物线虫、病毒、菌原体、霜霉菌、白粉菌和锈菌等，由于目前还不能在人工培养基上培养，在进行人工接种时，直接从病株组织上取线虫、孢子，或采用带病毒或菌原体的汁液、枝条、昆虫等进行接种。当接种株发病后，再从该病株上取线虫、孢子，或采用带病毒或菌原体的汁液、枝条、昆虫等，用同样方法再进行接种，当得到同样结果后才可证实该病的病原为接种的病原。

④ 适用于对非侵染性病害的诊断，只是以某种怀疑因素来代替病原物的作用。例如，当判断是缺乏某种元素引起病害时，可以补施某种元素来缓解或消除其症状，即可确认是某元素的作用。

5.1.4 植物病害的诊断要点

5.1.4.1 植物病害诊断原则

总的原则是，严格按植物病害的诊断程序进行。包括全面细致地观察检查病植物的症状、调查询问病史和相关情况、采集样品对病原物形态或特征性结构进行观察、进行必要的专项检测、综合分析病因；同时要注意综合症、并发症、继发症、潜伏侵染与隐症现象等的辨析。病原鉴定按柯赫氏法则进行。

5.1.4.2 非侵染性病害诊断及病原鉴定要点

(1) 非侵染性病害发生的原因

① 植物虫害　害虫如蚜虫、棉铃虫等啃食、刺吸、咀嚼植物引起的植株非正常生长和伤害。无病原物，有虫体可见。

② 生理性病害　植物受不良生长环境限制以及天气、种植习惯、管理不当等因素影响，植物局部或整株或成片发生异常，无虫体和病原物可见。大多数非侵染性病害属此类。可分为药害、肥害和天气灾害等几种。

药害　因过量施用农药或误施、飘移、残留等因素对作物造成的生长异常、枯死、畸形现象。又可分为：杀菌剂药害，因施用含有对作物花、果实有刺激作用成分的杀菌剂造成的落花落果以及过量药剂所产生植株及叶片畸形现象；杀虫剂药害，因过量和多种杀虫剂混配喷施农作物所产生的烧叶、白斑等现象；除草剂药害，除草剂超量使用造成土壤中残留，下茬受害黄化、抑制生长等现象，以及喷施除草剂飘移造成的近邻作物受害畸形现象；激素药害，因气温、浓度过高，过量或喷施不适当造成植株畸形、畸形果、裂果、僵化叶等现象。

肥害 因偏施化肥，造成土壤盐渍化，或缺素造成的植株烧灼、枯萎、黄叶、化果等现象。又可分为：缺素症，施肥不足、脱肥或过量施入单一肥料造成植物缺乏微量元素现象；中毒症，过量施入某种化肥或微肥，或环境污染造成的某种元素中毒。如 SO_2、SO_3、HCl、粉尘等引起叶缘，叶尖枯死，叶脉间变褐导致落叶。

天气灾害 因天气的变化，突发性天灾造成的危害。又可分为：冬季持续低温对作物生长造成的低温障碍；突然降温、霜冻造成的危害；因持续高温对不耐热作物造成的高温障碍；阴雨放晴后的超高温强光下枝叶灼伤；暴雨、水灾植株泡淹造成的危害等。例如，当水分失调时，水多引起根部窒息腐烂，地上部分发黄，花色浅；水少时造成植物地上部萎蔫。高温可造成灼伤；低温造成冻害或组织结冰而死；冬春之交，高低温交替，昼夜温差大，也可使树干阳面发生灼伤和冻裂。

③ 植物遗传性疾病 先天的植物不正常。有的植物种质由于先天发育不全，或带有某种异常的遗传因子，播种后显示出遗传性病变或称生理性病变，例如白化苗、先天不孕等，它与外界环境因素无关，也无外来生物的参与，这类病害是遗传性疾病，病因是植物自身的遗传因子异常。无虫体和病原物可见。

(2) 非侵染性病害发生的诊断要点

如果病害在田间大面积同时发生，没有逐步传染扩散的现象，而且从病植物上看不到任何病征，也分离不到病原物，则大体上可考虑为非侵染性病害。可从发病范围、病害特点和病史几方面来分析。下列几点可以帮助诊断：

① 病害突然大面积同时发生，发病时间短，只有几天，处于同一环境条件的相同品种植株间发病程度较为一致，大多是由于大气污染、水源污染、土壤污染或恶劣气候等因素所致，如毒害、烟害、冻害、干热风害、日灼等。

② 发病植株有明显的枯斑、灼伤、畸形，且多集中在某一部位的叶或芽上，无既往病史，大多是由于使用农药或化肥不当所致。

③ 病害只限于某一品种发生，植株间发病程度相对一致，症状多为生长异常，如畸形、白化、不实等，而处于同一环境条件的其他品种未见该种异常，则病因多为遗传性障碍。

④ 植株生长不良，表现明显的缺素症状，尤以老叶或顶部多见，多为缺乏必需的营养元素所致。

⑤ 植物根部发黑，根系发育差，往往与土壤水多、板结而缺氧，有机质不腐熟而产生硫化氢或废水中毒等有关。

在非侵染性病害诊断时需要注意以下两点：一是非侵染性病害的病组织上可能存在非致病性的腐生物，要注意分辨；二是侵染性病害的初期病征也不明显，而且病毒、菌原体等病害也没有病征，需要在分析田间症状特点、病害分布和发生动态的基础上，结合组织解剖、免疫检测或电镜观察等其他方法进一步诊断。对于没有病征的病毒、菌原体等病害，可以通过田间有中心病株或发病中心(连续观察或仔细调查)、症状分布不均匀(一般幼嫩组织症状重，成熟组织症状轻甚至无症状)、症状往往是复合的(通常表现为变色伴有不同程度的畸形)等特点与非侵染性病害相区别。

在以上观察和调查基础上，若还不能确定是不是非侵染性病害，根据情况可进一步诊断。对于不能确定是否有病征时，可以通过病组织保湿培养和普通显微镜观察，看有无病征和病原物，可以和细菌、菌物、线虫病害初步区分。当和病毒、菌原体等病害难以区分时，可按病毒病害的诊断方法如组织解剖、传染试验、免疫检测或电镜观察等进一步诊断。也可按非侵染性病害诊断方法如治疗诊断，进一步诊断。对于病组织可能存在的非致病性腐生生物，结合非侵染病害症状特点和病部生物种类综合分析，必要时可通过柯赫氏法则进行验证。

(3)非侵染性病害病原鉴定要点

经过以上步骤和分析，确认为非侵染性病害后，再通过以下方法进一步确定和鉴定具体病因。

① 对病株组织或病田土壤进行化学分析，测定其成分和含量并与正常值进行比较，从而查明哪种成分过多或过少，确定病原。

② 根据初步分析的可疑病因，人为提供类似条件如低温、缺素或药害等，对植物进行处理，观察其是否发病。

③ 初步分析可疑病因，采取治疗措施。如怀疑缺某种元素，可以对植株进行喷洒、注射或浇灌营养液等方法，观察症状能否减轻或恢复健康。

④ 根据可疑病因，选择对该病因敏感、症状表现明显且稳定的植物作为指示植物，种植在发病环境中，观察症状反应，一般用于果树植物缺素症鉴别。

5.1.4.3 侵染性病害的诊断及病原鉴定要点

侵染性病害一般不表现大面积同时发生，不同地区、田块发生时间不一致；病害田间分布较分散、不均匀，有由点到面、由少到多、由轻到重的发展过程；发病部位(病斑)在植株上分布比较随机；症状表现多数有明显病征，如菌物、细菌、线虫、寄生性种子植物等病害。病毒、菌原体等病害虽无病征，但多表现全株性病状，且这些病状多数从顶端开始，然后在其他部位陆续出现；多数病害的病斑有一定的形状、大小；一旦发病后多数症状难以恢复。在此基础上，再按不同病原物的病害特点和鉴定要求，进行诊断和鉴定。

(1)菌物病害

① 菌物病害的诊断要点　菌物病害症状多为坏死、腐烂和萎蔫，少数为畸形。大多数在病部有霉状物、粉状物、点状物、锈状物等病征。一些菌物的维管束病害，茎干的维管束变褐，保湿培养后从茎部切面长出菌丝。对于常见病害，通过这一步就可确定病害种类。对于不能确定的病害，通过刮、切、压、挑等方法制片，观察孢子、子实体或营养体的形态、类型、颜色及着生情况等。镜检时，病征不明显的，进

行保湿培养；保湿培养后仍没有病征的，可选用合适的培养基进行分离培养。另外，镜检或分离时，要注意区分次生或腐生的菌物或细菌，较为可靠的方法是从新鲜材料或病部边缘制片镜检或取样分离，必要时还要通过柯赫氏法则进行验证。

② 病原鉴定要点　一般情况通过病菌形态观察可鉴定到属；对常见病害，根据病原类型，结合症状和寄主可确定病原菌物的种及病名；对于少见或新发现的菌物病害，必须经过病原菌致病性测定后，根据其有性、无性孢子和繁殖器官的形态特征经查阅有关资料核对后才能确定病原的种；有些病原菌物需要测定其寄主范围才能确定其种、变种或专化型；对寄生专化性强的菌物，需要测定其对不同寄主品种或鉴别寄主的反应，才能确定其生理小种。菌物的分类和鉴定工作，早期完全依赖于形态性状，主要以孢子产生方式和孢子本身的特征和培养性状来进行分类。除此，生理生化和生态性状也有较为广泛的应用。常用的生理生化方法有可溶性蛋白和同功酶的凝胶电泳、血清学反应、脂肪酸组分分析和细胞壁碳水化合物的组成分析等。另外，有些菌物的生活习性和地理分布等生态性状，也是分类鉴定的参考依据。现代分子生物学技术的不断发展为菌物的分类和鉴定提供了许多新的方法，弥补了传统分类的不足，特别是对于形态特征难以区分的种类的鉴定具有重要意义。这些技术主要包括 DNA 中 G + C mol% 含量的比较、核酸分子杂交技术、rDNA 序列分析技术、核糖体基因转录间隔区（ITS）分析技术、脉冲场电泳技术、限制性片段长度多态性分析技术（RFLP）、RAPD 技术、简单重复序列分析技术、扩增片段长度多态性技术（AFLP）等。

(2) 细菌病害

① 细菌病害的诊断要点　大多数细菌病害的症状有一定特点，初期病部呈水渍状或油渍状，半透明，病斑上有菌脓外溢。细菌病害常见的症状是斑点、腐烂、萎蔫和肿瘤。菌物也能引起这些症状，但病征则与细菌病害截然不同。喷菌现象是细菌病害所特有的，因此可取新鲜病组织切片镜检有无喷菌现象来判断是否为细菌病害。用选择性培养基来分离细菌，进而接种测定过敏反应也是很常用的方法。此外，通过酶联免疫吸附测定（ELISA）和噬菌体检验也可进行细菌病害的快速诊断。

② 病原鉴定要点　一般常见病经过田间观察、症状诊断和镜检为细菌时，就可确定病名和病菌种名。少见或新的细菌病害，通过镜检和柯赫氏法则验证后，在确定病原细菌的属、种时，还要观察记载和测定细菌形态、染色反应、培养性状、生理生化、血清学反应、DNA 中 G + C mol% 等，有的还需进行噬菌体测定及核酸杂交等分子生物学技术进行鉴定。

(3) 菌原体病害

① 菌原体病害的诊断要点　菌原体包括植原体和螺原体，病害的特点是植株矮缩、丛枝、小叶、黄化，系统性侵染，无病征。可通过嫁接、介体昆虫作为传播途径，观察其有无侵染性。只有在电镜下才能看到菌原体。植原体可结合治疗试验判断，病株注射四环素以后，初期病害的症状可以隐退消失或减轻，对青霉素不敏感。螺原体可结合培养性状判断，在含甾醇的固体培养基上可形成煎蛋状小菌落。

② 病原鉴定要点　通过以上诊断确定属后，结合寄主，查阅资料，采用分子生物学方法进一步作种的鉴定。

(4)病毒病害

① 病毒病害的诊断要点　病毒病的特点是无病征，症状主要表现为变色(花叶、斑驳、环斑、黄化等)、畸形(矮缩、蕨叶等)、坏死，无病征，多为系统性侵染，症状多从顶端开始表现，然后在其他部位陆续出现。以花叶、矮缩、坏死为多见。在电镜下可见到病毒粒体和内含体。必要时，再结合汁液摩擦、嫁接或蚜虫接种等方法进行传染性试验，就可以初步确定为病毒病。ELISA是目前广泛采用的病毒病快速诊断方法。植物病毒常混合侵染，鉴定时，首先要进行病毒的分离和纯化，一般方法有：利用寄主植物分离，利用不同传播途径分离，利用病毒的理化性状分离，少数还可采用电泳和色层分析等方法进行分离。分离后应通过柯赫氏法则验证、镜检或血清学方法测试。对于新的病毒病害，还需要作进一步的鉴定试验。

② 病原鉴定要点　病毒一般通过生物学性状观察、血清学检测、电子显微镜观察和物理化学分析等方面的综合结果进行鉴定。生物学性状观察的目的是确定病原的侵染性，并证明病毒与病害的直接相关性，内容包括症状表现、寄主范围、鉴别寄主、传染方式、交互保护作用等。电于显微镜观察的主要内容有病毒和内含体的形态、大小及细胞病理解剖结构。物理化学分析主要内容包括分子量、沉降系数、致死温度、稀释终点、体外保毒期、包膜有无、蛋白外壳结构、氨基酸组成、核酸类型和数量等。根据以上几方面的测定结果，与有关文献报道的病毒比较分析，最后确定其种类。

③ 植物类病毒的诊断与鉴定要点　主要引起畸形和矮化的症状，由于不显性侵染比较普遍，症状表现受环境温度的影响较大，而且几种鉴别植物对不同类病毒的反应症状相似，故难于应用生物方法测定。由于类病毒不产生任何蛋白质，所以也不能使用血清学方法检测。核酸杂交和PCR扩增等检测核酸的方法可用于类病毒的检测。

(5)线虫病害

① 线虫病害的诊断要点　线虫病害症状表现为植株矮小、叶片黄化、萎蔫、坏死、根部腐烂、局部畸形(根结、叶扭曲)等。有的在植物根表、根内、根际土壤、茎或籽粒(虫瘿)中可见到线虫。对于病部产生肿瘤或虫瘿的线虫病，可以作切片用光学显微镜观察；为了观察更清楚，也可用碘液对切片进行染色，线虫可染成深褐色，植物组织呈淡黄色。对于不产生肿瘤或虫瘿，在病部难以看到虫体的病害，可采用漏斗分离法，收集到线虫后进一步观察鉴定；也可通过叶片染色法，观察线虫是否存在。观察时要注意线虫是否有口针，以和腐生线虫区别；同时还要考虑线虫数量的大小，因为某些线虫必须有足够的群体数量才能引起明显症状；另外有些线虫可引起二次侵染，要注意区分，必要时进一步试验验证。

② 病原鉴定要点　根据观察到的线虫形态特征(体形、大小、口针、食道、肠、生殖器官、腺体、体段比例等)，结合寄主、致病性的特点，与相关资料进行对照、比较和分析，然后确定其种类。症状有虫瘿或根结、胞囊、茎(芽、叶)坏死、植株

矮化黄化、呈缺肥状，在发病植物的根表、根内、根际土壤、茎或籽粒(虫瘿)中可镜检到植物寄生线虫。分子生物学方法也应用于线虫的病原鉴定。

(6)寄生性种子植物病害

寄生植物所致病害表现为植株矮化、黄化、生长不良，在病植物上或根际可以看到其寄生植物，如菟丝子、列当、寄生藻等。可进行形态鉴定或分子生物学鉴定。

(7)原生动物病害

由原生动物侵染引起的原生动物病害，如椰子心腐病，其诊断要点是受害的树木呈现稀疏的变黄和落叶，随着变黄和落叶的逐渐增多，只有幼嫩的顶叶还保留，其他部位都成为光秃的枝条；根尖部开始枯死；树势恶化最终死亡。鉴定特征：最初出现症状时，韧皮部中只有很少几个大的(14~18 μm×1.0~1.2 μm)梭形的鞭毛虫。许多叶片变黄并脱落，鞭毛虫的数量很多，细长而呈梭形，大小为4~1 μm×0.3~1.0 μm。病原可以通过根接而传染，但不能通过绿色的枝条或叶片的嫁接而传播。

(8)复合侵染的诊断

当一株植物上有相同或不同种类的两种或两种以上的病原物侵染时，植物可以表现一种或多种类型的症状，如花叶和斑点、肿瘤和坏死。两种病毒或两种菌物以及线虫和菌物所引起的复合侵染是较为常见的。在这种情况下，首先要按照柯赫氏法则确定病原物的种类，然后按照上述各类病原所致病害的诊断方法进行诊断。

5.2 植物病害的防治原理及方法

5.2.1 植物病害防治及综合治理的定义

在植病系统中，寄主植物、病原物、环境条件之间构成了病害三角关系。在农业生态系统中，人为干预对植物病害的发生发展起着重要作用，有时起着决定性作用，即人类活动的能动性可加重病害或减小病害发生程度。因此，人们在植病系统中要处理好各种因素之间的相互关系和作用，使病害不发生，或使病害所造成的危害降低到最小限度。

植物病害的防治原理就是采取各种经济、安全、简便易行的有效措施对植物病害进行科学预防和控制，力求防治费用最低、经济效益最大、对植物和环境的不良作用最小，既有效预防或控制病害的发生发展，达到高产、稳产和增收的目的，又最大限度地保护农业生态环境，为农业生产的可持续发展创造必要条件。

植物各种病害的性质不同，防治的重点也有所不同。防治侵染性病害的主要措施是：① 消除病害的侵染来源；② 增强寄主的抗病性，保护寄主不受病原物的侵染；③ 创造有利于寄主而不利于病原物的环境条件。非侵染性病害的防治措施是：① 改善环境条件；② 消除不利因素；③ 增强寄主抗病性。

防治病害的途径很多，通常分为避病、杜绝、铲除、保护、抵抗和治疗6个方面。每种防治途径发展出许多防治技术，分属于植物检疫、农业防治、抗病性利用、生物防治、物理防治和化学防治等不同领域。

植物病害的种类很多，发生和发展的规律不同，防治方法也因病害性质不同而异。有些病害只要用一种防治方法就可得到控制，但大多数病害都要有几种措施相配合，才能得到较好的防治效果。过分依赖单一防治措施可能导致灾难性的后果，长期使用单一的内吸性杀菌剂，因病原物抗药性的增强，常导致防治失败。大面积栽培抗病基因单一的小种专化抗病性品种，因毒性小种积累，造成品种抗病性“丧失”，病害重新大发生。

植物病害的防治要认真执行“预防为主，综合防治”的植保方针，预防为主就是要正确处理植病系统中各种因素的相互关系，在病害发生之前采取措施，把病害消灭在未发生前或初发阶段，从而达到只需较少或不需投入额外的人力物力就能有效防治病害的目的，在目前的条件下，预防病害发生应是根本性的。

综合防治是对有害生物进行科学管理的体系。它有两个含义，一方面是防治对象的综合，即根据当前农业生产的需要，从农业生产全局和生态系统的观点出发，针对多种病害，甚至包括多种其他有害生物进行综合治理；另一方面是防治方法的综合，即根据防治对象的发生规律，充分利用自然界抑制病害和其他有害生物的因素，合理应用各种必要的防治措施，创造不利于病原生物发生的条件，控制病害或其他有害生物的危害，以获得最佳的经济、生态和社会效益。这一综合防治定义与国际上常用的“有害生物综合治理”(integrated pest management，IPM)、“植物病害管理”(plant disease management，PDM)的内涵一致。植物病害管理是通过制定合理的策略和方案，应用多种病害防治措施，将病害控制在经济损害水平之下。总之，在进行综合防治时要做到因时、因地、因病害的种类，因地制宜地协调运用多种必要的防治措施，以达到最佳的防治效果。

开展病害综合防治或综合治理首先应规定治理的范围，在研究病害流行规律和危害损失基础上提出主治和兼治的病害对象，确定治理策略和经济阈值，建立病害监测技术、预测办法和防治决策模型，研究并应用关键防治技术。为了不断改进和完善综合防治方案，不断提高治理水平，还要有适用的经济效益、生态效益和社会效益的评估指标体系和评价办法。

在制定防治策略时，应根据植物病害流行规律的特点和具体防治措施实施的可能性及其效果，因时因地制宜。各种病害的发生都有其特殊性。不同病害，或同一病害在不同条件下，流行规律有别，防治难易程度不等，防治措施也不完全一样；不同病害之间也有其共同性和一定的内在联系，一种防治措施常对多种病害有效。因此，在设计具体的防治方案时，要充分考虑病害的个性和共性，抓住病害以发生发展的薄弱环节，采用最经济、易行的方法，发挥各种防治措施的最大潜力，同时将其对农业生态环境的负面影响降低到最小程度，提出主次分明的综合防治措施。

5.2.2 植物检疫

按照世界贸易组织的《实施卫生和植物卫生措施协议》(*Agreement on the Application*

of Sanitary and Phytosanitary Measures，简称SPS协议）和联合国粮农组织（FAO）的《国际植物保护公约》（*International Plant Protection Convention*，IPPC）的定义，植物检疫（plant quarantine）又称为法规防治，是为保护各成员境内植物的生命或健康免受由植物或植物产品携带的有害生物的传入、定居或传播所产生的风险，为防止或限制因有害生物的传入、定居或传播所产生的其他损害的一切官方活动。简而言之，所有为预防和阻止对植物有重大危害的危险性有害生物传入和扩散所采取的官方行为和程序都是植物检疫。

植物检疫是植物保护措施中最具有前沿性的一项传统措施，但又不同于其他的病虫防治措施。植物保护工作包括预防、杜绝或铲除、免疫、保护和治疗等5个方面。植物检疫是植物保护领域中的一个重要部分，其内容涉及植物保护中的预防、杜绝或铲除的各个方面，也是最有效、最经济、最值得提倡的一个措施，甚至是某一有害生物综合防治计划中的唯一具体措施。

5.2.2.1 植物检疫任务

进出境动植物检疫的宗旨是防止动物传染病、寄生虫病和植物危险性病、虫、杂草以及其他有害生物传入、传出国境，保护农、林、牧、渔业生产和人体健康，促进对外经济贸易的发展。植物检疫任务是：① 禁止检疫性有害生物随着植物及其产品由国外输入或由国内输出；② 将国内局部地区已经发生的检疫性有害生物封锁在一定范围内，防止传入未发生地区，采取措施消灭；③ 当检疫性有害生物传入新地区时，采取紧急措施，就地消灭。

植物检疫分为对内植物检疫（国内检疫）和对外植物检疫（国际检疫）。对内植物检疫是由县级以上农林业行政主管部门所属的植物检疫机构实施。其中农业植物检疫名单由国家农业部制定，省（市、自治区）农业厅制定本省补充名单，并报国家农业部备案；疫区、保护区的划定由省农业厅提出，省政府批准，并报国家农业部备案；对调运的种子等植物繁殖材料和已列入检疫名单的植物、植物产品，在运出发生疫情的县级行政区之前必须经过检疫；对无植物限定性有害生物的种苗繁育基地实施产地检疫；从国外引进的可能潜伏有危险性病虫的种子等繁殖材料必须进行隔离试种。

对外植物检疫是由国家出入境检验检疫局设在对外港口、国际机场及国际交通要道的出入境检验检疫机构实施。防止本国未发生或只在局部发生的检疫性病虫草由人为途径传入或传出国境；禁止植物病原物、害虫、土壤及植物疫情流行国家、地区的有关植物、植物产品入境；经检疫发现的含有检疫性病虫草的植物及植物产品做除害、退回或销毁处理，其中处理合格的准予入境；输入植物需进行隔离检疫的在出入境检验检疫机构指定的场所检疫；对规定要进行检疫的出入境物品实施检疫；对进出境的植物及其产品的生产、加工、储藏过程实行检疫监督。

5.2.2.2 植物检疫实施

植物检疫由植物检疫机构实施。农业部（国务院农业主管部门）主管全国农业植物检疫工作，各省、自治区、直辖市农业主管部门主管本地区的农业植物检疫工作。

农业部所属的植物检疫机构和县级以上地方各级农业主管部门所属的植物检疫机构负责执行农业植物检疫任务。林业部和各级地方林业主管部门主管全国和地方森林植物检疫工作。国内植物检疫现行主要法规是《植物检疫条例》、该条例的实施细则以及各省(区、市)拟定的植物检疫实施办法等。植物检疫机构依据上述法规开展国内植物检疫工作。国内植物检疫依据限定性有害生物实行针对性检疫。全国性农业和森林植物检疫名单和应施检疫的植物、植物产品名单由农业部和林业部分别制定。各省(区、市)可根据本地区需求，制定补充名单。上述两类名单都是全国各级植物检疫机构实施检疫的依据。

我国进出境检疫由国务院设立的国家动植物检疫机关(国家动植物检疫总局)统一管理，在对外开放的口岸和进出境检疫业务集中的地点设立口岸动植物检疫局实施检疫。与国内植物检疫体制不同，进出境动植物检疫机关统筹管理进出境农业、林业植物检疫以及动物检疫，其主要法律依据是《中华人民共和国进出境动植物检疫法》。

5.2.2.3 限定性有害生物

限定性有害生物，包括检疫性有害生物和限定非检疫性有害生物两部分。有害生物是指任何对植物或植物产品构成伤害的植物、动物或病原微生物。检疫性有害生物是指一种对受威胁地区具有潜在经济重要性、目前尚未分布，或虽有分布但分布不广，且正在被官方防治的有害生物，如地中海实蝇、梨火疫病、谷斑皮蠹就是世界许多国家的检疫性有害生物。限定非检疫性有害生物是指一种在种植用植物上存在，危及这些植物的原定用途而产生无法接受的经济影响，因而要受到输入方限制的非检疫性有害生物。从上述定义来看，对限定的有害生物十分强调经济重要性及官方防治。

为防止危险性植物有害生物传入我国，根据《中华人民共和国进出境动植物检疫法》及其实施条例等法律法规，由国家质检总局、农业部共同制定的《中华人民共和国进境植物检疫性有害生物名录》于2007年5月28日发布并实施。我国进境植物检疫性有害生物由原来的84种增至435种，其中，昆虫152种，真菌125种，原核生物58种，线虫20种，病毒及类病毒39种，杂草41种。1992年7月25日农业部发布的《中华人民共和国进境植物检疫危险性病、虫、杂草名录》同时废止。

5.2.2.4 植物检疫程序

植物检疫程序(phytosanitary procedure)是官方规定的执行植物检疫措施的所有方法，包括与限定有害生物有关的检验、检测、监测或处理的方法。在植物检疫体系中，植物检疫程序与植物检疫法规组成了基本的植物检疫措施，成为实现植物检疫宗旨的基本保障。随着植物检疫实践的不断发展，检疫许可、检疫申报、现场检验、实验室检测、检疫处理以及检疫监管等逐渐构成了基本的植物检疫程序。

植物检疫的主要方式有产地检疫、现场检疫、实验室检疫、隔离检疫和国际邮包检疫等，根据需要采用不同的检疫方式。此外，针对某些特殊的植物和植物产品，实行产地检疫、预检以及隔离检疫等也是非常必要的植物检疫程序。

(1)检疫许可

检疫许可又称检疫审批，是指在输入某些检疫物或引进某些禁止进境物时，输入单位向植物检疫机关事先提出申请，检疫机关经过审查做出是否批准输入或引进的法定程序。检疫许可分为特许审批和一般审批两种类型。在植物检疫工作中，特许审批所针对的是禁止进境物，如植物病原体(包括菌种、毒种和血清等)、害虫及其他有害生物等活体；一般审批针对的是植物种子、苗木和其他繁殖材料以及水果、粮食等。

检疫许可是植物检疫法定程序之一，最根本的目的是在某些检疫物入境前实施超前性预防，即对其能否被允许进境采取控制措施。检疫许可有利于进口国的农业、林业及生态环境的安全，因此世界各国普遍采用该项措施，《中华人民共和国进出境动植物检疫法》和《植物检疫条例》中对相关物品的检疫许可做出了明确的规定。

我国负责办理检疫许可手续的植物检疫机关主要有国家质量监督检验检疫总局、国务院农业主管部门、林业主管部门所属的植物检疫机构及省、自治区、直辖市植物检疫机构。

(2)检疫申报

检疫申报也称报检，是有关检疫物输入、输出以及过境时由货主或代理人向植物检疫机关及时声明并申请检疫的法律程序。就植物检疫而言，需进行检疫申报的检疫物主要包括植物、植物产品，装载植物或植物产品的容器和材料，输入货物的植物性包装物、铺垫材料以及来自植物有害生物疫区的运输工具等。检疫申报是植物检疫程序中的一个重要环节，其主要目的是使货主或代理人及时向检疫机关申请检疫，以利于检疫程序的逐步进行，顺利办理检疫及提货手续。

检疫申报一般由报检员凭《报检员证》向检疫机关办理手续，报检员由检疫机关负责考核。办理检疫申报手续时，报检员首先填写报检单，然后将报检单、检疫证书(由输出国家或地区的官方检疫机关出具)、产地证书、贸易合同、信用证、发票等单证一并交检疫机关。如果属于应办理检疫许可手续的，则在报检时还需提交进境许可证。

(3)现场检验

现场检验是由官方在现场环境中对植物、植物产品或其他限定的商品进行的直观检查，以确认是否存在有害生物并确认是否符合植物检疫法规要求的法定程序。主要任务是在货物及其所在环境进行直接检查以发现有害生物，或根据相关标准进行取样供在实验室检测。现场检查和抽样是现场检验的主要内容。现场检查主要针对运输及装载工具、货物及存放场所、携带物及邮寄物等应检物进行直观检验。现场抽样是用科学的方法从检疫物总体中抽取有代表性的样品，作为评定该批检疫物质量和安全的依据，一般根据货物的种类和可能携带的有害生物的生物学特性决定具体的抽样方案。

(4)实验室检测

实验室检测是由检验人员在实验室中借助一定的仪器、设备对样品进行深入检查的植物检疫法定程序，以确认有害生物是否存在或鉴别有害生物的种类。这一环节对专业技能的要求较高，需要专业人员利用现代化的仪器、设备和方法对病原物、害虫、杂草等进行快速而准确的鉴定。常用方法有比重检测、染色检测、洗涤检测、保湿萌芽检测、分离培养与接种检测、鉴别寄主检测、血清学检测和显微镜检测。

(5)检疫监管与检疫监测

检疫监管是检疫机构按照检疫法规对应实施检疫的物品在检疫期间所实行的检疫监督与管理程序，以防止带有限定的有害生物的应检物扩散。检疫监测是官方通过调查、检测、监视或其他程序收集和记录限定的有害生物发生实况的过程。

通过检疫监管与检疫监测可使官方及时、准确地把握疫情信息，为防控限定的有害生物提供支持，同时，在一定程度上进一步避免因为检测技术限制而可能发生的漏检。加强检疫监督与检疫监测既是促进国际国内贸易发展所必需的措施，又是严格控制有害生物扩散的必要手段。

(6)产地检疫、预检和隔离检疫

产地检疫是在植物或植物产品出境或调运前，输出方的植物检疫人员在其生长期间到原产地进行检验、检测的过程。预检是在植物或植物产品入境前，输入方的植物检疫人员在植物生长期间于原产地进行检验、检测的过程。通过产地检疫和预检提高了检疫结果的准确性、可靠性，简化现场检验的手续，加快商品流通，避免货主的经济损失。

隔离检疫是对进境的植物种子、苗木和其他繁殖材料，于植物检疫机关指定的场所内，在隔离条件下进行试种，在其生长期间进行检验和处理的检疫过程。

(7)检疫处理

检疫处理是由官方根据检验结果确认是否需要对限定物实施除害处进、禁止出境、禁止入境、退回或销毁以及出证放行的法定程序。在对植物、植物产品和其他检疫物进行了现场检验和实验室检测后，需根据有害生物的实际情况以及输入方的检疫要求决定是否进行检疫处理或进行何种层次的检疫处理。经现场检验或实验室检测或经检疫处理后合格的植物、植物产品和其他检疫物，检疫机关将签署通关单或予以出证放行。如果在限定物中发现有限定的有害生物，就应该采取适当的方法进行处理。

5.2.3 农业防治

农业防治(agricultural control)是利用科学的栽培管理技术措施，改善环境条件，使之有利于寄主植物生长发育和有益生物的繁殖，而不利于病虫害发生发展，直接或间接地消灭或抑制病虫的危害，从而把病虫所造成的经济损失控制在最低限度。它是综合防治的基础，对病虫害的发生具有预防作用，符合植保工作方针。切实可行的农业防治措施，结合了作物丰产栽培技术，对人畜安全，不污染环境，易于被群众所接受，它防治规模大，方法简便、经济，不需要过多的额外投入，易与其他措施配套，且推广有效，常可在大范围内减轻有害生物的发生程度。但农业防治必须服从丰产要求，不能单独从有害生物防治的角度去考虑问题。农业防治措施往往在控制一些病虫害的同时，引发另外一些病虫害，因此，实施农业防治时必须针对当地主要病虫害综合考虑，权衡利弊，因地制宜。此外，农业防治具有较强的地域性和季节性，且多为预防性措施，在病虫害已经大发生时，防治效果不理想。

5.2.3.1 使用无病种苗

许多植物病害的病原菌，经种苗携带而传播扩展。种子质量较差时，造成作物长势弱，增加病原菌的侵染危害。生产上应建立无病种苗繁育基地，采用工厂化生产组培脱毒苗，做到种苗无病化处理等。

5.2.3.2 改进种植制度

种植制度、农田环境与病害发生有着十分密切的关系。合理的种植制度可以提高土壤肥力，促进作物良好生长，增强其抗病能力；栽培不同的作物以及耕作栽培技术的变化，可以改变农田环境，以造成不利于病虫发生的环境条件。

5.2.3.3 保持田园卫生

田园卫生是通过深耕灭茬、拔除病株、铲除发病中心和清除田间病残体等措施，减少病原物接种体数量，从而达到减轻或控制病害的目的。早期彻底拔除病株是防治玉米和高粱丝黑穗病、谷子白发病等许多病害的有效措施。对于以当地菌源为主的气传病害，例如稻瘟病、马铃薯晚疫病、黄瓜疫病、番茄溃疡病等，一旦发现中心病株就要立即人工铲除或喷药封锁。对于小麦全蚀病、棉花黄萎病等土传病害，在零星发病阶段，也应挖除病株，病穴用药剂消毒，以防止病害扩展蔓延。

清除或避免种植中间寄主也属于田园卫生范畴。如梨锈菌必须通过其转主寄主圆柏才能完成生活史，因此，在梨产区周围不种或砍掉圆柏，梨锈病可得到有效控制。

作物收获后彻底清除田间病株残体，集中深埋或烧毁，能有效地减少越冬或越夏病原体数量。如在果树落叶后，应及时清园。在冬季修剪时，还要剪除病枝，摘除病僵果，刮除病灶。露地和保护地栽培的蔬菜，常多茬种植，应在当茬蔬菜收获后，及时清除病残体。深耕可将土壤表层的病原物休眠体和带菌植物残屑掩埋到土层深处，也起到减少菌源量的作用。水稻栽秧前，捞除漂浮在水面上的菌核，对减轻纹枯病的发生有一定的作用。病害发生严重的多年生牧场，往往采用焚烧的办法消灭地面病残株。此外，还应禁止使用未充分腐熟的有机肥。

5.2.3.4 加强栽培管理

通过调整播期、优化水肥管理、合理调节环境因素和改善栽培条件等栽培措施，可创造适合于寄主生长发育而不利于病原物侵染繁殖的条件，减少病害发生。

播种期、播种深度和种植密度均对病害的发生有重要影响。早稻过早播种，容易引起烂秧；大麦、小麦过早播种，常导致土传花叶病严重发生；冬小麦播种过晚或过深，出苗时间长，病菌侵染增多。在小麦秆黑粉病和腥黑穗病流行地区，田间过度密植，通风透光差，湿度高，有利于叶病和茎基部病害发生，而且密植田块易发生倒伏更加重病情。为了减轻病害发生，提倡合理调整播种期和播种深度，合理密植。

合理调节温度、湿度、光照和气体组成等要素，创造不适于病原侵染和发病的生态条件，对于温室、塑料棚、日光温室、苗床等保护地病害防治和贮藏期病害防治有重要意义，需根据不同病害的发病规律，妥善安排。黄瓜黑星病发生需要高湿、高温，塑料大棚冬春茬黄瓜栽培前期以低温管理为主，通过控温抑病，后期以加强通风排湿为主，通过降低棚内湿度和减少叶面结露时间来控制病情发展；在秋冬季栽培中则采取相反措施，先控湿，后控温。采用高温闷棚是防治多种蔬菜叶部病害的有效生态防治措施，大棚黄瓜在晴天中午密闭升温至44～46 ℃，保持2 h，隔3～5天再重复一次，能减轻黄瓜霜霉病和番茄叶霉病等病害发生。

合理施肥是指要因地制宜地和科学地确定肥料的种类、数量、施肥方法和时期的施肥技术。它不仅有利于农作物生长，同时还在防治病虫害上也能起重要作用。在肥料种类方面，应注意氮、磷、钾肥配合使用，平衡施肥。偏施和过迟、过量施用氮肥会造成作物叶色浓绿，枝叶徒长，组织柔软，将降低作物的抗病性。如氮肥施用过迟、过多，加重水稻稻瘟病、白叶枯病发生。氮肥过少，则加重稻胡麻斑病。对于小麦全蚀病，增施铵态氮可减轻病害，增施硝态氮则加重发病。增施有机肥和磷、钾肥一般都有减轻病害的作用。微肥对防治某些特定病害有明显的效果，喷施硫酸锌可减轻辣椒花叶病，喷施硼酸和硫酸锰水溶液可抑制茄科蔬菜青枯病。施肥时期与病害发生也有密切关系，一般说来，增施基肥、种肥，前期重施追肥效果较好。

排灌可有效改善土壤的水、气条件，满足作物生长发育的需要，有效控制病虫害的发生和危害。但灌水也会引起病害的传播和发生，须注意灌水方式。灌水不当，田间湿度过高，往往是多种病害发生的重要诱因。在地下水位高、排水不良、灌溉不当的田块，田间湿度高，结露时间长，有利于病原菌物、细菌的繁殖和侵染，多种根病、叶病和穗部病害严重发生。因而，水田应浅水灌溉，结合排水烤田。旱地应做好排水防渍，排灌结合，避免大水漫灌，提倡滴灌、喷灌和脉冲灌溉。防治瓜类和蔬菜疫病等对湿度敏感的病害，还应高畦栽培，保持畦面干燥。

5.2.4 植物抗病品种的利用

选育和利用抗病品种是防治植物病害最经济、最有效的途径，也是实现持续农业的重要保证。人类利用抗病品种控制了大范围流行的毁灭性病害。它既有利于农作物连年稳产高产优质，节省大量人力物力，降低农业投资，又不污染环境，有利于提高人类的健康水平。我国许多主要病害，如水稻稻瘟病、白叶枯病，小麦秆锈病、条锈病、白粉病，玉米大斑病、小斑病；马铃薯晚疫病等都是通过抗病品种得到有效遏制的。对许多难以运用农业措施和农药防治的病害，特别是土壤病害和病毒病害，选育和利用抗病品种几乎是唯一切实可行的防治途径。为了有效地利用植物抗病性，必须做好抗病性鉴定、抗病育种和抗病品种的合理利用等3个方面的工作。

5.2.4.1 植物抗病性鉴定

农作物品种的抗病性是由其抗病基因所决定的，但抗病基因的作用只有当寄主植物与病原物在一定环境条件下相互作用，发生病害后，通过调查发病程度才能被人们所认识。因而抗病性鉴定实际上是用一定的病原物，在适宜发病的条件下，通过比较待鉴定品种与已知抗病性品种的发病程度来评定待鉴定品种的抗病性。鉴定结果应能代表该品种在病害自然流行条件下的病害水平和损失程度。为此，除要求所用的鉴定方法准确可靠外，还应保持发病适度，不能过重或过轻。在接种鉴定时应对病原物接种体和环境条件实行严格控制，在田间鉴定时应进行定性和定量的调查记载，能够分析病原物和环境因素变化对抗病性表达的影响，并使用标准的感病和抗病对照品种。

植物抗病性鉴定的主要任务是在病害自然流行或人工接种发病的条件下，鉴别植物材料的抗病性类型和评定抗病程度。这项工作主要用于植物抗源筛选、杂交育种的后代选择和作物品种、品系的比较评定。植物抗病性鉴定的方法很多。按鉴定的场所可分为田间鉴定和室内鉴定；按植物材料的生育阶段或状态可分为成株期鉴定、苗期鉴定和离体鉴定；按评价抗病性的指标可分为直接鉴定和间接鉴定。

田间鉴定是在田间自然条件下特设的抗病性鉴定圃(即病圃)中进行的，属于最基本的抗病性鉴定方法。依初侵染菌源不同，病圃有天然病圃与人工病圃两种类型。天然病圃依靠自然菌源造成病害流行，应设在病害常发区和老病区，并采用调节播期、加强水肥管理等措施促进发病。人工病圃需接种病原物，造成人为的病害流行，因此多设在不受或少自然菌源干扰的地区。田间鉴定能较全面地反映出抗病性的类型和水平，但鉴定周期长，受生长季节限制。在田间不能接种危险性新病原或新小种，通常也难以分别鉴定对多个病害或多个小种的抗病性。

室内鉴定是在温室、植物生长箱以及其他人工设施内鉴定植物抗病性，对植物材料的培育、病原物接种方法、接种后环境条件的控制等都有严格要求，不受生长季节和自然条件的限制，且主要在苗期鉴定，省工省时，便于鉴定植物对多种病原物或多个生理小种的抗性。但由于受空间条件的限制，难以测出在群体水平表达的抗病性、避病性和耐病性，也难以测定植株不同发育阶段的抗病性变化，室内鉴定结果不能完全代表品种在生产中的实际表现。

离体鉴定是用植物离体器官、组织或细胞作材料，接种病原物或用毒素处理来鉴定抗病性，因而一般只适用于鉴定能在器官、组织和细胞水平表达的抗病性，且这种抗病性应与田间抗病性一致。离体叶片、枝条、茎、穗等离体材料需用水或培养液培养，并补充植物激素，以保持其正常的生理状态和抗病能力。通常植物离体材料对多种病原菌毒素的抵抗能力能代表植株抗病性，因而可利用毒素处理代替病原菌接种。

间接鉴定是以一些生理的、生化的、形态的或血清学的性状为指标来间接地测定抗病性水平，这些性状与病原物侵染和植物抗病性之间有或没有病理学意义上的必然联系，但与植物抗病性水平之间有显著的相关性。间接鉴定是一种辅助鉴定方法，不能完全取代各种直接鉴定方法。

上述鉴定方法中，田间鉴定最为重要，是评价其他方法鉴定结果的主要依据。为迅速、准确、全面地评价抗病性，应提倡田间鉴定与室内鉴定相结合，自然发病鉴定与人工接种鉴定相结合，根据需要灵活运用多种方法，发挥各种鉴定方法的优点。

5.2.4.2 植物抗病育种

植物抗病育种的原理和方法与一般植物育种相同，但侧重抗病性鉴定和抗病基因转导。在育种目标中，除高产、优质和适应性等一般要求外，还必须提出有关抗病性的具体要求，如抵抗的主要病害和兼抗病害、选育的抗病性类型以及抗病程度等。根据选育目标，广泛收集各种抗病材料，包括远缘和野生抗病资源，供选配亲本用。植物育种有多种途径，包括引种、选种、杂交育种、诱变育种以及细胞工程、基因工程育种等。这些都已用于选育抗病品种。

从国外或国内不同省区引入抗性材料(抗源)用作杂交亲本，或从外地或外国引入抗病良种直接利用或经驯化选育后应用，是一项收效快且简便易行的防病措施。引种要有明确的引种目的，事先需了解有关品种的谱系、性状、生态特点和原产地生产水平等基本情况，并与本地生态条件和生产水平比较分析、评价引种的可行性。由于原产地与引进地区病害种类和病原小种区系不同，原产地的抗病品种引入后可能表现感病，而在原地感病的品种引入后也可能抗病，因此应当先引入少量种子在当地病害流行条件下鉴定抗病性，在取得试验数据并确认其使用价值后，再扩大引进和试种示范。

系统选种法又称单株选育法，是改进品种抗病性的简便方法。利用作物品种的群体中存在遗传异质性，从引入品种、杂交品种和栽培品种等群体中选择抗病单株、单穗、单个块茎、块根以及由芽变产生的枝条、茎蔓等，开展多年的田间种植并和抗病性鉴定，通过选择和培育，最后形成抗病品种。系统选育法特别适宜从感病丰产品种群体中，在充分发病条件下选择抗病单株，培育成兼具丰产性和抗病性的新品种。我国第一个抗枯萎病的棉花品种52－128就是从引进的德字棉531中选择抗病单株而育成的。著名的水稻抗稻瘟品种矮脚南特是从感病品种南特16号中选出的，后来又从矮脚南特中选出了抗穗颈瘟的南早1号。

常规杂交育种，特别是品种间有性杂交，是最基本、最重要的育种途径。迄今所选育和推广的抗病品种绝大部分是由品种间杂交育成的。搞好常规杂交育种首先要大量收集抗病种质资源和合理选配亲本。亲本间的主要性状要互补，通常亲本之一应为综合性状好的当地适应品种，称为农艺亲本；另一亲本具有高度抗病性，称为抗病亲本。双亲抗病性越强，越易获得抗病性强而稳定的后代，因而农艺亲本也应尽量选用抗病或耐病品种，至少要避免使用高度感病品种。多个亲本复交有利于综合各亲本的优良性状，扩大杂交后代的遗传基础，可能育成抗多种病害或抗多个小种的品种。杂交育种可分为品种间杂交、回交和远缘杂交等。品种间杂交是最常用的杂交育种方法，即选择一个或几个综合性状优良的品种，与抗病品种配合杂交。回交是选择一个综合性状优良的品种作为轮回亲本，与一个抗病亲本杂交，获得杂种后，再与轮回亲本多次回交，最后得到抗病并具有轮回亲本性状的新品种。如果在回交程序中，采用一个适应性强的亲本与几个抗病亲本通过聚合回交，则可育成综合性状好的多抗品种。远缘杂交是选择抗病的农作物近缘野生种、属的材料，与栽培种杂交，选育出高抗和多抗品种。远缘杂交育种对防治马铃薯、番茄、烟草、甜菜、油料作物和麦类作物的一系列病害起了很大作用。随着染色体工程育种的发展，在克服远缘杂交困难和杂种不育方面取得了重大突破。

诱变育种是利用射线辐照或其他人工诱变手段诱发抗病性突变体，经严格的鉴定、筛选后用作抗源，再进行杂交育种。少数综合性状优异而抗病性具有显著提高的突变体也可以直接用于生产。

随着生物技术的发展，出现了一些抗病育种的新技术，其中包括单倍体育种、体细胞抗病变异体筛选与利用、体细胞杂交以及通过基因操作建立转基因抗病植株等。利用病毒外壳蛋白基因(CP 基因)建立抗病转基因植物是比较成熟的基因工程策略。

5.2.4.3 抗病品种的合理利用

合理使用抗病品种的主要目的是充分发挥其抗病性的遗传潜能，防止品种退化，推迟抗病性丧失现象的发生，延长抗病品种的使用年限。在推广种植抗病品种时，应采用相应的科学栽培管理方法，使“良种”与“良法”配套，是保证植物正常生长发育，充分表达其抗病性的基本途径。在许多健身栽培措施中，水肥管理是中心，必须研究抗病品种的需肥需水规律，制定合理的施肥、灌水方案。同时，要做好品种的提纯复壮工作，及时拔除抗病品种群体中因机械混杂、天然杂交、突变和遗传分离等产生的杂株、劣株和病株，选留优良抗病单株，加强良种繁育制度，保持种子纯度。

当前所应用的抗病品种多数仅具有小种专化抗病性，推广应用后，就可能使病原菌群体中能够侵染该抗病品种的毒性菌株得以保存和发展起来，成为稀有小种。抗病品种推广的面积越大，这些稀有小种积累的速度也越快，逐渐在病原菌群体中占据数量优势，成为优势小种，此时抗病品种就逐渐丧失抗病性，成为感病品种。这种抗病性“丧失”现象，是抗病品种应用中最重要的问题。小麦的抗锈品种、抗白粉病品种，水稻的抗瘟品种，马铃薯的抗晚疫病品种等抗病性迅速丧失现象尤为严重。除少数品种抗病性可维持较长时间外，一般应用 5 年左右就会丧失其抗病性，不得不被淘汰。

为了克服或延缓品种抗病性的丧失，延长品种使用年限，除了在育种时尽量应用多种类型的抗病性和使用抗病基因不同的优良抗源，改变抗病性遗传基础贫乏而单一的局面外，最重要的是搞好抗病品种的合理布局，科学增加农田各个层次的生物多样性，在病害的不同流行区采用具有不同抗病基因的品种，在同一个流行区内也要搭配使用多个抗病品种。此外，有计划地轮换使用具有不同抗病基因的抗病品种，选育和应用具有多个不同主效基因的聚合品种或多系品种等，也是可行的措施。

5.2.5 生物防治

生物防治(biological control)是利用生物或生物的代谢产物来控制植物病害的方法。从主要流行学效应上看，生物防治通过减少初始菌量(x_0)和降低流行速度(r)来阻滞植物病害流行。与其他防治方法相比，生物防治具有不污染环境、持效期长等特点，但是见效慢、防治对象少。由于农药残留、病原抗药性等问题的出现，以及人们对于生态环境安全、食品安全的需求日益增长，生物防治在植物病理学研究和植物病害治理中受到人们的广泛重视。

5.2.5.1 生物防治的机制

生物防治的机制是指利用生防因子(biocontrol factor)控制植物病害的原理。病原生物、寄主植物、有益微生物、环境组成的生态系统中，有益微生物和病原生物、寄主植物之间的关系复杂，使得生物防治的机制随着这种关系而不同。生物防治的机制主要有抗生作用、竞争作用、溶菌作用、重寄生作用、捕食作用和交互保护作用等。生防因子在控制植物病害的过程中，可能是某一生物防治机制起主要作用，也可能是多种机制共同作用。

(1)抗生作用

抗生作用(antibiosis)是指一种微生物产生抗生物质或有毒代谢物质，可抑制或杀死另一种微生物的现象。例如，绿色木霉(*Trichoderma viride*)产生胶霉毒素(gliotoxin)和绿色菌素(viridin)，对立枯丝核菌(*Rhizoctonia solani*)、核盘菌(*Sclerotinia scleroiorum*)、终极腐霉(*Pythium ultimum*)等多种病原菌具有颉颃作用；放射土壤杆菌(*Agrobacterium radiobacter*)K84菌株产生土壤杆菌素84(Agrocin－84)，可以控制根癌土壤杆菌(*A. tumefaciens*)的危害。有些抗生物质已经人工提取作为农用抗生素使用，例如，吸水链霉菌井冈变种(*Streptomyces hydroscopicus* var. *jinggangensis*)产生的井冈霉素已被广泛用于防治禾谷类作物纹枯病；春日链霉菌(*Streptomyces kasugaensis*)产生的春日霉素用于防治水稻稻瘟病，效果明显。

(2)竞争作用

竞争作用(competition)是指同一生境中的两种或多种微生物群体间，对生存所需营养和空间的争夺现象，主要包括营养竞争和空间竞争。营养竞争主要是对病原物所需要的水分、氧气和营养物质的竞争。荧光假单胞杆菌(*Pseudomonas fluorescence*)可大量消耗土壤中的氮素和碳素营养，可用于防治丝核菌属和腐霉属菌物引起的植物病害。根围(rhizosphere)和叶围(phyllosphere)有益微生物对于水分和营养物质的竞争利用可起到抑制相应部位病原物的作用，另外，一些根围和叶围微生物如荧光假单胞杆菌、枯草芽孢杆菌(*Bacillus subtilis*)等还可促进植物生长并诱导植物抗病性。空间竞争主要是对于侵染位点的竞争，如当土壤中施用的生防微生物抢先占领了病原物的侵染位点，病原物就不能从该位点完成侵染过程，从而达到防治病害的目的。

(3)溶菌作用

溶菌作用(lysis)是指病原物的细胞壁由于内在或外界因素的作用而溶解，导致病原物组织破坏或菌体细胞消解的现象。溶菌作用包括自溶(autolysis)和外溶(exolysis)两种方式。溶菌作用在植物病原菌物和细菌中普遍存在。研究表明，中生菌素(农抗－751)对水稻纹枯病菌、大白菜软腐病菌、马铃薯青枯病菌等具有溶菌作用；枯草芽孢杆菌S9对立枯丝核菌、终极腐霉、西瓜枯萎病菌(*Fusarium oxysporum* f. sp. *niveum*)具有溶菌作用。

(4)重寄生作用

重寄生作用(hyperparasitism)是指一种寄生物或植物病原物被其他寄生物寄生的

现象，后者称为重寄生物。重寄生物可以是菌物、病毒、细菌或放线菌等，如哈茨木霉(*Trichoderma harzianum*)、绿色木霉(*T. viride*)、钩状木霉(*T. humatum*)、盾壳霉(*Coniothyrium minitans*)、绿黏帚霉(*Gliocladium virens*)、淡紫拟青霉(*Paecilomyces lilacinus*)、锈寄生孢(*Sphaerellopsis filum*)、穿刺巴氏杆菌(*Pasteuria penetrans*)、噬菌体等。寄生性植物本身也可发生病害，引起寄生性植物发病的病原物也是重寄生物，例如，可使菟丝子发病的炭疽病菌。

(5)捕食作用

捕食作用(predation)是指一种微生物直接吞食或消解另一种微生物的现象。土壤中的一些原生动物和线虫可以捕食菌物的菌丝和孢子以及细菌等，从而影响土壤中病原物的种群密度。食菌物线虫大多专门取食菌物，如燕麦滑刃线虫(*Aphelenchus avenae*)可寄生腐霉菌和疫霉菌。食线虫菌物的一些菌丝分枝特化为菌环(constricting ring)套住消解线虫，或菌物在线虫虫体内寄生危害，从而起到防病作用。

(6)交互保护作用

交互保护作用(cross-protection)是指预先接种一种弱毒微生物，诱发植物产生抗病性，保护植物不受或少受后来接种的强毒病原物侵染和危害的现象。第一次接种称为“诱发接种”(inducing inoculation)，第二次接种称为“挑战接种”(challenge inoculation)。不仅同种病原物的不同菌系或株系存在交互保护作用，而且不同种类、不同类群的微生物(菌物、细菌、病毒等)之间也可交互接种，诱发植物抗病性。例如，利用非病原菌燕麦冠锈菌接种小麦叶片可诱导其对小麦叶锈病菌致病小种的抗病性；利用从番茄植株上分离的非致病的尖镰孢菌(*Fusarium oxysporum* f. sp. *lycopersici*)处理棉花植株可诱导其对棉花枯萎病菌(*F. oxysporum* f. sp. *vasinfectum*)的抗病性。

5.2.5.2 生物防治措施及其应用

生物防治主要用于防治土传病害和根部病害，也用于防治叶部病害和采后病害。生物防治主要有两类措施，一是向环境中大量释放外源有益微生物；二是通过调节环境条件，提高环境中已有的有益微生物的群体数量和颉颃活性。

用于防治菟丝子的生防菌剂“鲁保一号”是利用寄生菟丝子的炭疽病菌制成的。在菟丝子危害初期，将菌剂配成悬浮液，喷洒到菟丝子上，菌物孢子吸水萌发侵入，使菟丝子感病逐渐死亡，可有效减少菟丝子数量，降低其危害，防治效果一般在70%~90%，高者可达100%。

利用诱变获得的烟草花叶病毒弱毒突变株系N11和N14、黄瓜花叶病毒弱毒株系S-52，加压喷雾接种辣椒和番茄幼苗，可诱导交互保护作用，用于病毒病害的田间防治。在果树根癌病的防治中，利用无致病力的放射土壤杆菌K84可起到非常好的防治效果。

在土传病害或植物根部病害的防治中，把有益微生物直接施加到土壤中，改良土壤中微生物区系的组成，可起到很好的防病效果。例如，利用颉颃性木霉制剂处理种子或苗床，可有效地控制由腐霉菌、疫霉菌、核盘菌、立枯丝核菌和小丝核菌引致的根腐病和茎腐病。调节土壤环境，提高有益微生物的竞争能力，也可起到很好的控制植物根部病害的效果。向土壤中添加作物秸秆、腐熟的绿肥和厩肥等有机质，实行测土配方施肥，合理翻耕，可以提高土壤碳氮比，调节土壤酸碱度和土壤物理性状，有利于有益微生物的发育，也可提高其抑病能力，能显著减轻各种根部病害的发生。

目前，生物防治主要是直接利用有益微生物活体或具有生物活性的代谢产物作为防治植物病害的制剂。如中国农业大学植物生态工程研究所用植物内生芽孢杆菌开发出的益微制剂，对植物具有促生作用，可调节植物体表微生物区系，减轻病原物的侵染危害，对水稻稻瘟病、小麦纹枯病、苹果早期落叶病等都表现出良好的控制效果，该制剂在我国得到了大面积推广应用，收到良好的经济效益、生态效益和社会效益。

由于基因工程技术的发展，通过转入外来的基因获得转基因生防微生物，达到增强生防效果的目的。转基因生防微生物是否会带来新的生物和环境风险的问题受到关注。转基因生防微生物释放到环境中可能造成的风险主要在于遗传改造可能会影响它们的寄主范围及其防效，影响它们对营养的利用，使其变为病原菌，改变它们与生态相关群体之间在生态系统中的平衡。目前人们还不能完全精确地预测一个外源基因在新的遗传背景中会产生的相互作用以及可能产生的表型效应。因此，对转基因生防微生物进行客观地、全面地风险分析是非常必要的，以便为相关法规的制定和执行以及有关部门的决策提供依据，使公众形成正确的认识，以确保人类的健康、农业生产和生存环境安全。

5.2.6 物理防治

物理防治主要利用热力、冷冻、干燥、电磁波、超声波、核辐射、激光等手段抑制、钝化或杀死病原物，达到防治病害的目的。各种物理防治方法多用于处理种子、苗木、其他植物繁殖材料和土壤。核辐射则用于处理食品和贮藏期农产品，处理食品时需符合法定的安全卫生标准。

干热处理法主要用于蔬菜种子，对许多种传病毒、细菌和菌物都有防治效果。不同植物的种子耐热性有差异，处理不当会降低萌发率。豆科作物种子耐热性弱，不宜干热处理。含水量高的种子受害也较重，应先行预热干燥。黄瓜种子经 70 ℃干热处理 2～3 天，可使绿斑驳花叶病毒失活。番茄种子经 75 ℃处理 6 天或 80 ℃处理 5 天，可杀死种传黄萎病菌。

用热水处理种子和无性繁殖材料，通称“温汤浸种”，可杀死在种子表面和种子内部潜伏的病原物。热水处理利用植物材料与病原物耐热性的差异，选择适宜的水温和处理时间以杀死病原物而不损害植物。用 55 ℃的温汤浸种 30 min，对水稻恶苗病有较好的防治效果。

热蒸汽也用于处理种子、苗木，其杀菌有效温度与种子受害温度的差距较干热灭菌和热水浸种大，对种子发芽的不良影响较小。热蒸汽还用于温室和苗床的土壤处理。通常用 80～95 ℃蒸汽处理土壤 30～60 min，可杀死绝大部分病原菌，但少数耐高温微生物及细菌芽孢仍可继续存活。

利用热力治疗感染病毒的植株或无性繁殖材料是生产无病毒种苗的重要途径。可采用热水或热空气处理，以热空气处理效果较好，对植物的伤害较小。种子、接穗、苗木、块茎、块根等都可用热力治疗方法。处于休眠期的植物繁殖材料或生长期苗木都可应用热力治疗方法，但休眠的植物材料较耐热，可应用较高的温度(35 ~54 ℃)处理。处理休眠的马铃薯块茎治疗卷叶病的适温为35~40 ℃。较高的温度(40~45 ℃)可钝化植原体。柑橘苗木和接穗用49 ℃湿热空气处理50 min，治疗黄龙病效果较好。

谷类、豆类和坚果类果实充分干燥后，可避免菌物和细菌的侵染。冷冻处理也是控制植物产品(特别是果实和蔬菜)收获后病害的常用方法、冷冻本身虽不能杀死病原物，但可抑制病原物的生长和侵染。

核辐射在一定剂量范围内有灭菌和食品保鲜作用。微波是波长很短的电磁波，微波加热适于对少量种子、粮食、食品等进行快速杀菌处理。此外，一些特殊颜色和物理性质的塑料薄膜已用于蔬菜病虫害防治。如蚜虫忌避银灰色和白色膜，用银灰反光膜或白色尼龙纱覆盖苗床，可减少传毒介体蚜虫数量，减轻病毒病害。夏季高温期铺设黑色地膜，吸收日光能，使土壤升温，能杀死土壤中多种病原菌。

5.2.7 化学防治

化学防治是使用农药防治植物病害的方法。农药处理植物或其生长环境后，可减少、消除或消灭病原物，或可改变植物代谢过程，提高植株抗病力，从而达到预防或治疗植物病害的目的。它具有高效、速效、使用方便、经济效益高等优点。但是，化学防治使用不当会对植物产生药害，能够引起人畜中毒，杀伤有益微生物，导致病原物产生抗药性，造成环境污染。所以，提倡使用高效、低毒、低残留的农药。当前化学防治是防治植物病虫害的关键措施，在面临病害大发生的紧急时刻，甚至是唯一有效的措施。

5.2.7.1 防治病害的农药种类和剂型

用于病害防治的农药主要有杀菌剂和杀线虫剂。杀菌剂对菌物或细菌有抑菌、杀菌或钝化其有毒代谢产物等作用。按照杀菌剂防治病害的作用方式。可区分为保护性、治疗性和铲除性杀菌剂。保护性杀菌剂在病原菌侵入前施用，可保护植物，阻止病原菌侵入。治疗性杀菌剂能进入植物组织内部，抑制或杀死已经侵入的病原菌，使植物病情减轻或恢复健康。铲除性杀菌剂对病原菌有强烈的杀伤作用，可通过直接触杀、熏蒸或渗透植物表皮而发挥作用。铲除剂能引起严重的植物药害，常于休眠期使用。内吸杀菌剂兼具保护作用和治疗作用，能被植物吸收，在植物体内运输传导，有的可上行(由根部向茎叶)和下行(由茎叶向根部)输导，多数仅能上行输导。杀菌剂品种不同，能有效防治的病害范围也不相同。有的品种有很强的专化性，只对特定类群的病原菌物有效，称为专化性杀菌剂；有些则杀菌范围很广，对分类地位不同的多种病原菌物都有效，称为广谱杀菌剂。现有杀菌剂品种化学成分很复杂，主要有有机硫、有机磷、有机砷、取代苯类、有机杂环类以及抗菌素类杀菌剂。

杀线虫剂对线虫有触杀或熏蒸作用。触杀是指药剂经体壁进入线虫体内产生毒害作用。熏蒸是指药剂以气体状态经呼吸系统进入线虫体内而发挥药效。有些杀线虫剂还兼具杀菌杀虫(昆虫)作用。

农药对有害生物的防治效果称为药效；对人畜的毒害作用称为毒性。在施用农药后相当长的时间内，农副产品和环境中残留毒物对人畜的毒害作用称为残留毒性或残毒。为达到病害化学防治的目的，要求研制和使用“高效、低毒、低残留”的杀菌剂和杀线虫剂。

农药都必须加工成特定的制剂形态，才能投入实际使用。未经加工的叫做原药。原药中含有的具杀菌、杀虫等作用的活性成分，称为有效成分。加工后的农药叫制剂。制剂的形态称为剂型。通常制剂的名称包括有效成分含量、农药名称和制剂名称三部分。例如，70%代森锰锌可湿性粉剂，即指明有效成分含量70%，农药名称为代森锰锌，制剂为可湿性粉剂。病害防治常用剂型有乳油、可湿性粉剂、可溶性粉剂、颗粒剂、胶悬剂等，其他较少用的有粉剂、水剂、烟雾剂等。

5.2.7.2 植物病害化学防治方法

在使用农药时，需根据药剂、作物与病害特点选择施药方法，以充分发挥药效，避免药害，尽量减少对环境的不良影响。施药方法确定后，还应精确计算用药量及配药浓度，严格掌握使用过程中的技术要领，保证施药质量。只有这样，才能充分发挥药效，达到经济、安全、有效的目的。杀菌剂与杀线虫剂的主要使用方法有以下几种。

(1)喷雾法

利用喷雾器械将药液雾化后均匀喷在植物和有害生物表面，要求雾滴细微，能够均匀覆盖植株表面。为提高药剂的防效，有时可加入一些助剂，以增加药剂的展布性和黏着性。喷雾法根据喷出的雾滴粗细和药液使用量不同，又分为常量喷雾(又称大容量雾喷，雾点直径100～200 μm)、低容量喷雾(雾滴直径50～100 μm)和超低容量喷雾(雾滴直径15～75 μm)。农田多用常量和低容量喷雾，两者所用农药剂型均为乳油、可湿性粉剂、可溶性粉剂、水剂和悬浮剂(胶悬剂)等，兑水配成规定浓度的药液喷雾。常量喷雾所用药液浓度较低，用液量较多；低容量喷雾所用药液浓度较高，用量较少(为常量喷雾的1/20～1/10)，工效高，但雾滴易受风力吹送飘移。

(2)喷粉法

喷粉法即利用喷粉器械喷撒粉剂的方法。该法工作效率高，不受水源限制，适用于大面积防治。缺点是耗药量大，易受风的影响，散布不易均匀，粉剂在茎叶上黏着性差，同时，喷出的粉尘污染空气和环境，对施药人员也有毒害作用，现已很少使用。

(3)种子处理

种子处理可以防治种传病害，并保护种苗免受土壤中病原物侵染，用内吸剂杀菌剂处理种子还可防治地上部病害。常用的有拌种法、浸种法、闷种法和种衣法。拌种剂(粉剂)和可湿性粉剂用于拌种。乳剂和水剂等液体药剂可用湿拌法，即加水稀释后，喷布在干种子上，拌和均匀。拌过药剂的种子可保藏较长时间。拌种法应用方便，处理种子的工效高，对种传病害防效高，但药剂用量较大，药剂的渗透力也不及浸种法。浸种法是用规定的药剂浓度和时间浸泡种子，具有药剂用量少、保苗效果好等优点，但工效较低，而且种子处理后多需晾干后方可播种。闷种法是用少量药液喷拌种子后堆闷一段时间再播种，对杀死种子内部的病原物有较好的效果，但闷过的种子必须立即播种，同时，闷种法对播后的幼苗不起保护作用。种衣法采用极少的水将药剂调成糊状，然后均匀拌种或机械化喷洒于种子表面，使种子表面包上一层药浆或药膜，或用干药粉与潮湿的种子相拌，所附的药剂可缓慢释放，持效期延长。

(4)土壤处理

在播种前将药剂施于土壤中，主要防治植物根病。土壤施药方法有浇灌、穴施、沟施和翻混等方法。杀线虫剂和某些易挥发、具有熏蒸作用的杀菌剂，一般采用点施和翻混的方法。将药剂施到10～15 cm深的土层内，药剂便在土壤中扩散，并与病原物接触，达到杀菌目的，但需要间隔10～30天后方可播种，否则会产生药害。挥发性小的杀菌剂多采用穴施、沟施、拌种或于作物生长期浇灌于作物根部。还可采用撒药土法，撒布在植株根部周围。药土是将乳剂、可湿性粉剂、水剂或粉剂与具有一定湿度的细土按一定比例混匀制成的。

(5)熏蒸法

通过利用烟剂或雾剂杀灭有限空间内空气中的病原物来防治植物病害。用于土壤熏蒸时，用土壤注射器或土壤消毒机将液态熏蒸剂注入土壤内，在土壤中以气体形态扩散。有些药剂需要在熏蒸时将地表用塑料密封覆盖，土壤熏蒸后需按规定等待一段较长时间，然后去除覆盖物，待药剂充分散发后才能播种，否则易产生药害。雾剂使用时，药剂气化成雾状小液滴，这些小颗粒或小液滴长时间飘浮于空气中，接触病原物的机率高，防病效果好。适用于温室和塑料大棚等保护地蔬菜病害的防治及仓库的消毒。

(6)果品贮藏期处理

用浸渍、喷雾、喷淋和涂抹等方法直接处理果品和其包装纸来防治果品贮藏期的病害。采用药剂处理果品，应严格控制果品上的农药残留，以确保食品安全。

5.2.7.3 化学农药的合理使用

为了充分发挥药剂的效能，应做到安全、经济、高效，提倡合理使用农药。按照药剂的有效防治范围与作用机制以及防治对象的种类、发生规律和危害部位的不同，合理选用药剂与剂型，做到对“症”下药。

要科学地确定用药量、施药时期、施药次数和多次施药间的间隔天数。用药量主要取决于药剂和病害种类，但也因作物种类和生育期不同、土壤条件和气象条件不同而有所改变。施药时期因施药方式和病害对象而异。田间喷洒药剂应根据预测预报在病害发生前或流行始期进行。对一次性侵染的病害来说，应在侵染即将发生时或侵染初期用药。喷药后遇雨应及时补喷。即使喷施内吸性杀菌剂，也应贯彻早期用药的原则。对再侵染频繁的病害，一个生长季节内需多次用药，两次用药之间的间隔日数，主要根据药剂持效期确定。药剂的持效期是指施用后对防治对象保持有效的时间。

提倡合理混用农药。两种或两种以上的农药混合使用，作到一次施药，兼治多种病虫对象，以减少用药次数，降低劳动强度，增加经济效益。要保证用药质量，作业人员应先行培训，使其熟练掌握配药、施药和药械使用技术。农药混用有现混现用和加工成混剂使用两种方式。施药效果与天气也有密切关系，宜选择无风或微风天气喷药，一般应在午后和傍晚喷药。气温低会影响效果，也可在中午前后施药。

药剂使用不当，可使植物受到损害，这称为药害。在施药后几小时至几天内出现的药害称为急性药害，在较长时间后出现的药害称为慢性药害。药害主要是药剂选用不当，植物敏感，农药变质，杂质过多，添加剂、助剂用量不准或质量欠佳等因素造成的。使用新药剂前应作药害试验或先少量试用。另外，农药的不合理使用，如混用不当，剂量过大，喷药不均匀，再次施药相隔时间太短，在植物敏感期施药，以及环境温度过高、光照过强、湿度过大等，也可能造成药害，都应力求避免。

长期连续使用单一药剂会导致病原菌产生抗药性，降低防治效果。有时对某种杀菌剂产生抗药性的病原菌，对未曾接触过的其他杀菌剂也有抗药性，这称为交互抗药性，化学结构与作用机制相似的化合物间，往往会有交互抗药性。为延缓抗药性的产生，应轮换使用或混合使病原菌不易产生交互抗药性的杀菌剂，还要尽量减少施药次数，降低用药量。

农药对人、畜都有不同程度的毒性。在接触农药过程中，农药可通过皮肤、呼吸道或口腔进入人体，引起急性中毒或慢性中毒，因而用药前应先了解所用农药的毒性、中毒症状和解毒方法。施药人员要严格遵守安全使用农药的有关规定，穿戴必要的防护用具，如长袖衣裤、口罩或防毒面具，避免药剂与人体皮肤的直接接触；不在农药烟、雾中呼吸，防止吸入农药；施药时禁止进食、饮水或抽烟，施药后，应充分洗手，防止“药”从口入。在农药贮放、搬运、分装、配药、施药等各环节都要作好防护工作，遵守农药安全使用的规定。为防止农产品中农药残留的危害，应坚决不使用国家禁止使用的剧毒和高残留农药，严格遵守农药的允许残留标准和安全使用间隔期(最后一次用药距作物收获期的允许间隔天数)。

互动学习

1. 植物病害诊断的依据是什么？
2. 植物病害诊断的程序一般包括哪些步骤？
3. 分析比较植物病原菌物、细菌、病毒所引起的症状特点的异同。了解病害症状对病害诊断有何实际意义。
4. 什么是柯赫氏法则？它在植物病害诊断、鉴定中有何作用？
5. 在病害诊断时，如何区分植物的非侵染性病害和侵染性病害？
6. 在工作中遇到一新病害或疑难病害时，该如何进行诊断处理？
7. 简述病原物检测和鉴定的基本步骤。

8. 什么是植物病害综合治理？为什么要开展植物病害综合治理？
9. 植物检疫的任务有哪些？植物检疫的意义是什么？
10. 常见的农业防治包括哪些措施？
11. 植物抗病性鉴定可分为哪些类型？在鉴定工作中，应注意哪些方面？
12. 当前在农作物抗病品种选育和使用方面存在哪些主要问题？应采取哪些改进措施？
13. 植物病害生物防治的机制主要有哪些方面？
14. 列举植物病害生物防治的实例，并说明其可能的防病机制。
15. 如何合理使用杀菌剂？

名词解释

病程：植物病害是植物在整个生长发育过程中，由于受到病原物的侵染或不良环境条件的影响，使正常的生长发育受到干扰和破坏，在生理和外观上发生异常变化，这种偏离正常状态的植物即发生了病害。这是一种逐渐地不断变化的过程，简称病程。

抗生作用(antibiosis)：是指一种微生物产生抗生物质或有毒代谢物质，可抑制或杀死另一种微生物的现象。

竞争作用(competition)：是指同一生境中的两种或多种微生物群体间，对生存所需营养和空间的争夺现象，主要包括营养竞争和空间竞争。

溶菌作用(lysis)：是指病原物的细胞壁由于内在或外界因素的作用而溶解，导致病原物组织破坏或菌体细胞消解的现象。

重寄生作用(hyperparasitism)：是指一种寄生物或植物病原物被其他寄生物寄生的现象，后者称为重寄生物。

交互保护作用(cross - protection)：是指预先接种一种弱毒微生物，诱发植物产生抗病性，保护植物不受或少受后接种的强毒病原物侵染和危害的现象。

下　篇　农作物主要病害

第6章 小麦病害

本章导读

主要内容

小麦锈病

小麦白粉病

小麦腥黑穗病

小麦散黑穗病

小麦赤霉病

小麦全蚀病

小麦纹枯病

小麦禾谷胞囊线虫病

小麦根腐病

小麦病毒病

互动学习

6.1 小麦锈病

锈病是世界范围的小麦主要病害，在我国曾经几次大流行，造成巨大损失。其中小麦条锈病是小麦三种锈病中发生最广、危害最重的病害，主要发生于西北、西南、黄淮海等冬麦区和西北春麦区，1950 年因病害流行造成小麦损失 60×10^{8} kg。小麦秆锈病主要在华东沿海、长江流域和福建、广东、广西的冬麦区及东北、内蒙古、西北等春麦区发生流行。小麦叶锈病以西南、长江流域、华北和东北部分麦区发生危害严重。近 40 年来，由于推广抗病品种等措施的实施，已基本上控制了秆锈病的流行和危害，然而小麦条锈病和叶锈病在一些流行区的某些年份，仍然发生严重。

6.1.1 小麦条锈病

6.1.1.1 症状

小麦条锈病主要危害叶片，也可危害叶鞘、茎秆及穗部。小麦受害后，叶片表面出现褪绿斑，以后产生黄色疱状夏孢子堆，后期产生黑色的疱状冬孢子堆。小麦条锈病夏孢子堆小，长椭圆形，在成株上沿叶脉排列成行，呈虚线状，幼苗期则不排列成行。

小麦的三种锈病的症状有时容易混淆。田间诊断时，可根据“条锈成行叶锈乱，秆锈是个大红斑”加以区分。在幼苗叶片上夏孢子堆密集时，叶锈病与条锈病有时也难以区分，但因条锈病有系统侵染，其孢子堆有多重轮生现象(图6-1)。

图6-1　小麦锈病发病症状

1. 小麦叶锈病　2. 小麦条锈病　3. 小麦秆锈病

6.1.1.2　病原

由担子菌门柄锈菌属条形柄锈菌(*Puccinia striiformis* West. f. sp. *tritici* Eriks.)菌物引起。夏孢子堆长椭圆形，0.3～0.5 mm×0.5～1 mm，裸露后呈橙黄色粉。夏孢子单胞、球形，表面有细刺，鲜黄色，32～40 μm×22～29 μm，孢子壁无色，壁厚1～2 μm，内含物黄色，具6～16个发芽孔，排列不规则。冬孢子堆多生于叶背，长期埋生于寄主表皮下，灰黑色。冬孢子双胞，棍棒形，顶部扁平或斜切；分隔处稍缢缩；36～68 μm×12～20 μm，顶端壁厚3～5 μm；褐色，上浓下淡；柄短，有色(图6-2)。

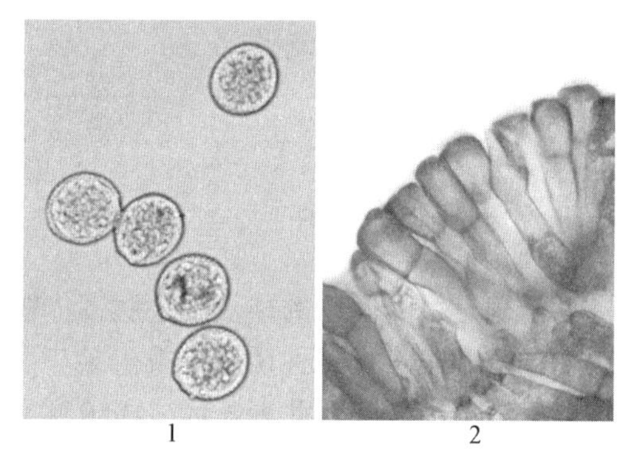

图6-2　小麦条锈病

1. 夏孢子　2. 冬孢子

条锈病菌有明显的生理分化现象。通过鉴别寄主可以把条锈病菌划分为不同的生理小种。从20世纪50年代起，先后鉴定出条中1号至条中33号共33个生理小种和多个致病类型。各个时期都出现了相应的优势小种。80年代中期，条中25号出现频率最高；1988年起，条中29号居于首位；之后条中30号、31号和32号小种频率不断上升，目前，条中32号、33号小种为优势小种。

目前已经发现小麦条锈菌的有性世代，转主寄主为小檗(*Berberis* spp.)，其在小麦条锈病流行过程中的作用尚在研究之中。

小麦条锈菌生长发育所要求的温度较低。菌丝生长和夏孢子形成的适温为10～15℃；夏孢子萌发的最适温度为9～12℃，最低2～3℃，最高20～26℃。条锈菌夏孢子不耐高温，在36℃下经2天即失去生活力。夏孢子的萌发和入侵需饱和湿度或叶面具水滴。在光照充足的条件下病菌才能在植物上正常生长和发育。

小麦条锈菌主要寄生于小麦上，有些可侵染大麦和黑麦，另外还有多种禾草寄主，如山羊草属、鹅冠草属、冰草属、雀麦属、披碱草属等。

6.1.1.3 病害循环

(1)病菌的侵染过程

生活力良好的夏孢子，在适宜的温、湿度条件下，经2～3 h即可萌发长出芽管。从气孔侵入，在气孔下腔膨大成气孔下泡囊，再长出侵染菌丝，在叶肉细胞间隙蔓延，以球形或卵状吸器伸入寄主细胞内，吸取营养。电镜观察表明，在侵染菌丝形成吸器的过程中，始终未刺破寄主细胞质膜，仅使寄主细胞质膜在吸器侵入部位产生凹陷。

侵入后，菌丝体在细胞间隙分支蔓延，经4～5天即可形成圆形或长圆形的菌落，之后便在寄主表皮下集结形成夏孢子堆，夏孢子堆成熟后突破表皮散出夏孢子。在适宜条件下，从孢子萌发侵入到产孢，大约需要15天。小麦条锈菌具有系统侵染特性，菌丝可在寄主组织内不断扩展蔓延，当侵入点形成首批孢子堆后，可由外缘菌丝继续向四周扩展，形成新的一轮孢子堆。在幼苗叶上，孢子堆排列成轮状；而在成株叶片中，由于受维管束限制，菌落只能沿叶脉之间上下蔓延，这样孢子堆就呈虚线状排列，这是条锈病症状的主要特点。一个侵染点在寄主状况和环境条件适宜时，其蔓延可上至叶尖，下到叶鞘。

(2)周年循环

① 越夏　小麦条锈病是一种低温病害，不耐高温，越夏是条锈病侵染循环的关键环节。当平均气温超过22℃，侵染便完全停止，受侵叶片也不能正常发病。在我国平原麦区，小麦收获后高温高湿，病菌不能越夏。条锈病菌是以连续侵染的方式在夏季冷凉的山区和高原地区的晚熟小麦、自生麦苗和其他越夏寄主(如黑麦和禾本科杂草等)上越夏。我国条锈病菌的越夏地区包括甘肃的陇南、陇东，青海东部，四川西北部和云南等高寒、高海拔地区。其中西北和川西北越夏区是东部广大麦区秋苗感病的主要菌源基地，陇南和陇东是引起我国小麦条锈病流行的关键地区。云南、新疆越夏菌源的作用主要仅限于该地区。华北地区的越夏菌源很少。

② 秋苗发病　越夏后的病菌，秋季随气流逐步向冬麦区传播蔓延，侵染秋苗。距越夏区越近，播种越早，秋苗发病越重。陇东、陇南早播麦田9月上旬播种，9月底至10月初出现病叶。关中东部和黄河以北麦区多在10～11月出现病叶。距越夏区越远、播期越迟，秋苗发病就越轻。一般年份要先形成发病中心，最终才能导致全田发病；重病年份发病田块一开始便出现多数单片病叶，不经发病中心阶段便可引致全田发病。

③ 越冬　旬平均气温降至2℃以下时，条锈病便停止发展。病菌以潜育菌丝在

麦叶组织内越冬。条锈菌越冬的临界温度为最冷月平均气温 -7 ~ -6 ℃，但麦田若有积雪覆盖，即使气温低于 -10 ℃仍能安全越冬。以常年气候而言，我国条锈菌越冬的地理界限为，从山东德州起，经石家庄、山西介休至陕西黄陵。该线以北越冬率很低，以南则每年均有较高越冬率。

在条锈菌越冬区北部，如华北、关中等地，秋苗发病程度与其越冬率有显著的相关性。病菌在单片病叶中不能越冬，只有在秋苗期形成的发病中心才能顺利越冬。华北平原南部及其以南各地，冬季温暖湿润，小麦仍缓慢生长，条锈病菌可在冬季正常侵染，不存在越冬问题。在江淮、江汉和四川盆地等麦区，条锈病菌可在冬季持续侵染蔓延，形成大量的菌源，成为来年侵染北方麦田的菌源基地，这些地区被称为“冬繁区”。

④ 春季流行　小麦条锈菌越冬之后，早春旬平均气温上升到 2 ~3 ℃，旬最高气温上升到 2 ~9 ℃时，越冬病叶中的菌丝体开始复苏产孢。此时若遇春雨和结露，越冬病叶产生的孢子就能侵染返青后的新生叶片，使症状向上部和周围叶片扩展，引起春季流行。

各越冬区因生态条件和菌源不同，小麦条锈病的春季流行也表现出不同的特点。春季流行程度取决于当地的雨湿条件。华北北部地区一般 3 月下旬越冬病叶开始产孢，若春雨及时，整个春季可繁殖 4 ~5 代。陕西关中则在 2 月上中旬越冬病叶就开始显症产孢，春季可繁殖 7 ~8 代。在适宜条件下，条锈菌在整个春季流行过程中，有效繁殖倍数可达百万倍以上。

小麦条锈病在田间的发病过程与菌源的来源有密切关系。在以当地越冬菌源为主的地区，春季流行要经过单片病叶→发病中心→全田发病三个阶段。但在越冬菌量大、冬季温暖潮湿和条锈病能持续发展的条件下，可直接造成全田发病。

在以外来菌源为主的地区，田间发病的特点是大面积突然同时发病，病情发展速度远远超过当地气象条件所确定的最大值。田间病叶分布均匀，发病部位多在旗叶和旗下一叶，找不到或很难找到基部病叶向上部和四周叶片蔓延的中心。

6.1.1.4　影响发病的因素

春季是小麦条锈病危害的主要时期。在大面积种植感病品种的前提下，决定我国多数麦区春季流行的关键因素是越冬菌量和春季降雨量。

① 品种抗病性　大面积种植感病品种或者大面积栽培的抗病品种丧失抗锈性，是锈病流行的基本条件。抗锈性是小麦与锈菌在长期协同演化过程中形成的复杂性状，目前绝大多数品种都是有小种专化抗性的。近年来，我国对一些重要抗病品种的基因进行了较深入的遗传研究，并确定了一些抗条锈基因的染色体位置。开展了小麦品种不同类型抗条锈性(高温抗锈性、成株抗锈性、慢锈性和耐锈性等)及其抗病机制研究，为进一步合理利用品种抗条锈性和育种提供了重要科学依据。条锈病菌毒性发生变异，不断产生新小种是导致品种丧失抗锈性的主要原因。陇南和川西北为小麦条锈病菌的主要“易变区”和新小种的策源地。突变和异核作用是中国小麦条锈菌毒性新小种产生的主要途径。

② 菌源　在种植感病品种的前提下，如果秋苗发病重，冬季温暖，就有较多的

带菌病叶顺利越冬。凡当地有越冬菌源的地区，在温度、湿度条件适宜的情况下，病害发生早且重；如病菌在当地不能越冬，则异地越冬菌源通过远距离气流传播侵入本地区，造成小麦生长中后期病害的发生和流行。

③ 气象因素　影响条锈病发生和流行的环境条件主要是雨水和结露。夏秋多雨，有利于越夏菌源繁殖和秋苗发病；冬季多雪，有利于保护菌源越冬；3～5 月，尤其是3～4 月雨水多、结露时间长，有利于病菌的侵染、发展和蔓延。在早春无雨情况下，病叶死亡快，不利于条锈病流行。

④ 栽培管理　栽培制度和栽培管理措施，如耕作、播期、密度、水肥管理和收获方式等对麦田小气候、植株抗病性和锈病发生也有很大的影响。冬灌有利于锈菌越冬；麦田管理不当，追施氮肥过多过晚，使麦株贪青晚熟，加重锈病发生；大水漫灌能提高小气候湿度，有利于锈菌侵染。

6.1.1.5　防治

小麦条锈病的防治策略应以种植抗锈品种为主，栽培和药剂防治为辅，实施分区治理的综合防治措施。

① 种植抗病品种　种植抗病品种是防治小麦条锈病最经济有效的措施。实行抗病基因品种合理布局，重视基因多样性这一抗锈关键因素，避免小麦抗锈品种抗源单一化。建立控制条锈病的预警系统和异地监测网，加强病菌生理小种和品种抗性变异的研究与监测。控制以陇南为主的越夏易变区，减少越夏菌源和新小种产生几率。在条锈菌越夏区和越冬区、其他不同流行区域实施抗病基因合理布局，以阻断病菌的侵染循环，控制病菌的繁殖、扩散和病害流行。另外，培育和利用多基因聚合品种(将多个抗病基因聚合在一个品种中)、多系品种(抗不同生理小种的多个品系的组合)或多抗品种(抗多个小种，或兼抗其他病害的品种)，实现生产品种抗病基因多样化，抑制病菌新毒性菌系的发展和优势小种的形成。发掘利用新的抗病基因，充分利用外源基因来丰富小麦的抗锈基因。例如，长穗偃麦草、簇毛麦和华山新麦草等与普通小麦的杂交后代，具有对主要流行小种抗病的基因。将长穗偃麦草的抗锈基因导入普通小麦育成的著名品种小偃 6 号和将中间偃麦草抗病基因导入普通小麦育成的中 4 和中 5 等品种，在我国小麦生产和作为重要抗源中发挥了巨大作用。另外，在生产中，要注意利用具有慢病性、成株抗病性和高温抗病性等特点的品种，如小偃 6 号、咸农 4 号、里勃留拉，豫麦 2 号、豫麦 47、百农 64、鲁麦 21、小偃 54、兰考 5 号等。

② 加强栽培管理　适期播种，避免早播，以减轻秋苗发病，减少秋季菌源。越夏地区要消灭自生麦苗，减少越夏菌源的积累和传播；配方施肥，勿偏施或过量施用氮肥；在土壤缺乏磷、钾肥的地区，应增施磷、钾肥，增强植株抗病性，减少锈病发生；合理灌溉，将病害的发生和产量损失减轻到最低程度。此外，在陇南等条锈菌越夏易变菌源基地实施种植结构调整等，加强生态控制，进行综合治理。

③ 化学防治　在锈病暴发流行的情况下，药剂防治是大面积控制锈病流行的主要应急措施。药剂拌种是在小麦条锈病菌常发易变区控制菌量必不可少的重要手段。推广种子包衣技术，不仅能克服由于药剂拌种技术掌握不当影响出苗的问题，也可通

过种子包衣兼治多种病虫害。用于防治小麦锈病的药剂主要有三唑酮、戊唑醇、丙环唑和烯唑醇等三唑类杀菌剂，以及嘧菌酯、醚菌酯等甲氧基丙烯酸酯类杀菌剂，可用于拌种或成株期喷雾。三唑酮可按麦种质量的 0.03%(a.i.)拌种，持效期可达 50 天以上。成株期田间病叶率达2%~4%时，应进行叶面喷雾，用量为 105~210 g/hm^2，一次施药即可控制成株期锈病危害。用量的大小视田间病情酌情增减。此药兼具有保护和治疗的作用。

6.1.2 小麦秆锈病

6.1.2.1 症状

小麦秆锈病主要危害叶鞘、茎秆和叶片，也可危害穗部。夏孢子堆长椭圆形，在小麦的三种锈病中最大，隆起高，红褐色，不规则散生。秆锈菌孢子堆穿透叶片的能力较强，导致同一侵染点叶正反面均出现孢子堆，而且叶背面的孢子堆一般都比正面的大。成熟后表皮大片开裂并外翻，散出锈褐色夏孢子粉。后期产生黑色冬孢子堆，表皮破裂散出黑色锈粉状冬孢子。

6.1.2.2 病原

由担子菌门柄锈菌属禾柄锈菌(*Puccicinia graminis* Pers. f. sp. *tritici* Erikss. et Henn.)菌物引起。小麦秆锈菌是转主寄生的长生活史型锈菌。在小麦上形成夏孢子和冬孢子，冬孢子萌发产生担孢子，担孢子侵染转主寄主小檗(*Berberis* spp.)和十大功劳(*Mahonia* spp.)等，在其上产生性孢子和锈孢子。不同性别的性孢子可以杂交，产生变异。但在我国，转主寄主在小麦秆锈病流行过程中的作用不大。病菌仅以夏孢子世代不断危害小麦，并且在小麦上越冬、越夏，完成病害循环。

夏孢子堆椭圆形至狭长(图 6-3)。夏孢子单胞，暗黄色，长圆形，21~42 μm×13~24 μm，中部有 4 个发芽孔，表面有细刺。冬孢子有柄，双胞，椭圆形或长棒形，上宽下窄，褐色，表面光滑，横隔处稍缢缩，35~64 μm×13~24 μm，顶壁厚(图6-4)。

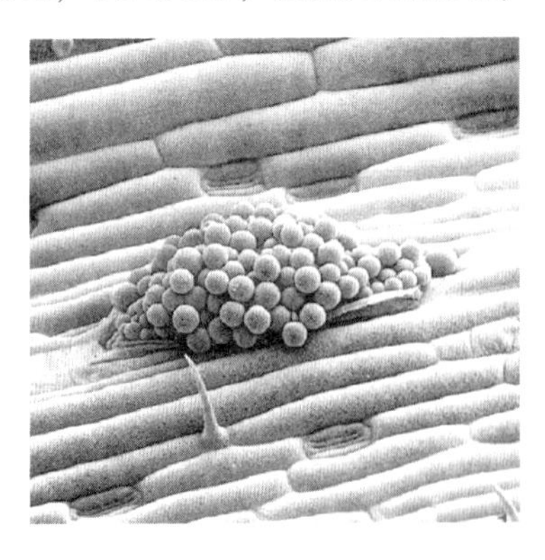

图6-3 小麦秆锈菌的夏孢子堆

(仿 Guggenheim 和 Grabski)

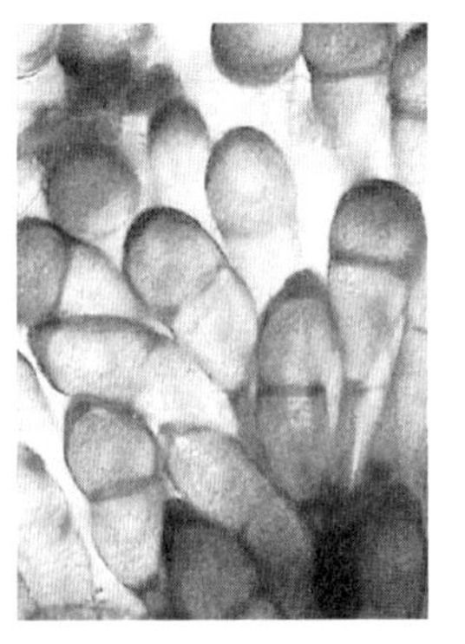

图6-4 小麦秆锈菌 冬孢子

小麦秆锈菌要求较高的温度，其菌丝生长和夏孢子形成的最适温度为20～25 ℃。夏孢子萌发的最适温度为18～22 ℃，最低温度为3 ℃，最高温度31 ℃。冬孢子萌发和担孢子形成的最适温度均为20 ℃。在小檗上，锈孢子形成的最适温度为20～32 ℃，萌发适温为16～18 ℃。夏孢子的萌发和入侵需在叶表面具水滴或100%的大气湿度。病菌在充足光照条件下才能在植物上正常生长和发育。

小麦秆锈菌除危害小麦外，还可侵染大麦、燕麦、黑麦和一些禾本科杂草，特别是野生大麦和山羊草。

小麦秆锈菌有明显的生理分化现象。我国采用鉴别寄主体系，已鉴定出多个生理小种(群)，其中21小种群为优势小种群，其次为34小种群。21 C3为优势小种，34 C2位于第二位。21 C3和34 C2还包括多个致病类型。

6.1.2.3 病害循环

我国小麦秆锈菌是以夏孢子世代在南方危害秋苗并越冬，在北方春麦区引起春夏流行，通过菌源的远距离传播，构成周年侵染循环。

小麦秆锈菌夏孢子不耐寒冷，在我国北方广大麦区不能安全越冬。秆锈菌的越冬区域比较小，主要越冬区在福建、广东等东南沿海地区和西南局部地区，次要越冬区主要分布于长江中下游各地。这些地区冬季最冷月的月平均气温可达10℃左右，小麦可持续生长，秆锈菌可持续不断侵染危害。在山东半岛和辽东半岛，虽然秋苗发病普遍，但受害叶片大多不能存活到翌年春季，因此病菌越冬率极低，仅可为当地局部麦田提供少量菌源，对全国范围的秆锈病流行作用很小。

翌年春、夏季，越冬区菌源自南向北、向西逐步传播，经由长江流域、华北平原到东北、西北及内蒙古等地的春麦区，造成全国大范围的春、夏季流行。由于大多数地区没有或极少有本地菌源，春、夏季广大麦区秆锈病的流行几乎都是外来菌源所致，所以田间发病都是以大面积同时发病为特征，没有真正的发病中心。但在外来菌源数量较少、时期较短的情况下，在本地繁殖1～2代后，田间可能会出现一些“次生发病中心”。

我国小麦秆锈菌的越夏区域较广，在西北、西南、东北和华北冷凉地区晚熟冬春麦和自生麦苗上均可越夏并不断繁殖蔓延。至秋季，西部高原越夏秆锈菌夏孢子随高空气流由西向东传播至东南沿海的福建、广东等地，或由北往南向云南、贵州等越冬区传播，引起秋苗发病，并不断发展蔓延。由于气流主要是由西向东活动，因此，病菌由北往南的传播所起作用可能较小。

云、贵、川西部高山区地形复杂，海拔高度相差悬殊，不同播期和收获期的麦田交错并存，秆锈菌在该地区既可越夏，又可越冬，完成周年循环，但它在全国流行中的作用尚需进一步研究。

6.1.2.4 影响发病的因素

小麦秆锈病的发生、流行主要取决于秆锈菌生理小种的变化、小麦品种的抗锈性以及环境条件的影响。

① 秆锈菌生理小种的变化　小麦秆锈菌新的毒性小种可以通过在转主寄主上的有性杂交以及突变和异核重组等途径产生。在我国小麦秆锈菌的转主寄主不起作用，所以毒性小种的变化可能以后两种途径为主。毒性较弱的优势小种 21 C3 自发现以来，长期稳定占据优势，并且存在多个 21 C3 致病类型。毒性较强的生理小种 40、34 C2、34 C4 等出现频率一直很低；以后又发现的小种 34 C5，与其他小种毒性不同。在田间，毒力强而相对生存能力较弱的小种难以发展，从而稳定了小麦秆锈菌种群。

② 小麦品种的抗锈性　大面积种植感病品种或大面积栽培的抗病品种丧失了抗锈性，是锈病流行的基本条件。迄今所发现的小麦抗秆锈性基因（*Sr* 基因），绝大多数都是有小种专化性的，除来自小麦属各种之外，还来自小麦的近缘属。多数抗秆锈基因在全生育期表达，某些抗病基因是温敏基因，例如 *Sr6* 在低温下抗病，而在高温下变为感病。

在长江中下游小麦秆锈菌越冬桥梁传播区，品种的稳定作用对生存能力弱的新毒性小种有淘汰作用，而北方麦区的品种抗性逐步增强，对小麦秆锈菌不同毒性小种有层层拦截作用，从而使小麦秆锈病得到了持久有效的控制。从不同地区小麦品种中所携带的抗病基因来分析，东北地区小麦品种的抗秆锈基因比黄淮冬麦区和北方冬麦区更为丰富。

③ 环境条件　气候因素可以影响锈菌的存活、生长发育和繁殖，影响小麦品种的抗锈性，还可以影响锈病的侵染过程和大区流行。一般来说，小麦抽穗期的气温可满足秆锈菌夏孢子萌发和侵染的要求，决定病害是否流行的主要因素是湿度条件。对东北和内蒙古春麦区来说，如华北地区发病重，夏孢子数量大，而本地 5 ~ 6 月气温偏低，小麦发育迟缓，同时 6 ~ 7 月降水日数较多，就有可能大流行。

种植制度的改变，如福建、广东、广西越冬菌源基地以及云南越冬越夏周年循环区，自 20 世纪 60 年代后进行种植制度的调整，极大地压缩了秆锈菌的初始菌源基数，有的地方铲除了秆锈菌菌源。栽培管理措施如播期、密度、水肥管理等对麦田小气候、植株抗病性以及锈病的发生有很大的影响。北部麦区播种过晚，则秆锈病发生重；麦田管理不善，追施氮肥过多过晚，则加重锈病发生。

6.1.2.5　防治

小麦秆锈病的防治参考小麦条锈病。

6.1.3　小麦叶锈病

6.1.3.1　症状

叶锈病主要危害小麦叶片，有时也危害叶鞘和茎。叶片受害，产生许多散乱的、不规则排列的圆形至长椭圆形的橘红色夏孢子堆，表皮破裂后，散出黄褐色夏孢子粉。夏孢子堆较秆锈菌小而比条锈病菌大，多发生在叶片正面。偶尔叶锈菌也可穿透叶片，在叶片正反两面同时形成夏孢子堆，但叶背面的孢子堆比正面的要小。后期在叶背面散生椭圆形黑色冬孢子堆。

6.1.3.2 病原

由担子菌门柄锈菌属隐匿柄锈菌小麦专化型(*Puccinia recondita* Rob. ex Desm. f. sp. *tritici* Erikss. et Henn.)菌物引起。小麦叶锈菌是转主寄生的长生活史型锈菌。在小麦上形成夏孢子和冬孢子，冬孢子萌发后产生担孢子。在国外，唐松草(*Thalictrum* spp.)和小乌头(*Isopyrum fumarioides*)是小麦叶锈菌的转主寄主，叶锈菌在其上形成性孢子和锈孢子。在我国，叶锈菌的转主寄生现象和转主寄主均未得到证实。病菌仅以夏孢子世代完成病害循环。

夏孢子单胞，球形或近球形，黄褐色，表面有微刺，18~29 μm×17~22 μm，有6~8个散生的发芽孔。冬孢子双胞，棍棒状，上宽下窄，顶部平截或稍倾斜，暗褐色，39~57 μm×15~18 μm(图6-5)。

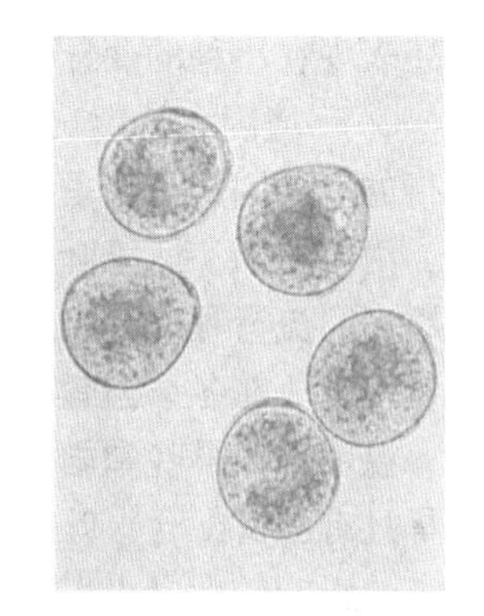

图6-5 小麦叶锈菌 夏孢子

小麦叶锈菌对温度的适应范围较广，既耐低温，又耐高温。夏孢子萌发最适温度为15~20 ℃，在有水膜时即可萌发。冬孢子、锈孢子的萌发适温分别为14~19 ℃和20~22 ℃。

小麦叶锈菌一般只危害小麦，但在一定条件下也可侵染冰草属(*Agropyron*)和山羊草属(*Aegilops*)的一些种。除唐松草和小乌头外，牛舌草属(*Archusa*)和兰蓟属(*Echium*)植物也是小麦叶锈菌的转主寄主。

小麦叶锈菌存在明显的生理分化现象。我国利用统一鉴别寄主，鉴定出包括叶中4号、34号、38号、45号、46号等多个生理小种，其中叶中4号、34号为优势小种，对中国抗叶锈病品种的利用存在着严重威胁。

6.1.3.3 病害循环

小麦叶锈菌以夏孢子世代完成侵染循环，其越夏和越冬的地区均较广。在我国大部分麦区，小麦收获后病菌转移到自生麦苗上越夏；个别地区(如四川)可在春小麦上越夏。冬麦秋播出土后，病菌又从自生麦苗上转移到秋苗上危害、越冬。病菌在晚播小麦的秋苗上侵入较迟，以菌丝体潜伏在叶组织内越冬。

在冬季温暖、湿润的西南及长江中下游冬麦区，叶锈菌不仅可以越冬，而且在一定程度上还有所扩展，为第二年的流行提供大量菌源。在春麦区，由于病菌在当地不能越冬，病害发生系外来菌源所致。

叶锈菌在华北、西北、西南、中南等地自生麦苗上都有发生，越夏后成为当地秋苗感病的主要病菌来源。冬小麦播种越早，秋苗发病也越早、越重。一般9月5~20日播种的发病较重，此后播种的发病较轻。冬季气温高、雪层覆盖厚、覆雪时间长、土壤湿度大，对病菌越冬有利，越冬菌源多。小麦叶锈菌越冬后，当早春旬平均气温上升至5 ℃时，潜育病叶开始复苏显症，产生夏孢子，进行再侵染，但此时叶锈菌发展很慢。当旬平均气温稳定在10 ℃以上时，才能较顺利地侵染新生叶片，普遍率明显上升，进入春季流行的盛发期。

6.1.3.4 影响发病的因素

小麦叶锈病的发生和流行主要决定于叶锈菌生理小种群体结构的变化、小麦品种的抗锈性以及环境条件的影响。

① 叶锈菌生理小种群体结构 1986 年以来，利用 *Lr* 单基因系作为鉴别寄主，发现我国小麦叶锈菌的群体毒性很强，并且群体毒性基因结构也存在着明显的空间格局。云南、贵州等地的叶锈菌株毒性最强，毒性基因谱最宽。小麦叶锈菌毒性的复杂性还表现在小种的变异性，同一小种的不同菌株，其毒性也不完全相同。

② 环境因素的影响 在存在感病品种和强毒性基因群体的前提下，影响叶锈病流行的主要因素是春季的雨量和温度回升的早晚。云南、贵州等叶锈病常发区冬暖夏凉，雨露充沛，适于叶锈病的发生和流行。在华北平原冬麦区，秋苗病情与翌年春季叶锈病的流行程度并无明显的相关性。叶锈菌经过冬季低温后大部分死亡，残存病菌数量很少。在冬季温暖、越冬率很高的地区，则秋苗病情与翌春流行程度呈正相关。

温度回升早晚和雨量多少是叶锈病本地菌源能否引起流行的决定性因素。温度回升早且有雨露配合，叶锈病就可能提早发展，发病较重。小麦生长中后期，以湿度对病害的影响较大。小麦抽穗前后，如降雨次数多，病害就可能流行。此外，除了本地菌源可引起病害流行外，如有大量外来菌源，病害也可能流行。

栽培管理措施，如耕作、播期、密度、水肥管理和收获方式等对麦田小气候、植株抗病性和锈病发生也有很大的影响。冬灌有利于锈菌越冬；麦田管理不当，追施氮肥过多过晚，使麦株贪青晚熟，加重锈病发生；大水漫灌能提高小气候湿度，有利于锈菌侵染。

6.1.3.5 防治

小麦叶锈病的防治参考小麦条锈病。

6.2 小麦白粉病

小麦白粉病是一种世界性小麦病害，广泛分布于世界各产麦区。我国于 1927 年在江苏首次发现，随后在四川、贵州和沿海地区普遍发生。20 世纪 70 年代后，随着矮秆小麦品种的推广、植株群体密度增加和水肥条件的改善，发病面积、范围和危害程度不断加重，并逐渐向北方麦区蔓延。如 1990 年，小麦白粉病在河南省大流行，危害面积占种植面积的一半以上，产量损失近 4×10^8kg，是有史以来小麦白粉病危害最严重的年份；1997 年，小麦白粉病在江淮、华北和西北地区大流行，发生面积达 666.67×10^4hm^2。目前，该病在我国 20 个省、自治区、直辖市普遍发生，是近年来我国小麦生产中危害面积最大的病害之一。

6.2.1 症状

主要危害叶片，严重时也可危害叶鞘、茎秆和穗部(图6-6)。典型的症状特点是病部表面呈现一层白粉状霉层(分生孢子)。病斑最初为黄色小斑，随后逐渐扩大为圆形或椭圆形，并出现分散的白色绒絮状霉斑，严重时病斑合并覆盖叶片大部，甚至布满整个叶片。后期霉层由白色变为灰色，最后变为浅褐色，上面散生黑色小颗粒即闭囊壳。一般叶正面病斑比反面多，下部叶片较上部叶片重，发病严重时植株矮小不能抽穗。

图6-6 小麦白粉病在穗部、叶片的病征

6.2.2 病原

由子囊菌门布氏白粉属禾布氏白粉菌小麦专化型(*Blumeria graminis* f. sp. *tritici*)菌物引起。菌丝体表寄生，以吸器侵入寄主表皮细胞。分生孢子梗垂直着生于菌丝，顶端串生分生孢子(图6-7)。分生孢子球形或卵形，单胞，无色，其侵染力仅能维持3~4天。病部产生的小颗粒为闭囊壳，黑色、球形，外有发育不全的丝状附属丝，内含子囊9~30个。子囊呈椭圆形，内含8个或4个子囊孢子。子囊孢子球形至椭圆形，单胞，无色(图6-6)。分生孢子对温度和湿度的适宜范围较广。在相对湿度0~100%范围内均能萌发和发生侵染，一般湿度越大(不形成水滴)萌发率越高。萌发温度范围为0.5~30℃，最适温度为20℃。

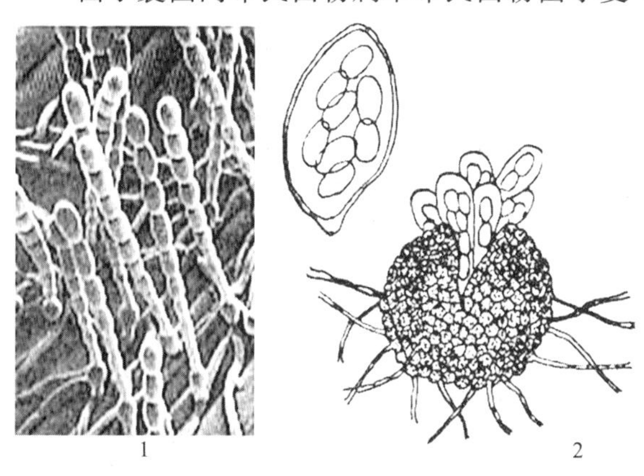

图6-7 禾布氏白粉菌(引自康振生，2007)
1. 分生孢子和分生孢子梗 2. 闭囊壳及子囊

禾布氏白粉菌小麦专化型为专性寄生菌，只能在活体寄主组织上生长发育，具有明显的生理分化现象。目前已鉴定出生理小种70多个。

6.2.3 病害循环

禾布氏白粉菌小麦专化型可以分生孢子在夏季气温较低地区的自生麦苗或夏播麦苗上越夏，也可通过病残体上的闭囊壳在干燥和低温条件下越夏。病菌越夏后侵染秋苗，导致秋苗发病。病原菌一般以菌丝体在冬麦苗上越冬，也有的以闭囊壳在病残体上越冬。当分生孢子或子囊孢子借气流传播到感病小麦叶片上，温度、湿度条件适宜时，即可萌发长出芽管，进而形成附着胞和侵入丝侵入寄主表皮细胞，完成并建立寄生关系。随后菌丝在寄主组织表面不断蔓延生长，并分化形成分生孢子梗，产生大量分生孢子。分生孢子成熟后脱落，随气流向周围传播引起多次再侵染。

6.2.4 影响发病的因素

小麦白粉病发生和流行取决于品种抗病性、气候条件、菌源数量和栽培措施等。其中小麦品种抗病性的类型和强弱是病害发生和流行的关键因素。在气候条件中，以温度和湿度的影响最大。一般来说，干旱少雨不利于病害发生，在一定温度范围内，相对湿度越大，病害越重。

6.2.5 防治

小麦白粉病的防治应采取以种植抗病品种为主，农业措施和药剂防治为辅的综合防治策略。

①种植抗病品种　我国在小麦抗白粉病品种的引进、选育和鉴定方面做了大量的工作，获得了许多高抗甚至是免疫的小麦品种(系)，如郑麦366、郑麦004、郑麦9023、豫麦17、豫麦66、郑州831、周麦18、白免3号、肯贵阿1号等，较好地控制了小麦白粉病在我国大范围的危害和流行。但是，由于小麦品种对白粉病抗性的差异性显著，病原菌变异速度快，品种对白粉病的抗性难以持久。加之，目前生产上一般栽培品种中高抗品种很少，因此在不断挖掘和创新抗源材料，引进、筛选和鉴定新的抗白粉病品种的同时，应因地制宜地选用适合当地的抗病品种，并注意抗病品种组合、抗源多样化、品种抗病性的退化和及时进行品种(基因)轮换，以有效控制小麦白粉病的危害和流行。

②农业措施　适期播种，如病菌越夏区或秋苗发病较重的地区可适当晚播以降低秋苗发病率和减少非越夏区侵染源；根据品种特性和地力合理密植，群体密度过大，田间透风透光不良，相对湿度增加，有利于发病；及时清除自生麦苗，以减少秋苗菌源，降低秋苗发病率；合理施肥，避免偏施氮肥，适当增施磷钾肥，增强小麦的抗病能力；合理灌溉，降低田间湿度，南方麦区雨后及时排水，防止湿气滞留，北方麦区提倡冬灌，减少或避免春灌。

③药剂防治　越夏区和秋苗发病较重的地区一般采用播期拌种，必要时在孕穗到齐穗期在喷药；一般病区在春季发病初期或进入发病盛期(孕穗到齐穗期)及时喷施药剂加以防治。常用药剂包括三唑酮、烯唑醇、多菌灵、丙环唑等。

6.3 小麦腥黑穗病

小麦腥黑穗病广泛分布在世界各产麦区，一般发病田小麦可减产10%～20%，严重地块可达50%以上，甚至绝收。我国主要是网腥黑穗病和光腥黑穗病，其中网腥黑穗病在南、北麦区都有发生，光腥黑穗病在北方麦区发生较多。该病害不仅影响小麦产量，而且影响小麦品质，染病麦粒因病菌孢子含有毒物质三甲胺而丧失食用价值；如果用混有大量菌瘿的麦粒作饲料，可引起家禽和牲畜中毒。

6.3.1 症状

主要发生在穗部。病株一般较健株稍矮，分蘖增多，矮化程度及分蘖情况依品种而异。病穗短而直立，颜色较健穗深，开始为灰绿色，以后变为灰白色，颖壳略向外张开，露出部分病粒(菌瘿)。病粒较健粒短粗，初为暗绿，后变为灰黑色，外包一层灰色被膜，破裂后散出黑色粉末(病菌厚垣孢子)，菌瘿含三甲胺，有鱼腥气味，故称腥黑穗病。

6.3.2 病原

小麦网腥黑穗病由担子菌门腥黑粉菌属网腥黑粉菌(*Tilletia caries*)菌物引起。厚垣孢子常为球形或近球形，有时呈卵形，淡褐色或深褐色，孢子表面有网状花纹(图6-8)。

小麦光腥黑穗病由担子菌门腥黑粉菌属光腥黑粉菌(*Tilletia foetida*)菌物引起。厚垣孢子球形、卵形或长卵形，淡褐色至暗褐色孢子表面膜光滑，无网纹(图6-9)。

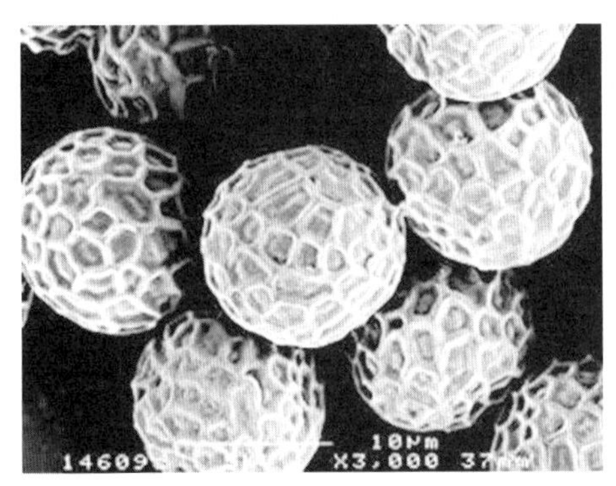

图6-8 网腥黑粉菌厚垣孢子

(引自 Shivas R G，2005)

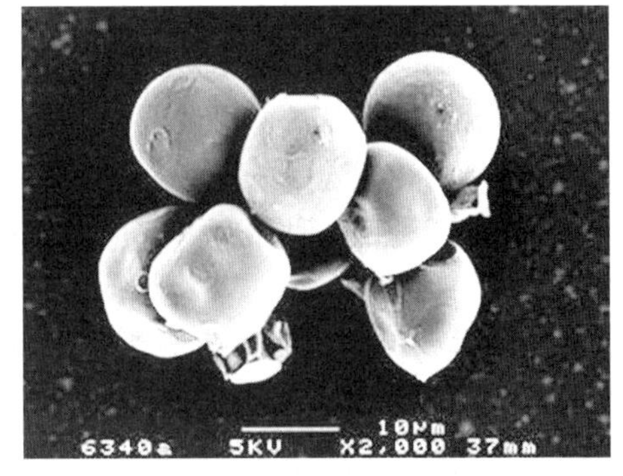

图6-9 光腥黑粉菌厚垣孢子

(引自 Shivas R G，2005)

小麦网、光腥黑粉菌厚垣孢子萌发所需的温度随病菌的种和生理小种不同而异。试验证明，偏低的温度有利于孢子的萌发，萌发温度范围为0～29 ℃，最适温度为16～18 ℃。其萌发适温较小麦种子萌发所需温度低(小麦种子发芽最适温度20～25 ℃)。光照有利于孢子萌发。能在水中萌发；在具有某些营养物质的液体中，如猪、马、牛粪的浸出液中更易萌发。孢子对碱不太敏感，但对酸很敏感，当土壤溶液 pH <5 时，孢子不能萌发。

小麦腥黑粉菌具有明显的生理分化现象。不同生理小种除对寄主的致病力不同以外，孢子的大小、花纹、萌发的形式、色泽以及受侵染植株的高矮、分蘖多少和病粒的形态等也有差异。病菌的致病力因所侵染的小麦品种的抗病性不同，也会发生不同的变异。目前我国已知网腥黑粉菌有4个生理小种，光腥黑粉菌有6个生理小种。

6.3.3 病害循环

小麦腥黑穗病是苗期侵染的单循环系统性侵染病害，病菌初侵染来源主要有种子带菌、土壤带菌和粪肥带菌，其中以种子带菌为主，这也是该病害远距离传播的主要途径。通常病菌以厚垣孢子附在种子外表或混入粪肥、土壤中越冬或越夏。当种子发芽时，不同来源的厚垣孢子也随即萌发，厚垣孢子先产生先菌丝，其顶端生6~8个线状担孢子，不同性别担孢子在先菌丝上呈“H”状结合，然后萌发为较细的双核侵染丝，并从芽鞘侵入幼苗到达生长点，菌丝体随小麦生长而扩展，至小麦孕穗期，侵入幼穗子房，破坏花器，抽穗时在麦粒内形成菌瘿即病原菌的厚垣孢子。

6.3.4 影响发病的因素

小麦腥黑穗病属幼苗期侵入的系统侵染病害，因此，凡是影响小麦幼苗出土快慢的因素如土壤温度、墒情、通气条件、播种质量、种子发芽势等均影响该病害的发生流行。其中主要是土壤温度和墒情。

6.3.5 防治

小麦腥黑穗病的防治应采取以加强检疫和种子处理为主，农业防治和种植抗病品种为辅的综合防治措施。

① 加强检疫　建立无病留种田，严禁带菌种子向外传播扩散，不从病区调运种子；为了确保留种田的种子无病，应做好种子消毒，及时拔除病株，保持留种田与生产田的隔离。

② 选用抗病优良品种　在病害有所回升的地区以及个别严重发生的地区，选择种植合作1号、蚰子麦、玉皮等抗病品种，可有效地控制病害的发生。

③ 农业措施　适期足墒播种：冬麦不宜过迟播种，春麦不宜过早播种，播种深度要适宜，不宜过深或覆土过厚，以促进幼苗早出土，减少病菌侵染的机会而减少发病。轮作倒茬：以土壤和粪肥传播为主的病区，可采用与非寄主作物实行1~2年轮作，或1年水旱轮作。粪肥和土壤处理：有机粪肥经充分腐熟后施用或施用少量硫酸胺或氯化铵等速氮肥作种肥，可促使幼苗早出土，减少病菌侵染；对病菌污染严重的麦田可用甲基硫菌灵或五氯硝基苯等药剂进行土壤消毒处理。

④ 种子处理　药剂拌种是目前生产上防治小麦腥黑穗病最有效的措施，常用的杀菌剂包括戊唑醇、甲基硫菌灵、多菌灵、三唑醇、烯唑醇等。

6.4 小麦散黑穗病

小麦散黑穗病在我国各麦区均有发生，但各地区发病程度有所不同。在冬麦区，长江流域比黄、淮海流域重；在春麦区，东北地区比内蒙古、西北地区重。一般发病较轻，发病率在1%~5%，个别地区可达10%~15%或更重。

6.4.1 症状

主要发生在穗部，偶尔发生在茎、叶上。病株抽穗较健株略早，小穗畸形，外包灰色薄膜，里面充满黑粉(病菌厚垣孢子)，所以俗称黑疸、乌麦、灰包。抽穗不久后，薄膜破裂，散出黑色粉末状冬孢子，仅残留穗轴。通常病穗全部小穗均被破坏，成为病菌冬孢子堆，穗的上部稀或仅存少数健全小穗。基节或叶片基部偶尔产生疮状或条纹状孢子堆。

6.4.2 病原

由担子菌门黑粉菌属小麦散黑粉菌(*Ustilago tritici*)菌物引起。厚垣孢子球形或近球形，浅黄色至深褐色，表面有微突起(图6-10)。孢子萌发时仅产生单核分枝状菌丝(担子)，不产生担孢子。

图6-10 小麦散黑粉菌厚垣孢子

(引自 Shivas R G，2005)

厚垣孢子萌发最适温度为20～25 ℃，菌丝生长最适温度为24～30 ℃。厚垣孢子在田间只能存活几周，因此不存在在田间越夏(或越冬)后再侵入寄主的可能，但潜伏在小麦种子内的菌丝可存活5年以上。

小麦散黑粉菌具有寄主专化现象，并存在明显的生理分化，我国曾报道14个生理小种。

6.4.3 病害循环

病菌以菌丝潜伏在种子胚内，外表不显症。当带菌种子萌发时，潜伏的菌丝也开始发育，并随小麦生长发育经生长点向上发展，侵入穗原基。孕穗期，菌丝体迅速扩展，破坏花器，形成厚垣孢子，使麦穗变为黑粉。病穗散出的厚垣孢子随气流传播到扬花期的健穗上，于湿润的柱头上萌发产生先菌丝和单梗分枝菌丝，亲和性单核菌丝结合后形成双核侵染丝侵入子房，在珠被未硬化前进入胚珠，潜伏其中。种子成熟时，菌丝胞膜加厚形成厚壁休眠菌丝在种子胚内越夏、越冬，并借种子远距离传播。因此，小麦散黑穗病当年表现的症状是上一年花期系统侵染的结果。

6.4.4 影响发病的因素

小麦散黑穗病发生流行与气候条件、菌源数量和小麦品种抗病性有密切关系。其中上一年病菌侵入率、开花期的气候条件以及菌源数量是当年小麦散黑穗病发生流行的主要因素。一般来说，小麦开花期如果细雨多雾、环境温度高，有利于病原菌冬孢子萌发和侵入，种子带菌率就高，下一年病害发生流行的可能性就越大。

6.4.5 防治

小麦散黑穗病是由花器侵入的系统侵染性病害，一年只侵染1次。带菌种子是病害传播的唯一途径，也是病菌相对集中、易于处理的阶段，所以对该病应该采用以种子处理为主，农业措施和种植抗病品种为辅的综合防治策略。

① 选育抗病品种　根据小麦散黑粉菌生理小种的变异情况，选育抗病性稳定的优良品种，是目前生产上解决小麦散黑穗病问题极具潜力的防治策略。抗性较好的品种有甘垦4号、奎花2号等品种。

② 农业措施　建立无病留种田，精选无病种子，一般要求种子田远离大田300 m以外；抽穗前及时拔除病株。

③ 种子处理　以内吸性杀菌剂拌种是防治小麦散黑粉病的最有效的措施，常用药剂包括戊唑醇、敌菌灵、三唑酮、烯唑醇、萎锈灵和拌种双等。此外，种子物理消毒，如用温汤浸种或石灰水浸种、高频电磁波处理种子等也可取得一定的防治效果。

6.5 小麦赤霉病

小麦赤霉病是世界温暖潮湿麦区广泛发生的一种病害。我国各小麦栽培区均有发生，尤其在东南沿海和长江中下游麦区受害最为严重。据估计，全国发生赤霉病的麦区面积近667×10^4 km^2，占全国小麦总面积的1/4。病害中度流行年份减产5%~15%，大流行年份减产20%~40%。该病害不仅影响小麦产量，而且降低小麦品质，如蛋白质和面筋含量减少，出粉率降低，面粉色泽劣变等。此外，感病麦粒内含有多种菌物毒素如脱氧雪腐镰刀菌烯醇(deoxynivalenol)和玉米赤霉烯酮(zearalenol)等，可引起人、畜中毒。

6.5.1 症状

小麦赤霉病在小麦各生育期均能发生，引起苗枯、茎基腐、秆腐和穗腐，在田间以穗腐最常见，危害最重。

穗腐一般在小麦开花后发生。通常在乳熟期于个别小穗颖片基部出现水渍状淡褐色斑点，病情扩展可达整个小穗或多个小穗。病小穗或病穗呈枯黄色，天气潮湿时在颖片合缝处或小穗基部长出粉红色黏胶状霉层，即病菌的分生孢子座和分生孢子；若穗轴或穗颈被侵染可造成白穗(图6-11)。在病害发生后期，若遇潮湿天气，长粉红色霉层的地方会长出黑色小颗粒，即病菌子囊壳(图6-12)。染病种子皱缩，表面呈白色或有粉红色霉层(图6-13)。

图6-11　小麦赤霉病在穗上的症状

图 6-12 病穗上的黑色小颗粒
(子囊壳)(引自 www. dirceugassen. com)

图 6-13 染病的小麦种子
(引自 www. jppn. ne. jp)

苗枯发生较少，主要由种子带菌引起。病菌在种子萌发至幼苗期侵染幼芽鞘、根鞘或根，可引起褐色腐烂，使种子不出苗或出土后黄瘦以至枯死。气候潮湿时，病部也可长出粉红色霉层。

茎基腐则主要发生于茎的基部，使其变褐腐烂，严重时整株枯死。一般自幼苗期开始发生，也有在植株成熟期发生。潮湿时，病部产生粉红色霉层，有时茎基节部可见黑色小颗粒。

秆腐主要发生在穗以下第一、二节，叶鞘上最初产生水渍状褪绿斑，扩展后形成淡褐色至红褐色不规则斑，并向茎内扩展，造成病部以上枯黄，灌浆后期发病部位以上组织死亡，病株易折断。潮湿时，病部产生粉红色霉层。

6.5.2 病原

主要由子囊菌门赤霉属玉蜀黍赤霉菌(*Gibberella zeae*)菌物引起。无性世代为无性型真菌镰孢菌属禾谷镰刀菌(*Fusarium graminearum*)。其他如黄色镰刀菌(*F. culmorum*)、燕麦镰刀菌(*F. avenaceum*)和串珠镰刀菌(*F. monitiforme*)等也能引起小麦赤霉病，但数量很少，仅在局部地区所占比例稍高。

玉蜀黍赤霉菌的子囊壳散生或聚生于病组织表面的子座中，深蓝色至紫色，卵形，基部光滑，顶端有乳头状突起，有孔口。子囊无色棒状，内含 8 个子囊孢子，双行或单行排列，呈螺旋状(图 6-14)。子囊孢子无色，纺锤形，两端钝圆，多具 3 个隔膜。禾谷镰刀菌大型分生孢子多为镰刀形，背腹明显，顶端钝圆，基部有足胞，一般具 3 ~7 个隔膜(图 6-15)。单个分生孢子无色，聚集时呈粉红色。一般极少或不产生小型分生孢子和厚垣孢子。

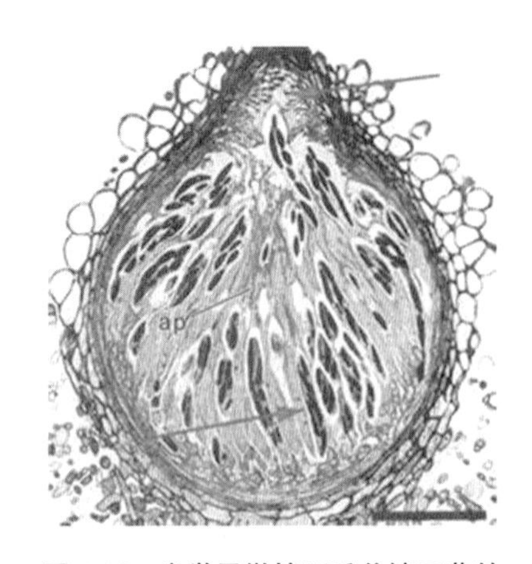

图 6-14 光学显微镜下禾谷镰刀菌的子囊壳和子囊—子囊壳纵切面
(引自 www. botit. botany. wisc. edu)

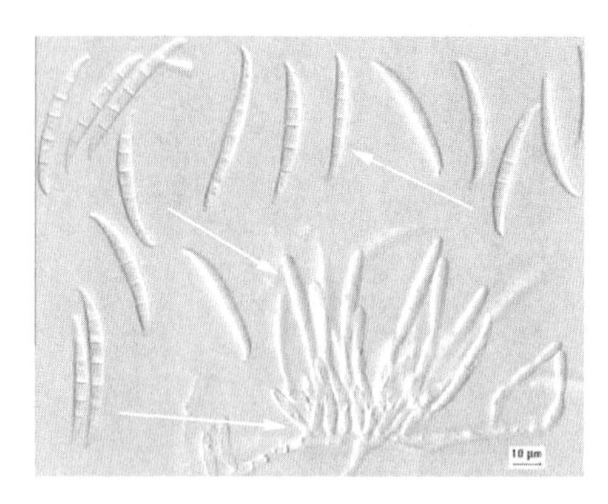

图 6-15 禾谷镰刀菌大型分生孢子
(引自 www. apsnet. org)

小麦赤霉病菌菌株间致病力存在差异，具有一定的生理分化现象。研究表明，不同地区分离的菌株对小麦品种的毒性有一定的差异，但不够稳定，不足以区分出稳定的生理小种。

6.5.3 病害循环

病残体上的子囊壳和分生孢子、土壤带菌以及带病种子是小麦赤霉病周年循环的主要初侵染源。土壤带菌常引起下一季节小麦根腐和茎基腐，而种子内部潜伏的病菌菌丝体是引起苗枯的主要原因。穗腐主要是扬花期子囊孢子进行初侵染而引起的。当子囊孢子经气流或风雨传播到麦穗上后，在温度和湿度适宜的条件下萌发形成菌丝，先在颖片外侧蔓延，经颖片缝隙进入小穗内部进而侵入花药，随着菌丝的不断生长繁殖，逐渐危害颖片两侧的薄壁细胞以至胚和胚乳，引起小穗凋零。小穗被侵染后，如条件适宜，3 ~5 天即可表现症状。随后菌丝逐渐向水平方向的相邻小穗部扩展，或进一步垂直扩展，向上扩展至芒，向下扩展至颖片基部，危害子房，并继续蔓延至小穗轴和穗轴，导致侵染点以上穗部枯死。麦穗发病后在病部形成并释放分生孢子，可引起再侵染，但对于生育期相对一致的麦田，再侵染对病害流行影响不大。

6.5.4 影响发病的因素

小麦赤霉病的发生和流行取决于气候条件、菌源数量、品种抗病性及栽培条件等因素。由于目前生产上的主栽品种对赤霉病的抗性普遍较差，因此，充足的菌源、适宜的气候条件及其与小麦生育期的吻合程度是造成小麦赤霉病发生和流行的主要因素。其中小麦扬花期的降雨量、降雨日数和相对湿度是病害流行的主导因素。

6.5.5 防治

小麦赤霉病的发生和流行受菌量、气候、品种抗性和栽培管理等各种因素影响，具有暴发性和间歇性的特点。在防治上应采取以农业防治为基础，结合选用抗病品种，关键时期进行药剂防治的综合防治策略。在当前缺乏抗病丰产良种的情况下，药剂防治是小麦赤霉病综合防治中的关键措施。但随着抗病育种工作的不断深入，将逐渐实现以推广抗耐病丰产优良品种为主的防治措施。

①选用抗病品种　尽管目前国内外所育成的抗病品种无论在抗病性或丰产性等方面不够理想，或在各地表现不稳定，但生产上仍然有一些中抗或耐病品种值得利用和推广，如豫麦 34、郑麦 9023、郑旱 1 号、新克旱 9 号、辽春 4 号、龙麦 12、皖麦 43、扬麦 158、皖麦 32 等品种具有一定抗性。

②农业措施　合理灌溉，麦田要求深沟高畦，雨过田干，沟内无积水，降低田间湿度；按需施肥，避免氮素追肥过晚，多施磷、钾肥；翻耕灭茬，消灭菌源，前茬收获后，清除田间杂草，及时深耕，将桩、茬等残体翻埋土下，以加速分解，减少初侵染菌量；播种时要精选种子，减少种子带菌率。

③药剂防治　药剂防治的关键时期是小麦始花期到灌浆阶段。第 1 次喷药应略早于病害盛发期，对轻病区可防治 1 次，重病区要防治 2 次，常用药剂有多菌灵、甲基硫菌灵等。此外，种子处理是防治苗枯的有效措施。生产上常推广种子包衣技术，选择质量高、效果好的专用剂型如拌种灵进行包衣。

6.6　小麦全蚀病

小麦全蚀病是典型的土传性根部病害，广泛分布于世界各地。我国于 1931 年前后在浙江省发现，1943 年在云南发现，1956 年前后在江苏、四川等地零星发生，1977 年在山东省烟台地区严重发生，目前已扩展到西北、华北、长江流域、华东等地的 19 个省、自治区、直辖市，是威胁我国小麦生产的严重病害之一，也是我国植物病害检疫的对象。小麦染病后，植株成簇或大片枯死，分蘖减少，成穗率低，穗粒数及千粒重降低，产量损失严重，轻病地减产 10%~20%，重病地减产 50% 以上，严重者甚至绝收，而且发病越早，损失越大。

6.6.1　症状

主要危害根部和茎基部 1~2 节，地上部分的症状均为根和茎基部腐烂所致。小麦整个生育期均可感病。幼苗感病后，初生根变为黑褐色，次生根上也出现许多病斑，严重时病斑连在一起，使整个根系变黑死亡，病株易从根茎部拔断。发病较轻时，基部叶片黄化，心叶内卷，植株矮小，生长不良，类似干旱缺肥状。分蘖期地上部分无明显症状，仅重病植株表现稍矮，基部黄叶多，此时若拔出麦苗，用水冲洗麦根，可见根和茎基部都变成了黑褐色。拔节期病株返青迟缓，植株矮小稀疏，叶片自下而上变黄，麦田出现矮化发病中心。后期茎基部 1~2 节叶鞘内侧和茎秆基部表面在潮湿情况下，形成肉眼可见的黑褐色菌丝层，俗称“黑脚”或“黑膏药”(图 6-16)。抽穗灌浆期病株出现早枯形成“白穗”(图 6-17)。根腐、“黑脚”和“白穗”是小麦全蚀病的典型症状。近收获时，在潮湿条件下，根茎处可见到黑色点状突起的子囊壳。

图 6-16 小麦全蚀病在茎基部的症状(俗称“黑脚”)

图 6-17 小麦全蚀病在灌浆期的症状(俗称“白穗”)

6.6.2 病原

由子囊菌门顶囊壳属禾顶囊壳菌(*Gaeumannomyces graminis*)菌物引起。Walker(1975)根据病菌附着枝的形态及病原菌的致病性不同将禾顶囊壳菌分为3个变种，即小麦变种(*G. graminis* var. *tritici*)、禾谷变种(*G. graminis* var. *graminis*)和燕麦变种(*G. graminis* var. *arenae*)。我国小麦全蚀病菌主要为小麦变种，禾谷变种仅在湖北样本上发现，至今尚未发现燕麦变种。

病菌在自然条件下仅产生有性态，但在人工培养基上可发现属于瓶霉属(*Phialophora*)的无性孢子。子囊壳黑色，球形或梨形，具孔口，孔口缘丝无色、密集、直立向上。基部壁厚，表面生褐色茸状菌丝；颈突出稍弯曲，常穿透寄主组织，表皮外露。子囊单层膜，无色，棍棒状，内含8个平行排列并由孢子间衬质联结在一起的子囊孢子。子囊孢子无色透明，线状稍弯曲，具有5～12个隔膜(图6-18)。新鲜孢子内含多个油珠。萌发时多从两端伸出芽管，发育成菌丝。菌丝匍匐粗壮，栗褐色，有隔膜。成熟菌丝隔膜稀疏，分枝多成锐角，分枝处隔膜明显，呈“∧”形。菌丝间相互联结形成菌丝束或菌丝结，在寄主根、茎和叶鞘表面形成网纹，在根部多与根轴平行生长。

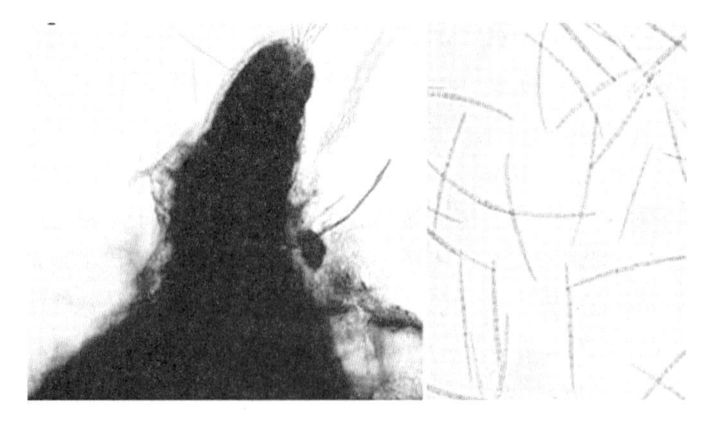

图 6-18 禾谷顶囊壳菌的子囊壳和子囊孢子

左：子囊壳；右：子囊孢子

小麦全蚀病菌的寄主范围很广，除危害小麦外，还危害大麦、黑麦、玉米、水稻、粟、毒麦、看麦娘等多种禾本科作物和杂草。

6.6.3 病害循环

禾顶囊壳菌在小麦整个生育期均可侵染，其中以苗期侵染为主。病菌主要以菌丝体随病残体在土壤中越夏(或越冬)，成为翌年的初侵染源；混入未腐熟有机肥中的病残体也是初侵染源，并可将病原菌传入无病地块。此外，自生麦苗、禾本科杂草或其他作物上的全蚀病菌也可以寄生方式存活，成为初侵染源。小麦种子萌发后，不同来源的病原菌菌丝体由种子根部、胚芽鞘或茎基部甚至植株下部叶鞘侵入。侵染菌丝随地温升高而加速生长，并逐渐深入内、外皮层细胞，沿着与根部纵轴平行的方向扩展，侵染分蘖节或茎基部，最后侵入中柱，堵塞导管，破坏维管束，导致植株枯死。病株多数到灌浆期才出现“白穗”，此时若遇干热风，病株加速死亡。侵入的菌丝体又随病残体在土壤中营腐生生活，成为下一季作物的侵染源。

国内外研究表明，小麦全蚀病具有自然衰退的特点。所谓“全蚀病自然衰退”(take-all decline，TAD)，是指发生全蚀病的连作麦田，当病害发展到高峰后，在不采取任何防治措施的情况下，病害可自然消退的现象。如20世纪70年代，小麦全蚀病危害严重的山东烟台地区、武汉地区均出现全蚀病自然衰退现象。有关全蚀病自然衰退现象的原因目前有很多解释。一般认为与土壤中的颉颃微生物有关，其中荧光假单孢杆菌(*Pseudomonas fluoresens*)是最重要的类群之一。自然界中假单孢菌常存在于土壤有机质中或作物根系表面，受根表分泌物的刺激而在根系损伤部位生长繁殖，通过生态位、营养竞争或其分泌的抗菌物质如吩嗪-1-羟酸等抑制禾顶囊壳菌侵染。生产上将具有全蚀病衰退现象的土壤接种到其他病田，有减轻病害发生的作用。

6.6.4 影响发病的因素

目前国内外均缺乏抗全蚀病小麦品种，因此小麦全蚀病发生流行主要与耕作管理措施、土壤性质及温湿度有关。

6.6.5 防治

小麦全蚀病的防治应采取以农业措施为主，生物、化学防治和植物检疫为辅的综合防治策略。

(1)加强检疫

小麦全蚀病可通过混杂在小麦种子间的病残体进行远距离传播导致病害蔓延。在旱作麦区的小麦良种繁育田、留种田要严格执行产地检疫制度，不留用病田种子，不从发病区调入种子或将病区的种子外调，以防止病情进一步扩展蔓延。

(2)种植耐病品种

鉴于目前尚缺乏抗病品种，可选用耐病且丰产性能较好小麦品种如豫麦18、豫麦49、烟农15号、济南13号、西农291、陕872、济宁3号等。

(3)农业措施

①合理轮作　重病区轮作倒茬可控制小麦全蚀病，零星地区及时轮作倒茬可延缓病害的扩展。一般可与甘薯、棉花、绿肥、大蒜、油菜等非寄主作物轮作，有条件的地方可实行水旱轮作。

②合理施肥　增施有机底肥和磷肥，可提高植株抗病性，改良土壤理化性质，促进土壤微生物活动，增强颉颃微生物的竞争性，抑制全蚀病菌的侵染。

③加强田间管理　春麦区麦收后尽早深翻、晒土、蓄水，以消除病残体，降低侵染源；冬麦区病田应适当推迟播期，适时浇水追肥，返青拔节期适时中耕，促进根系发育，灌浆期及时灌水，降低土温，延长生育期，推迟“白穗”出现。

(4)药剂防治

生产上常用三唑酮、氟咯菌腈、硅噻菌胺、戊唑醇等药剂处理种子或在小麦苗期和拔节期进行喷施，可有效防治小麦全蚀病的发生和危害。

(5)生物防治

对全蚀病衰退的麦田或即将出现全蚀病衰退的麦田，要保持小麦连作或小麦、玉米一年两熟制，调节土壤生态环境，加速土壤中颉颃微生物繁衍。此外，用生防菌剂如荧光假单孢菌剂、消蚀灵等也可达到一定的防治效果。

6.7　小麦纹枯病

小麦纹枯病，又称小麦尖眼点病，是一种世界性小麦病害，分布范围广，几乎遍及世界各温带小麦种植区。1955年，我国开始发现此病，当时发病轻，面积小。20世纪80年代后，由于小麦品种、栽培制度和肥水条件的改变，特别是近年来，气候变暖，小麦播期提前以及播种量加大，使该病的发生呈现逐年加重的趋势。目前该病在我国江淮流域和黄河中下游冬麦区广泛发生，危害程度逐年加重。一般病田病株率为10%~20%，重病田块可达60%~80%以上，特别严重田块的枯白穗率可高达

20%以上，严重地影响了小麦的高产、稳产。

6.7.1　症状

小麦在各个生育期都可受害，可造成烂芽、病苗死苗、花秆烂茎、枯孕穗、枯白穗等不同危害症状。种子发芽至出苗期，幼芽鞘变褐、腐烂。病苗多在3~4叶期开始表现症状，在近地表的叶鞘上产生淡黄色小斑点，后发展成典型的黄褐色梭形或眼点状病斑（图6-19）。小麦生长中后期，叶鞘上的梭形病斑联合，呈云纹状，中间淡黄褐色，周围有较明显的棕褐色环圈。病斑可沿叶鞘向植株上部扩展，直至剑叶，可形成青褐色至黄褐色花秆，叶鞘及叶片早枯。麦株间湿

图6-19　小麦纹枯病

度高时，病斑也可向内发展深入茎秆，导致烂茎，造成倒伏、枯孕穗或枯白穗。病株中下部叶鞘的病斑表面产生白色霉状物，并纠集成团，淡黄色至黄褐色，最后形成许多散生的、球形或近球形的褐色、直径1～2 mm的菌核。菌核由少量菌丝与叶鞘组织相连，较易脱落。

6.7.2 病原

由担子菌门角担菌属禾谷角担菌[*Ceratobasidium cornigerum* (Bourd.) Rogers]菌物引起(图6-20)。无性态为无性型真菌丝核菌属禾谷丝核菌(*Rhizoctonia cerealis* Vander Hoeven)。立枯丝核菌(*R. solani* Kühn)也可引起小麦纹枯病。

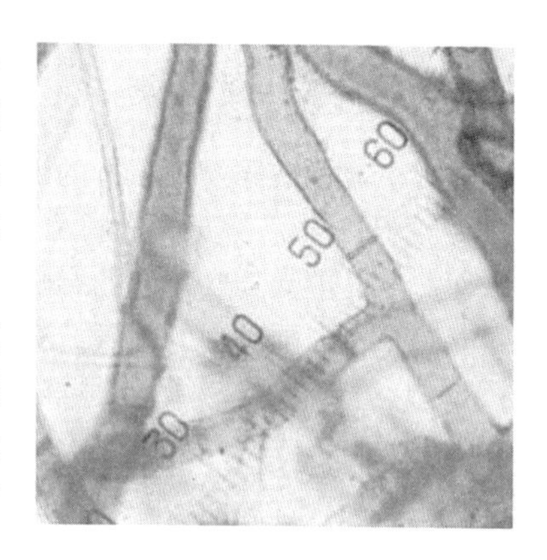

图6-20 禾谷角担菌菌丝

禾谷丝核菌菌丝多分枝，且分枝呈锐角或直角，分枝处大多缢缩变细，分枝附近常产生横隔膜。初生菌丝无色较细，有复式隔膜。以后菌丝逐渐变褐色，分枝和隔膜增多。病菌不产生任何类型的分生孢子，只以菌丝和菌核的形式存在。在平板上形成的菌核初为白色，后变成不同程度的褐色，表面粗糙，不规则，菌核之间有菌丝连接，大小如油菜籽。禾谷丝核菌菌丝每个细胞含有2个核，菌核较小，色泽较浅，菌丝生长速度慢，较细(直径2.9～5.5 μm)；立枯丝核菌菌丝较粗(5～12 μm)，菌丝生长较快，菌核色泽较深，每个细胞内有3～25个(多数4～8个)核。

禾谷丝核菌生长温度范围为5～35 ℃，适温为20～25 ℃，13 ℃以下或35 ℃以上生长受抑制。病菌形成菌核需10～11天。菌核萌发无需休眠，适温下4天即可萌发。菌丝具有一定的抗热能力，80 ℃下处理3 h仍能萌发。菌丝体在温热条件下致死温度为49 ℃，10 min；干热条件下，菌丝体致死温度为75 ℃、1 h。菌丝生长的pH值为4～9，最适宜pH值为6。病菌对营养要求不严格，在水洋菜培养基上也能生长。病菌生长的最佳碳源为麦芽糖和蔗糖，最佳氮源为硝态氮和亚硝态氮。散射光或黑暗条件利于病菌生长。

小麦纹枯病菌种下根据菌丝融合划分为不同的菌丝融合群(anastomosis group，AG)。我国小麦纹枯病菌的优势群是禾谷丝核菌的CAG－1群，约占90%；立枯丝核菌AG－5群数量较少。用小麦纹枯病菌优势菌群CAG－1及AG－5接种扬麦6号，发现CAG－1的致病力较强，纹枯病症状较典型，AG－5也有一定的致病力，但较CAG－1弱，同时病害扩展慢。病菌同一融合群内不同病株的致病力有时也不完全相同。

6.7.3 病害循环

小麦纹枯病在田间发生过程可分为5个阶段。即冬前发病期、病株越冬期、病情回升期、发病高峰期和枯白穗显症期。病菌主要以菌核在土壤中或病株残体上越夏越冬，小麦3叶期前后越夏的病菌侵染麦苗，引起黄苗甚至死苗。麦苗进入越冬阶段，病害发展趋于停止。小麦返青后，随着气温的升高，土壤和病苗上的病菌向上扩展，继而不断地进行再侵染。发病高峰期一般在4月上中旬至5月上中旬(拔节后期至孕穗期)，随着植株基部节间的伸长与病菌的蔓延发展，由表及里侵染茎秆，破坏输导组织，使水分和养料不能及时运往穗部，出现枯孕穗和枯白穗。此外，麦株病部常可产生大量白色菌丝体，向四周扩展进行再次侵染。

6.7.4 影响发病的因素

影响小麦纹枯病发生流行的因素包括气候因素、栽培技术、品种抗性等。

①气候因素 小麦纹枯病菌的生长、发育和繁殖都需要一定的土壤温湿度，所以病害发生轻重受气候条件的影响较大，其中，主要是温度和湿度。秋、冬温暖，春季低温寒冷、多雨潮湿的天气，有利于发病。

②栽培措施 冬麦播种过早、过密，施用氮肥过多，冬前麦苗生长过旺或麦田草害严重，土壤或田间湿度过大，以及水、肥管理不合理，病田常年连作，发病均较严重。施用带病残株而未经腐熟的粪肥等，也有利于发病。

③品种的抗病性 生产上现有推广品种对小麦纹枯病大多感病，如宿9908、周麦16、周麦22、豫麦991、豫麦36等。大面积种植感病品种是纹枯病逐年加重的主要原因。但是，品种之间的抗病性存在明显的差异。要根据当地实际情况，选用抗病性较好的品种，同时应注意小麦品种的合理布局，避免单一抗源品种的大面积种植。当前，对小麦纹枯病抗性表现较好的品种有周麦12、国引2号、豫麦36、豫麦68、鲁麦4号、丽麦16、山农12号、小偃22、陕229等。另外各地也鉴定出了一批耐病品种如豫麦13、河北农大215、临汾5064、温麦4号等，也可考虑选种。

6.7.5 防治

小麦纹枯病的防治采取改善农田的生态条件为基础，化学防治相结合的综合防治策略。

①种植抗、耐病品种 目前生产上缺乏高抗纹枯病的小麦品种，在重病区搭配种植耐病高产品种，可明显减轻病害造成的损失，如豫麦34、众麦2号、矮抗58、宁麦9号、中育8号等。

②农业措施 加强田间栽培管理，是防治纹枯病的重要基础。适期并适当推迟播种，以减少冬前病菌侵染麦苗的机会，预防冻害，减轻纹枯病的发生；控制密度，根据田块肥力水平，合理掌握播种量，以改善田间通风透光；防除草害，催进麦苗的健壮生长，减轻纹枯病的发生和发展；合理施肥，应遵循控制施用氮肥、平衡施用磷、钾肥的原则，增施高温腐熟的有机肥。对于重病田块应适当增施钾肥，以提高麦株的抗病能力；确保麦田排灌系统畅通，避免大水漫灌导致田间积水，以降低田间湿度。提倡早春中耕，促进麦苗健壮生长。遇春季寒潮，需根据天气灌水，以降低低温、寒害的影响。

③药剂防治 播种前应用化学药剂拌种和早春喷药防治，能有效控制病害的发

生，以达到控病保产效果。种子处理，采用三唑酮可湿性粉剂拌种，能够压低冬前发病基数，较好控制纹枯病的危害。另外，噁醚唑、烯唑醇、戊唑醇等拌种也能有效控制纹枯病的发生。药剂喷施，于返青拔节期喷施1~2次井冈霉素，以及戊唑醇、丙环唑、嘧菌酯和醚菌酯等，还可以兼治小麦白粉病、锈病等。

6.8 小麦禾谷胞囊线虫病

小麦胞囊线虫病(*Heterodera avenae*，cerael cyst nematode，CCN)是小麦等禾谷类作物的重要线虫病害，分布于37个国家和地区。我国于1989年首次在湖北发现，目前在湖北、河南、河北、青海、内蒙古、北京、山西、山东、陕西、安徽、江苏、甘肃12省(自治区、直辖市)均有发生分布，每年发病面积约200×10^4 hm^2，一般病田减产20%~40%，重病田减产可达50%~70%以上，是一种危险性病害。

6.8.1 症状

线虫侵染危害植株根系，被害植株根尖生长受到抑制，侵染点肿胀(根结)，周围形成次生根，造成根部多重分枝，根系纠结成团，呈"须根团"(图6-21)。后期根系被寄生呈瘤状，可见柠檬形胞囊，初期呈白色，成熟时变成褐色，老熟后易从根系脱落。受害植株出现分蘖减少、矮化、萎蔫、发黄等营养不良症状，病株提前抽穗(图6-22)。线虫危害后，病根常受次生危害，致使根系腐烂。

图6-21 小麦禾谷胞囊线虫病幼苗期症状
健康植株根系(左)与病株根系(右)

图6-22 小麦禾谷胞囊线虫病重发病田后期症状

6.8.2 病原

主要由线虫门胞囊线虫属燕麦胞囊线虫(*Heterodera avenae*)引起，河南省发病田发现菲利普胞囊线虫(*H. filipjevi*)危害。燕麦胞囊线虫胞囊柠檬形，深褐色，阴门锥为两侧双膜孔型，无下桥，下方有许多排列不规则泡状突，体长0.55~0.75 mm，宽0.3~0.6 mm，口针长26 μm，头部环纹，有6个圆形唇片。雄虫4龄后为线型，两端稍钝，长164 mm，口针基部圆形，长26~29 μm，幼虫细小、针状，头钝尾尖，口针长24 μm，唇盘变长与亚背唇和亚腹唇融合为一两端圆阔的柱状结构。卵肾形，在雌虫胞囊内不产出。菲利普胞囊线虫胞囊柠檬形，阴门锥为双膜孔，有下桥和发育良好的泡状突，幼虫侧区有4条侧线。胞囊长0.69～0.79 mm，宽0.41～0.64 mm，颈长86～100 μm，阴门裂长6.9～8.6 μm。2龄幼虫体长540～580 μm，口针基部球锚形，口针长22.5～24.5 μm，尾长52.5～62.5 μm(图6-23)。

根据已知的对大麦寄主中的3个抗病基因(*Ha*1、*Ha*2和*Ha*3)毒性的差异将燕麦胞囊线虫的致病型分为3组，正式命名的有13个致病型。推断在中国至少有3个燕麦胞囊线虫的新致病型存在。燕麦胞囊线虫除侵染小麦外，还可侵染大麦、燕麦、莜麦、裸大麦等。

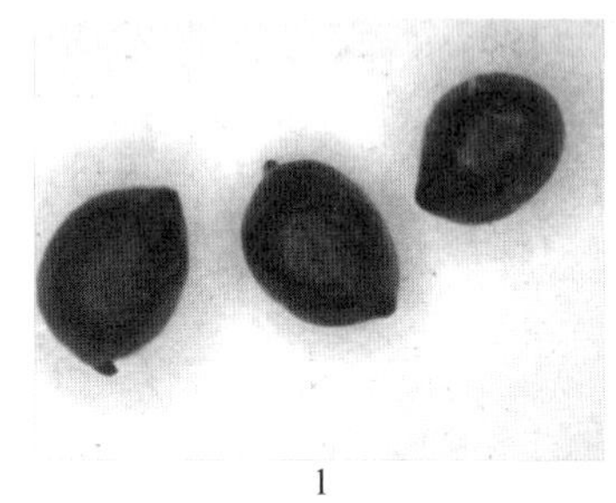
1

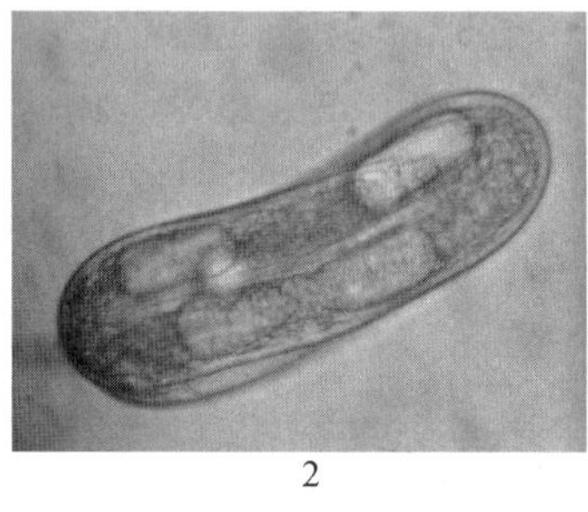
2

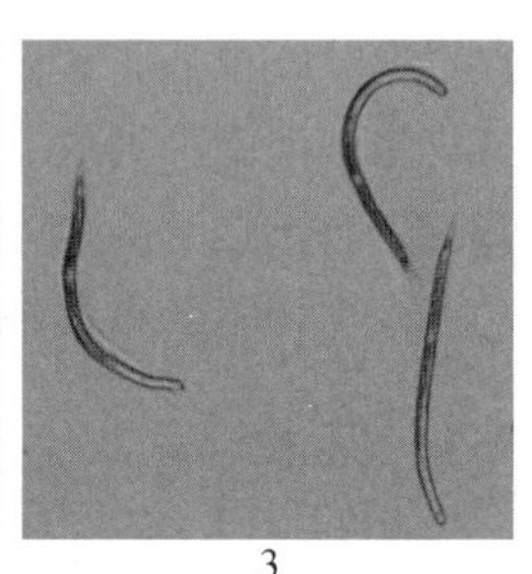
3

图6-23 小麦孢囊线虫

1. 雌虫(胞囊) 2. 卵 3. 幼虫

6.8.3 病害循环

燕麦胞囊线虫在我国一年只发生1代。土壤温度9℃以上有利于卵的孵化和幼虫侵入。以2龄幼虫侵入幼嫩根尖，在中柱附近定居，刺激口针附近的细胞形成巨细胞，后发育为合胞体。雌成虫呈柠檬形，突破根组织，产卵后体内充满卵，称为胞囊。线虫即死亡，初为白色，后期为褐色。胞囊从寄主根部脱落入土中越冬，可借水流、风、农机具等传播。在土中，胞囊内的卵可保持1年或数年的活性。春小麦侵入后两个月可出现胞囊。冬小麦在秋苗阶段侵入，以各发育虫态在根内越冬，翌年春季气温回升危害，于4～5月出现胞囊。

6.8.4 影响发病的因素

小麦胞囊线虫病的发生与品种抗性、气候因素、耕作制度、土质、土壤肥力状况等因素有密切关系。目前生产上仅有少数品种抗病，大多数品种感病。在幼虫孵化期，若温度适宜、土壤湿润、降雨较多时，发病重。病田连年种植小麦或其他寄主作物发病重；缺肥、干旱地较重；砂壤土及砂土地发病重。

6.8.5 防治

对小麦胞囊线虫病的防治应以严格检疫制度为主，防止病区进一步蔓延，对已经发病的地区采取轮作等农业防治措施及选用抗病品种为主的防治措施，必要时辅以药剂防治。

① 植物检疫 目前多数病区仅小面积发生，种子调运应严格检疫。联合收割机

跨区作业时，应严格把关，防止病区扩大。

② 选用抗(耐)病品种　目前生产上推广的品种没有免疫和高抗品种，仅有少数品种具有一定抗病，重病田可选用新麦 11、新麦 18、濮麦 9 号等品种。

③ 农业防治　病田与非寄主植物(如豆科植物大豆、玉米、豌豆、三叶草等)轮作。平衡施肥，适当增加氮、磷肥，减少钾肥用量，增施有机肥。

④ 化学防治　在小麦播种期，用5%灭线磷等药剂播种时施入播种沟中，有较好的防病效果。

6.9　小麦根腐病

6.9.1　小麦普通根腐病

小麦普通根腐病分布很广，尤其是多雨年份和潮湿地区发生更重。小麦感染根腐病后，常造成叶片早枯，影响籽粒灌浆，降低千粒重。穗部感病后，可造成枯白穗，对产量和品质影响更大。种子带病率高，可降低发芽率，引起幼根腐烂，严重影响小麦的出苗和幼苗生长。

6.9.1.1　症状

小麦各生育期均能发生。苗期受害造成苗枯，成株期受害茎基枯死、叶枯和穗枯。由于小麦受害时期、部位和症状的不同，因此有斑点病、黑胚病、青死病等名称。症状表现常因气候条件而不同，在干旱或半干旱地区多产生根腐型症状；在潮湿地区，除根腐病症状外，还可发生叶斑、茎枯和穗颈枯死等症状。

① 幼苗　严重感病种子不能发芽，有的发芽后未及出土，芽鞘即变褐腐烂。轻者幼苗虽可出土，但茎基部、叶鞘以及根部产生褐色病斑，幼苗瘦弱，叶色黄绿，生长不良。

② 叶片　幼嫩叶片或田间干旱或发病初期常产生外缘黑褐色、中部浅褐色的梭形小斑；老熟叶片，田间湿度大以及发病后期，病斑常呈长纺锤形或不规则形黄褐色大斑，上生黑色霉状物(分生孢子梗及分生孢子)，严重时叶片提早枯死。叶鞘上为黄褐色，边缘有不明显的云状斑块，其中掺杂有褐色和银白色斑点，湿度大，病部也生黑色霉状物。

③ 穗部　从灌浆期开始出现症状，在颖壳上形成褐色不规则形病斑，穗轴及小穗梗亦变色，潮湿情况下长出一层黑色霉状物(分生孢子梗及分生孢子)。重者整个小穗枯死，不结粒，或结干瘪皱缩的病粒。一般枯死小穗上黑色霉层明显。

④ 籽粒　被害籽粒在种皮上形成不定形病斑，尤其边缘黑褐色、中部浅褐色的长条形或梭形病斑较多。发生严重时胚部变黑，故有“黑胚病”之称。

6.9.1.2　病原

由子囊菌门旋孢腔菌属禾旋孢腔菌[*Cochliobolus sativus*（Ito et Kurib.）Drechsl.]

菌物引起。子囊壳生于病残体上，凸出，球形，有喙和孔口，大小为370～530 μm×340～470 μm；子囊无色，110～230 μm×32～45 μm，内有4～8个子囊孢子，呈螺旋状排列。子囊孢子线形，淡黄褐色，有6～13个隔膜，大小为160～360 μm×6～9 μm。无性态为麦根腐平脐蠕孢[*Bipolaris sorokiniana* (Sacc.) Shoem.]，异名为*Helminthosporium sativum* Pam.，属无性型真菌平脐蠕孢属菌物。病原菌在PDA培养基上菌落深榄褐色，气生菌丝白色，生长繁茂。菌丝体发育温度范围0～39 ℃，最适温度24～28 ℃。根腐病菌寄主范围很广。除危害小麦外，还能危害大麦、燕麦、黑麦等禾本科作物和野稗、野黍、猫尾草、狗尾草等30多种禾本科杂草，由于寄主范围广，对病害传播有利，给防治带来较多困难。此病菌有生理分化现象，小种间除对不同种及品种的致病力不同外，有的小种对幼苗危害较重，有的小种则危害成株较重。

6.9.1.3 病害循环

病菌以菌丝体潜伏于种子内外以及病株残体上越冬，如病残体腐烂，体内的菌丝体随之死亡；分生孢子也能在病株残体上越冬，分生孢子的存活力随土壤湿度的提高而下降。种子和田间病残体上的病菌均为苗期侵染来源，尤其种子内部带菌更为主要。一般感病较重的种子常常不能出土就腐烂而死。病轻者可出苗，但生长衰弱。当气温回升到16 ℃左右，受病组织及残体所产生的分生孢子借风雨传播，在温度和湿度适合条件下，病菌直接侵入或由伤口和气孔侵入。直接穿透侵入时，芽管与叶面接触后顶端膨大，形成球形附着胞，穿透叶角质层侵入叶片内；由伤口和气孔侵入时，芽管不形成附着胞直接侵入。在25 ℃下病害潜育期为5天。气候潮湿和温度适宜，发病后不久病斑上便产生分生孢子，进行多次再侵染。病菌侵入叶组织后，菌丝体在寄主组织间蔓延并分泌毒素，破坏寄主组织，使病斑扩大，病斑周围变黄，被害叶片呼吸增强；发病初期叶面水分蒸腾增强，后期叶片丧失活力，造成植株缺水，叶片枯死。小麦抽穗后，分生孢子从小穗颖壳基部侵入而造成颖壳变褐枯死。颖片上的菌丝可以蔓延侵染种子，种子上产生病斑或形成黑胚粒。

6.9.1.4 影响发病的因素

小麦普通根腐病幼苗期发病程度主要与耕作制度、种子带菌率、土壤温湿度、播期和播种深度等因素有关；成株期发病程度取决于品种抗性、菌源量和气象条件。

①耕作制度　小麦多年连作，土壤内积累大量病菌，不仅苗期发病重，后期病害也重。1983—1984年在黑龙江八五四农场调查结果表明，小麦连作田间菌源量大，病苗率比轮作地增加16%，病情指数增加30%。

②种子带菌率　种子带菌率越高，幼苗发病率和病情指数就越大。

③土壤环境　土壤湿度过高过低均不利于种子发芽与幼苗生长，被害严重。土壤过于干旱，幼苗失水抗病力下降；过湿时土壤内氧气不足，幼苗生长衰弱，抗病力也下降，使出苗率减少，苗腐病加重。土壤湿度适宜，虽也发病，但病情明显轻。5 cm土层的地温高低对苗腐有影响，温度高病情重。温度10 ℃以下平均病苗率44.2%，病情指数17.1；15～20 ℃病苗率为74.2%，病情指数34.5。土壤黏重或地

势低洼，也会使病情加重。

④ 播期与播深　小麦过迟播种不仅产量低，幼苗根腐病也重。适期早播不仅产量增高，而且苗腐病明显减轻。幼苗根腐病的发生程度随着播种深度的加深而增加，小麦播种适宜深度为 3～4 cm，超过 5 cm 时对幼苗出土与长势不利，病情明显加重。

⑤ 气候条件　苗期低温受冻，幼苗抗逆力弱，病害重。小麦叶部根腐病情增长与气温的关系比较大，旬平均气温达到 18 ℃时病情急剧上升，这一温度指标来临的时间早，病情剧增期略有提前；小麦开花期到乳熟期旬平均相对湿度 80% 以上并配合有较高的温度有利于病势进一步发展，但干旱少雨造成根系生长衰弱也会加重病情。穗期多雨、多雾而温暖易引起枯白穗和黑胚粒，种子带病率高。

⑥ 品种抗病性　目前尚未发现对小麦根腐病免疫的品种，但品种(系)间抗病性有极显著差异。小麦对根腐病的抗性与小麦的形态结构关系密切，叶表面单位面积茸毛多、气孔少的品种比较抗病，反之，较感病。迄今生产上推广大多是感病的或抗病性较差的品种。

此外，田间杂草多，耕翻粗糙，土壤瘠薄，小麦倒伏严重，病害均有加重趋势。

6.9.1.5 防治

防治以利用抗病品种为主，结合农业防治，化学防治为辅的综合防治策略。

① 选用抗病品种　品种间苗期抗病与成株期抗性无相关性，穗部抗病与叶部抗病无相关性，这在鉴定和选用抗病品种时应当注意。尽量采用幼苗高抗品种(品系)。

② 种子处理　播种前可用种子重量 0.3% 的 50% 福美双或 15% 三唑酮浸种，或用 50% 退菌特及 80% 代森锰锌 1% 溶液浸种 24 h，均能有效地减轻苗期根腐病的发生。用 2.5% 适乐时悬浮种衣剂按 1∶500 比例进行包衣，对苗期小麦根腐病防效达 75% 以上。

③ 栽培措施　主要包括：合理轮作，与非寄主作物轮作 1～2 年，可有效地减少土壤菌量。减少越冬菌源，麦收后翻耕，加速病残体腐烂，以减少菌源。加强田间管理，播前精细整地，施足基肥，适时播种，覆土不可过厚，干旱及时灌水，涝时及时排水等，均可提高植株抗病性，以减轻危害。

④ 药剂防治　应根据病情预测预报，在发病初期及时喷药进行防治。效果较好的药剂有：50% 异菌脲或 50% 菌核净，每公顷用药 500～750 g 喷雾；15% 三唑酮或 25% 丙环唑，每公顷用药 100～150 g 喷雾；50% 福美双或 70% 代森锰锌，每公顷用药 750～1 000 g 喷雾。以上药剂中，三唑酮和丙环唑只需喷 1 次即可，其他保护性杀菌剂则需喷 2～3 次。

6.9.2 小麦(镰刀菌)根腐病

小麦根腐病是一类由多种镰孢属菌物(镰刀菌)引起小麦根部和茎基部病害的总称，主要有小麦镰刀菌根腐病和基腐病等。主要引起小麦苗枯、根腐、基腐和白穗等症状，通常发生不严重，但也有重病田块，产量损失可高达 30%～80%。

6.9.2.1 症状

幼苗出土前后被侵染，种子根多变褐色腐烂。严重发生时可造成烂芽和苗枯，发生较轻的幼苗黄瘦，发育不良。

成株期多在抽穗期前后症状明显，病株根系均匀变褐腐烂，地中茎、根颈部和地上茎基部变褐色或红褐色腐烂。叶鞘上以及叶鞘与茎秆之间常有白色菌丝和淡红色霉状物。燕麦的茎基部还常形成褐色条斑。病株易折断或拔起，易倒伏。重病株叶片自下而上青枯，白穗不实；轻病株发育不良，籽粒皱缩瘪瘦。

该病症状与普通根腐病近似，在旱地常复合发生。

6.9.2.2 病原

主要由无性型真菌镰孢菌属黄色镰孢菌[*Fusarium culmorum*（Smith）Sacc.]、禾谷镰孢菌(*F. graminearum* Schw.)、燕麦镰孢菌[*F. avenaceum*（Corda ex Fr.）Sacc.]等引起，侵染小麦、大麦、黑麦、燕麦等麦类作物。

6.9.2.3 病害循环

病原菌在土壤和病残体中越季，成为主要初侵染菌源。种子也可带菌传病。黄色镰孢菌还产生厚垣孢子，可在土壤和病残体中长期存活。病原菌可在植株各生育阶段侵染，苗期是主要侵染时期，病原菌多由根颈部伤口和根、茎的幼嫩部分侵入。在我国浙江，病原菌多在12月侵入冬小麦幼苗基部幼嫩组织，菌丝体潜伏越冬，不扩展，不表现症状。春季3~4月，随着气温上升，病原菌迅速扩展，引起植株根系和茎基部腐烂。

6.9.2.4 影响发病因素

旱地或受到干旱胁迫的小麦发病严重。长期连作、土壤带菌量高、病残体多的田块发病较重，病残体少或已翻埋腐烂的田块较轻，砂性土壤发病较重。

冬小麦发病重于春小麦，秋季地温较高、土壤湿度低时更适于冬小麦发病。病株水分输导系统受到破坏，即使后期降雨，病株也不能恢复。没有经受水分胁迫的植株虽然也可能发病，但病害症状不至于扩展到茎部。

6.9.2.5 防治

①栽培措施　避免麦类作物连作，与非寄主作物轮作2年以上。麦类与油菜等十字花科作物轮作，病情明显降低。冬麦宜适期晚播，适当降低播种量。发病田应彻底清除田间病残体，合理施肥，促进根系发育，但不要过量施用氮肥。

②药剂防治　种子进行药剂处理，可用多菌灵或苯菌灵拌种，苯醚甲环唑也有效。

6.10 小麦病毒病

6.10.1 小麦黄矮病

小麦黄矮病是世界性病害，也是我国流行范围最广、危害最大的病毒病害。我国西北、华北、东北、西南及华东等大部分冬、春麦区及冬春麦混种区每年都有不同程度的发生。豫西、晋南、关中、陇东以及华东和西南地区为冬小麦的主要流行区，甘肃河西走廊、陕北等地为冬春麦混种流行区，宁夏、内蒙古、晋北、冀北以及东北为春小麦的主要流行区。病害整株发病，黄化矮缩，流行年份可减产20%~30%，严重时达50%以上。

6.10.1.1 症状

黄矮病的常见症状表现为病株节间缩短、植株矮小、叶片失绿变黄，多由叶尖或叶缘开始变色，向基部扩展，叶片中下部呈黄绿相间的纵纹。

小麦全发育期均可被侵染，症状特点随侵染时期不同而有所差异。幼苗期被侵染的，根系浅，分蘖减少，叶片由叶尖开始褪绿变黄，逐渐向基部发展，但很少全叶黄化。病叶较厚、较硬，叶背蜡质层较多，多在冬季死亡。残存病株严重矮化，旗叶明显变小，不能抽穗结实，或抽穗结实后籽粒数减少，千粒重降低。拔节期被侵染的植株，只有中部以上叶片发病，病叶也是先由叶尖开始变黄，通常变黄部分仅达叶片叶的1/3~1/2处，病叶亮黄色，变厚变硬。有的叶脉仍为绿色，因而出现黄绿相间的条纹。后期全叶干枯，有的变为白色，多不下垂。此类病株矮化不明显，秕穗率增加，千粒重降低。穗期被侵染，仅旗叶或连同旗下1~2叶发病变黄，病叶由上向下发展，植株矮化，秕穗率高，千粒重降低。

大麦的症状与小麦相似。叶片由尖端开始变黄，以后整个叶片黄化，沿中肋残留绿色条纹，老病叶变黄而有光泽。黄化部分可有褐色坏死斑点。某些品种叶片变红色或紫色。成株被侵染，仅主茎最上部叶片变黄。早期病株显著矮化。黑麦也产生类似症状。

燕麦的症状因品种、病毒株系与侵染发生的生育阶段而异，病叶变黄色、红色或紫色。许多燕麦品种病株叶片变红色，因而也被称为“燕麦红叶病”。燕麦红叶病是我国燕麦种植区重要病害。植株染病后一般上部叶片先表现症状。叶部受害后，先自叶尖或叶缘开始，呈现紫红色或红色，逐渐向下扩展成红绿相间的条纹或斑驳，病叶变厚、变硬。后期叶片橘红色，叶鞘紫色，病株有不同程度的矮化。

6.10.1.2 病原

由黄症病毒属大麦黄矮病毒(Barley yellow dwarf virus，BYDV)引起。大麦黄矮病毒粒体为等轴对称的正二十面体，直径26~30 nm，致死温度70℃，稀释限点1:1 000。病毒寄主范围很广，多达150多种单子叶植物，除了麦类作物外，还侵染谷子、糜子、玉米、高粱、水稻以及多种禾本科杂草。该病毒由蚜虫以循徊型持久性方式传播，不能通过汁液摩擦接种。传毒蚜虫主要有禾谷缢管蚜、麦二叉蚜、麦长管蚜、麦无网蚜和玉米蚜等。其中以麦二叉蚜最为重要。传毒持久力可维持 12 ~ 21 天，不能终生传毒，也不能通过卵或胎生若蚜传至后代。

在我国，大麦黄矮病毒主要有 4 种株系，其主要的蚜传介体不同。GAV 株系主要传毒蚜虫为麦二叉蚜和麦长管蚜，GPV 株系为麦二叉蚜和禾缢管蚜，PAV 株系为禾缢管蚜、麦长管蚜和麦二叉蚜，RMV 株系为玉米蚜。20 世纪 80 年代以来，大麦黄矮病毒 GAV 株系的比例不断上升，分布范围不断扩大，几乎遍布我国南北各主要麦区。GPV 株系主要发生在关中、陇东等麦区，有减少趋势。PAV 株系多发生在高水肥冬麦区，特别是南方麦区，发生量相对稳定。

6.10.1.3 病害循环

各地黄矮病流行规律有所差异。在冬麦区，传毒蚜虫在当地自生麦苗、夏玉米或禾本科杂草上越夏，秋季又迁回麦田，危害秋苗并传毒，直至越冬。麦蚜以若虫、成虫或卵在麦苗和杂草基部或根际越冬。次年春季又继续危害和传毒。秋、春两季是黄矮病传播侵染的主要时期，春季更是主要流行时期。

冬、春麦混种区是我国麦类黄矮病的常发流行区。冬麦是毒源寄主和蚜虫越冬处所。蚜虫春季由冬麦田向春麦与青稞田迁飞并传毒，同时继续在冬麦田危害。夏季在春麦、糜子、高粱等作物上越夏。秋季又迁回冬麦田危害并传毒，冬季以卵在冬麦根际越冬。

在春麦区，蚜虫很难就地越冬。每年带毒蚜虫随气流由冬麦区远距离迁飞到春麦区危害并传毒，因而冬麦区黄矮病的大发生往往引起春麦区黄矮病的流行。

6.10.1.4 影响发病的因素

黄矮病的流行因素很复杂，涉及气象条件、介体蚜虫数量与带毒率、品种抗病性、耕作制度与栽培等方法等，气象条件往往是主导因素。气温和降雨主要影响蚜虫数量消长。冬麦区 7 月气温偏低有利于蚜虫越夏；秋季小麦出土前后降雨少、气温偏高。有利于秋苗侵染和发病。冬季气温偏高则适于蚜虫越冬，提高越冬率。秋苗发病率和蚜虫越冬数量与春季黄矮病流行传毒直接有关。春季 3 ~ 4 月降雨少，气温回升快且偏高，黄矮病可能大发生。3 月下旬麦田中麦二叉蚜虫口密度和病情可用作当年黄矮病是否大流行的参考指标。

春麦区黄矮病的流行程度取决于冬麦区病情和当地气象条件。冬麦区发病重，迁入带毒蚜虫多，春季气温回升快、温度高，干旱少雨时发病重。

耕作制度与栽培技术也影响黄矮病的发生。有的春麦区部分改种冬麦后，成为冬、春麦混作区，冬麦成为春麦的虫源和毒源，常引发黄矮病。玉米、高粱等作物与小麦间作套种，危害秋苗的虫源、毒源增多，秋苗发病率增高。冬麦适期晚播可减轻秋苗发病；春季加强麦田肥水管理，可减轻病毒造成的损失。改善灌溉条件，增加高产水浇地，抑制了性喜干燥的麦二叉蚜，而麦二叉蚜的减少，又使所传播的主流株系发生减轻。

6.10.1.5 防治

防治小麦黄矮病以农业防治为基础，药剂防治为辅助，开发抗病品种为重点，实行综合防治。

① 农业防治　优化耕作制度和作物布局，减少虫源，切断介体蚜虫的传播。在进行春麦改冬麦，以及进行间作套种时，要考虑对黄矮病发生的影响，慎重规划。要合理调整小麦播种期，冬麦适当迟播，春麦适当早播。清除田间杂草，减少毒源寄主，扩大水浇地的面积，创造不利于蚜虫滋生的农田环境。加强肥水管理，增强麦类的抗病性。

② 选用抗病、耐病品种　在大麦、黑麦以及近缘野生物种中存在较丰富的抗病基因。我国已将中间偃麦草的抗黄矮病基因导入了小麦中，育成了一批抗源，并进而育成了抗黄矮病的小麦品种，例如临抗 1 号、张春 19 和张春 20 等。另有一些小麦品种具有明显的耐病性或慢病性，发病较晚、较轻，产量损失较低，例如延安 19 号、复壮 30 号、蚂蚱麦、大荔三月黄等。在生产上，要尽量选用抗病、耐病、轻病品种。

③ 药剂治蚜　麦种用70%吡虫啉可分散粒剂、灭蚜松等拌种。生长期间用2.5%的吡虫啉可湿性粉剂或 50% 抗蚜威等药剂喷雾治蚜。秋苗期防治重点是未拌种的早播麦田，春季重点防治发病中心麦田和蚜虫早发麦田。

6.10.2 小麦丛矮病

小麦丛矮病也称“坐坡”或“芦渣病”。病株极度矮缩。冬前染病的多不能越冬而死亡，存活的不能抽穗，或虽能抽穗但结实不良。轻病田减产 10%～20%，重病田减产 50% 以上。

6.10.2.1 症状

该病典型症状为病株极度矮化，分蘖很多，像草丛一样。小麦全生育期都可被侵染。苗期病株心叶上常有黄白色断续的细线条，长短不一，后变为黄绿相间的不均匀条纹。病苗多在越冬期死亡，残存的病菌生长纤弱，分蘖增多，不能拔节；或虽可拔节，但严重矮化而不能抽穗。冬前感病较晚的未显症病株，以及早春感染的植株，在拔节期陆续显症，不能全部抽穗；即使抽穗，也不结实或结实不良。在拔节期被侵染的病株，新生叶出现条纹，虽能抽穗，但穗粒数减少，籽粒秕瘦。孕穗期后被侵染的植株症状不明显。

6.10.2.2 病原

由细胞质弹状病毒属北方禾谷花叶病毒(Northern cereal mosaic virus，NCMV)引起。病毒粒体弹状，大小为 50～54 mm×320～400 nm；稀释限点 1∶10～1∶100；体外保毒期2～3天。小麦丛矮病毒的寄主范围较广，能侵染 62 种禾本科作物和杂草。

6.10.2.3 病害循环

灰飞虱(*Laodelphax striatella*)为主要传毒媒介。灰飞虱吸食病株汁液获毒后，可终生传毒，但病毒不能经卵传染。种子、土壤和病株汁液都不能传毒。

冬麦区灰飞虱多在早春返青期和秋苗期传毒。秋季灰飞虱由越夏寄主大量迁入麦田，秋苗期为传毒和发病高峰，冬季灰飞虱若虫在麦苗和杂草上以及根际土缝中越冬。春季随气温回升，晚秋被侵染的植株陆续显症，越冬代灰飞虱也恢复活动，继续危害并传毒，出现春季发病高峰。夏季灰飞虱在秋作物、自生麦苗和马唐、狗尾草等禾本科杂草上越夏。

6.10.2.4 影响发病的因素

寄主作物间作套种、管理粗放、杂草丛生有利于灰飞虱繁殖和越夏，田间虫口多，发病严重。夏、秋季多雨，难以整地除草，保留大量虫口，使秋苗发病增多。在玉米等秋作物行间套种小麦，飞虱数量多，小麦出苗后就近被取食和传毒，发病重。邻近谷子、糜子的麦田发病重。精细除草的麦田，灰飞虱多是由附近杂草迁入的，多集中于田块周边，田头地边发病较重。早播麦田出苗后正值灰飞虱集中迁入危害期，且温度较高，有利于病毒增殖，冬前发病重，春季发病也重。夏秋多雨，冬暖春寒的年份发病较重，因为夏秋多雨有利于杂草滋生和灰飞虱的越夏与繁殖，冬暖适于灰飞虱越冬，倒春寒不利于麦苗生长发育。川地杂草多，湿度高，有利于灰飞虱栖息繁殖，发病重于山地。

6.10.2.5 防治

防治丛矮病应采取以农业措施为主，药剂防虫为辅的综合防治策略。

① 农业防治　铲除田间地边杂草，冬麦避免早播，不在秋作物田中套种小麦。返青期病田早施肥，早灌水，增强抗病性。种植抗病、耐病品种。

② 药剂治虫　早播田、套种田、小块零星种植的麦田、秋季发病重的麦田和达到防治指标的麦田为药剂防治重点。小麦出苗达20%时喷第一次药，隔6～7天再喷第二次。套种田在播种后出苗前全面喷药1次，隔6～7天再喷1次。用药种类与施药方法参照灰飞虱的防治。对邻近虫源的麦田进行边行喷药，可起到保护带的作用。

6.10.3 小麦土传病毒病害

小麦土传病毒病害自20世纪70年代以来发生趋于扩大，危害渐趋严重，已成为继黄矮病之后的又一类重要病毒病害。据各地报道，土传小麦花叶病产量损失可达30%～70%，小麦梭条斑花叶病损失率一般为10%～20%，小麦黄花叶病除零星发病田外，一般病田减产10%～30%，严重的达70%～80%。

6.10.3.1 症状

① 土传小麦花叶病　秋苗多不表现症状，春季返青后叶片褪绿，呈淡绿色或黄

色花叶，生短线状条斑。新生叶片也出现花叶斑驳症状，有短线状斑纹，叶鞘也生斑驳，但高温后症状不再发展。有的品种病株根系发育不良，地上部分变矮。

②小麦梭条斑花叶病　小麦多在返青拔节后显症，心叶及其下一叶的叶尖至中部褪绿，接着嫩叶上出现淡绿色至黄色斑点。典型的为梭形枯死斑，后变为黄绿相间的不规则条纹以至全叶枯黄。病株株形松散，常较矮，穗短小。

③小麦黄花叶病　症状与小麦梭条斑花叶病相似，在田间分布更为均匀。早春病株叶片褪绿，出现黄绿色斑驳和与叶脉平行的断续斑纹，后整叶出现黄绿色条纹，继而黄化。高温时病叶不易显症。病株轻度变矮，不抽穗或穗发育不良。

6.10.3.2　病原

由土壤中生存的禾谷多黏菌(*Polymyxa graminis*)传播，国内已报道有3种，即土传小麦花叶病毒(Soil-borne wheat mosaic virus，SBWMV)、小麦梭条斑花叶病毒(Wheat spindle streak mosaic virus，WSSMV)、小麦黄花叶病毒(Wheat yellow mosaic virus，WYMV)。土传小麦花叶病毒为杆状粒体，血清学特点与其他土传病毒有明显区别，仅分布于个别地方。小麦梭条斑花叶病毒与小麦黄花叶病毒的粒体都为线状。两者在症状、寄主范围、血清学特点、核酸与外壳蛋白构成等方面非常相近，常规方法难以区分。对各地标样鉴定结果和病毒分布的认知尚不一致，有待进一步研究。

6.10.3.3　病害循环

土传小麦花叶病毒主要寄生小麦、大麦、黑麦以及一些禾本科草与藜属植物，有株系分化。小麦梭条斑花叶病毒仅侵染小麦。小麦黄花叶病毒还侵染大麦和黑麦等。

土传小麦花叶病毒在自然条件下仅由禾谷多黏菌传毒，但病株汁液摩擦接种也能致病。禾谷多黏菌是一种专性寄生菌，寄生在麦类作物与禾草根部表皮细胞内。携带病毒的禾谷多黏菌休眠孢子囊，随病株残根在土壤中越冬或越夏。带毒休眠孢子囊可随流水、农机具和土壤耕作而传播，也可随夹杂在种子间的病残体传播。

在小麦出苗阶段，休眠孢子囊萌发产生游动孢子，侵入根部表皮，将病毒传染给小麦。该菌在根部形成变形体，可再产生游动孢子，进行再侵染。在小麦近成熟时，多黏菌继续有性繁殖，先后形成结合子、变形体与休眠孢子囊。

6.10.3.4　影响发病的因素

土传小麦花叶病适宜在低温高湿条件下发生，发病的温度范围为5～15℃，适温8～12℃，高于15℃、低于5℃不发病。春季低温多雨时病重。麦田重茬连作、低洼高湿、土壤偏砂、播种偏早都加重发病。小麦品种间抗病性有明显差异，种植感病品种是造成病害流行的重要条件。

小麦梭条斑花叶病与小麦黄花叶病的发生规律和发病条件与上述土传小麦花叶病一致。

6.10.3.5　防治

①选用抗病品种　小麦品种资源中有丰富的抗病材料，可用于育种或直接种植。根据各地鉴选结果，对小麦梭条斑花叶病抗病的有济南13号、宁丰小麦、秦麦1号、小偃6号等。抵抗小麦黄花叶病毒的有繁6、小偃5号、矮粒多、偃师9号、陕农7859、陕西4372、西育8号、8165、8086、西凤、宁丰小麦、济南13、苏8926、宁麦7号、宁麦9号、宁麦10号等。

②农业防治　清除田间病残体，病田与非禾本科作物轮作3～5年。冬麦适期晚播，降低土壤湿度，在发病初期及时追施速效氮肥与磷肥，促进植株生长，以减少损失。

③化学防治　小面积发病时，可用溴甲烷、二溴乙烷、福尔马林或五氯硝基苯等处理土壤。

互动学习

1. 简述小麦品种抗锈性丧失的原因和控制策略。
2. 小麦白粉病菌的寄生性和发育条件有什么特点？如何防治小麦白粉病？
3. 小麦赤霉病的发生有何特点？请制定合理的防治措施。
4. 简述小麦纹枯病的病害循环、发病条件以及综合防治措施。
5. 小麦根腐病危害在症状和发生规律上有何特点？
6. 小麦病毒病有哪些主要种类？其发生特点有何不同？如何防治小麦病毒病？

第7章 水稻病害

本章导读

主要内容

稻瘟病

水稻纹枯病

稻曲病

水稻白叶枯病

水稻细菌性条斑病

水稻条纹叶枯病

水稻其他病害

互动学习

我国水稻病害有40余种，常年发生较重的病害有稻瘟病、纹枯病、白叶枯病、条纹叶枯病等。随着矮秆品种的推广和杂交稻面积不断扩大，许多过去次要病害逐渐上升为主要病害，如近年来稻曲病发生普遍，危害程度逐年加重，已成为限制水稻产量的重要病害。

7.1 稻瘟病

稻瘟病(rice blast)又称稻热病，是世界性的重要水稻病害，在全世界有80多个国家和地区均有发生，在我国它同纹枯病、白叶枯病被列为水稻三大病害。该病一般减产10%~20%，重则达40%~50%，局部田块甚至绝收。

7.1.1 症状

稻瘟病在水稻整个生育阶段皆可发生，具有危害时间长、侵染部位多和症状多样性等特点。按其危害时期和部位的不同，可分为苗瘟、叶瘟、节瘟、叶枕瘟、穗颈瘟(图7-1)和谷粒瘟，其中以叶瘟、穗颈瘟最为常见，危害较大。叶瘟严重时，植株坐蔸，不能抽穗。抽穗期穗瘟发生严重时，导致大量白穗或瘪粒(图7-2)。

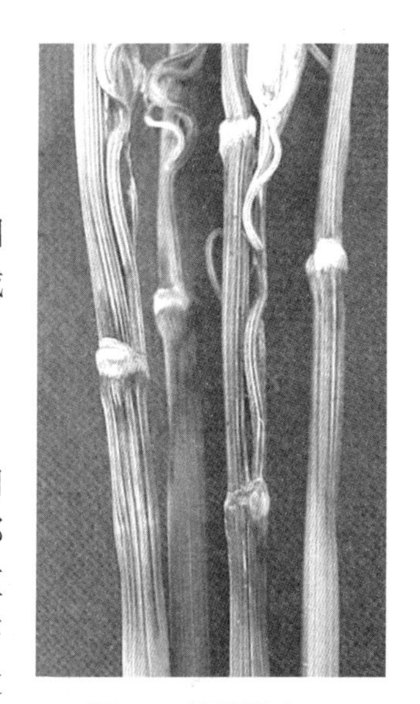

图7-1 稻穗颈瘟

图7-2 穗瘟

(1)苗瘟

苗瘟发生于秧苗三叶期前，主要由种子带菌引起。初在谷芽和芽鞘上出现水渍状斑点，以后迅速变成灰褐色或黄褐色，卷缩枯死。病苗表面常生灰绿色霉层。病苗基部呈灰黑色，终至枯死。

(2)叶瘟

叶瘟发生于三叶期后的秧苗或成株叶片上，一般从分蘖至拔节期盛发，叶上病斑常因天气和品种抗病力的差异，在形状、大小、色泽上有所不同，可分为慢性型、急性型、白点型和褐点型4种，其中以前两种危害最重要。

① 慢性型病斑　呈菱形或纺锤形，具“三部一线”的特征，最外层是淡黄色晕圈的中毒部，由病菌分泌毒素所致；内层是褐色坏死部，细胞内充满了褐色树胶状酚类物质；中央为灰白色崩溃部，叶组织细胞完全被破坏。病斑两端中央的叶脉常变为褐色长条状坏死线。天气潮湿时，多在病斑背面产生灰色霉层。

② 急性型病斑　近圆形或不规则形，暗绿色，病斑背面密生灰色霉层。这种病斑常见于品种感病、适温高湿、氮肥偏多及稻株嫩绿的叶片上。急性病斑的大量出现可视为田间病害大流行的先兆。当天气转晴，稻株抗病性增强或经药剂防治后，可转变为慢性型病斑。

③ 白点型病斑　为白色近圆形小斑点，在发病初期，环境条件不适情况下产生，很不稳定；如果遇上适温高湿天气，则迅速发展为急性型病斑；如条件不适可变为慢性型病斑。

④ 褐点型病斑　为褐色小点，多局限于叶脉间，常发生在抗病品种或稻株下部老叶上。后两种类型病斑都不产生分生孢子。

(3)节瘟

节瘟多发生于剑叶下第一、第二节位上，初为褐色小点，逐渐扩大，病斑可环绕节的一部分或全部，使节部变黑；后期病节干枯，凹陷，使稻株折断而倒伏，影响结实、灌浆，以致形成白穗。

(4)叶枕瘟

叶枕瘟是叶耳、叶舌、叶环发病的总称。常发生于叶片与叶鞘相连接的部分，向叶片和叶鞘两方扩展，病部初期呈灰绿色，不规则形，扩展后呈灰褐色，常引起叶片早枯，其出现预示穗颈瘟易发生。

(5)穗颈瘟

穗颈瘟发生于主穗梗至第一枝梗分枝的穗颈部。病斑初期呈水渍状褐色小点，逐渐围绕穗颈、穗轴、枝梗向上下扩展，后颜色变深呈褐色或墨绿色。发病早的多形成白穗，发病迟的瘪粒增加，粒重降低。湿度大时，发病部位都可产生灰色霉层。此外，病菌还可侵染谷粒、护颖等。

(6)谷粒瘟

谷粒瘟发生在谷壳和护颖上。发病早的病斑呈椭圆型，中部灰白色，以后整个谷粒变成暗灰色的秕谷。发病迟的形成椭圆形或不规则的褐色斑点。有的颖壳无症状，护颖受害变褐，使种子带菌。谷粒瘟增加了种子的带菌率，是次年苗瘟的重要初侵染源。

7.1.2 病原

病原无性态为无性型真菌梨孢属灰梨孢［*Pyricularia grisea*（Cooke）Sacc.］。有性态为子囊菌门大角间座壳属灰色大角间座壳菌(*Magnaporthe oryzae* Couch et Kohn)。仅在人工培养基上产生，自然条件下尚未发现。

菌丝具有分隔和分枝，初期无色，后变褐色。病菌子囊壳黑色球形，有长喙，子囊圆柱形至棍棒形，多数子囊有 8 个子囊孢子，少数 1 ~ 6 个；子囊孢子呈不规则排列，无色，呈梭形，略弯曲，有 3 个隔膜，萌发时从两端细胞产生芽管，顶端形成近圆形的附着胞，再产生侵入丝，侵入寄主组织。分生孢子梗从病组织的气孔伸出或表皮 3 ~ 5 根丛生，不分枝，大小 80 ~ 160 μm × 4 ~ 6 μm，具 2 ~ 8 个隔膜，基部稍膨大，淡褐色，向上色淡，顶端曲状，上生分生孢子。分生孢子无色或淡褐色，洋梨形或棍棒形，顶端钝尖，基部钝圆，常有 1 ~ 3 个隔膜，大小 14 ~ 40 μm × 6 ~ 14 μm，基部有脚胞，萌发时两端细胞生出芽管，芽管顶端产生球形、卵圆形或椭圆形，厚壁、光滑、深褐色的附着胞，紧贴附于寄主，产生侵入丝，侵入寄主组织内(图 7-3)。

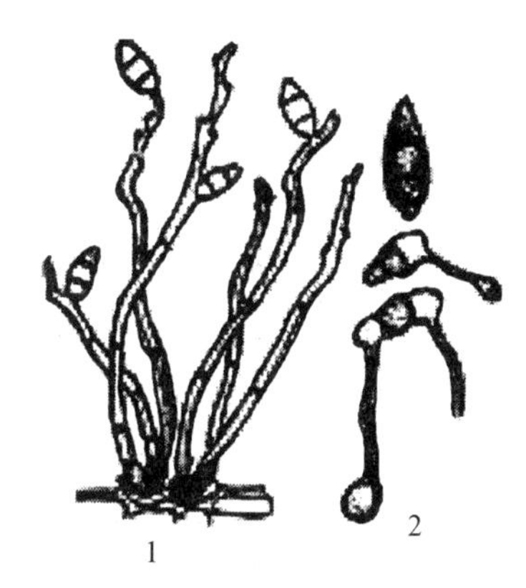

图 7-3 稻灰梨孢
（引自赖传雅，2008）
1. 分生孢子梗 2. 分生孢子

菌丝生长温度为 8 ~ 37 ℃，以 26 ~ 28 ℃为最适宜。分生孢子在 10 ~ 35 ℃都可形成和萌发，以 25 ~ 28 ℃为最适。发芽温度范围为 15 ~ 32 ℃，适温为 25 ~ 28 ℃。芽管的生长及附着胞形成的适温为 25 ~ 30 ℃，6 ~ 8 h 即可形成。病菌对低温和干热有较强的抵抗力，但对湿热的抵抗力差。在湿热情况下，分生孢子的致死温度为 51 ~ 52 ℃，10 min，在谷粒和护颖中的菌丝体则分别为 52 ℃和 54 ℃，10 min。而在 -4 ~ 6 ℃经 50 ~ 60 天，菌丝体尚有 20% 可存活。在干燥情况下，分生孢子在 60 ℃经 30 h 仍有部分存活。病菌在快速冰冻下于 -30 ℃可存活 18 个月以上。菌丝体及分生孢子保存在灭菌的纸片上，于 40 ℃下烘干，以密封袋贮存于 -80 ℃下可存活多年。分生孢子的形成，要求相对湿度在 93% 以上，需有一定光暗交替的条件。孢子只有在水滴和饱和湿度都具备的条件下才能良好发芽，其临界相对湿度为 92% ~ 96%。在一定温度条件下，叶片表面结水时间越长，病菌侵入率越高。

在稻瘟菌培养液或发病重的病株组织中，已发现病菌可产生 5 种毒素，即稻瘟菌素(piricularin)、吡啶羧酸(picolinie acid)、细交链孢菌酮酸(tenuazonic acid)、稻瘟醇

(piriculol)及香豆素(coumarin)，这些毒素对稻株有抑制呼吸和生长发育的作用。将提取的稻瘟菌素、吡啶羧酸和细交链孢菌酮酸的稀释液，分别滴在叶片的机械伤口上，置于适宜的温度下都可引起叶片呈现与稻瘟病相似的病斑。病菌分生孢子中也含有吡啶羧酸，且对孢子发芽有抑制作用，只有当孢子在水中，吡啶羧酸被浸出后才能发芽。香豆素是病菌侵入稻株后在稻株体内产生的毒素，可使稻株生长受抑制而呈萎缩状。

稻瘟菌容易发生变异，表现在培养性状、生理特性、对杀菌剂的抗性以及对水稻品种的致病性等方面。不同来源的分离株在培养基上或同一菌株在不同培养基上所形成的菌落，其色泽和气生菌丝体的疏密等有很大的差异。但是，最重要的生理分化还是病菌种群中存在着对水稻不同品种的致病性有明显差异的生理小种。

稻瘟病菌对不同品种的致病性具明显的专化性，据此区分为不同的生理小种。我国稻瘟菌生理小种的鉴别寄主为7个品种，即特特勃、珍龙13、四丰43、东农363、关东51、合江18和丽江新团黑谷。目前长江流域双季籼粳稻混栽区小种组成较为复杂，籼稻品种上以ZB、ZC群小种为主，粳稻上以ZF、ZG群小种居多。但我国这套鉴别品种应用得越来越少，代之以含不同抗病基因的近等基因系进行菌株致病性分化研究。稻瘟病菌优势生理小种的变化是稻瘟病流行的主要原因之一，品种布局直接影响到生理小种的变化。

在自然情况下，稻瘟菌除侵染水稻外，还可侵染壮羊茅、秕壳草、马唐等。人工接种时，病菌还对小麦、大麦、玉米、粟以及稗等多种禾本科植物有一定致病性。来自不同禾本科植物上的梨孢菌也可侵染水稻。

7.1.3 病害循环

病菌以分生孢子和菌丝体在稻草和颖壳上越冬。翌年产生分生孢子借风雨传播到稻株上，萌发侵入寄主向邻近细胞扩展发病，形成中心病株。病菌的潜育期3～5天，病部形成的分生孢子，借风雨传播进行再侵染。播种带菌种子可引起苗瘟。在水稻生长期间，病菌通过产生分生孢子，反复侵染水稻。

7.1.4 影响发病的因素

水稻稻瘟病的严重程度与品种抗性、农业栽培措施、病菌致病群体组成、水稻整个生长期的气象条件关系密切。当有大量感病品种、致病力强的病菌群体比例大、稻株因栽培管理不当而致抗性水平下降、防治不及时和气象条件有利于发病时，病情就加重，甚至大流行。

①品种抗性　一般耐肥力强的品种抗病性强，同一品种不同生育期或同一生育期老嫩组织的抗病性也不一致。水稻生长发育过程中，4叶期、分蘖盛期和抽穗初期最易感病。就组织的龄期而言，叶片从40%展开至完全展开后2天内最易感病；穗颈以始穗期最易感病，抽穗6天后抗性逐渐增强，13天后很少感病。

水稻株型紧凑，叶片窄而挺，叶表水滴易滚落，可相对降低病菌的附着量，减少侵染机会。寄主表皮细胞硅质化程度和细胞的膨压程度与抗侵入和抗扩展能力成正相关。另外，过敏性坏死反应是抗扩展的一种机制，即寄主细胞在病菌侵入初期，迅速发生过敏反应，受侵细胞变褐坏死，入侵菌丝被限制在侵染点附近，甚至死亡。这是由于组织中的多元酚经多酚氧化酶氧化为醌，再与氨基酸缩合而成黑色素所致。

籼稻和粳稻均有高抗至高感的品种类型。根据国际稻瘟病圃和中国稻瘟病圃的鉴定，尚未发现在各圃中都表现抗病和能抗所有小种的品种，也未发现在各圃中对所有生理小种均感病的品种。按基因对基因关系，品种抗病性和病菌毒性都受品种与小种间的基因互作所控制。抗病品种所具有的抗病基因只有对应于病菌小种的无毒基因时才表现抗病，如果被病菌小种对应的毒性基因克服，则表现感病。水稻对稻瘟病的抗病性多为显性，少数为不完全显性或隐性。迄今为止，先后发现 *Pi-a*、*Pi-i*、*Pi-k*、*Pi-z*、*Pi-t* 等50多个抗病基因。

② 气象因素　在菌源具备、品种感病的前提下，气象因素是影响病害发生与发展的主导因子。在气象因素中，以温度、湿度最为重要，其次是光和风。水稻处于感病阶段，气温在20～30 ℃，尤其在24～28 ℃，阴雨天多，相对湿度保持在90%以上，易引起稻瘟病严重发生；反之，连续出现晴朗天气，相对湿度低于85%，病害则受抑制。孕穗、抽穗期的雨水多少，与穗颈瘟发生的轻重有密切关系。在孕穗、抽穗阶段，如遇低温、阴雨或露水多时，水稻抗性减弱，易造成穗颈瘟的流行。

③ 田间管理　栽培管理技术既影响水稻的抗病力，也影响病菌生长发育的田间小气候。其中，以施肥和灌水尤为重要。施肥不当，特别是过分集中地追施氮素或施得过迟，造成水稻徒长、嫩绿、叶片软弱、抗病力降低，是发病严重的重要因素。施用氮肥过多，特别是施用过迟，导致稻株体内碳氮比下降，游离氮和酰胺态氮增加，硅质化细胞数量下降，会诱发穗颈瘟严重发生。另外，过多施用磷、钾肥对病害的发展有一定的促进作用。长期深灌或冷水灌溉，易造成土壤缺氧，产生有毒物质，妨碍根系生长，也会加重发病。对已经发病田块，进行短期晒田，会使稻株体内含氮量增加，光合作用降低，碳同化作用减小，对病害也有一定的促进作用。晒田过度也不利于稻株生长，会加重发病。

7.1.5　防治

稻瘟病防治应采取应用和布局抗病品种为主，农业防治为基础和化学防治为辅助的综合防治对策。

① 选用抗病品种　选用抗病良种是防治稻瘟病的一条经济有效的途径。针对病菌小种易变异的特点，在一个地区选用和推广小种专化性抗病品种时，应注意不同抗病基因品种的合理布局，不同抗病基因的品种搭配种植或轮换种植，或同时种植多个具有不同抗病基因的品种，防止品种抗源单一化，因地制宜选用多个适合当地抗病品种，以稳定病菌生理小种的组成。在一个地区引进新的抗病品种时，必须经过引、试、繁3个阶段，最后选用有推广价值的品种进行繁殖与推广。

国内稻瘟病抗源品种有红脚占、赤块矮选、砦糖、矮脚白米仔、金围矮、谷梅2号、湘资3150等。近年来各地推广的抗性较好的品种有广伏明118、成优2388、欣荣5号、粤杂75、天优3618、特优968、Y两优792、天优华占、潭两优83、天优

208、中早39、陆两优19、03优948、天优华占、川谷优211等。

②农业防治　合理的肥、水管理，既可改善环境条件，控制病菌的繁殖和侵染，又可促使水稻生长健壮，提高抗病性，从而获得高产稳产。一般应当注意氮、磷、钾三要素的配合施用，以及有机肥与化肥配合使用，适当施用含硅酸的肥料(如草木灰、矿渣、窑灰钾肥等)，做到施足基肥，早施追肥，不过多、过迟施用氮肥，中后期看苗、看天、看田巧施肥。硅、镁肥混施，可促进硅酸的吸收，能较大幅度地降低发病率。绿肥施用量一般每1/15 hm^2不超过1 500 kg，并适量施用石灰以中和酸和促进绿肥腐烂，避免后期施用过多的氮肥。冷浸田应注意增施磷肥。灌水必须与施肥密切结合。应搞好农田基本建设，开设明沟暗渠，降低地下水位；实行合理排灌，以水调肥，促控结合，掌握水稻黄黑变化规律，满足水稻各生育期的需要。一般保水回青后，应在分蘖期浅灌，够苗后根据土质排水晒田(肥田、黏重田可重晒，砂性田、瘦田轻晒或不晒)，减少无效分蘖并使稻叶迅速落黄，复水后保持干干湿湿，可控制田间小气候，使稻株体内可溶性氮化物减少和促进根系纵深生长，增加吸收营养和硅酸盐，提高抗病力。

收获时，对病田的病谷、病稻草应分别堆放，尽早处理室外堆放的病稻草，春播前应处理完毕。不用病草催芽、捆秧把。如用稻草还田作肥料，应犁翻水中沤烂。用作堆肥或垫牛栏的稻草，均应充分腐熟后施用。有病稻谷及早加工作饲料用。

③药剂防治　水稻在生长过程中，还应把好关键的分蘖期、孕穗期、抽穗期的喷药，药量要足，并选两种以上的药种交叉使用。选晴天或早上露水干后喷药，在分蘖拔节期应加强对叶瘟的检查，一旦发现，应拔去病株，喷药保护。

应用化学药剂防治稻瘟病时，应根据不同发病时期采用不同的方法，选择不同的药剂，及时、准确地用药。稻瘟病的防治主要做好“四期”防范工作：一是种子消毒；二是秧苗期药物预防；三是分蘖高峰期药物预防；四是始穗期的药物预防。

浸种消毒：在播种前处理水稻种子。用50%多菌灵可湿性粉剂500倍液，40%多福粉500倍液浸种48 h，或50%甲基硫菌灵可湿性粉剂500倍液浸种24 h。

喷药保护：本田从分蘖期开始，如发现发病中心或叶片上有急性病斑，即喷药防治。在秧苗3～4叶期或移栽前5天，用20%三环唑可湿性粉剂1 000倍液，防治水稻苗瘟。在叶瘟初发时，用20%三环唑可湿性粉剂1 000倍液喷雾。在稻苗瘟、叶瘟发病始期，用40%稻瘟灵乳油1 000倍液，或50%多菌灵可湿性粉剂1 000倍液，或50%甲基硫菌灵可湿性粉剂1 000倍液喷雾。水稻破口初期，用20%三环唑可湿性粉剂1 000倍液喷雾。一般施药2～3次。

7.2　水稻纹枯病

水稻纹枯病是水稻重要病害之一，广泛分布于世界各产稻区。据1995年的资料，我国水稻发病面积近$1\,600 \times 10^4$ hm^2。在水稻主产区，常年该病的危害已超过稻瘟病和水稻白叶枯病，位居水稻三大病害之首。随着矮秆品种和杂交稻的推广种植以及施肥水平的提高，纹枯病的发生日趋严重，尤以高产稻区受害更重。该病主要危害叶鞘和叶片，引起鞘枯和叶枯，严重时可引起水稻倒伏，使水稻结实率降低，瘪谷率增加，粒重下降，一般减产5%～10%，发生严重时，减产超过30%。

7.2.1 症状

水稻纹枯病从苗期至抽穗后均可发生，一般以抽穗前后发病最盛，主要危害叶片、叶鞘，严重时可侵入茎秆并蔓延至穗部(图7-4)。

图7-4 水稻纹枯病

叶鞘发病先在近水面处出现暗绿色水渍状小斑，小斑逐渐扩大成椭圆形。干燥时，病斑边缘褐色，中部草黄色至灰白色；潮湿时呈水渍状，边缘深褐色，中央灰绿色。病斑多时，多个病斑可相互联合成云纹状大斑，至叶鞘枯死，叶片也随之枯黄卷缩，提早枯死。剑叶叶鞘受侵染，轻者剑叶提早枯黄，重者可导致植株不能正常抽穗。叶片上病斑的形状和色泽与叶鞘的基本相似。病重的叶片病斑扩展速度快，呈污绿色水渍状，最后枯死。稻穗发病时，穗颈、穗轴，乃至颖壳等均呈污绿色湿润状，后变灰褐色，结实不良，甚至全穗枯死。湿度大时，病部出现白色蛛丝状菌丝和白色至暗褐色、扁球形的菌核。菌核借少量菌丝连于病斑表面，易脱落。发病后期在病部偶尔可见白粉状霉层(担子和担孢子)。

7.2.2 病原

病原有性态为担子菌门亡革菌属瓜亡革菌[*Thanatephorus cucumeris* (Frank) Donk]，无性态为无性型真菌丝核菌属茄丝核菌(*Rhizoctonia solani* Kühn)。

菌丝初无色，老熟时浅褐色，直径8～12 μm，有分枝，分枝处明显缢缩，距分枝不远处有分隔。菌核由菌丝体交织纠结而成，初为白色，后变为暗褐色，扁球形、肾形或不规则形，大小不一，表面粗糙、多孔(即萌发孔)，菌核形成过程中通过萌发孔排出分泌物，菌核萌发时菌丝也由此伸出。菌核分内、外2层，外层约占菌核半径的1/2，由10～30层坏死细胞构成，除细胞壁外，细胞内无细胞质和细胞核；内层为活细胞，具细胞壁、细胞质、细胞核和丰富的内含物。内、外层的厚薄影响菌核在水中的沉浮。担子倒卵形或圆筒形，顶生2～4个小梗，每个小梗着生一个担孢子，

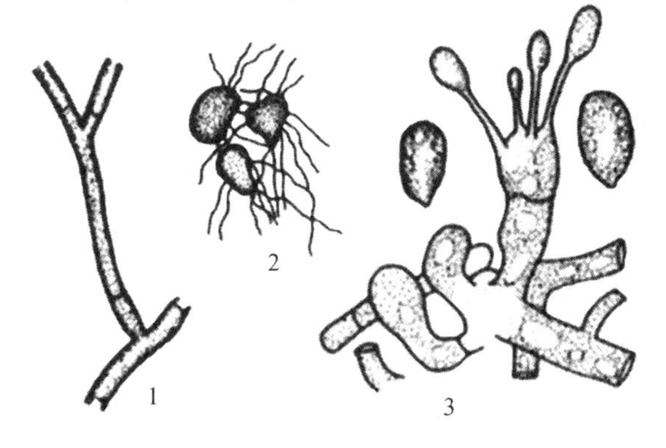

图7-5 瓜亡革菌/茄丝核菌形态

(引自陈利锋等，2007)

1. 成熟菌丝 2. 菌核 3. 担子和担孢子

担孢子单胞、无色、卵圆形(图7-5)。经人工接种，担孢子可侵染水稻并引起发病，但在自然情况下的传病作用不大。

病菌发育温度范围为10～36 ℃，适温为28～32 ℃。在27～30 ℃和95%以上的相对湿度下，菌核1～2天内即可萌发形成菌丝。菌丝在pH 2.5～7.8范围内均可生长，最适pH值为5.4～6.7。光照对菌丝生长有抑制作用，但可促进菌核形成。病菌侵染需要96%以上的相对湿度，相对湿度低于85%侵染受抑制。菌核没有休眠期，当年形成的菌核，只要条件适宜即可萌发。自然形成的菌核，有沉核(沉于水中)和浮核(浮于水面)之分，这与其内部结构存在很大关系，但在一定条件下，菌核的沉浮可相互转化。

该菌的寄主范围广，自然寄主有15科近50种植物，人工接种时可侵染54科210种植物。重要的寄主植物有水稻、玉米、大麦、高粱、粟、黍、豆类、花生、甘蔗和甘薯等。病菌有生理分化，茄丝核菌种下现有12个菌丝融合群，至少18个菌丝融合亚群，水稻纹枯病菌主要为第一菌丝融合群(AG－1)。即使在AG－1融合群内，各菌株的致病力也有差异，按培养性状和致病力划分为A、B、C 3个型，其中A型致病力最强，C型最弱。

7.2.3　病害循环

病菌主要以菌核在土壤中越冬，也能以菌丝体和菌核在病稻草和其他寄主残体上越冬。水稻收割时落在田间的菌核是次年或下季的主要初侵染源。菌核的生活力极强，土表或水层中越冬的菌核存活率达96%以上，土表下9～25 cm的菌核，存活率也可达到88%以上。在室内干燥条件下保持11年的菌核仍具有28%的萌发率。

春耕灌水耕耙后，越冬菌核浮于水面，随着秧苗的栽插，菌核附着于稻株基部的叶鞘上，在高温、高湿条件下，菌核萌发长出菌丝，在叶鞘上延伸并从叶鞘缝隙进入叶鞘内侧，先形成附着胞，然后通过气孔或直接穿破表皮侵入。潜育期少则1～3天，多则3～5天。病菌侵入后，在稻株中不断扩展，并向外长出气生菌丝，蔓延至附近叶鞘、叶片或邻近稻株进行再侵染。病菌的扩展一般分为两个时期：一是分蘖至孕穗期，气生菌丝主要在株、丛间横向扩展，又称水平扩展期；二是孕穗后期至蜡熟前期，气生菌丝由下部向上部扩展，导致病害严重度增加，又称垂直扩展。当年病株上形成的菌核脱落后也可萌发进行再侵染。

7.2.4　影响发病的因素

水稻纹枯病属于气象因素影响较大、水稻抗性较低的病害。当田间菌源基数较大、施肥不当和有利于发病的天气条件相吻合时，病害发生严重，甚至引起倒伏，损失极大。

①菌源数量　田间残留菌核量与初期病情程度呈正相关。如上年或上季水稻发病重，田间遗留的菌核多，当年或当季水稻初期发病率高；而新垦田或上年、上季的轻病田，当年或当季水稻初期发病较轻。但此后病情的发展主要受田间小气候和水稻抗性的影响，与初期侵染率相关性不大。

② 气象因素　水稻纹枯病属高温、高湿型病害，当日平均气温稳定在 22 ℃，水稻处于分蘖期时，田间开始出现零星发病。由于我国稻区南北跨度大，气候条件差异大，各个稻区水稻纹枯病的发病时间有所不同。常年情况下，西南和东南稻区各水稻生育期均适合病害发生，可出现多次发病高峰；华南稻区早稻发病高峰为 5 ~6 月，北方单季稻区在 7 月下旬至 8 月上旬雨季时病害严重；长江中下游地区早稻发病高峰在 6 月中旬至 7 月上旬，中、晚稻发病高峰在 8 月下旬至 9 月下旬。

③ 栽培技术　在栽培技术上，水肥管理对菌丝生长和稻株抗病性的影响，是决定发病轻重的主要因素之一。氮肥施用量与病害发生程度一般呈正相关。长期深水灌溉，田间小气候湿度大，有利于病菌的滋生和蔓延。此外，水稻种植密度与发病程度也有一定的关系，在合理密度内适当密植对发病程度影响不大，但如过度密植则发病重。

④ 品种和生育期　目前尚未发现对纹枯病免疫的水稻品种，但品种间抗性有一定差异。一般来说，水稻对纹枯病的抗性均不高，但糯稻最感病，粳稻次之，籼稻抗性略好；阔叶矮秆品种一般比窄叶高秆品种感病。病害在各品种上垂直扩展速度顺序是早熟 > 中熟 > 迟熟，这种差异与叶鞘内淀粉和氮素含量有关，早熟品种叶鞘中淀粉含量随着稻株生长而迅速下降，故垂直扩展速度快，发病较重，迟熟品种叶鞘内淀粉含量较多且平稳，故垂直扩展慢，发病较轻。

7.2.5　防治

水稻纹枯病的防治应以农业防治为基础，结合适时的农药防治。

① 清除菌源　春耕灌水耕耙后，大多数菌核浮于水面，于插秧前打捞混杂于浪渣中的菌核，可以减少菌源，减轻前期发病，但由于菌核在土壤中的分布和沉浮转化等原因，很难打捞彻底，必须配合其他防治措施，才能收到较好的防病效果。

② 加强肥水管理　管好肥水，既可促进水稻健康生长，又能有效地控制纹枯病的危害程度，是防病的关键措施之一。根据水稻的生长特点，贯彻“前浅、中晒、后湿润”的用水原则，既要避免长期深灌，也要防止晒田过度。在用肥上，应施足基肥，及早追肥，要注意氮、磷、钾等肥料的合理搭配，切忌水稻生长中、后期大量施用氮肥。

③ 化学防治　根据病情发展情况，及时施药，控制病害扩展，过迟或过早施药防治效果均不理想。一般水稻分蘖末期丛发病率达 15%，或拔节到孕穗期丛发病率达 20% 的田块，需及时施药防治。分蘖末期施药可杀死气生菌丝，控制病害的水平扩展；孕穗期至抽穗期施药可控制菌核的形成和控制病害的垂直扩展，保护水稻功能叶不受侵染。常用药剂井冈霉素 75 ~ 110 g(a. i.)/hm^2、丙环唑 105 ~ 135 g(a. i.)/hm^2、戊唑醇 80 ~ 100 g(a. i.)/hm^2等。

④ 生物防治　利用颉颃微生物防治病害是一个很有前途的发展方向。近年来，先后发现了一些对水稻纹枯病菌有颉颃作用的微生物。颉颃菌物有青霉属、镰孢属及黄绿木霉等木霉属的一些种；颉颃细菌有假单胞杆菌属、芽孢杆菌属和沙雷杆菌等，但这些颉颃微生物用于水稻纹枯病的防治目前还处于试验阶段。

7.3 稻曲病

稻曲病又称绿黑穗病、谷花病、青粉病，俗称"丰产果"，世界大多数稻区及我国各稻区均有发生，危害谷粒。特别是近年来，该病发生程度逐年加重，严重田块损失可达30%以上。病谷能引起畜禽心脏、肾脏病变，胚胎畸形，甚至死亡，危害人类身体健康。

7.3.1 症状

该病只发生于水稻穗部，危害部分谷粒(图7-6)。轻者一穗中出现1~5病粒，重者多达数十粒，病穗率可高达10%以上。病粒比正常谷粒大3~4倍，整个病粒被菌丝块包围，初呈橙黄色，后转墨绿色(即孢子座)；表面初呈平滑，后显粗糙龟裂，其上布满黑粉状物(厚垣孢子)。有的两侧生黑色扁平菌核，风吹雨打易脱落。

图7-6 水稻稻曲病症状

7.3.2 病原

病原无性态为无性型真菌绿核菌属稻绿核菌[*Ustilaginoidea virens* (Cooke) Tak.]。厚垣孢子墨绿色，球形，大小3~5 μm×4~6 μm，中间有1个油球，表面有瘤状突起，高度200~500 nm。分生孢子座6~12 μm×4~6 μm，表面墨绿色，内层橙黄色，中心白色。分生孢子梗直径2~2.5 μm。分生孢子单胞薄壁，无色透明，卵圆或长圆形，大小为2.6~8 μm×2~5 μm。菌核从分生孢子座生出，长椭圆形，长2~20 mm，在土表萌发产生子座，橙黄色，头部近球形，大小1~3 mm，有长柄，头部外围生子囊壳，子囊壳瓶形，子囊无色，圆筒形，大小180~220 μm，子囊孢子8枚，无色，单胞，线形，大小120~180 μm×0.5~1 μm。有性态为子囊菌门麦角菌属稻麦角菌(*Claviceps oryzae-sativae* Hashioka)。

该菌厚垣孢子在温度10~35 ℃、pH 2~12均能萌发，最适萌发温度为25~30 ℃，最适萌发pH值为6~8。分生孢子萌发的适宜温度为22~31 ℃，以28 ℃最好。最适条件下，厚垣孢子约在12 h后开始萌发。厚垣孢子维持发芽力在4 ℃条件下，可达1年，在25 ℃下达3个月，在干燥条件下可保持19个月，但高温可缩短其寿命。葡萄糖、蔗糖和麦芽糖可促进厚垣孢子的萌发。

稻曲病菌存在遗传多样性，其菌落形态、生长速度、对环境因子的适应性和致病性等方面都存在差异。稻曲病菌不仅侵染水稻，还可以侵染玉米和田间一些杂草，如马唐、旱黍草、稗草、印度白茅和野生稻。在水田的浮萍上也检测到稻曲病菌的存在。

稻曲病菌可产生5种环形多肽毒素和1个结构尚未确定的毒素。根据侧链上亚磺酰基团的有无可将5种已知毒素分为两类：稻曲毒素(ustiloxin)A和B具有亚磺酰基团，而其他3种没有亚磺酰基团。稻曲毒素都有抑制微管聚合的生物活性，对植物幼苗生长有抑制作用，对人和动物的神经系统也有毒害作用。

7.3.3 病害循环

稻曲病的侵染循环目前还不很清楚。一般认为，病菌以菌核落入土中或以厚垣孢子黏附种子上越冬，翌年菌核可萌发产生厚垣孢子，也可产生子囊孢子。厚垣孢子产生的分生孢子及子囊孢子和子囊孢子产生的分生孢子为初侵染源。厚垣孢子及分生孢子借气流传播，于水稻孕穗末期至开花期侵染。病菌在同一稻田的同一个生长季节没有再侵染，但可能对晚熟的水稻有再侵染。采用PCR技术对芽期、三叶期、分蘖期、孕穗期和扬花期接种厚垣孢子或分生孢子的水稻植株进行跟踪检测，发现在接种后的各时期水稻上均能检测到病原菌的存在，并在未发病的种子上也检测到病原菌，因此有人认为稻曲病菌可以侵染水稻的各个时期，病菌可能存在系统侵染和潜伏侵染的特性。

7.3.4 影响发病的因素

稻曲病的严重程度与水稻品种抗性、栽培水平、田间菌源量和水稻抽孕穗期的气象条件关系密切。

① 水稻品种抗性　水稻的不同品种对稻曲病的抗性差异很大，但尚未发现对稻曲病免疫的品种。近年来，很多地方都开展了水稻品种抗稻曲病鉴定，陆续筛选到一些不同抗性的品种。水稻品种抗性趋势表现为早熟 > 中熟 > 晚熟，常规中籼稻 > 杂交中粳 > 中熟中粳 > 单季晚粳 > 迟熟中粳 > 杂交晚粳 > 杂交籼稻。同一品种播期不同其发病率有差异。直立密穗型品种较易感病。水稻对稻曲病的抗性受主效基因和微效基因控制，有显性效应和加性效应共同作用。

② 栽培水平　不同施肥量、施肥方法以及肥料种类与稻曲病发病也有很大关系。稻曲病的发生与稻田施肥的时期和用量密切相关，分蘖期和孕穗期追施氮肥高的田块，稻曲病发病相对较重；相同施肥水平下，孕穗期偏施氮肥有利于稻曲病的发生。

③ 田间菌源量　田间菌源基数与稻曲病发生有密切关系。一般当年稻曲病发病重的田块，次年的发病率也高。老病区、重病区与新稻区相比，同样种植感病品种，老病区、重病区稻曲病发生重，田间稻曲病菌的累积量与稻曲病的发生程度呈正相关。

④ 气象因素　稻曲病轻重与水稻破口期的降雨量密切相关。气温在20℃，湿度在90%以上，伴随花期多雨、低温，有利于发病。

7.3.5 防治

稻曲病的防治应采取以选用抗病品种为主，加强农业栽培管理，辅以药剂防治的综合措施。

① 选用抗病品种　在稻曲病发生区，可因地制宜选用适合当地种植的高产抗病

良种。目前生产上抗性较好的品种主要有汕优36、汕优452、嘉湖5号、扬稻3号、滇粳40号、矮粳23、京稻选1号、沈农514、丰锦、辽粳10号、双糯4号等品种。

②种子消毒 催芽播种前，用2%福尔马林或0.5%硫酸铜浸种3~5 h，然后闷种12 h，或用18.7%"灭黑灵"(三唑类复配剂)1 000倍液浸种24~48 h，再用清水冲洗催芽。

③加强肥水管理 在重病区，要注意前期浅水勤灌，后期见干见湿，雨天及时排水的管水方法。要改进施肥技术，施足基肥，慎用穗肥，采用配方施肥，避免偏施、重施氮肥。

④生物防治 在水稻破口前5~7天，喷施井冈霉素、纹曲宁、枯草芽孢杆菌可湿性粉等生物制剂，对稻曲病有较好的防治效果。

⑤药剂防治 在抽穗前5~7天，喷施苯甲·丙环唑、戊唑醇、多菌灵、咪鲜胺、丙环唑、咪锰·丙森锌、氟硅唑·多菌灵、丙环唑·咪鲜胺等杀菌剂有很好防治效果，慎用铜制剂。

7.4 水稻白叶枯病

水稻白叶枯病是水稻种植区的主要病害，最早于1884年在日本发现，目前已成为东南亚及太平洋稻区的最重要病害之一。在我国，20世纪初期在华南稻区报道有该病发生，后随带菌种子的调运，病区不断扩大，目前除新疆外，各省(自治区、直辖市)均有发生，以华东、华中和华南稻区发生普遍，危害最重，现已经是我国水稻主要病害和危害最重的细菌性病害。水稻受害后，叶片干枯，瘪谷增多，米质松脆，千粒重降低，一般减产10%~30%，严重的减产50%以上。发生凋萎型白叶枯病的稻田，经常成片枯死，几乎绝产。

7.4.1 症状

水稻白叶枯病在水稻整个生育期内均可发生，主要危害叶片，其次是叶鞘和主茎。由于品种、环境条件和病菌侵染方式的不同，病害症状有以下几种类型。

①叶枯型 又称普通型，是最常见的白叶枯病典型症状。苗期很少出现，一般在分蘖期后较明显。由于病菌多从水孔侵入，发病多从叶尖或叶缘开始，初现黄绿色或暗绿色斑点，后沿叶脉迅速向下纵横扩展成条斑，可达叶片基部和整个叶片。病健部交界线明显，呈波纹状(粳稻品种)或直线状(籼稻品种)。病斑黄色或略带红褐色，最后变成灰白色(多见于籼稻)或黄白色(多见于粳稻)。湿度大时，病部易见蜜黄色珠状菌脓。

②急性型 在暴风雨过后和高温闷热的环境下，氮肥偏多和品种感病的情况下易发生。叶片病斑暗绿色，迅速扩展，几天内可使全叶呈青灰色或灰绿色，呈开水烫伤状，随即纵卷青枯，病部有蜜黄色珠状菌脓。出现此种症状，预示病害正在急剧发展。

③凋萎型 又称枯心型、青枯型，多在秧田后期至拔节期发生，一般不常见。

病株心叶或心叶下1~2叶先失水、青卷、尔后枯萎，随后其他叶片相继青枯。病轻时仅1~2个分蘖青枯死亡，病重时整丛枯死。剖检病部叶鞘或茎基部，用手挤压，可见大量黄色菌液溢出。剥开刚刚青枯的心叶，也常见叶面有珠状黄色菌脓。根据这些特点以及病株基部无虫蛀孔，可与螟虫引起的枯心苗相区别。

④ 中脉型 在剑叶下1~3叶中脉表现为淡黄色，沿中脉逐渐向上下延伸，呈长条状，易折断，折断面用手挤压可见黏稠状黄色菌脓。这种症状是系统侵染的结果，多在抽穗前后便死亡。

⑤ 黄叶型 在广东省有报道。病株的新出叶均匀褪绿或呈黄色或黄绿色宽条斑，较老的叶片颜色正常。之后，病株生长受到抑制。在病株茎基部以及紧接病叶下面的节间有大量病原细菌存在，但在显现这种症状的病叶上检查不到病原细菌。

7.4.2 病原

病原为革兰阴性菌黄单胞杆菌属稻黄单胞杆菌白叶枯致病变种[*Xanthomonas oryzae* pv. *oryzae*（Ishiyama）Swings]，异名 *Xanthomonas campestris* pv. *oryzae*（Ishiyama）Dye。

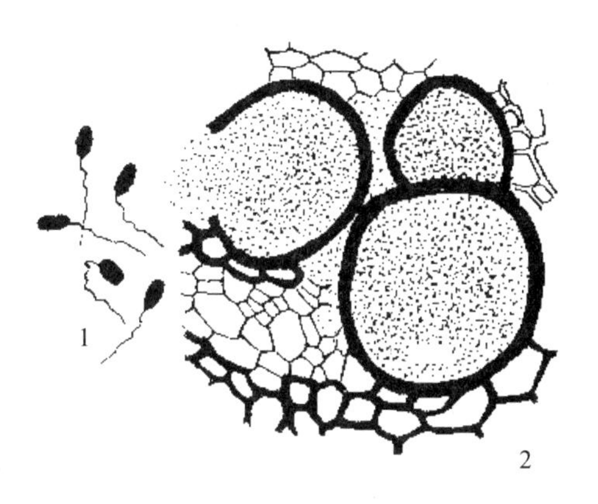

图7-7 水稻白叶枯病菌
1. 病原菌放大 2. 示导管中的病原

菌体短杆状，两端钝圆，极生单鞭毛（图7-7），不形成芽孢和荚膜，菌体表面有一层胶质分泌物。病菌好气性，呼吸型代谢。在琼脂培养基上生长时，菌落呈蜜黄色或淡黄色，圆形，边缘整齐，质地均匀，表面隆起，光滑发亮，无荧光，有黏性。革兰染色反应阴性。生长温度在5~40℃，最适温度25~32℃，无胶膜保护下致死温度53℃，10 min。

病菌不同菌株间致病力有明显差异，根据致病相关基因的作用将病菌致病机制分两个类型：类型Ⅰ为毒力因子(aggressiveness determinant)，与之相关的基因发生改变后，病菌的致病性有的改变，有的改变不明显，有的没有改变；类型Ⅱ为毒性因子，主要包括无毒基因(avirulence)、毒性基因(virulence)、*Hrp*蛋白等，这些因子是通过由*hrp*基因编码组成的Ⅲ型泌出系统分泌进入水稻细胞从而导致水稻产生感病性。如这类基因发生突变，则病菌致病性会发生显著变化。

白叶枯病菌与水稻鉴别品种的互作反应显示，不同菌株的致病性分化明显。20世纪90年代之前根据在IR26、Java14、南粳15、Tetep和金刚30等5个鉴别品种上的抗感反应，将我国白叶枯病菌分为7个致病型(Ⅰ~Ⅶ)；日本和菲律宾有6个致病型。我国长江流域以北以Ⅱ型和Ⅰ型为主，长江流域以Ⅱ、Ⅳ型为多，而南方稻区则以Ⅳ型为多，在广东和福建还有少量的Ⅴ型。目前，我国根据在鉴别品种IRBB5(*Xa*5)、IRBB4(*Xa*4)、IRBB14(*Xa*14)、IRBB1(*Xa*1)、IR24(*Xa*24)上的致病反应将水稻白叶枯病菌分为16个生理小种。

病菌主要侵染水稻。自然条件下还可侵染陆稻、野生稻、茭白、李氏禾、鞘糠草及秕壳草等一些杂草，但不普遍。人工接种时，病菌还可侵染雀稗、马唐和狗尾草等禾本科杂草，但显症时间较水稻为迟。

7.4.3 病害循环

带菌谷种和病稻草是白叶枯病菌越冬的主要场所和初侵染源，老病区以病稻草传病为主，新病区以带菌谷种传病为主；带病谷种的远距离调运是病区逐步扩大的原因。

① 病稻草和稻桩　干燥条件下堆贮的病稻草上的病菌可存活 7 个月至 1 年以上，可以越冬传病，而散落田间经日晒雨淋或被水浸泡后的病稻草上的病菌则很快死亡。未沤烂即还田的双季早稻病残体对晚稻秧苗有一定的传病作用。发生凋萎型白叶枯病的稻桩里的病菌可存活到翌年 5 月以后，成为初侵染源。

② 带菌谷种　水稻抽穗扬花时，病菌随风雨露滴沾染花器，潜伏于颖壳组织或胚和胚乳表面越冬，在干燥条件下可存活 8～10 月。翌年，虽然大部分病菌死亡，但仍有一定量存活，病种播种后即产生病苗。

③ 杂草及其他植物　马唐、茭白、紫云英、草芦、看麦娘、异假稻、鞘糠草和秕壳草等多种植物可带菌越冬，但这些带菌植物作为初侵染源的实际作用尚需进一步研究证实。

病菌主要通过灌溉水和雨水传播。遗留在田间、道旁的病稻草上的病菌容易被雨水冲到稻田侵染稻苗引起病害。病菌在病株的维管束中大量繁殖后，从叶片或水孔大量溢出菌脓。越冬病菌随流水传播到秧苗。稻根的分泌物可吸引周围的病菌向根际聚集或使生长停滞的病菌活化增殖，然后从叶片的水孔、伤口或茎基和根部的伤口以及芽鞘或叶鞘基部的变态气孔侵入。新伤口较老伤口更有利于病菌侵入。病菌从叶片的水孔通过通水组织达到维管束或直接从叶片伤口进入维管束后，在导管内大量增殖，一般引起叶枯型症状，当环境条件特别适宜且品种高度感病时则可引起急性型症状。从变态气孔侵入的病菌只停留在附近的细胞间隙内，不能进入维管束，在适宜条件下再被释放到稻体外，然后再从伤口或水孔侵入才能到达维管束引起病变。病菌从茎基或根部的伤口侵入时，可通过在维管束中的增殖而扩展到其他部位，引起系统性侵染，使稻株出现凋萎型症状。有时秧苗虽已感染但不呈现症状，成为带菌秧苗，移栽后在条件适宜时即成为大田发病中心。无病秧苗也可由于田水串灌而感染病菌。病菌在病株的维管束中大量繁殖后，从叶面或水孔大量溢出菌脓，遇水湿溶散，借风雨露滴或流水传播，进行再侵染。在一个生长季节中，只要环境条件适宜，再侵染就不断发生，致使病害传播蔓延以至流行。

7.4.4 影响发病的因素

水稻白叶枯病的发生和流行主要受水稻品种抗病性、栽培管理水平和气象因素的影响。

(1)水稻抗病性

虽然没有免疫品种，但有些水稻品种对白叶枯病具有较强的抗性。一般糯稻抗病性最强，粳稻次之，籼稻最弱。籼稻品种间抗病性还有明显差异，其中不乏抗病性强的品种。同一类型稻种不同品种间抗性也存在差异；水稻植株在不同生育期抗病性也有差异，通常分蘖期前较抗病，孕穗期和抽穗期最感病。

植株叶面较窄、挺直、不披垂的品种抗病性较强；稻株叶片水孔数目多而大的较感病。植株体内营养状况也是影响其抗病性的一个重要因素，感病品种体内的总氮量尤其是游离氨基酸含量高，还原性糖含量低，碳氮比小，多元酚类物质少；而抗病品种则相反。

水稻品种对白叶枯病的抗性受不同的抗性基因所控制。现已鉴定出 *Xa*1、*Xa*2、*Xa*3、*Xa*4、*Xa*5、*Xa*6、*Xa*7、*Xa*8、*Xa*10、*Xa*11、*Xa*12、*Xa*13、*Xa*14、*Xa*15、*Xa*16、*Xa*17、*Xa*18、*Xa*19、*Xa*20、*Xa*21、*Xa*22、*Xa*23、*Xa*24、*Xa*25、*Xa*26、Xa27、*Xa*28、*Xa*29(*t*)等抗白叶枯病基因，其中多数为显性，少数为隐性或不完全隐性。其中 *Xa*1、*Xa*5、*Xa*21、*Xa*26、*Xa*27 等基因已被克隆。新的水稻白叶枯病抗性基因还在不断地挖掘和鉴定，命名序号已经排到 29。在已鉴定的抗源品种中，有 171 个含 *Xa*4，85 个含 *Xa*5，有 4 个含 *Xa*6。抗病品种大多为小种专化性抗病品种。除主效基因外，可能还存在由微效基因控制的数量性状抗性。

(2)气象因素

白叶枯病的发生一般在气温 25～30 ℃时最盛，20 ℃以下和 33 ℃以上受抑制。气温的高低主要影响潜育期的长短。在 22 ℃时潜育期为 13 天，24 ℃时为 8 天，26～30 ℃时则只需 3 天。适温、多雨和日照不足有利于发病。特别是台风、暴雨或洪涝有利于病菌的传播和侵入，更易引起病害暴发流行。一方面雨水有利于病菌传播；另一方面由于稻叶强烈摩擦造成大量伤口有利于病菌侵入；地势低洼、排水不良或沿江河一带的地区发病也重。气温偏低(20～22 ℃)、湿度较高时，此病也有流行的可能。相对湿度低于 80% 时，不利于病害的发生和蔓延。

根据发病流行情况，全国划分为 3 个区，其一为全年发生区，如雷州半岛以南地区，气候温暖，终年都发病，其中以 5～10 月发病多而且严重；其二为常年流行区，如南部纯双季稻区，包括广东、广西和湖南南部地区，早晚稻都有发生。从 5 月开始到 11 月止，病害发生有 2 个高峰期，分别在各茬孕穗期前后，常年以晚稻发病多，对产量影响大，但早发年份，早晚稻都重。再如长江沿岸单双季稻并存区，病害主要发生于单季中稻和部分早熟晚稻上，双季早稻晚稻也有发生，但危害轻，影响小；其三为局部流行区，如淮河以北单季稻区，病害集中于 7～8 月的雨季，原只局部危害，但近年危害日益呈增加的趋势。

(3)耕作制度与栽培管理

耕作制度对白叶枯病的流行有重要影响。一般以中稻为主地区和早、中、晚稻混栽地区病害易于流行，而纯双季稻区病害发生较轻。

肥、水管理对白叶枯病的发生有显著影响。氮肥施用过多或过迟致秧苗生长过旺、稻株抗病力减弱，并造成田间郁闭高湿的小气候，加重发病。深水灌溉或稻株受淹，既有利于病菌的传播和侵入，也引致植株体内呼吸基质大量消耗，分解作用大于合成作用，可溶性氮含量增加而降低抗病性，有利于发病。

7.4.5 防治

水稻白叶枯病防治应在控制菌源的前提下，以种植抗病品种为基础，秧苗防治为关键，狠抓肥、水管理，辅以药剂防治。

① 杜绝种子带菌传病　无病区杜绝从病区引种。确需从病区调种时，要严格做好种子消毒工作，防止带菌种子传入。种子消毒方法有：80%抗菌剂“402”2 000倍液浸种48～72 h，或20%叶枯唑500～600倍液浸种24～48 h。

② 种植抗病品种　在病害流行区，要有计划地压缩感病品种面积，因地制宜种植抗病、丰产良种。杂交稻有浙大724、银朝占、抗优63、中组73、两优5 189、滇杂31、滇杂701、新8优122、冈优301、抗丰优203等。籼稻抗病品种有青华矮6号、晚华矮1号、滇屯6301、扬稻1和2号；粳稻品种有矮粳23、楚粳34、秀水48、盐粳中作、塔粳1号等。由于不同地区病菌生理小种的组成不同，须注意有针对性地选用抗病品种。

科学利用品种抗性需做到：注重品种的合理布局，不断更新品种。长江中下游及东南沿海台风登陆频繁地区，尽可能压缩感病或抗性基因单一的品种；扩大利用其他抗性基因。在现有广谱抗白叶枯病基因中，*Xa*21、*Xa*3、*Xa*4和*Xa*7均已导入具有育性恢复基因的强恢复系中，如6078、明恢63和IR24等；充分利用基因工程进行白叶枯病持久性抗病育种。水稻抗白叶枯病基因*Xa*21、*Xa*1、*Xa*5、*Xa*26等基因的克隆开辟了白叶枯病抗性基因工程育种新领域。

③ 培育无病壮秧和加强肥、水管理　选择地势较高且远离村庄、草堆、场地的上年未发病的田块做秧田，选用健康无病种子；避免用病草催芽、盖秧、扎秧把；整平秧田，湿润育秧，严防深水淹苗；秧苗三叶期和移栽前3～5天各喷药1次(药剂种类及用法同大田期防治)。肥、水管理应做到排灌分开，浅水勤灌，适时烤田，严防深灌、串灌、漫灌；要施足基肥，早施追肥，避免氮肥施用过猛、过量。

④ 药剂防治　除应抓好秧田喷药防治外，在大田期特别是水稻进入感病生育期后，要及时调查病情，对有零星发病中心的田块，应及时喷药封锁发病中心，防止扩散蔓延；发病中心多的田块及出现发病中心的感病品种高产田块，应进行全田防治。病害常发区在暴风雨之后应立即喷药。常用药剂有72%农用链霉素、20%叶枯唑、20%噻菌酮等；秧田期可用中生菌素浸种(用量100 mg/kg)，大田期可用该药喷雾(用量15 mg/kg)。每7天喷1次，连续喷施3次。施药后如遇降雨，雨后应补施。

⑤ 生物防治　用水稻白叶枯病菌毒性基因缺失突变株及其他生防菌株防治水稻白叶枯病有一定防治效果，其作用机制主要是位点竞争和诱导寄主抗性。如突变株Du728喷雾处理水稻幼苗再接种白叶枯病菌，防治效果达50%左右。生防菌株*Bacillus* spp. 及*Enterobacter cloaccae* B8等也在温室内试验取得一些防治效果。然而，这类制剂商品化生产的实例较少。

7.5 水稻细菌性条斑病

水稻细菌性条斑病简称细条斑、条斑病，是水稻上一种重要病害，为国内B类植物检疫病害对象。该病1918年首见于菲律宾，主要发生于亚洲热带、亚热带稻区。20世纪60年代初期，此病仅在华南局部地区发生流行，后经加强检疫措施等防治，得到有效控制。但20世纪80年代以后，由于杂交稻种的推广和稻种的调运，不仅导致原来病区进一步扩大，还快速蔓延到南方大部分稻区，目前我国江南大部分地区都有发生，其危害程度已经超过白叶枯病。稻株发病后功能叶染病焦枯，严重影响结实和稻谷的优质高产。一般引起稻谷减产15%~25%，严重时可达50%以上。

7.5.1 症状

水稻细菌性条斑病主要危害叶片，有时也危害叶鞘。苗期即可见到典型症状。

在叶片上形成暗绿色或黄褐色的狭窄条斑。初发期为暗绿色水渍状半透明小斑点，很快纵向扩展，但受叶脉限制，形成宽约0.25 mm，长1~5 mm的条斑，随后，单个病斑可扩大到宽1 mm、长10 mm以上，转为黄褐色。病斑上带有成串的黄色珠状细菌溢出，俗称“菌脓”，形小而量多，色深，不易脱落。病情严重时，多个病斑聚集一起，形成不规则的黄褐色至枯白色斑块，当叶上组织大量枯死时，与白叶枯病类似。但对光观察，病斑部半透明，水浸状，病部边界整齐，病斑条状笔直，不呈波纹状。且叶上菌脓较白叶枯的细而多，黏着紧而不易脱落(表7-1)。

表7-1 水稻细菌性条斑病与水稻白叶枯病田间症状特征比较

项　目	细菌性条斑病	白叶枯病
发病部位	叶面任何部位	从叶尖或叶缘开始
病　状	初为暗绿色针头油点状，后扩展成由黄绿色到黄褐色，受叶脉限制形成细条病斑，病部边界齐整	初为暗绿色短线状，继而发展成黄绿色长条纹状，后为灰白色条斑，病、健组织界线明显，分界处呈波纹状
对光透视病斑	半透明	不透明
菌　脓	田间湿度较低时，也可产生菌脓。蜡黄色、露珠状、较小而量多、不易脱落	田间湿度大时，产生菌脓。蜜黄色、珠状、大而量少、易脱落

7.5.2 病原

水稻细菌性条斑菌病原为革兰阴性菌黄单胞菌属稻黄单胞菌稻生致病变种[*Xanthomonas oryzae* pv. *oryzicola* (Fang) Swings et al.]。菌体短杆状，单生，偶而成对，但不成链，大小1~2 μm×0.3~0.5 μm，极生鞭毛1根，革兰染色阴性，好氧，不形成芽孢和荚膜。在肉汁胨琼脂培养基上菌落圆形，周边整齐，中部稍隆起，蜜黄色。生理生化反应与白叶枯病菌相似，不同之处是该菌能液化明胶，胨化牛乳，使阿拉伯糖产酸，对青霉素、葡萄糖反应不敏感。该菌生长适宜温度为28~30 ℃，最低温度

8 ℃，最高温度38 ℃，28 ℃下生长良好，致死温度51 ℃。

7.5.3 病害循环

病菌的越冬场所和存活力与水稻白叶枯病菌基本相同。主要是在病田收获的种子、病稻草上越冬，其次是在李氏禾等杂草上越冬，成为下季初侵染的重要来源。病粒播种后，病菌侵害幼苗的根及芽鞘，插秧时又将病秧带入本田，主要通过气孔侵染叶片。在夜间潮湿条件下，病斑表面溢出菌脓。干燥后成小黄珠，可借风、雨、露水和叶片接触等蔓延传播，也可通过灌溉水和雨水传到其他田块。远距离传播通过种子调运。

7.5.4 影响发病的因素

此病的发生流行程度主要取决于水稻品种的抗性、气候条件和栽培措施等。

① 品种抗病性　品种间的抗性差异较显著，但目前生产上推广的品种多数感病。湖南农业大学鉴定550个品种，仅Dular表现高抗，BJI、DV85、IR26等品种为抗病，抗病品种不到1%；湖南农科院水稻研究所鉴定的5 043份水稻种质资源，表现抗病的仅占1%，且这些种质多来自于国外。

从品种类型看，常规稻较杂交稻抗病，粳稻较籼稻抗病，而籼稻品种抗病的比例较低。从株型上看，矮秆品种比高秆品种感病，小叶型品种较大叶型品种抗病；叶片窄而直立的品种较叶片宽而平展的品种抗病。此外，抗性还与叶片气孔密度和大小具有相关性，气孔密度低及气孔小的品种抗性强。同一品种在不同生育期抗性也存在差异，一般分蘖期至孕穗期易感病，抽穗期后较抗病。

② 气候条件　水稻细条病菌喜高温高湿。一般水稻分蘖盛期至始穗期是植株抗病能力最弱的阶段，而双季晚稻该发育期恰逢高温天气，相对湿度在80%以上，连续降雨和日照不足等气候条件，就有利于细条病的发生和流行，其中台风、暴雨是造成细条病大面积流行的最主要因素。另外，早晨常出现雾、露天气，有利细条病病部菌脓溢出，也容易导致病害大发生。相对湿度达85%以上时开始有菌脓溢出；湿度96%~100%时渗出菌脓最多，这可能是干旱年份细条病发生和流行的主要原因。此病在我国不同生态区流行时间有所不同，南方双季稻区早稻为5~6月，晚稻为8~9月；长江中下游地区6~9月最易流行。

③ 栽培措施　因病菌溢出的菌脓落入田间的水中，随着灌溉水而传播到其他田块，所以发病田块往往进水口附近发病重，非进水口处发病轻；低洼积水，大雨淹没以及串灌、漫灌等往往容易引起水稻细条病连片发生。而在发病前期，如不注意氮、磷、钾配合，偏施、迟施氮肥，易造成水稻植株徒长，叶片嫩绿，抗病力下降而发病严重。

7.5.5 防治

水稻细菌性条斑病的防治策略是加强检疫，杜绝病菌传播，选用抗病品种，培育无病壮苗，科学管理肥水和必要的药剂控制。

①严格检疫　未经检疫的稻种一律不许调入非疫区。感病品种和有发病史的种子不得使用。可用噬菌体方法、血清学方法(共凝集反应、ELISA 检测、免疫吸附分离)进行检验，也可用常规的种子分离法检验或者种子育苗检验。检疫时，应以产地田间调查为主，调运检测为辅。一旦产地调查发现病害，则坚决杜绝种子调出。

②选用抗病品种　品种抗性存在较大差异，但未见到免疫品种。在病区可种植抗(耐)病品种，如抗病杂交品种桂 31901、青华矮 6 号、双桂 36、宁粳 15 号、珍桂矮 1 号、秋桂 11、双朝 25、广优、梅优、三培占 1 号、冀粳 15 号、博优等。

③秧田防病　在选用未发生水稻细条病的田块作秧田的基础上，采用旱育秧或湿润育秧，避免串灌，严防秧田淹渍；并做好秧苗科学施肥，培育无病壮秧。台风、洪水过后，应立即排水，并撒施石灰、草木灰等，以抑制病害流行扩展。

④农业防治　处理和销毁带病稻草，田间病残体应清除烧毁或沤制腐熟作肥。不宜用带病稻草作浸种催芽覆盖物或扎秧把等，以阻断发病源。抓好大田管理，采用“浅、薄、湿、晒”的排灌技术，切勿深水灌溉和串灌、漫灌，防止禾苗生长过程中遭受涝渍灾害；特别要注意不要与发病稻田发生串灌，以免病菌蔓延；施肥要适时适量，氮、磷、钾搭配，多施腐熟有机肥，切忌中期过量施用氮肥，以增强稻株抗病力；长势较弱的病稻田，施药后每 1/15 hm^2 可施用尿素、氯化钾各 3 ~ 4 kg，以利水稻恢复生机；对零星发病的新病田，早期摘除病叶并烧毁，阻止菌源扩散危害。

⑤药物防治　首先，要做好种子消毒，稻种经预浸后，用 85% 强氯精 300 ~ 400 倍溶液浸种 12 h，洗净后视种子吸水情况进行催芽或继续浸足水。或者用 500 倍 50% 代森铵溶液浸种 12 ~ 24 h，洗净药液后催芽。其次，要在发病初期及时施药防治，每 1/15 hm^2 可用 25% 叶枯唑 400 ~ 500 倍液，或 50% 代森铵 1 000 倍液(水稻抽穗前使用)50 ~ 60 kg 喷雾。病情蔓延较快或天气对病害流行有利时，应连续喷药 2 ~ 3 次，间隔 6 ~ 7 天 1 次。

7.6　水稻条纹叶枯病

水稻条纹叶枯病是一种由介体灰飞虱传播的病毒病。1897 年在日本首次发现，现分布于日本、朝鲜及中国。在我国江苏、上海、浙江、山东、云南、安徽等 16 个省(自治区、直辖市)均有发生。近年来，由于农业耕作制度改变、品种更新以及气候条件等多种因素的影响，水稻条纹叶枯病在江苏、浙江、安徽、云南、上海等地普遍发生，并迅速上升为水稻上主要病害。一般田块病株率在 5% 左右，减产 3% ~ 5%。重病田病株率可达 50% 以上，减产 30% ~ 50%。

7.6.1　症状

苗期发病，心叶基部出现褪绿黄白斑，后扩展成与叶脉平行的黄色条纹，条纹间仍保持绿色。病株矮化不明显，但通常分蘖减少。高秆品种发病后心叶细长柔软并卷曲下垂，成枯心状；短秆品种发病后心叶展开仍较正常。发病早的植株枯死，发病迟的只在剑叶或叶鞘上有褪色斑，但抽穗不畅或抽出的穗畸形不实，形成“假白穗”(图 7-8)。

图7-8 水稻条纹叶枯病

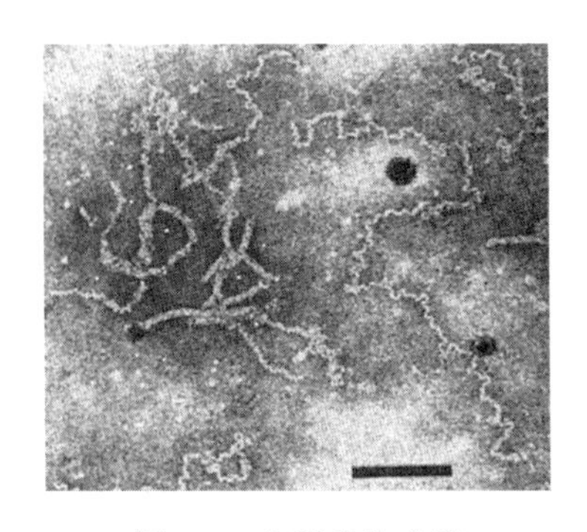

图7-9 水稻条纹病毒
(引自 www. dpvweb. net)

7.6.2 病原

病原物为纤细病毒属水稻条纹病毒(Rice stripe virus, RSV)。RSV 粒体主要为细丝状和丝状分枝结构,有些为开环环状体(图7-9)。病毒基因组由4种 ssRNA 构成。病叶和带毒虫体内的病毒稀释限点为 $10^{-4}\sim10^{-3}$,钝化温度为55℃(3 min)。提纯病毒在-20℃下可保持侵染性1个月,病叶和带毒虫体内的病毒均可保持侵染性8个月。

条纹叶枯病毒主要是由灰飞虱以持久性方式传播,白背飞虱、白带飞虱和背条飞虱也可传播,但作用不大。1代和2代灰飞虱通过带毒的雌虫卵传递病毒,至第6年的第40代仍有较高的传毒率。灰飞虱在病稻株上一般吸食30 min以上才能传毒,但也有少数只需3~10 min。灰飞虱获毒后不能马上传毒,需要经过一段循回期才能传毒。病毒在灰飞虱体内循回期为4~23天,平均为8.3天。通过循回期后带毒灰飞虱可连续传毒30~40天。

病毒的寄主范围较广,除水稻外,还能侵染大麦、小麦、燕麦、玉米、粟、稗草、狗尾草、马唐、看麦娘、画眉草等80多种植物。

7.6.3 病害循环

条纹叶枯病毒主要在越冬的灰飞虱若虫体内越冬,部分在大麦、小麦及杂草病株内越冬,成为翌年发病的初侵染源。在长江中下游地区,灰飞虱一年发生5~6代。一般以4龄若虫在杂草、麦田和紫云英田内越冬,翌春羽化为成虫,在杂草或麦株上产卵繁殖。第1代成虫在麦子成熟期或收割时(5月中下旬)迁入秧田传毒危害,至早稻后期(7月上旬至8月上旬),第3、4代成虫先后大量迁入双季晚稻秧田及早栽本田传毒危害,造成晚稻严重发病。此后在晚稻田繁殖至第5、6代,到晚稻收割前后迁到麦田、绿肥田及田边杂草上过冬。

7.6.4 影响发病的因素

①耕作制度和栽培管理　麦、稻连作有利于灰飞虱在寄主间的交替转移繁殖和危害,大麦—稻—稻或油菜—稻—稻三熟制对病害有明显的抑制效应。早栽田发病重

于迟栽田。常规移栽稻重于抛栽稻，抛栽稻重于直播稻。长期深水灌溉、偏施氮肥，尤其梅雨过后追施尿素的田块发病重。秧田内外杂草丛生，发病重。

② 品种抗性　一般糯稻发病重于粳稻，籼稻发病最轻。粳稻中高秆大穗型重于小穗型。籼稻中一般矮秆品种发病重于高秆品种，迟熟品种重于早熟品种。不同品种对条纹叶枯病的抗病性差异显著。同一品种不同生育期中以幼苗期最敏感，拔节后基本上不感病。

③ 带毒灰飞虱数量　条纹叶枯病病株率与灰飞虱发生量无显著相关性，而与灰飞虱的带毒率有显著相关性。由于灰飞虱发生量年度间变化很大，而其带毒率又随着流行年过后时间的延长而逐渐递减，因而发病率与带毒虫量间有极显著的相关性，即带毒虫量大，发病率高；反之则低。

④ 气候条件　暖冬有利于灰飞虱安全越冬，发病重；早春气温高，降雨少，灰飞虱发育快，成虫迁入秧田危害时间早，可传毒时间长，因而发病较重；反之，早春气温低时发病较轻。但高于 30 ℃的气温对灰飞虱的发育也不利，故在热带和亚热带高温地区此病害不流行。

7.6.5 防治

水稻条纹叶枯病的治理应采取以农业防治为基础、治虫防病为中心的综合措施。

① 选用抗病品种　种植抗病品种是防治水稻条纹叶枯病最经济有效的措施。由于条纹叶枯病主要危害粳稻和糯稻，籼稻发病较轻，故重病区适宜推广抗性强、产量高的杂交籼稻，如汕优 3 号、威优 6 号、汕优 084 等。较抗条纹叶枯病的粳稻和糯稻品种有常优 1 号、常农粳 3 号、镇稻 99、泗稻 10 号、扬粳 9538、扬辐粳 7 号、镇稻 88 等。

② 改进栽培制度和栽培技术　在长江中下游地区，改稻—麦两熟制为油菜—稻—稻或大麦—稻—稻三熟制，同时尽量压缩单季中稻特别是单季晚稻的种植面积，以利于控制此病的发生和流行。

在一季稻区，根据常年灰飞虱发生期，适当调整水稻播栽期，推广旱育秧技术，由于旱育秧播种较常规水育秧晚，又有地膜覆盖，可以避开一代灰飞虱的成虫迁飞高峰，从而减少感染机会。

在双季稻为主的稻区，应尽量压缩单季中稻和单季晚稻的种植面积，以减少灰飞虱的辗转危害。早稻和晚稻应尽可能按品种、熟期连片种植，减少插花田，以阻止介体昆虫在上、下季水稻和同季不同成熟期水稻间迁移传毒。同时加强肥水管理，增强植株的抗病力，并及时清除麦田、秧田周边杂草，减少灰飞虱的传毒机会。

③ 狠抓治虫防病　要有效地控制条纹叶枯病的发生流行，关键在于能否防治好水稻灰飞虱。对于灰飞虱的防治，应抓住关键时期，全面用药，全程用药，即治麦田保秧田，治秧田保大田，治前期保后期。根据灰飞虱的发生规律，将灰飞虱消灭在传毒之前。在两个关键时期，即第一代成虫从麦田向早稻田及早栽本田的迁飞初期，第 3、4 代成虫从早稻本田向晚稻秧田和早栽本田的迁飞初期，进行喷药治虫。防治灰飞虱的常用药剂有吡虫啉、氟虫腈、宁南霉素等。

7.7 水稻其他病害

7.7.1 水稻烂秧病

水稻烂秧是种子、幼芽和幼苗在秧田期死亡的总称，即烂种、烂芽和死苗。在我国各水稻产区均有发生，可分为生理性和侵染性两大类。生理性烂秧是指由不良环境造成的病害。侵染性烂秧多包括绵腐病、立枯病等。

(1)症状

绵腐病多发生于水秧田，初期在种壳破口处或幼芽基部出现乳白色胶状物，后逐渐长出白色絮状菌丝。受害后稻种腐烂、幼芽或幼苗枯死。立枯病主要发生在旱育秧及半旱育秧秧田，主要表现为芽腐、针腐、黄枯和青枯等症状类型。

(2)病原

绵腐病的病原物为卵菌门绵霉属稻绵霉(*Achlya oryzae* Ito. et Nagal)、层出绵霉[*A. prolifera* (Nees) de Bary]和鞭绵霉(*A. flagellata* Coker)等。立枯病的病原物为多种镰孢(*Fusarium* spp.)、腐霉(*Pythium* spp.)和丝核菌(*Rhizoctonia* spp.)。

(3)发病规律

腐霉菌以菌丝和卵孢子在土壤中越冬，其游动孢子借助流水传播。镰孢菌以菌丝和厚垣孢子在病残体及土壤中越冬，产生分生孢子通过气流传播。丝核菌以菌丝和菌核在病残体和土壤中越冬，以菌丝在植株间传播。低温阴雨、光照不足，有利于水稻烂秧病发生。

(4)防治方法

① 改进育秧方式，并采用精心选种、适期播种以及加强肥水管理等措施，来提高秧苗素质，培育壮秧；② 进行苗床消毒和喷雾防治，常用药剂有敌磺钠、恶霉灵等。

7.7.2 水稻恶苗病

主要危害水稻，广泛分布于世界各稻区。

(1)症状

从苗期至抽穗期均可发病，秧田病苗主要表现为徒长，植株细弱，根部发育不良，根毛少。本田期病株节间显著伸长，节间生根，茎上有褐色条斑，病茎内有白色蛛丝状菌丝。枯死病株叶鞘和茎秆上可产生淡红色或白色粉状物，后期可见散生或群生蓝黑色小粒(子囊壳)。水稻抽穗期谷粒也可受害，严重的变褐，不结实或在颖壳接缝处产生淡红色霉层。

(2)病原

病原物有性态为子囊菌门赤霉属藤黑赤霉[*Gibberella fujikuroi* (Saw.) Wollenw.]，

无性态为无性型真菌镰孢菌属藤黑镰孢(*Fusarium fujikuroi* Nirenberg)。病菌子囊壳蓝黑色，球形或卵形，表面粗糙；子囊圆筒形，基部细而上部圆，每个子囊内含有4～6个子囊孢子；子囊孢子长椭圆形，无色，双胞。分生孢子有大、小两型，以小型为主。

(3)发病规律

病菌以分生孢子附于种子表面或以菌丝体潜伏于种子内越冬。在稻种萌发期间，病菌从芽鞘侵入幼苗引起发病，借风雨传播，侵染健株引起再侵染。土壤温度30～35℃有利于发病。另外，长期深灌导致植株衰弱，有利于发病。

(4)防治方法

① 选用无病种子，不在病田及其附近田块留种，应从无病区引种；同时对种子进行处理，可使用25%咪鲜胺乳油2 000～3 000倍液浸种；② 加强栽培管理，妥善处理病稻草，减少初侵染源。及时拔除田间病株，减少再侵染源。

7.7.3 水稻胡麻斑病

分布广泛，目前在我国环渤海沿岸的天津、唐山和秦皇岛等水稻种植区发生普遍。

(1)症状

苗期和收获期均可发病，以叶片发病最普遍，也可发生在穗颈、枝梗、谷粒等处。受害后病叶处最初显现褐色小斑点，然后逐渐扩大成椭圆或长圆形病斑，有同心轮纹，病斑中部变褐色，周围有黄色晕圈，病斑背面有菌丝体、分生孢子梗和分生孢子组成的黑色霉层。穗颈和枝梗上的病斑和稻瘟病相似，但颜色深。

(2)病原

病原无性态为无性型真菌平脐蠕孢属稻平脐蠕孢[*Bipolaris oryzae* (Breda de Hann) Shoemaker]。分生孢子梗常2～5根成束从气孔伸出，基部膨大，暗褐色，不分枝，顶端屈膝状，有多个分隔。分生孢子倒棍棒形或长圆筒形，褐色，有3～11个隔膜。

(3)发病规律

病菌以分生孢子附着于种子或病草上，或以菌丝体潜伏于病稻草组织中越冬。翌年，越冬的病菌产生分生孢子随气流传播引起初侵染。有多次再侵染。土壤贫瘠、积水、缺水、缺肥时发病重。酸性土、砂质土发病重。

(4)防治方法

① 深耕改土，增施有机肥，施足基肥，注意氮、磷、钾配合使用；② 筛选和利用抗病良种。较抗病的水稻品种有津原101、津原85等；③ 做好种子消毒处理，将病稻草深埋或沤肥，减少和消灭菌源。同时采用三环唑、咪鲜胺等化学药剂进行喷药保护。

7.7.4 水稻赤枯病

水稻赤枯病俗称铁锈稻，是一种常见水稻生理性病害。

(1)症状

一般在水稻分蘖期始发，分蘖盛期达到发病高峰，以矮秆品种受害严重。受害植株矮小，分蘖减少或不分蘖。初期叶片呈暗绿色，逐步沿叶片中脉出现轮廓较为明显的赤褐色斑点，通常由叶尖向下扩展，密集时整个叶片呈褐色。

(2)病原

由多种因素综合造成。一般认为主要是因缺钾和土壤环境不良所致。土壤贫瘠、耕作层浅、常缺水，干湿频繁交替，使钾在土壤中被固定，诱发赤枯病。另外，缺锌、缺磷也能引起赤枯病。

(3)防治方法

① 深耕改土，通过精耕细作，及时耕翻晒垡，增施有机肥等措施，改善土壤理化性质，提高土壤肥力；② 科学管理，合理施肥。浅插秧、浅灌水、及时晒田，增强土壤通透性。施肥时合理搭配氮、磷、钾肥。对于缺钾的土壤，应以基肥形式，增施氯化钾、草木灰等。

7.7.5 水稻干尖线虫病

主要危害水稻，属世界性水稻病害。目前在我国广东、湖南、江苏、浙江、安徽等省的主要稻区均有分布，局部地区发生严重。

(1)症状

水稻被侵染后，稻株矮化，病株上部叶片特别是剑叶尖端处变为淡黄色至苍白色，后扭曲而成灰白色干尖。病健交界处有一条弯曲的褐色界纹。稻穗短小，成熟迟，谷粒小而少，米粒变色、龟裂。

(2)病原

病原为线虫门滑刃线虫属贝西滑刃线虫(*Aphelenchoides besseyi* Christie)。雌虫蠕虫形，直线或稍弯，尾部自阴门后变细，阴门角皮不突出。雄虫上部直线形，尾侧有3个乳状突起，交合刺新月形，刺状，无交合伞。线虫迁移的最适温度为25～30 ℃。干尖线虫幼虫和成虫在干燥条件下存活力较强。在干燥稻种内可存活3年左右。线虫耐寒冷，但不耐高温。活动适温为20～26 ℃，临界温度为13 ℃和42 ℃。致死温度为54 ℃，5 min；44 ℃，4 h；或42 ℃，16 h。线虫正常发育需要70%相对湿度。在水中甚为活跃，能存活30天左右。在土壤中不能营腐生生活。对汞和氰的抵抗力较强，在0.2%升汞和氰酸钾溶液中浸种8 h还不能灭死内部线虫，但对硝酸银很敏感，在0.05%的溶液中浸种3h就死亡。除危害水稻外，尚能危害粟、狗尾草等35个属200多种高等植物。

(3)发病规律

线虫以成虫、幼虫在谷粒的颖壳与米粒间越冬。借种子传播。从芽鞘或叶鞘缝隙侵入稻苗，在生长点及新生嫩叶处取食汁液，引起叶干尖。随着稻株生长，侵入穗原基。孕穗期集中在幼穗颖壳内外，造成穗粒带虫。稻品种间抗性差异明显。播种后半月内低温多雨，有利于发病。

(4)防治方法

① 选用无病种子，严格禁止从病区调运种子，以杜绝病源；② 稻种消毒，用浸种灵浸种 48 ~ 60 h，可兼治恶苗病，或 50% 杀螟丹水剂 1 000 倍液浸秧 1 ~ 5 min 后栽插。

7.7.6 水稻叶鞘腐败病

水稻叶鞘腐败病是水稻生产上的重要病害，主要引起秕谷率增加，千粒重下降，米质变劣。在日本、南亚、东南亚各产稻国均有发生。

(1)症状

在秧苗期至抽穗期均可发病，主要危害水稻剑叶叶鞘，初生暗褐色斑点，后扩大成虎斑状大型斑纹，边缘暗褐色，中心淡褐色，最外围黄绿色，严重时病斑蔓延整个叶鞘，形成枯穗或半包穗。叶鞘内幼穗全部或部分腐烂，在颖壳及叶鞘内侧可见淡红色霉状物(菌丝、分生孢子梗和分生孢子)。

(2)病原

病原物为无性型真菌帚梗柱孢属稻帚枝霉[*Sarocladium oryzae* (Sawada) W. Gams et D. Hawksworth]。分生孢子梗轮状分枝 1 ~ 2 次，每次分枝 3 ~ 4 根，主轴和分枝均呈长圆柱状，无色。分生孢子圆柱形至椭圆形，单胞，无色。

(3)发病规律

病菌以菌丝体和分生孢子在病稻草、稻粒及稻谷上越冬。带病种子可随调运距离传播。病菌可从稻苗的生长点侵入，随稻苗生长而扩展，也可从伤口、气孔和水孔侵入。发病后病部形成分生孢子借气流传播，进行再侵染。孕穗期降雨多、露重发病重；施氮过多、过迟或田间缺肥时发病重。

(4)防治方法

① 可选用西农优 7 号、金优 463、神农大丰稻 101、先农 16 号等抗病品种；② 处理病谷、病草，合理施肥，采用配方施肥技术，避免偏施氮肥；③ 严把种子消毒关，可用咪鲜胺浸种消毒。孕穗前期喷施 50% 多菌灵或 70% 硫菌灵可湿性粉剂 1 000倍液。

7.7.7 水稻矮缩病

水稻矮缩病又称水稻普通矮缩病，在中国、日本、尼泊尔和朝鲜均有发生。我国以湖南、江西和福建等地发生较普遍。

(1)症状

病株矮缩，分蘖增多，叶片变短、僵硬，呈浓绿色，新叶的叶片和叶鞘上可出现与叶脉平行的黄白色虚线状条点。孕穗以后发病的仅在剑叶或其叶鞘上出现黄白色条点。

(2)病原

病原物为植物呼肠孤病毒属水稻矮缩病毒(Rice dwarf virus，RDV)。病毒粒体为球状正二十面体，基因组为双链核糖核酸(dsRNA)。病叶榨出液中病毒的稀释限点为 10^{-3}~10^{-4}，钝化温度为40~50 ℃。在0~4 ℃下，体外存活期为48~72 h。

(3)发病规律

病毒以带毒黑尾叶蝉若虫在绿肥田、春作田上越冬，翌春羽化为成虫，借助黑尾叶蝉成虫的迁飞取食传播病毒。不同水稻品种对矮缩病的抗病性差异显著。冬季温暖干燥，夏季干旱，有利于病毒病的发生。

(4)防治方法

① 选用抗病品种，同时改进栽培技术，合理调节移栽期，使水稻易感生育期避开传毒昆虫的迁飞高峰期；② 狠抓治虫防病，重点抓好黑尾叶蝉两个迁飞高峰期的防治，即越冬代成虫迁飞盛期和第2、3代成虫迁飞盛期。常用药剂有异丙威、速灭威等。

互动学习

1. 水稻稻瘟病主要症状特点和发病规律是什么？
2. 肥水条件对水稻纹枯病的发生发展有何影响？如何通过肥水管理控制纹枯病的发生？
3. 如何根据病害循环特点，制定水稻纹枯病的综合防治措施？
4. 水稻稻曲病菌有哪几种孢子类型？各孢子类型的关系如何？
5. 从症状上如何区别水稻白叶枯病与水稻细菌性条斑病？
6. 影响水稻条纹叶枯病的发生程度主要有哪些因素？防治该病的重点是什么？

第8章 杂谷病害

本章导读

主要内容

玉米大斑病

玉米小斑病

玉米纹枯病

玉米丝黑穗病

玉米瘤黑粉病

玉米病毒病

玉米粗缩病

玉米矮花叶病

玉米茎基腐病

玉米灰斑病

玉米穗腐病

高粱散黑穗病

粟白发病

互动学习

我国杂谷作物主要有玉米、高粱、谷子三大类，还有糜、荞麦、小豆、绿豆等小杂粮。病害是影响杂谷作物生产的主要灾害，尤其是玉米病害，种类多、危害重，常年损失达6%~10%。据报道，全世界玉米病害约90种，我国有30多种，其中叶部病害10多种，根茎部病害6种，穗部病害3种，系统性侵染病害9种。目前发生普遍而又严重的有大斑病、小斑病、弯孢菌叶斑病、灰斑病、病毒病、茎腐病、纹枯病、丝黑穗病等。有些地区霜霉病、黑粉病、玉米矮花叶病、粗缩病发生也较重。玉米纹枯病、灰斑病、穗腐病已经成为长江中下游玉米产区重要病害。近年来，由于全球气候变化，耕作制度改革，抗病品种更换等原因，过去有些发生严重的病害逐渐减轻，而一些原来很轻或没有的病害逐年加重，且每年生产上都有一些新病害出现，至今病因不明的病害种类仍不少。

全世界报道的高粱病害60多种，中国有30多种，其中黑穗病最重；谷子病害有50多种，普遍而严重的有白发病、粒黑穗病、纹枯病、谷瘟病、胡麻叶斑病、锈病、谷子线虫病等。

8.1 玉米大斑病

玉米大斑病是世界普遍发生的重要病害之一。1899 年在中国首次记载大斑病的发生，目前该病主要分布在东北、华北玉米产区和南方海拔较高、气候冷凉湿润的山区。一般造成减产 15%~20%，大发生年减产可达 50% 以上。近年来由于病菌新小种的出现及某些感病品种的大量种植，玉米大斑病呈明显加重趋势，特别是在东北春玉米区和西南春玉米区的局部地区发病严重。

8.1.1 症状

玉米大斑病在玉米整个生育期均可发生。该病主要危害叶片，严重时也可危害叶鞘、苞叶、果穗和籽粒。

图 8-1 玉米大斑病（龚国淑摄）

叶片病斑有两种类型：

① 萎蔫斑　发病初期为椭圆形、黄色或青灰色水浸状小斑点，后沿叶脉扩展，形成长梭形、大小不等的萎蔫斑，一般长5~10 cm、宽1 cm左右。当田间湿度大时，病斑表面密生一层灰黑色霉状物（分生孢子梗及分生孢子）（图 8-1）。

② 褪绿斑　发病初期为小斑点，以后沿叶脉延长并扩大呈长梭形。后期病斑中央出现褐色坏死部，周围有较宽的褪绿晕圈，在坏死部位很少产生霉状物。

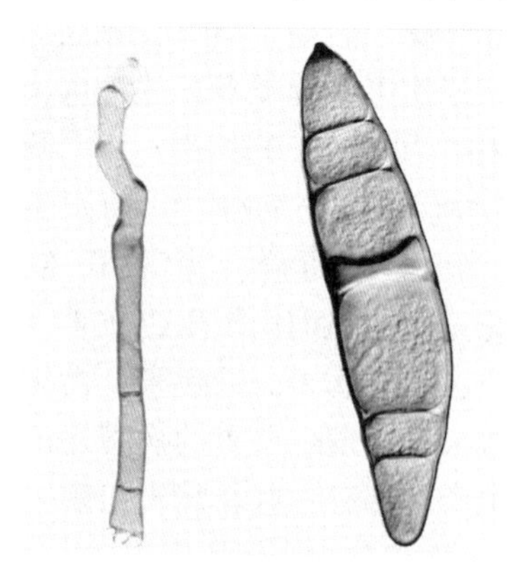

图 8-2 玉米大斑病菌 - 分生孢子

（龚国淑、祁小波摄）

8.1.2 病原

病原有性态为子囊菌门刚毛座腔菌属玉米大斑刚毛座腔菌［*Setosphaeria turcicum*（Luttrell）Leonard et Suggs］。无性态为无性型真菌突脐蠕孢属玉米大斑突脐蠕孢菌［*Exserohilum turcicum*（Pass.）Leonard et Suggs］。

分生孢子梗多单生或 2~6 根丛生，从气孔中伸出，橄榄色，圆筒形，直立或上部有膝状弯曲。分生孢子着生在分生孢子梗顶端或弯曲处，1 至数个，灰橄榄色，梭形，多数正直，少数向一侧弯曲，中部最宽，向两端渐细，顶端细胞钝圆形或长椭圆形，基部细胞尖锥形，脐点明显突出于基细胞外，一般有2~8个隔膜(图8-2)。迄今为止，尚未在自然界发现病菌有性态，人工培养时，病菌可产生子囊壳。

菌丝体发育温度为10~35℃，最适温度为28~30℃。分生孢子形成的温度为13~30℃，适温为20℃。孢子萌发和侵入寄主的最适温度为23~25℃。致死温度为52℃，10 min。分生孢子的形成、萌发、侵入都需要高湿条件。光线对分生孢子萌发具有一定的抑制作用。病菌在pH 2.6~10均能生长，以pH 5.7最适。

病菌除危害玉米外，还可侵染高粱、苏丹草、约翰逊草和野生玉米等禾本科植物。根据病菌对不同植物的致病性分为高粱专化型和玉米专化型。在玉米专化型中，还依其对含单个显性基因*Ht*1、*Ht*2、*Ht*3或*HtN*抗病品种的致病力差异分为不同的生理小种，迄今已发现12个生理小种。采用新的生理小种命名法，即以无效寄主基因的序号作为该小种的名称，将现有生理小种分别命名为0、1、23、23N、2、3、N、12、13、123、13N和123N号小种。在我国以0号小种和1号小种为优势小种。

8.1.3 病害循环

病菌以菌丝体及分生孢子在病残体上越冬。田间发病的初侵染来源主要是散落在田间病株残体里的病菌产生的分生孢子。在玉米生长季节，病残体中的菌丝体产生分生孢子或越冬的分生孢子随雨水飞溅或气流传播到玉米叶片上。在适宜湿度下，分生孢子萌发，从寄主表皮细胞直接侵入，少数从气孔侵入。受侵染维管束的导管被菌丝堵塞，导致水分输送受阻，引起局部萎蔫，组织坏死，呈现典型的萎蔫斑，从侵入到显症一般需7~10天。在潮湿条件下，病斑上产生大量的分生孢子，进行再侵染。

8.1.4 影响发病的因素

① 品种抗性　品种抗病性是决定大斑病流行与否的重要因素。如果玉米品种抗病，即使气象因素有利，大斑病也不会流行。目前尚未发现对大斑病免疫的玉米品种，但品种间抗病性差异很显著。

② 气象因素　在品种感病和有足够菌源的前提下，气候条件是影响大斑病发生轻重的决定性因素。温度决定大斑病发生和流行的区域，雨量、雨日和夜间露水量是影响病情消长、发生轻重的主导因素。适宜发病的条件是气温20~25℃、相对湿度90%以上。中国北方玉米产区，6~8月气温大多适于发病。中国南方玉米产区，一般7月和8月，特别是8月，如温度偏低、多雨高湿、光照不足，则可造成大斑病的发生和流行。

③ 耕作制度及栽培条件　玉米连作地发病重，轮作地发病轻；间作套种的玉米比单作的发病轻，油菜茬夏玉米发病较轻于小麦茬夏玉米。免耕田病残体得不到耕翻深埋，病害较严重。晚播比早播发病重；育苗移栽玉米，比同期直播玉米发病轻；密植玉米比稀植玉米发病重。肥沃地发病轻，瘠薄地发病重，适时追肥发病轻，氮、磷、钾配合施肥的田块比单施氮、磷肥的田块发病轻。

8.1.5 防治

防治玉米大斑病采取以种植抗病品种为主，加强栽培管理，及时辅以必要的化学防治的综合防治措施。

① 种植抗病品种　种植抗病品种是防治玉米大斑病的最有效措施。玉米对大斑病的抗性大致可分为两种类型：一类是多个基因控制的、限制病斑数量的抗性，数量性状，大部分玉米品种的抗病性属这种类型；另一类是显性 *Ht* 单基因控制的、限制病斑扩展、延长病害潜育期、抑制病菌产孢量的抗性，表现为褪绿病斑，为质量性状。目前，我国推广的抗大斑病的自交系、杂交种或品种各地差别较大。如：京早1号、北大1236、中玉5号、津夏7号、冀单29、冀单30、冀单31、冀单33、长早7号、西单2号、本玉11号、本玉12号、辽单22号、绥玉6号、龙源101、海玉89、海玉9号、鲁玉16号、鄂甜玉1号、滇玉19号、滇引玉米8号、农大3138、农单5号、陕玉911、西农11号、中单2号、吉单101、吉单131、丹玉13、丹玉14、四单8、郑单2、群单105、群单103、承单4、冀单2、京黄105、京黄113、沈单5、沈单7、本玉9、锦单6、鲁单15、鲁单19、思单2、掖单12、陕玉9号等。

② 加强栽培管理　增施粪肥可提高寄主的抗病能力。适当早播，以避免植株生长中后期易感病阶段与适宜发病的温度、湿度条件相遇。合理密植以降低田间湿度，高产地块4.5万株/hm^2，中等肥力地块在3.5万株/hm^2，低肥力地块在3万株/hm^2为宜。

③ 及时清除菌源　在病残体中越冬的病菌是第二年的初侵染来源，因此搞好田间卫生，及时清除病株(叶)效果较好，如深埋病残体，及时打扫底叶等。

④ 化学防治　目前防治药剂有50%多菌灵可湿性粉剂、75%百菌清可湿性粉剂、25%三唑酮可湿性粉剂、70%代森锰锌可湿性粉剂、10%苯醚甲环唑水分散粒剂等。

8.2　玉米小斑病

玉米小斑病又称玉米斑点病，是玉米的重要叶部病害，在全世界普遍发生。在我国该病主要分布于黄河流域和长江流域等温暖潮湿地区。20世纪70年代后，随着抗病品种的推广，该病得以控制。近年来，由于全球气候变暖、耕作制度改变以及病菌生理小种的变异，玉米小斑病发生有加重趋势。

8.2.1　症状

玉米小斑病在玉米各个生育时期均可发生，以雄穗抽出后发病最重。该病主要危害叶片，也可危害叶鞘、苞叶、果穗和籽粒。

叶片上病斑有3种类型：① 病斑椭圆形或长椭圆形，黄褐色，受叶脉限制表现为长方形，有较明显的紫褐色或深褐色边缘。② 病斑椭圆形或纺锤形，灰色或黄色，病斑大而不受叶脉限制，无明显的深色边缘。③ 病斑为坏死小斑点，黄褐色，病斑一般不扩展，周围具黄褐色晕圈。前两种为感病类型，后一种为抗病类型。在多雨潮湿条件下，病斑上可见灰黑色霉层(分生孢子梗和分生孢子)(图8-3)。

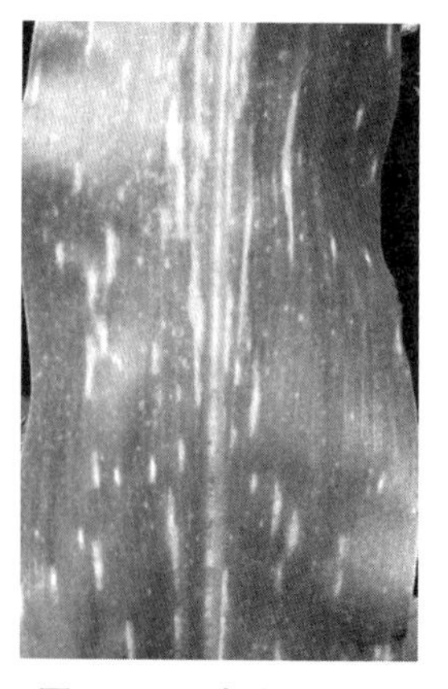

图8-3　玉米小斑病

8.2.2 病原

病原物无性态为无性型真菌平脐蠕孢属玉蜀黍平脐蠕孢菌[*Bipolaris maydis* (Nisikado et Miyake) Shoem.]；有性态为子囊菌门旋孢腔菌属异旋孢腔菌[*Cochliobolus heterostrophus* (Drechsler) Drechsler]，偶尔可在枯死病组织上或叶片近叶鞘部位发生，但不常见。

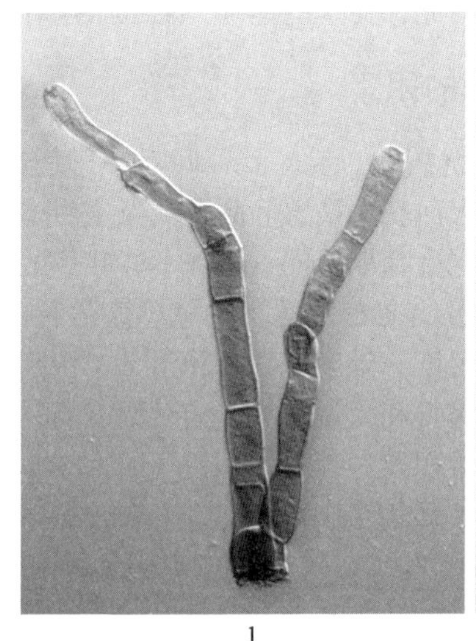

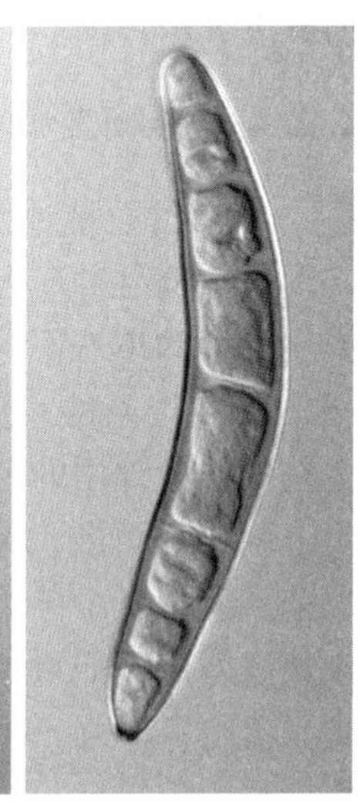

1 2

图 8-4 玉米小斑病菌

(龚国淑、祁小波摄)

1. 分生孢子梗 2. 分生孢子

分生孢子梗单独或 2～3 根成束地从叶片气孔或表皮间隙抽出，褐色，直立或曲膝状弯曲，不分枝，有 3～15 个隔膜，端部稍细而色淡，基部较粗，色深；分生孢子从梗的顶端或侧方长出，长椭圆形或近梭形，正直或略向一侧弯曲，中间较粗，向两端较细，两端细胞钝圆，褐色至深褐色，有 3～11 个(多数 5～8 个)隔膜，脐点平截，萌发时由两端长出芽管(图 8-4)。子囊壳黑色，球形，喙部明显，内部着生近圆筒形的子囊；子囊顶端钝圆，基部有柄，内有 4 个(偶尔 2 个或 3 个)子囊孢子；子囊孢子线形，无色，有 5～9 个隔膜。

菌丝发育的适宜温度为 10～35 ℃，最适温度为28～30 ℃，在 pH 3～10 范围内均可发育，以 pH 8 为最适。分生孢子形成的适宜温度为 23～33 ℃，最适温度为 25 ℃。分生孢子萌发适温为26～32 ℃，5 ℃以下或 42 ℃以上时很难萌发。

玉米小斑病菌具有生理分化现象，可区分为 T、O、C 和 S 4 个生理小种。T 小种、C 小种和 S 小种分别对 T 型、C 型和 S 型细胞质玉米有较强致病力，O 小种对不同细胞质玉米的致病力无专化性。目前，我国 O 小种出现频率高，分布广，为优势小种。O 小种不同菌株之间对寄主的致病力强弱差异明显，可能存在致病力不同的生理型。

玉米小斑病菌在田间条件下，可侵害玉米和高粱。人工接种时，病菌还可侵害大麦、小麦、燕麦、苏丹草、水稻、白茅、狗尾草、黑麦草、虎尾草、稗、马唐和纤毛鹅冠草等多种禾本科植物。

8.2.3 病害循环

病菌主要以菌丝体在病残体内越冬。因此，玉米小斑病的初侵染源主要是上年玉米收获后遗留在田间或玉米秸秆垛中尚未分解的病残体。种子上的病菌对传病一般不起作用，但 T 小种可由种子传播。

越冬病菌在第二年玉米的生长季节中，温度和湿度条件适宜时，病残体中越冬的病菌即产生分生孢子，通过气流传播到玉米植株上，在叶面有水膜的条件下萌发侵入，遇到适宜发病的温湿度条件，经5～7天重新产生新的分生孢子进行再侵染。

春玉米和夏玉米混播地区，春玉米收获后遗留在田间的病残体上的孢子可以继续向夏玉米田传播。因此，在这些地区，夏玉米比春玉米发病重。

8.2.4 影响发病的因素

①品种及植株抗病性 玉米品种间对小斑病的抗病性存在明显差异，但目前尚未发现免疫品种。大面积种植感病品种或杂交种是导致小斑病流行的一个重要因素。同一品种的植株不同生育期及同一植株不同叶位的叶片对病害的抗性差异显著。

②气候条件 在有足够菌源和种植感病品种的前提下，小斑病发生重的关键因素是气候条件中的温度、湿度、雨日和雨量。特别是7～8月，月平均温度在25℃以上，雨日、雨量、露日和露量较多，相对湿度高，病害容易流行。因病害在流行盛期以前，病菌有个菌量积累过程。此病在气温15～20℃时病害发展很慢，20℃以上时渐快。所以，如果6月气温比常年高，又有较多雨水，病菌菌量得到积累，病害便会提早流行。总之，6、7、8三个月的气象因素都有利于发病时，则菌量增长快，病害流行早、流行期长。

③栽培管理 地势低洼、排水不良、土壤潮湿、土质黏重、种植密度大、通风透光不良等凡使田间湿度增大、植株生长不良的因素都有利于发病。土壤贫瘠、漏肥严重、后期缺水、导致植株脱肥早衰的田块，往往发病较重。播种期也与小斑病的发生相关，播种期越迟，发病越重。春玉米与夏玉米套种可加重病害。油菜茬和大麦茬的夏玉米上病害一般轻于小麦茬，主要原因是前者茬口早、播期早。

8.2.5 防治

防治玉米小斑病应采取以抗病良种为主，加强栽培管理，减少菌源，药剂防治相结合的综合防治措施。

①选育和推广抗病良种 种植高产、抗病、优质的杂交种是当前玉米增产稳产的主要措施。目前推广的抗小斑病优良品种有海禾1号、海禾2号、迪卡2号、珍油玉9号、珍禾1号、路单8号等。为防止玉米品种抗病性退化和小斑病菌生理小种的变化，在生产上应注意玉米品种的合理布局和轮换，阻止病菌优势小种的形成，保持品种抗病性的相对持久和稳定。此外，选育抗小斑病品种时，还应注意兼抗大斑病和粗缩病毒病等。

②减少菌源 玉米收获后要及时翻耕，将遗留在田间的病残体翻入土中，以加速其腐烂分解。秸秆不要堆放在田间地头，也不宜做篱笆。秸秆堆肥或沤肥时一定要充分腐熟。在翌年玉米播种前，未处理完的玉米秸秆要用泥封起来。在玉米抽穗前，应在雨前及时摘除植株下部2～3片病叶，并集中清理出田外处理，实行大面积1～2年轮作，也可有效减少菌源。

③加强栽培管理 加强栽培管理可以控制和减轻病害的发生和发展。适时早播，

合理间作套种或宽窄行种植，一般以玉米与大豆、花生、棉花或小麦等中矮秆作物间作较好。在施足基肥的基础上，适时分次追肥，避免后期脱肥早衰，特别是拔节和抽穗期。同时还要增强磷、钾肥，保证植株健壮生长，提高抗病性。低洼地应注意开沟排水，降低田间小气候湿度，增强土壤通透性，使之不利于发病。此外，做好中耕、培土和除草工作也可减轻病害的发生。

④ 化学防治　药剂防治可作为消灭大田发病中心、压低菌源、减轻发病的一项辅助措施。在发病初期开始喷药，每隔 7～10 天喷药 1 次，连续 2～3 次。用药液约 1 500 kg/hm^2。有效药剂有 75% 百菌清可湿性粉剂、50% 腐霉利可湿性粉剂、12.5% 烯唑醇可湿性粉剂和 80% 代森锰锌可湿性粉剂等。

8.3　玉米纹枯病

玉米纹枯病是世界性病害，我国各玉米产区普遍发生，尤其在南方和西南玉米地区发生特别严重，重病田发病率达 70%，玉米产量损失率达 10%～35%。

8.3.1　症状

该病主要危害叶鞘和果穗，也侵害茎秆和叶片(图 8-5)。主要发生在玉米籽粒形成至灌浆期，苗期和生长后期很少发生。近地面的 1～2 节叶鞘先发病，逐渐向上扩展。病斑开始时呈水渍状，椭圆形或不规则形，中央灰白色，边缘褐色，病斑扩大后常多个联合成云纹状大斑，包围整个叶鞘，致叶鞘腐败，叶片枯死。受害果穗苞叶上也产生云纹状大斑，其内籽粒和穗轴腐烂。被害茎秆上的病斑褐色，不规则形，后期露出纤维状的维管束，植株易倒伏。病害发展后期，湿度大时发病部位可见到茂盛的菌丝体，后结成白色小绒球(菌丝和担孢子)，菌丝进一步聚集成多个菌丝团，并在叶鞘和果穗等部位产生褐色菌核。菌核初为白色，老熟时呈褐色。菌核极易脱落，遗留土壤中。

图 8-5　玉米纹枯病

1. 病茎　2. 病叶　3. 病穗

8.3.2　病原

玉米纹枯病菌的无性态属无性型真菌丝核菌属，由立枯丝核菌(*Rhizoctonia solani* Kühn)、禾谷丝核菌(*R. cerealis*)和玉蜀黍丝核菌(*R. zeae*)3 个种引起。其中，玉蜀黍丝核菌常危害果穗导致穗腐，禾谷丝核菌主要危害小麦，引发玉米纹枯病的主要是立枯丝核菌。立枯丝核菌有多个菌丝融合群，AG1 - IA、AG1 - IB、AG - 3、AG - 5 等融合群都能侵染玉米，其中 AG1 - IA 是主要类群。玉米纹枯病菌的有性态是担子菌门亡革菌属的瓜亡革菌[*Thanatephorus cucumeris* (Frank) Donk]，在自然条件下较少见，在病害循环中作用不大。

病原菌在 25 ℃下 PDA 培养基培养 2 天，菌落可布满全皿，2 ~ 3 天后，在培养皿周围产生白色的菌核，后菌核变褐色，表面粗糙大小不一。初生菌丝无色、较细，直径 4.35 ~ 10.05 μm，分隔距离较长，分枝处有一般丝核菌典型的分隔和缢缩的特点(图 8-6)。菌丝生长温度范围为 7 ~ 40 ℃，最适温度为 26 ~ 32 ℃，低于 7 ℃或高于 40 ℃时停止生长。菌核形成的适宜温度范围为 11 ~ 37 ℃，最适温度为 22℃。在 12 ~ 34 ℃范围内，温度越高，菌核形成越快。菌丝只有在相对湿度 85% 以上时，才能侵染致病。菌核在26 ~ 32 ℃和相对湿度达 95% 以上时，10 ~ 12 h 就可萌发产生菌丝。

病菌寄主范围广，在自然情况下可侵害 43 科 263 种植物，包括玉米、高粱、谷子、水稻、大豆、麦类和棉花等主要粮食作物。

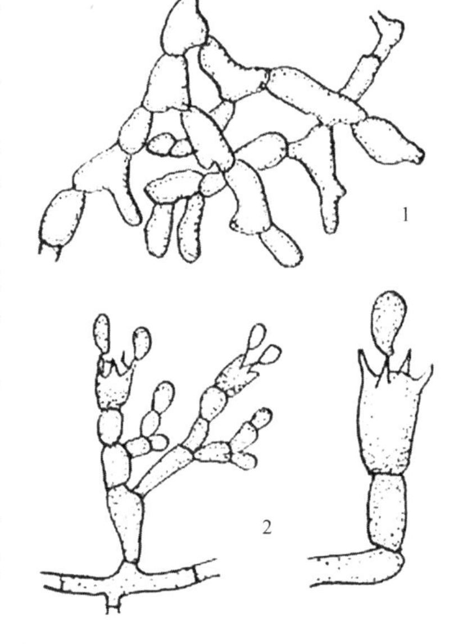

图 8-6　立枯丝核菌

1. 菌丝体　2. 担子和担孢子

8.3.3　病害循环

病菌以遗留在土壤中和病株残体上的菌核和菌丝越冬，玉米田土表和浅土层菌核是玉米纹枯病的主要初侵染源，翌年，当温度、湿度条件适宜时，越冬菌核萌发出菌丝，在基部叶鞘上延伸，并从叶鞘缝隙进入叶鞘内侧，侵入寄主引起发病。病部长出的菌丝通过株间叶片接触进行再侵染。病部形成的菌核落入土壤，通过雨水反溅也可引起再侵染。病菌可通过表皮、气孔和自然孔侵入寄主，其中以表皮直接侵入为主，侵染垫是病菌主要侵入结构。一般拔节期始病，抽雄期为发病始盛期，乳熟期为发病高峰期，灌浆中期后病情基本稳定。玉米收获时，菌核落入土表，成为翌年的初侵染源。

8.3.4　影响发病的因素

制约玉米纹枯病发生的因素有气候条件、品种抗病性及耕作栽培措施等。

① 品种抗病性　品种间抗病性存在一定差异，但目前生产上主推的品种大都感

病，几乎没有高抗品种。一般而言，生育期长的中晚熟品种抗性不及早熟品种。穗位节高的品种一般比穗位节低的品种抗病。此外基部气生根发达的品种一般发病较轻。

②气候条件　在品种、菌源数量和栽培管理条件变化不大的情况下，地区、年度间发病轻重程度，主要受气象条件，特别是温湿度的影响。一般气温低于 20 ℃或高于 30 ℃、少雨不利于发病。6 月下旬至 7 月上旬的湿度与病害的关系尤为密切，6 月下旬雨日越多、湿度越高，病株率越高；7 月上旬雨日多、湿度大，严重度上升。

③耕作制度与栽培措施　玉米长期连作因造成菌量积累而发病重，病害发生轻重还与栽培管理及种植方式密切相关，如玉米单作比间作发病重；过量施用氮肥，植株长势过旺，有利于发病；病害随玉米种植密度增加而加重；地势低洼、排水不良、土壤湿度大的田块发病重。

8.3.5 防治

玉米纹枯病的防治应采取减少菌源，选用抗病品种，加强栽培管理，辅以喷药保护的综合防治措施。

①利用抗病品种　利用抗、耐病品种是防治此病的重要措施之一。较抗病的品种有丹玉 15、靖单 8 号、会单 4 号、丹 599、郑 30、沈 5003、正红 6 号、登海 3838、登海 3 号、辽单 127、中单 808、登海 11 号、群青 8 号、正红 311 等。

②加强栽培管理　轮作换茬是有效的防病措施，或在玉米收获后彻底清除田间病残体，集中烧毁或高温沤肥，减少侵染源。发病初期剥除下部病叶鞘，可减少再侵染源。合理密植，实行宽窄行种植，或与大豆、甘薯间作。保证田间排水畅通，做到雨后田间无积水。

③药剂防治　对低洼潮湿、高肥密植、生长繁茂、遮阴郁闭等容易发病的田块，从孕穗期开始，注意田间检查，初见病株时，应及时喷药保护，或在抽雄期施药，隔 7~10 天后喷第二次药。剥除病叶鞘再向植株的中、下部喷施效果更好。每公顷可用 5% 井冈霉素水剂 750 mL、50% 多菌灵可湿性粉剂或 50% 甲基硫菌灵可湿性粉剂 700~800 倍液等。也可在病害发生初期，每公顷用 20% 井冈霉素 3 kg 拌无菌过筛细土 300 kg，点于玉米喇叭口内。此法药效期长，防效高，可操作性强。

8.4 玉米丝黑穗病

玉米丝黑穗病是玉米产区的重要穗部病害，国内外几乎均有发生。1919 年我国东北首次报道，现已遍及全国，主要分布在东北、西北、华北和南方冷凉山区，发病率一般在 2%~8%，个别重病地块可高达 60%~70%。20 世纪 80 年代中期以来，丝黑穗病由过去的零星发生到现在的成片发生，由次要病害上升为主要病害，其中以北方春玉米、西南丘陵山地玉米区受害最重。

8.4.1 症状

玉米丝黑穗病是一种苗期侵染的系统性病害，但一般到穗期才出现典型症状。某些玉米品种在幼苗期6～7叶时开始出现症状，病苗矮化，节间缩短，茎扁，竹笋状，株形弯曲，叶片密集，叶色浓绿，第5叶以上开始出现与叶脉平行的黄条斑等。但大多品种或自交系苗期症状并不明显，到抽穗或出穗后才在雄花和果穗上才显现典型症状。病株雌穗短小，基部大而顶端小，不吐花丝，除苞叶外整个果穗变成一个大黑粉苞。苞叶通常不易破裂，黑粉不外漏，后期有些苞叶破裂散出黑粉(病菌冬孢子)。黑粉一般黏结成块，不易飞散，内部夹杂丝状寄主维管束组织。丝状物在黑粉飞散后才显露，故名丝黑穗病(图8-7)。雄穗受害多数仍保持原来的穗形，少数小穗变成黑粉苞；也有以主梗为基础膨大成黑粉苞，外包白膜，当膜破裂后，才露出黑粉，黑粉常黏结成块，不易分散。花器变形，不能形成雄蕊，颖片增长呈叶片状。

1 2

图8-7 玉米丝黑穗病

1. 雌穗 2. 雄穗

8.4.2 病原

病原为担子菌门孢堆黑粉菌属丝孢堆黑粉菌[*Sporisorium reilianun* (Kühn) Langdon et Full.]，异名为[*Sphacelotheca reiliana* (Kühn) Clinton]。病组织中散出的黑粉即为冬孢子，球形或近球形，黑褐色至赤褐色，表面有细刺。冬孢子间混杂有不育细胞，球形或近球形，表面光滑近无色。成熟的冬孢子萌发产生有隔担子(先菌丝)，侧生担孢子(图8-8)。冬孢子萌发在先菌丝上产生担孢子，担孢子无色，单胞，椭圆形。担孢子以芽殖方式可反复产生次生担孢子。病菌发育温度范围为23～36 ℃，最适温度28 ℃。冬孢子萌发最适pH 4.0～6.0。丝孢堆黑粉菌有明显的生理分化现象，有两个不同的专化型，一个侵染玉米，另一个侵染高粱、苏丹草等。侵染玉米的丝孢堆黑粉菌，不能侵染高粱；侵染高粱的虽能侵染玉米，但侵染力很低。

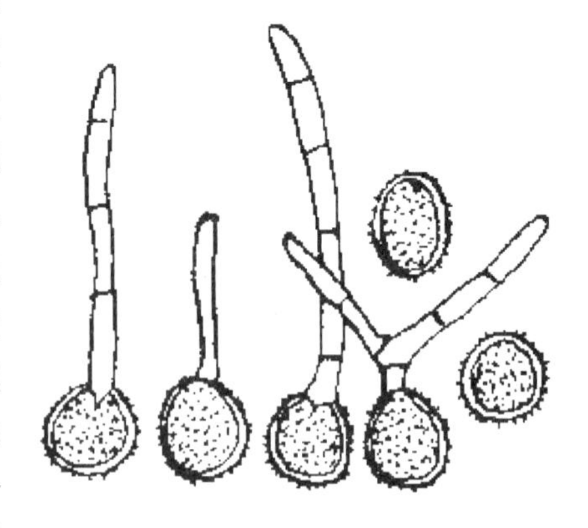

图8-8 玉米丝黑穗病菌

(示冬孢子及冬孢子萌发状)

8.4.3 病害循环

病菌以散落在土中、混入粪肥或黏附于种子表面的冬孢子越冬，成为次年的初侵染来源，其中土壤带菌在侵染循环中最为重要。冬孢子在土壤中能存活2～3年，结块的冬孢子比分散的存活时间更长。冬孢子通过牲畜的消化道或病株残体沤肥而未经腐熟，仍能保持活力，施用这些带菌的粪肥可引起田间发病。带菌种子是远距离传播的重要途径，但由于种子自然带菌量小，田间传病主要靠土壤带菌量。

田间越冬的冬孢子随种子萌芽时产生担孢子，两性担孢子结合产生侵染丝，从玉米幼芽和芽鞘、胚轴或幼根侵入。从玉米露尖至3叶期是病菌的主要侵染时期，4～5叶期侵染较少，7～8叶期后病菌不再侵染玉米。侵入玉米的病菌很快蔓延到玉米的生长锥，以菌丝随玉米生育而扩展，玉米雌雄穗分化时，病菌进入花器原始体，造成系统侵染，破坏全部花器，在雌、雄穗内形成大量的黑粉(冬孢子)散落田间。

8.4.4 影响发病的因素

该病无再侵染，发病程度主要取决于品种抗性、菌源数量及土壤环境。

① 品种抗性　玉米不同品种对丝黑穗病菌的抗性有明显差异。抗性表现为胚轴及胚芽的植保素含量高，抗侵染和抑制菌丝体扩展。

② 土壤带菌量　连年种植感病品种，土壤菌量会迅速增长，导致病害逐年加重。据报道，如以病株率来反映菌量，每年增长5～10倍，若第1年病株率仅1%，连作3年后可增到25%～100%。施用未经腐熟的粪肥也容易造成病菌的大量积累。

③ 土壤环境　玉米播种至出苗间的土壤温度、湿度与发病关系最为密切。土壤温度在15～30℃范围内都利于病菌侵入，以25℃最为适宜。土壤湿度过高或过低都不利于病菌侵入，以20%的湿度条件发病率最高。

另外，海拔高、播种过深、种子生活力过弱及种子带菌等也是导致病情加重的原因。

8.4.5 防治

防治应采取种子处理为主，种植抗病品种、及时消灭菌源为辅的综合防治措施。

① 种植抗病品种　利用抗病品种是防治丝黑穗病的根本措施。但目前我国拥有的抗丝黑穗病资源相对较少，据全国玉米丝黑穗防治研究协作组研究报道，仅辽1311、Mo17、B7、B37、E28、5005、旅9为高抗材料，至今尚未发现免疫材料。此外，由于丝黑穗病与大斑病的发生和流行区一致，故要选用兼抗这两种病害的品种。抗病杂交种有丹玉13、中单2号、中单4号、吉单101、铁单4号、丹玉2号、辽单16、辽单18等。抗病农家品种有白鹤、中熟黄玉米、英粒子等。由于丝黑穗病与大斑病的发生和流行区一致，故要选用兼抗这两种病害的品种。

② 杜绝和减少初始菌量　丝黑穗病的发生轻重主要取决于初始菌量，在防治策略上应采用各种措施降低田间菌量。禁止从病区调运种子。及时拔除病株和摘除病穗，集中深埋。忌将病株散放或喂养牲畜。选不带菌的田块或经土壤消毒后育苗，玉

米苗育至 3 ~ 4 叶后再移栽，可有效避免丝黑穗病菌的侵染。厩肥要认真调配，合理堆放，高温发酵，杀死病菌后再用。合理轮作是减少田间菌源或减轻发病的有效措施。一般实行 1 ~ 3 年的轮作配合种植高抗品种可有效控制丝黑穗病的发生和危害。

③ 种子处理　采用药剂拌种、种子包衣或药土盖种。拌种药剂可选用 15% 三唑酮可湿性粉剂、50% 甲基硫菌灵可湿性粉剂、12. 5% 烯唑醇可湿性粉剂或 2% 戊唑醇湿拌种剂，拌种剂用量一般为种子质量的 0. 2% ~ 0. 5% 。也可用 26% 高氟·福·戊醇悬浮种衣剂，按药种比 1∶50 进行种子包衣。可用 70% 甲基硫菌灵可湿性粉剂与适量细土拌匀，用于盖种。

8. 5　玉米瘤黑粉病

玉米瘤黑粉病又称黑粉病，是玉米生产上的重要病害之一。主要发生在温暖干燥地区，东北、华北春玉米区和黄淮海夏玉米区普遍发生。近年来，在长江中、下游地区，玉米瘤黑粉病的发生明显重于玉米丝黑穗病。减产程度因发病时期、病瘤大小及发病部位而异，发生早、病瘤大，在植株中部及果穗发病时减产较大。

8. 5. 1　症状

玉米瘤黑粉病是局部侵染病害，其典型特征是在病株上形成膨大的肿瘤(菌瘿)。玉米的雄花、雌穗、茎、叶、叶鞘、气生根等幼嫩组织均可产生肿瘤，但形状和大小因发病部位不同而异(图 8-9)。病瘤近球形、椭球形、角形、棒形或不规则形，单生、串生或叠生，小的直径不足 1 cm，大的可达 20 cm 以上。病瘤未成熟时，为一团白色柔嫩组织，外被白色或灰白色、有光泽的薄膜，成熟后，瘤内全部变为黑粉(冬孢子)，薄膜破裂后，散出黑粉。

幼苗 3 ~ 5 叶时开始表现症状，病苗茎叶扭曲畸形，矮缩，近地面茎基部产生小的病瘤，有的病瘤沿幼茎串生。叶上的病瘤多从叶片基部向上成串密生，病瘤小而多，如豆粒大小。茎部病瘤多发生在各节的基部，病瘤大，为不规则球状，茎部腋芽处或气生根上的菌瘿大小不等，一般如拳头大小。雄性花序大部分或个别小花感病后形成长囊状或角状的病瘤，常数个聚集成堆。雌穗发病多在穗顶形成病瘤，病瘤较

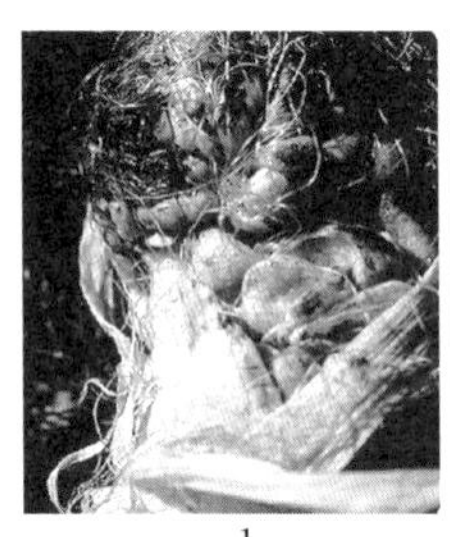
1

2

3

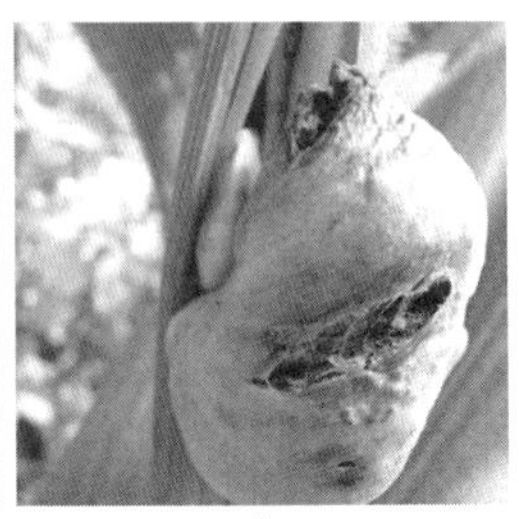
4

图 8-9　玉米瘤黑粉病

1. 雌穗　2. 叶　3. 雄穗　4. 茎

大，常突破苞叶而外露，为长角状或不规则形，通常仅个别小花受害长瘤，未侵染的仍可正常结实。

8.5.2 病原

病原为担子菌门黑粉菌属玉米黑粉菌[*Ustilago maydis*（DC.）Corda]，异名为*U. zeae*（Beckm.）Unger。冬孢子球形或椭圆形，暗褐色或浅橄榄色，壁厚，表面有细刺状突起，直径 8～12 μm。冬孢子萌发时，产生有隔担子，担子顶端或分隔处侧生纺锤形的担孢子，担孢子还可芽殖产生次生担孢子（图 8-10）。冬孢子无休眠期，在水中和相对湿度为 98%～100% 下均可萌发；在干燥条件下经过 4 年仍有 24% 的萌发率。萌发的温度范围 5～38 ℃，适温为 26～30 ℃。自然条件下，分散的冬孢子不能长期存活，但集结成块的冬孢子，无论在地表或土内存活期都较长。担孢子和次生担孢子均可萌发，萌发适温为 20～26 ℃，侵入适温为 26～35 ℃。担孢子和次生担孢子对不良环境忍耐力很强，干燥条件下可存活 5 周。

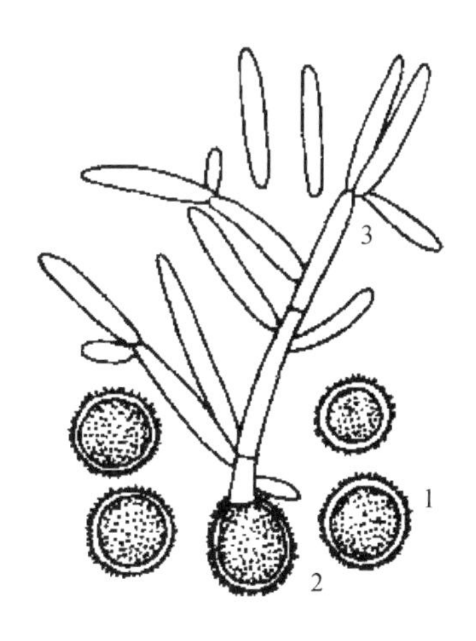

图 8-10　玉米瘤黑粉病菌

1. 冬孢子　2. 冬孢子萌发　3. 担孢子

病菌有生理分化现象，有多个生理小种。寄主除玉米外，还有两种大刍草（*Euchlaena luxurians* 和 *E. mexikana*）。

8.5.3 病害循环

病菌主要以冬孢子在土壤和病残体中越冬，其次是以冬孢子混入堆肥或厩肥中或黏附于种子表面越冬，成为翌年初侵染源。黏附种子上的冬孢子对该病的远距离传播有一定作用。春、夏季，越冬的冬孢子萌发产生担孢子和次生担孢子，随风、雨传播至玉米的幼嫩组织上，侵染丝直接穿透寄主表皮或从伤口侵入叶片、茎秆、节部、腋芽、雄性花序和雌穗等幼嫩分生组织。侵入的菌丝只在侵染点附近扩展，并在生长繁殖过程中分泌类似生长素的吲哚乙酸，刺激玉米细胞逐渐膨大，形成病瘤，最后在病瘤内产生大量黑粉状的冬孢子。散出的黑粉随风传播，进行再侵染。春、夏玉米混播区再侵染更频繁。

8.5.4 影响发病的因素

玉米瘤黑粉病的发生程度与品种抗性、菌源数量、环境条件等因素密切相关。

① 品种抗病性　目前尚未发现免疫品种。品种间抗病性存在差异，自交系间的差异更为显著。一般杂交种较抗病，硬粒玉米抗病性较强，马齿型次之，甜玉米较感病。果穗的苞叶厚长而紧密的较抗病。早熟品种比晚熟品种病轻。耐旱品种比不耐旱品种抗病力强。

② 菌源数量　多年连作或玉米秸秆遗留田间或秸秆还田，田间会积累大量冬孢子，发病严重。较干旱少雨的地区，在缺乏有机质的砂性土壤中，残留在田间的冬孢

子易于保存其生活力，来年的初侵染源量大，所以发病常较重。相反，在多雨的地区，在潮湿且富含有机质的土壤中，冬孢子易萌发或易受其他微生物作用而死亡，所以该病发生较轻。

③ 环境条件　高温、潮湿、多雨地区，土壤中的冬孢子易萌发后死亡，所以发病较轻。低温、干旱、少雨地区，土壤中的冬孢子存活率高，发病严重。玉米抽雄前后对水分特别敏感，是最易感病的时期。如此时遇干旱，抗病力下降，极易感染瘤黑粉病。前期干旱，后期多雨，或旱湿交替出现，都会延长玉米的感病期，有利于病害发生。一般山区和丘陵地带比平原地区发病重。此外，暴风雨、冰雹、人工作业及螟害均可造成大量损伤，也有利于病害发生。

8.5.5 防治

防治策略应采取以减少菌源、种植抗病品种为主的综合防治措施。

① 减少菌源　彻底清除田间病残体，秸秆用作肥料时要充分腐熟。玉米生长期结合田间管理，在病瘤未成熟破裂时尽早割除，割下的病瘤要携出田外深埋或销毁。

② 选用抗病品种　积极培育和因地制宜地利用抗病品种。目前，掖单2号、掖单4号、掖单22、中单2号、农大108、农大60、吉63、铁84、吉单342、沈单10号、郑单958、鲁玉16、豫玉22、豫玉23、蠡玉6号、海禾1号、科单102、嫩单3号、铁单16、沈单14、辽原1号和海玉8号等均为抗病品种。农家品种中野鸡红、小青棵、金顶子等也较抗病。

③ 农业防治　病田实行2～3年轮作。适期播种，促苗早发，合理密植，均衡施肥，避免偏施、过施氮肥，适时增施磷钾肥，施用充分腐熟的堆肥、厩肥，防止病原菌冬孢子随粪肥传病；灌溉要及时，特别是抽雄前后要保证水分供应充足。及时防治玉米螟等害虫，尽量减少耕作时的机械损伤。

④ 种子处理　可用药剂浸种、拌种或种子包衣，药剂有0.1% 401抗菌剂、25%三唑酮可湿性粉剂、2%戊唑醇湿拌种剂、50%福美双可湿性粉剂等，用药量为种子质量0.20%～0.30%。也可用26%高氟·福·戊醇悬浮种衣剂，按药种比1∶50进行种子包衣。

⑤ 药剂防治　在玉米出苗前，地表喷施50%克菌丹可湿性粉剂200倍液、50%多菌灵可湿性粉剂500～1 000倍液、50%福美双可湿性粉剂500～600倍液等药剂，降低初始菌量。在玉米抽雄前，喷施15%三唑酮可湿性粉剂750～1 000倍液、12.5%烯唑醇可湿性粉剂750～1 000倍液、25%丙环唑乳油500～1 000倍液、30%氟菌唑可湿性粉剂2 000倍液等，间隔7～10天，防治2～3次，可有效减轻病害。

8.6 玉米病毒病

世界上已经报道的危害玉米的病毒有40多种，在我国发生较广、危害较重的是玉米粗缩病和矮花叶病。

8.6.1 玉米粗缩病

玉米粗缩病又称“坐坡”，发病后，植株矮化，叶色浓绿，节间缩短，基本上不能抽穗，因此发病率几乎等于损失率，许多地块绝产失收，尤其春玉米和制种田发病最重，甚至导致玉米种子的短缺，危害相当严重。该病在20世纪60～70年代曾严重危害，80年代相对较轻，进入90年代后，河北、河南、山东、甘肃等北方地区发病逐年加重。

8.6.1.1 症状

玉米整个生育期都可感染发病，以苗期受害最重。玉米出苗后即可感病，5～6叶期开始表现症状，开始时在心叶中脉两侧的叶片上出现透明的断断续续的褪绿小斑点，以后逐渐扩展至全叶呈细线条状；叶背面主脉及侧脉上出现长短不等的白色蜡状突起，又称脉突(图8-11)；病株严重矮化，茎秆变粗，叶片紧凑，节间缩短，叶片变成深绿色，变宽、短、脆；发病早的不能抽穗，发病晚的雄、雌穗基本抽出，但往往扭曲畸形，雌穗果小，有的结实极少，甚至不结实；有些玉米品种感病后，心叶卷在一起，特别是叶尖都结在一起，由于基部继续生长，使心叶弯成弓状；重病植株一般会提早枯死或绝收。

图8-11　玉米粗缩病

8.6.1.2 病原

玉米粗缩病由植物呼肠孤病毒科斐济病毒属玉米粗缩病毒(Maize rough dwarf virus，MRDV)引起。粒体球形，60～70 nm。基因组为12条双链RNA，与水稻黑条矮缩病毒同源性很高。MRDV寄主范围广泛，除玉米外，还可侵染57种禾本科植物。

8.6.1.3 病害循环

玉米粗缩病毒主要在小麦和杂草上越冬，也可在传毒昆虫体内越冬，该病的发生发展与灰飞虱在田间的活动有密切的关系。当玉米出苗后，小麦和杂草上的灰飞虱即带毒迁飞至玉米上取食传毒，引起玉米发病。在玉米生长后期，病毒再由灰飞虱携带向高粱、谷子等晚秋禾本科作物及马唐等禾本科杂草传播，秋后再传向小麦或直接在杂草上越冬，构成发病循环。一般夏玉米套种发病重于纯作玉米，原因是套种玉米与小麦有一段共生期，玉米出苗后有利于灰飞虱从小麦向玉米上转移。

8.6.1.4 影响发病的因素

该病发生的严重程度与带病毒灰飞虱数量、栽培条件及品种抗性密切相关。玉米出苗至5叶期如与第1代传毒昆虫迁飞高峰期相遇则发病严重。套种玉米及杂草多的玉米田，杂草同玉米苗共生为传毒介体提供了稳定的栖息场所，使带毒灰飞虱密度增大，导致玉米田发病较重。

土地瘠薄、土壤板结、干旱缺水、管理粗放或过量施氮，均可加重病害的发生。气候因素主要是温度和光照。温度高、光照充足，发病率高，病毒的潜育期短；玉米粗缩病毒在25 ℃左右潜育期为15天，7~21 ℃潜育期40天。

目前种植的玉米品种，大部分对玉米粗缩病为中感或高感，抗病品种很少，高抗品种更少，无免疫类型。因此，一旦传毒介体增多，就促进了玉米粗缩病的流行。

8.6.1.5 防治

① 加强监测和预报　在病害常发地区有重点地定点、定期调查小麦、田间杂草和玉米的粗缩病病株率和严重度，同时调查灰飞虱发生密度和带毒率。在秋末和晚春及玉米播种前，根据灰飞虱越冬基数和带毒率、小麦和杂草的病株率，结合玉米种植模式，对玉米粗缩病发生趋势做出及时准确的预测预报，指导防治。

② 选用抗病品种　根据当地条件，选用抗性相对较好的品种，如鲁单50、农大108、山农3号。同时要注意合理布局，避免单一抗源品种的大面积种植。

③ 清除田间杂草　玉米收获后及时清除田间杂草残秸，以减少灰飞虱和病毒的越冬、越夏寄主，在一定程度上可以减轻玉米粗缩病的危害。

④ 调整播期　播期尽量调整到使玉米幼苗感病期避开灰飞虱成虫盛发期。春播玉米提前到4月上中旬播种，避开越冬成虫发生高峰期；夏播玉米则应集中在5月底到6月初为宜；套种玉米应在麦收前7天为宜，最好麦收后抢茬直播。

⑤ 加强田间管理　结合定苗，拔除田间病株，集中深埋或烧毁，减少粗缩病侵染源。合理增施磷、钾肥，加强田间管理，促进玉米生长，缩短感病期，减少传毒机会，并增强玉米抗耐病能力。

⑥ 药剂防治　一是采用内吸杀虫剂对玉米种子进行包衣和拌种，对灰飞虱药效可持续30天左右，可以有效防治苗期灰飞虱；二是在玉米播种前后及苗期，用40%的氧化乐果800倍液、10%的吡虫啉1 000倍液，防除玉米田及附近杂草的灰飞虱；三是在发病初期用20%吗啉胍·乙铜可湿性粉剂(又称20%病毒A)500倍液、1.5%植病灵乳油1 000倍液进行叶面喷雾，可减轻病害的发生；四是在灰飞虱传毒危害期，尤其是玉米7叶期前，用40%氧化乐果乳油或10%吡虫啉可湿性粉剂和1.5%植病灵乳油混合液进行叶面喷雾，每隔6~7天1次，连喷2~3次。

8.6.2 玉米矮花叶病

玉米矮花叶病又名花叶条纹病、黄绿条纹病等，分布于世界上几乎所有玉米产区，是我国玉米上发生范围广、危害性大的重要病害之一。在20世纪60~70年代，该病曾在河南、河北、甘肃等玉米产区爆发流行，给生产带来了很大的损失。轻病田减产10%~20%，重病田减产30%~50%，部分地块甚至绝产。

8.6.2.1 症状

玉米整个生育期都可感染玉米矮花叶病，但以幼苗期至抽雄期为主要发病期。发病初期在心叶基部细脉间出现许多椭圆形褪绿小点，断续排列成条点花叶状，病斑沿叶脉发展，随着病情的发展，叶脉间叶肉逐渐失绿、变黄(图8-12)，后期病叶叶尖的叶缘变红紫而干枯、变脆、易折；田间病株叶鞘、果穗苞叶均能呈花叶状；感病植株生长缓慢，多数不能抽雄结穗，有的甚至死亡，少数病株虽能结穗，但穗小、籽粒少而秕瘦；植株感病越早，病株黄弱矮化越明显，早期死亡率高，对发病晚的轻病株加强管理，可逐渐恢复健壮生长。

图8-12　玉米矮花叶病

8.6.2.2 病原

玉米矮花叶病由马铃薯Y病毒属玉米矮花叶病毒(Maize dwarf mosaic virus，MDMV)引起。该病毒粒子呈曲折蜿蜒的长棒状，大小12~15 nm×750 nm。基因组为正单链RNA，编码一个大的多聚蛋白，经自己编码的蛋白酶切割后形成功能蛋白。国外报道的MDMV株系很多，如A、B、C、D、O株系，最主要的是A和B株系。我国MDMV的主要株系是B和O株系。MDMV主要由玉米蚜、麦二叉蚜、棉蚜、桃蚜等以非持久方式传播，也可由种子传播。主要侵染玉米、高粱、谷子等禾本科作物及虎尾草、狗尾草、马唐、白草等禾本科杂草。

8.6.2.3 病害循环

玉米矮花叶病毒主要在田间多年生禾本科杂草或某些玉米的种子内越冬，蚜虫从越冬寄主上取食后翌年成为重要的初侵染源，由玉米蚜、二叉蚜、桃蚜等多种蚜虫传播。条件适宜时在植物上获毒，迁飞至玉米上取食传毒，发病后的植物作为毒源中心，随着蚜虫的取食活动将病毒传向全田，并在春、夏玉米和杂草上传播危害。玉米收获后蚜虫又将病毒传至杂草上越冬。此外，病害也可借农事操作、机械损伤、汁液摩擦传播。

8.6.2.4 影响发病的因素

①玉米品种　栽培玉米品种的抗病性是决定着矮花叶病发生程度的关键因素。一般杂交种比自交系、杂种一代比杂种二代抗病。硬粒型品种抗病，马齿型品种易感病，中间型品种居中。种植抗病品种发病轻或不发病。

②播期　玉米8~9片叶期若正赶上蚜虫的迁飞期，发病则重。适时早播，植株

感病期正好避开蚜虫的迁飞期，则发病轻。在相同栽培条件下，早播玉米田的发病率明显低于晚播田。

③ 气候条件　气候对传毒蚜虫的发生期、发生量、有翅蚜迁飞传毒和玉米生长等都有影响，在病害流行中起主导作用。高温、干旱的气候发病重，因为连续干旱少雨、气温高有利于蚜虫的繁殖，增加了传毒媒介；同时，日照长、强度大，病毒繁殖快，且干旱少雨使玉米生长发育缓慢，抗病力下降，有利于病害的发生。如夏季降雨次数多及降雨量较充沛，玉米生长发育快，可较快度过感病期；同时，降雨多不利于蚜虫迁飞传毒，发病则较轻。

④ 栽培条件　土壤肥沃、田间管理及时周到的田块发病轻；土壤肥力不足、耕作粗放、杂草丛生的地块，有利蚜虫的发生繁殖，且植株抗病性降低，发病较重。地势低洼、排水不良、土壤潮湿的地块发病较重；排灌方便、田间无长期积水的地块发病较轻。一般地膜覆盖的地块发病轻，露地直播地块发病严重；平作的发病轻，与小麦套种的发病重。

⑤ 蚜虫、病毒数量　种植制度改革，复种指数提高，保护地面积增加，为蚜虫及病毒越冬繁殖提供了有利条件。介体蚜虫及矮花叶病年年发生，传毒蚜虫及病毒数量逐年积累。一般越冬杂草寄主数量多，毒原基数高，蚜虫密度大，春季传毒几率高，春玉米发病重，夏玉米发病也重。夏玉米发病还直接受田间寄主植物及杂草上病毒的影响，尤其夏玉米苗期正是麦田蚜虫迁飞的高峰，各种寄主植物上病毒毒原数量已经增多，所以夏玉米比春玉米受害重。

8.6.2.5　防治

① 选择抗病品种　玉米杂交种之间对矮花叶病的抗性差异比较显著，因此，选用抗病品种是最经济有效的预防措施。一般抗病品种主要有鲁单 50、吉 853、掖单 20、农大 65 等。

② 覆膜早播　覆膜早播玉米早出苗，可避开介体蚜虫迁飞传毒高峰期，地膜辐射还有驱蚜作用，使田间病株较常规露地栽培的降低 60% 左右；覆膜的增温保墒作用使玉米生育期提前，一般比拔节露地栽培的提早 15 天左右，玉米植株机械组织发育健全，感病较轻。

③ 及时治蚜防病　首先，冬小麦产区应在玉米出苗前做好麦田治蚜工作，压低介体蚜虫由麦田向玉米田转移的数量，抑制矮花叶病的发生和危害。其次，要改变发现玉米田间有大量蚜虫后才喷药治蚜的做法。据研究，玉米 4 叶期蚜虫传毒效率最高，掌握在 4 叶期以前在关键时期治蚜，才能收到事半功倍、治蚜防病的效果。

④ 加强田间管理　一是早期玉米田出现矮花叶病的病株时，要及时拔除并带出田外深埋或烧毁，玉米收获后对田间的残枝落叶要彻底清除干净，以减少传染源；二是合理施肥，施足底肥，实行氮、磷、钾平衡施肥，及时适量追肥；三是开好排水沟，降低地下水位，大雨过后及时清理沟渠，防止湿气滞留；高温干旱时适当灌水或浇水，以提高田间湿度，减轻蚜虫危害及传播，但严禁连续灌水和大水漫灌；避免阴雨天进行农事操作；四是适时中耕、除草、松土，增加土壤的透气性，促进植株健壮

生长，增强植株抗病能力。

⑤药剂防治　矮花叶病是病毒病，用一般的杀菌剂防治效果不佳，宜选用20%吗啉胍·乙铜可湿性粉剂（又称20%病毒A）、83增抗剂等抗病毒剂，并抓紧在发病初期，每隔7天喷1次，共喷3次，最好药液中加入磷酸二氢钾等，增加植株叶绿素含量，促进同化作用，使病株迅速复绿。

8.7　杂谷类其他病害

8.7.1　玉米茎基腐病

玉米茎基腐病俗称青枯病，为20世纪80年代后期开始的重要病害，分布广泛，危害严重。

8.7.1.1　症状

该病为全株表现的侵染性病害。玉米乳熟末期至蜡熟期为显症高峰期，一般从灌浆至乳熟期开始发病，典型症状表现：一是茎叶青枯型，发病时多从下部叶片逐渐向上扩展，呈水渍状，而后全株青枯。有的病株出现急性症状，即在乳熟末期或蜡熟期全株急性青枯，没有明显的由下而上逐渐发展的过程，这种情况在雨后忽晴天气时多见。二是茎基腐烂型（图8-13）。植株根系明显发育不良，根少而短，病株茎基部变软，剖茎检查，髓部空松，根茎基部及地面上1～3节间多出现黑色软腐，遇风易倒折，在潮湿时病部初期出现白色，后期为粉红色霉状物。三是果穗腐烂型。有的果穗发病后下垂，穗柄变柔软，苞叶青枯、不易剥离，病穗籽粒排列松散，易脱粒，粒色灰暗，无光泽。

图8-13　玉米茎基腐病

8.7.1.2　病原

茎基腐病是由多种病原菌单独或复合侵染造成根系和茎基腐烂，主要由卵菌门腐霉属瓜果腐霉菌[*Pythium aphanidermatum* (Edson) Fitzpatrick]、肿囊腐霉菌(*Pythium inflatum*)和无性型真菌镰孢菌属禾镰刀菌(*Fusarium graminearum* Schawbe)混合侵染引起，其中腐霉菌生长的最适温度为23～25 ℃，镰刀菌生长的最适温度为25～26 ℃，在土壤中腐霉菌生长要求湿度条件较镰刀菌（图8-14）高。

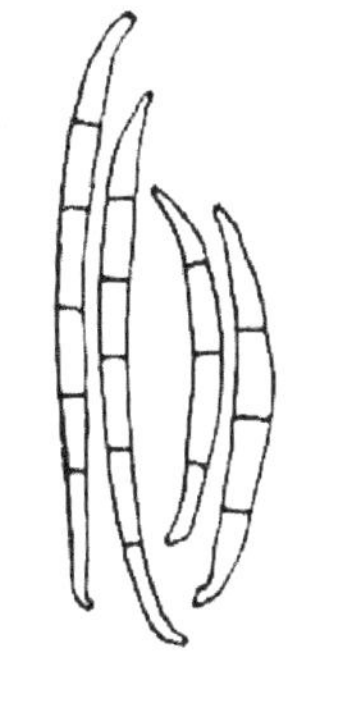

图8-14　镰刀菌分生孢子

8.7.1.3 发病规律

玉米茎腐病以病株残体、病田土壤和种子带菌为初侵染源。越冬病菌在玉米播种后至抽雄吐丝期陆续由根系侵入，在植株体内蔓延扩展。玉米灌浆至成熟期的气候条件，特别是雨量与发病关系密切；高温、高湿有利于发病。

8.7.1.4 防治

① 农业措施 选用抗病自交系；实行玉米与其他非寄主作物轮作；适期晚播，可在4月下旬播种；合理施肥，在施足基肥的基础上，于玉米拔节期或孕穗期增施钾肥或配合增施磷氮肥，及时清除田间病株残体，集中烧毁或结合深翻土地而深埋。

② 生物防治 利用增产菌按种子质量的0.2%拌种，或用玉米生物种衣剂按1∶40拌种，或诱抗剂浸种，或用根保种衣剂，这对玉米茎基腐病都有一定的抑制作用，防治效果比较明显。

8.7.2 玉米灰斑病

玉米灰斑病是世界性病害。自2000年以来，已在我国东北、华北、西南等玉米产区普遍发生，局部地区经常流行成灾，重病田病叶率100%，病情指数可达80以上，减产30%以上，甚至绝收。玉米灰斑病是继玉米大、小斑病之后又一重要叶斑类病害。

8.7.2.1 症状

玉米灰斑病在抽穗后开始发病，灌浆至乳熟期大发生。主要危害叶片，也侵染苞叶和叶鞘，严重时还可侵染茎秆。初期病斑为黄褐色小斑，长1~3 mm，矩形至不规则形，具褪色晕圈，以后逐渐扩展为灰褐色、灰色至黄褐色的长矩形条斑，宽2~4 mm、长1~6 cm。该病最典型的特征是形成与叶脉平行的灰白色长矩形条斑，且与叶脉平行的边缘如直线一般规则（图8-15），这是区别于其他叶斑病的重要特征。病菌最初先侵染下部叶片引起发病，气候条件适宜可扩展到整个植株的叶片，严重时病斑汇合连片可使叶片枯死甚至植株倒伏，潮湿时叶片两面尤其叶背病部生出灰黑色霉层，即分生孢子梗和分生孢子。潮湿时叶片两面尤其叶背生出灰黑色霉层。严重时病斑汇合连片可使叶片枯死。

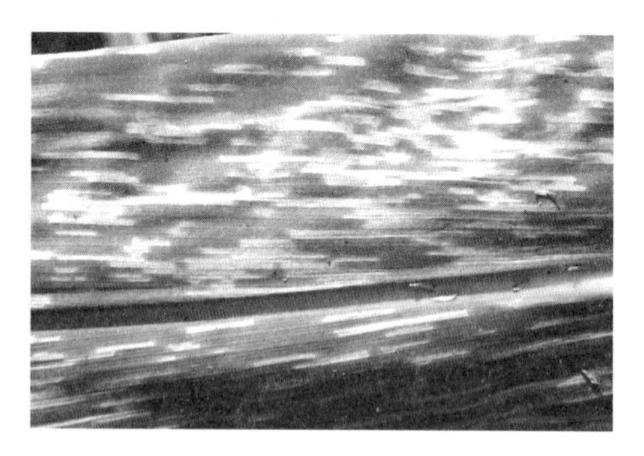

图8-15 玉米灰斑病
（龚国淑提供）

8.7.2.2 病原

病原无性态为无性型真菌尾孢属玉蜀黍尾孢（*Cercospora zeae-maydis* Tehno et Daniels)。病部产生的灰黑色霉状物为病菌的分生孢子梗和分生孢子，根据病原特点该病又称尾孢菌叶斑病。分生孢子梗多簇生，褐色或暗褐色，长 50 ~ 140 μm，宽 4 ~ 6.5 μm，不分枝或罕有分枝，至顶端色较淡，粗细均匀，多数为 1 ~ 2 个隔膜，也有的 1 ~ 4 个隔膜，直或曲膝状弯曲，着生分生孢子处孢痕明显。分生孢子倒棍棒形，细长，直或稍弯，无色，基部倒圆锥形，脐点明显，顶端渐细，稍钝，长 30 ~ 135 μm，宽 6 ~ 9.9 μm(图 8-16)。

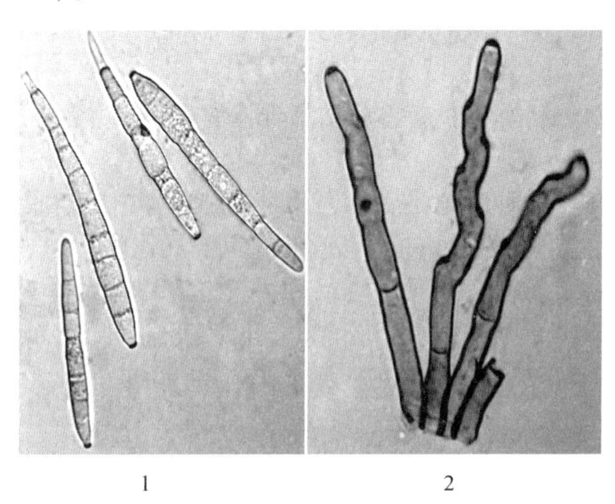

图 8-16　玉米灰斑病菌(龚国淑摄，2009)
1. 分生孢子　2. 分生孢子梗

在 PDA 上新分离的病菌菌落为灰色至黑色，隆起似垫状。培养 1 ~ 2 周后，分生孢子萌发形成白色棉絮状菌落。病原菌在不同培养基上菌丝生长差异显著，以花生叶斑病尾孢菌培养基为好，但 V8 汁和玉米叶煎汁培养基有利于分生孢子的产生。菌丝生长对温度的要求比较严格，最适温度在 25℃左右，亦利于分生孢子萌发。分生孢子萌发要求湿度较高，一般 RH ≥98 % 或有水滴萌发最好，萌发率可达 100%。pH5 ~ 10 菌丝均能生长，pH6 ~ 8 最适。分生孢子在 pH4 ~ 10 中均能萌发，营养对分生孢子萌发无显著促进作用。

8.7.2.3　发病规律

病菌以菌丝体、子座在病残体上越冬，次年从子座组织上产生分生孢子作为初侵染源。分生孢子通过风雨传播引起初侵染并不断进行再侵染。到达叶表的孢子萌发后产生芽管，在气孔附近形成附着胞，然后从气孔侵入，潜伏期 15 天左右。一般基部叶片最先感病，条件适宜时产生分生孢子，通过风雨传到上部叶片。病残体上的分生孢子在 7 月中下旬有较高的萌发率，7 月上旬开始发病，8 月中下旬至 9 月上旬为发病盛期。

8.7.2.4　影响发病因素

灰斑病的发生流行主要受三个因素影响。① 田间初始菌量。连年发病的区域，尤其在免耕和秸秆还田的地方，由于田间病残体累积，病害逐年加重。② 寄主的抗病性。自交系中有一定的免疫材料，我国目前生产的杂交种未见免疫品种，少数表现抗病。病原在感病材料上潜伏期14天，抗病材料上22天。③ 环境条件。适宜的环境条件会提高病原繁殖速度，增加再侵染次数。

8.7.2.5 防治

病害控制应采用以推广种植抗病品种为重点，清除田间病残体及药剂防治相结合的综合防治措施。

① 消灭越冬菌源　秋季收获后将病秸秆堆沤腐熟还田并深翻入土，或焚烧或移出田间作其他用途。

② 加强栽培管理　播种时施足底肥，及时追肥，防止后期脱肥。重病区有条件可实行轮作，或间作套种，合理密植，以降低田间扩展速度。

③ 种植抗病品种　目前还未见免疫品种。较抗病的有农单5、丹玉86、蠡玉6号、路单8号、安玉12、奥玉16、长城706、登海3号、雅玉26、川单29、海禾3、海禾14、东单60、承玉13、邯丰08、郝育19、吉单29、吉东4、浚单20、辽单565、鲁单981、沈玉17、云端1号、云端3号、德玉4号等。

④ 药剂防治　在病害初发期(约7月初)及时用药，可用75%百菌清可湿性粉剂500倍液、50%多菌灵可湿性粉剂600倍液、70%代森锰锌可湿性粉剂600~800倍液、50%甲基硫菌灵可湿性粉剂500倍液等药剂喷雾，注意喷施植株基部叶片。当发病率大约10%时，连续用药2~3次，每次用药间隔10~15天，防治效果较好。

8.7.3 玉米穗腐病

玉米穗腐病又称玉米穗粒腐病，是世界性病害。一般品种发病率5%~10%，感病品种发病率可高达50%左右。该病在我国较大范围内发生，尤其是在高温、多雨的西南地区，穗粒腐病已成为玉米生产上的一种重要病害，致使减产高达30%~50%。

8.7.3.1 症状

主要危害果穗，包括籽粒、苞叶和穗轴各部分，以籽粒发病最重。被害果穗顶部或中部变色，并出现粉红色、灰白色、蓝绿色、黑灰色或暗褐色、黄褐色霉层。可扩展到果穗的1/3~1/2处，当多雨或湿度大时可扩展到全部果穗。病粒无光泽，不饱满，质脆，内部空虚，常为交织的菌丝所充塞。果穗病部苞叶常被密集的菌丝贯穿，黏结在一起贴于果穗上不易剥离。仓储玉米受害后，粮堆内外则长出疏密不等，各种颜色的菌丝和分生孢子，并散出发霉的气味。

8.7.3.2 病原

穗腐病是由多种菌物单独或复合侵染引起的，现已报道引起穗腐病的菌物有30多种(图8-17)，全国各地区均有不同的优势病原种类，主要由串珠镰刀菌(*Fusarinm moniliforme*)、禾谷镰刀菌(*F. graminearum*)、木霉菌(*Trichoderma* spp.)(图 8-17, 1)、丝核菌(*Rizoctonia* spp.)、青霉菌(*Penicillium* spp.)、曲霉(*Aspergillus* spp.)、粉红单端孢菌(*Trichothecium roseum*)、玉米色二孢(*Diplodia zeae*)等，其中串珠镰刀菌和禾谷镰刀菌是优势病原菌。由串珠镰刀菌引起的穗腐多危害单个籽粒或局部果穗。受害籽粒顶部有粉红色或白色粉状物，籽粒间有白色絮状菌丝体(图 8-17, 2)。由禾谷镰刀菌引起的穗腐多由穗顶开始发病可扩展至大半个果穗，病部布满紫红色霉层，籽粒上和籽粒间隙生有棉絮状红色或白色菌丝体(图 8-17, 3)。

1　　2　　3

图 8-17　玉米穗腐病

1. 木霉　2. 串珠镰孢　3. 禾谷镰孢

8.7.3.3　发病规律

病菌以分生孢子或菌丝体主要在种子、病残体上越冬，成为翌年的初侵染源。病菌孢子主要借风雨、机械、昆虫进行传播，接触到寄主可侵染部位后主要从伤口侵入。在适宜条件下，病原菌产生大量分生孢子，进行再侵染。镰刀菌引起的穗粒腐病，前期病原菌侵染植株，最初在植株中上部叶鞘上发病，然后向内扩展危害茎部，玉米吐丝期，遇阴雨、低温多湿有利该病害的流行，病原菌进而侵染果穗危害。如在灌浆中后期病菌直接侵染果穗，导致果穗部位的籽粒发病。穗腐病的发生主要受气候、品种、虫害、种子贮藏条件等因素影响。

8.7.3.4　防治

①利用抗病品种　果穗苞叶紧、不开裂的品种一般发病轻。对串珠镰刀菌较抗的品种有郑 32、沈 137、金皇 59、鲁原 92、丹玉 14、农大 3138、陕 8410、陕单 9、豫玉 22、豫玉 24、农大 108、玉单 6 号、丹玉 14、冀 524、保 102、张单 251、晋穗 9、京系 01、中系 14、齐 319、川单 10、正红 311、资玉 2、众望玉 18、正兴 3 号等。

②农业防治　适期播种，合理密植，轮作换茬。适当早播，促进早熟；控制种植密度，紧凑型品种适宜种植密度 75 000～82 500 株/hm^2，中间型品种适宜 67 500 株/hm^2左右；连年发病的重病田应实行轮作制度，避免病菌连年积累。处理玉米秸秆，压低初侵染源。如在玉米收获后对玉米秸秆、穗、轴、根茬及时采取沤、烧等的办法彻底处理，减轻病虫初侵染源。加强田间管理。合理施肥，玉米拔节或孕穗期增施钾肥或氮、磷、钾肥配合施用，增强抗病力。注意虫害防治，减少伤口侵染的机

会。生物防治。运用木霉和酵母菌胞壁多糖防治玉米穗粒腐病具有一定的防治效果。

③ 化学防治　播种前进行种子包衣，用26%高氟·福·戊醇悬浮种衣剂按药种比1∶50进行种子包衣。大喇叭口期及时防治玉米螟、棉铃虫，减少伤口侵染，用20%氯虫苯甲酰胺悬浮剂150 mL/ hm^2，吐丝末期用40%多菌灵可湿性粉剂3 000 g /hm^2喷果穗，以预防病菌侵入果穗。

8.7.4　高粱散黑穗病

高粱散黑穗病是高粱的重要病害之一，全国各高粱产区均有发生。

8.7.4.1　症状

病株稍有矮化，茎较细，叶片略窄，分蘖稍增加，抽穗较健穗略早。病株花器多被破坏，子房内充满黑粉，即病原菌的冬孢子。病粒破裂以前有一层白色至灰白色薄膜包裹着，孢子成熟以后膜破裂，黑粉散出，黑色的中柱露出来，系寄主维管束的残余组织(图8-18)。

图8-18　高粱散黑穗病

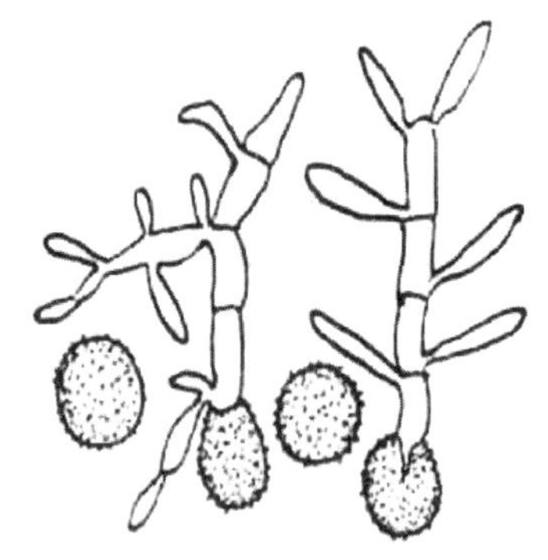

图8-19　散轴黑粉菌

(示冬孢子和冬孢子萌发)

8.7.4.2　病原

由担子菌门孢堆黑粉菌属高粱散孢堆黑粉菌[*Sporisorium cruenta*(Kühn) Pott.]菌物引起。厚垣孢子圆形或长圆形，茶褐色，表面有轮纹，大小为6~9 μm×5~6 μm。未成熟的孢子聚集成团，外有假膜包被，成熟后假膜破裂，孢子分散。遇到适宜环境，厚垣孢子萌发，产生先菌丝(担子)，具有4个细胞，担孢子侧生于担子上。该菌有生理分化或异宗结合现象(图8-19)。

8.7.4.3　发病规律

该病是芽期侵入系统性侵染的病害。种子和土壤均可传病，以种子传病为主。带病种子播种后，病菌与种子同时发芽，侵入寄主组织。病菌侵入后，菌丝蔓延到幼苗生长锥，以后随着植株生长点向上生长而伸长，最后在穗部形成冬孢子。

8.7.4.4 防治

①农业措施　与其他作物实行3年以上轮作；适时播种，不宜过早，提高播种质量，使幼苗尽快出土，减少病菌从幼芽侵入机会；拔除病穗，要求在出现灰包并尚未破裂之前进行，集中深埋或烧毁；秋季深翻灭菌，可减少菌源，减轻下一年发病。

②药剂处理种子　温水浸种：用45～55 ℃温水浸种5 min后接着闷种，待种子萌发后马上播种，既可保苗又可降低发病率；药剂拌种：用25%三唑酮可湿性粉剂，拌种后播种，防效优异。

8.7.5 粟白发病

粟白发病又称谷子白发病，俗称看谷老、刺猬头等。分布广泛，全国各谷子生产区均有发生。

8.7.5.1 症状

该病为系统侵染，在谷子各生育阶段和不同器官上分别表现为芽腐、“灰背”“白尖”“枪杆”“白发”以及“看谷老”等症状(图8-20)，还可引起局部叶斑。①芽腐：种子萌发产生的幼芽变褐弯曲，迅速死亡，甚至完全腐烂，造成缺苗。②灰背：幼苗受害，病叶正面出现黄白色条斑，背面有灰白色霉层，出新叶并再现灰背症状。

图8-20　粟白发病

1. 白发症状　2、3. 看谷老症状　4. 健穗
5. 病菌卵孢子　6. 白尖症状　7～11. 病菌症状

③ 白尖：抽穗前顶端几片新叶变成黄白色，卷筒直立向上，呈“白尖”，白尖不久变褐干枯，直立田间，称“枪杆”。④ 白发：病叶组织被破坏，散出大量黄色粉末(卵孢子)，余下灰白色卷曲如头发状的叶脉组织。⑤ 看谷老：病穗缩短、肥肿、小花内外颖变长，呈小叶状而卷曲，全穗莲松，如鸡毛帚或刺猬状，又称“刺猬头”。⑥ 局部叶斑：由灰背上产生的孢子囊再侵染其他叶片而引起，病斑呈不规则块斑或长圆形，黄至黄褐色，背面密生白色霜霉状物。在老熟叶片上仅形成小圆斑。

8.7.5.2 病原

该病由卵菌门指梗霉属谷子指梗霉菌[*Sclerospora graminicola* (Sacc.) Schrot.]引起(图8-20)。孢子囊萌发适宜温度15～16 ℃，形成的最适宜温度为21～25 ℃，卵孢子萌发适宜温度为8～20 ℃，最低10 ℃，最高35 ℃，最适土壤湿度为60%，卵孢子经过牲畜肠胃仍可发芽危害。

8.7.5.3 发病规律

病菌以卵孢子粘在种子、肥料或落入土中越冬，以土壤传染为主，卵孢子在土壤中可存活2～3年，是发病的主要初侵染源。种子发芽时土壤中卵孢子也正在萌发，遇幼嫩组织直接侵入，引起死亡或定植其中，随幼苗生长发育，陆续出现灰背、白尖、白发等。灰背时期孢子囊和游动孢子借气流传播，进行再侵染，形成灰背、枯斑。孢子囊进入顶叶，也可形成白发症状。

8.7.5.4 防治

① 农业防治　选育抗病品种；实行3年以上轮作，采用谷子与高粱轮作能减少病株率；施用不带菌的肥料，严格禁用掺杂有卵孢子的厩肥；清除谷田内病株和植株残体，将其带到地外深埋或烧毁，勿用来作饲料；田间出现“白尖”后，应连续拔除，拔白尖应及时，勿让卵孢子飞落到土内。

② 药剂防治　用汞制剂、铜制剂、40%福尔马林水溶液等处理种子；或用35%甲霜灵拌种剂、50%萎锈灵可湿性粉剂、50%多菌灵可湿性粉剂拌种，防治效果也很好。

互动学习

1. 如何诊断玉米大斑病、小斑病和灰斑病？根据三大叶斑病的发生规律，拟定综合防治措施。
2. 简述玉米纹枯病和茎基腐病的症状特征。在发生流行规律上与叶斑病有何不同？
3. 玉米丝黑穗病、瘤黑粉病和高粱散黑穗病有何异同？
4. 玉米穗腐病的病原不同，其症状特征则有差异，试根据你所在区域病害的症状判断其主要病原。
5. 谷子白发病的症状有几种类型？各具什么特点？
6. 玉米病毒病在防治策略上与菌物病害有何差异？
7. 请根据你所在区域的主要病害，拟定防治玉米病害的综合防治方案。

第 9 章 薯类病害

本章导读

主要内容

马铃薯晚疫病

马铃薯病毒病

马铃薯环腐病

马铃薯疮痂病

甘薯黑斑病

甘薯茎线虫病

马铃薯软腐病

马铃薯黑点病

马铃薯粉痂病

马铃薯黑痣病

马铃薯早疫病

马铃薯褐腐病

马铃薯青枯病

甘薯软腐病

甘薯瘟

互动学习

薯类是我国重要的粮食作物，其种植面积仅次于水稻、小麦和玉米。近年来马铃薯产业在我国发展迅速，其播种面积和产量均居世界第一位。薯类在生长和贮存过程中，常被病原物侵染而发病，其中马铃薯晚疫病是一种发生面广、流行速度快的病害，1845—1846 年爱尔兰饥馑的发生对于植物病理学的诞生起到了催化作用。

9.1 马铃薯晚疫病

马铃薯晚疫病是一种导致马铃薯茎叶死亡和块茎腐烂的毁灭性病害。马铃薯的种植地区均有发生，我国贵州、云南等西南产区，由于马铃薯在不同海拔上周年都有分布，再加上该地区降雨量较大，属于晚疫病常发地区，我国中部和北部大部分地区发生也比较普遍。其损失程度视当年当地的气候条件而异。在多雨、冷凉、适于晚疫病流行的年份，受害马铃薯提前枯死，损失20%~40%。19世纪40年代，晚疫病在爱尔兰的流行和危害举世震惊，仅800万人口的爱尔兰就有约100万人因饥饿而死亡，约150万人逃荒海外。经过1个多世纪的努力，人们通过利用和推广抗病品种，使得晚疫病一度得到控制，然而，自1980年以来，由于晚疫病菌A2交配型在世界各地的发现，新的致病类型不断产生，晚疫病再度猖獗。我国也于1996年发现A2交配型，晚疫病的防控形势不容乐观。

9.1.1 症状

主要危害叶片、叶柄、茎和块茎。田间发病最早症状出现在下部叶片。叶片发病，病斑多在叶尖和叶缘处，初为水浸状褪绿斑，后扩大为圆形暗绿色斑，病斑边缘界限不明显。在空气湿度大时，病斑扩展迅速，可扩及叶的大半以及全叶。病健交界处产生白色稀疏的霉层，在叶背或雨后清晨尤为明显，病斑可扩展到叶柄或叶脉形成褐色条斑，叶片萎蔫下垂，呈湿腐状。天气干燥时，叶片上病斑干燥呈褐色，不产生霉层，质地易裂，扩展慢，但是在茎上病斑的扩展依然很快，最后导致全株焦黑(图9-1)。

图9-1 马铃薯晚疫病(右图由河北农业大学杨军玉提供)

块茎发病，初为褐色或紫褐色不规则的病斑，稍凹陷。病斑下的薯肉不同深度的褐色坏死，与健康薯肉没有整齐的界限，病部易受其他病菌侵染而腐烂。土壤干燥时，病部发硬，呈干腐状。薯块可在田间发病后烂在地里或在贮藏期发病烂在窖里。

9.1.2 病原

由卵菌门疫霉属致病疫霉[*Phytophthora infestans* (Mont) de Bary]引起。

(1)病原形态

菌丝无色，无隔膜，在寄主细胞间隙生长，以纽扣状吸胞伸入寄主细胞吸取养分。病叶上出现的白色霉状物是病原菌的孢囊梗和孢子囊，孢囊梗2~3丛从寄主的气孔伸出，纤细，无色，1~4分枝，每个分枝的顶端膨大产生孢子囊。孢子囊无色，单胞，卵圆形，大小22~23 μm×16~24 μm，顶部有乳状突起，基部有明显的脚胞。孢囊梗顶端形成一个孢子囊后，可继续生长，而将孢子囊推向一边，顶端又形成孢子囊，最后孢囊梗成为节状，各节基部膨大而顶端尖细(图9-2)。

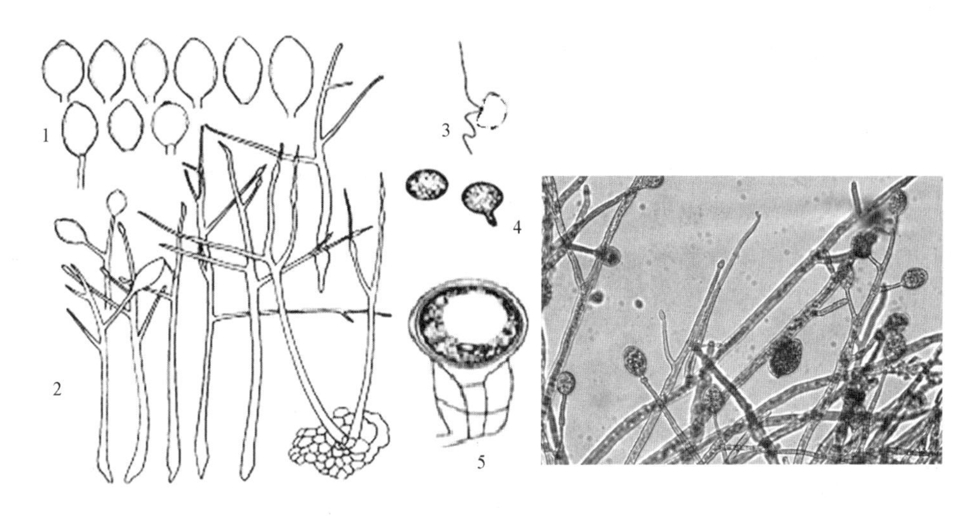

图 9-2　马铃薯晚疫病菌

（仿董金皋，2001；右图由河北农业大学杨军玉提供）

1. 孢子囊　2. 孢囊梗　3. 游动孢子　4. 休止孢及其萌发　5. 雄器、藏卵器及卵孢子

过去在自然条件下，晚疫病菌在世界大多地区都不产生有性态。两种不同的交配型（A1，A2）在人工培养基上交配可以产生卵孢子。卵孢子圆形，直径 24～56 μm，萌发产生芽管，在芽管的顶端产生孢子囊。此外，晚疫病菌还能在菌丝内部形成休眠的褐色厚垣孢子。

（2）病原生物学

孢子囊和游动孢子需要在水中才能萌发，孢子囊产生游动孢子的适宜温度为10～13 ℃，孢子囊直接萌发为芽管的温度多在 20 ℃以上形成。菌丝生长适宜温度为18～20 ℃。孢子囊形成的温度为 7～25 ℃。当相对湿度达到 85% 以上时，病菌从气孔向外伸出胞囊梗。孢子囊需要达到 95%～97% 的相对湿度才能大量形成。孢子囊在低湿高温的条件下很快失去生活力，游动孢子寿命更短，但在土壤中的孢子囊，在夏季条件下可以维持生活力达 2 个月。

晚疫病菌是一种寄生专化性比较强的菌物，在活的植株或薯块上生长良好，如在黑麦、菜豆粉和 V8 等培养基上均能生长并形成孢子囊。

（3）病原菌生理分化

马铃薯晚疫病菌存在生理分化现象。有许多生理小种，目前采取“致病疫霉生理小种国际命名方案”（Black，1953）命名。此方案用 16 个抗病型品种作鉴别寄主，它们由 4 个基因型 *R*1、*R*2、*R*3、*R*4 组合而成。相应的马铃薯晚疫病菌有（0）、（1）、（2）、…，（1，2）、（1，3）…，（1，2，3，4）等 16 个生理小种。各小种都能侵染不具任何抗性基因的品种（*r*）；其他具有抗性基因的品种只能被相对应的小种侵染，如 1 号小种能侵染 *R*1 基因品种，2 号小种能侵染 *R*2 基因品种，依次类推。从 20 世纪 60 年代以后，许多学者在茄属的很多种上又发现了新的抗病基因型 *R*5、*R*6、*R*7、*R*8、*R*9、*R*10、*R*11 以及 *Rx*、*Ry*、*Rz* 等；利用这些基因的各种组合，又可区别出晚疫病菌的许多生理小种。

9.1.3 病害循环

(1)初侵染

我国马铃薯主产区，病菌主要以菌丝体在病薯中越冬，发病轻微的薯块一旦被作为种薯使用，就有可能成为初侵染来源。此外，病菌也可以卵孢子越冬，但病株茎、叶上的菌丝体及孢子囊都不能在田间越冬。在双季作薯区，前一季遗留土中的病残组织和发病的自生苗也可成为当年下一季的初侵染源。番茄也可能是初侵染源之一或成为病菌的中间寄主植物。

(2)传播

病菌的孢子囊借助气流进行传播。病薯播种后，少数病芽形成病苗。病菌以幼苗茎基部沿皮层向上发展，形成通向地上部的茎上条斑，温湿度适宜时，病部产生孢子囊，这种病苗成为田间的中心病株。土壤内的病菌可通过起垄、耕地等农业操作传至地表；由于地势不平，经过降雨冲刷以后，不少薯块也会暴露出地表，上面的孢子囊被风雨传到附近植株下部的叶片上侵染底部叶片，成为中心病株，这类中心病株数量较多。

(3)侵入与发病

低温高湿条件时，孢子囊吸水后间接萌发，内含物分裂形成6～12个双鞭毛的游动孢子，在水中游动片刻后，便收缩鞭毛，长出被膜，呈球形，随即长出芽管。当温度高于20 ℃时，孢子囊可直接萌发成芽管。病菌间接萌发形成的游动孢子，侵染能力强，在病害流行上发挥主要作用。无论直接萌发还是间接萌发，所形成的芽管都可以从气孔侵入，也可以直接从角质层侵入叶片；侵入薯块通过伤口、皮孔或芽眼外面的鳞片；侵染靠近地面的块茎，则主要借助于由雨水渗入土中的孢子囊或游动孢子。

(4)再侵染

中心病株上的孢子囊借助气流传播，经过多次重复侵染引起大面积发病。病株上的孢子囊也可随雨水或灌溉水进入土中，从伤口、芽眼及皮孔等处侵入块茎，形成新病薯，尤以地面下5 cm以内为多。

9.1.4 影响发病的因素

①气候条件 该病是一种典型的单年流行性病害，气候条件对病害的发生和流行有极为密切的关系。当条件适于发病时，病害可迅速爆发，从开始发病到田间植株枯死，一般在1个月左右。此病在多雨年份容易流行成灾，忽冷忽暖，多露、多雾或阴雨有利于发病。病菌孢囊梗的形成要求空气相对湿度不低于85%，孢子囊的形成要求相对湿度在90%以上，而以饱和湿度为最适。因此，孢囊梗常在夜间大量形成。孢子囊在叶片上必须有水滴或水膜才能萌发侵入。孢子囊萌发的方式和速度与温度有关，温度为10～13 ℃时，孢子囊萌发产生游动孢子，3～5 h即可侵入；温度高于20 ℃时则直接萌发产生芽管，速度较慢，需5～10 h才能侵入。病菌侵入寄主体内后，以20～23 ℃时菌丝在寄主体内蔓延最快，潜育期最短；温度低，菌丝生长发育速度

减缓，同时也减少孢子囊的产生量。因此，当夜间较冷凉，气温为10 ℃左右，重雾或有雨，促进菌丝产生大量的孢子囊；白天较温和，16～24 ℃，伴有高湿，则促进孢子囊迅速萌发、侵入以及菌丝的生长发育，病害极易流行。反之，如雨水少、温度高，病害发生轻。

②品种抗病性　马铃薯的不同品种对晚疫病的抗病性有很大差异。克新1号、2号、3号，跃进，克疫等较抗病；大西洋、夏波蒂、男爵、白头翁等高度感病。各品种在不同的生育期抗病性比较稳定，即无论在任何生育时期，对能侵染该品种的小种，各生育期都感病；对不能侵染的小种，各生育期都抗病。这种特性对于选育抗病品种很有利。一般叶片平滑宽大、叶色黄绿、匍匐型的品种较感病；叶小而具有茸毛、叶肉厚、叶色深绿、株形直立的品种较抗病。

③栽培措施　地势低洼、排水不良的地块发病重，平地较垄地重。密度大或株形大可使小气候湿度增加，也利于发病。施肥与发病有关，偏施氮肥引起植株徒长，土壤瘠薄、缺氮或黏土等使植株生长衰弱，有利于病害发生。增施钾肥可减轻危害。

9.1.5　防治

防治策略是选用抗病品种，种植无病种薯，消灭中心病株，结合病情预报全面喷药保护。

①选用抗病品种　马铃薯对晚疫病菌的抗性有两种类型。一种是寡基因遗传的小种专化性抗性，其表现形式为过敏性坏死反应，由来自*Solanum*的*R*基因所控制，这种抗性容易利用，但不持久，因为它只能抗非匹配的小种，较易因病原菌突变或有性重组而被克服；另一种类型是非小种专化性的，多基因遗传的部分抗性或田间抗性，是持久的。部分抗性或田间抗性的缺点是它与某些环境组分如日照长度、温度、光强度等互作，在某一环境下表现具有足够抗性水平的品种在另一环境下变得更为感病。当*R*基因抗性与部分抗性同时存在于同一群体中时，在病原物没有匹配小种的情况下，具有*R*基因的基因型将会表现高度抗病，使部分抗性的选择无法进行，经数轮选择，群体原有的部分水平抗性就会下降。由于*R*基因和多基因混合在一起，抗病育种的策略较为复杂。晚疫病容易发生变异，常由于出现新的小种而使一些抗病品种丧失抗病性。因此，在推广寡基因抗病品种时要注意品种搭配，避免品种单一化，要根据当地生理小种的分布、组合和消长规律，合理利用抗病品种，进行品种轮换。

②建立无病留种地，选用无病种薯　由于带病种薯是主要的初侵染来源，严格选用无病种薯对晚疫病起着重要作用。无病留种田应与大田相距2.5 km以上，严格实施各种防治措施。收获时应进行严格挑选，选取表面光滑、无病斑和无损伤的薯块留种用，晾晒数日后单收、单藏等。在播种催芽和切块时还应仔细检查，彻底清除遗漏的病薯。

③加强栽培管理　选择砂性较强的或排水好的地块种植马铃薯。适时早播，不宜过密。合理使用氮肥，增施钾肥，保持植株健壮，增强植株的抗病力。合理灌溉，结薯后增加培土成高垄，减少薯块受侵染的机会。还要及时清理中心病株或摘除病叶，将病残体移出田块并深埋。

④药剂防治　及时发现中心病株，喷药保护全田。封锁和消灭中心病株是大田

防治的关键。发现中心病株后立即喷药，重点喷施中心病株附近。防治晚疫病有效药剂有春·王铜、代森锰锌·霜脲氰、霜脲·锰锌、霜霉威、敌菌灵、退菌特、甲霜·锰锌、恶霜·锰锌等。为防止抗药性的产生，建议几种药剂轮换使用，或将内吸性和保护性制剂混合使用。

9.2 马铃薯病毒病

马铃薯病毒病是马铃薯生产上的主要病害。该病在我国大部分地区发生均十分严重，一般使马铃薯减产20%~50%，严重的达80%以上。感染病毒的马铃薯通过块茎无性繁殖进行世代积累和传递，致使块茎种性变劣，产量不断下降，甚至失去利用价值，不能留种再生产。

根据症状表现，常常将马铃薯病毒病分为马铃薯花叶病和马铃薯卷叶病两大类。马铃薯花叶病毒病(Potato mosaic virus，PMV)是由多种病毒单独或复合侵染的一类病害，普遍分布于世界马铃薯种植区，在我国也广为分布，但由于高温降低植株对花叶病毒病的抵抗力，因此以南方发生较为严重。不同病毒单独侵染或复合侵染在不同品种上可引起不同的症状和产量损失。马铃薯卷叶病是一种马铃薯种性退化的主要病害，在我国广泛分布，尤其是东北、西北等北方地区，其产量损失一般为30%~40%，严重时可达80%~90%。

马铃薯纺锤块茎病由类病毒(PSTVd)引起。1967年由Dienner和Raymer发现并证实。据报道，马铃薯纺锤块茎病在美国、加拿大、前苏联的马铃薯种植区均有发生；在南非，该类病毒也引起番茄病害。轻型株多于重型株，其比例为10:1。轻型病株造成损失为15%~25%；重型株约为65%。

9.2.1 症状

不同病毒单独或复合侵染在不同品种上可引起不同症状(图9-3)。

①普通花叶病　植株感病后，生长正常，叶片平展，但叶脉间轻花叶，表现为叶肉色泽深浅不一。叶片易见黄绿相间的轻花叶。在某些寄主上，高温和低温下都可

1

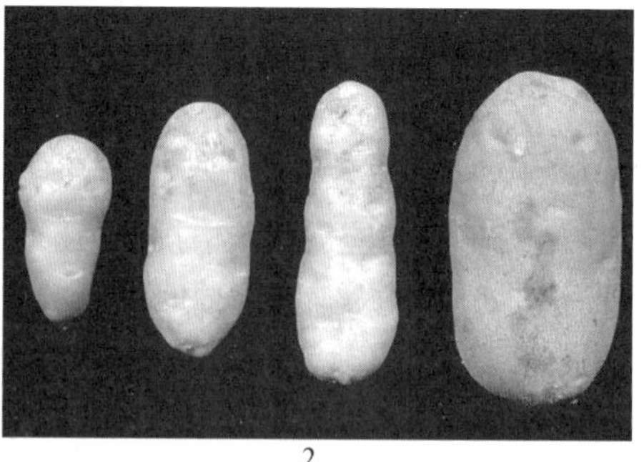
2

图9-3　马铃薯卷叶病

1. 马铃薯卷叶病(河北农业大学杨军玉提供)　2. 马铃薯纺锤块茎病

隐症，受害的块茎不表现症状。但随着马铃薯品种、环境条件及病毒株系的不同而有一定的差异，毒性强的株系也可引起皱缩、条纹、坏死等。

② 重花叶病　发病初期，顶部叶片产生斑驳花叶或枯斑，以后叶片两面都可形成明显的黑色坏死斑，并可由叶脉坏死蔓延到叶柄、主茎，形成褐色条斑，使叶片坏死干枯，植株萎蔫。不同品种反应不同，如植株矮小，节间缩短，叶片呈普通花叶状，叶、茎变脆。带毒种薯长出的植株可严重矮化皱缩或出现条纹花叶状，也可隐症。病株薯块变小。

③ 皱缩花叶病　病株矮化，叶片小并严重皱缩，花叶症严重，叶尖向下弯曲，叶脉和叶柄及茎上有黑褐色坏死斑，病组织变脆。危害严重时，叶片自下而上枯死，顶部叶片可见斑驳。病株的薯块较小，也可有坏死斑。

④ 卷叶病　典型的症状是叶缘向上弯曲，病重时呈圆筒状。初期表现在植株顶部的幼嫩叶片上，先是褪绿，继而沿中脉向上卷曲，扩展到老叶。叶片小，厚而脆，叶脉硬，叶色淡，叶背面可呈红色或紫红色。病株不同程度的矮化，因韧皮部被破坏，在茎的横切面可见黑点，茎基部和节部更为明显。块茎组织表现导管区的网状坏死斑纹。

⑤ 纺锤块茎病　受害植株分枝少而直立，叶片上举，小而脆，常卷曲。靠近茎部，节间缩短，现蕾时明显看出植株生长迟缓，叶色浅，有时发黄，重病株矮化。块茎变小变长，两端渐尖呈纺锤形。芽眼数增多而突出，周围呈褐色，表皮光滑。

9.2.2 病原

马铃薯病毒病由多种病毒侵染引起，国际上已报道 20 多种。国内主栽品种上发病率很高，并普遍存在复合侵染现象。我国马铃薯病毒种类主要有以下几种：马铃薯 X 病毒(PVX)、马铃薯 Y 病毒(PVY)、马铃薯卷叶病毒(PLRV)、马铃薯潜隐花叶病毒(PVS)、马铃薯皱缩花叶病毒(PVM)、马铃薯纺锤块茎病毒(PSTVd)、马铃薯 A 病毒(PVA)、马铃薯古巴花叶病毒(PAMV)等。马铃薯黄矮病毒(PYDV)为我国对外检疫对象。

① 普通花叶病　PVX 属马铃薯 X 病毒属，为单链 RNA，粒体线状，515nm × 12nm，钝化温度 68 ~ 74℃，稀释限点 10^{-5} ~ 10^{-6}，体外存活期为数周至数月。接触摩擦传毒，贮藏期间通过幼芽接触可传毒，还可借助马铃薯癌肿病的游动孢子传播，可种传，尚未发现传毒昆虫介体。

② 重花叶病　PVY 属马铃薯 Y 病毒属，为单链 RNA，粒体线状，795nm × 12nm，钝化温度 52 ~ 62℃，稀释限点为 10^{-5} ~ 10^{-4}，在室温下存活 2 周。现已知至少有 3 个株系：Y^C 株系；普通株系 Y^O；烟草坏死株系 Y^N(Y^R)。根据 Г. Eфимова 的资料，Y^N 株系能引起马铃薯植株产生明显的斑点，不能引起典型垂叶和条纹花叶，有时能看到叶脉坏死，严重时看到明显的花叶。桃蚜是 Y^N 株系最有效的传毒介体，Y^N 也可接触传毒。

③ 皱缩花叶病　由 PVX 和 PVY 复合侵染，可引起马铃薯退化。

④ 卷叶病　PLRV 属马铃薯卷叶病毒属，单链 RNA，无包膜，粒体球状，直径

24nm，钝化温度 70～80℃，稀释限点 10^{-5}，体外存活期 3～5 天。PLRV 已鉴定有几个株系，但它们在马铃薯和其他寄主上症状类型是相同的，只是严重程度不同。

⑤ 纺锤块茎病　PSTVd 属类病毒，只有核酸，无衣壳蛋白，有病原性的 RNA，呈环状，分子量为 1.27×10^5，钝化温度为 70～80℃，在酚处理液中为 90～100℃，稀释限点为 10^{-3}～10^{-2}，体外存活期 3～5 天。在番茄上引起相似的症状，重型株在番茄上可引起心叶皱缩、叶脉坏死和严重束顶；轻病株对后接种的重病株有交叉保护作用。已知弱株系减产 20%～30%；强株系减产 60%～70%。

9.2.3 病害循环

① 普通花叶病　初侵染来源主要是带毒种薯，其次是田间自生苗和其他寄主植物，种子带毒和传病的很少。在田间主要通过病株、带毒农具、人手、衣服等与健株接触摩擦及蝗虫取食等扩大再侵染。

② 重花叶病　初侵染来源主要是带毒种薯，其次是其他寄主植物。可借汁液摩擦传染，在自然界主要是由桃蚜等多种蚜虫传染。当年感染的植株块茎 30%～70% 带毒，其后代的块茎则 100% 带毒。

③ 皱缩花叶病　初侵染来源主要是带毒种薯，其次是其他寄主植物；种薯一般都带 PVX，调运到长城以南各地种植区后，若再感染上 PVY，则当年此病发病率高达 30%～50%。若在生长后期才感染上 PVY，病株不一定表现症状，其所结薯块只能感染 PVX；若在其生育前期感染上 PVY，病株表现此症状，所结薯块多数同时带有两种病毒，该薯块翌年作种薯，就会 100% 表现症状。

④ 卷叶病　由种薯传带作为初侵染来源。蚜虫传染，汁液接触不能传染，传毒介体有桃蚜、棉蚜、马铃薯蚜，但后两者侵染率不高。蚜虫取毒饲育 2 h，接毒饲育 15 min即可侵染，但期间有数小时的潜育期。带毒蚜虫可持久传毒，甚至可以终生传毒，但不能传给下一代。蚜虫传毒的范围不远，一般是在病株附近 3～4 行内的马铃薯最易感染。除蚜虫外，二十八星瓢虫及田蟒象也可传毒。

⑤ 纺锤块茎病　主要是机械传播，可经切刀和嫁接传染；咀嚼式口器昆虫如绿盲蝽和草叶蝉也可传毒，但居次要地位；刺吸式口器昆虫传播还未被证实。种子传毒率很高，年度间的传毒主要通过种薯。

9.2.4 影响发病的因素

① 普通花叶病　马铃薯生长季节，尤其当结薯期遇上高温时容易发病。高温干燥有利于传毒介体昆虫的大量繁殖，发病加重。

② 重花叶病　干旱温暖年份蚜虫发生量大，有利于病害发生；在海拔较高的地区，由于多雾、高湿、风大，不利于蚜虫繁殖，病害发生轻。

③ 皱缩花叶病　高海拔、低温、昼夜温差大的生态环境对病毒的繁殖有抑制作用。

④ 卷叶病　天气干旱、高温有利于蚜虫生长繁殖，发病重。气温低、湿度高而多雨的地区，对于蚜虫的繁殖不利，发病则轻。在海拔高的山区，由于夜间温度低、

湿度大，不利于蚜虫生长繁殖，发病轻。

⑤ 纺锤块茎病　蚜虫、马铃薯甲虫、牧草盲蝽象的发生程度与病害轻重有关。

9.2.5 防治

防治策略应以采用无毒种薯为主，结合选用抗病品种及治虫防病等综合防治措施。

① 生产和采用无毒种薯　一般采用单株混合选择、株系选择和实生苗留种等方法选取及培育无病毒种薯。实生苗留种，因为马铃薯种子不带病毒，近年来利用抗病的杂交组合种子播种的实生苗所结的块茎作为第二年的种薯，有好的防病效果。但田间应注意防蚜，避免植株当年感染病毒。近年来，利用茎尖组织培养法的生物技术，获得健康种薯，已成为一个重要手段。首先利用茎尖组织培养出脱毒核心材料(试管苗)，作为原始种源。其次脱毒试管苗扩繁，采用单节茎切段培养基扦插法，得到的块茎即为脱毒原原种。再用脱毒原原种在隔离条件下，田间继续繁殖为一代脱毒种薯，即一级脱毒原种，以后逐级繁育至三级脱毒原种、一、二级良种大面积生产应用。

② 选用抗病良种　马铃薯病毒病种类很多，且一种病毒往往有几个株系，各株系在马铃薯不同品种上反应不同，因而抗病毒育种十分复杂，很难得到兼抗多种病毒的品种。因此要针对当地主要病毒选育品种。目前种植广泛的抗病毒品种有内薯 7 号、大西洋、中薯 2 号等。其他老的品种东农 303、白头翁、丰收白、疫不加、克新 1 号、2 号、3 号及广红 2 号均抗花叶病；马尔卓、燕子、阿奎拉、渭会 4 号、抗疫 1 号等抗卷叶病。近年选育出的一些新品种包括抗 PVY、PLRV 的晋薯 17 号、抗 PVY 的中薯 4 号、抗 PMV 的青薯 4 号和川芋 5 号、抗 PMV 和 PLRV 的青薯 8 号和陇薯 6 号、抗 PVY、PVX 的凉薯 8 号、抗 PVY 和 PLRV 的晋薯 15 号等。

③ 夏播和两季作留种　这是防止种薯退化解决就地留种的有效方法。在无霜期短的北方一季区，可将正常的春播推迟到夏播留种(6 月下旬至 7 月上中旬播种)；在无霜期长的南方两季作地区，一年种两茬马铃薯，即春秋两季播种，以秋播马铃薯作种用。这样南北两地的种薯形成期都在低温季节，既有利于马铃薯生长健壮，又可以控制病毒增殖扩展的速度。

④ 化学防治　在留种地及时防蚜对减轻退化有显著效果，尤其对卷叶病毒效果明显。也可选用病毒钝化剂，如毒菌清等。

⑤ 加强栽培管理　目的是促早熟，保证增产，并避免在高温下结薯。为此，须因地制宜适时播种，高畦栽培，合理用肥，拔除病株，勤中耕培土，注意改良土壤理化性状。

⑥ 热处理　国外资料显示，种薯 35 ℃经 56 天或 36 ℃经 39 天处理，可除卷叶病毒。芽眼切块后变温处理(每天 40 ℃ 4 h，16～20 ℃ 20 h 时，共处理 56 天)，也可以除去卷叶病毒。

9.3　马铃薯环腐病

马铃薯环腐病又称轮腐病，俗称转圈烂、黄眼圈。目前在欧洲、北美、南美及亚洲的部分国家均有发生，是一种世界性的由细菌引起的维管束病害。目前已遍及全国各马铃薯产区，病田一般发病株率在10%左右，严重田块发病率可达20%以上，一般减产5%~10%，严重者可达20%以上，特别严重病地块减产达60%以上。此病不仅影响产量，还造成储藏期的烂窖，影响块茎质量。

9.3.1　症状

田间发病一般在开花期后。初期症状为叶脉间褪绿。呈斑驳状，以后叶片边缘或全叶黄枯，并向上卷曲，发病先从植株下部叶片开始，逐渐向上发展至全株。由于环境条件和品种抗病性的不同，植株症状也有很大差别。可引起地上部茎叶萎蔫和枯斑，地下部块茎维管束发生环状腐烂(图9-4)。

①斑枯型　多在植株基部复叶的顶上先发病，叶尖和叶缘呈绿色，叶肉为黄绿或灰绿色，具明显斑驳，叶尖变褐枯干，叶片向内纵卷，病茎部维管束变褐色。

②萎蔫型　从现蕾时发生，叶片自下而上萎蔫枯死，叶缘向叶面纵卷，呈失水状萎蔫，茎基部维管束变淡黄或黄褐色，植株提前枯死。

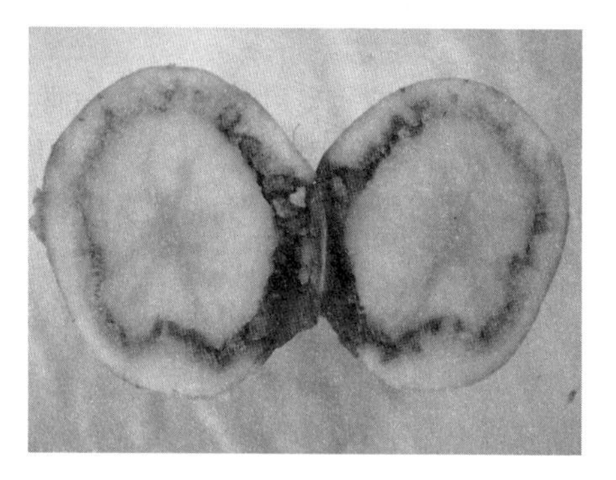

图9-4　马铃薯环腐病

块茎轻度感病外部无明显症状，随着病势发展，皮色变暗，芽眼发黑枯死，也有表面龟裂，切开后可见维管束呈乳白色或黄褐色的环状部分。轻者用手挤压，流出乳黄色细菌黏液；重病薯块病部变黑褐色，生环状空洞。用手挤压薯皮与薯心易分离。

9.3.2　病原

病原为棒形杆菌属密执安棒形杆菌环腐亚种[*Clavibater michiganense* subsp. *sepedonicum* (Spieckermann et Kotthoff) Davis et al.]，异名为*Corynebacterium sepedonicum* (Spieck. et Kotth.) Skapt. et Burkh.。革兰染色阳性，菌体短杆状，有的近圆球形或棒状，大小为0.4~0.6 μm×0.8~1.2 μm；无鞭毛，不能游动；无芽孢和荚膜，好气性，呼吸型代谢。

生长温度范围1~33 ℃，适温20~23 ℃，致死温度为56 ℃，生长最适pH 7.0~8.4。在液体培养液中，有时成双或4个联生；在营养琼脂上菌落圆形，白色，表面光滑，薄而半透明，有光泽；在PDA及牛肉汁蛋白胨培养基上，生长缓慢，5~7天才长成针头大小的菌落；若以新鲜培养物制片，在显微镜下观察到相连的呈“V”形、“L”型、“Y”形菌体；在酵母蛋白胨葡萄糖培养基上生长较快。

环腐病菌的寄主专化性较强，自然条件下只侵染马铃薯，人工接种可侵染30余种茄科植物；茄苗对环腐病菌侵染敏感，接种后7～12天即表现症状，可作为鉴别寄主。

9.3.3 病害循环

病菌在种薯中越冬，成为翌年初侵染来源。也可以在盛放种薯的容器上长期存活，成为薯块感染的一个来源。病菌主要靠切刀传播。据试验，切一刀病薯可传染24～28个健薯。病菌经伤口侵入，不能从气孔、皮孔、水孔侵入，受到损伤的健薯只有在维管束部分接触到病菌才能感染。昆虫、灌溉水和雨水在病害传播中作用不大。病薯播种后，病菌在块茎组织内繁殖到一定数量后，部分芽眼腐烂不能发芽。出土的病芽中，病菌沿维管束上下扩展，引起地上部植株发病。马铃薯生长后期，病菌可沿茎部维管束经由匍匐茎侵入新生的块茎，感病块茎作种薯时又成为下一季或下一年的侵染来源。

病菌直接在土壤中存活的时间很短，在土壤中残留的病薯或病残体内存活的时间很长，甚至可以越冬。但是第2年或下一季在扩大其再侵染方面的作用不大。收获期是此病的重要传播时期，病薯和健薯可以接触传染。在收获、运输和入窖过程中有很多传染机会。

9.3.4 影响发病的因素

影响环腐病流行的主要环境因素是温度。病害发展最适土壤温度为19～23 ℃，超过31 ℃病害发展受到抑制，低于16 ℃症状出现推迟。一般来说，温暖干燥的天气有利于病害发展。贮藏期温度对病害也有影响，在温度20 ℃上下贮藏比在低温1～3 ℃贮藏发病率高得多。播种早，发病重；收获早则病薯率低。病害的轻重还取决于生育期的长短，夏播和二季作一般病轻。病薯率的高低因品种抗性不同而异。抗病品种病薯率很低。

9.3.5 防治

防治策略应采取以加强检疫，杜绝菌源为中心的综合防治措施。

① 严格执行检疫制度　环腐病的侵染来源主要是带菌种薯，只要不用病薯作种，病区会逐渐缩小，危害会逐渐减轻。调种时应进行产地调查，种薯检验，确定无病方可调运。

② 建立无病留种基地，培育和选用抗病品种　繁育无病种薯可与脱毒生产体系相结合，从无病试管苗和原种繁育到各级种薯的生产，每一环节控制环腐病的侵染，以确保种薯无病。病区可利用克疫、晋薯2号、克新1号、高原7号、坝薯10号、东农303、疫不加、阿奎拉、波友2号、波郑薯4号、长薯4号、长薯5号等抗病品种。

③ 汰除病薯，加强栽培管理　播种前把种薯先放在室内堆放5～6天晾种，不断剔除烂薯，使田间环腐病大为减少。此外，用50 μg/kg硫酸铜浸泡种薯10 min有较好效果。提倡选用小薯块整薯播种。施用磷酸钙作种肥。在开花后期，加强田间检

查，拔除病株及时处理，防治田间地下害虫，减少传染机会。

④ 切刀消毒　如用切块播种，应进行切刀消毒以防传染，用5%石炭酸或0.2%升汞水浸泡切刀，切病种薯后消毒，可将田间发病率压低到0.1%以下。

9.4 马铃薯疮痂病

马铃薯疮痂病是一种世界性病害，在各国的马铃薯种植区均有发生，给马铃薯的生产造成很大的经济损失。此病在我国马铃薯种植区也普遍发生，对微型薯产生的影响尤为严重，有的地区微型薯发病率达30%~60%。在内蒙古西部地区马铃薯疮痂病的发病率一般在10%~50%。

9.4.1 症状

图9-5　马铃薯疮痂病

马铃薯疮痂病主要发生在马铃薯块茎上。在块茎表面先产生褐色小点，造成侵染点周围的组织坏死，扩大后形成褐色圆形或不规则形大斑块。因产生大量木栓化细胞致表面粗糙，后期中央稍凹陷或凸起，形成疮痂状硬斑块，严重时病斑连片，影响马铃薯的外观，降低薯块的品质。病斑仅限于皮部，不深入薯内，有别于粉痂病。匍匐茎也可受害，多呈近圆形或花圆形的病斑(图9-5)。

9.4.2 病原

马铃薯疮痂病由革兰阳性菌链霉菌属疮痂链霉菌[*Streptomyces scabies* (Thaxter) Waks et Henrici]引起。菌体丝状，有分枝，极细，尖端常呈螺旋状，连续分割生成大量孢子。孢子圆筒形，孢子灰色、光滑，链状，产生黑色素，大小为1.2~1.5 μm×0.8~1.0 μm。能以L-阿拉伯糖、D-果糖、D-葡萄糖、D-甘露醇、鼠李糖、蔗糖、D-木糖、棉子糖为单一碳源，对链霉素敏感，不能在pH<5.0的条件下生长，在PDA培养基上形成很小的圆形菌落，直径1~10 mm，白色至黄褐色，早期光滑，后呈颗粒状、粉状。引起疮痂病的病原较复杂，已鉴定和报道了多种病原菌，为链霉菌属，包括*Streptomyces scabies*、*S. acidiscabies*和*S. turgidiscabies*等，并不断有一些新的链霉菌致病种被发现，呈现出较大的多样性。

9.4.3 病害循环

病菌在土壤中腐生，或在病薯上越冬。在块茎生长的早期表皮木栓化之前，病菌可从皮孔或伤口侵入引起发病，而当块茎表面木栓化后，侵入则较困难。

9.4.4 影响发病的因素

播种带菌种薯，植株极易发病；健薯播入带菌土壤中也能发病。在田间，蛀食性昆虫有传病作用。适于该病发生的温度为25～30 ℃，在酸碱度pH 5.2～8.0的砂壤土发病重。品种间抗病性有差异，一般白色薄皮品种较之褐色厚皮的感病，抗疮痂病的品种一般不抗黑痣病。此外，块茎形成期适当灌水可减少侵染几率；适当施用钙、锰等微肥可缓解病情。在连作地、偏碱地及栽培管理不当的情况下则发生更为严重。由于该病对产量影响不大，往往被人们忽视，致使该病有逐年加重的趋势。

9.4.5 防治

① 选种抗病品种　一般选用黄皮厚皮品种，如夏坡地、费乌瑞它、大西洋等。

② 实行轮作　在易感疮痂病的萝卜等块根作物地块上不要种植马铃薯；与葫芦科、豆科、百合科蔬菜进行5年以上轮作。

③ 加强田间管理　选择保水好的菜地种植，结薯期保持土壤湿度，遇干旱应及时浇水；多施充分腐熟的有机肥或绿肥，补充钙、锰等微肥，减缓病情；种植马铃薯地块上，避免施用过量石灰，增加酸性肥或调节剂提高土壤酸度，保持土壤pH 5.0～5.2。

④ 药剂防治　播前种薯处理。选用无病种薯，严禁从病区调种。播前进行种薯消毒，用40%福尔马林120倍液浸种4 min，或200倍液浸种2 h，浸种后再切成块，否则容易发生药害。还可用70%代森锰锌或农用链霉素的稀释液浸种处理，或用对苯二酚100 g，加水100 L配成0.1%的溶液，于播种前浸种30 min。采用土壤消毒。重病田播前进行土壤药剂处理，可应用代森锰锌、福尔马林等杀菌剂消毒，减少侵染菌源。在发病初期使用65%代森锰锌可湿性粉剂1 000倍液或使用72%农用链霉素2 000倍液进行喷洒2～3次，间隔为7～10天。常用药剂包括福尔马林、代森锰锌、农用链霉素、对苯二酚、福尔马林等。

9.5 甘薯黑斑病

甘薯黑斑病又名甘薯黑疤病，世界各甘薯产区均有发生。1890年首先发现于美国，1919年传入日本，1937年由日本传入我国辽宁省盖县，以后逐步蔓延至全国各甘薯产区，成为我国甘薯产区普遍而危害严重的病害之一。据统计，每年由该病造成产量损失5%～10%，严重时达20%～50%。该病不仅在大田危害严重，还导致苗床烂苗、贮藏期烂窖，而且病薯产生甘薯黑疤霉酮、甘薯醇、甘薯宁等多种毒素，人畜食用后引起中毒，严重时可死亡。

9.5.1 症状

甘薯黑斑病在苗期、生长期及贮藏期均可发生。主要危害薯苗、薯块，不危害绿色部位(图9-6)。

图9-6　甘薯黑斑病

(河北农业大学杨军玉提供)

薯苗受害多在幼芽基部及其白色部分发病。初形成圆形或梭形小黑斑，稍凹陷，后逐渐扩展至环绕薯苗基部形成黑脚状。地上部病苗生长衰弱，矮小，叶片发黄，严重时死亡。湿度大时，病部可长出灰色霉层（菌丝体和分生孢子），后期病斑丛生黑色毛刺状物和粉状物（子囊壳和厚垣孢子）。

病苗移栽到大田后，病重苗不能扎根而枯死。病轻苗在接近土面处长出少数侧根，但生长衰弱，叶片发黄脱落，遇干旱易枯死，造成缺苗断垄。即使成活，结薯少而小。薯蔓上的病斑可蔓延到新结的薯块上，多在伤口处出现圆形、椭圆形或不规则形病斑，中央稍凹陷，生有黑色毛刺状物及粉状物。病斑下层组织坚硬，墨绿色，味苦。薯拐受害，常变褐色或黑褐色，中空或表面龟裂，但薯拐以上绿色秧苗一般不发病。

贮藏期薯块上的病斑多发生在伤口和根眼上，逐渐扩大成圆形、椭圆形或不规则形膏药状病斑，稍凹陷，直径1～5 cm不等，轮廓清晰，常愈合成大片布满薯块。严重时薯块腐烂，造成烂窖。温湿度适宜时，病斑表面可产生灰色霉层和黑色刺毛状物，顶端附有黄白色蜡状小粒（子囊孢子团）。贮藏后期常与其他菌物、细菌病害并发，引起腐烂。

9.5.2 病原

病原为子囊菌门长喙壳属甘薯长喙壳菌（*Ceratocystis fimbriata* Ellis et Halsted）。菌丝体无色透明，老熟后深褐色或黑褐色，寄生于寄主细胞间或偶有分枝伸入细胞内。无性繁殖产生内生分生孢子和内生厚垣孢子（图9-7）。分生孢子梗由菌丝顶端或侧枝上形成，鞘状，分生孢子成熟后由分生孢子鞘内依次推出。分生孢子无色，单胞，圆筒形或棍棒形，两端平截。大小为9.3～50.6 μm×2.8～5.6 μm。厚垣孢子由菌丝顶

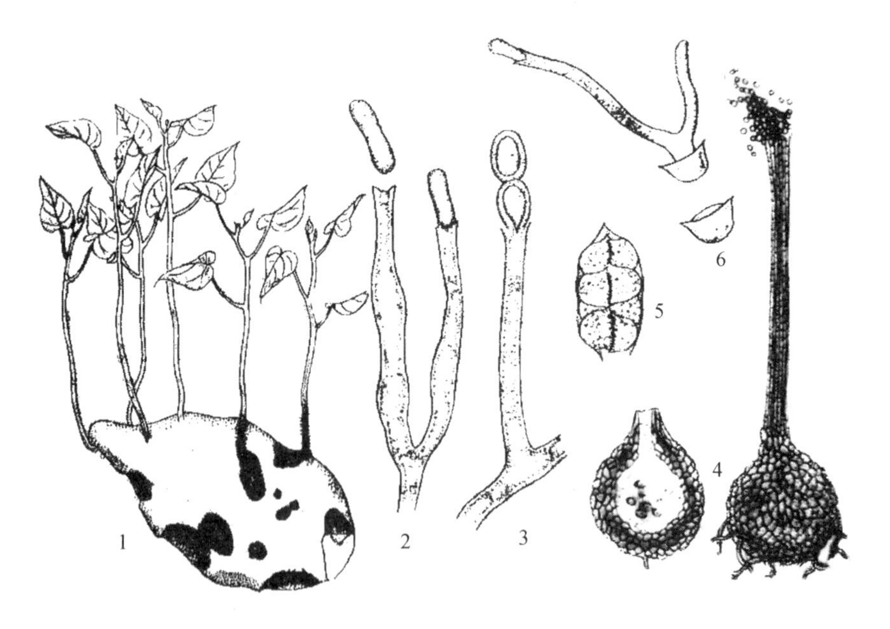

图9-7 甘薯黑斑病（引自张满良，1997）

1. 症状 2. 分生孢子梗及分生孢子 3. 厚垣孢子
4. 子囊壳 5. 子囊及子囊孢子 6. 子囊孢子

端或侧枝产生，暗褐色，椭圆形，具厚壁，10.3～18.9 μm×6.7～10.3 μm。大量产生于病薯皮下，有较强的抗逆境能力，需经一段时间休眠后才可萌发。有性生殖产生子囊壳，子囊壳呈长颈烧瓶状，基部膨大呈球形，具长喙。子囊梨形或卵圆形，内含8个子囊孢子。子囊壁薄，成熟后壁自溶，子囊孢子散生在子囊壳内。潮湿时吸水膨胀，将子囊孢子排出喙口，聚集成黄白色蜡状物。子囊孢子无色，单胞，钢盔形，壁薄，5.6～7.9 μm×3.4～5.6 μm。子囊孢子形成后不经休眠即可萌发，在病害的传播中起主要作用。

该病原菌种内有很多株系，形态相似但有高度寄生专化性。该病原菌寄主范围广泛，除甘薯外，还侵染多种一年生的草本植物和多年生的木本植物，如可可、杧果、法桐、美国悬铃木、咖啡、桉树、柑橘、酸橙、石榴、橡胶树、杏、李等。

9.5.3 病害循环

甘薯黑斑病菌以子囊孢子、厚垣孢子和菌丝体在贮藏病薯或土壤病残体上越冬，带菌种薯和秧苗是主要的初侵染来源，其次是带有病残组织的土壤和肥料。病菌附着于秧苗表面或潜伏在种薯皮层组织内，育苗时，在病部产生大量的孢子，传播并侵入附近的种薯和秧苗，发病轻则减少拔苗茬数，重则造成烂坑。带病薯苗插秧后，污染土壤导致大田发病，重病苗在短期内死亡，轻病苗生根后，在近土表的蔓上病斑易形成愈伤组织，病情有所缓解。大田土壤带菌传病率较低，病菌一般是由薯蔓蔓延到新结薯块上，形成病薯。鼠害、地下害虫、收获和运输过程中的操作、农机具、种薯接触有利于病菌的传播和侵染。入窖前，如果已造成大量创伤，入窖后温、湿度适宜病菌侵入，可造成大量潜伏侵染，春季出窖病薯率明显增加。贮藏期一般只有1次侵染。黑斑菌寄生性较弱，主要由伤口侵入。甘薯收获、装卸、运输过程中造成的机械伤口以及虫兽伤口是病原菌侵入的主要途径。此外，病原菌还可从芽眼、皮孔等自然孔口以及幼苗根部的自然裂口处侵入。分生孢子和子囊孢子在田间主要靠种苗、种薯、肥料和人畜携带传播；收获、贮藏期，病菌可通过人、畜、昆虫、田鼠和农具等媒介传播。

9.5.4 影响发病的因素

① 品种抗性　甘薯品种之间抗病性有明显差异，其抗病性差异与薯块皮层薄厚、薯块质地、含水量、伤口木栓层形成快慢等特性有关。易发生裂口、皮薄易破裂、伤口愈合速度较慢的品种发病重。秧苗地下部白色部分组织幼嫩，病原菌易于侵入，因此较地上绿色部位感病。目前，未发现对黑斑病免疫的甘薯品种。研究表明，甘薯抗黑斑病性是由多基因控制的数量性状遗传。我国国内农家种、育成种和国外引进种均存在着丰富的甘薯黑斑病抗源。近年来，全国各地育成的抗病品种有苏薯9号、徐薯23、渝苏303、渝苏76、渝苏153、鄂薯2号、冀薯99、烟薯18、烟紫薯1号、鲁薯7号等。在抗黑斑病资源中，有些品种如农林26号、金山2778、岩粉1号、龙泉169、泉3101、安薯07、莲薯37和济薯11，兼抗或高抗茎线虫病和根腐病。温度影响寄主木栓层和植物保卫素的形成，从而影响寄主的抗病性，在20～38 ℃范围内，

温度越高，抗病性越强。

② 温度和湿度　黑斑病的发病温度和病原菌的发育温度一致。土壤温度在 15 ~ 30 ℃均能发病，最适温为 25 ℃，低于 8 ℃或高于 35 ℃病害即停止发展。贮藏期间，15 ℃以上利于发病，最适发病温度为 23 ~ 27 ℃，10 ~ 14 ℃较轻，35 ℃抑制发病。田间发病与土壤含水量有关。在适温范围内，土壤含水量在 14% ~ 60% 时，病害随湿度的增加而加重，超过 60%，又随湿度的增加而递减。多雨年份、地势低洼，土壤黏重的地块发病重。

③ 栽培管理　伤口是病原菌侵入的主要途径。伤口多，发病重。薯块裂口多，虫鼠危害多，在收获、运输和贮藏过程中造成大量的伤口，加之入窖初期薯块呼吸强度大，散发水分多，温、湿度高，附着在薯块表面的病原菌极易萌发侵入，发病快，烂窖严重。此外，连作地发病重，而轮作地发病轻。

9.5.5　防治

甘薯黑斑病应采取培育无病种薯为基础，培育无病壮苗为中心，安全贮藏为保证，药剂防治为辅的综合防治措施。

(1) 严格检疫

严禁从病区调运种薯、种苗。

(2) 选用抗病品种

抗病品种有：鲁薯 7 号、豫薯 4 号、豫薯 6 号、皖薯 2 号、苏薯 9 号、南京 92、华东 51、夹沟大紫、烟薯 6 号、烟薯 18、烟紫薯 1 号和徐薯 18 等。

(3) 选用无病种薯

① 建立无病留种田　要求秧苗、土壤和粪肥不带菌，并注意防止农事操作传入病菌。因此要做到：留种地要选用 3 年以上未栽种甘薯的生地；采用高剪苗，结合药剂浸苗，或在春薯蔓上剪蔓插植夏苗；留种地收获的种薯，要单收、单运、单藏，收获运输工具及贮藏窖不应带菌，必要时用药消毒；注意粪肥不带菌。

② 精选种薯　种薯出窖后，育苗前要严格剔除有病、有伤口、受冻害的薯块。

③ 种薯消毒　种薯消毒清除所带病原菌，方法有：温汤浸种：薯块在 40 ~ 50℃温水中预浸 1 ~ 2min 后，移入 50 ~ 54℃温水中浸 10min，注意严格掌握水温和处理时间，上下水温应一致。浸种后立即上床排种，且苗床温度不能低于 20℃；药剂浸种：可采用 45% 代森铵水剂、50% 多菌灵可湿性粉剂、70% 甲基硫菌灵可湿性粉剂或 88% 402 抗菌剂等药剂处理种薯。

④ 培育无病种苗　尽量用新苗床育苗。用旧苗床时应将旧土全部清除，并喷药消毒。施用无菌肥料。育苗初期，可用高温处理种薯，促进愈伤组织木栓化，阻止病原菌从伤口侵入。高温处理是在种薯上床育苗后，保持床温 34 ~ 38℃，以后降至 30℃左右，出芽后降至 25 ~ 28℃。也可采用间歇高温育苗法，即种薯上床前，一次浇足水，种薯上床后，将温度迅速上升到 34 ~ 38℃，保持 4 天，以后炕温保持 28 ~ 30℃。拔苗前，降温至 20 ~ 22℃。以后每拔一次苗浇足一次水，并将温度升到 28 ~ 30℃。实行高剪苗，获得不带菌或带菌少的薯苗。苗床(炕)上的春薯苗，将距地面

3～6cm 处剪苗，栽插后加强水肥管理，然后再在距地面 10～15cm 处高剪，栽插大田。育苗过程中，可用药剂喷洒苗床和药剂浸苗。药剂有：50% 多菌灵、70% 甲基硫菌灵可湿性粉剂。浸苗时，要求药液浸至秧苗基部 10cm 左右。

⑤ 安全贮藏 留种薯块应适时收获、严防冻伤，精选入窖，避免损伤。种薯入窖后进行高温处理，相对湿度保持 90%，35～37℃ 处理 4 昼夜，以促进伤口愈合，防止病菌感染。

(4) 加强栽培管理

实行轮作换茬，增施不带病残体的有机肥，及时防治地下害虫。

9.6 甘薯茎线虫病

甘薯茎线虫病又称糠心病、空心病、糠裂皮等，是一种毁灭性病害，被列为国内检疫对象。以山东、河北、河南、江苏和天津等省市发病较重。该病不仅在田间危害薯块和茎蔓，还引起贮藏期烂窖，育苗期烂坑，减产可达 20%～50%，严重时绝收。

9.6.1 症状

薯块和近地面的秧蔓受害最重，须根次之。薯苗受害，茎部变色，无明显病斑，组织内部呈褐色糠心状，剪断后不断流乳液。严重苗内部糠心可达秧苗顶部。出苗率低，矮小，发黄。大田期茎蔓受害，主蔓茎部褐色龟裂斑块，内部呈褐色糠心，病株蔓短，叶黄，生长缓慢，甚至枯死。

薯块受害症状有 3 种类型：

① 糠皮型 薯皮皮层青色至暗紫色，病部稍凹陷或龟裂。

② 糠心型 薯块皮层完好，内部糠心，呈褐白相间的干腐（图 9-8）。

图 9-8 甘薯茎线虫病（河北农业大学杨军玉提供）

③ 混合型 生长后期发病严重时，糠皮和糠心两种症状同时发生呈混合型。

9.6.2 病原

病原为线虫门茎线虫属腐烂茎线虫（*Ditylenchus destructor* Thorne）。据报道，绒草茎线虫[*Ditylenchus dipsaci*（Kühn）Filipjev]在我国也能引起甘薯茎线虫病。腐烂茎线虫为迁移型内寄生线虫。生活史中有卵、幼虫、成虫3个时期。雌雄成虫均呈线形，虫体细长，两端略尖，雌虫大小为0.90～1.86 mm×0.04～0.06 mm，较雄虫略粗大；雄虫大小为0.90～1.60 mm×0.03～0.04 mm。表面角质膜上有细的环纹，侧带区刻线6条。唇区低平，稍缢缩。口针粗大如钉，长11～13 μm食道属垫刃型。尾圆锥状，稍向腹面弯曲，尾端钝尖。雄虫具交合伞一对，交合伞不包到尾端，约达尾长的3/4(图9-9)。

据报道，腐烂茎线虫的寄主植物达70多种。除危害甘薯外，还可危害马铃薯、蚕豆、荞麦、山药、胡萝卜、萝卜、花生、大蒜、当归和薄荷等植物。

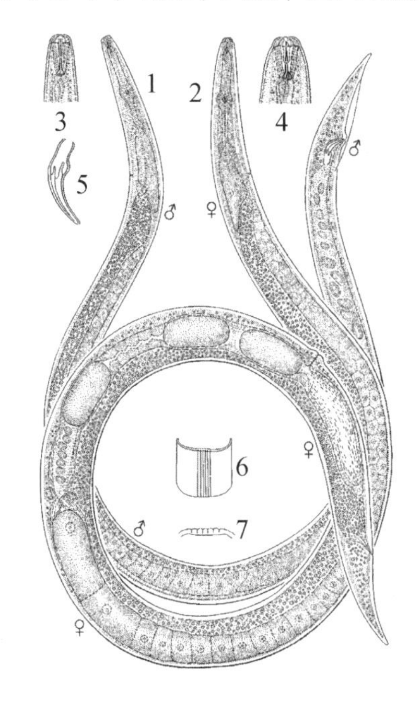

图9-9　甘薯茎线虫病、腐烂茎线虫形态

1. 雄成虫　2. 雌成虫　3. 雄虫头部
4. 雌虫头部　5. 雄虫交合伞　6、7. 侧带

9.6.3　病害循环

腐烂茎线虫以卵、幼虫和成虫在土壤和粪肥中越冬，也可随收获的病薯块在窖内越冬，成为翌年的初侵染来源。病薯和病苗是进行近、远距离传播的主要途径，轻病薯外观无病变，易混入种薯外调及用于育苗。用病薯育苗，线虫从茎部附着点侵入，沿皮层下及髓向上活动，营内寄生生活。病秧栽入大田，线虫主要在蔓内寄生，也可以进入土壤。结薯期，线虫由蔓进入新薯块顶端，并向薯块纵深发展，形成糠心型病薯。病土和肥料中的病原线虫也可从秧苗根部的伤口侵入，或从新形成的小薯块表面通过口针直接侵入，多在块根上形成糠皮症状。线虫侵入寄主，每头雌虫每次产卵1～3粒，一生可产100～200粒，20～30天完成一代。危害的盛期在薯块生长阶段的

最后一个月，这时单块病薯内的线虫数量可高达30万~50万条，近地面33 cm左右的茎内一般也有数千条线虫。虫态不整齐，卵、幼虫、成虫可同时存在。

该线虫抗干燥能力强，薯干中也含有比率相当高的卵或线虫，因此薯干也可成为线虫的传播媒介。此外，流水、农具及耕畜的携带都可传播线虫。

9.6.4 影响发病的因素

① 品种抗性　目前尚未发现免疫品种，但品种间抗病性差异很大，甘薯茎线虫病严重发生往往与大面积长期种植高感品种有关。研究发现，我国甘薯农家种、育成种、国外引进种及甘薯近缘野生种中均存在着丰富的甘薯茎线虫病的抗源。近年来，育种家采用品种间杂交和种间杂交的方法先后选育出一批高产高抗茎线虫病的新品种，如苏薯4号、烟薯6号、烟薯13号、鲁薯3号、济薯10号等，对该病的防治起了一定的作用。我国甘薯抗线虫病基因工程的研究起步较晚，潘大仁等(2006)陆续对甘薯抗病基因片段进行了筛选、标记和克隆，为进一步分离甘薯抗茎线虫病基因全长序列及其启动子，突破传统育种的限制，培育高产优质抗病甘薯品种提供了理论依据。

② 气候条件　马铃薯腐烂线虫耐低温而不耐高温。-20 ℃处理1个月全部存活，-25 ℃下处理7 h死亡；43 ℃干热处理1 h或49 ℃热水浸泡10 min则全部死亡。2℃开始活动，7 ℃以上产卵和孵化，生长最适温度为25 ℃左右。该线虫耐干、耐湿，病薯含水量12%时，成虫死亡率第1年仅24%，第2年48%，第3年达98%。遇到干旱呈休眠状态，有雨时即恢复活动。幼虫浸在水中半个月仍能存活。自然条件下，线虫多集居在干湿交界(10~15 cm)的土层内。

③ 栽培管理　甘薯的栽培方式对病害发生影响很大，种薯直栽地发病重于秧栽春薯地。春薯生长期长，线虫繁殖代数多，发病重于夏薯。连作地土壤中虫量积累多，发病重。甘薯适当提前收获，可缩短线虫侵染时期，减轻危害。湿润、疏松、通气及排水好的砂质土发病较重；黏土地、有机质多的地块，极端潮湿和过分干燥的土壤发病轻。

9.6.5 防治

腐烂线虫抗逆力强，传播途径广，在土壤中存活年限长，一经传入较难控制。在综合防治中要加强植物检疫，保护无病区；病区应建立无病留种地，选用抗病品种。

① 严格种薯种苗检疫　在甘薯生长期、收获期以及入窖、出窖、育苗阶段进行查薯、查苗，严禁病区的病薯、病苗向外调运，或不经消毒直接用于生产。对病区薯干外调也应实行检疫。

② 选用抗病品种　要因地制宜地引进与推广适合当地情况的抗病品种。近年来全国各地育成的抗病品种有鲁薯3号、鲁薯7号、济薯10号、济薯11号、苏薯4号、苏薯7号、苏薯9号、豫薯13、烟薯6号、烟薯13号等。

③ 建立无病留种地　选3年以上未种甘薯地作为无病留种地，严格选种、选苗，并用50%辛硫磷浸苗30 min或在48~49 ℃温水中处理10 min。肥料、灌溉水不应带

病原线虫，积极防治地下害虫。取无病蔓栽植，防止农事操作传入茎线虫。无病种薯单收且用新窖单藏。

④ 加强栽培管理措施　重病地应与玉米、高粱、谷子、棉花等非寄主植物实施5年以上轮作，水旱3~4年轮作效果更好。在春季育苗、夏季移栽和甘薯收获入窖贮藏3个阶段严格清除病薯残屑、病苗、病蔓，集中烧毁或深埋。

⑤ 药剂防治　药剂浸种薯、薯苗。用50%辛硫磷100倍液浸种薯15 min或薯苗10 min。土壤处理。10%丙线磷颗粒剂，每公顷用药1 500~2 000 g(a. i)，在移栽苗前条施于垄中，或用棉隆和氯化苦熏杀土壤内线虫，或用5%涕灭威颗粒剂土施效果也有一定效果。其他药剂如阿维菌素、甲基异柳磷、三唑磷、克百威、威百亩、克线丹等在移栽前条施也都有不同程度的防治效果。

9.7　薯类其他病害

9.7.1　马铃薯软腐病

9.7.1.1　症状

主要危害叶、茎及块茎。叶片多从近地面老叶开始，病部呈不规则暗褐色病斑，湿度大时腐烂；茎部多始于伤口发病，致茎内髓组织腐烂，具恶臭，病茎上部枝叶萎蔫下垂，叶变黄；块茎发病多始于伤口，初呈水浸状，病斑圆形或近圆形，后扩展成大病斑直至整个薯块腐烂，并伴有恶臭气味。

9.7.1.2　病原

病原由欧文菌属胡萝卜软腐欧文菌软腐致病变种[*Erwinia carotovora* subsp. *carotovora* (Jones) Borgey et al.]、胡萝卜软腐欧文菌马铃薯黑胫亚种[*E. carotovora* subsp. *Atroseptica* (Van Hall) Dye]和菊欧文菌(*E. chrysanthemi* Burkholder, McFadden et Dimock)3种。菌体直杆状，0.5~1.0μm×1.0~3.0μm，单生，偶对生，革兰阴性，周生鞭毛，兼性厌氧，氧化酶阴性，接触酶阳性。

9.7.1.3　发病规律

病原菌在土壤、病残体、种薯及其他寄主上越冬，翌春在种薯发芽及植株生长过程中可经伤口、幼根等处侵入薯块或植株。带菌种薯播种后，一部分芽眼腐烂不发芽，出土的病芽，病菌沿维管束向茎、根、匍匐茎扩展，进入新结薯块，遇高温、高湿、缺氧，尤其是薯块表面有薄水膜，薯块伤口愈合受阻，病原菌大量繁殖引起软腐。带菌种薯是该菌远距离和季节间传播的重要来源，在田间借风雨、灌溉水及昆虫等传播蔓延。

9.7.1.4 防治

加强田间管理，注意通风透光和降低田间湿度，减少薯块带菌量，增施钙肥和磷肥，有利于增强薯块的抗病力；收获时避免造成机械伤口，入库前剔除伤、病薯；避免大水漫灌；发病初期喷洒50%琥·乙磷铝可湿性粉剂、12%绿乳铜乳油、47%春·王铜可湿性粉剂或14%络氨铜水剂等。

9.7.2 马铃薯黑点病

9.7.2.1 症状

马铃薯黑点病在块茎、茎、叶片等部均可发生。地上部发病后早期叶色变淡，顶端叶片稍反卷，后全株萎蔫变褐枯死；地下根部染病，从地面至薯块的皮层组织腐朽，易剥落，侧根局部变褐，须根坏死，病株易拔出。茎部染病生许多黑色小粒点，茎基部空腔内长出大量黑色的斑点状小菌核；枯死的茎秆外表皮形成大量黑色颗粒状物，即分生孢子盘。分生孢子盘上褐色刚毛明显(图9-10)。薯块感病后逐渐腐烂呈褐色，近圆形或不规则形，略下陷，病健交界明显，上有黑色小点，为病原菌形成的分生孢子盘。

图9-10 马铃薯黑点病

9.7.2.2 病原

病原菌为无性型真菌炭疽菌属球炭疽菌[*Colletotrichum coccodes* (Wallr.) S. J. Hughes]。菌丝簇状丛生呈浅褐色，有隔膜，分生孢子盘黑褐色长88~120 μm，常生于寄主表皮下，盘上生褐色、有分隔、表面光滑、顶部渐尖的刚毛6~7根，长40~90 μm，分生孢子梗无色至褐色，具分隔，紧密排列在分生孢子盘上；孢子无色，单胞，长椭圆形或杆状，无色透明，长16~19 μm，宽3.6~4.8 μm。

9.7.2.3 发病规律

病原菌以小菌核随病薯越冬，或随茎秆等病残体在土壤中越冬；土壤板结、缺肥、干旱或持续10 h以上的高湿可加重该病害的发生；擦伤或其他伤口有利于该病原菌的侵入；生长季节地上地下均可发生，带菌种薯种植可加重生长早期的发病并提供了再侵染源；该病原菌还可以侵染其他的茄科植物。

9.7.2.4 防治

使用不带菌的种薯，收获后及时清除病组织；加强栽培管理，合理施肥和灌水，贮藏前汰除病薯；发病初期，可用70%丙森锌可湿性粉剂、25%溴菌腈(炭特灵)可湿性粉剂、50%多菌灵可湿性粉剂、80%炭疽福美可湿性粉剂、70%代森锰锌可湿性粉剂或25%咪鲜安可湿性粉剂喷施。

9.7.3 马铃薯粉痂病

9.7.3.1 症状

主要危害薯块和根部。块茎发病，初在表皮上出现针头大的褐色小斑，后小斑逐渐隆起，膨大成明显的疱疮，经愈合形成大斑，其表皮破裂、反卷，中心凹陷呈火山口状，外围有木栓质晕圈，散出许多淡褐色粉末(休眠孢子囊)，严重时病斑连成大斑，后期整个薯块干缩、变形。根部染病，于根的一侧长出豆粒大小单生或聚生的瘤状物。

9.7.3.2 病原

病原为根肿菌门粉痂菌属粉痂菌[*Spongospora subterranean* (Wallr.) Lagerh]。"疱斑"破裂后散出的褐色粉状物为病菌的休眠孢子囊球，呈球形、卵圆形、长形或不规则形状，直径19~33 μm，具中腔空穴，由许多近球形的黄色至黄绿色的休眠孢子囊集结而成，外观如海绵状球体。休眠孢子囊萌发产生游动孢子，游动孢子顶生不等长的两根鞭毛。

9.7.3.3 发病规律

病菌以休眠孢子囊球在种薯或随病残体遗落于土壤中越冬，休眠孢子囊在土壤中可存活5年之久；病薯和病土为次年初侵染源，条件适宜时，病菌从根毛、皮层或伤口侵入寄主，引起发病。病菌由带菌的种薯传播，土壤湿度90%左右，土温18~20 ℃、pH 4.7~5.4时发病重。

9.7.3.4 防治

严格检疫，疫区选无病田留种；利用抗病品种，如云南品种会-2等；重病田与小麦、油菜等作物轮作；增施草木灰或适量的豆饼能较好地防止粉痂病的发生。

9.7.4 马铃薯黑痣病

9.7.4.1 症状

马铃薯黑痣病因受害部位不同而表现多样，主要表现在块茎上。幼芽发病，在幼芽上会出现黑褐色病斑或斑纹，致使组织生长点坏死；苗期主要侵染地下茎，出现指印状或环剥的黑褐色病斑，生长受阻，植株矮小、顶部丛生，严重时植株顶部叶片向上卷曲，并褪绿；匍匐茎发病，出现淡褐色病斑，发病重者使匍匐茎顶端不再膨大，

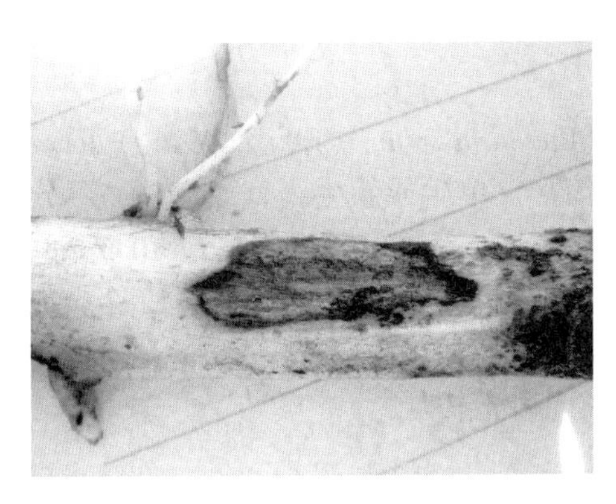

图 9-11　马铃薯黑痣病

不能形成薯块；匍匐茎中后期发病的导致块茎畸形，停止发育，当病斑绕茎一周时，叶片变黄、变紫，向上翻卷，并产生气生薯。成熟的块茎发病时，表面形成大小不一、数量不等、形状各异、坚硬、黑褐色或暗褐色的颗粒状斑块，即菌核，牢固地附在表面上，一般不易向内部扩展(图 9-11)。

9.7.4.2　病原

病原为无性型真菌丝核菌属立枯丝核菌(*Rhizoctonia solani* Kühn)，菌丝淡褐色至褐色，壁厚、分支直角，分枝基部缢缩并有一隔膜。菌核有不规则形、近圆形，灰色至褐色小颗粒。5 ℃时菌丝不能生长，10～15 ℃生长缓慢，25～29 ℃为适宜生长温度。

9.7.4.3　发病规律

该病菌以菌丝体的形式可随植物残体在土壤中越冬，也可以菌核在病薯或土壤中越冬，带病种薯既是次年的初侵染源，也是远距离传播的主要载体。在适宜条件下，菌核萌发从伤口侵染幼苗、匍匐茎和块茎。低温、多湿、排水不良有利于发病。

9.7.4.4　防治

① 种子处理　可用 2.5% 咯菌腈拌种。

② 农业防治　由于菌核能长期在土壤中越冬存活，可与小麦、玉米、大豆等作物倒茬，实行 3 年以上轮作。应选择地势平坦，易排涝，以降低土壤湿度。适时晚播和浅播，以提高地温，促进早出苗，减少幼芽在土壤中的时间，减少病菌的侵染。

③ 化学防治　发病初期用 20% 乙酸铜、30% 苯噻氰、30% 恶霉灵灌根或根基部喷施，或用嘧菌酯、噻氟菌胺、百菌清、抑霉唑沟施和拌种，对地下茎防病效果均较好。

9.7.5　马铃薯早疫病

9.7.5.1　症状

早疫病最先发生在植株下部较老的叶片上，初出现小斑点，后逐渐扩大，病斑干燥，多为圆形或卵圆形，常带有同心轮纹(图 9-12)。块茎上的病斑呈黑褐色、凹陷，圆形或不规则形，周围经常出现紫色凸起，边缘明显，病斑下薯肉变褐，呈海绵状干腐，腐烂时如水浸状，呈黄色或浅黄色。

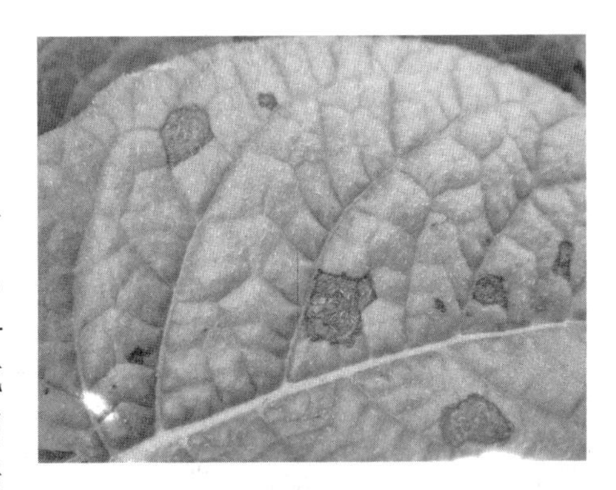

图 9-12　马铃薯早疫病

9.7.5.2 病原

病原菌为无性型真菌链格孢属茄链格孢菌[*Alternaria solani*（Ell. et Mart.）Jones et Grout.]。分生孢子梗淡黄褐色至青褐色，圆筒形，单生或簇生，直或弯曲，不分枝或罕生分枝，自气孔伸出，具1～4个隔膜，大小47.5～106.0 μm×7.5～10.5 μm。分生孢子常单生，淡褐色，直或稍弯，倒棒状，具纵斜隔0～5个，横隔5～12个，孢身大小为67.0～140.5 μm×15.5～28.5 μm。喙略弯，淡褐色，丝状、分隔，分枝或不分枝，长60.0～178.5 μm，直径3.0～4.5 μm，端部渐尖。

9.7.5.3 发病规律

病原菌在病残体或其他茄科植物残体上越冬。病菌可活1年以上，第2年马铃薯出苗后，越冬的病菌形成分生孢子，借风雨、气流和昆虫向四周传播，分生孢子可通过表面侵入叶片。病菌可通过表皮或伤口侵染块茎。退化的品种、未成熟的块茎以及高温多湿、肥力不足的情况下易发病。植株生长旺盛发病轻，植株营养不足或衰老则发病严重；在高温、干旱条件下，特别是干燥天气和湿润天气交替出现时，早疫病发生和流行最迅速。

9.7.5.4 防治

①农业防治　轮作倒茬，清洁田间病残体，以减少侵染菌源；施足肥料，加强管理，使植株生长健壮旺盛，增加自身抗病能力。

②化学防治　生长季可用50%异菌脲可湿性粉剂、58%甲霜灵·锰锌可湿性粉剂、70%代森锰锌可湿性粉剂、10%苯醚甲环唑水分散颗粒剂等喷施。

9.7.6 马铃薯褐腐病

9.7.6.1 症状

主要发生在储藏期的薯块上，多在芽眼处产生中小型灰褐色凹陷斑，其上有开裂小孔，病菌向薯块内部扩展，组织变褐腐烂，并形成扁平的不规则的腔室。向外靠健康组织的部分变为褐色似木栓化，靠腔室一边为较厚的黑色菌丝层，其上产生灰黑色菌丝，菌丝上产生直立的暗褐色粗壮束梗，梗的上部膨大成长椭圆体，基部较细，成丛产生，形如毛刷，肉眼可见。

9.7.6.2 病原

病原菌为无性型真菌细基束梗孢属细基束梗孢[*Stysanus stemonitis*（Pers.）Corda（*Sysanus* Corda = *Cephelotrichum* Hughes）]。菌丝体初无色后变淡褐至褐色，有隔，束梗簇生，最多有7根；束梗基部有假根(棒状体长于束梗)。梗的中上部有3～5个分枝，分枝顶部膨大呈棒状或长椭圆体。束梗长53～86(73.567)μm。自椭圆体两侧横向产生分枝，分枝上产生孢子。分生孢子单胞，大小4.7～6.5 μm×2.9～4.7(5.4×3.9)μm，淡褐色，椭圆形或卵圆形，常聚集在一起，而顶部分散。

9.7.6.3 发病规律

病原菌在土壤、被侵染的块茎上越冬，翌春形成分生孢子借风雨及土壤传播，种薯带菌是远距离传播的一个重要途径。该菌分生孢子在5～40 ℃内均能萌发，25 ℃为适宜温度，水滴中萌发良好，中性至偏碱性条件比酸性条件有利于孢子萌发。

9.7.6.4 防治

使用不带菌的种薯，收获后及时清除病组织；加强栽培管理，合理施肥和灌水，贮藏前汰除病薯；发病初期，可用70%丙森锌、70%苯醚甲环唑、75%百菌清、70%代森锰锌可湿性粉剂或25%咪鲜胺可湿性粉剂喷施。

9.7.7 马铃薯青枯病

9.7.7.1 症状

在田间发病植株的典型症状是有1至多个分枝或主茎出现急性萎蔫，但枝叶仍保持青绿色，其余茎叶表现正常，逐渐致全株枯死。块茎被侵染后，芽眼呈灰褐色，发病重的薯块剖开后可见到环状腐烂。与环腐病的不同点是薯肉与皮层不分离，切面不用手挤就能自动溢出白色菌脓。

9.7.7.2 病原

病原为劳尔菌属茄青枯劳尔菌[*Ralstonia solanacearum* (Smith) Yabuuchi et al.]。菌体短杆状，单细胞，两端圆，单生或双生，极生1～3根鞭毛，大小0.9～2.0 μm×0.5～0.8 μm。在肉汁胨蔗糖琼脂培养基上，菌落圆形或不整形，污白色或暗色至黑褐色，稍隆起，平滑具亮光，革兰染色阴性。

9.7.7.3 发病规律

病菌主要依靠带病种薯或随病残体在土壤中越冬。带病种薯种植后，病菌随着地温的升高和幼芽的生长，不断繁殖，侵染严重的可使芽腐烂，侵染轻的出苗后萎蔫死亡或生长不良。病原随雨水、灌溉水、耕作器具和昆虫等传播，扩大侵染。该菌在10～40 ℃均可发育，最适为30～37 ℃，适应pH 6～8，最适pH 6.6。田间土壤含水量高、连阴雨或大雨后转晴气温急剧升高发病重。

9.7.7.4 防治

① 用脱毒种薯播种　建立脱毒种薯繁育体系，繁殖脱毒无病种薯用于大田生产。

② 整薯播种　尽量采用小整薯播种，以减少种薯间病菌的传播。

③ 轮作倒茬　青枯病菌不仅种薯携带，土壤中也有病菌存活，所以，需与禾本

科作物等轮作。

9.7.8 甘薯软腐病

9.7.8.1 症状

俗称水烂，是贮藏期重要病害。薯块染病，初在薯块表面长出灰白色霉层，后变暗色或黑色，病组织变为淡褐色水浸状，在病部表面长出大量灰黑色菌丝及孢子囊，病情扩展迅速，2～3 天整个块根即呈软腐状，发出恶臭味。

9.7.8.2 病原

病原为接合菌门根霉属匍枝根霉[*Rhizopus stolonifer*（Ehr ex Fr.）Vuill.]。菌丝初无色，后变暗褐色，形成匍匐根，簇生胞囊梗，直立，暗褐色，顶端着生球状孢子囊 1 个，囊内产生很多暗色圆形单胞的胞囊孢子；有性态产生黑色接合孢子，球形，表面有突起。

9.7.8.3 发病规律

病菌附着在薯块或贮藏窖壁越冬，萌发后多从薯块两端和伤口侵入。病部产生的孢子囊借气流传播，薯块有伤口或受冻易发病。发病适温和相对湿度分别为 15～25 ℃，76%～86%，高温(29～33 ℃)和高湿(高于 95%)发病轻。病菌可通过薯块接触从病薯传到健薯；胞囊孢子还可通过鼠类、气流或蝇类等传播。

9.7.8.4 防治

① 适时收获，避免冻害　夏薯应在霜降前后收完，秋薯应在立冬前收完，收薯宜选晴天，避免造成伤口。

② 入窖前精选健薯，汰除病薯　提倡用新窖，旧窖要清理干净，或每立方米用硫磺15 g熏蒸。

③ 科学管理　对窖贮甘薯应据甘薯生理反应及气温和窖温变化进行 3 个阶段管理。一是贮藏初期，甘薯入窖 10～28 天应打开窖门换气，待窖内薯堆温度降至 12～14 ℃时可把窖门关上；二是贮藏中期，应注意保温防冻，窖温保持在 10～14 ℃，不要低于 10 ℃；三是贮藏后期，经常检查窖温，及时放风或关门，使窖温保持在 10～14 ℃。

9.7.9 甘薯瘟

9.7.9.1 症状

在甘薯各生育期均可发病。苗期受害植株从顶部开始萎蔫，全株青枯，茎基部腐烂；成株期发病，维管束具黄褐色条纹，病株于晴天中午萎蔫呈青枯状，发病后期各节上的须根黑烂，易脱皮；薯块发病，轻者薯蒂、尾根呈水渍状变褐，重者薯皮现黄褐色斑，横切面生黄褐色斑块，纵切面有黄褐色条纹，严重时薯皮上出现黑褐色水渍状斑块，薯肉变为黄褐色，维管束四周组织腐烂成空腔或全部腐烂。

9.7.9.2 病原

病原为劳尔菌属青枯劳尔氏菌[*Ralstonia solanacearum*（Smith）Yabuuchi et al.]。国内南方发现，为检疫对象。菌体短杆状，单细胞，两端圆，单生或双生，极生1～4根鞭毛，大小0.9～2.0 μm×0.5～0.8 μm。在肉汁胨蔗糖琼脂培养基上，菌落圆形或不整形，污白色或暗色至黑褐色，稍隆起，平滑具亮光，革兰染色阴性。

9.7.9.3 发病规律

病菌在土壤中越冬，病菌可以通过种薯、种苗、风雨、流水传播，从甘薯根部侵入。发病与否及程度与温度、雨量、土壤湿度、品种抗病性及耕作制度等密切相关。

9.7.9.4 防治

选用抗病良种；合理轮作，适时栽植；加强田间管理，清洁田园，及时清除病残体，利用充分腐熟的有机肥。

互动学习

1. 比较马铃薯晚疫病和早疫病在病害循环方面的异同点。一般来说，晚疫病是否在田间发生较晚而早疫病则发生的相对比较早？
2. 为什么马铃薯晚疫病的预测预报非常重要？在国内外都有哪些做法？
3. 马铃薯软腐病和甘薯软腐病在病原、传播方式上各有何特点？在防治措施上有哪些异同？
4. 甘薯黑斑病的侵染循环特点如何？防治该病的关键措施是什么？
5. 甘薯茎线虫病的病害循环是怎样的？防治该病的关键措施有哪些？

第10章

棉麻病害

本章导读

10.1 棉花黄萎病

棉花黄萎病是棉花生产中最重要的病害，也是全国农业植物检疫对象之一。从1891年美国首次发现至今，已遍布全世界各主要产棉区。我国于1935年在由美国引进新字棉时传入，后随棉种调运不断扩大，已成为我国棉花持续高产稳产的主要障碍。

10.1.1 症状

棉花黄萎病发病较晚，一般现蕾期开始发病，开花结铃期为发病高峰，发病植株的维管束变为浅褐色。植株感病时，多在中下部叶片最先表现症状，并逐渐向上发展。发病初期叶片边缘或主脉之间呈现淡黄色不规则斑块，但叶脉不变黄，随后病斑逐渐扩大，从病斑边缘至中心的颜色逐渐加深，而靠近主脉处仍保持绿色，呈“褐色掌状斑驳”，随后变色部位的叶缘和斑驳组织逐渐枯焦，呈现“西瓜皮”症状，最后叶片发病部分变褐枯死(图10-1)。其症状可分为普通型和落叶型。

图10-1 棉花黄萎病

①普通型 开花结铃期，有时在灌水或中量以上降雨之后在病株叶片主脉间产生水

渍状褪绿斑块，较快变成黄褐色枯斑或青枯，出现急性失水萎蔫型症状，但植株上枯死叶、蕾多悬挂并不很快脱落。

② 落叶型　在长江流域和黄河流域棉区都已发现，危害十分严重。主要特点是顶叶向下卷曲褪绿、叶片突然萎垂，呈水渍状，随即脱落成光秆，表现出急性萎蔫落叶症状。叶、蕾甚至小铃在几天内可全部落光，后植株枯死，对产量影响很大。

10.1.2　病原

由无性型真菌轮枝菌属大丽轮枝菌(*Verticillium dahliae* Kleb)和黑白轮枝菌(*Verticillium albo-atrum* Reinke et Berthold)引起。二者的生物学特点有明显的差异，表现为：① 大丽轮枝菌形成各种形状的黑色微菌核，而黑白轮枝菌产生黑色休眠菌丝。② 大丽轮枝菌在30 ℃下能生长，而黑白轮枝菌则不能生长。③ 大丽轮枝菌分生孢子梗基部是透明的，而黑白轮枝菌分生孢子梗基部暗色。这一特点在寄主组织上明显，而人工培养时容易消失。④ 大丽轮枝菌的分生孢子较小，而黑白轮枝菌较大，特别是先长出的第一个分生孢子较大，有时带一个隔膜。⑤ 较长时间培养后大丽轮枝菌菌落正反两面均呈黑色，而黑白轮枝菌的菌落正面为鼠灰色，背面几乎为黑色。⑥ 大丽轮枝菌生长最适 pH 值为 5.3～7.2，而黑白轮枝菌为 pH 8.0～8.6。大丽轮枝菌在pH 3.6时生长明显好于黑白轮枝菌。

图 10-2　棉花黄萎病菌(大丽轮枝菌)

1. 分生孢子梗和分生孢子　2. 微菌核

大丽轮枝菌在培养基上形成大量黑色微菌核。微菌核近球形。分生孢子梗轮状分枝。分生孢子无色，单胞，长卵圆形(图 10-2)。由于微菌核具有厚壁，其内含有大量脂肪，对不良环境的抵抗力较强，能耐 80℃高温和 －30℃低温。

大丽轮枝菌的寄主范围广，可危害 38 科 660 种植物。

10.1.3　病害循环

病菌主要在土壤、病残组织、带菌的棉籽、棉籽饼、棉籽壳和未经腐熟的土杂肥中越冬。病残体和土壤中的微菌核是主要的侵染来源，对病害的传播起重要作用。通过带菌的种子、棉籽饼、病残体和流水等因素向无病地传播。在适宜条件下黄萎病菌的微菌核或分生孢子萌发产生的菌丝可直接从棉花根毛细胞、根表皮细胞或根部伤口侵入。黄萎病菌主要以初侵染为主，再侵染作用不大。

10.1.4　影响发病的因素

① 土壤菌源数量　土壤中菌源数量是黄萎病能否流行的先决条件。其来源包括：感染黄萎病的棉株残体如根、茎、叶、叶柄、铃壳，棉籽加工下脚料和棉籽饼等带

菌，是传播病害的重要途径。施用带菌粪肥，也可使棉田土壤病菌累积，形成“病土”。

② 气候条件　适宜的气候条件是黄萎病能否发生流行的重要因素。黄萎病发病的最适温度为22～25 ℃，高于30 ℃发病缓慢，35 ℃以上时症状暂时隐蔽。据报道，棉花黄萎病出现隐症的临界温度为旬平均温度28℃。

③ 品种和生育期抗病性　棉花品种不同，对黄萎病的抗性也不同。以海岛棉抗病性最强，陆地棉次之，亚洲棉较弱。棉花生育期不同，抗病也不同，棉花由营养生长进入生殖生长时，抗病性开始下降，黄萎病的发生逐渐加重。

④ 病原菌致病力的变异　棉花黄萎病菌存在异核现象，群体内也存在不同的致病类型，病菌与寄主相互作用的协同进化，以及抗病品种给予的选择压力等，都可导致病菌发生相应遗传性的改变，产生新的生理小种或致病类型。

⑤ 耕作与栽培措施　耕作栽培条件不同，黄萎病发生率也不同。棉田连作，土壤中病菌数量累积越多，病害越重；与非寄主作物轮作，深耕可使病菌窒息死亡，发病减轻。地势低洼、排水不良利于病害发生；营养失调也是促成寄主感病的诱因，缺磷、钾肥或偏施或重施氮肥，棉田发病重。

10.1.5　防治

① 加强植物检疫　加强植物检疫，做好产地检疫，保护无病区，禁止从病区引种或调种，应严格禁止落叶型病区黄萎病随调种传入无病区和普通黄萎病区。

② 培育和种植抗耐病品种　推广种植抗耐病优良品种，如中棉12、86－6及辽棉5号等。

③ 药剂防治　朱荷琴等(2010)研究表明，植物疫苗渝峰99植保、激活蛋白、氨基寡糖素单独使用及与植物生长调节剂缩节胺混合使用，对棉花黄萎病的防治有较好的效果。

④ 土壤处理　对发病区，除应拔除病株烧毁外，可采取氯化苦等土壤薰蒸剂处理土壤及时消灭菌源。

⑤ 轮作倒茬、加强栽培管理　对连续种植3～5年的田块或病株较多的田块采取轮作，与多年种植禾本科作物的田块轮换倒茬。清洁棉田，减少土壤菌源，及时清沟排水，降低棉田湿度，使其不利于病菌滋生和侵染。增施有机肥，氮、磷、钾合理配比，切忌氮肥过量，使棉株健壮生长，增强自身的抗逆能力。

⑥ 生物防治　芽孢杆菌属和假单胞属细菌的某些种能有效地抑制大丽轮枝菌生长。木霉菌肥有防病增产作用。戴宝生等(2010)研究表明，枯草芽孢杆菌叶面喷雾的最佳浓度为300～600倍液，防治效果可达54.4%～57.4%。

10.2　棉花枯萎病

棉花枯萎病是棉花上的重要病害之一，过去曾被列为我国对内、对外的植物检疫对象，至今在有些地区仍作为植物检疫对象。目前，我国各大棉区均已普遍发生。棉花枯萎病造成棉花生长前期大量死苗，中、后期叶片和蕾铃大量脱落，纤维品质下降，甚至提早枯死。棉花一般减产30%左右，重者达50%~70%。

10.2.1 症状

棉花的整个生长期均可被危害。出苗后即可被侵染发病，1~2片真叶时即可造成死苗。现蕾期也可造成成片死苗。其症状因棉花的生育期和环境条件及棉花品种类型的不同，可表现以下5种常见类型。

① 黄色网纹型　病苗子叶或真叶的叶脉局部或全部褪绿变黄，叶肉仍保持绿色，叶片局部或全部呈黄色的网纹状。成株期也偶尔出现。

图10-3　棉花枯萎病(黄化型)

② 黄化型　病株多从叶尖或叶缘开始，出现黄色或淡黄色斑块，随后逐渐变褐枯死。苗期和成株期均可出现(图10-3)。

③ 紫红型　一般在早春气温低时发生，叶片变紫红色或出现紫红色斑块，逐渐萎蔫、枯死、脱落。苗期和成株期均可出现。

④ 凋萎型　叶片急性失水褪色，植株叶片全部或先从一边自下而上萎蔫下垂，不久全株凋萎致死。一般在气候急剧变化，阴雨或灌水之后出现较多，是生长期最常见的症状之一。有些高感品种感病后，在生长中后期有时会自植株顶端出现枯死，发生所谓“顶枯型”症状。

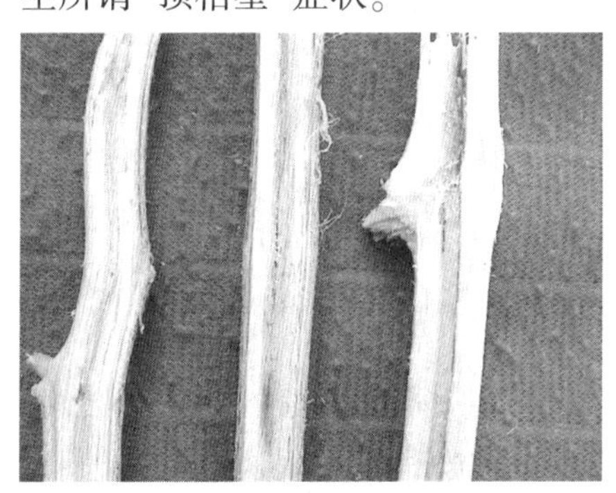

图10-4　棉花枯萎病

⑤ 皱缩型　受病植株于5~7片真叶期，顶部叶片常发生皱缩、畸形，叶色显现浓绿，叶片变厚，棉株节间缩短，病株比健株明显变矮，但并不枯死。黄色网纹型、黄化型以及紫红型的病株都有可能成为矮缩型病株，也是成株期常见的症状之一。

以上各种症状类型病株，在根、茎、叶柄维管束内部的导管均变为黑褐色或墨绿色(图10-4)。

枯萎病和黄萎病的不同之处为：

① 发病时间不同　枯萎病发病早，出苗后即可发生，现蕾期达发病高峰；黄萎病发病较晚，一般在现蕾期才开始发生，花铃期达高峰。

② 发病部位差异　枯萎病症状可由下向上发展，也可沿顶端向下发展形成“顶枯症”；黄萎病的症状则一般由下而上逐渐向上发展，不形成顶枯症。

③ 症状特点不同　枯萎病常引起植株明显矮化、枯死；黄萎病一般不产生严重矮化和早期死亡；枯萎病叶脉可变黄，呈黄色网纹症；黄萎病没有叶脉变黄的症状。

④ 维管束颜色不同　枯萎病维管束变色较深，黄萎病维管束变色较浅。

10.2.2 病原

病原为无性型真菌镰孢菌属尖孢镰刀菌萎蔫专化型[*Fusarium oxysporum* Schl. f. sp. *vasinfectum* (Atk.) Synder et Hanen]。病菌产生3种类型的分生孢子(图10-5)。大型分生孢子无色，多胞，镰刀形，略弯曲，两端稍尖，足胞明显或不明显，一般有3个隔膜，隔膜大小为19.6～39.4 μm×3.5～5.0 μm，一般在气生菌丝上形成，很少在分生孢子座上形成。小型分生孢子单胞，无色，卵圆形、肾形等，假头状着生，产孢细胞短，单瓶梗，大小为5～12 μm×2～3.5 μm。厚垣孢子近圆形，卵黄色，表面光滑，壁厚，间生或顶生，单生或串生。对不良环境抵抗很强。

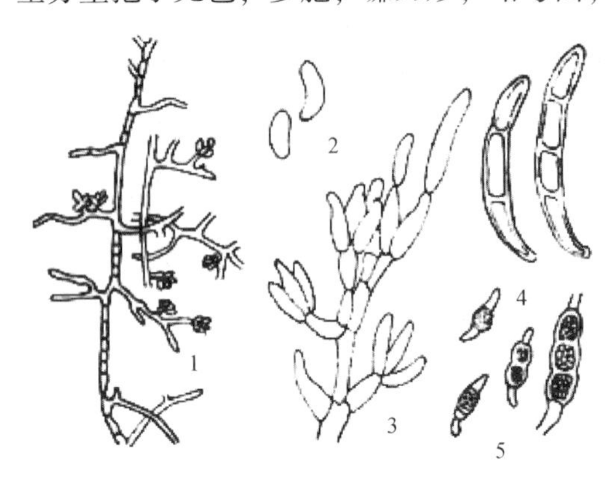

图10-5 棉花枯萎病菌

1. 小型分生孢子梗和分生孢子 2. 小型分生孢子 3. 大型分生孢子梗 4. 大型分生孢子 5. 厚垣孢子

病菌生长的温度范围为10～35 ℃，适宜温度为25～30 ℃，大部分菌株生长最快的温度为25 ℃左右，35 ℃以上则生长受到抑制。少数菌株可耐37 ℃高温。

棉花枯萎病菌的寄主范围较广，除危害棉花外，人工接种还可侵染玉米、高粱、大豆、小麦等植株。

有关棉花枯萎病镰刀菌对棉花的致病机制有两种解释，一是认为该菌可产生致病毒素镰刀菌酸(fusaric acid，FA)，又称萎蔫酸，是一种非特异性毒素，对植株造成生理破坏，导致相应的症状；二是导管堵塞，病原菌在导管内大量繁殖，并分泌果胶酶和甲基脂酶，降解中胶层和原果胶物质，堵塞导管，影响水分等运输，从而使导管变褐。

10.2.3 病害循环

病菌以菌丝体、分生孢子和厚垣孢子在棉籽、棉籽壳、棉饼、病残体或病田土壤中越冬。种子带菌是病害远距离传播的主要途径，近距离传播主要与农事操作有关，如耕地、灌水，另外，棉花枯萎病菌通过猪、牛的消化道后并不丧失其致病力，故可通过带菌的棉花病叶、病秆作为饲料或用其做成未经高温发酵的粪肥传播。

第二年棉花播种后，当环境条件适宜时，越冬后的病菌开始萌发，从棉株根部伤口或直接从根的表皮及根毛侵入，在寄主维管束组织内繁殖扩展，直至进入枝叶、铃柄和种子等部位，棉花收获后病菌随病残体在土壤、种子等场所越冬，成为次年的初侵染源。病菌虽在棉株整个生长期都能侵染，但以现蕾前侵入为主。自然情况下从侵入到显症一般需要1个月左右。在生长季节里枯萎病有再侵染，但其发生主要取决于初侵染。

10.2.4 影响发病的因素

① 品种(种)抗病性　棉花的品种(种)对枯萎病的抗病性有明显差异，亚洲棉对枯萎病的抗病性较强，陆地棉次之，海岛棉较差。在陆地棉各品种间，抗病性也有明显区别，种植感病品种是病害大流行的基础。

② 气候条件　枯萎病的发生与土壤温度和湿度有关，土壤湿度大有利于病害发生。苗期，土壤温度达20 ℃左右时田间开始发病；达25～30 ℃时形成发病高峰，导致大量死苗，升高到33～35 ℃时病害停止发展，出现症状减轻或高温隐症。雨水对病害影响也较大，夏季降雨导致土温下降，同时又增加了土壤湿度，往往会引起病情上升。一般在多雨的年份，土壤湿度大，有利于病害的发生；干旱的年份，病害发生较轻。

③ 耕作与栽培措施　病田多年连作，发病趋重。连作病田内推行秸秆还田会加重病害的发生。棉田地势低洼、排水不良、地下水位高及大水漫灌，造成土壤湿度大、温度低，不利于棉花生长，使病害加重。营养缺乏及失调是促进棉花感病的诱因。在缺钾或单施氮肥时有利于病害发生。

④ 土壤线虫　危害棉花的线虫主要有根结线虫、刺线虫、肾状线虫等。枯萎病菌和棉田线虫均可单独造成产量上的损失，而复合侵染危害所造成的损失比二者单独危害之和还大，从而引起棉花产量的更大损失。不论抗、感枯萎病的棉花品种，在有线虫参与危害的情况下发病率都有升高。就棉田土壤中线虫来看，感病品种棉花根围的线虫数量要高于抗病品种根围的数量，连作地、重病地及病株根围线虫数最多。

10.2.5 防治

棉花枯萎病属系统侵染的维管束病害，一旦发生，难于根除。必须采取以种植抗病品种和加强栽培管理为主的综合防治措施来控制。

① 保护无病区(田)，消灭零星病区(田)　加强植物检疫，不从病区调种，自选、自育无病良种，种子消毒处理。拔除和销毁零星病株，对病株及其周围的土壤进行土壤处理。

② 种植抗病品种　种植抗病品种是防治棉花枯萎病最经济、有效的措施。我国科研工作者在研究中发现抗枯萎病和黄萎病的优良品种，如鲁抗1号、川73－27、陕3536等抗枯萎病；中3723、辽棉5耐黄萎病；陕1155和中3474既抗枯萎病又耐黄萎病。

③ 合理轮作倒茬　在重病田采取与非寄主植物轮作3～4年，对减轻病害有明显作用，有条件的地区利用水旱轮作或种植绿肥等效果更佳。

④ 加强栽培管理　适期播种，合理密植，及时拔除病苗并田外深埋处理；合理控制水、肥，多施用热榨处理的棉饼和无菌土杂肥，可减轻发病。实行病田隔离，单独灌水，农具专用，单收获、单捆轧，病残就地烧毁，留无病种。

⑤ 种子消毒和土壤处理　棉籽经硫酸脱绒处理后，用抗菌剂402或用含有效浓度0.3%的多菌灵胶悬剂药液处理种子，可消灭种内、外的枯、黄萎病菌。也可利用

种子包衣的方法杀菌。另外，对于发病棉田，采用棉隆、农用氨水等药剂按要求进行土壤处理。

10.3 棉苗烂根病

棉苗烂根病是由多种菌物引起的棉花苗期病害的总称，棉区普遍发生，常造成棉花苗期大面积缺苗断垄，甚至重播，对棉花生产影响较大。

棉花播种至出苗后1个半月内易受害，以后茎部木栓化后很少发病。造成苗期烂根病的病害主要有3种，即棉苗立枯病、棉苗红腐病和棉花黑色根腐病。

10.3.1 症状

① 立枯病　棉花播种后至出苗前种子被病菌感染，导致种子内部变褐、腐烂，即烂种；受害轻的种子虽能萌发，但幼芽被害，呈黄褐色，不久腐烂，即烂芽；幼苗出土后被病菌感染，则在根部和近地面茎基部出现黄褐色病斑或黄褐色长条形病斑，以后逐渐扩大呈黑褐色，并包围整个根茎部位，病部常缢缩成蜂腰状，使病苗很快萎蔫枯死，即烂根。有时病斑凹陷不明显，但上下扩展较快，并产生长短不等的纵裂。拔出病苗，在病部常可见菌丝体和小土粒纠结在一起并悬挂在病患处。子叶受害，多在叶上产生不规则形黄褐色病斑，有时干枯脱落成穿孔。重病株不仅根部皮层受害变褐色，病部维管束也常变褐色(但扩展部位有限，此点可与苗期枯萎病相区别)；轻病株仅根和根茎部皮层受害变褐色或黑褐色，气温上升后可恢复生长(图10-6)。

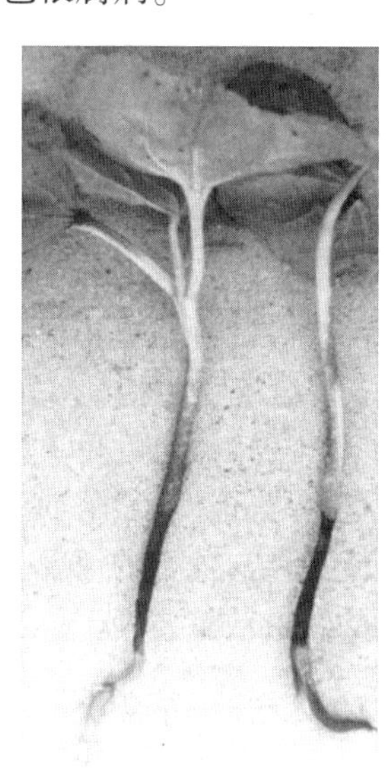

图10-6　棉苗立枯病

② 红腐病　棉苗出土前感染也可造成烂籽烂芽。出土后感病，一般先侵入根尖，使根尖呈黄褐色，以后蔓延至全根和茎基部，病部变褐腐烂。有时病部略肥肿，后呈黑褐色干腐。也可产生褐色纵向的条纹状病斑，有时侧根坏死则形成肿胀的“光根”。子叶感病，多在叶缘产生半圆形或不规则形褐斑。温度高时在种子和幼苗的病部可见到粉红色或粉白色的霉层(图10-7)。

图10-7　棉花苗期炭疽、红腐和立枯病症状(李洪连提供)

③ 黑色根腐病　在棉花整个生长期均可发生，长绒棉发病重于陆地棉。棉苗出土前感染可造成烂籽、烂芽；出土后感染，病苗根部呈深褐色至黑色，严重感染时病部皮层组织呈水渍状。有时近地面的根颈部稍有肿大(在长绒棉上表现较明显)。病苗叶片失去光泽呈黄褐色，严重者干枯死亡，一般叶片并不脱落。4～5片真叶后，随温度升高，轻病株可恢复生长。成株期发病，叶

色变淡，萎蔫下垂，但不脱落，根颈部增粗，植株萎蔫，在病茎和病根的纵切面上具有明显的褐色或紫褐色的病变组织，严重者可扩展到病部以上 10 ~ 12 cm。

另外，有的幼苗还可被腐霉菌感染，形成烂芽和猝倒，但数量较少。

10.3.2 病原

① 立枯病　由无性型真菌丝核菌属立枯丝核菌(*Rhizoctonia solani* Kühn)侵染所致。有性阶段为担子菌门亡革菌属瓜亡革菌[*Thanatepephorus cucumers* (Frank) Donk]。菌落开始无色，后转灰白色、棕褐色、灰褐色或深褐色，有的有同心轮纹，后期形成菌核。菌丝发达，初生菌丝无色，较细，老熟菌丝黄褐色，较粗壮，常形成一连串的桶状细胞，有隔，呈直角分枝，分枝处稍缢缩，并在距此不远处产生一分隔，不形成分生孢子。担孢子椭圆形或卵圆形，无色单胞(图 10-8)。

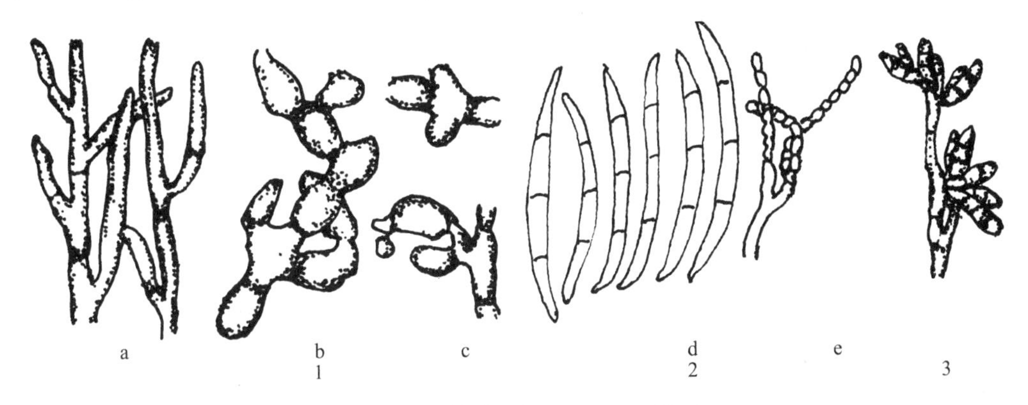

图 10-8　新疆棉苗烂根病主要病原的形态

1. 立枯丝核菌　a. 初生菌丝　b. 老熟菌丝　c. 担子和担孢子
2. 红腐病菌　d. 大型分生孢子　e. 小型分生孢子
3. 棉黑色根腐病菌分生孢子

② 红腐病　由无性型真菌镰孢菌属多种镰孢菌(*Fusarium* spp.)侵染所致。根据 1997—1998 年丁胜利等鉴定结果，在新疆棉苗病害的镰刀菌主要有禾谷镰孢菌(*F. graminearum*)、茄病镰孢菌(*F. solani*)、半裸镰孢菌(*F. semitectum*)、锐顶镰孢菌(*F. acuminatum*)、串珠镰刀菌(*F. moniforme*)和木贼镰刀菌(*F. equiseti*)等，还有一些菌株待进一步鉴定。

此外，还分离出尖孢镰孢菌，该菌引起棉苗大量死亡，导致维管束变色，但根茎部表皮一般不表现烂根症状。

③ 黑色根腐病　由无性型真菌拟黑根霉属黑色根腐病菌[*Thielaviopsis basicola* (Berk. et Br) Ferraris]引起。近年经由 Nag Raiet Kendrich 校订(1976)，命名为雅致内孢霉(*Chalara elegans*)。它生长极缓慢，在 PDA 培养基上为短绒状，初为灰白色，后为灰绿色，底部灰黑色。菌丝分隔，具有内生分生孢子和厚垣孢子。分生孢子无色或淡色，两端各有1 个油滴，短杆状或弹状，串生成链状(图 10-8)，全国各地都发生。

该菌菌丝在 11 ~ 30 ℃下均可生长，生长最适温度为 16 ~ 24 ℃。其寄主范围很广，侵染豆科、茄科、菊科、葫芦科、锦葵科等 20 余科 100 余种植物，对禾本科植物不易侵染。主要危害的作物有烟草、棉花、豌豆、大豆、菜豆、豇豆、番茄、西瓜、甜瓜、黄瓜、茄子、花生、甘薯等。

10.3.3 病害循环

棉苗烂根病的初侵染来源主要是土壤、病株残体和种子。如立枯丝核菌属土壤习居菌，能在土壤及其病残体上存活2~3年之久。土壤及其病残体是其主要侵染来源。炭疽病菌主要以分生孢子和菌丝体潜伏在种子内外越冬，病铃种子带菌率可达30%~80%，棉种内部带菌率可达2.1%，其分生孢子在棉籽上可存活1~3年，故种子带菌是主要侵染来源，但病菌也可在病残体上存活。红腐病菌既能在土壤及其病残体上越冬，也可以分生孢子及菌丝体潜伏在种子内外越冬。棉籽上红腐病菌的带菌率可高达30%，种子内部带菌率可达1.6%。另外，立枯病菌和红腐病菌寄主范围较广，田间罹病植物也可成为初侵染来源。次年播种后，带菌种子或土壤中的病菌也随之萌动，进行初侵染。发病后，病部产生的分生孢子可随气流、雨水和昆虫传播，进行再侵染。立枯丝核菌可通过流水、耕作活动等传播。

10.3.4 影响发病的因素

现已证实，棉苗烂根病的发生主要与下列条件有关。

①气候条件　主要是温度、湿度，棉花播种至出土后1个月至1个半月内，低温多雨特别是遇寒流，常诱发烂根病大发生。播后萌动的种子遇0℃低温持续20 h以上，即使不被病菌侵染也会造成大量烂籽和烂芽；子叶期对低温的抵抗力虽比露白期和弯钩期强，但均处于病菌最易感染的时期。如在5~10℃的低温条件下，棉籽无法发芽，棉苗不能生长，会大大延缓发芽出土时间，降低幼苗的抗病力。而在此温度条件下，棉苗立枯丝核菌的日生长速度仍在1.63~1.75 cm，照样侵染发病，最易造成烂籽、烂芽和烂根的发生。近年来的大量事实说明，出土的棉苗只要遇到低温并伴随有寒风阴雨，即使棉花已处于5~6片真叶，都会发生烂根死苗现象，主要是低温高湿导致棉苗抗病性急剧下降的结果。

②种子质量　成熟度好、籽粒饱满、纯度高的棉籽，生活力强，播种后出苗迅速、整齐而苗壮，不易遭受病菌侵染，因而发病轻；否则发病重。

③播期和播种深度　播种过早或过深，均使出苗延迟。因温度较低或延迟出苗时间，都增加了病菌与幼苗接触机会，且棉苗弱小抵抗力差，容易感病。故一般播种越早越深发病越重。在地膜植棉的情况下，目前播种时前面一般都带刮土板将干土层刮掉，更不宜播深，一般播种深度2.5~3.0 cm即可。

④耕作栽培技术　多年连作会使土壤中病菌越积越多，加重病害的发生，所以一般连作年限越长发病越重。地势低洼排水不良，地下水位较高，由于土壤水分过多，通气性差，土壤温度偏低，棉苗出土时间延长，生长势弱，发病较重。

10.3.5 防治

主要采取农业防治和种子处理相结合的综合防治措施。

① 种子准备 一定要选饱满、发芽率和发芽势强的良种作为种用，棉种只能脱一次短绒，精量点播的条田更应做到这点。一般要求种子纯度≥90%，发芽率≥85%，含水量≤12%，破损率≤5%，整齐度≥94%，生活力强的种子会明显降低烂根病的发生。

② 土地准备 秋季应进行秋耕冬灌，并尽量深翻 25 ~ 30 cm，将表层病菌和病残体翻入土壤深层使其腐烂分解，减少表层病原，利于出苗。冬灌还可避免春灌造成的土壤过湿、地温较低。播前耙地整地，使其达到“齐、平、松、碎、净、墒”，可促使出苗整齐迅速，减少病菌侵染。

③ 适期播种 棉区春季气温低、地温回升慢，有时常有倒春寒和霜冻出现，过早播种容易引起烂种死苗，早而不全；过晚播种又全而不早，不能发挥地膜栽培的增产作用，所以掌握适期早播非常重要。确定最佳播期取决于地温和终霜期，一般当平均气温稳定在10 ℃以上，则膜下 5 cm 地温可达 12 ℃以上，即可播种。

④ 加强田间管理 出苗后应及早中耕松土，雨后注意中耕破除板结，使土壤通气良好，提高地温，可减轻发病。烂根病发生较重的条田应增加中耕次数；间苗时应剔除病苗和弱苗；重病田定苗时应增加留苗密度。

⑤ 种子处理 用药剂处理棉种，有较好的防治效果。由于引起棉苗烂根病的病原种类比较复杂，且不同地区病原种类可能不同，各地可根据本地情况选用种子质量 0.5% 的多菌灵、0.3% 的甲基立枯磷或 0.3% 的敌磺钠等拌种。前两种药剂对立枯丝核菌的防效很好。也可用种子质量 0.3% 的拌种灵拌种。拌种时的加水量一般不要太多，100 kg 种子用2 ~3 kg 水将药剂稀释。也可用生防菌拌种，中国农业大学生产的棉康宁拌种有较好效果。

10.4 棉花细菌性角斑病

棉花细菌性角斑病在世界各产棉国均有发生。我国棉区过去发生也比较普遍，长江流域棉区个别年份发生较重，特别是新疆棉区，在 20 世纪 50 ~60 年代经常发生和流行，从 60 年代推行硫酸脱绒后，已基本得到控制。但有些年份局部地区发病仍然较重。

10.4.1 症状

在棉花整个生长期地上部分均可受害。叶、茎、铃被害，均产生深绿色、油渍状(或水渍状)病斑，以后病斑变黑褐色，叶上病斑半透明。病斑形状因感染部位不同而有一定区别：子叶上的病斑多为圆形或不定形；真叶上的病斑因受叶脉限制而呈多角形，有时沿叶脉扩展呈上条锯齿状；苞叶上的病斑和真叶相似；铃上病斑圆形，微下陷，可扩展到棉铃内部，使纤维受害变黄、溃烂；茎和枝上病斑若包围茎秆，易折断。无论何处受害，在潮湿情况下病部常分泌出黄色黏液状菌脓，干燥后形成一层淡灰色薄膜。

10.4.2 病原

病原为黄单胞菌属野油菜黄色单胞菌棉角斑病致病变种[*Xanthomonas campestris* pv. *malvacearum*(Smith) Dye]。异名有 *Pseudomonas malvacearum* E. F. Smith，*Bacterium malvacearum* E. F. Smith。菌体短杆状，两端钝圆，有荚膜，具1～3根单极生鞭毛可游动，大小为1.2～2.4 μm×0.4～0.6 μm。革兰阴性反应，在PDA培养基上形成淡黄色圆形菌落，菌体细胞常2～3个连接在一起成为链状体。病菌生长的温度范围为10～38 ℃，最适温度25～30 ℃，在50～51 ℃下10 min死亡。病菌在休眠阶段对不良环境的抵抗力很强，干燥情况下能耐80℃高温和－28℃低温，该菌寄主范围较窄，除寄生棉花外，还可感染秋葵和黄蜀葵。

10.4.3 病害循环

病菌主要在棉籽上越冬，棉籽内外都可带菌，以短绒为主。短绒、种皮、子叶的带菌率分别为65%、17%和16%。带菌棉籽是最重要的初侵染来源，病菌在种子上可存活1～2年。此外病菌还可在病残体上越冬。但病残体在土壤中被分解后，病菌随之死亡，所以只有未分解的病残体才能成为初侵染来源。带菌棉种播种发芽后，病菌从气孔或伤口首先侵染子叶，潮湿情况下病斑处溢出大量菌脓，借风、雨、昆虫传播，进行再侵染。雨后病菌随寄主体表的水膜从气孔或伤口侵入。初侵入时仅危害气孔周围的细胞，并产生水渍状小点，不断扩展后形成较大的坏死斑，一般从侵入到显症需8～10天。一个生长季节有多次再侵染。侵入棉铃的病菌，可深入到纤维种子，引起种子带菌。

10.4.4 影响发病的因素

棉花角斑病的发生与气候条件、栽培管理和品种抗性都有密切关系。一般土壤温度10～15 ℃时发病很少，16～20 ℃时发病明显增多，20～28 ℃最适于发病，超过30 ℃发病又减少。在棉花生育期，旬平均气温高于26 ℃，空气相对湿度85%以上，有利病害流行。其中高湿是病菌繁殖和侵入的必要条件，故棉花现蕾以后，降雨越多，尤其是暴风雨多，可造成大量伤口，有利病菌侵入，病情发展则快而重。在栽培管理措施中喷灌有利于病原细菌的传播，比滴灌和沟灌病重。连作病重，轮作病轻。在种子加工中若用干磨加工处理，因种表仍带有较多病菌，一般发病较多；若用稀硫酸加工处理则种子带菌率很低，很少发病。

10.4.5 防治

防治策略应采用以使用无病种子和种子处理为主，配合农业措施，药剂防治的综合防治措施。

①选用无病种子、进行种子处理　病区可建立无病留种田，生产无病种子。硫酸脱绒：硫酸脱绒不仅可消灭短绒和种表上的大量病菌，同时还可促进种子发芽，适于机播，由于将秕籽、破籽汰除，为精量播种、培育早苗和壮苗提供了条件。目前生

产上已全部采用稀硫酸脱绒加工处理棉种，以机械脱绒代替了人工脱绒，效果很好。但若用干磨加工处理(不经硫酸脱绒)防病作用较差。温汤浸种：采用55～60 ℃的温水浸种0.5 h，可杀死种子内外的大部分病菌。药剂拌种：用种子质量10%的氧化萎锈灵或0.5%的三氯酚酮拌种也有效。

② 农业措施　采用合理的农业措施可减轻病害发生，如重病田进行轮作和深翻冬灌，可促进病残体分解；增施基肥，合理施肥，增加磷钾肥，培育壮苗；间定苗时拔除病株，病田要早间苗、晚定苗、剔病苗；灌水要适量，不大水漫灌等，都可减轻病害发生。

③ 药剂防治　发病初期喷1∶1∶200倍波尔多液、0.1%～0.2%的氧氯化铜、农用链霉素、氯霉素等都有较好效果。

10.5 棉铃病害

危害棉铃的病菌有40余种，常见的有10余种。我国棉铃病害发生也比较普遍。主要是棉铃疫病、炭疽病、红腐病和红粉病，黑果病仅在局部地区发生较重。棉铃病害流行年份，产量损失可高达10%～20%。

10.5.1 症状

① 棉铃疫病　主要危害棉株下部的大铃。发病时多先从棉铃基部、铃缝和铃尖侵入，产生暗绿色水渍状小斑，不断扩散，使全铃变青褐以至黄褐色，3～5天整个铃面呈青绿色或黑褐色，一般不发生软腐。潮湿时，铃面生出一层稀薄的白色至黄白色霉层，即病菌的孢子囊和孢囊梗(图10-9)。

图10-9　棉铃疫病

(李洪连提供)

② 炭疽病　棉铃被害后，在铃面初生暗红色小点，以后逐渐扩大并凹陷，呈边缘暗红色的黑褐色斑。潮湿时病斑上生橘红色或红褐色黏质物，即病菌的分生孢子盘。严重时可扩展到铃面一半，甚至全铃腐烂，使纤维成为黑色僵瓣(图10-10)。

③ 红腐病　病菌多从铃尖、铃面裂缝或青铃基部易积水处侵入，发病后初呈墨绿色、水渍状小斑，迅速扩大后可波及全铃，使全铃变黑腐烂。潮湿时，在铃面和纤维上产生白色至粉红色的霉层(大量分生孢子聚积而成)。重病铃不能开裂，形成僵瓣。

④ 红粉病　在不同大小铃上都可发生，病菌多从铃面裂缝处侵入，发病后先在病部产生深绿色斑点，7～8天后产生粉红色霉层，后随病部不断扩展，可使铃面局部或全部布满粉红色厚而紧密的霉层。高湿时腐烂，铃内纤维上也产生许多淡红色粉状物，病铃不能开裂，常干枯后脱落(图10-11)。

⑤ 黑果病　棉铃被害后僵硬变黑，铃壳表面密生突起的黑色小点，后期表面布满煤粉状物，病铃内的纤维也变黑僵硬。

图 10-10 棉铃炭疽病
(李洪连提供)

图 10-11 棉铃红粉病
(李洪连提供)

铃病常常是复合侵染，这不仅加剧了烂铃的速度，同时也增加了症状的复杂性。

10.5.2 病原

① 棉铃疫病 病原为卵菌门疫霉属苎麻疫霉(*Phytophthora boehmeriae* Saw.)。孢囊梗无色，单生或呈假轴状分枝，大小 25～30 μm×2～3 μm。孢子囊初无色，成熟后无色或淡黄色，卵圆形或近球形，大小 26.4～88μm，顶端有1个明显的半球形乳状突起，偶尔2个，遇水后释放游动孢子。游动孢子肾脏形，侧生2根鞭毛。静止孢子球形或近球形，直径 8～12 μm。藏卵器球形，光滑，初无色，成熟后黄褐色，大小 19～42.9 μm。雄器围生，椭圆形或近圆形，大小 14.8～18.3 μm×14.6～16.5 μm，卵孢子球形，成熟后黄色，直径平均 26.2 μm。厚坦孢子很少产生(图 10-12)。

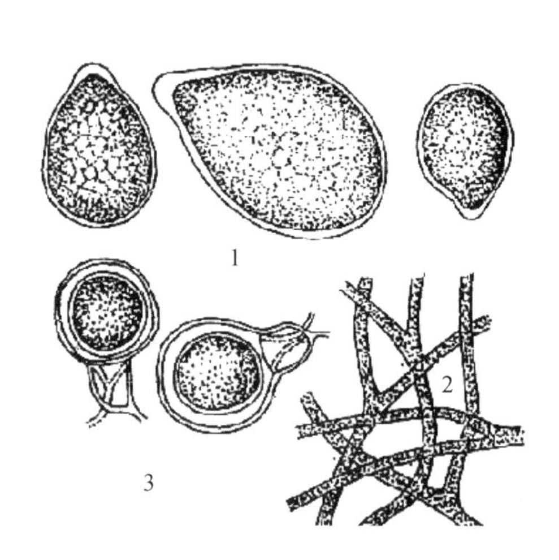

图 10-12 棉铃疫病菌
1. 孢子囊 2. 菌丝体
3. 雄器、藏卵器及卵孢子

② 炭疽病 病原为无性型真菌炭疽菌属棉刺盘孢菌，即普通炭疽病菌(*Colletotrichum gossypii* Southw.)。

③ 红腐病 主要病原菌有无性型真菌镰孢菌属串珠链孢(*Fusarium moniliforme* Sheld.)和禾谷链孢(*F. graminearum* Schw.)。

④ 红粉病 病原为无性型真菌复端孢属粉红复端孢[*Cephalothecium roseum* (Link et Fr.) Corda]。分生孢子梗细长，直立而不分枝，顶端略弯曲，有2～3个隔膜，分生孢子簇生于梗端。分生孢子梨形或卵形，无色至淡粉色，双胞，分隔处略缢缩，大小为 9.28～27.20 μm×5.44～12.8 μm。有资料报道，粉红聚端孢[*Trichothecium roseam* (Bull.) Link]也可危害棉铃，引起红粉病(图 10-13)。

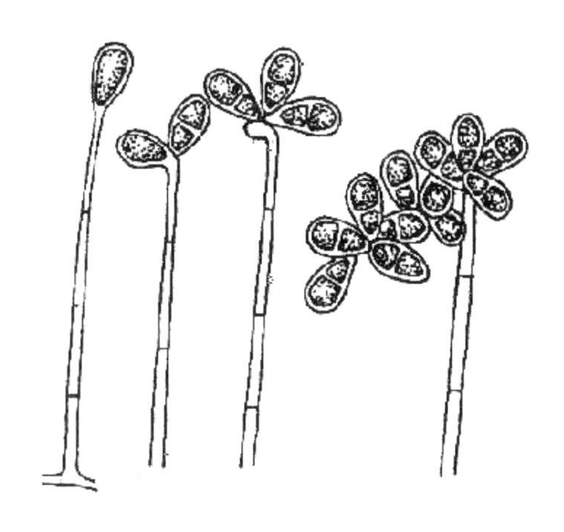

图 10-13 棉红粉病菌分生孢子梗及分生孢子

⑤黑果病 病原为无性型真菌色二孢属棉色二孢(*Diplodia gossypina* Cooke)。分生孢子器球形或近球形，黑褐色，分生孢子开始无色、单胞，后变为深褐色双胞，顶端钝圆，基部平截，大小 14.54 ~ 29.4 μm × 29.4 ~ 14.7 μm。

10.5.3 病害循环

棉铃病害种类较多，但多数寄生性较弱，除炭疽病菌、红腐病菌等可在种子上越冬成为主要初侵染来源外(见棉苗病害)，其他多在土壤及病残体上越冬，所以土壤及病残体是最重要的初侵染来源。另外，有些棉铃病菌寄主范围较广，田间一些感病寄主植物也可成为初侵染来源。棉铃疫菌、炭疽病菌和红腐病菌都可在苗期感染幼苗，前期感染也可为中后期的铃病发生提供菌源。其侵染途径与病菌种类及其寄生性有关：寄生性较强的，如炭疽病菌、棉铃疫菌等，除伤口侵入外，还可直接侵入；其他多由伤口或棉铃裂缝等处侵入。发病后，病菌通过风、雨和昆虫传播，进行再侵染。湿度大，再侵染次数多，铃病便会严重发生。

10.5.4 影响发病的因素

棉铃病害的发生与气候条件、虫害、铃期及栽培措施等密切相关，尤以气候条件影响最大。8、9 月如气温偏低，日照少，雨量大、雨日多，有利棉铃病发生，通常平均气温 25 ~ 30 ℃，相对湿度 85% 以上，易造成铃病流行；特别是骤然降温、阴雨连绵的天气，对铃病的发生更为有利。虫害严重的棉田，因造成大量伤口，棉铃病害较重。棉铃病害的发生与栽培措施的关系也很密切，一般过量施用氮肥或氮肥施用过迟，导致中后期棉花徒长，棉田荫蔽，通风透光不良，田间湿度增高，有利于多种棉铃病害的发生。氮、磷、钾肥配合适当的棉田，棉株生长健壮，发病率较低。及时整枝打顶，既可促进上部结铃，防止旺长，又可加强通风透光，从而减轻铃病的发生。采取浅水沟灌的棉田发病较轻，大水漫灌的棉田和地下水位较高、排水不良的棉田发病较重，多年连作也有利于棉铃病害的发生。

10.5.5 防治

棉铃病害种类很多，不同地区病原种类和危害程度又有较大差别，为做到对症治疗，必须首先搞清当地棉铃病害的种类及其优势种，然后采取以农业防治为基础的综合防治措施，才能取得较好的防治效果。

10.5.5.1 加强栽培管理

① 合理施肥和灌水　应掌握施足基肥，早施、轻施苗肥，重施花铃肥的原则，同时氮、磷、钾要配合施用，使棉株生长稳健，不徒长，不早衰，通风透光好，并采取浅水沟灌，切忌大水漫灌，地下水位高的棉田要注意排水，均可减轻铃病的发生。

② 及时打顶、整枝、摘叶　生长过旺的棉田，打顶时要剪除空枝、老叶，并结合打边心，推株并拢等措施，使棉田通风透光，可减轻铃病发生。巧用生长调节剂可以调节棉株生长，减少烂铃危害。

③ 及时采摘烂铃，减少损失　棉田铃病发生后，应及时采摘，并将烂铃带出田外集中处理，以减少再侵染来源。

④ 合理密植，及时化控　各地都要根据本地实际情况，选留合适的密度，特别是新疆不少棉田种植密度已达15万株/hm^2以上，相当部分棉田达22.5万~27万株/hm^2，一定要及时化控，以防棉株徒长、棉田荫蔽，诱发棉铃病害发生。轮作也有减轻铃病发生的作用。

10.5.5.2 药剂防治

棉铃病发生初期，应及时防治。根据具体病害种类，可选用以下药剂：0.5%的波尔多液、70%代森锰锌、50%多菌灵、50%福美双、64%噁霜灵、40%乙磷铝、25%甲霜灵等，另外要加强对棉铃虫、红铃虫和金钢钻等害虫的防治，减轻这些害虫的危害，可以达到治虫防病的目的。

10.6 麻类病害

麻是我国的重要经济作物，主要分布在华南、长江流域、黄河流域、西北内陆地区和北方平原。

我国栽培较广的麻类作物有红麻、黄麻、苎麻和亚麻。麻类病害总计200余种，其中以红麻(黄麻)炭疽病、根结线虫病危害最重。近30年来，我国在麻类病害防治研究上卓有成效。例如1975年前后，由于采取了以种植抗病品种为主，辅以种子消毒和轮作换茬等综合防治措施，有效地控制了曾一度在北方麻区流行成灾的红麻炭疽病，使红麻生产得以恢复。然而，红麻和苎麻青枯病等危害性病害在我国福建和浙江局部麻区已有发生，造成麻株成片枯死，应引起重视。

10.6.1 红麻炭疽病

红麻炭疽病是红麻生产上危害严重的一种常发性病害，全国各麻区均有不同程度的发生，受害后一般减产15%，重病减产30%以上。

10.6.1.1 症状

红麻整个生育期均能发病。幼苗受害，子叶或茎部产生淡黄褐色水浸状病斑，引起腐烂使种苗不能出土，或出土后子叶脱落，茎部萎缩，最后枯死。成株期常危害生长点侧芽、嫩芽、嫩叶。叶片最初出现水浸状小斑点，以及扩大为紫红色圆斑，病斑中部呈淡灰色，病斑沿叶脉发生，使叶片皱缩变形。嫩茎生长点受害后，常造成茎折断或烂头，严重时茎变黑腐烂。花蕾受害，发黄脱落或腐烂。蒴果被害，初呈褐色不规则病斑，后凹陷使蒴果变成畸形。气候潮湿时，病斑表面都会产生大量分出孢子，形成橘红色的黏状物质。

10.6.1.2 病原

病原为无性型真菌炭疽菌属红麻炭疽菌(*Colletotrichum hibisci* Pollacci)。病原菌分生孢子在分生孢子盘上呈橘红色，分生孢子盘上刚毛少见。分生孢子梗长圆筒形，单胞无色，大小15～24 μm×4～5 μm。分生孢子椭圆形至长椭圆形，单胞无色，大小22～24 μm×3.5～6.0 μm。孢子萌发、病菌生长温度5～35 ℃，适温为25 ℃，最适相对湿度近100%。病菌有1号、2号两个生理小种。

10.6.1.3 发病规律

病菌以菌丝体潜伏在种皮内，或以分生孢子附着在种子表面越冬。次年幼苗发病后病菌产生分生孢子借风雨或昆虫和人、畜等传播进行再侵染。在有菌源及种植感病品种的条件下，湿度是影响该病大发生的关键；在有利发病的条件下，种子带菌率高低与发病轻重呈正相关；品种间抗性差异很大。开花后抗性显著提高；轮作1年以上可以消灭土壤中的病菌。低洼积水、土壤黏重有利于发病。偏施氮肥有利于发病。

10.6.1.4 防治

① 种植抗病品种　抗病品种有青皮3号、南选、宁选、722、湘红1号等。

② 种子消毒　可用50%炭疽福美可湿性粉剂按种子质量的1%拌种；或用50%退菌特可湿性粉剂0.5 kg兑水50 kg，每50 kg药液浸20 kg种子，每隔3～4 h搅动1次，在18～24 ℃，浸种20～24 h，然后将种子捞出晾干即可播种。

③ 实行稻麻轮作　主要与水稻、棉花、杂粮作物轮作，并适时早播，加强田间管理。

④ 田间喷药防治　用80%炭疽福美400～600倍液或50%退菌特500倍液或40%多福混剂600～800倍液喷药保护，根据病情发展及天气情况，每隔5～7天喷1次药。

⑤加强检疫 红麻炭疽病以种子带菌为主。强化种子调运过程中的检验措施，严把种子检疫关，可以有效地防止带菌种子传入到新区。

10.6.2 红麻、黄麻根结线虫病

根结线虫病是红、黄麻主要病害之一，发病后不仅引起病株早衰落叶，还可诱发根腐病、茎腐病的发生。

10.6.2.1 症状

主要侵害黄麻幼苗和成株根部，被害植株的主根和侧根形成许多大小不等的瘤状物，小的如绿豆粒，大的如花生米至蚕豆粒大小，初呈黄白色，表面光滑，较坚实，后逐渐变褐色，表面龟裂，终致腐烂。严重时每株根系上生数十个根瘤，有的相互连合引起全根或侧根肿胀扭曲变形，根毛很少或没有。根瘤外观不表现病征，但剖开根瘤检视，可见里面有白色半透明尖梨形小颗粒，此即为病原根结线虫雌虫体，为确诊该病的佐证。发病前期病株地上部症状并不明显，待植株根系被破坏影响正常吸收机能时，致地上部生长受阻，梢部叶片才表现褪绿至黄白色，植株变得矮小，这种现象在圆果种黄麻病株上表现尤为明显。重病麻田植株成片发黄、早衰，常被迫提前收获，迟则麻株逐渐枯死，招致更大损失。

10.6.2.2 病原

病原为线虫门根结线虫属南方根结线虫[*Meloidogynei ncognita*(Kofoid et White) Chitwood]1号、2号小种，爪哇根结线虫[*M. javanica* (Treub) Chitwood]及花生根结线虫[*M. arenaria* (Neal) Chitwood]2号小种等。其中南方根结线虫占绝大多数。该线虫雌雄异形，幼虫呈细长蠕虫状。雄成虫线状，尾端稍圆，无色透明，大小1.0～1.5 mm×0.03～0.04 mm。雌成虫梨形，每头雌线虫可产卵300～800粒，雌虫多埋藏于寄主组织内，大小0.44～1.59 mm×0.26～0.81 mm。

10.6.2.3 发病规律

病原线虫多在土壤5～30 cm深处生存，常以卵或2龄幼虫随病残体遗留在土壤中越冬，病土、病苗及灌溉水是主要传播途径。一般可存活1～3年，翌春条件适宜时，由埋藏在寄主根内的雌虫产出单细胞的卵，卵产下经几小时形成1龄幼虫，蜕皮后孵出2龄幼虫，离开卵块的2龄幼虫在土壤中移动寻找根尖，由根冠上方侵入定居在生长锥内，其分泌物刺激根部细胞膨胀，使根形成巨型细胞成虫瘿(或称根结)。在生长季节根结线虫的数量以对数增殖，发育到4龄时交尾产卵，卵在根结里孵化发育，2龄后离开卵块，进入土中进行再侵染或越冬。旬平均土温25～30℃、土壤湿度40%时，适于线虫发育侵染。但干旱缺水的土壤，植株水分补充不足，病害也重；肥力低的砂质土有利于线虫活动，麻株生长不良时受害严重；连作会加剧发病，连作年限越长，发病越重，新耕地或轮作田的线虫密度低、病害轻；由于病原线虫多数分布于土层20 cm以上，尤以表层3～10 cm的土层内线虫数量最多，故病地行深翻的比

行浅翻的发病为轻；通常迟熟、后期长势强的品种，比早熟而后期长势弱的品种抗病。

10.6.2.4 防治

采取农业技术为主的综合防治法。

① 轮作　可与甘薯轮作；稻、麻轮作 2 ~ 4 年效果最好；也可采取早麻—晚稻的轮作。

② 深耕改土　病田要深翻 26 cm 以上，或加河塘泥；破畦换沟、实行冬灌等，可减少虫源数量。

③ 清洁田园　收获后病田要集中剥麻，处理麻角皮、麻根等病残体。

④ 肥水管理　病田要施足有机肥，配施磷、钾肥。旱季及时灌溉。

⑤ 抗病品种　注意寻找抗根结线虫的黄麻品种。

⑥ 药剂防治　用杀线虫剂二溴丙烷每亩 1.5 ~ 2 kg，稀释 15 ~ 20 倍，每穴施 3 ~ 5 mL 药液，沟施的则稀释 100 倍，沟距 30 cm、深 18 cm、宽 33 cm，灌药后复土压实，半个月后翻地播种。也可用 30% 除线特乳剂 200 ~ 300 倍沟施，或播种后半个月施 5% 涕灭威颗粒剂。

互动学习

1. 田间怎样识别棉花枯、黄萎病？如何进行两种病害的普查工作？简要分析棉枯、黄萎病的侵染循环、发病条件以及防治措施。
2. 试分析当地棉苗病害与棉铃病害发生的内在联系。如何防治？
3. 棉花角斑病的初侵染源以什么为主？如何防治？
4. 简述亚麻根结线虫病的症状特点。如何防治？

第 11 章
油料作物病害

本章导读

主要内容

- 大豆胞囊线虫病
- 大豆灰斑病
- 大豆霜霉病
- 大豆根腐病
- 大豆菌核病
- 花生青枯病
- 花生根结线虫病
- 油菜菌核病
- 油菜白锈病
- 油菜霜霉病
- 油菜病毒病
- 向日葵锈病

互动学习

我国的油料作物主要有油菜、大豆、花生、芝麻、向日葵等。油菜和芝麻产于长江流域各省；大豆和花生遍及全国各地，其中大豆的主产区在我国东北和华北地区，花生的主产区在华北各省；向日葵西北种植较多。

油料作物病害种类很多，目前我国报道的有油菜病害 17 种，大豆病害 30 种，花生病害 31 种，芝麻病害 13 种，其中比较重要的有油菜菌核病、病毒病、霜霉病；大豆病毒病、胞囊线虫病、霜霉病；花生青枯病、锈病、黑斑病、褐斑病等。其中，油菜菌核病、病毒病和霜霉病被称为油菜三大病害，对油菜的生产影响极大。大豆病毒病发生普遍，在东北和黄淮地区危害严重；胞囊线虫在东北三省的一些地区发生猖獗，华北、西北和长江流域的部分地区也有发生。花生青枯病和锈病在长江流域及南方省份发生普遍而严重；花生黑疤病、褐斑病在花生产区均有发生。花生根结线虫在华北的局部地区较严重，在其他省区也有零星分布。

11.1 大豆胞囊线虫病

大豆胞囊线虫病(*Heterodera glycines* Ichnohe)是大豆生产上的重要病害之一，又叫黄萎病，俗称“火龙秧子”。世界各大豆产区均有发生。我国主要发生在东北、华北、河南、山东和安徽等地。尤以东北三省西部干旱地区发生普遍，如黑龙江省肇东、安达、大庆、齐齐哈尔；辽宁省康平、吉林省白城地区等地区发生严重。一般使大豆减产 10%～20%，严重的减产 30%～50%，甚至绝产。

11.1.1 症状

大豆胞囊线虫主要危害根部，被害植株发育不良，矮小。在大豆的整个生育期均可发生。苗期感病，子叶和真叶变黄，发育迟缓；成株感病，地上部矮化和黄萎，结荚少或不结荚，严重者全株枯死。病株根系不发达，根瘤稀少并形成大量须根。拔起病株可见根上附有许多白色或黄褐色小颗粒，即胞囊线虫雌成虫，后起胞囊可脱落到土壤中。线虫以卵在胞囊里于土壤中越冬，胞囊对不良环境的抵抗力很强。病株根部表皮常因线虫的发育胀破进而引起复合侵染造成根系腐烂，叶片干枯，结荚少或不结荚，严重影响大豆的产量和质量。

11.1.2 病原

大豆胞囊线虫属线虫动物门异皮线虫属（*Heterodera glycines* Ichinoche）。雌雄成虫明显异形。雌虫成熟后虫体膨大成柠檬形，虫体较大，不能活动；雄虫为细长的蠕虫形，活动。雌虫先白色后褐化形成胞囊（图 11-1、图 11-2），长 550～870 μm，宽 350～670 μm。胞囊表皮花纹和阴门锥结构是种的重要鉴别特征。表皮花纹呈锯齿形，阴门锥为双半膜孔，具有阴门桥和阴门下桥。低龄雌虫豌豆荚形，成熟的雌虫柠檬形，有长颈，体长470～790 μm，宽度 210～580 μm，口针长度为 27.5 μm，中食道球较大。雄虫细长蠕虫形，体长 1 035～1 625 μm，宽 26.8～31.0 μm，口针长 25.0～28.4 μm，无交合伞，交合刺长度 30～37 μm，引带长度 9.9～12.5 μm。卵长椭圆形，长 81～118 μm，宽 30～47 μm。2 龄幼虫（J2）蠕虫形，为侵染性幼虫，体长 375～540 μm，体宽 18～18.5 μm，口针长度 22～25.7 μm，尾部透明区长 20～33 μm。大豆胞囊线虫是专性寄生物，存在明显的生理分化现象。

图 11-1 大豆根部的大豆胞囊线虫成熟的白色雌虫（箭头所示）

图 11-2 大豆胞囊线虫的褐色胞囊

11.1.3 病害循环

该线虫是一种定居型内寄生线虫，以2龄幼虫在土中活动，寻根尖侵入。胞囊线虫以卵、胚胎卵和少量幼虫在胞囊内于土壤中，成为翌年初侵染源。胞囊抗逆性很强，在土壤中可存活10年以上。胞囊线虫的自身蠕动距离有限，在田间主要通过农事耕作农机具和人、畜携带含有线虫或胞囊的土、田间水流或借风携带传播。线虫卵越冬后，以2龄幼虫破壳进入土中，侵入寄主根部，以口针取食，发育J3、J4，成虫突破根表外露，即大豆根上所见的白色粒状物。秋季温度下降，卵不再孵化，以卵在胞囊内越冬。雌雄交配后，雄虫死亡。胞囊落入土中，卵孵化可再侵染。

大豆胞囊线虫的寄主范围较窄，合适的寄主主要是豆科植物如大豆、赤豆、菜豆、绿豆、豌豆和胡枝子等，其他豆科植物都不是合适寄主，尽管有时2龄幼虫可以侵入，但不能发育成成熟雌虫。

11.1.4 影响发病的因素

① 土壤理化性质　土壤结构中以土壤颗粒大小、孔隙度、持水量对线虫的影响很大，土壤颗粒的直径150～250 μm比75～150 μm对大豆胞囊线虫更有利。从土壤类型对大豆胞囊线虫发育有利的情况看，大体是砂壤土>壤土>黏土，碱性土壤更适于线虫的生长发育，pH值高的土壤中的胞囊数量远高于pH值低的土壤。

② 耕作制度　连作地块发病重，轮作地发病轻。

③ 土壤温湿度　对大豆胞囊线虫1号生理小种的研究表明，在15～30 ℃，胚胎发育随温度升高而加速，最低温度为5 ℃，卵孵化的最适温度为20～30 ℃，在根内的2龄幼虫在水温10 ℃不能发育，而在24 ℃发育良好，在35 ℃时则不能发育成雌成虫。

④ 作物种类　作物种类对土壤中线虫的群体有明显影响。在种植绿豆等寄主植物后种植大豆时，胞囊线虫的危害也加重；利用非线虫寄主植物进行合理轮作，土壤内线虫会逐年减少，危害也相应减轻。

11.1.5 防治

首先注意在无病区防止虫源传入；在病区应采取以合理轮作和加强栽培管理为主，种植抗病、耐病品种，辅以药剂防治的综合措施。

① 轮作　轮作是防治大豆胞囊线虫的一种有效措施。种植非寄主作物，例如，玉米、烟草、花生、棉花等，可以明显地减少大豆胞囊线虫的群体。

② 栽培管理　免耕可以影响土壤中的大豆胞囊线虫群体量，在北卡罗来纳州的研究表明，免耕可以压低土壤中胞囊的数量，在控制杂草的情况下利用免耕可以增产5%。

③ 种植抗病、耐病品种　利用品种的抗性是一种经济有效的手段，品种间对胞囊线虫的抗性存在着显著的差异，但品种的抗性必须与相应的胞囊线虫的生理小种相对应。在美国，许多抗3号小种的品种也抗1号小种，一些品种抗3号和4号小种的

同时，也抗 1 号小种或部分抗 2 号小种，Hartwig 抗所有小种。

④ 药剂防治　目前可用于防治大豆胞囊线虫的杀线虫剂有 3 类；种衣剂(含克百威)、熏蒸剂(棉隆、氯化苦、威百亩等)和非熏蒸剂(涕灭威)。

11.2　大豆灰斑病

大豆灰斑病又称大豆褐斑病、斑点病、斑疹病或蛙眼病，1915 年 Hara 首先在日本报道该病，此后美国、英国、俄罗斯、中国、加拿大、澳大利亚、巴西等国相继发生。目前大豆灰斑病已成为一种世界性病害，也是我国大豆主产区的重要病害。灰斑病通常使大豆减产 12%～15%，严重发生年减产 30% 甚至 50%。病粒脂肪含量降低 2.9%，蛋白质降低 1.2%，百粒重降低 2g 左右。

11.2.1　症状

大豆灰斑病主要危害成株期叶片，也可侵染幼苗、茎、荚和种子。幼苗子叶上病斑为圆形、半圆形或椭圆形，深褐色，略凹陷。叶片上的病斑最初为退绿圆斑，后成为边缘褐色、中央灰白色或灰褐色的蛙眼状斑，病健交界明显。后期也可形成不规则形病斑。潮湿时叶背面病斑中央部分密生灰色霉层，即病菌的分生孢子梗和分生孢子。严重时病斑布满叶面，病斑合并，叶片枯死脱落。茎斑纺锤形或椭圆形，荚斑圆形或椭圆形，因荚上多毛，不易看到霉层。豆粒上病斑与叶斑相似，多为圆形蛙眼状，也有的呈现不规则形，边缘暗褐色，中央灰白，轻病粒上仅产生褐色小点(图 11-3)。

图 11-3　大豆灰斑病(叶片症状)

11.2.2　病原

大豆灰斑病的病原为半知菌类尾孢属大豆尾孢菌(*Cercospora sojina* Hara)。分生孢子为棍棒状或圆柱形，具隔膜 1～11 个，无色透明，大小 24～108 μm×3～9 μm。分生孢子梗 5～12 根成束从气孔伸出，不分枝，褐色，具 0～3 个隔膜(图 11-4)。

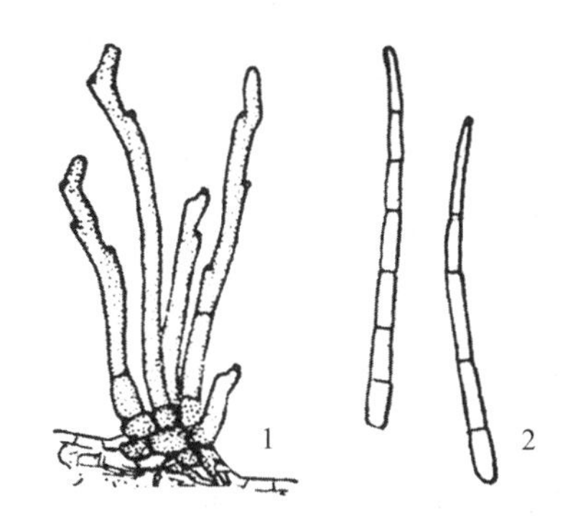

图 11-4　大豆灰斑病菌

1. 分生孢子梗　2. 分生孢子

病菌的寄主范围窄，只能侵染栽培大豆、野生和半野生大豆。该菌有生理分化现象，美国鉴定出 12 个生理小种，巴西鉴别出 20 多个，我国生理小种已有 16 个以上。黑龙江省以 1 号小种出现频率最高，达 40% 以上，7 号小种和 10 号小种排在第二、三位。

11.2.3 病害循环

病菌以菌丝体或分生孢子在病残体或种子上越冬，成为翌年初侵染来源。带菌种子长出幼苗的子叶即见病斑。大豆灰斑病受气候条件影响很大，高温高湿条件下，子叶上病斑处形成的分子孢子借风、雨传播，进行再侵染。豆荚从嫩荚期开始发病，鼓粒期为发病盛期，遇高温多雨年份发病重。

11.2.4 影响发病的因素

① 品种抗性　品种对大豆灰斑病的发生影响很大。高感病品种在田间发病早、蔓延快、病斑多，形成孢子量大。耐病品种产生的病斑少，病害扩展慢。北豆 35 号、合丰 49 号、龙品 8802、HR41、钢 9491 -2、合丰 44 号和合丰 45 号等具有较好的抗灰斑病性能。

张丽娟等(2006)认为多酚氧化酶的活性的大小与大豆抗病性成正相关，可以作为大豆品种抗性鉴定的一个重要生理生化指标。近年来，分子生物学技术尤其是分子标记技术的不断发展，为大豆灰斑病抗病育种开拓了新的思路。

② 气候条件　温度是影响灰斑病菌孢子萌发的基础，湿度是影响孢子萌发的关键。大豆灰斑病菌孢子萌发的最低温度为 12 ℃，以 21 ~26 ℃为最适，超过 35 ℃萌发率显著降低。在大豆生长季节，我国北方大豆主产区最高温度很少有超过 35℃的日数，且 7 ~8 月平均气温都在 20 ℃左右，因此温度不会成为大豆灰斑病流行的限制条件。降雨量和降雨天数是该病在当年能否流行的关键因素。田间湿度越大，孢子萌发率越高，发病越严重。黑龙江省大豆灰斑病发病初期是 7 月初，8 月下旬至 9 月初达到高峰。如果 7 月上旬到 8 月中旬雨量大，雨天多，相对湿度大，则发病重。

③ 菌源　在田间越冬菌源量大的重茬和不翻耕豆田，大豆灰斑病发生早且重。前茬作物对大豆灰斑病的发生有很大影响，因为大豆灰斑病病菌的寄主范围窄，若连年种植大豆会使病原菌积累；如果当年种植的是感病品种，遇到高温高湿的环境条件，会导致灰斑病的大发生。

④ 栽培管理　大豆种植密度过大，通风条件差，导致局部温湿度大，有利于病原菌的繁殖，增大发病几率。

11.2.5 防治

大豆灰斑病的防治技术应该以栽种抗病品种为基础，农业防治为主，化学防治为辅的综合防治策略。

① 选用抗病品种　合理选育和利用抗病品种是防治大豆灰斑病最有效、最经济的方法。合丰 45 号 、合丰 48 号、合丰 49 号 、垦丰 15 、垦丰 16 、北豆 35 号、龙品 8802、HR41、钢 9491 -2 等高抗品种，以及绥农 23、黑河 42、嫩丰 9 号和东农 49 等中抗品种也可以选用。但由于大豆灰斑病菌的生理小种种类多且变化快，要注意监测大豆产区生理小种的变化，品种种植不要单一，需要经常更换。

② 农业防治　选用未感染田生产的大豆种子，采用无病种子，播种前挑选并进行种子消毒或药剂拌种。合理轮作，避免重茬，有条件可以进行2年以上轮作，减少灰斑病危害。如轮作有困难，应在秋后翻耕豆田，减少越冬菌量。田间发病时及时清除病苗，铲除再侵染源，可有效地控制后期发病程度。根据品种特性合理密植，加强田间管理，控制杂草。

③ 化学药剂防治　田间一次施药的关键时期是始荚期至盛荚期。一般在大流行年，可在叶部发病初期喷药1次，花荚期再喷1次，选用药剂有70%甲基硫菌灵可湿性粉剂、多菌灵胶悬剂或75%百菌清可湿性粉剂。

④ 生物防治　植物诱导抗病性是植物保护的一项新措施。刘亚光等(2008)发现，使用浓度为1 000 mg/mL的水杨酸叶喷3次，使黑农35和东农42的诱抗效果分别达到了72.2%和66.7%；浓度为1 000 mg/mL的壳聚糖叶喷对黑农35和东农42的诱抗效果分别达到了72.2%和55.6%；而10 000 mg/mL壳聚糖溶液浸种与1 000 mg/mL壳聚糖溶液叶喷混用对于黑农35和东农42诱导作用最强，诱抗效果分别可达88.9%和72.2%。孔祥森等(2008)研究发现，已酸二乙氨基乙醇酯(DA－6)与壳聚糖、低聚糖混用可提高大豆产量以及对灰斑病、霜霉病的防治效果。马淑梅(2007)发现，Harpin对大豆灰斑病具有较好防效，防治效果平均为46.7%，与生产上常用杀菌剂50%多菌灵可湿性粉剂防效相当，其最适用量为2 L/hm^2，该生物药剂对作物安全。郭玉双等(2006)以通过农杆菌介导法将几丁质酶基因和核糖体失活蛋白基因构建在同一植物表达载体上，转基因后代对大豆疫霉根腐病和大豆灰斑病的抗性较未转基因的对照有明显提高。

11.3　大豆霜霉病

大豆霜霉病广泛分布于世界各大豆产区。1921年首先发现于中国的东北地区，以大豆生育期冷凉多雨的东北、华北地区发生普遍，尤以黑龙江、吉林等地最为严重。由于霜霉病的危害，病叶早落，大豆产量和品质下降，百粒重减轻4%～16%，重者可达30%左右。病种子发芽率下降10%以上，含油量减少0.6%～1.7%，出油率降低2.7%～7.6%。

11.3.1　症状

大豆霜霉病从苗期到结荚期都可发生，主要危害幼苗、叶片、豆荚和籽粒。幼苗受害，先在叶片基部出现褪绿斑，后沿叶脉向上扩展，使叶片大部分甚至全部变为淡黄色。气候潮湿时，病斑背面密生灰色霉层，即病菌的孢子囊梗和孢子囊(图11-5)。植株生长矮小，病重时幼苗早期死亡，病轻时植株结荚很少或不结荚。成株期叶片受害，先在叶片表面产生黄绿色斑点，扩大后变成黄褐色，

图11-5　大豆霜霉病(叶片症状)

形成多角形枯斑。病斑背面密生灰白色霉层。严重时数个病斑常互相连合，形成黄褐色大斑块，致使叶片干枯，提早脱落。豆荚受害，其外表不产生明显症状，但剥开病荚，便可见其内壁有灰色霉层，病荚内所结的种子，表面布满一层白霉，即病菌的菌丝体和卵孢子。

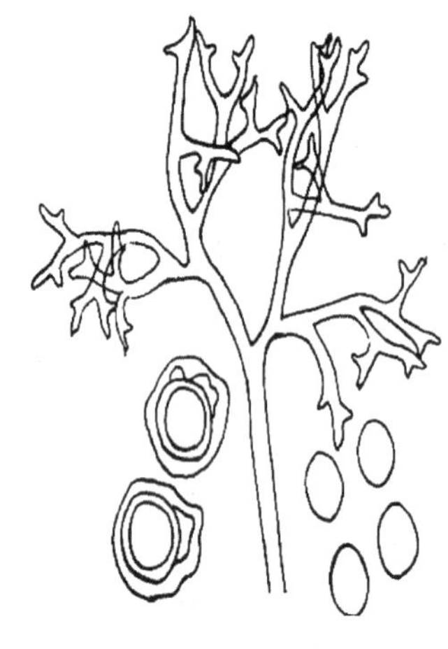

图11-6 大豆霜霉病菌

11.3.2 病原

病原为卵菌门霜霉属东北霜霉［*Peronospora manschurica*（Naum.）Syd.］。卵孢子球状、黄褐色、厚壁，表面光滑或有突起物。孢囊梗二叉状分枝、末端尖锐，顶生1个孢子囊、无色，椭圆形或卵形(图11-6)。病菌除危害大豆外，还危害野大豆。病菌有生理分化现象，美国鉴定出32个生理小种，中国已鉴定出3个小种。最适发病温度为20～22℃，10℃以下或30℃以上不能形成孢子囊，15～20℃为卵孢子形成的最适温度。湿度也是重要的发病条件，7～8月多雨高湿易引发病害，干旱、低湿、少露则不利病害发生。

11.3.3 病害循环

病菌以卵孢子在病粒表面、病叶内越冬，带菌种子和病残体是霜霉病的初次侵染来源。在种子越冬的卵孢子萌发产生游动孢子，侵入大豆胚茎，进入生长点，蔓延全株引起幼苗发病。病苗上产生的孢子囊，通过风雨传播扩大再侵染。病残体内越冬的卵孢子萌发侵染幼苗，也可侵染叶片。结荚后，病株内的菌丝经过茎和果柄扩展到荚内造成种子发病，并在种子表面形成卵孢子。种子带菌率越高发病越严重，并且为后期成株发病提供大量菌源。

11.3.4 影响发病的因素

大豆霜霉病为多循环的气传病害，其发生发展与品种抗病性、气候条件及菌源有密切关系。

①品种抗病性　不同品种间的抗病性存在明显差异。在相同的环境条件下，不同品种发病程度不同。高抗病品种的种子带菌率较低，为0.2%～2.4%，叶部病斑少且病斑小，病害扩展慢。感病品种叶片病斑大，病害扩展速度快，种子带菌率高达11%～12.5%。可根据当地的生理小种，选择合适的抗病品种，如合丰25号、东农36号、黑农21号、早丰5号、九农2号、九农9号、丰收2号等。

②气候条件　大豆霜霉病的发生与温度、湿度、雨量关系密切。大豆霜霉病的发病适宜温度是20～24℃，7、8月降雨多有利于孢子囊的形成和萌发，易造成病害流行。高温干旱条件下，病害的发生发展轻。大豆开花、结荚及鼓粒期，土壤含水量长期在80%以上，病害加重；土壤含水量在60%以下，病害就轻。低温适于发病，15℃时带病种子发病率最高，达16%；20℃为1%；25℃为0。因此，东北、华北

春大豆发病重于长江流域及其以南的夏大豆。

11.3.5 防治

① 选用抗病品种　根据各地病菌的优势生理小种选育和推广抗病良种，如吉林的早丰5号和白花锉等。

② 加强栽培管理　在无病田或轻病田留种的基础上，拌种前要注意精选种子，挑除病粒后再用药剂拌种。常用的药剂种类及用量为：50%福美双可湿性粉剂按种子质量的0.5%拌种；50%多菌灵可湿性粉剂按种子质量的0.7%拌种；70%敌磺钠可湿性粉剂按种子质量的0.3%拌种。合理轮作，与禾本科作物轮作3年以上，严禁大豆重茬。秋收后彻底清除田间病株残体并翻地，也可减少第二年病害的初次侵染来源。适时晚播，注意深播不超过3 cm。选用排水良好的地块种植大豆，洼地采用垄作或高畦深沟种植，合理密植，防止地表湿度过大，雨后及时排水。及时除去病苗，消减初侵染源。

③ 药剂防治　结合气候情况，加强病情调查和预测预报。在发病初期，可选用75%百菌清可湿性粉剂、75%甲霜灵可湿性粉剂、50%福美双可湿性粉剂或65%代森锌可湿性粉剂，每隔15天喷1次，连续喷2~3次。

11.4 大豆根腐病

大豆根部腐烂统称为大豆根腐病。该病在国内外大豆产区均有发生。在我国，以黑龙江省东部发生最重，一般年份大豆生育前期(开花期以前)病株率为75%左右；多雨年份病株率为100%。由于大豆根部腐烂，侧根减少，根瘤数量明显减少，导致植株高度下降，株荚数和株粒数显著减少，株粒重和百粒重显著下降，减产20%~50%。

11.4.1 症状

大豆根腐病由多种病原菌感染，感病部分为根部和茎基部。不同病原菌引起的症状各有不同，主要有4种：

① 镰刀菌根腐病　引起大豆根部产生黑褐色病斑，病斑多为长条形，不凹陷，病斑两端有延伸坏死线。

② 丝核菌根腐病　引起大豆根部产生褐色至红褐色病斑，病斑呈不规则形，常连片形成，病斑凹陷。

③ 腐霉菌根腐病　引起无色或褐色的湿润病斑，病斑常呈椭圆形，略凹陷。

④ 疫霉菌根腐病　出苗前引起种子腐烂。出苗后幼苗茎基部下胚轴变褐、变软呈水渍状，叶片变黄、植株枯萎、死亡。

11.4.2 病原

11.4.2.1 镰刀菌根腐病

病原主要为无菌型真菌镰孢菌属尖孢镰刀菌芬芳变种[*Fusarium oxysporum* var. *redolens*(Wouenum) Gerdon],燕麦镰刀菌[*F. aveneum*.(Fr.)Sacc.],禾谷镰刀菌(*F. graminearum* Schw.),茄腐镰刀菌[*F. solani*(Martium) App. et Wr.]。

适合于各种镰刀菌生长发育的温度范围为 5 ~ 35 ℃。尖孢镰刀菌芬芳变种,最适宜温度为 20 ~ 30 ℃;其他镰刀菌最适宜温度为 25℃;在 pH 3.0 ~ 9.0 范围内各种病菌均能生长,其中尖孢镰刀菌芬芳变种喜偏碱,其他病菌生长发育最适 pH 5.0 ~ 7.0。光照对各种病原菌菌丝生长有很大影响。镰刀菌生长发育所需最适光照强度为 2 500 ~ 3 000 lx。光照和通气条件影响病原菌在土壤中垂直分布。镰刀菌可在厌气条件下生存,主要分布于 18 cm 以内耕层,近表面密度最大。镰刀菌以厚垣孢子在土壤中存活可达 5 ~ 15 年以上;病菌既可以休眠体在土壤中越冬,也可以菌丝体在土壤及病残体上腐生。

11.4.2.2 丝核菌根腐病

病原为无性型真菌丝核菌属立枯丝核菌(*Rhizoctonia solani* Kühn)。在 PDA 培养基上菌丝为淡褐色,蛛网状。菌丝肥大,粗细不等,多隔膜,宽度平均为 5.5 μm,最宽处为 9 μm,多分枝,分枝处呈直角并缢缩,分枝近处有隔膜;最适宜温度为25 ℃,菌丝颜色由浅逐渐变褐色,部分菌丝纠结在一起而形成菌核。菌核形状不规则,褐色,直径 1 ~ 3 mm,菌核间有菌丝相连接。立枯丝核菌生长发育所需最适光照强度为 0 ~ 3 500 lx。立枯丝核菌可在厌氧条件下生存,在 10 ~ 15 cm 深的耕层内菌丝体密度最高。立枯丝核菌以菌核形式在土壤中可存活 5 年左右。

11.4.2.3 腐霉菌根腐病

病原为卵菌门腐霉属终极腐霉菌(*Pythium ultimum* Trow)。在 PDA 培养基上菌落正面和背面均为白色,气生菌丝生长旺盛,菌丝无色透明,无隔膜,纤细,游动孢子囊球形,产生于菌丝尖端或中间,最适宜温度为20 ℃。终极腐霉菌生长发育所需最适光照强度为2 500 lx。腐霉菌在缺氧条件下不能生长的,主要分布于 15 cm 以内耕层。终极腐霉菌以卵孢子在土壤中可存活 5 年以上。

11.4.2.4 疫霉菌根腐病

病原为卵菌门疫霉属大豆疫霉(*Phytophthora sojae* Kaufmann et Gerdemann)。在 PDA 培养基上菌丝生长缓慢,菌落平坦,气生菌丝不发达,边缘不整齐。在利马豆琼脂(LBA)、V_8汁琼脂(V8A)、胡萝卜琼脂(CA)培养基上生长较快,气生菌丝较发达,呈致密的絮状,无纹饰,边缘整齐,幼龄菌丝无隔、多核,菌丝宽 3 ~ 9 μm,易卷曲。菌丝分枝大多呈直角,分枝基部有缢缩。菌丝老化时产生隔膜,并形成节结状或不规则的菌丝膨大体。膨大体呈球形、椭圆形，大小不等。菌丝生长的适宜温度为25～28℃。

在LBA培养基和自来水中可形成大量孢子囊。病组织中可形成大量卵孢子，卵孢子有休眠期，形成后30天才能萌发。土壤、根部分泌液及低营养水平均有助于卵孢子萌发。光照和换水有利于游动孢子产生和萌发。卵孢子球形，壁厚而光滑。卵孢子在不良条件下可长期存活，条件适宜可萌发形成芽管，发育成菌丝或孢子囊。孢子囊萌发可产生游动孢子，也可直接形成芽管。游动孢子是主要侵染源。产生游动孢子的适宜温度为20℃。游动孢子卵圆形，双鞭毛，尾鞭长度为茸鞭的4～5倍。

大豆疫霉根腐病菌寄生专化性很强，生理小种分化十分明显，美国和澳大利亚等国家已报道了55个生理小种。中国已鉴定出7个小种。

11.4.3 病害循环

病原菌的菌丝体和厚垣孢子或菌核或卵孢子等休眠体在残留的大豆病根、病残体和土壤中越冬。大豆种子萌发后，在子叶期病菌就可以侵入幼根，以伤口侵入为主，自然孔口和直接侵入为辅。病菌可以靠土壤、种子和流水传播。病菌侵入大豆的根部后，菌丝不断伸长扩展，并分泌大量酶和毒素危害根皮层细胞和导管组织。同时，植株受感染后，表现出积极防御反应，产生大量的保护性物质(如单宁、酚、植物保卫素等)，使组织变色，抑制病原菌在寄主体内的进一步扩展。几种病原菌常发生复合侵染加重危害。

在一个作物生长季节中，该病可以进行多次再侵染。但由于病菌在土壤中运动速度和距离所限，在流行学上再侵染作用不大。

11.4.4 影响发病的因素

大豆根腐病发病主要取决于土壤中的菌源数量、土壤环境条件和耕作栽培措施等。

① 菌源数量　由于大豆根腐病菌属土壤习居菌，可以在土壤中腐生，在有适宜的寄主植物(大豆等)的条件下，病菌生育良好，繁殖快，大多大豆产区土壤中的菌源数量足以满足病害发生。连年种植大豆，使土壤中病原菌数量增加，因此，大豆连作地根腐病重，连作年限越长，发病越重。

② 土壤环境　大豆种子发芽与幼苗生长适温为20～25 ℃，温度低于9 ℃出苗就受到严重影响。因此播种期土壤温度低，发病重。土壤含水量大，特别是低洼潮湿地，大豆幼苗长势弱，抗病力差，易受病菌侵染，发病重。土壤含水量过低，久旱后突然连续降雨，使大豆幼苗迅速生长，根部表皮易纵裂，伤口增多，也有利病菌侵染，发病重。土壤质地疏松、通透性好，如砂壤土、轻壤土、黑土较土壤黏重、通透性差的白浆土、黏土地发病轻。土壤肥沃地较土壤瘠薄地发病轻。

③ 农业措施　大豆根腐病菌多为土壤习居菌，它赖以生存的土壤条件受茬口和耕作方式影响很大。连年种植大豆，使土壤中病原菌数量增加，因此，连作比迎茬发病重，迎茬比重茬发病重。垄作可以进行中耕，土壤较疏松，通透性良好，又便于排

水，土壤含水量较低，所以垄作比平作发病轻。早春土温低，种子萌发及幼苗出土慢，抗逆性差，易受病原菌侵染，播种过早发病较重。播种过深，由于土温偏低，尤其下胚轴出土伸长的长度相对增加，种子消耗的营养多，生命力弱，抗病能力低，易受病原菌感染，发病较重。最适宜播种深度为4 cm左右。

施入有机肥可以调解土壤微生物群体结构，减轻病害的发生。施入磷肥和钾肥，特别是叶面喷肥能增强大豆植株的耐病能力；而施用过多氮肥会导致病情加重。田间积水或长期大量灌水有利于根腐病的发生。施用除草剂不当，易产生药害，如氟乐灵抑制大豆幼根伸长及侧根生长，使大豆根畸形(变粗、变短)，加重病情。另外，大豆根部机械伤口多，有利于病菌的侵入，病害发生较重。

④ 土壤中生物　土壤中放线菌、腐生菌物和细菌群体数量增加，由于空间竞争效应，抑制病菌群体数量增加速率，阻碍病菌与大豆根系的接触，降低侵染机率。许多根部害虫(如潜根蝇)造成大豆根部的伤口，有利于病原菌的侵入，使病情加重。

11.4.5　防治

大豆根腐病菌多为土壤习居菌，且寄主范围广，因此必须采取农业措施防治与药剂防治相结合的综合防治措施。

① 利用抗病、耐病品种　大豆无免疫和高抗根腐病品种，可选用发病轻的高产、优质的大豆品种，适时晚播，播种深度不能超过5 cm。采取垄作，进行深松。选用饱满、无伤的高质量种子播种，减少幼苗出土前被侵染的机会。

② 农业防治措施　合理轮作，实行与禾本科作物3年以上轮作，严禁大豆重茬。及时翻耕，平整细耙，减少田间积水，使土壤质地疏松，透气良好，可减轻根腐病的发生。采取垄作栽培，有利降湿、增温，减轻病情。雨后要及时排除田间积水。增施有机肥、磷肥和钾肥，进行叶面喷肥，以弥补因根部病害吸收肥、水的不足，增强大豆抗病和耐病能力。避免机械伤根、防止大豆根部产生药害、防治根部害虫，以减少病菌侵入途径。大豆发生根腐病，主要是根的外表皮(韧皮部)完全腐烂，影响对水分、养分的吸收，因此及时趟地培土到子叶节能使子叶下部长出新根，使新根迅速吸收水分和养分，缓解病情，这是治疗大豆根腐病的一项有效措施。

③ 药剂防治　常用方法有：用含有多菌灵、福美双和杀虫剂的大豆种衣剂拌种；每100 kg种子用2.5%咯菌腈悬浮种衣剂150 mL加20%甲霜灵拌种剂40 mL拌种；每公顷所需大豆种子用大豆保根菌剂1 500 mL拌种；每100 kg种子用2%宁南霉素水剂1 000～1 500 mL拌种。此外，还可施用大豆保根菌颗粒剂，每公顷用30 kg与种肥混施。

④ 严格检疫　大豆疫霉病在我国仅局部地区发生，病菌可随种子远距离传播，各地要做好种子调运的检疫工作，防止其传播蔓延。

11.5　大豆菌核病

大豆菌核病又称白腐病，是由核盘菌属侵染危害大豆地上部的一类菌物病害。

1924 年首先在美国发现，此后在巴西、加拿大、中国、印度都有报道。该病害遍布于世界各大豆产区，一般危害不重，低湿地区可引起植株死亡，造成严重损失。向日葵菌核病严重的地方，大豆菌核病发生也严重。中国黑龙江及内蒙北部菌核病较重，流行年份减产 20%～30%。

11.5.1 症状

从大豆幼苗到成株期均可发生，以花期危害最重。主要危害大豆地上部茎秆，造成茎腐，也可产生苗枯、叶腐、荚腐。

① 幼苗　首先发生于茎基部，以后向上蔓延，病部呈深绿色湿腐状，其上可生白色棉絮状菌丝体，以后病势严重，倒伏而死。

② 成株期　茎或茎基部病斑呈暗褐色，湿润状，扩大后呈深褐色，后变苍白色，病斑不规则形，可扩展而环绕茎部并向上、下蔓延，使病部以上的枝叶萎蔫枯死而不脱落。重者病株自病部折断，茎秆腐烂呈现丝状纤维。潮湿时，病部长出大量白色絮状菌丝，并附有黑色鼠粪状菌核。菌核长圆形或不规则形，内部淡肉色。病茎内部髓变空，菌丝和菌核充塞其中。后期干燥时，茎部皮层纵向撕裂，维管束外露呈乱麻状。叶片被害后，呈暗青色，水渍状，叶片腐烂，也可有絮状菌丝。叶柄、分枝等处也可受害，病部呈苍白色，后期表皮破裂呈现乱麻状，其上亦生菌核，但易脱落。被害荚呈苍白色，多不能结实，被害荚内的种子腐败或干缩。

11.5.2 病原

病原物为子囊菌门核盘菌属核盘菌[*Sclerotinia sclertiorum*（Lib.）de Bary]。菌核圆柱状或鼠粪状，大小 3～7 mm×1～4 mm，内部白色，外部黑色(图 11-7)。条件适合时菌核萌发长出子囊盘柄，柄顶端膨大形成子囊盘。子囊盘及柄均为浅褐色。一个

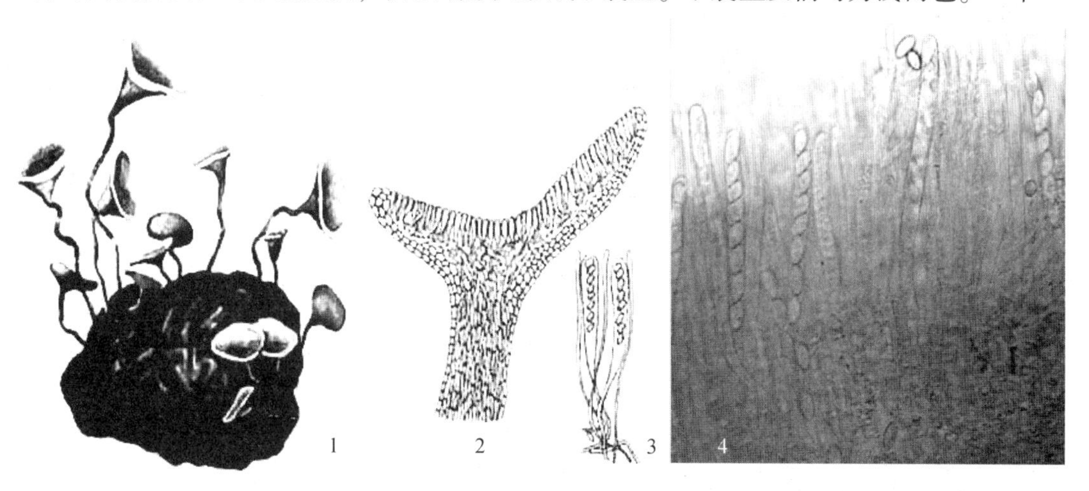

图 11-7　大豆菌核病病原

1. 菌核长出子囊盘　2. 子囊盘　3. 子囊及侧丝
4. 光学显微镜下的子囊及子囊孢子

明、椭圆形、单胞的子囊孢子，排成 1 列，大小 9 ~ 14 μm × 3 ~ 6 μm。病菌缺无性态。菌丝在 5 ℃以上即可生长并形成菌核。最适温度为 15 ~ 20 ℃。菌核在 5 ~ 25 ℃可正常萌发，适温 20 ℃。菌核萌发不需光照，但子囊盘柄需有光照才能膨大产生子囊盘。

11.5.3 病害循环

以菌核在土壤中、病残体内或混杂在种子中越冬，成为翌年初侵染源。菌核也可从其他寄主(如向日葵)传播至大豆。越冬菌核在适宜条件下萌发，产生子囊盘，弹射出子囊孢子，子囊孢子借气流传播蔓延进行初侵染，再侵染则通过病健部接触菌丝传播蔓延，菌核随田间流水传播。

种子中混杂的菌核是远距离传播和侵染无病田的主要原因。混有菌核而未充分腐熟的肥料也可传病。菌核在土中可存活 3 年以上。向日葵茎秆及花盘中可产生大量菌核，与向日葵混栽是大豆发病严重的重要原因。

此菌寄主范围广，除禾本科不受侵染外，已知可侵染 41 科 383 种植物。菌核在田间土壤深度 3 cm 以上能正常萌发，3 cm 以下不能萌发，在 1 ~ 3 cm 深度范围内，随着深度的增加菌核萌发的数量递减，子囊盘柄较细弱，形成的子囊盘也较小。

11.5.4 影响发病的因素

大豆菌核病的发生程度，除与品种抗病性有关外，主要与菌源数量、气候条件和农业技术措施有密切关系。

① 菌源数量　田间残留大量菌核是病害流行的先决条件。大豆连作或与向日葵、油菜等寄主作物轮作，都使田间菌核数量逐年增加。前作为向日葵的大豆田，每平方米含菌核量可达 6.18 g。气象条件相同时，连作大豆田发病率达 70%，而轮作大豆田的发病率低于 20%。前作为油菜的大豆田菌核病发病率比轮作大豆田高出 20% ~ 50%。大豆连作或与油菜、向日葵轮作的地块田间菌核残留量逐年增大，是大豆菌核病发生渐趋严重的重要原因。

② 气候条件　地表温度的湿度直接影响菌核的萌发和子囊盘的形成及成熟。空气湿度则影响子囊孢子的萌发和侵入。降雨量、相对湿度、寄主生长发育期及田间郁闭程度均制约田间小气候。田间菌源充足时，大豆花期以后气温适于病害发生，流行关键取决于湿度。大豆成株期，阴雨连绵，田间湿度过大，最容易发病。菌核从萌发到弹射子囊孢子需要较高的土壤温度和大气相对湿度。要求适宜的土壤持水量为 27% 至饱和水，过饱和不利于菌核萌发，却会加快菌核腐烂。要求大气相对湿度 85% 以上，低于这个湿度子囊盘干萎，不能弹射囊孢子。此病发生流行的适温为 15 ~ 30 ℃、相对湿度 85% 以上。当旬降雨量低于 40 mm、相对湿度小于 80%，病害流行明显减缓；旬降雨量低于 20 mm、相对湿度小于 80%，子囊盘干萎，菌丝停止增殖，病斑干枯，流行终止。

③ 农业措施　深翻可将表土层的菌核深埋土中，阻止萌芽菌核形成子囊盘。埋入土表 3 cm 以下的菌核一般不能形成子囊盘。中耕培土也能破坏和阻止子囊盘的形成。土地不平，排水不畅，封垄前未及时中耕培土，使菌核病病菌有了萌发的机会。

11.5.5 防治

该病主要由初侵染引起病害，再侵染蔓延影响不大。因此在防治上应采取以消除初侵染源为主的综合防治措施。

① 耕作制度　病区大豆避免重、近茬，或与向日葵、油菜、菜豆等易感作物轮作或邻作。可与玉米、小麦、高粱等禾本科作物实行3年以上轮作。

② 栽培管理　大豆封垄前，应及时进行2～3次中耕培土，破坏或埋盖已形成的子囊盘柄，防止菌核萌发出土或形成子囊盘，以减少田间发病菌源。注意排淤治涝，平整土地，降低豆田湿度，防止积水和流水传播。避免施氮肥过多。病害常发区的病田收获后要深翻，将表层菌核深埋土中，促进菌核腐烂防止子囊盘形成，或清除或烧毁残茬。

③ 选用无病种子　从无病田留种或清除混杂于种子间的菌核。

④ 药剂防治　可根据当地病情，在菌核萌发出土后至子囊盘形成期，于土表喷药防治。发病后植株表面喷药，一般发病初期喷药，7～10天后再喷1次。常用药剂有菌核净、多菌灵、腐霉利、乙烯菌核利等。

11.6 花生青枯病

花生青枯病俗称花生瘟，是一种细菌性土传病害。东南亚及一些非洲国家发生普遍而严重。我国主要分布在长江流域、山东、江苏等地，河北、安徽、辽宁偶有发生。发病率一般10%～20%，严重的达50%以上，甚至整片枯死。损失程度因发病早晚而异，结荚前发病损失达100%，结荚后发病损失达60%～70%，收获前半个月发病的损失也可达20%～30%。

11.6.1 症状

从苗期至收获期均可发生，但以盛花期(下针期)发病最重。该病是典型的维管束病害，典型症状特征是病株地上部叶片急速凋萎，以主茎顶梢第1、2片叶先失水萎蔫，初期早晚可以恢复。但发病1～2天后，全株或一侧叶片从上至下急剧凋萎，叶色暗淡，但仍呈青绿色，故称青枯病。纵剖根茎部，可见维管束变褐，潮湿时挤捏切口可渗出浑浊菌脓，若将根茎病段悬吊浸入清水中，可见从切口涌出烟雾状浑浊液，此为快速诊断青枯病的简易方法。后期病叶变褐色枯焦，病株易拔起。其主根尖端、果柄、果荚呈黑褐色湿腐状，根瘤黑绿色。一般植株从发病到枯死需7～15天，少数达20天以上(图11-8)。

图11-8　花生青枯病症状

11.6.2 病原

病原为劳尔菌属茄青枯劳尔菌[*Ralstonia solanacearum* (Smith) Yabuuchi et al.]，异名青枯假单胞杆菌(*Pseudomonas solanacearum* Smith)。菌体短杆状，两端钝圆，大小 0.9 ~ 2 μm × 0.5 ~ 0.8 μm，极生 1 ~ 4 根鞭毛，无芽孢和荚膜，菌体内有聚 - β - 羟基丁酸盐的蓝黑色颗粒。在牛肉汁琼脂培养基上菌落圆形，直径 2 ~ 5 mm，光滑，稍突起，乳白色，具荧光反应，培养 6 ~ 7 天后病菌产生水溶性色素，培养基变为黑褐色。人工培养下病菌容易失去致病力，转代培养 20 次后基本丧失其致病力。革兰反应阴性，好气性，喜高温，生长温度为 10 ~ 41 ℃，最适温度为 28 ~ 33 ℃，致死温度 52 ℃。酸碱适应范围为 pH 6 ~ 8，最适 pH 6.6。病菌对多种糖、醇均能发酵产酸，但不产气；对糊精和水杨苷无作用；能还原硝酸盐产氨，不产生吲哚和硫化氢；能液化明胶，不水解淀粉；甲基红和甲基乙酰甲醇试验为阳性反应，石蕊牛乳变蓝并胨化。

病菌有生理分化现象，国外报道有 3 个生理小种，1 号小种侵染茄科植物和其他植物，不侵染香蕉；2 号小种侵染香蕉；3 号小种侵染马铃薯，对烟草毒力低，但心叶烟例外。我国侵染花生、番茄、姜、甘薯等作物的青枯菌为 1 号小种，侵染马铃薯的为 3 号小种。我国各地花生青枯病菌致病力有明显差异，南方菌种比北方菌种致病力强。病菌可划分为 7 个致病型，以Ⅱ、Ⅴ型为主。病菌寄主范围很广，已发现可侵染 44 科近 300 种植物，常见的寄主植物有花生、烟草、番茄、茄子、辣椒、马铃薯、姜、甘薯、芝麻、向日葵等。

11.6.3 病害循环

病菌主要在病田土壤、病残体和土杂肥中越冬，成为翌年病害的主要初侵染源。病菌在田间主要随流水传播，昆虫、人畜和农事活动也可传播。由根部伤口或自然孔口侵入寄主，通过皮层进入维管束。病菌在维管束内迅速繁殖蔓延，造成导管堵塞，并分泌毒素引起植株中毒，产生萎蔫和青枯症状。病菌还可从维管束向四周薄壁细胞组织扩展，分泌果胶酶，消解中胶层，使组织崩解腐烂。腐烂组织上的病菌可借流水等途径传播后进行再侵染。花生收获后，病菌又在土壤、病残体等场所越冬。病害潜育期在适温(30℃以上)下仅 4 ~ 5 天。病菌在土壤中能存活 1 ~ 8 年，一般 3 ~ 5 年仍保持致病力。

11.6.4 影响发病的因素

此病发生轻重主要受气候条件、耕作栽培和品种抗病性的影响。

① 品种抗病性　目前未见对青枯病免疫的花生品种，但品种间抗性差异明显。一般普通型蔓生品种、龙生型品种和部分珍珠豆品种较抗病；普通丛生型品种发病重。南方型品种比北方型品种抗病。各生育阶段植株感病程度有差异，以开花后至结荚前期为发病盛期，结荚后期较少发病。

② 气候条件　高温高湿有利于发病。花生播种后日均气温 20 ℃以上，5 cm 深处

土温稳定在25 ℃以上6～8天开始发病；旬均气温高于25 ℃，旬均土温30 ℃进入发病盛期。北方产区发病盛期在6月下旬至7月下旬；南方春植花生发病盛期在5～6月，秋植花生在9月下旬至10月下旬；中部产区发病盛期在6月。

③ 耕作制度和栽培措施　耕作栽培对青枯病流行影响较大，凡有利于病菌积累和传播的耕作制度和栽培措施都会加重病害发生。一般连作田发病重；轮作田，特别是水旱轮作田发病轻。当初仅零星发病的田块，连作3～4年后，病株率可达70%以上。水旱轮作2年以上，可减轻病害70%以上或完全不发病。田间管理粗放、地下害虫多、积水、串灌、伤根、烂根多都有利于病害发生。土壤瘠薄的粗砂田发病重，土壤肥沃、富含有机质或增施草木灰、尿素、茶麸饼、塘泥等肥料的田块发病轻。

11.6.5　防治

应采用在合理轮作的基础上，种植抗病品种和加强栽培管理的综合防治措施。

① 合理轮作　南方水源充足的地方可实行水旱轮作，轮作1年就有很好的防病效果；旱地可与禾谷类非寄主作物轮作，如小麦、玉米、高粱。轻病田实行1～3年轮作，重病田实行4～5年轮作。

② 种植抗病品种　在实行轮作有困难的病田，可选择种植中花2号、中花6号、鄂花5号、鲁花3号、抗青10号、抗青11号、天府11号、日花1号、桂油28、粤油22号、豫花14号、远杂9102、泉花3121、台山珍珠豆等抗病品种。

③ 加强栽培管理　发病初期及时拔除病株，收获后清除田间病残体，烧毁或施入水田作基肥，不要将混有病残体的堆肥直接施入花生田或轮作田，要经高温发酵后再施用。南方雨水充沛的区域，注意开沟排水，保证雨后田间无积水。病田增施有机肥和磷钾肥，促使植株生长健壮；也可施用石灰450～1 500 kg/hm^2，使土壤呈微碱性，以抑制病菌生长，减少发病。

④ 药剂防治　由于该病是一种维管束病害，发病后进行药剂防治，通常难以达到治疗效果，目前尚无很好的药剂。发病初期，可选用20%甲霜·福美双可湿性粉剂600倍液、14%络氨铜水剂300倍液、72%农用链霉素4 000倍液、10%苯醚甲环唑水分散粒剂2 500倍液等喷灌根部。若遇连续阴雨，发病快又无法灌药时，每公顷可用20%甲霜·福美双4.5～7.5 kg加50%福美双12 kg，与380 kg细土拌匀后，撒于花生窝中。

11.7　花生根结线虫病

花生根结线虫病又称花生根瘤线虫病，俗称地黄病、地落病、黄秧病等。我国最早发现于山东烟台，曾列为检疫性有害生物。目前国内除西南地区外，其他各花生产区都有不同程度的发生，以山东、河北等地发生最重。该病是花生上一种具有毁灭性的病害，一旦发生，轻的减产20%～30%，重的减产70%～80%，有的甚至绝收。

11.7.1 症状

主要危害根部，也可危害果壳、果柄等其他入土部分。当播种15~20天后，幼根尖端受害逐渐膨大成小米粒至绿豆大小的瘤状物(虫瘿)，虫瘿开始为乳白色，后黄褐色，然后在瘤状物上长出许多不定须根，须根尖端再被线虫侵染形成虫瘿，再生须根，经反复多次再侵染，形成串珠状虫瘿，至盛花期全株根系成为乱发状的须根团(图11-9)。果壳、果柄、根茎部受害，表面也产生大小不等的褐色虫瘿。剖开虫瘿，常见针尖大小的雌成虫。由于根系吸收机能受阻，致使病株矮小，茎叶由下至上变黄，尤其盛花期整株萎黄不长，似缺肥状，故称为地黄病。病株开花推迟、结荚很少，小而瘪。

图11-9 花生根结线虫病症状

虫瘿和花生根部正常根瘤的区别是：固氮菌根瘤多生在主、侧根的一旁，瘤上不生须根，瘤内为淡紫色的汁液；而虫瘿多发生在根系的端部，使整个根端呈不规则膨大，上生许多不定毛根，瘿内有白色小粒状的雌线虫。

11.7.2 病原

病原为线虫门根结线虫属(*Meloidogyne*)成员。据报道，侵染花生的根结线虫有3种：花生根结线虫(*Meloidogyne arenaria*)、北方根结线虫(*M. hapla*)、爪蛙根结线虫(*M. javanica*)。我国主要为前两种，南方主要为花生根结线虫，山东主要为北方根结线虫。

卵椭圆形，黄褐色，刚产的卵包在卵囊内，卵囊胶质，不规则，具有保护作用。幼虫期发育蜕4次皮5个龄期成为成虫，1龄幼虫在卵内发育，出卵壳后即为2龄幼虫，1~2龄都是线形，2龄幼虫开始侵染。3~4龄雌雄虫体体形分化，雄虫仍是线形，雌虫由辣椒形逐渐发育成洋梨形。雌虫侵染后在寄主组织中定居，取食，发育，成熟产卵。雄虫交配后到土壤中不久即死亡。雌成虫有孤雌生殖现象，因此根部组织中有大量线虫可交替危害(在组织解剖及土壤分离时一般很少见到雄虫，可能与孤雌生殖有关)。

花生根结线虫可侵染35科130余种植物，包括16科80余种栽培植物和19科50余种野生植物。栽培植物中主要包括豆科、茄科、葫芦科的常规作物。另外，甘薯虽然是寄主，但线虫在甘薯上不能正常发育成成虫，禾本科作物也可受侵染，但发病轻，这是栽培植物中应该参考的性状。

11.7.3 病害循环

病原线虫主要以卵和幼虫随病根、病果在土壤或粪肥中越冬，因此，病残体、病土、粪肥和田间的寄主植物是根结线虫病的主要侵染来源。在很长一段时间内，国内一直认为花生荚果虫瘿内的线虫可通过调运进行远距离传播，因此视为检疫性有害生物，并对荚果实施检疫。近年来经研究证明，当荚果含水量低于26.1%时，虫瘿内的线虫全部死亡，因此荚果是不能传病的。田间传播主要靠农事操作和流水进行传播。主要以2龄幼虫的口针穿刺幼根尖端侵入，同时线虫食道腺分泌毒素破坏表皮细胞，虫体继续向内移动，直到头部侵入根的中柱细胞层。侵染点附近细胞死亡，而周围薄壁细胞过度发育，并经多次分裂愈合成为巨型细胞，最后发育成瘤状虫瘿。线虫在田间一年可发育多代，完成一代一般为1~2个月，田间存在世代交替现象。线虫可反复侵染危害，最后再以卵、幼虫和虫瘿越冬。

11.7.4 影响发病的因素

根结线虫病的发生及发展与土壤环境及栽培措施密切相关。

①土壤环境　适宜卵孵化的土壤温度为10~12 ℃。幼虫侵染根系的土壤温度为11.3~34.0 ℃，最适为15~20 ℃。土壤温度在12~19 ℃时，幼虫侵入需10天左右；20~26 ℃时，4~5天即能大量侵入；高于26 ℃时则不利于侵入。幼虫生长发育适温为25~28 ℃，最高致死温度为45 ℃。田间土壤湿度在20%以下和90%以上都不利于侵染，侵入的最适土壤湿度为70%。砂土、砂壤土及透气性好、质地疏松的土壤发病重；低洼、黏性及透气性差的土壤发病轻。

②栽培措施　病根残茬遗留土壤中使虫源逐年积累，病害逐年加重。一般病地连作3~4年发病率可达100%。另外，田间杂草多病害也重。早播病重(因线虫侵染温度较低，侵染时间长，侵染后危害时间长)。

11.7.5 防治

花生根结线虫病的防治应在严格调种管理的基础上，病区施行以农业防治和药剂防治相结合的综合防治措施。

①严格调种管理　此项措施曾被作为病害检疫手段之一。现已经证明，当荚果含水量达26.1%以下时，线虫各虫态均不能存活，而荚果安全贮藏的含水量是8%~10%以下，因此，线虫不通过荚果传播，但荚果中混入的病残体和病土可实现病害的远距离传播。因此，调种时要注意荚果的实际含水量、混入荚果中的病残体以及黏附于荚果上的病土等，保证种子不带线虫或线虫已经死亡(最好不从病区调种或以调花生仁代替)。

②农业防治　收获时深挖细刨，清除病残，就地晒晾，以防病根、病土传播。不用病残体沤肥、喂牲畜，以防根结线虫混入粪肥，传播危害。病田采用轮作降低虫口密度，由于根结线虫寄主范围广，注意选择轮作植物，一般与禾本科作物及薯类轮作2~3年效果较好。

③热力消毒　根结线虫多分布在20 cm左右的土层中，尤其在3~10 cm的土层内最多，且致死温度在50 ℃左右，病原线虫活动性不强，土层越深，透气性越差，越不适宜生存，故深翻可有效杀灭线虫。待花生收获后，利用秋季高温，对发病重的田块进行深翻，用吸光能力强的黑色塑料薄膜覆盖在潮湿的土壤上，让其充分暴晒7~

15 天，利用热力杀死线虫，还可杀死其他病原菌和杂草种子，同时也可促使土壤中有机质分解，提高土壤肥力。

④ 药剂防治 播种前进行土壤消毒，撒施 10% 噻唑膦颗粒剂 22.5 ~ 30 kg/hm^2 或 98% 棉隆微粒剂 73.5 ~ 102 kg/hm^2；也可穴施，将药加 20 kg 细土制成毒土撒入穴内，覆土 2 周后播种。药剂还有 0.5% 阿维菌素颗粒剂、5% 丁硫克百威颗粒剂、2 亿孢子/g 淡紫拟青霉菌粉剂等。发病初期可用 1.5% 丁硫克百威 · 阿维菌素微乳剂 800 倍液灌根，10% 涕灭威 600 ~ 800 倍灌根。

11.8 油菜菌核病

油菜菌核病是油菜生产中的重要病害之一，是世界性病害，我国冬、春油菜栽培区均有发生，长江流域、东南沿海冬油菜受害重。发病率高达 10% ~ 30%，严重的达 80% 以上。

11.8.1 症状

从苗期到近成熟期均会发生，盛花期后为发病高峰，可危害植株地上部的各个部位，其中以茎秆发病最重，损失最大。苗期发病时，近地面根茎与叶柄处形成浅褐色斑点，后转白色，重者茎腐烂，病部有白色絮状菌丝体，后期产生黑色菌核。成株从茎基部开始发生，病斑梭形，略凹陷，初为浅褐色水渍状病斑，后中央转灰白色，病斑扩展后茎成段变白，造成茎腐，易折断，高湿时病部长出白色絮状霉层。后期病茎中空易断，内生鼠粪状黑色菌核。叶部病斑圆形、水渍状，中央黄褐色边缘淡黄色，常有轮纹。干燥时病斑易开裂穿孔，高湿时也长出白色霉层(图 11-10、图 11-11)。

图 11-10 油菜菌核病的叶病和茎部症状
1. 病叶 2. 病茎

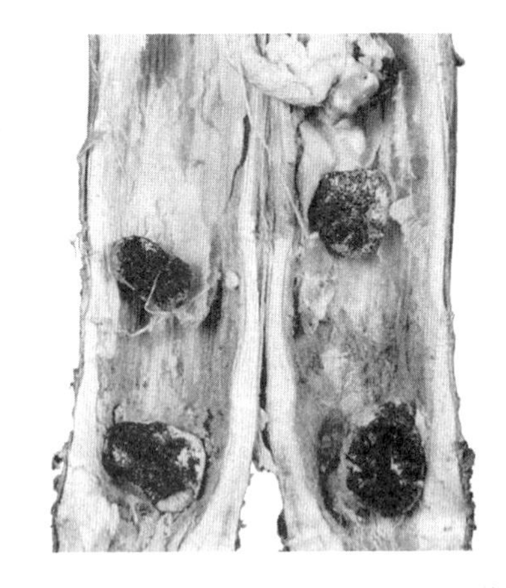

图 11-11 油菜菌核病病茎剖面(内有菌核)

11.8.2 病原

病原为子囊菌门核盘菌属核盘菌[*Sclerotinia sclerotiorum* (Lib.) de Bary]。菌核长圆形至不规则形，似鼠粪状，初白色后变灰色，成熟后黑色。菌核萌发后长出1至多个具长柄的肉质黄褐色盘状子囊盘，盘上着生1层子囊和侧丝，子囊无色棍棒状，内含8个子囊孢子，子囊孢子无色透明，卵圆形，单胞。侧丝无色，丝状，夹生在子囊之间。菌核对干热、低温的抵抗力强，不耐湿热，高温水浸易死亡(图11-12)。

病菌还可侵染甘薯、大豆和其他十字花科蔬菜，寄主范围很广。

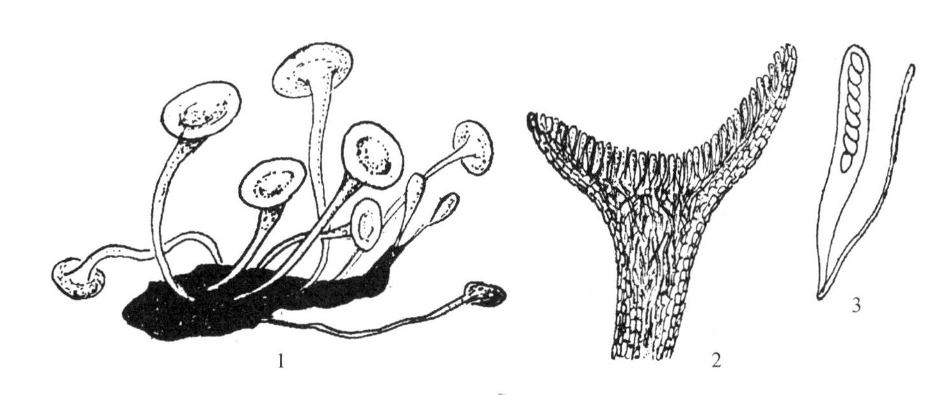

图11-12 油菜菌核病病菌

1. 菌核萌发产生子囊盘 2. 子囊盘切面 3. 子囊、子囊孢子和侧丝

11.8.3 病害循环

病原菌以菌核在土壤、病株残体、种子中间越夏(冬油菜区)、越冬(春油菜区)。菌核萌发产生菌丝或子囊盘和子囊孢子，菌丝直接侵染幼苗。子囊孢子随气流传播，侵染花瓣和老叶，染病花瓣落到下部叶片上，引起叶片发病。病叶腐烂附着在茎上，或菌丝经叶柄传至茎部引起茎部发病，在发病部位又形成菌核。菌核经越夏、越冬后，在温度适宜的条件下萌发，形成子囊盘、子囊和子囊孢子，子囊孢子黏附并侵入寄主。

11.8.4 影响发病的因素

① 品种的抗性 不同类型和品种的油菜感病性差异很大。芥菜型抗性较好，甘蓝型次之，白菜型最感病。能耐受草酸毒害的品种耐病性也较强。

② 越冬菌核的数量 越冬菌核是病害的初侵染源。越冬的菌核数量多，引起初侵染的子囊孢子数量大，发病重。

③ 气候条件 降雨量、雨日数、相对湿度、气温、日照和风速等气象因子与病害的发生均有关系，其中影响最大的是降雨和湿度。气候条件往往是同时作用于病菌和寄主而影响病害的发生、流行。当气候条件对病菌的发育、侵染有利而对寄主的生长发育不利时，病害将会流行；在长江流域地区，春季常有寒潮、低温，伴随降雨和

大风，对油菜的生长发育不利，但有利于病菌子囊盘的形成、孢子的发射、传播及侵染。大风还会引起油菜倒伏和增加机械伤口等，因而病害容易发生和流行。如果开花期和角果发育期降雨量多、阴雨连绵、相对湿度在 80% 以上，有利于病害的发生和流行。

④ 栽培管理　播种期和施肥水平等也影响病害的发生。冬油菜区早播油菜发病重于晚播油菜，其主要原因是早播油菜长势旺、开花期长，与子囊盘形成期吻合时间长，感病机会多，发病重。偏施氮肥、地势低洼排水不良、植株过密发病都较严重。尤其当薹肥施用迟和用量大时，常造成油菜贪青倒伏，病害更重。一般连作油菜较水旱轮作油菜的发病率高 1 倍以上。此外，施用未腐熟的油菜病残体作肥料和播种带菌种子，都会增加田间菌源数量而加重发病。

11.8.5 防治

① 利用抗病品种　选用抗病品种，芥菜型、甘蓝型油菜比白菜型抗病。

② 加强农业管理　中耕培土，可切断菌核抽生的子囊果柄，压埋子囊盘，对减轻病害发生有明显作用，还能控制杂草的生长，也改善了土壤的通透性。水旱轮作或与大、小麦轮作；清除病残体，秋季深耕，春季中耕培土，清沟排涝，摘除下部老黄叶，带出田外销毁，减少初侵染来源；增施钾肥，可增强抗病能力。菌核在土壤中的存活量随着时间的延长而锐减，在高湿、长期泡水的田中死亡更快。

③ 药剂防治　常用药剂有 40% 菌核净、50% 腐霉利、50% 多菌灵等。

④ 生物防治　将生物制剂施入土壤中，如木霉(*Trichoderma viride*，*T. harzianum*)。也有研究用喷施农抗 2-16，可有效地减轻主茎发病，降低病情指数。

11.9 油菜白锈病

油菜白锈病在世界各油菜产区均有发生，在我国以云南、贵州等高原地区和长江下游等油菜产区发病较重。流行年份发病率达 10% ~ 50%，减产 5% ~ 20%，含油量降低 1.05%。

11.9.1 症状

从苗期到成株期都可发生，主要危害叶片和花轴。叶片发病，先在叶面出现淡绿色小点，后变黄绿色，背面产生白色隆起小疱斑，后期破裂散出白色粉末(病菌的孢子囊)。花轴受害后，形成肿胀状“龙头”，花瓣畸形，肥厚、变绿呈叶状，种荚受害肿大畸形，不能结实。与霜霉病症状相似，二者主要区别是霜霉病的“龙头”表面光滑，并产生白色霜状霉层，而白锈病的“龙头”表面粗糙，有白色隆起疱斑(图 11-13)。

1　2

图 11-13　油菜白锈病症状

1. 病叶的背面　2. 感病花梗

11.9.2 病原

病原为卵菌门白锈菌属白锈菌[*Albugo condida*(Pers.)Kuntze]。孢囊梗平行排列在寄主表皮下，孢囊梗呈短棍棒状，无色，顶端串生孢子囊；孢子囊近球形，无色，单胞。卵孢子球形，黄褐色，外壁很厚，表面有不规则的突起。每个孢子囊产生5~7个游动孢子，萌发的温度范围为1~18℃，最适温度为10~14℃，产生萌发管和侵入寄主的温度为16~25℃，最适温度为20℃。在雨季和低温时出现露或雾的形成是游动孢子活动所需要的湿度条件。该菌除侵染油菜外，还侵染白菜、萝卜、甘蓝等十字花科蔬菜(图11-14)。

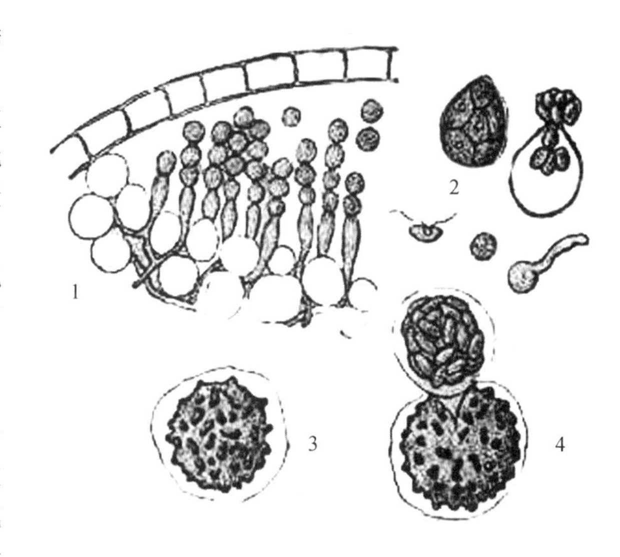

图11-14　油菜白锈病病菌

1. 突破寄主表皮的孢子囊堆　2. 孢子囊及其萌发　3. 卵孢子　4. 卵孢子萌发

11.9.3 病害循环

病原菌以卵孢子在病株残体上、土壤中或混在种子上越夏、越冬。越夏的卵孢子萌发产出孢子囊，释放出游动孢子，游动孢子借雨水溅至叶上，在水滴中萌发从气孔侵入，引起秋播油菜初侵染。疱斑上产生孢子囊，又随雨水或昆虫传播到健康的植株上进行再侵染。冬季则以菌丝和孢子囊堆在病叶上越冬，翌年春季气温升高，孢子囊借气流传播，遇有水湿条件产生游动孢子或直接萌发侵染油菜叶、花梗、花及角果进行再侵染，油菜成熟时又产生卵孢子在病部或混入种子中越夏。

11.9.4 影响发病的因素

①品种抗性和生育期　品种间抗病性有差异，早熟品种发病重，芥菜型抗病性最强，甘蓝型次之，白菜型最弱。油菜抽薹开花期最易感病。

②气候条件　孢子囊和卵孢子萌发需充足水分，以冬春寒冷多雨时发生最盛。若气温突然降低，有露水凝结，则有利于病菌孢子囊有萌发和侵入。

③栽培管理　排水不良的田块容易发病，连作地、偏施氮肥、粗放耕作等有利于发病。及时清除病残体并集中处理可减少侵染来源。

11.9.5 防治

①选用抗病品种　抗白锈病的油菜品种有国庆25，东辐1号等。

②使用无病种子或种子处理　从无病田或无病植株上采种留种，必要时播种前

进行种子消毒，如用 10% 盐水选种，用下沉的种子清水洗净后晾干播种。

③ 农业措施 与水稻或非十字花科作物轮作，以减少土壤中卵孢子数量。合理施肥，防止油菜贪青倒伏，春季注意清沟防渍，降低田间湿度。

④ 药剂防治 油菜抽薹或始花期，降雨多时，应及时喷药。药剂可用 58% 甲霜灵可湿性粉剂 200～400 倍液、40% 灭菌丹可湿性粉剂 500～600 倍液、50% 福美双可湿性粉剂 300～500 倍液、65% 代森锌可湿性粉剂 500～600 倍喷雾。

11.10 油菜霜霉病

油菜霜霉病是危害油菜的主要病害之一，在油菜的整个生育期都可发生。长江流域、东南沿海发病重，一般发病率为 10%～30%。引致叶片枯死，花序肥肿畸形，不能结实或结实不良，菜籽产量和质量下降。

11.10.1 症状

该病主要危害叶、茎和角果，叶片发病，初为淡黄色斑点，后扩大并受叶脉限制形成多角形或不规则黄斑，病斑背面有霜霉状霉层，后期病斑变褐，严重时干枯；受害茎秆初期为失绿不规则形病斑，病部长有霜状霉；危害花器，花器肥大畸形，花瓣变绿如叶状。花轴肿大呈“龙头”状，病部长有霜状霉层；角果受害后，潮湿时长有霜状霉。花梗感病后顶部肿大弯曲，呈“龙头拐”状，花瓣肥厚变绿，不结实，生有白色霜霉状物(图 11-15)。

11.10.2 病原

病原为卵菌门霜霉菌属十字花科霜霉菌[*Peronospora parasitica* (Pers.) Fr]。孢囊梗 200～500 μm，双叉分枝，顶端小梗弯曲，末端着生 1 个孢子囊，球形至椭圆形，24～27 μm × 12～22 μm。成熟卵孢子厚壁，球形，黄褐色，表面光滑或有饰纹(图 11-16)。

图 11-15 油菜霜霉病症状

1. 感病花梗 2. 病叶背面

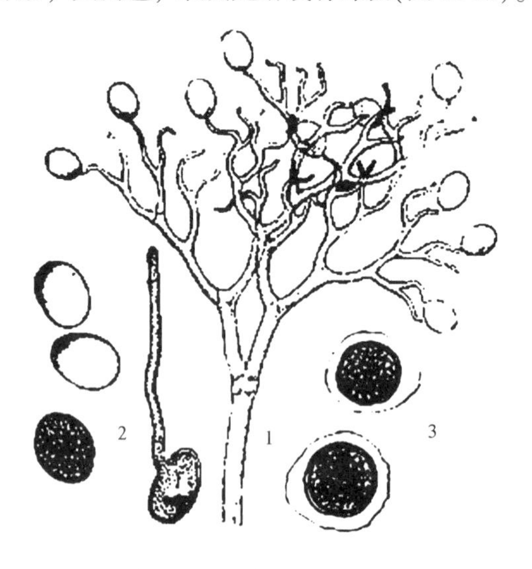

图 11-16 油菜霜霉病菌

1. 孢子囊及其萌发 2. 孢子囊梗及孢子囊 3. 卵孢子

病菌孢子囊萌发的温度为 3～25 ℃，16 ℃有利病菌侵入，24 ℃有利病菌生长发育。该病菌可寄生 114 种以上的植物，包括所有栽培的十字花科作物。

11.10.3 病害循环

在病株残体上、土壤中越冬、越夏的卵孢子是初侵染的主要来源。病原的远距离传播主要依靠混在种子中的卵孢子，近距离传播包括混在种子粪肥中的卵孢子以及气流和水流等传播。在冬油菜区，秋季卵孢子萌发，侵染秋播幼苗。冬季病菌以菌丝或卵孢子在寄主病组织内越冬。第二年春季气温回升，病组织上又产生孢子囊随气流传播再侵染健株，引起叶、茎、花序、花器、角果等部位发病。油菜成熟时在组织内又形成卵孢子。

11.10.4 影响发病的因素

① 品种抗性　三种油菜类型中，白菜型油菜发病最重，芥菜型油菜次之，甘蓝型油菜比前两者抗病。

② 气候条件　病菌孢子囊形成和侵入需要有水滴和露水。棚室内冬季密闭性较强，昼夜温差大、湿度高，因此结露时间越长，对发病越有利，连阴雨天气或浇水后不及时放风，均会加重病情。春季气温升高，雨水多、湿度大、日照少利于病害发生。

③ 栽培管理　缺钾或偏施氮肥施，或株间过密、郁闭湿度易发病；地势低洼、排水不良、田间湿度大发病加重；连作地块土壤中卵孢子多，比轮作地块发病重；早播比较晚播发病重。

11.10.5 防治

① 选用优质、高产的抗耐病品种　因地制宜种植抗病品种，三种类型油菜中，甘蓝型油菜较抗病，白菜型油菜最感病，同一类型油菜中品种间的抗性也有较大差异。

② 改善栽培条件，加强田间管理　根据土壤肥沃程度和品种特性，适时播种，合理密植；氮磷钾平衡施肥，提高抗病力。雨后及时排水，防止湿气滞留和淹苗；与大、小麦等禾本科作物 2 年轮作，可大大减少土壤中卵孢子数量，降低菌源。

③ 化学药剂防治　种子处理，用种子质量 1% 的 25% 甲霜灵拌种；用 10% 的盐水处理种子，再洗净种子。田间施药，当初花期叶病株率达 10% 以上时开始用药，可用的药剂有 70% 百菌清，80% 烯酰吗啉等。

11.11 油菜病毒病

油菜病毒病又称油菜花叶病，是油菜上常见的重要病害之一。在我国各油菜产区均有发生，南方冬油菜区发病重。重病区流行年份产量损失 20%～30%，含油量降低。

11.11.1 症状

油菜病毒病的症状在甘蓝型油菜和白菜型油菜上表现出明显区别。

① 甘蓝型油菜 苗期典型症状是叶片上产生黄斑、枯斑和花叶。黄斑：叶片病斑较大，淡黄色或橙黄色，病健部分界限分明。枯斑：叶面病斑较小，淡褐色，病斑中央有一个黑点，叶背病斑周围有一圈油渍状灰黑色小斑点。花叶：除主脉外的叶脉呈明脉，叶片呈黄绿相间的花叶状，有时有疱斑症状。以上3种苗期症状都常伴有叶片皱缩。

成株期在茎秆上产生条斑、轮纹斑和点状枯斑。条斑：初期为褐色梭形病斑，后上下延长为长条形枯斑，后期病斑纵裂，病斑连片后可造成棉株半边或全株枯死。轮纹斑：病斑稍凸出，周围有2~5层褐色油渍状环带，呈同心轮纹状。点状枯斑：茎秆上散生黑色针尖样小斑点，周围油渍状，斑点随病情加重而增多，但斑点不扩大。轻病株能抽薹开花，但植株矮化，薹茎缩短，花果丛集，角果短小扭曲，似鸡爪状。

② 白菜型和芥菜型油菜 苗期为明脉和花叶，叶片皱缩，成株期为矮化，茎和果轴缩短，分枝减少，角果畸形、数量少。

图11-17 BWYV在油料型油菜叶片的症状

11.11.2 病原

油菜病毒病主要有芜菁花叶病毒(Trunip mosaic virus, TuMV)、黄瓜花叶病毒(CMV)、烟草花叶病毒(TMV)、甜菜西部黄化病毒(Beet western yellow virus, BWYV)(图11-17)、花椰菜花叶病毒(Cauliflower mosaic virus, CaMV)和油菜花叶病毒(Oilseed rape mosaic virus, ORMV)等。不同油菜产区病毒主次不尽相同，通常以TuMV为主。TuMV粒体为线状，CMV粒体为球状，TMV粒体为棒状。

11.11.3 病害循环

TuMV主要在车前草、辣根以及茄科、十字花科蔬菜和豆科作物或杂草中越夏，由有翅蚜虫吸毒后迁飞到油菜上引起初侵染。油菜子叶期至抽薹期均可感病。其再侵染主要是通过田间油菜病株及附近十字花科蔬菜上的病株，由有翅蚜传播，TuMV也可通过人为农事操作传播。在周年栽培十字花科蔬菜的地区，病毒病的毒源丰富，病毒也就能不断地从病株传到健株引起发病。

11.11.4 影响发病的因素

① 品种的抗病性 各种类型油菜品种间的抗病性差异明显，甘蓝型油菜抗病性较强，芥菜型油菜次之，白菜型油菜属高感类型的品种。

② 气候因素 气候的影响主要表现在两个方面：一是影响传毒蚜虫的消长和迁飞；二是影响病毒的潜育期。油菜苗期如遇高温干旱天气，影响油菜的正常生长，降

低抗病能力，同时有利于蚜虫的大量发生和活动，则引起病毒病的发生和流行，反之，则不利于其发生。冬油菜区秋季月平均气温达到15～20℃有利于蚜虫迁飞传毒、病毒增殖和病害显症。降雨也影响蚜虫的迁飞，因此油菜苗期的降雨量与苗期发病率呈负相关。

③ 传毒媒介的数量　油菜苗期迁飞蚜虫的数量直接影响病害的发生程度，在田间自然条件下，桃蚜、萝卜蚜和甘蓝蚜是主要的传毒介体，蚜虫在病株上短时间（几分钟）取食后就具有传毒能力。芜菁花叶病毒是非持久性病毒，蚜虫传染力的获得和消失都很快。田间的有效传毒主要是依靠有翅蚜的迁飞来实现。

④ 毒源作物　冬油菜区，早播的十字花科蔬菜如萝卜和大白菜是重要的毒源作物。另外，北方冬油菜区的自生油菜、长江流域地区的芥菜类和红菜苔、华南地区的白菜、云南高原地区的甘蓝类蔬菜以及各地的早播油菜也是重要的毒源作物。毒源作物面积大，毒源作物发病率高，油菜发病重。

⑤ 栽培条件　播种期对病害的影响很大，早播的发病重，晚播的发病轻。冬油菜区角果发育期病毒病发生率随播种期延迟而降低。苗床或油菜直播田位于十字花科蔬菜田附近或前作为十字花科蔬菜，则感病较重；苗期水、肥不足，发病加重。

11.11.5　防治

① 选用抗耐病品种　尽可能推广种植甘蓝型油菜，并选用适应当地生产的抗性较强的品种，如宁油7号、当油3号、宁油81－23、甘油3号等。

② 适期播种　根据当地的气候、油菜品种的特性和蚜虫的发生情况来确定播种期，避开蚜虫的迁飞盛期，同时注意防止迟播减产。

③ 加强栽培管理　苗床远离十字花科蔬菜早播地块，适当稀播，早施苗肥，避免偏施氮肥，及时浇水灌溉，及时间苗、定苗并拔除病苗等。

④ 治蚜防病　防治蚜虫是防治油菜病毒病的重要措施。主要药剂有40%乐果乳油、25%马拉硫磷乳油、50%灭蚜净、三氟氯氰菊酯等。银灰色或乳白色反光塑料薄膜拒蚜防病。加强对油菜地附近十字花科蔬菜蚜虫的防治，防止病毒传入油菜田。另外，利用黄板诱蚜，用银灰、乳白或黑色膜覆盖油菜行间，或用色膜带挂在油菜地，驱蚜。

11.12　向日葵锈病

向日葵锈病在世界各地普遍发生，是向日葵的重要病害，在中国黑龙江、吉林、辽宁、内蒙古、新疆、陕西、甘肃、宁夏、河北、山西等地向日葵产区都有发生，并且常年发生严重；其他零星种植地区也有发生，对食用向日葵相对危害严重。大流行年份减产40%～80%。除危害向日葵外，还危害菊芋等植物。

11.12.1　症状

向日葵各生育期都能发生，可以危害叶片、叶柄、茎秆、葵盘等部位，特别是叶片发生最显著，染病后都可形成铁锈状孢子堆。苗期在子叶及第一对真叶正面出现黄色病斑，其中产生微细小黑点，即病菌的性孢子器。随后在叶背面病斑处生出许多黄色小粒点，即病菌的锈孢子器。夏初叶背面散生褐色小疱，小疱表皮破裂后散出褐色粉状物，即病菌的夏孢子堆和夏孢子；严重时夏孢子堆布满全叶，使叶片提早枯死。叶柄、茎秆、葵盘及苞叶上也生很多夏孢子堆。接近收获时，出现较大的黑色突起状，着生牢固的疱，黑疱裸露，内生大量黑褐色粉末，即为病菌的冬孢子堆及冬孢子(图 11-18)。

图 11-18　向日葵锈病(景岚提供)

1. 锈孢子器　2. 冬孢子堆

11.12.2　病原

由担子菌门柄锈菌属向日葵柄锈菌(*Puccinia helianthi* Xchw.)菌物引起。向日葵锈菌是 5 种孢子俱全的单寄主寄生菌，性孢子器生于叶两面，聚生或散生，圆形，黄色。锈孢子器群生于叶背，环形，黄色，边缘微裂，锈孢子球形或多角形，表面具微疣，橙黄色；大小 21～28 μm×18～21 μm。夏孢子堆主要生在叶背，散生或聚生，圆形至椭圆形，黄褐色，表面有小刺，基部稍厚，大小 1～1.5 mm，具 2 个芽孔。冬孢子堆在叶背面形成，褐色至黑褐色，大小 0.5～1.5 mm。冬孢子椭圆形至长圆形，茶褐色，双胞，表面光滑，隔膜处稍缢缩，顶端钝圆形，基部圆形，冬孢子柄无色，不脱落，大小 40～54 μm×22～29 μm，柄无色，长约 110 μm。单主寄生，Ⅰ、Ⅱ、Ⅲ叶上生。主要危害向日葵、小花葵、菊芋、狭叶葵、暗红葵等。

11.12.3　病害循环

向日葵锈菌无转主寄生现象，各种孢子类型均在向日葵叶上产生。寒冷地区病菌以冬孢子在病残体上越冬。翌年条件适宜时，冬孢子萌发产生担孢子侵入幼叶，形成性孢子器，后在病斑背面产生锈孢子器，器内锈孢子飞散传播，萌发后也从叶片侵入，形成夏孢子堆和夏孢子。夏孢子借气流传播，进行多次再侵染。接近收获时，在产生夏孢子堆的地方形成冬孢子堆，又以冬孢子越冬。南方温暖地区病菌在多年生向日葵或菊芋上以菌丝越冬，越冬后繁殖进行再侵染。

11.12.4 影响发病的因素

向日葵不同品种对锈病抗病性差异很大。一般食用型向日葵感病重，油用型较抗病，中熟品种发病重，早、晚熟品种发病轻。该病发生与上年累积菌源数量、当年降雨量关系密切，尤其是幼苗和锈孢子出现后，降雨是锈病流行的主导因素，对其流行起有重要作用。进入夏孢子阶段后，雨季来得早，可进行多次重复侵染，常引致该病流行。特别是向日葵开花期(7 月下旬到 8 月)雨量多、雨日多、湿度大有利于锈病流行。

11.12.5 防治

① 选用抗病品种　抗病品种如杂交种 LD5009、辽丰 F53、垄葵杂 1 号、白葵杂 1 号、辽葵杂 1 号、沈葵 1 号等。一般常规品种不抗病。

② 注意田间卫生　清除病残株，深耕深翻。

③ 加强栽培管理　及时中耕，合理增施磷肥。

④ 药剂拌种　用 25% 三唑醇可湿性粉剂 100 g 干拌 50 kg 种子，可减轻发病。

⑤ 药剂防治　发病初期喷洒 15% 三唑酮可湿性粉剂 1 000 ~ 1 500 倍液或 50% 萎锈灵乳油 800 倍液、50% 硫磺悬浮剂 300 倍液、25% 丙环唑乳油 3 000 倍液、25% 丙环唑乳油4 000倍液 + 15% 三唑酮可湿性粉剂2 000倍液、70% 代森锰锌可湿性粉剂 1 000倍液 + 15% 三唑酮可湿性粉剂 2 000 倍液、30% 固体石硫合剂 150 倍液、12. 5% 烯唑醇可湿性粉剂3 000倍液，隔 15 天左右 1 次，防治 1 次或 2 次。

互动学习

1. 影响油菜菌核病发生的条件有哪些？如何能有效防治油菜菌核病？
2. 简述大豆胞囊线虫病的症状特点、侵染来源、传播方式，设计综合防治措施。
3. 简述花生根结线虫病的症状特点、病原形态、发病规律，设计综合防治措施。
4. 油菜病毒病主要症状是什么？如何能有效防治油菜病毒病？
5. 有哪几种病原菌引起大豆根腐病，症状各有何特点？如何才能有效地防治大豆根腐病？
6. 影响大豆菌核病发生的条件有哪些？如何才能有效地防治大豆菌核病？
7. 影响大豆灰斑病的因素有哪些？如何防治大豆灰斑病？
8. 简述花生青枯病的症状诊断与病原鉴定特性。

第12章 其他病害

本章导读

主要内容

甘蔗凤梨病

甜菜黄化病

甜菜褐斑病

甜菜根腐病

烟草黑胫病

烟草病毒病

烟草赤星病

烟草野火病和烟草角斑病

互动学习

12.1 甘蔗凤梨病

甘蔗凤梨病是甘蔗种苗期发生的一种菌物病害，因发病甘蔗初期有凤梨果实的味道而称为“凤梨病”。甘蔗凤梨病是一种世界性病害，现已分布于亚洲、非洲和美洲近40个国家，我国各甘蔗产区普遍发生。本病主要危害种蔗和春植蔗，是甘蔗生产上的主要病害之一。

12.1.1 症状

甘蔗凤梨病主要危害甘蔗种茎，也危害蔗头和受伤蔗茎。感病种蔗发病初期，种蔗切口两端初变红色，散发出凤梨香味，随之病蔗内部组织变红；数天后切口转呈黑色，长出黑色霉状物和黑色刺毛状物，即病菌的分生孢子、厚垣孢子和子囊壳。病菌从两端切口向蔗茎的中心迅速扩展，当菌丝通过茎节而侵入节间时，使蔗种的薄壁细胞遭到破坏，蔗种内部形成空腔，种茎节间变红褐色至黑褐色，种茎髓部变为乌黑色，全部组织腐烂死亡，仅残留似发束状的维管束和大量煤黑色的粉状物。发病种蔗上的蔗芽在萌发前腐烂坏死，不能萌发成苗，造成发芽率低，或虽能萌发出土，但生长细弱、易枯死，因而出现缺苗而影响产量。田间受伤的蔗茎受害后，病菌从伤口侵入造成内部组织腐败，外皮皱缩变黑，蔗叶凋萎，严重的植株死亡(图12-1)。

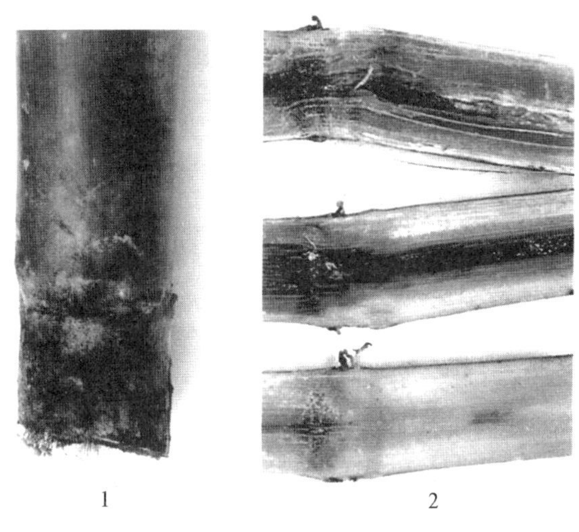

图 12-1　甘蔗凤梨病症状(引自吕佩珂等，1999)

1. 甘蔗切口处的症状　2. 甘蔗茎部形成的空腔

12.1.2　病原

甘蔗凤梨病由子囊菌门长喙壳属奇异长喙壳菌[*Ceratocystis paradoxa*（Dode）Moreau]引起，病原无性态属于无性型真菌串珠霉属奇异根串珠霉菌[*Thielaviopsis paradoxa*（de Seynes）V. Höhnel]。

该菌菌丝体为有隔菌丝，无色至淡褐色。在培养基上形成的子囊壳长颈烧瓶状，基部球形、深褐色，具长喙，喙长而细，有光泽，长喙末端须状开裂，孔口周围可见子囊孢子。子囊卵形，内生 8 个子囊孢子，子囊孢子无色单胞，椭圆形或长椭圆形。成熟时子囊壁易消解，子囊孢子从长喙孔口释出。无性阶段产生小型分生孢子和厚垣孢子。小型分生孢子短圆筒形或长方形，单胞、壁薄，初无色，后变褐色，内生。厚垣孢子球形至椭圆形，壁厚，单生或串生，黄棕色至黑褐色，表面有刺状突起。它能抵抗不良环境条件，且可在土壤中休眠 4 年以上(图 12-2)。

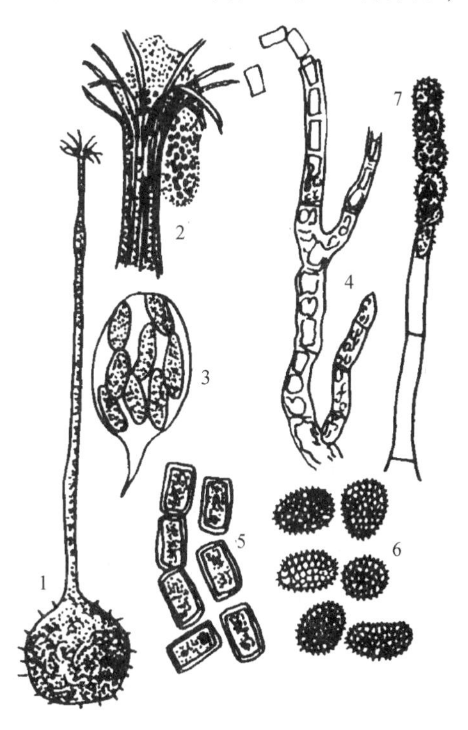

图 12-2　甘蔗凤梨病菌

(引自吕佩珂等，1999)

1. 子囊壳　2. 子囊壳喙部　3. 子囊和子囊孢子　4. 分生孢子梗和小分生孢子　5. 小分生孢子　6. 厚垣孢子　7. 分生孢子梗和厚垣孢子

病菌生长适宜温度为 28 ℃，最适酸碱度为 pH 5 ~ 7。此菌除危害甘蔗外，还可侵染香蕉、木瓜、可可、杧果、菠萝和车前草等多种植物，寄主范围很广。

12.1.3　病害循环

病菌以菌丝体或厚垣孢子潜伏在病组织中或随病残体在土壤中越冬，菌丝体在甘蔗病残叶上可存活 3 ~ 4 个月，在蔗渣内可存活 7 个月，厚垣孢子在土壤中可存活 4 年。小型分生孢子在寄主表面能存活 12 天。初侵染来源是带菌的种蔗和蔗田土壤，以及其他寄主植物上的菌源。当条件适宜时，病菌从寄主种苗的伤口处侵入，引致初侵染。菌丝在甘蔗髓部的薄壁组织里生长，病害的潜伏期较短，侵入后 2 ~ 3 天即表现症状，10 ~ 14 天在病部产生分生孢子和厚垣孢子。病菌产生的无性孢子和有性孢子均可充当再侵染源。分生孢子在再侵染中起主要作用，分生孢子易萌发，借助空气、土壤、灌溉水、蔗刀和蝇类昆虫等途径传播，当年即进行再侵染。

12.1.4 影响发病的因素

① 气候条件　温湿度是影响甘蔗凤梨病流行的关键因素。长期的低温和高湿是凤梨病严重发生的主要原因。春季低温蔗种萌发慢，影响种蔗出土速度，在土壤中滞留时间越长，种蔗越易受到侵染，病害发生较重。高湿多雨有利于病害流行。春植甘蔗下种后，地温低于 19 ℃或遇有较长时间阴雨，发病重。

② 品种抗病性　甘蔗不同品种对凤梨病抗病性差异很大，通常抗逆性和萌发势较强的品种，其抗病性也较强。桂蔗 69/360、桂蔗 57/624、桂蔗 60/289、粤糖 64/395 和华南 56/12 等均具有不同程度的抗病性，而台糖 134、台糖 172、粤糖 57/432 和粤糖 57/210 等均表现感病。抗病品种在被侵染后，会迅速产生红色素，使得发病组织变红，抑制病菌的扩展，而感病品种产生红色素的速度较慢，不能控制病菌的扩展，中央髓部容易变黑腐烂。

③ 土壤条件和栽培制度　土壤土质黏重、易板结，低洼积水、湿度大，通透性差的田地发病较重。种蔗在潮湿环境中储藏的发病也较重；连作地病菌积年增加、积累较多，使得发病较重。

12.1.5 防治

本病的防治主要是选育抗病品种，辅以药剂浸种消毒和加强农业栽培管理。

① 选用抗病品种　据资料分析，国内外近百种重要的植物病害，其中 80% 都是完全或主要靠抗病品种解决的，选用抗病品种是防治植物病害的最有效的方法。选用萌芽力强、抗病性强的优质品种是控制病害发生的最有效措施。具有较好抗病性的品种包括桂糖 11、农林 8 号、新台糖 16 号、台糖 108 号和粤糖 93/159 等。

② 种蔗的选择和消毒处理　做好种蔗留种、储藏和管理工作，防止种蔗发病。选取植株生长健壮、株形笔直、无病虫的植株梢头作为蔗种。梢头蔗茎发芽力强，萌发迅速，发病较轻。种蔗在种植前进行催芽和消毒可有效地预防凤梨病的发生。催芽处理有利于蔗芽提早出土、生长健壮、减少病菌侵染。种蔗浸泡后消毒，是种植甘蔗成败的关键，也是防治凤梨病的有效措施，可用石灰水、多菌灵、甲基硫菌灵进行消毒。

③ 加强农业栽培管理　精耕细作，整平地块，开沟排水，下种后浅覆土；选择适宜温湿度的时期下种，有条件可采用地膜覆盖，保温、保湿，提高地温，使甘蔗早生快发，减少甘蔗发病；重病区实行 2 年以上的水旱轮作；常发病的蔗区可沟施石灰调节土壤酸碱度。

12.2 甜菜黄化病

甜菜黄化病是由蚜虫传播的一种病毒病害，广泛分布于世界上大多数甜菜产区。我国东北、内蒙古、甘肃、宁夏、新疆、河北、陕西和山西等地均有发生，一般年份发病率50%~60%，块根减产20%~25%，种子减产30%。

12.2.1 症状

甜菜黄化病的典型症状是叶片早期黄化。发病初田间病株为零星分布，后逐渐扩展连片，严重时大面积发病，呈现一片金黄。黄化通常从顶端开始，首先在靠近叶尖或叶缘处出现明脉，随后叶脉间有褪色斑块。褪色斑块逐渐扩大、愈合成片，开始向叶下部发展，直至除叶脉周围组织保持绿色外，全叶变成黄色，病叶变厚发脆、易碎。天气干旱时，健叶失水萎垂而病叶直立。病叶全部变黄后，杂菌侵染会形成许多近圆形或不规则形黑褐色霉斑，有时具轮纹，病叶最后卷缩枯萎(图12-3)。

图12-3 甜菜黄化病症状
(引自吕佩珂等，1999)

12.2.2 病原

病原为长线病毒属甜菜黄化病毒(Beet yellow virus，BYV)。病毒粒体线形1 200~1 600nm×10 nm，由一个主要的外壳蛋白和1条单一的正义RNA组成。病毒的致死温度为90~95 ℃，钝化温度52 ℃ 10 min，稀释限点为10^{-5}，体外保毒期为6天。

虽然这种病毒可用汁液摩擦接种，但非常困难。在田间主要依靠蚜虫传播，如果条件适宜，蚜虫经7~15 min放饲后，即能传病，但一般要经30 min以上的饲育。饲育越久，接种成功率越大，饲育6 h后能达到其传病力的最高点。传毒蚜虫的种类很多，主要的是桃蚜(*Myzus persicae*)及蚕豆蚜(*Aphis fabae*)。

12.2.3 病害循环

甜菜黄化病毒在带毒母根上和其他寄主植物体内过冬，病害的初侵染来源包括甜菜留种植株、原料甜菜、冬季菠菜及当地的一些杂草(如藜科和苋科杂草)。种子因其带毒率很低，不是主要侵染源。在田间的传播主要是依靠桃蚜、豆蚜和甜菜蚜虫等介体昆虫，带病的采种区供给了蚜虫初次侵染的病毒源，离采种地区越近的地区发病越多。

12.2.4 影响发病的因素

甜菜黄化病发生危害的严重度与气象因素、甜菜品种的抗病性、蚜虫数量和栽培条件密切相关。

① 气象因素　甜菜黄化病的发生、流行与有翅蚜虫数量的消长关系密切，而气候条件主要是影响蚜虫的发生与活动，因而影响病害的发生。在华北地区，与有翅蚜活动相关的气象条件主要是气温和相对湿度。气候干旱，蚜虫繁殖快，活动性强，病害发生就重。

② 品种的抗病性　不同的甜菜品种对黄化病的抗病性有差异，品系504较抗病，而工农1号和工农2号较感病，发病率可达50%。目前尚未发现免疫品种。

③ 栽培管理条件　播种期对甜菜黄化病的发生影响很大，春播甜菜发病重，夏播甜菜发病程度居中，秋播甜菜发病较轻。肥料和发病也有关系，缺磷、钾肥的甜菜，发病特别严重；而多施绿肥和厩肥的地区，病害则较轻。密植程度和发病有关，适当密植可以减轻发病。管理粗放，防治蚜虫不及时，除草不彻底的田块发病重；栽培高粱、玉米等保护作物，会妨碍蚜虫活动，有减轻病害的作用。

12.2.5 防治

甜菜黄化病的防治应采取综合防治措施，包括选育抗(耐)病品种、农业栽培管理措施、减少初侵染来源和降低传毒介体昆虫密度等，既消灭病源又减轻其造成的危害。

① 选用抗耐品种　不同甜菜品种对病害的抵抗力有显著差异，因此，在生产上应选择抗病品系如504；也可选用一些较耐病的品种如工农2号、内蒙3号和甜研3号等。

② 减少初侵染来源　采种区与普通生产区实行隔离是防治甜菜黄化病毒病的主要措施。藜科和苋科杂草是甜菜黄化病毒的中间寄主，也是翌年发病的初侵染来源，因此彻底进行除草可减少虫源和毒源，控制病毒的传播扩展，降低发病率。

③ 消灭传毒蚜虫　蚜虫是甜菜黄化病主要的传毒介体，降低蚜虫的虫口密度，可有效预防和控制该病的发生。根据当地气候条件和蚜虫的发生规律，在蚜虫出现期和迁飞期，喷40%乐果乳剂或抗蚜威，可降低甜菜地蚜虫的虫口密度，减少病害的田间传播。

④ 加强农业栽培管理　适当调节播种期，追施磷肥和钾肥，提高植株抗病力，减轻发病；适当密植减低蚜虫的危害，增加甜菜产量；精耕细作，适时灌溉，及时除虫和除草，可以降低病害的扩展。

⑤ 化学药剂防治　甜菜种植区出现黄化病症状时，可喷施化学药剂，如吗啉胍·乙铜(病毒克星)或菌毒·吗啉胍(病毒宁)，每隔7天喷施1次，连续喷施2~3次，促使叶片舒展、转绿，减轻病毒危害。

12.3 甜菜褐斑病

甜菜褐斑病是甜菜生产中一种重要的病害，现已广泛分布于世界各甜菜产区，尤以中欧最为严重。该病在我国东北、黄河中下游、华北和西北等甜菜产区均有不同程度的发生和危害。一般甜菜褐斑病可使块根减产10%~20%，含糖量降低1~2度；发病严重时块根减产30%~40%，茎叶减产40%~70%，含糖量降低3~4度。

12.3.1 症状

甜菜褐斑病主要危害甜菜的叶片和叶柄，也危害茎和花。多自下部老叶开始发病，渐向上部蔓延，新叶则很少发病。叶片上最初生圆形或不规则形小斑点，呈褐色或紫褐色；后扩大形成直径3~4 mm的病斑，中央色浅较薄，为黑褐色或灰色，边缘因花青素的产生呈紫褐色或赤褐色(图12-4)。病斑逐渐变薄变脆，易破裂或穿孔脱落。病斑大小因品种及外界条件不同而异，一般直径1~3 mm。叶柄和茎部的病斑多呈褐色长圆形或梭形。病害发生严重时，每张叶片布满数百个病斑，后期病斑愈合成片，导致叶片枯死脱落。田间湿度大时，病斑上会出现灰白色霉层，即病原菌的分生孢子梗和分生孢子。

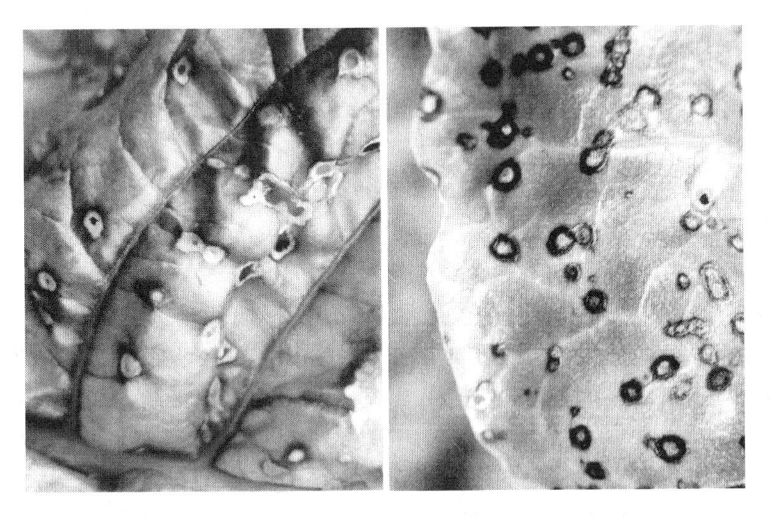

图12-4 甜菜褐斑病病叶症状(引自李慧明，2012)

病原菌在自然情况下不侵染生长旺盛的幼叶，只危害具一定生理成熟度的叶片。因此，病害常先在外层老叶上发生，逐渐从外层向中层和内层叶片扩展，受害老叶陆续枯死脱落，长出的新叶又不断被害，使整个植株的根冠部粗壮肥大，青头很长，状似菠萝。

12.3.2 病原

甜菜褐斑病的病原为无性型真菌尾孢属甜菜尾孢菌(*Cercospora beticola* Sacc.)。

病菌菌丝橄榄色，在寄主细胞间隙扩展蔓延，在寄主表皮下形成垫状菌丝团。分生孢子梗基部黄褐色，顶部灰色或无色，常2～17根丛生，自寄主气孔伸出。分生孢子无色透明，鞭状或披针形，基部较粗，呈截断状，顶端尖锐，着生于分生孢子梗顶端(图12-5)。初生时无隔膜或1个隔膜，成熟时具6～12个隔膜。不同湿度条件下分生孢子的形状、大小也不同。病菌发育最适温度为25～28 ℃，在37 ℃以上或5 ℃以下时停止生长。世界范围的甜菜褐斑病病菌有生理小种的分化，但我国的菌株尚未发现致病力分化。

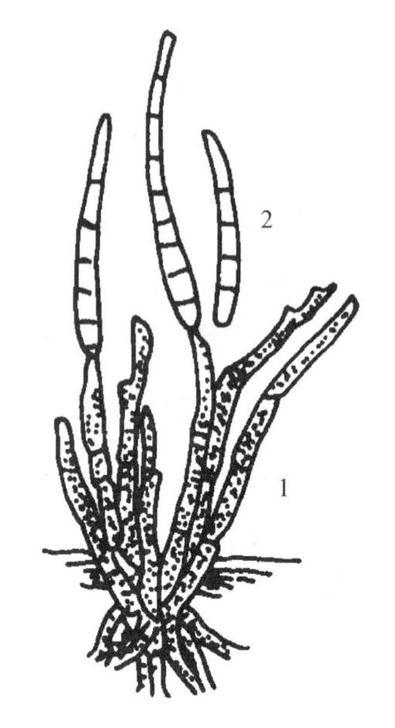

图12-5 甜菜褐斑病菌
(引自吕佩珂等，1999)
1. 分生孢子梗 2. 分生孢子

12.3.3 病害循环

病菌的分生孢子对不良环境的抵抗力较弱，寄生在甜菜种球或叶片上的菌丝团可保持2年的生活力，可随种球或叶片在土壤内越冬。田间病叶、种球或母根根头上的菌丝团越冬后产生的分生孢子是翌年春季的初侵染源。病菌在田间的再侵染主要依靠分生孢子。分生孢子能借风、雨、昆虫等传播，在露滴或水滴中萌发，从寄主的气孔侵入组织，然后在细胞间蔓延，吸取养料。生长期间，病斑上产生的分生孢子能进行多次再侵染。

12.3.4 影响发病的因素

甜菜褐斑病的发生主要与气温、降雨量、越冬的病原菌数量和寄主品种的抗病性等密切相关。

①温度、湿度条件 降雨量影响病菌孢子的形成和分散，是决定甜菜褐斑病流行的主导因子。病菌分生孢子的形成需要空气相对湿度在98%以上，降雨可以增加田间相对湿度，有利于孢子形成及侵入。雨滴和水滴是孢子萌发和侵入的条件，雨滴飞溅有利于分生孢子的分散，有助于病菌的传播。一般连续降雨15～20天后，田间可出现一个病害扩展高峰。在低洼、排水不良、灌溉较多、田间湿度较高的地块，容易诱发此病。温度影响甜菜褐斑病潜育期的长短，当平均气温在19～23 ℃，最高气温不超过29 ℃，最低气温在13 ℃以上时，潜育期最短，为5～8天。如果平均气温上升或下降，或最高气温升高、最低气温降低，均可延长病害的潜育期。温度、湿度也影响寄生细胞气孔的开闭和扩张，进而影响病菌的侵入。

②病原菌数量 成功越冬的病原菌数量直接影响病害的严重程度。在温度、湿度条件具备的情况下，病原菌数量越多，发生越重；如果病原菌数量少时，必须有较多的再侵染，病害才能流行危害。连作或在邻近上年甜菜地和当年采种地的地块种植甜菜，由于田间的菌源积累较多，甜菜褐斑病的发生常常较早、较重。

③甜菜品种的抗病性 甜菜褐斑病流行的主要原因是感病品种的大规模种植，

不同的甜菜品种对于褐斑病的抗病性差异明显。抗病和较抗病的甜菜品种有甜研301、甜研302、甜研303、甜研201和双丰8号等。甜菜品种对褐斑病的抗性表现在降低或延迟褐斑病菌的侵染，是由多基因控制的数量遗传。甜菜品种对于褐斑病的抗性机制，主要是甜菜中的抗性基因在侵染过程各阶段的表达，可抑制甜菜褐斑病菌产生的一种主要毒素(cercosporin，尾孢菌素)本身或抑制其引起的一系列氧化反应，从而使得植株能忍耐较高浓度的尾孢菌素。

12.3.5 防治

甜菜褐斑病的防治应采取综合防治措施，以种植抗病品种为主，减少初侵染源、加强农业栽培管理和化学药剂防治为辅。

①种植抗病品种　种植抗病品种是防治甜菜褐斑病的一项经济有效的措施。目前较抗病的品种有甜研301、甜研302、甜研303、甜研201、甜研202、双丰6号、双丰8号、范育1号、范育2号、中甜－吉洮单302、KWS5075、KWS0144、KWS0143、新甜11号、ZD系列和S19918等；较耐褐斑病的甜菜品种有新甜16号、17号、ST9818、STN2207等品种(系)。

②减少初侵染源　秋季甜菜收获以后，切下的青头、病叶要及时清除出田间，对田间存在的残株病叶进行清理，集中烧毁或深埋，减少翌年病菌的初侵染源。

③加强农业栽培管理　合理轮作和选地，重病田实行4年以上与禾本科或豆科植物轮作，避免连作。轮作时甜菜地必须与前一年甜菜地距离500～1 000 m。加强田间管理，精耕细作，整平地块，及时进行中耕除草，增施磷钾肥，增强植株抗病力。阴雨季节及时开沟排水，增加株间通风透光性，降低田间相对湿度，减少病害的发生。注意田园清洁，秋季进行深耕，把残株病叶翻进深层土壤。

④化学药剂防治　目前用于防治甜菜褐斑病的化学药剂有苯并咪唑类农药，如多菌灵、甲基硫菌灵、苯菌灵和异菌脲等。在田间出现首批病斑、5%～10%的植株发病时，可喷施药剂进行防治，每隔10～15天喷1次，一般喷3～4次。如发病田的褐斑病菌对苯并咪唑类药剂产生抗药性，可选用有机锡杀菌剂作为替代药剂，如薯瘟锡(三苯基醋酸锡)和毒菌锡(三苯基氢氧化锡)，因有机锡杀菌剂和苯并咪唑类农药的抗药性无相关性。

12.4 甜菜根腐病

甜菜根腐病是甜菜块根在生育期间发生的腐烂病的总称，在黑龙江省和吉林省的甜菜产区发生比较普遍，危害较重，一般可造成甜菜块根减产10%～20%，严重地块发病率高达60%～100%，个别地块甚至绝产。不同病原菌侵染甜菜后所表现的症状不同，多种病菌复合侵染后表现的复合症状更是多样。不同主导病原菌侵染甜菜后根腐病的症状表现可分为5种类型(图12-6)。

图 12-6　甜菜根腐病症状

12.4.1　症状

① 镰刀菌根腐病　又称镰刀菌萎蔫病，是由镰刀菌引起的一种维管束病害，主要侵染甜菜根体或根尾，使得维管束变为浅褐色，木质化。病菌多由根部的伤口或植株生长衰弱部位侵入，发病初期病部表皮产生褐色水渍状不规则形病斑，后逐渐向块根内部蔓延扩展，经过薄壁组织进入导管，造成导管褐变或硬化，根的横切面上可见维管束环从浅肉桂色到深褐色。病后期块根呈黑褐色干腐状，内部出现空腔，根外常见浅粉色菌丝体。发病轻的甜菜植株生长缓慢，叶丛萎蔫；严重的甜菜块根溃烂，叶丛干枯死亡。

② 丝核菌褐腐病　又称根颈腐烂病，根冠、根体部先发病，病部初现褐色圆形斑点，逐渐扩展蔓延和腐烂，腐烂处稍凹陷 0.5 ~ 1 cm，后在病斑上形成裂痕(纵沟)。腐烂的病组织呈褐色至黑褐色，在适宜发病条件下向根内扩展，整个根部腐烂解体，地上部叶片萎蔫，有时在病部可见稠密的褐色菌丝体。在高温高湿的环境下，病部还可蔓延至叶柄，在植株根颈处或叶柄着生处可见褐色菌丝体。

③ 蛇眼菌黑腐病　病部从根头开始向下蔓延，首先根体或根冠处出现黑色云纹状斑块，略凹陷，后从根内向根外腐烂。表皮烂穿后形成裂口，除导管外全都变黑。

④ 白绢型根腐病　又叫菌核病。根头先染病，后从根头开始向下蔓延，初期病组织变软凹陷，呈水渍状腐烂，发病块根外部或外表皮附有白色绢丝状菌丝体，后期可见油菜籽大小(直径约 2 mm)深褐色的球形小菌核。菌丝体可从发病植株沿土面扩展，危害邻近植株。

⑤ 细菌性尾腐病　又称尾腐病或根尾腐烂病。细菌先从根尾侵入，由下向上扩展、蔓延，病部组织变软，呈现暗灰色至铅黑色水浸状软腐，发病严重时造成块根全部腐烂，表皮从根上脱落，病组织中的导管被病原菌分解为纤维状，常溢有黏液，散发出腐败酸臭味。

12.4.2 病原

镰刀菌根腐病、丝核菌褐腐病、蛇眼菌黑腐病和白绢型根腐病 4 种根腐病的病原均为菌物，尾腐病的病原为细菌。

① 镰刀菌根腐病　由无性型真菌镰孢菌属菌物引起，主要致病菌是黄色镰刀菌[*Fusarium culmorum*（W. G. Smith）Sacc.]。分生孢子为镰刀型，无色，具隔膜 3～5 个，厚垣孢子间生或顶生，椭圆形或圆形。茄腐镰刀菌[*Fusarium solani*（Mart.）App. et Wollenw.]、尖孢镰刀菌(*F. oxysporum* Schlecht.)、串珠镰刀菌(*F. moniliforme* Sheld.)和燕麦镰刀菌[*F. avenaceum*（Fr.）Sacc.]等也能引起甜菜根腐病。

② 丝核菌褐腐病　病原为无性型真菌丝核菌属立枯丝核菌(*Rhizoctonia solani* Kühn)。菌丝体初无色，后呈淡褐色或深黄褐色，多为直角分枝，分枝处稍缢缩且有 1 个隔膜。形成的菌核深褐色，扁圆形或近圆形，表面粗糙，大小不一。通常不形成担子和担孢子。

③ 蛇眼菌黑腐病　病原为无性型真菌茎点霉属甜菜茎点霉(*Phoma betae* Frank)，与甜菜蛇眼病的病原菌相同。分生孢子器埋生于寄主表皮下，球形至扁球形，暗褐色。分生孢子圆形至椭圆形，单胞，无色。

④ 白绢型根腐病　病原为无性型真菌小核菌属齐整小核菌(*Sclerotium rolfsii* Sacc.)，其有性世代是担子菌门阿泰菌属罗耳阿泰菌[*Athelia rolfsii*（Curzi）Tu et Kimbrough]。在 PDA 培养基上菌丝体白色，茂盛，疏松或集结成线形贴于基物上，呈辐射状扩展，状似白绢。菌丝直径 2～8 μm，分枝不成直角，具隔膜。菌核初为乳白色，后变浅黄色至茶褐色，球形至卵球形，大小 1～2 mm，表面光滑有光泽。

⑤ 细菌性尾腐病　病原为薄壁菌门欧文菌属胡萝卜软腐欧文菌甜菜亚种(*Erwinia carotovora* subsp. *betavasculorum* Thomson, Hildebrad et Schroth.)。菌落圆形，灰白色。菌体杆状，大小 1.2～2.5 μm×0.6～0.8 μm，单生、双生或链状，无荚膜，无芽孢，周生 2～6 根鞭毛，革兰染色阴性，兼厌气性。

12.4.3 病害循环

甜菜根腐病的病原菌物主要以菌丝、菌核或厚垣孢子在土壤、病残体上越冬；引起甜菜根腐病的病原细菌在土壤或病残体中越冬。翌年病原菌借助田间耕作、雨水和灌溉水传播，多从伤口侵入。因此，土壤带菌是重要的初侵染源。甜菜根腐病一般发生于甜菜定苗后生长旺盛的时期，主要从根部伤口或其他损伤处侵入。6 月中下旬为发病始期，7 月中旬至 8 月中旬进入发病盛期，8 月下旬至 9 月病害基本停止蔓延。

12.4.4 影响发病的因素

影响甜菜根腐病发生的主要因素包括土壤条件、栽培管理措施、气象因素和品种的抗病性等。病原细菌引起的尾腐病在伤口多、雨水多、排水不良的地块发病重。

① 土壤条件　甜菜根腐病一般发生于黏质土壤上。在地势低洼不平、排水不良、土质黏重、通透性差的地块，根腐病发生严重。春季土温低、土壤干旱或长期淹水，

都易导致根腐病的发生。土壤干旱时，甜菜根部受损或失水枯死，给镰刀菌的侵入创造了有利条件，同时形成的好气性条件可加速镰刀菌的繁殖和侵染。

② 栽培管理措施　不同茬口对甜菜根腐病的发生有较大影响，连作会加重病害的发生。栽培条件不好，管理粗放，施肥水平低，使得甜菜植株发育不良，根系生长缓慢或停滞，地下害虫危害严重，根部损伤较多，均有利于根腐病的发生。土壤和病残体带菌是重要的初侵染源，甜菜收获后及时清理田间枯叶和病残体，减少病原菌的田间积累，降低翌年的初侵染源，可减轻病害的发生。

③ 气象因素　甜菜根腐病的发生一般要求较高的土壤温度、湿度，高温有利于病原菌菌丝的生长，湿度大对甜菜块根发病的影响更大。在温度较高、降水多的年份根腐病发生严重。7～8 月是甜菜根腐病的发病盛期，此时降雨较多，土壤含水量增加，田间湿度较高，有利于根腐病的发生。如土壤过度干旱或干旱时期遇雨，骤然间根部进行干湿交替，都易促进根腐病的发生。

④ 品种的抗病性　不同的甜菜品种对根腐病的抗病性差异显著，以 9103 抗病性较好，新甜 7 号抗病性最差。

⑤ 植株的生育状况　甜菜根腐病的发生还与甜菜的生育状况密切相关。在田间生育不良的根、畸形根、虫伤根、人为造成的伤根均有利于病菌侵入和病害发生。春季土壤温度低，低洼地块中植株生长缓慢，根系不利于水分通过，造成细胞原生质被破坏，根系生长缓慢、停滞或损伤，从而导致病害发生。

12.4.5　防治

影响和导致甜菜根腐病发生的因子很多，不同因子相互间的关系又十分复杂，因此，应采取综合防治措施进行防治，在选育和种植抗病品种的同时，加强病害的农业防治、生物防治和化学控制技术，以农业防治为基础，并与生物防治、化学防治有机地结合起来，构建甜菜根腐病综合防治技术体系，才能把甜菜根腐病造成的损失减少到最小，获得良好的防病增产效果。

① 种植抗病品种　在发病地区选用抗病或耐病品种是防治甜菜根腐病的一项有效措施。目前我国比较抗(耐)病的品种有甜研 301、甜研 302、甜研 303、甜研 304、甜研 3 号、甜研 4 号、双丰 1 号、范育 1 号和单粒型甜菜杂交种中甜－吉洮单 302，近年来推广的 KWS0143、KWS0149、KWS0145 以及 KWS8233 等德国品种，均具有一定的抗(耐) 根腐病的效果。

② 加强农业栽培管理　实行合理轮作和换茬，避免重茬和迎茬。一般至少实行 4 年以上轮作，采用禾本科作物为前茬，忌用蔬菜为前茬。甜菜与禾本科作物轮作是预防甜菜根腐病的主要手段。改进栽培措施，改善栽培环境。选择土壤肥沃、地下水位低、排水良好、轮作时间长的地块种植甜菜，地势低洼的地块要大垄高畦栽培，挖好排水沟，以利雨后排水。合理施肥，施足基肥，在施足农家肥的基础上，增施过磷酸钙、骨粉等作种肥，增强植株抗病能力。注意深耕改土，及时中耕松土，破除土壤板结层，提高地温，增加土壤通气透水性；合理灌溉，小水轻浇，促进根系良好发育。早期发现病株，及时挖出后深埋，并对病穴消毒，防止病害扩展；及时防治地下害

虫，避免伤口出现，减少病菌侵染机会，减轻病害发生。

③ 化学防治　用恶霉灵、菌毒清和敌磺钠等药剂以种子质量的 0.8% 拌种，对种子进行消毒处理。移栽幼苗前用敌磺钠和五氯硝基苯进行土壤消毒，可有效地减轻根腐病的发生。田间发病时，可喷施或浇灌络氨铜、春·王铜、松脂酸铜等药剂进行防治。另有资料表明，应用新型植物生长激素三十烷醇处理甜菜种子和植株，可提高植株的抗病性；施硼可有效地防治甜菜根腐病，具有显著的增产增糖作用。

④ 生物防治　应用荧光假单胞杆菌防治甜菜根腐病有一定效果。

12.5 烟草黑胫病

烟草黑胫病是烟草生育期间发生的重要病害之一，目前在我国安徽、山东、河南、云南、贵州和福建等省发生较为普遍，危害较重。一般发病率在 5%～12%，严重地块发病率高达 30% 以上，甚至造成绝收。

12.5.1 症状

幼苗发病，多在根、茎部近地面处发生黑斑，病部向上下扩展，发病茎基部细缢，引起猝倒症状。在高湿多雨时，烟苗全部腐烂，表面产生白色绵毛状霉，迅速向四周蔓延，造成烟苗成片死亡。

烟草黑胫病主要危害移栽后的大田烟株，发病部位包括茎基部、根部和叶片。大田烟株发病，先是茎基部出现黑斑，并向上扩展，因此有黑胫病之称（图 12-7）。病菌侵染茎秆，茎中部发病出现黑褐色坏死，呈“腰漏”或“腰烂”症状。成株的叶片受害时，形成很大的绿褐色或黑褐色、圆形或不规则形的病斑。病斑扩展穿过叶脉，直径可达3～4 cm以上。病斑上隐约可见浓淡相间的轮纹，周围水渍状。干燥时病斑扩展较慢，中心碎裂，有的脱落。病斑扩展至中脉时，可通过叶柄蔓延到茎部，引起“腰烂”，造成全株枯死。湿度较高时病斑上会产生白霉。病株叶片自下而上逐渐发黄萎蔫下垂，后全部叶片萎凋，全株枯死。被害烟株茎部皮层变黑，髓部为黑褐色，干枯瘪缩呈迭片状，片与片间生有稀疏的白霉。

1

2

图 12-7　烟草黑胫病的发病症状

（引自方宇澄等，1992）

1. 茎发病症状　2. 叶片发病症状

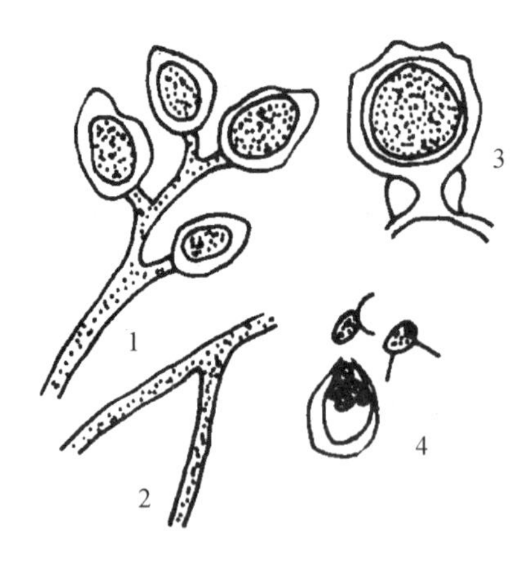

图 12-8 烟草黑胫病菌
(引自吕佩珂等，1999)
1. 孢子囊梗和孢子囊 2. 菌丝
3. 卵孢子 4. 释放游动孢子

12.5.2 病原

烟草黑胫病的病原为卵菌门疫霉属寄生疫霉烟草致病变种[*Phytophthora parasitica* (Dast) var. *nicotianae* Tucker]。

病菌菌丝无色透明，粗细很不一致，无隔膜，有分枝。孢囊梗从病组织气孔中伸出，分化不明显，粗细不均，单生或束生。孢子囊顶生或侧生，梨形或椭圆形，顶端具乳头状突起，每一孢子囊含有5～30个游动孢子。游动孢子无色，近圆形、圆形或肾形，侧生不等长鞭毛2根，能在水中游动。遇适宜寄主，鞭毛收缩，萌发产生芽管，侵入寄主。在高温等不适宜条件下，孢子囊能直接萌发产生芽管、侵入寄主。病菌在病组织中可产生圆形或卵形厚垣孢子以度过不良环境(图12-8)。

12.5.3 病害循环

烟草黑胫病菌以菌丝体和厚垣孢子在混杂有植株病残体的土壤或堆肥中越冬。病菌在有病残体的土壤中可存活2年以上；厚垣孢子对不良环境抵抗力很强，在土壤和堆肥中可存活3～5年。病土和带菌肥料是第二年的初侵染源。厚垣孢子在田间萌发后从寄主伤口或表皮侵入，造成发病。发病烟株的病部产生的孢子囊，可借风雨和流水传播。孢子囊萌发产生的芽管或游动孢子均可侵入寄主，进行多次再侵染。暴雨时地面积水漫流或洪水四溢有利于病害发生。风雨、流水、灌溉水、粪肥、病土、病苗和农事操作等均可传播病菌，造成病害的发生；病菌的远距离传播主要借助于带病烟苗的长途调运。

12.5.4 影响发病的因素

影响烟草黑胫病发病的因素有气象因素、栽培管理措施和耕作制度、品种的抗病性等。

① 气象因素 烟草黑胫病为高温高湿型病害。温度影响黑胫病的发病早晚，发病的适宜温度为25～32℃，20℃以下病害发展很慢或很少发病。湿度影响黑胫病发生的轻重程度，病害的流行条件主要是雨水。雨量多、雨日多，田间空气湿度大，有利于游动孢子的形成和传播，利于病害流行。

② 栽培管理措施和耕作制度 连作时间长或不合理轮作，导致田间菌量不断积累，初侵染源较多，有利于病害的发生。在苗床上播种过密，浇水过多，烟田连作，用病残体作肥料或排水不良等均可诱致烟草黑胫病的发生。田间管理措施采取适当，及时防治害虫和根结线虫，避免烟株伤口，减少病菌侵染机会，可减轻病害发生。烟田土壤条件也是黑胫病发生的影响因素。砂质壤土通透性好，不易积水，发病较轻；

地势低洼、黏质土壤的地块易积水，发病较重。

③ 品种的抗病性　不同的烟草品种对黑胫病的抗病性存在明显差异，在烟区应种植抗病性较强的品种，如 K346、NC71 和 NC82 等。

12.5.5　防治

烟草黑胫病的防治应采取综合防治措施，以选用和种植抗病品种为主，加强农业栽培管理和适时药剂防治为辅。

① 种植抗病品种　在不同烟草产区因地制宜地选取抗病品种进行种植，可有效地降低烟草黑胫病的发生。抗病性较强的烟草品种包括 Coker371 - Gold（美国烤烟）、NC71、K346、NC82 和 NC89 等。

② 加强农业栽培管理　育苗时选用无菌的苗床、营养土和粪肥，播种前进行土壤消毒，保证烟苗无菌。大田移栽时，要施用净肥，保持流水不被病菌污染。及时清除基部病叶和病残体，田间拔除的病株和摘下的病叶应及时处理，烟株收获后要全面、彻底收集田间病残体，并集中销毁。在栽培方面应发展春烟，适时早育苗，提早移栽，尽可能使烟株感病阶段避开高温多雨季节。重病区田地避免连作，实行 3 年以上与禾本科作物轮作。开沟排水，保证烟田不积水；起垄培土，对烟株实行深沟高垄栽培，起垄后地面流水不与茎基部接触，以减少病菌传染机会；增施有机肥和磷肥，提高植株抗病力。

③ 药剂防治　播种前用甲霜灵拌土，移栽前 7 天左右可喷药 1 次，使得烟苗带药移栽。一般于移栽后 7 天或发病初期喷药 2 ~ 3 次。利用化学激发子几丁寡糖在防治烟草黑胫病方面也起到了一定的作用，几丁寡糖可诱导激发烟株细胞对病原菌的防御反应，诱导植物产生抗病性。

④ 生物防治　充分利用各种生防菌是防治烟草黑胫病的有效途径。用于烟草黑胫病防治的生防菌包括假单胞杆菌、枯草芽孢杆菌、短小芽孢杆菌、木霉菌和非致病双核丝核菌等。

12.6　烟草病毒病

烟草病毒病俗称烟草花叶病，是目前是世界各烟草产区分布最广、发生最为普遍的一大类病害。国外报道已从烟草上分离到的病毒有 27 种左右，国内已发现 16 种，其中发生普遍的有烟草花叶病毒属烟草花叶病毒（TMV）、黄瓜花叶病毒属黄瓜花叶病毒（CMV）、马铃薯 Y 病毒属马铃薯 Y 病毒（PVY）和烟草蚀纹病毒（Tobacco etch virus，TEV）等。各种病毒病在不同的地区间分布略有差异，TMV 主要分布在东北、云南、贵州、广东、四川等烟区，CMV 主要发生在黄淮、西南、西北、福建等烟区，在很多地区还存在 TMV 和 CMV 的复合侵染。马铃薯 Y 病毒 20 世纪 90 年代以前在大多数烟区发生较轻，90 年代中后期在某些烟区如山东、安徽、云南及东北等省区危害加重，1996 年皖北烟区马铃薯 Y 病毒的暴发流行，曾给烟叶生产造成巨大损失，山东的 PVY 与 CMV 复合侵染也是生产上亟待解决的问题。

12.6.1　症状

① TMV 引起的烟草花叶病　苗期至大田期均可发生，烟株感病后一般 5～7 天表现症状。发病初期，新叶叶脉颜色变浅，表现明脉，随后叶脉两侧叶肉组织褪绿，形成黄绿相间的斑驳或花叶。田间症状因气候条件、病毒株系不同而异，大致可分为两种类型：一是轻型花叶，仅表现为叶片褪绿，形成黄绿相间的花叶或驳斑，植株高度及叶片形状、大小均无明显变化。一般成株期感病，易表现此类症状；二是重型花叶，叶片上部分叶肉组织增大或增多，叶片厚薄不匀，形成很多泡状突起，叶片皱缩，扭曲畸形，叶尖细长有时叶缘背卷。若苗期感病，则发病更重，整个植株节间缩短，严重矮化，生长缓慢，几乎无经济价值。后期不能正常开花结实，或结出的蒴果小而皱缩，种子量少，多数不能发芽。

② CMV 引起的烟草花叶病　与 TMV 在田间症状相似，有时不容易区别。发病初也表现明脉，然后形成花叶，重病叶也会表现扭曲，形成泡状突起等症状。但随病毒株系、品种不同而症状有较大变化。除表现花叶外，有时伴有叶片狭窄，叶基呈拉紧状，叶片上茸毛稀少，叶色发暗，无光泽。病叶有时粗糙，发脆呈革质，叶基部伸长，侧翼变窄变薄，叶尖细长。致病力强的株系还会使植株下部叶片形成闪电状坏死斑或褪绿橡叶症、叶脉坏死等症状。CMV 也可造成植株矮缩、发育迟缓等全株症状。

③ PVY 引起的烟草病毒病　因病毒株系不同而表现不同症状，常见有脉带型和脉斑型。脉带型：病株上部叶片呈黄绿相间花叶斑驳，脉间色浅，叶脉两侧深绿，形成明显的脉带斑。脉斑形：病株下部叶片黄褐，叶脉从叶基开始呈灰黑或红褐色坏死，摘下叶柄可见维管束变褐，同时茎秆上可见红褐色或黑色坏死条纹。除上述症状外，有时在下部叶片产生褐色或白色不规则坏死斑，坏死斑密集时，叶片上形成穿孔或脱落。

④ TEV 引起的烟草病毒病　苗期感病，嫩叶上最初亦表现明脉症状，随后形成花叶或斑驳。叶片厚薄不均，皱缩扭曲而畸形，叶缘有时向叶背卷曲。早期罹病植株节间缩短、矮化。成株期感病，病株不出现明显矮化，上部新叶出现明脉和浅斑驳症状，而坏死症状多从下二棚叶开始，自下向上蔓延，重病叶多出现于感病植株的第七至十叶位，表现叶柄拉长，叶片变窄，叶面出现 1～2 mm 的褪绿小黄斑，严重时布满整叶，并沿细脉发展连接成褐色或银白色线状蚀刻症。最后病部连片坏死脱落，叶片破碎。根据烟草类型和品种不同，在叶片还可出现细叶脉、侧脉失绿发白，叶面泛红呈点刻状坏死，同时，叶背侧脉呈明显黑褐色间断坏死。

田间 CMV 常与 TMV 复合侵染，引起严重的矮花叶症状；与 PVY 复合侵染，常形成叶脉坏死，整叶变黄，枯死等症状。

12.6.2　病原

TMV 粒体为刚直杆状，大小为 300×18 nm～320×18 nm，致死温度 90～93 ℃，稀释限点 10^{-7}～10^{-4}，体外保毒期 2 个月以上，干燥病组织内病毒粒体可存活 50 多年仍具致病力。TMV 在自然界中有多个株系，我国主要有普通株系(TMV－C)、番茄株系(TMV－Tom)、黄色花叶株系(TMV－YM)和环斑株系(TMV－RS)4 个株系。因株系间致病力差异及与其他病毒复合侵染而造成症状的多样性。TMV 寄主范围非常广泛，除烟草外还可危害茄科的番茄、辣椒、马铃薯等重要蔬菜和杂草，人工接种可侵染十字花科、苋科、茄科、菊科、豆科等 36 科 350 多种植物。TMV 主要靠汁液机械摩擦进行传播。

CMV 粒体为等轴对称的正二十面体，直径 28～30 nm。该病毒致死温度 67～70 ℃，稀释限点 10^{-6}～10^{-3}，体外保毒期较短，为 72～96 h。烟草上 CMV 分 5 个株系，即典型症状系(D 系)、轻症系(G 系)、黄斑系(Y1 和 Y2 系)、扭曲系(SD 系)和坏死株系(TN 系)，各株系在寄主范围、症状、侵染力等方面均有差异。CMV 寄主范围极其广泛，自然寄主有十字花科、葫芦科、豆科、菊科、茄科等 67 科 470 多种植物。人工接种还可侵染藜科、马齿苋科等 85 科 365 属约 1 000 种植物。此外，CMV 还可侵染玉米，是第一个被报道的既能侵染单子叶植物又能侵染双子叶植物的病毒。CMV 在自然界中主要靠蚜虫以非持久性方式传播，传毒蚜虫有 75 种左右，其中以桃蚜和棉蚜为主。

PVY 粒体为弯曲线状，大小为 11～13 nm×680～900 nm。致死温度 55～65℃，稀释限点 10^{-6}～10^{-4}，体外保毒期 2～4 天，但因株系不同而有差异。我国已鉴定出在烟草上发生的 PVY 有 4 个株系，即普通株系(PVY－0)、茎坏死株系(PVY－NS)、坏死株系(PVY－N)和褪绿株系(PVY－Chl)。PVY 寄主范围也较为广泛，可侵染马铃薯、番茄、辣椒等 34 属 163 种以上的植物，其中以茄科、藜科和豆科植物受害较重。PVY 自然条件下主要以蚜虫以非持久性方式传播，汁液摩擦及嫁接也可传毒。传毒蚜虫主要有棉蚜、烟蚜、马铃薯长管蚜等。

TEV 粒体为弯曲线状，大小为 11～13 nm×680～900 nm。致死温度为 55 ℃，稀释限点为 10^{-4}～10^{-2}，体外保毒期 5～10 天。此病毒主要通过蚜虫传毒，有 10 种蚜虫可以传播此病毒，其中烟蚜传毒力最强，其次是棉蚜和菜缢管蚜。此外汁液传毒也很容易。烟草蚀纹病毒主要危害茄科植物，同时也可侵染其他 19 科的 120 种植物。

12.6.3 病害循环

TMV 可在土壤中的病株残根、茎上越冬作为翌年的初侵染源。混有病残体的种子、肥料及田间其他带病寄主，甚至烘烤过的烟叶烟末都可成为病害的初侵染来源。通过汁液摩擦接触进行传播。接触摩擦传毒效率很高，田间病健植株接触，农事操作中手、工具甚至衣物等接触病株再接触健株都可引起发病。因此田间发生多次再侵染，使病害在田间扩展蔓延。CMV 主要在越冬的农作物、蔬菜、多年生树木、杂草等植物上越冬，翌春经有翅蚜带毒迁飞传到烟田。蚜虫获毒和接毒时间很短，均只有 1 min，最长保毒时间为 100～120 min。CMV 还可通过多种植物种子越冬，但未见有烟草种子传毒的报道。若烟田生有菟丝子，也可进行传毒。PVY 与 CMV 相似，主要在农田杂草、马铃薯种薯、越冬蔬菜等寄主越冬，春天，通过蚜虫迁飞传向烟田。TEV 主要在茄科蔬菜及野生杂草中越冬，翌春由蚜虫向烟田传播，造成初侵染。

12.6.4 影响发病的因素

烟草病毒病的发生流行与气候条件、栽培管理措施、品种抗病性、传媒介体等多种因素有关。环境条件对各种病毒病的影响差异较大。对TMV而言，苗床期至现蕾前，温度和光照在很大程度上影响病情的扩展和流行速度。TMV最适发生温度为25～27℃；高于38～40℃病毒侵入受到抑制；37℃以上或10℃以下，或光照不足，则出现隐症或症状不明显。因此，适度的高温和强光照可缩短病害潜育期。而对CMV、PVY和TEV，主要受蚜虫的群体数量和活动的影响。若冬季多雨雪、气温低，第2年春季气温回升慢，则蚜虫越冬基数低，蚜虫数量少，发病轻。若第2年春季干旱、雨量少，气温回升早，并出现干热风，或在大田生长期持续高温干旱，则可导致CMV大流行；阴雨天多，相对湿度大蚜虫量少，则CMV和PVY发生轻。因此，CMV和PVY的发生与蚜虫活动、群体数量关系密切。一般在蚜虫迁飞高峰过后10天左右，田间开始出现发病高峰。而烟蚜发生严重的年份，TEV引起的危害发病也重。

栽培管理条件是影响病毒病发生流行的另一个重要因素。如前茬为茄科、十字花科的烟田TMV发生重。病地重茬，施用未腐熟的带病残体的粪肥，移栽带病毒烟苗均利于TMV的发生。凡邻近村庄、蔬菜大棚或温室的烟田，由于毒源充足，蚜虫活动早且频繁，CMV和PVY发生重。土壤瘠薄、板结，田间线虫危害较重，烟田杂草丛生，管理不善及移栽较晚等对烟株生长不利的因素，也会加重病毒病发生。尤其是移栽期对TEV引起的病害流行有明显影响。

12.6.5 防治

防治策略应以选用抗(耐)病品种为基础，结合栽培管理，培育壮苗，以防蚜治蚜为重点，减少毒源等综合措施进行防治。

① 选用抗(耐)病品种　抗(耐)病品种的利用对防治烟草病毒病起到了积极的作用。目前已培育出一批抗TMV和耐CMV的品种。如H－423、辽烟6号、辽烟9号等高抗TMV。还有一些品种如辽烟8号、辽烟10号、广黄54、广红12、辽44等对TMV也分别有较好的抗病性或耐病性。广东培育的C151、C152、C212等品系对CMV有很强的耐病性，台湾的TT6、TT7品种及中烟14等对CMV也有一定的耐病力。有些品种如NC89、G28、G80等品种对CMV存在阶段耐病性。烤烟、白肋烟中G140、86083、8186以及TN86、KY14、KY10品种等对TEV有较好的抗耐病性。烤烟新品种秦烟96对PVY有较好耐病性。

② 农业措施　对于TMV应从以下几方面着手：培育无病烟苗，选用无病株种子，种子应注意风净，防止混入病株残屑；苗床土应选非烟田土和非菜园土，苗床应远离烤房、晾棚等场所；间苗、除草等过程中，手及用具应用肥皂水等消毒。尽量避免病地重茬或与茄科、十字花科等连作，重病地实行2～3年轮作。适时早育苗，早移栽，严禁移栽已发病烟苗。在CMV和PVY发生重的地区，烟田应远离蔬菜园，并适当调节移栽期，使烟苗易感病期避过蚜虫迁飞高峰。合理的小麦—烟套作或用银灰塑料薄膜覆盖烟地避蚜均有良好的防病作用。如结合小麦喷洒防蚜药剂，效果更好。

如出现花叶，应及时追施速效肥如1%尿素，及时浇水，减轻病害发生。对于TEV引起的病毒病要根据本地生态条件和蚜虫(尤其是烟蚜)迁飞的情况，适当确定移栽时间，以使烟株高感病期和蚜虫迁飞期相互避开，而达到防病的目的。

③ 化学防治　发病初期田间喷施病毒抑制剂可起到较好的预防作用，缓解病毒危害，可根据当地情况选用病毒A、病毒必克、1.5%植病灵或2%宁南霉素等。用药程序为苗期1~2次，移栽前一天用药1次，防止病毒移栽时通过接触传染，移栽后的生长前期用2~3次，可明显减轻病毒病的发生。发病初期喷洒硫酸锌可加强植株生长势，对病害有一定的减轻作用。对CMV、PVY和TEV发生重的地区，应注意及时防蚜，在烟蚜迁飞盛期及时喷施50%抗蚜威。优质烟区为防止化学农药引起的残留，可根据情况多使用物理防治方法，如田间设置诱蚜黄板等。除烟田外，还应及时防治邻近作物上的蚜虫，以免相互传播。

12.7 烟草赤星病

烟草赤星病是烟草上发生的一种叶斑病，是我国烟草上生长中后期发生范围最广、危害最重的一种叶部病害，常导致烟叶产量减少、品质下降或失去烘烤价值。

12.7.1 症状

烟草赤星病主要危害烟草叶片。叶片发病时，下部叶片先出现圆形黄褐色小斑点，在亮而薄的叶片上斑点颜色较淡。病斑最初仅0.1 cm，随后扩大成0.6~0.7 cm的病斑，最后逐渐扩展成1~2.5 cm、褐色圆形或近圆形病斑，并有赤褐色同心轮纹，易破碎，在病斑边缘有黄色晕圈。条件适宜时，大病斑可相互愈合，使全叶成为碎片(图12-9)。烟草赤星病也可侵染烟草茎、叶柄、花梗和蒴果(图12-10)。叶脉、花梗与蒴果等染病时产生大量长椭圆形或者梭形的深褐色或黑色病斑。田间湿度较大时，病斑表面产生深褐色到近黑色的霉状物，即病原菌的分生孢子梗及分生孢子。如果发病环境适宜，病部由植株下部向上蔓延，一旦大发生，即会造成严重损失。

图12-9　烟草赤星病叶部发病症状
(引自朱贤朝，2002)

图12-10 烟草赤星病茎部及蒴果症状

（右图引自方宇澄等，1992；
左图引自朱贤朝等，2002）

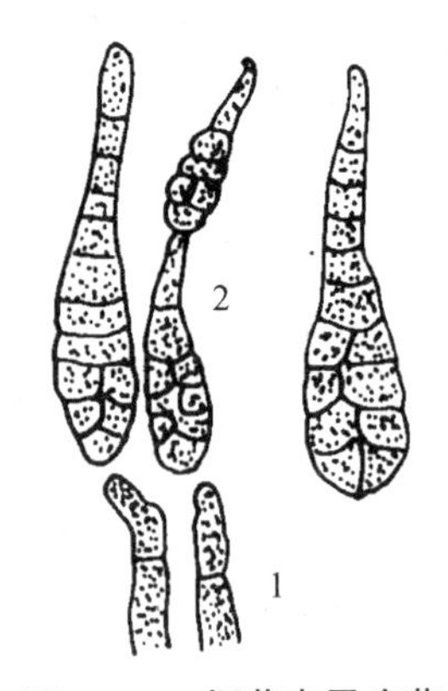

图12-11 烟草赤星病菌

（引自吕佩珂等，1999）

1. 分生孢子梗 2. 分生孢子

12.7.2 病原

烟草赤星病的病原为半知菌类链格孢属链格孢菌［*Alternaria alternate*（Fries）Keissler］。菌丝褐色，有分隔。分生孢子梗暗色，单生或簇生，无分枝，膝状弯曲，具1～3隔膜。分生孢子在分生孢子梗上单生或链状串生。接近孢子梗的分生孢子较大，倒棍棒形或长圆筒形，褐色，基部大，顶端细，多胞，具1～3个纵隔和3～7个横隔，有时弯曲，有的具喙。在孢子链末端的分生孢子较小，椭圆形，双细胞。分生孢子的形状和大小因菌龄和产孢时间长短而异(图12-10)。

烟草赤星病菌的最适生长温度为25～30 ℃，在略微偏酸条件下生长较好，最适pH 5.5，黑暗条件有利于产孢，但降低孢子萌发率和抑制菌丝生长。不同烟草赤星病菌菌株的致病力差异明显，致病力较强的菌株产毒素能力强，产孢少，菌落颜色为灰褐色。

12.7.3 病害循环

烟草赤星病的病原菌以菌丝在病株残体或混有病残体的粪肥中越冬，也可在田间枯死的杂草上越冬。翌年春天环境条件适宜时，病残体和杂草上的菌丝体即产生分生孢子，成为病害的初侵染源。分生孢子在适宜的温度条件下，于烟叶表面的水膜中萌发、产生芽管侵染烟草的下部叶片，导致发病。病斑上产生的分生孢子借助风、雨传播，进行再侵染。烟草赤星病在田间的水平扩散以病株为中心，随风雨向四周扩散，在烟株上的垂直扩散是自下而上蔓延。

12.7.4 影响发病的因素

① 品种的抗病性 大量种植感病品种是赤星病流行的主要原因，不同的烟草品种对赤星病具有抗性差异。高抗赤星病的烟草品种净叶黄，在接种赤星病菌后的0～12 h内，其几丁质酶和β－1，3－葡聚糖酶的酶活性迅速上升，且反应时间和上升幅度均超过了不抗病品种长脖黄和豫烟4号。同一品种在不同的生育期对赤星病的抗性

差异也很明显，幼苗期抗病性最强，成熟期最易感病。净叶黄和美国的 Beinhart 10001 高抗赤星病，而 CV87、CV85、NC95、Speight G28 和 Coker319 等品种中抗赤星病。

② 栽培管理措施　氮素水平和营养成分影响烟草赤星病发生的严重程度。氮素过多会导致植株营养失衡，烟株晚发迟熟；氮、磷、钾配比失调或土壤中磷、钾缺乏常会导致烟株抗病性降低，较易感病。因此，氮肥偏施过多或缺磷钾的烟株，赤星病发生也较重。烟株种植密度大，植株郁闭，通风透光性较差的地块发病重。

③ 气象因素　在烟草植株生长的中前期，温度稳定、湿度适宜有利于根系固定和生长，植株抗病性较强；如在生长期中遭遇阴雨天气或冷空气，导致根系不发达，植株生长衰弱，晚发迟熟，烟株抗病性较弱。高湿度和经常降雨有利于发病。烟株在感病阶段时，雨量是决定烟草赤星病流行的主要因素，雨量大，雨日多，田间湿度大，病害扩展迅速，常常导致病害的大流行。若这一阶段气候干燥、阳光普照，发病则较轻。

12.7.5　防治

烟草赤星病的防治应采用以种植抗病品种、优化农业栽培管理措施为主，药剂防治为辅的综合防治措施。

① 加强农业栽培管理　在烟草种植区及时清除和销毁田间病残体和枯死杂草，减少越冬菌源。培育壮苗，保证烟苗具有较强抗病性。播种前 1% 硫酸铜水溶液浸种消毒，烟苗移栽前喷药预防，带药移栽。改进栽培管理制度，适时移栽采收，错开烟草感病阶段与高温多雨季节，适时采烤，及时采收成熟叶片，既可减少侵染的场所，又可减少田间菌量的累积，并降低株行之间的温湿度，这是降低赤星病危害和减轻危害程度的简便措施。合理密植，结合当地情况，适当调整株行距，改善田间通风透光条件，降低田间湿度，减少赤星病的发生。合理施肥，重施基肥，适当控制施用的氮、钾、磷肥的比例，钾、磷肥最好在移栽时一次施下，通过控肥促使烟草及时落黄，提早成熟，减轻发病。

② 种植抗病品种　在烟区种植净叶黄、CV87、CV85、NC95、Speight G28 和 Coker319等高抗和中抗赤星病的品种。烟草的抗(耐)病品种还有柯克 176、K326、中烟 90、中烟 9203、中烟 98、中烟 100、云烟 85 和云烟 201 等。

③ 药剂防治　烟草赤星病发病田使用多抗霉素、异菌脲、代森锰锌等化学药剂防治赤星病，一般每隔 7 ~ 10 天喷药 1 次，共 2 ~ 3 次。用药宜早，提早预防，及时使用表面保护剂进行防治。

12.8　烟草野火病和烟草角斑病

烟草野火病和烟草角斑病同为烟草植株上普遍发生的毁灭性细菌病害。在世界各地主要烟草产区普遍发生，也是我国重要的烟草病害。生产中两种病害常混合发生，产量损失达 40% ~ 100% 。

12.8.1 症状

烟草野火病在苗期和大田期均可发生，主要危害叶片，也可危害幼茎、蒴果、萼片等器官。叶片受害时，首先产生褐色水渍状小圆点，周围被野火病菌分泌的毒素毒害而产生一圈很宽的黄色晕圈。几天后，黄色晕圈变褐，成为一个圆形或近圆形的褐色病斑，直径达1～2 cm。遇到气温较高、多雨高湿天气，褐色病斑会急性扩展增大，相邻的病斑愈合成一不规则的大斑，上有不规则轮纹，表面可产一层黏稠菌脓。天气干燥时，病斑开裂、脱落。嫩茎、蒴果、萼片发病后产生不规则小斑，初呈水渍状，以后变褐，周围晕圈不明显。果实后期因病斑较多而坏死、腐烂、脱落。野火病偶尔也危害茎，在茎上形成白色或浅棕色、直径3～6 mm的凹陷斑，黄色晕圈不明显。

烟草各生育期均可发生，以烤烟生长中后期烟草叶片发生较为严重。叶片上病斑呈多角形或不规则形，受叶脉限制，边缘明显，深褐色至黑褐色，无明显黄色晕圈。有时病斑中间颜色不均匀，常呈灰褐色云状纹。病斑直径1～8 mm，有时可扩大至1 cm以上。病斑可互相联合，特别是几个原始侵染点位于同一叶脉的两侧，离得很近时常融合成一大片。在这种情况下，叶脉也可受侵染变褐色，沿叶脉扩展形成条斑状。空气湿度大时，病斑背面有菌脓溢出，呈细小的雾滴状，随即连成一片呈水膜状，干后形成一层薄膜，在阳光下发亮。病斑干燥后可开裂或脱落，叶片破碎。病株上的花和果实也可以受到感染，花萼和花冠变黑畸形，果实上则形成黑褐色凹陷斑，病斑周围无黄色晕圈。

12.8.2 病原

烟草野火病和角斑病同属于细菌性病害，两种病害的病原菌都属于假单胞杆菌属。烟草野火病的病原菌为丁香假单胞菌烟草致病变种[*Pseudomonas syrinaeg* pv. *tabaci*（Wolf et Foster）Young]。菌体杆菌状，单生，大小为0.5～0.9 μm×1.9～3 μm。革兰染色阴性，鞭毛极生1～4根。在PDA培养基上生长良好，菌落圆形，灰白至白色。病菌生长的温度范围为2～34 ℃，适温24～28 ℃。烟草野火病菌的寄主范围很广，包括23个属的植物。

烟草角斑病菌(*Pseudomonas syrinaeg* pv. *angulata*)属假单胞杆菌属中的荧光类群，菌体呈杆状，大小为0.5～0.6 μm×1.5～2.2 μm，无芽孢，无荚膜，极生3～6根鞭毛，革兰染色阴性。在肉汁胨琼脂平面上，菌落初呈半透明，渐变成灰白色，边缘透明，圆形、稍凸起，表面平滑，有光泽，边缘波状。该菌生长的适温为24～28 ℃，最高为38 ℃，最低约4 ℃，致死温度为49～51 ℃。烟草属部分种是该菌的自然寄主，也可侵染豆科、茄科、蓼科等多种植物，但也有学者认为角斑病菌仅在这些植物的根际土壤中存活，应该是病菌的越冬场所。

野火病菌和角斑病菌在菌体形态、生理生化特点以及田间发生各方面有着很大的相似性，也有人认为它们是同一种病菌的不同致病变种。二者最大的区别在于，野火病菌可以产生野火毒素，导致病斑周围产生非常明显的褪绿晕圈；而角斑病菌不产生毒素，病斑周围没有明显晕圈。

12.8.3 病害循环

野火病菌可在植株根际土壤和种子上越冬，翌年春天做为初侵染源侵害烟草，病苗可带病菌传播到大田，引起大田发病，病部表面的溢脓主要靠暴风雨传播。角斑病菌主要在烟草种子上越冬，也可在病株残体上越冬，翌年春天侵染烟苗，病斑上的溢脓可借雨水冲溅进行再侵染传播，使发病范围逐渐扩大，烟叶受害加重。

12.8.4 影响发病的因素

高温与高湿相伴出现时，野火病病情加重，施氮肥过多而钾肥少的烟田，烟草易发野火病；施肥较多的烟田打顶过早过低，也会促使野火病发病严重。

7~8 月遇高温多雨天气，特别是暴风雨天气，使烟株互相碰撞和摩擦，造成大量的伤口，有利于角斑病菌的传播和侵入，使病情加重，导致大发生。

12.8.5 防治

烟草野火病和角斑病的综合防治应以苗期管理为主，加强栽培管理，以化学防治控制病害田间流行。

① 种子消毒　该病原细菌能附着在种皮和混杂于种子中的碎片上越冬。为了防止种子带菌，在收种脱粒时，除认清除秕籽及碎屑外，育苗前还应将种子放入 1% 硫酸铜溶液中浸泡消毒处理 10 min 以上，或用 200 单位农用链霉素液种 30 min 以杀灭病菌，然后洗净晾干。

② 注意苗床卫生　为了避免病菌侵染，应选择未种过茄科植物的田块育苗。用溴甲烷或威百亩等土壤消毒剂对土壤进行熏蒸，可杀灭土壤中的病菌、虫卵及杂草等。育苗时所用肥料要保证不带病菌，特别是不能用上年得病田烟秆沤作肥料。在病害严重的地区，为了防止粪水传播病菌，可用复合肥和硝铵、尿素、硫酸钾等肥液代替粪水追苗。

③ 加强苗床管理　苗床水分过多、烟苗缺肥、生长势弱、苗密拥挤等有利于病害发生。因此，浇水量以保持床土湿为好。苗床要注意通风，降低湿度，苗床温度不能过高。

④ 实行轮作　以水稻、玉米等禾谷类作物为前茬最好，特别注意不宜以辣椒、马铃薯等茄科作物为前茬，最好实行 2~3 年轮作。

⑤ 加强栽培管理　大田烟株适当稀植，以改变病害发生的条件。为此，大田烟株栽植应独垄、单株，行株距为 90~110 cm×50~60 cm，栽烟密度 15 000~19 500 株/hm^2 为好。若烟草施用氮肥过量，烟叶中含总氮和蛋白质增高，含总糖和还原糖降低，则易诱发野火病、角斑病。所以，应增施磷钾肥，氮磷钾比例要协调。根据烟株生长情况，适时适度打顶，以免植株贪青晚熟，而降低抗病能力。零星发生病害时，应及时摘除病叶。病叶要销毁，不能散扔于烟田内。及时喷施 200 单位的农用链霉素以封锁发病中心。

⑥ 药剂防治　6 月上旬开始密切注意角斑病的发生情况，特别是氮肥施用多的地

块、连作地、低洼地及种植高感品种的地块。根据测报情况，田间出现零星病叶时，要及时药剂防治，并做到药剂交替轮换使用，可选1∶1∶60波尔多液或30%琥珀肥酸铜(丁戊己二元酸铜)可湿性粉剂或500～600倍铜高尚(碱式硫酸铜)悬浮剂预防。在雨后4～5天要仔细观察是否出现中心病株，一旦发现应立即全田喷药，可使用200单位农用链霉素或90%新植霉素2 000～4 000倍液喷雾防治，隔7天喷1次，连喷3次效果较好。

互动学习

1. 影响甘蔗凤梨病的发病因素有哪些?
2. 甜菜褐斑病的病原是什么?
3. 甜菜根腐病的症状表现可分为哪几种类型?
4. 烟草黑胫病的病害循环途径是什么?
5. 烟草病毒病的防治应采取哪些措施?

参考文献

阿格里斯. 2009. 植物病理学[M]. 北京：中国农业大学出版社.
安德荣，等. 1995. 植物病毒分类和鉴定的原理和方法[M]. 西安：陕西科学技术出版社.
白金铠. 1997. 杂粮作物病害[M]. 北京：中国农业出版社.
白元俊，潘荣光. 2003. 玉米矮花叶病毒病的发生规律及防治研究[J]. 杂粮作物，23(3)：167－168.
蔡勇，肖启明，等. 2010. 烟草黑胫病生物防治的研究进展[J]. 安徽农业科学，38(11)：5708－5710，5743.
曹国辉. 2009. 玉米灰斑病及抗性研究[J]. 玉米科学，17(5)：152－155.
曹菊香，周而勋，等. 2002. 不同地理来源水稻纹枯病菌的 RAPD 分析[J]. 植物病理学报，32 (04)：369－370.
曹祥炼，宋彦君，等. 2010. 不同基因型烟草品种接种赤星病菌后抗病蛋白的变化研究[J]. 浙江农业科学(5)：1040－1044.
陈德辉. 2010. 玉米茎基腐病的发生规律及防治措施[J]. 现代农业科技(13)：186.
陈捷，唐朝荣，高增贵，等. 2000. 玉米纹枯病病原菌侵染过程研究[J]. 沈阳农业大学学报，31(5)：503－506.
陈金堂，李知. 1981. 危害地黄的大豆胞囊线虫的初步研究[J]. 植物病理学报，11(1)：37－43.
陈利锋，徐敬友. 2001. 农业植物病理学(南方本)[M]. 北京：中国农业出版社.
陈利锋，徐敬友. 2007. 农业植物病理学[M]. 3 版. 北京：中国农业出版社.
陈晓娟，文成敬. 2002. 四川省玉米穗腐病研究初报[J]. 西南农业大学学报，24(1)：21－26.
陈永萱，许志刚，译. 1995. 植物病理学[M]. 3 版. 北京：中国农业出版社.
崔富华，赖明芳，曾孝平. 2004. 巴蜀地区花生青枯病的分布、防治及抗病育种研究[J]. 西南农业学报，17(4)：741－745.
崔文萍，金天章. 2006. 玉米穗腐病防治措施[J]. 山西农业(农业科技版) (9)：30.
戴宝生，吕锐玲，李蔚. 2010. 4 种药剂防治棉花黄萎病研究[J]. 中国棉花(8)：15－16.
丁俊杰，马淑梅，申宏波，等. 2006. 大豆主要病害双抗种质鉴定初报[J]. 中国油料作物学报，28(1)：72－75.
董广同，苏晨光. 1999. 玉米穗腐病的发生与防治[J]. 河南农业科学(7)：37.
董怀玉，姜钰，王丽娟，等. 2007. 玉米杂交种抗灰斑病鉴定与评价[J]. 玉米科学，15(3)：133－135.
董金皋. 2009. 农业植物病理学[M]. 2 版. 北京：中国农业出版社.
董晋明. 1988. 山西省大豆胞囊线虫病研究进展[J]. 山西农业科学(2)：31－34.
杜翠敏，胡乃志，等. 2006. 鲁南地区甘薯茎线虫病的危害现状及综合防治技术[J]. 植物医生，19(3)：28－29.
杜学林，刑光耀，郑丽英. 2004. 不同玉米品种对玉米小斑病抗性的调查[J]. 作物杂志 (6)：38－39.
鄂文弟，王振华，张立国，等. 2006. 玉米瘤黑粉病的研究进展[J]. 玉米科学，14(1)：153－157.

方中达. 1996. 中国农业植物病害[M]. 北京: 中国农业出版社.
方中达. 2004. 植病研究方法[M]. 3 版. 北京: 中国农业出版社.
费永成, 陈林, 等. 2010. 成都平原2008年水稻稻曲病重发生的气象条件分析[J]. 安徽农业科学, 38(8): 4108-4109, 4111.
付亚平, 王军霞, 张伟亮, 等. 2010. 玉米瘤黑粉病的诊断与防治[J]. 现代农业科技, 17: 181-185.
高卫东. 1987. 华北区玉米、高粱、谷子纹枯病病原学初步研究[J]. 植物病理学报, 17(4): 247-251.
ЛВ海尔曼, 李玉莲. 1988. 甜菜黄化病毒病综合防治措施[J]. 新疆农业科学(1): 47-48.
高增贵, 陈捷, 薛春生, 等. 2000. 玉米灰斑病发生和流行规律及其发病条件的研究[J]. 沈阳农业大学学报, 31(5): 460-464.
高增贵, 赵辉, 张小飞, 等. 2010. 辽宁省部分主栽玉米品种对大斑病菌不同生理小种的抗性[J]. 种子, 29(2): 1-3, 8.
高兆宁. 1999. 宁夏农业昆虫图表[M]. 第三集. 北京: 中国农业出版社.
龚国淑, 骆维, 李焕秀, 等. 2007. 根肿病和根结线虫病的诊断及防治[J]. 长江蔬菜 (5): 27-28.
龚国淑, 张敏, 刘铭, 等. 2009. 玉米灰斑病的诊断及防治[J]. 长江蔬菜(9): 39.
关海涛, 郭玉华, 王悦冰, 等. 2005. 小麦条锈菌生理小种国际鉴别寄主 *Spaldings Prolific* 中抗条锈病基因 *YrSpP* 的微卫星标记[J]. 中国农业科学, 38(8): 1574-1577.
郭金平, 潘大仁. 2002. 甘薯茎线虫病品种抗性的PCR检测[J]. 作物学报, 28(2): 167-169.
郭玉双, 张艳菊, 朱延明, 等. 2006. 转几丁质酶和核糖体失活蛋白双价基因大豆的获得与抗病性鉴定[J]. 作物学报, 32(12): 1841-1847.
韩景红. 2010. 玉米丝黑穗病的发病原因分析及综合防治对策[J]. 河南农业(8): 22.
韩召军. 2001. 植物保护学通论[M]. 北京: 高等教育出版社.
贺字典. 2005. 玉米丝黑穗病菌(*Sporisorium reilianum*)遗传多态性研究[D]. 沈阳: 沈阳农业大学.
侯明生, 黄俊斌. 2006. 农业植物病理学[M]. 北京: 科学出版社.
侯明生. 2010. 农业植物病理学[M]. 北京: 科学出版社.
胡同乐, 曹克强. 2010. 马铃薯晚疫病预警技术发展历史与现状[J]. 中国马铃薯, 24(2): 114-119.
胡同乐, 张玉新, 等. 2010. 中国马铃薯晚疫病监测预警系统"China-blight"的组建及运行[J]. 植物保护, 36(4): 106-111.
花蕾. 2009. 植物保护学[M]. 北京: 科学出版社.
华南农业大学, 河北农业大学. 1985. 植物病理学[M]. 2 版. 北京: 农业出版社.
黄鸿能. 1984. 近年广东甘蔗病害不断发展原因的探讨和几点建议[J]. 甘蔗糖业(7): 44-46.
黄云. 2010. 植物病害生物防治学[M]. 北京: 科学出版社.
纪伟波, 何海军, 赵松涛, 等. 2010. 黑龙江玉米大斑病菌生理分化研究[J]. 玉米科学, 18(1): 128-130, 134.
纪震, 李宝笃, 毕玉平, 等. 2010. 山东省玉米生产品种和部分自交系对纹枯病抗性鉴定[J]. 植物保护, 36(4): 152-154.
贾赵东, 谢一芝, 等. 2008. 甘薯茎线虫病防治与抗性育种研究进展[J]. 安徽农业科学, 36(2): 626-628.
贾赵东, 谢一芝, 等. 2010. 甘薯抗黑斑病种质资源的研究及育种利用[J]. 植物遗传资源学报, 11(4): 424-427, 432.

蒋海霖，丁旭，马宏．1991．玉米纹枯病在如皋的发生规律及药剂防治[J]．植物保护（6）：11－12．
康绍兰，李兴红，郭华强．1995．玉米丝黑穗病菌对玉米叶片的侵染过程[J]．河北农业大学学报，18(4)：128－129．
康振生．1996．植物病原真菌的超微结构[M]．北京：中国科学技术出版社．
康振生．1997．植物病原真菌超微形态[M]．北京：中国农业出版社．
孔令晓，赵聚莹，栗秋生，等．2005．河北省玉米小斑病菌生理小种鉴定及群体动态变化[J]．华北农学报，20(3)：90－93．
孔祥森，陆旺．2008．已酸二乙氨基乙醇酯与壳聚糖、低聚糖混和叶面喷施对大豆的影响[J]．黑龙江八一农垦大学学报，20(1)：12－14．
赖传雅，袁高庆．2008．农业植物病理学[M]．2版．北京：科学出版社．
李高社．2006．玉米穗腐病发生规律及其综合防治技术研究[J]．甘肃农业科技(8)：25－27．
李广领，陈锡岭，王建华，等．2006．8种新型杀菌剂对玉米小斑病菌的室内毒力研究[J]．湖南农业科学（5）：74－76，77．
李国桢，雷玉珍，杨兆英，等．1986．大豆胞囊线虫病研究的进展[J]．黑龙江农业科学（1）：19－22．
李海春，傅俊范．2006．玉米瘤黑粉病抗病性研究[J]．植物保护，32(3)：57－59．
李华荣，兰景华．1997．玉蜀黍丝核菌的鉴定特征[J]．菌物系统，16(2)：134－138．
李丽春．2010．玉米粗缩病的发病症状及防治技术[J]．植物保护（8）：64－65．
李卫平，王洪凯，等．2008．稻曲病菌厚垣孢子的萌发特性[J]．浙江农业学报，20(4)：278－281．
李孝平，刘西允．2010．玉米粗缩病致病原因及防治方法探讨[J]．现代农业科技，(12)：159－161．
李振岐，商鸿生．2005．中国农作物抗病性及其利用[M]．北京：中国农业出版社．
李振岐．1995．植物免疫学[M]．北京：中国农业出版社．
理查德·N·斯特兰奇．2007．植物病理学导论[M]．北京：化学工业出版社．
林福呈，李德葆．2003．枯草芽孢杆菌(*Bacillus subtilis*)S9对植物病原真菌的溶菌作用[J]．植物病理学报，33(2)：174－177．
刘长兵．2009．甜菜黄化病的发生与防治[J]．新疆农垦科技（5）：22－23．
刘大群，董金皋．2007．植物病理学导论[M]．北京：科学出版社．
刘国胜，董金皋，邓福友，等．1996．中国玉米大斑病菌生理分化及新命名法的初步研究[J]．植物病理学报，26(4)：305－310．
刘见平，张松柏，等．2006．稻曲病大发生关键因子及药剂防治研究[J]．作物研究，20(4)：318－323．
刘杰贤．1986．略谈有机锡制剂防治甜菜褐斑病应用前景[J]．中国糖料（4）：47－48，50．
刘鹏飞．2009．施硼对甜菜根腐病的治控机制[J]．农业科技与信息(11)：37．
刘素敏．2008．玉米瘤黑粉病的发生规律及防治方法[J]．植物保护（23）：38－40．
刘维志．2002．病原植物线虫学[M]．北京：中国农业出版社．
刘维志．2004．植物线虫志[M]．北京：中国农业出版社．
刘亚光，赵滨，马超．2008．水杨酸和壳聚糖诱导大豆对灰斑病的抗性[J]．大豆科学，27(2)：296－300．
刘洋，赵正雄．2010．对烟草赤星病防治的分析与思考[J]．作物杂志（3）：87－90．
柳哲胜，刘庆昌，等．2005．用改进的SSAP方法克隆抗甘薯茎线虫病相关的RGA[J]．分子植物育种，3(3)：369－374．

柳哲胜，刘庆昌，等. 2006. 甘薯肌醇－6－磷酸合成酶基因的克隆及序列分析[J]. 农业生物技术学报，14(2)：219－225.
陆家云. 2001. 植物病原真菌学[M]. 北京：中国农业出版社.
吕国忠，张益先，梁景颐，等. 2003. 玉米灰斑病发生流行规律及品种抗病性[J]. 植物病理学报，33(5)：462－467.
吕佩珂，高振江，等. 1999. 中国粮食作物、经济作物、药用植物病虫原色图鉴[M]. 下册. 呼和浩特：远方出版社.
吕振远，刘杰贤. 1983. 三十烷醇防治甜菜根腐病及增产效果的初步研究[J]. 中国甜菜(1)：28－30.
罗成飞，孔凡江. 2000. 谈甜菜抗褐斑病育种[J]. 中国甜菜糖业 (4)：28－30.
马冠华，周常勇，等. 2010. 烟草内生细菌 Itb57 的鉴定及其对烟草黑胫病的防治效果[J]. 植物保护学报，37(2)：148－152.
马军韬. 2006. 中国玉米丝黑穗病菌生理分化研究[D]. 长春：吉林农业大学.
马淑海. 2007. Harpin 防治大豆灰斑病效果的研究[J]. 黑龙江农业科学(6)：51－52.
马占鸿. 2010. 植病流行学[M]. 北京：科学出版社.
孟庆忠，刘志恒，等. 2001. 水稻纹枯病研究进展[J]. 沈阳农业大学学报，32(5)：376－381.
倪桃香，孙永宾，等. 2008. 水稻条纹叶枯病的发生趋势与防治技术浅析[J]. 上海农业科技(2)：99.
潘大仁，陈观水，等. 2006. 甘薯抗线虫病相关基因片段克隆及序列分析初步研究[J]. 福建农林大学学报(自然科学版)，35(1)：57－59.
潘顺法，姜晶春，马润芝，等. 1980. 玉米大斑病防治研究[J]. 中国农业科学(3)：78－84.
潘月华，陈道法，等. 1994. 番茄灰霉病测报与防治技术[J]. 上海蔬菜 (2)：37－39.
彭绍裘，曾昭瑞，等. 1986. 水稻纹枯病及其防治[M]. 上海：上海科学技术出版社.
秦芸. 2001. 雅安山区立枯丝核菌融合群的种群组成[C]. 中国植物保护学会第八届全国会员代表大会暨 21 世纪植物保护发展战略学术研讨会，702－704.
邱荣芳，刘永江，等. 1994. 石河子甜菜褐斑病发生和流行因素分析[J]. 新疆农业科学 (2)：76－77.
曲文章，崔杰. 1997. 甜菜主要病害的发病机理与防治[J]. 中国甜菜糖业(4)：13－22.
任金平. 1993. 玉米穗腐病研究进展[J]. 吉林农业科学 (3)：39－43.
任欣正. 1994. 植物病原细菌的分类和鉴定[M]. 北京：农业出版社.
商鸿生，李修炼. 2004. 麦类作物病虫害诊断与防治原色图谱[M]. 北京：金盾出版社.
邵力平，沈瑞祥，张素轩. 1984. 真菌分类学[M]. 北京：中国林业出版社.
沈其益. 1992. 棉花病害[M]. 北京：科学出版社.
沈奕，李萍，等. 2010. 几丁寡糖对烟草黑胫病的控制效应及其机制[J]. 植物保护学报，37(1)：25－30.
施永平，陈杰，等. 2010. 异菌脲对烟草赤星病的室内生测及药效评价[J]. 现代农药，9(05)：54－56.
孙茂林，李树莲，等. 2004. 马铃薯晚疫病预测模型与预警技术研究进展[J]. 植物保护，30(5)：15－19.
孙敏洁，刘维红，等. 2009. 温度和湿度及水稻不同生育期对水稻干尖线虫垂直迁移的影响[J]. 中国水稻科学，23(3)：304－308.
孙淑琴，温雷蕾，董金皋. 2005. 玉米大斑病菌的生理小种及交配型测定[J]. 玉米科学，13(4)：

112－113，123.
谭方河，陶家凤. 1991. 西南地区立枯丝核菌优势融合群致病性的初步研究[J]. 四川农业大学学报，9(1)：149－155.
檀根甲，王子迎. 2002. 水稻纹枯病时间和空间生态位的研究[J]. 中国水稻科学，16(2)：182－184.
檀尊社，游福欣，陈润玲，等. 2003. 夏玉米小斑病发生规律研究[J]. 河南科技大学学报(农学版)，23(2)：62－64.
汪彦欣，尉吉乾，岑铭松，等. 2009. 油菜霜霉病防治的药剂筛选试验[J]. 河北农业科学，13(5)：20－21.
王海光，马占鸿，黄冲. 2007. 植物病害管理与生物安全[J]. 植物保护，33(3)：1－7.
王洪凯，林福呈. 2008. 稻曲病研究进展[J]. 浙江农业学报，20(5)：385－390.
王金生. 2000. 植物病原细菌学[M]. 北京：中国农业出版社.
王静，孔凡玉，等. 2010. 短小芽孢杆菌 AR03 对烟草黑胫病菌的颉颃活性及其田间防效[J]. 中国烟草学报，16(5)：78－81.
王利智，康志钰，吴毅歆，等. 2010. 云南省玉米小斑病菌生理小种的初步鉴定[J]. 云南大学学报(自然科学版)，32(3)：352－357.
王晓鸣，晋齐鸣，石洁，等. 2006. 玉米病害发生现状与推广品种抗性对未来病害发展的影响[J]. 植物病理学报，36(1)：1－11.
王珍海. 2008. 谷子白发病的发生原因及防治对策[J]. 中国农村小康科技(2)：53－55.
王振华，时立波，吴海燕，等. 2009. 大豆根内胞囊线虫发育进程及分布[J]. 中国农业科学，42(9)：3147－3153.
魏景超. 1979. 真菌鉴定手册[M]. 上海：上海科学技术出版社.
魏太云，王辉，等. 2003. 我国水稻条纹病毒种群遗传结构初步分析[J]. 植物病理学报，33(3)：284－285.
吴彩谦，李建清，等. 2009. 昭平县晚稻胡麻叶斑病偏重发生特点及原因分析[J]. 广西植保，22(1)：34－35.
吴纯仁，刘后利. 1991. 草酸毒素在油菜抗病育种中的应用[J]. 中国农业科学，24(4)：41－46.
吴大椿，方守国，余知和. 1997. 玉米纹枯病病原及生物学特性研究[J]. 湖北农学院学报，17(1)：15－19.
吴福桢，高兆宁，郭予元. 1982. 宁夏农业昆虫图志[M]. 第二集. 银川：宁夏人民出版社.
吴家琴. 1989. 红麻根结线虫病小种和轮作防治研究[J]. 植物病理学报，19(4)：228.
吴洵耻，史维泽，刘俊展，等. 1993. 番茄尖孢镰刀菌诱导棉花抗枯萎病的效果——诱导棉花抗黄、枯萎病研究之三[J]. 植物病理学报，23(3)：225－229.
吴云锋. 1999. 植物病毒学原理与方法[M]. 西安：西安地图出版社.
夏红梅，杨宇博，等. 2003. 甜菜褐斑病的危害及防治[J]. 中国甜菜糖业(1)：53－55.
夏锡飞，惠峰. 2003. 10%吡虫啉可湿性粉剂浸种防治水稻灰飞虱的效果[J]. 江苏农业科学 (5)：59－60.
咸洪泉，刘杰贤. 1999. 甜菜根腐病的生物和化学控制初步研究[J]. 中国糖料(1)：13－16.
肖炎农，李建生，郑用链，等. 2002. 湖北省玉米纹枯病病原丝核菌的种类和致病性[J]. 菌物系统，21(3)：419－424.
肖悦岩，季伯衡，等. 1998. 植物病害流行与预测[M]. 北京：中国农业大学出版社.
肖悦岩，吴立人，胡家怀，等. 2007. 小麦条锈菌生理小种动态预测[J]. 植物保护学报，34(3)：

257－262.
谢长举，曾洪梅．1999．农抗2－16防治油菜菌核病效果研究［J］．中国生物防治，15(3)：118－120.
谢联辉．2006．普通植物病理学［M］．北京：科学出版社.
邢来君，李明春．1999．普通真菌学［M］．北京：高等教育出版社.
邢小萍，汪敏，刘春元，等．2009．玉米穗粒腐病的发生和防治［J］．杂粮作物，29(4)：279－282.
徐小兰，张银贵，等．2003．不同水稻品种对条纹叶枯病抗(耐)病性比较［J］．植保技术与推广，23(2)：12－13.
徐月华．2009．玉米矮花叶病的发生与防治［J］．福建农业科技(5)：56－57.
许志刚．2009．普通植物病理学［M］．4版．北京：高等教育出版社.
严吉明，叶华智，郑达，等．2005．四川玉米纹枯病菌致病性研究［J］．玉米科学，13(3)：114－116.
燕玮婷，刘二明，等．2010．稻曲病菌不同颜色厚垣孢子超微结构比较［J］．植物病理学报，40(5)：538－542.
杨继良，王斌．2002．玉米大斑病抗性遗传的研究进展［J］．遗传，24(4)：501－506.
杨丽敏．2010．寒地水稻赤枯病的发生与防治［J］．黑龙江农业科学(10)：176－177.
杨选锋，刘广会，王清娥．2010．夏播区玉米瘤黑粉病的发生与防治技术［J］．才智，1：37.
姚艳平，徐同，等．2010．化学合成的几丁寡糖及其结构类似物诱导烟草对黑胫病抗性研究［J］．植物病理学报，40(03)：258－264.
姚一建，李玉主．2002．菌物学概论［M］．4版．北京：中国农业出版社.
叶恭银．2006．植物保护学［M］．杭州：浙江大学出版社.
叶永发．2006．水稻赤枯病重发原因分析及防治对策［J］．江西植保，29(3)：120－121.
尹玉琦．1995．新疆农作物病害［M］．乌鲁木齐：新疆科技卫生出版社.
俞孕珍，孙军德，刘志恒，等．1997．大豆霜霉病发生规律的研究［J］．沈阳农业大学学报，28(3)：191－194.
曾士迈，肖悦岩．1989．普通植物病理学［M］．北京：中央广播电视大学出版社.
张存山．1992．玉米纹枯病调查研究［J］．吉林农业科学(3)：37－39.
张建光，刘玉芳，等．2004．苹果果实日灼预测预报计算机模型［J］．植物保护学报，31(1)：69－73.
张杰，耿洪林．1995．甜菜根腐病的流行原因及防治对策［J］．中国甜菜糖业(6)：27－29，31.
张俊华，刘洋大川，韩英鹏，等．2009．黑龙江省大豆灰斑病菌生理小种鉴定［J］．中国油料作物学报，31(4)：537－539.
张丽娟，杜金哲，杨庆凯，等．2006，大豆与灰斑病菌互作中大豆脂质过氧化作用的变化［J］．中国油料作物学报，28(4)：465－469.
张丽娟，杜金哲，杨庆凯．2006．大豆感染灰斑病菌后叶片中多酚氧化酶活性的变化［J］．华北农学报，21(5)：91－95.
张满良．1997．农业植物病理学(北方本)［M］．北京：世界图书出版公司.
张益先，吕国忠，梁景颐，等．2003．玉米灰斑病菌生物学特性研究［J］．植物病理学报，33(4)：292－295.
张永祥，华静月，何礼远．1993．花生种子带青枯病菌对传播青枯病的影响［J］．中国油料(3)：59－61.
张玉江，张汉友，等．2009．水稻胡麻斑病发生原因、特点及防治措施［J］．北方水稻，39(5)：38－40.
张中义．1988．植物病原真菌学［M］．成都：四川科学技术出版社.

赵德华，许海霞，等. 2007. 水稻烂秧病的发病特点及防治要点[J]. 安徽农业科学，35(28)：8925，8928.

赵敏，于占斌，等. 2009. 谷子白发病的发生规律及预防办法[J]. 内蒙古农业科技(1)：120－121.

赵启学，陈梅英，夏瑛光，等. 2004. 玉米黑粉病的发生及综合防治[J]. 河南农业科学(5)：43.

赵思峰，李国英，等. 2002. 甜菜根腐病发病规律的初步研究[J]. 中国甜菜糖业(1)：16－18.

郑如明，付学鹏. 2010. 玉米瘤黑粉病发生与防治探讨[J]. 中国种业(3)：47－48.

中国农业百科全书总编辑委员会植物病理学卷编辑委员会. 1996. 中国农业百科全书植物病理学卷[M]. 北京：中国农业出版社.

周桂元，梁炫强，李一聪，等. 2003. 花生青枯病抗性鉴定及抗源分析[J]. 花生学报，32(3)：25－28.

周彤，王磊，等. 2009. 主栽品种镇稻88对水稻条纹叶枯的抗性特征及其遗传研究[J]. 中国农业科学，42(1)：103－109.

周忠，王欣，等. 2005. 甘薯抗茎线虫病基因的RAPD标记[J]. 农业生物技术学报，13(5)：549－552.

朱荷琴，冯自力，师勇强，等. 2010. 利用植物疫苗及生长调节剂缩节胺控制棉花黄萎病[J]. 中国棉花(8)：10－12.

朱秀珍，田希武，等. 2004. 甘薯茎线虫病发病规律及综合防治[J]. 山西农业科学，32(3)：54－57.

宗兆峰，康振生. 2010. 植物病理学原理[M]. 2版. 北京：中国农业出版社.

AGRIOS G N. 1995. 植物病理学[M]. 3版. 陈永萱，等译. 北京：中国农业出版社.

AGRIOS G N. 2005. Plant Pathology[M]. 5th Ed. Burlington：New York Academic Press.

BAKER C J，HARRINGTON T C，KRAUSS U，et al. 2003. Genetic variability and host specialization in the Latin American clade of *Ceratocystis fimbriata*[J]. Phytopathology，93(10)：1274－1284.

CAB INTERNATIONAL. 2005. *Ceratocystis fimbriata* (original text prepared by Harrington T C). In：Crop Protection Compendium. Wallingford，UK：CAB International.

CAO K Q，Fried，P M RUCKSTUHL M，et al. 1996. Crucial weather conditions for *Phytophthora infestans*. A reliable tool for improved control of potato late blight [J]. Special PAV－report(1)：85－90.

DE NAZARENO N R X，LIPPS P E，MADDEN L V. 1992. Survival of *Cercospora zeaemaydis* in corn residue in Ohio[J]. Plant Disease(76)：560－563.

DE NAZARENO N R X，LIPPS P E，MADDEN L V. 1993. Effect of levels of corn residue on the epidemiology of gray leaf spot corn in Ohio[J]. Plant Disease，77(1)：67－70.

ENNAïFAR S，MAKOWSKI D，MEYNARD J M，et al. 2007. Evaluation of models to predict take－all incidence in winter wheat as a function of cropping practices，soil，and climate [J]. European Journal of Plant Pathology，118(2)：127－143.

FERREIRA S A，R A BOLEY. http：//www. extento. hawaii. edu/Kbase/crop/type/a_ candi. htm.

GEORGE N，AGRIOS. 2009. Plant Pathology[M]. 5版. 沈崇尧，译. 北京：中国农业大学出版社.

HARRINGTON T C. 2000. Host specialization and speciation in the American wilt pathogen *Ceratocystis fimbriata*[J]. Fitopatologia Brasileira(25)：262－263.

HAWKSWORTH D L，KIRK P M，SUTTON B C，et al. 1995. Ainsworth and Bisby's dictionary of the fungi [M]. 8th Ed. Oxon：CABI Publishing.

JIAN GUILIANG，MA CUN，ZHENG CHUANLIN，et al. 2003. Advances in Cotton Breeding for Resistance to *Fusarium* and *Verticillium* Wilt in the Last Fifty Years in China[J]. Chinese Agricultural Sciences, 2(3): 280 - 288.

JOHNSON J A, HARRINGTON T C, ENGELBRECHT C J B. 2005. Phylogeny and taxonomy of the North American clade of the *Ceratocystis fimbriata* complex[J]. Mycologia(97): 1067 - 1092.

KIRK P M, CANNON P F, DAVID J C, et al. 2001. Dictionary of the Fungi[M]. 9th Ed. Wallingford: CAB International Publishing.

RICHARD N STRANGE. 2007. Introduction to Plant Pathology[M]. 彭友良, 译. 北京: 化学工业出版社.

TE BEEST D E, ShAW M W, PIETRAVALLE S, et al. 2009. A predictive model for early - warning of Septoria leaf blotch on winter wheat[J]. European Journal of Plant Pathology, 124(3): 413 -425.

VENTER C, DE WAELE D, MEYER A J. 1991. Reproductive and damage potential of *Ditylenchus destructor* on peanut[J]. Jourrnal of Nematology(23): 12 - 19.

WARD J M, STROMBERG E L, NOWELL D C, et al. 1999. Gray leaf spot, a disease of global importance in maize production[J]. Plant Disease, 83(10): 884 - 895.